plurall

Parabéns!
Agora você faz parte do **Plurall**, a plataforma digital do seu livro didático!
No **Plurall**, você tem acesso gratuito aos recursos digitais deste livro por meio do seu computador, celular ou *tablet*.
Além disso, você pode contar com a nossa tutoria *on-line* sempre que surgir alguma dúvida sobre as atividades e os conteúdos deste livro.

Incrível, não é mesmo?
Venha para o **Plurall** e descubra uma nova forma de estudar!
Baixe o aplicativo do **Plurall** para Android e IOS ou acesse **www.plurall.net** e cadastre-se utilizando o seu código de acesso exclusivo:

AASMX2JQT

Este é o seu código de acesso Plurall. Cadastre-se e ative-o para ter acesso aos conteúdos relacionados a esta obra.

@plurallnet

@plurallnetoficial

SOMOS EDUCAÇÃO

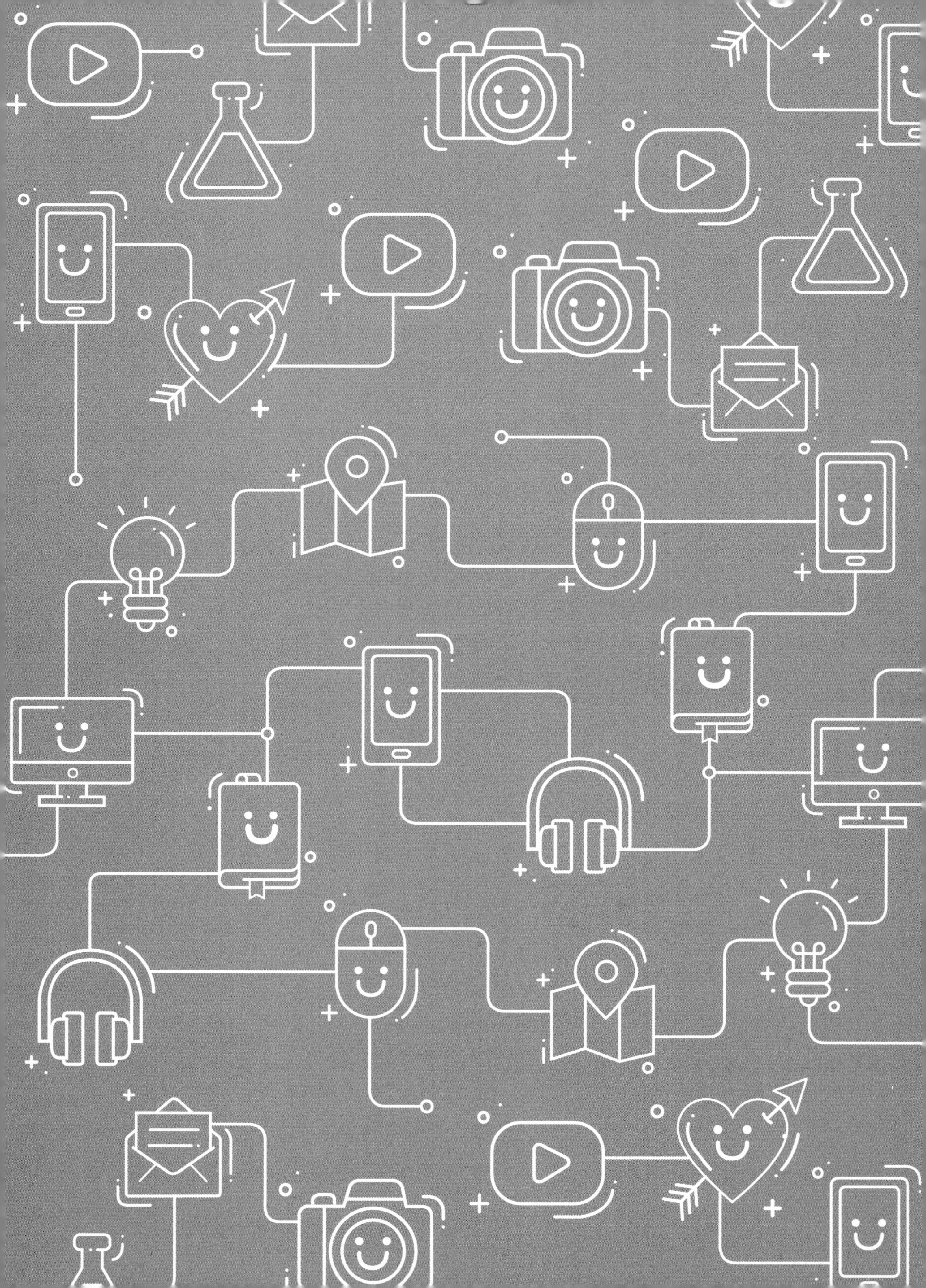

conecte
LIVE

Geo

WAGNER RIBEIRO

Bacharel e licenciado em Geografia pela Universidade de São Paulo (USP).

Doutor em Geografia Humana pela Universidade de São Paulo (USP).

Professor Titular do Departamento de Geografia e dos programas de pós-graduação em Geografia Humana e em Ciência Ambiental da Universidade de São Paulo (USP).

CAROLINA GAMBA

Bacharel e licenciada em Geografia pela Universidade de São Paulo (USP).

Doutora em Geografia Humana pela Universidade de São Paulo (USP).

Docente e coordenadora do curso de bacharelado e licenciatura em Geografia em faculdade particular.

Professora do Ensino Fundamental II e Ensino Médio em escolas particulares.

LUCIANA ZIGLIO

Bacharel e licenciada em Geografia pela Universidade de São Paulo (USP).

Doutora em Geografia Humana pela Universidade de São Paulo (USP).

Pós-Doutoranda em Organizações e Sustentabilidade pela Escola de Artes, Ciências e Humanidades da Universidade de São Paulo (EACH/USP).

Professora do Ensino Médio na rede pública e em escolas particulares.

2

Editora Saraiva

Editora Saraiva

Direção geral: Guilherme Luz
Direção editorial: Luiz Tonolli e Renata Mascarenhas
Gestão de projeto editorial: Viviane Carpegiani
Gestão e coordenação de área: Wagner Nicaretta (ger.) e Jaqueline Paiva Cesar (coord.)
Edição: Caren Midori Inoue e Orlinda Teruya, Daniele Dionizio e Maria Renó Faria (assist.)
Gerência de produção editorial: Ricardo de Gan Braga
Planejamento e controle de produção: Paula Godo (ger.), Roseli Said (coord.) e Márcia Pessoa
Revisão: Hélia de Jesus Gonsaga (ger.), Kátia Scaff Marques (coord.), Rosângela Muricy (coord.), Aline Cristina Vieira, Ana Curci, Ana Maria Herrera, Ana Paula C. Malfa, Arali Gomes, Carlos Eduardo Sigrist, Célia Carvalho, Claudia Virgilio, Diego Carbone, Gabriela M. Andrade, Hires Heglan, Kátia Lopes Godoi, Luciana B. Azevedo, Luís M. Boa Nova, Luiz Gustavo Bazana, Maura Loria, Patricia Cordeiro, Patrícia Travanca, Raquel A. Taveira, Ricardo Miyake, Sandra Fernandez, Sueli Bossi, Vanessa P. Santos; Amanda T. Silva e Bárbara de M. Genereze (estagiárias)
Arte: Daniela Amaral (ger.), Claudio Faustino (coord.), Yong Lee Kim, Jacqueline Ortolan e Lívia Vitta Ribeiro (edição de arte)
Diagramação: JS Design
Iconografia: Sílvio Kligin (ger.), Denise Durand Kremer (coord.), Thaisi Albarracin Lima, Iron Montovanello e Mariana Sampaio (pesquisa iconográfica)
Licenciamento de conteúdos de terceiros: Thiago Fontana (coord.), Luciana Sposito e Angra Marques (licenciamento de textos), Erika Ramires, Luciana Pedrosa Bierbauer, Luciana Cardoso Sousa e Claudia Rodrigues (analistas adm.)
Tratamento de imagem: Cesar Wolf, Fernanda Crevin
Ilustrações: Adilson Secco, Alex Argozino e Studio Caparroz
Cartografia: Eric Fuzii (coord.), Robson Rosendo da Rocha (edit. arte) e Portal de Mapas
Design: Gláucia Correa Koller (ger.), Erika Yamauchi Asato, Filipe Dias (proj. gráfico) e Adilson Casarotti (capa)
Composição de capa: Segue Pro
Foto de capa: RobertZac/Shutterstock, Top Photo Engineer/Shutterstock, Lucas Aboudib/Shutterstock

Avenida das Nações Unidas, 7221, 1º andar, Setor A – Espaço 2 – Pinheiros – SP – CEP 05425-902
SAC 0800 011 7875
www.editorasaraiva.com.br

Dados Internacionais de Catalogação na Publicação (CIP)

Ribeiro, Wagner
Geo 2 : conecte live / Wagner Ribeiro, Carolina Gamba, Luciana Ziglio. - 1. ed. - São Paulo : Saraiva, 2019.

Suplementado pelo manual do professor.
Bibliografia.
ISBN: 978-85-472-3475-1 (aluno)
ISBN: 978-85-472-3476-8 (professor)

1. Geografia (Ensino médio). I. Gamba, Carolina. II. Ziglio, Luciana. III. Título.

2018-0350 CDD: 910.7

Julia do Nascimento - Bibliotecária - CRB-8/010142

2019
Código da obra CL 800870
CAE 628198 (AL) / 628199 (PR)
1ª edição
1ª impressão

Impressão e acabamento: Bercrom Gráfica e Editora

Uma publicação SOMOS EDUCAÇÃO

Apresentação

Nos dias atuais, os termos **Geografia**, **globalização** e **cidadania** estão profundamente articulados. Ter em mãos um aparelho eletrônico conectado à internet sintetiza a relação entre eles.

Com um *smartphone*, acessa-se a rede mundial de computadores, que veicula informações fundamentais ao exercício da cidadania, a qual, por sua vez, expressa-se de maneira desigual nos países do mundo. A Geografia apresenta-se como instrumento fundamental para desvendar essas diferenças.

A análise dos processos de produção do espaço geográfico e a representação desses processos por meio de mapas estão entre as missões da Geografia. Ela vai ainda além ao oferecer uma interpretação combinada de processos sociais e naturais, tão necessária no complexo cenário atual, o que a torna uma ciência com muita aplicação no cotidiano.

O mundo globalizado, no qual se encontram redes e fluxos intensos e crescentes de produtos, pessoas e informações, envolve muitos lugares, que têm suas composições sociais e naturais alteradas em razão da dinâmica das relações econômicas e financeiras entre países e empresas transnacionais. Essa dinâmica deixa marcas no ambiente e no espaço geográfico e causa profundas alterações no tecido social, acirrando ainda mais as desigualdades no planeta.

A cidadania é um direito que se expressa em uma determinada unidade territorial. Estudar os cenários social, produtivo e ambiental do Brasil e relacionar essas informações ao conhecimento de como os processos globais afetam o país nos ajuda a compreender e agir conscientemente diante das diversas situações-problema que se apresentam nas distintas escalas geográficas, atitudes esperadas para o exercício pleno da cidadania.

Boa leitura!

Os autores

Conheça seu livro

Abertura de unidade

Apresenta texto e uma imagem que contextualiza os principais assuntos da unidade.

Abertura de capítulo

O capítulo é iniciado com textos e imagens que explicam o tema a ser estudado. A seção **Em foco** apresenta reportagens ou artigos que trazem assuntos do cotidiano relacionados ao conteúdo do capítulo.

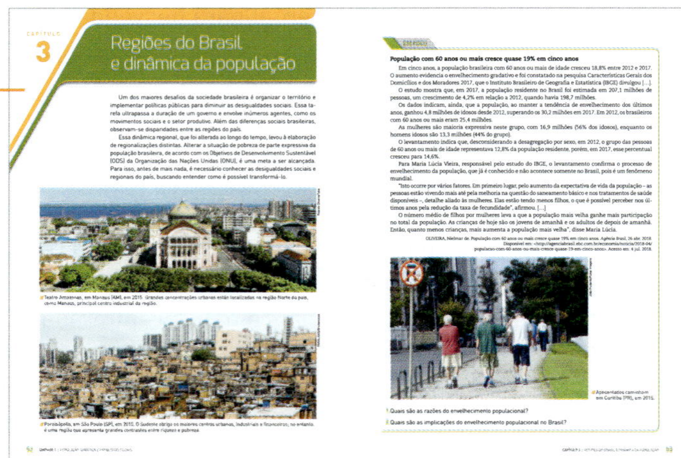

Glossário

Traz definições de termos ou conceitos utilizados no texto.

Dicas

Sugestões de filmes, livros e *sites* relacionados ao assunto do item.

Cartografando

Seção de atividades que trabalham com diferentes tipos de representações cartográficas, como mapas, imagens de satélite, etc.

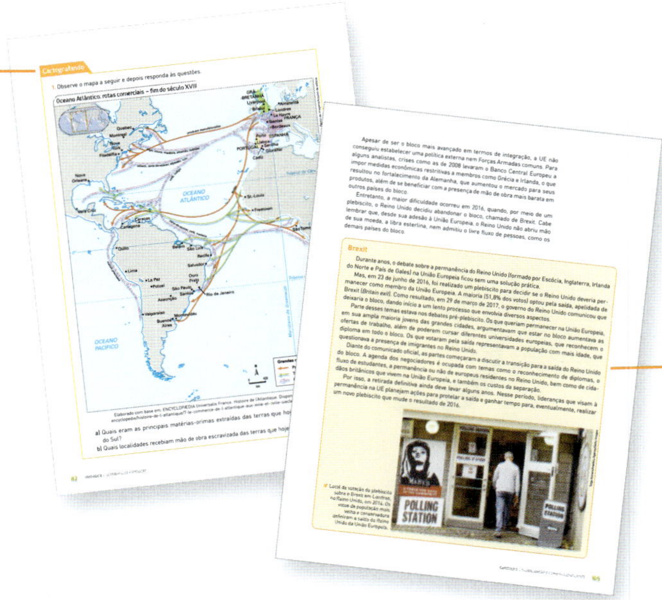

Boxes

Apresentam algumas curiosidades ou textos complementares que se relacionam com o assunto tratado no item.

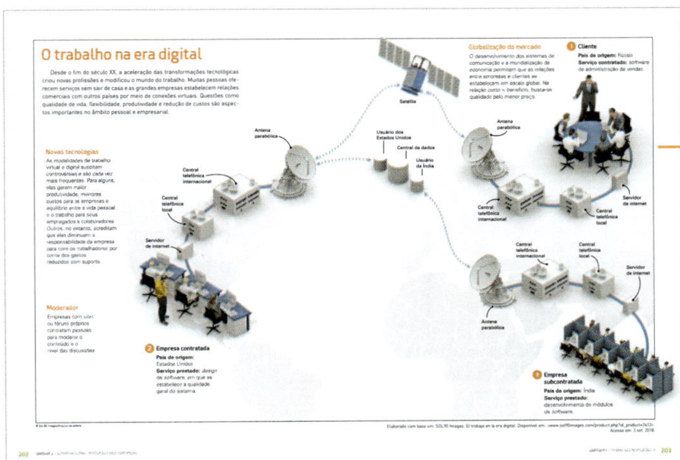

Infográficos

Permeiam a obra e trabalham os assuntos abordados de forma integrada ao unir informações textuais e visuais, facilitando o processo de assimilação do conhecimento.

Diálogo com

Seção interdisciplinar que relaciona o assunto do item às outras áreas do conhecimento, com textos, imagens e atividades.

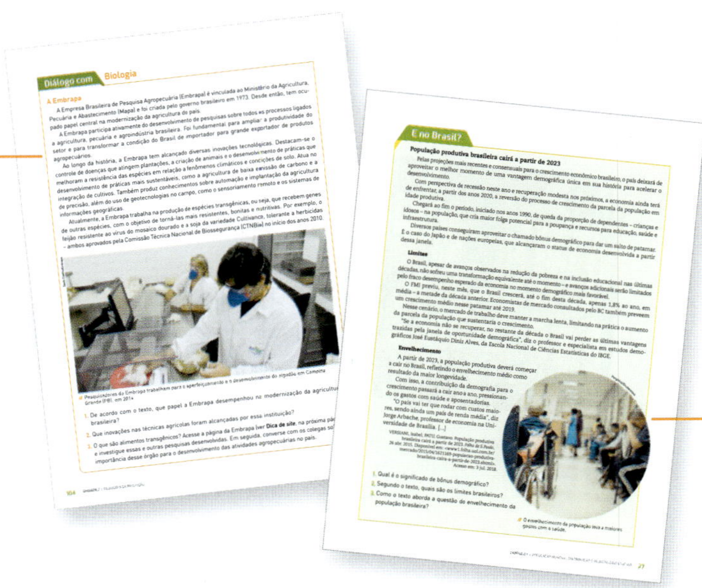

E no Brasil?

Seção que destaca a situação do Brasil no contexto do assunto tratado no item.

Cidadania e...

Seção que relaciona o tema da cidadania com assuntos trabalhados no texto.

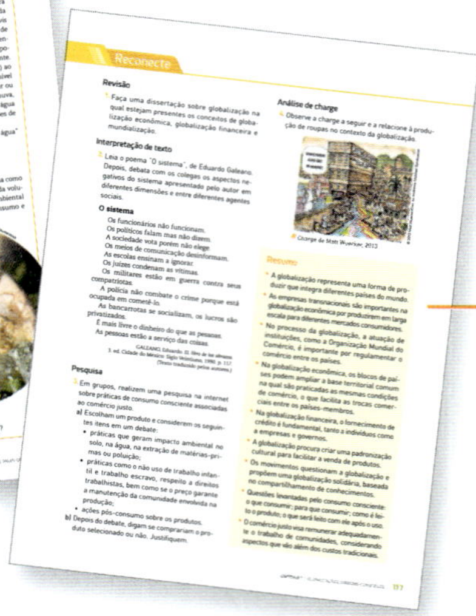

Reconecte

Seção de atividades que abordam de diversas formas o que foi estudado. Termina com um resumo dos principais destaques do capítulo.

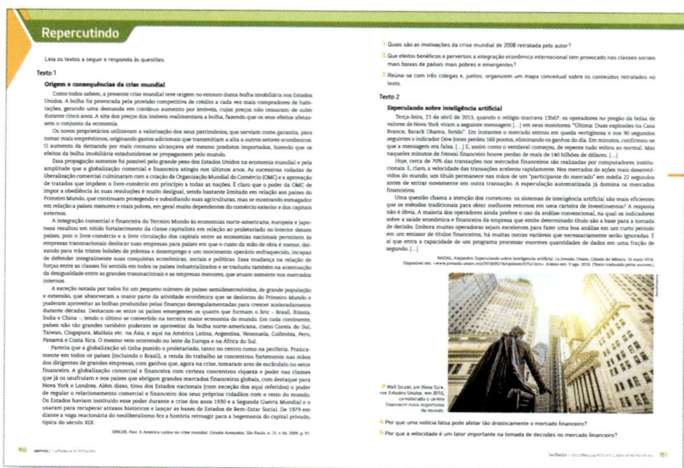

Repercutindo

Seção que apresenta um ou mais textos citados para ampliar o tema ou mostrar diferentes pontos de vista sobre os assuntos tratados na unidade.

Globalização e cidadania

Finalizando a unidade, a seção amplia a correspondência dos temas estudados com os conceitos de globalização e cidadania.

Enem e vestibulares

No fim de cada unidade, questões recentes do Enem e de vestibulares do Brasil.

Sumário geral

Parte 1

Parte 2

Ricardo Oliveira/Tyba

Alamy/Fotoarena

UNIDADE

1

População: dinâmica e problemas sociais

William C. Y. Chu/Moment/Getty Images

Hong Kong é uma região administrativa da China, que pertenceu à Inglaterra do século XIX até o fim do século XX. Marcantemente moderna, globalizada e com grande densidade demográfica. Foto de 2017.

No mundo globalizado, as populações ultrapassam seus lugares de origem com mais frequência. As dinâmicas populacionais, como as migrações, tornaram-se mais intensas por causa dos avanços tecnológicos e do aumento do fluxo de informações e produtos. Além disso, fenômenos sociais, políticos, ambientais e econômicos geram problemas e deslocamentos populacionais. Esse contexto também afeta o Brasil, que em sua formação teve influência de diversos povos. Nos últimos anos, os fluxos populacionais foram alterados por uma dinâmica econômica que afetou de modo diferente as regiões brasileiras.

CAPÍTULO

1

População mundial: distribuição e desigualdades sociais

A população mundial aumenta todos os dias. Entretanto, isso ocorre de modo desigual entre os países, pois existem muitas diferenças sociais, econômicas, culturais, políticas e ambientais. Como resultado surgem as migrações de populações em busca de melhores condições de vida, ocasionadas por dificuldades financeiras, problemas políticos, étnicos ou religiosos. Mas os deslocamentos também podem ocorrer por outras razões, como quando se busca uma carreira profissional internacional ou um aperfeiçoamento nos estudos, por exemplo um intercâmbio universitário.

Por algum tempo, as principais teorias do crescimento populacional estavam associadas somente aos critérios econômicos. Isso porque se acreditava que os estudos populacionais eram importantes apenas para aprimorar o desempenho econômico dos países. Mas, aos poucos, novos parâmetros de análise para o estudo do crescimento populacional foram introduzidos, como expectativa de vida, taxa de fecundidade, índices de mortalidade e natalidade, transição demográfica, bônus demográfico, Índice de Desenvolvimento Humano, Felicidade Interna Bruta, Objetivos de Desenvolvimento do Milênio e Objetivos de Desenvolvimento Sustentável. Esses indicadores estão em constante revisão e outros são criados, pois as populações e suas dinâmicas sociais mudam a todo instante.

Omar Haj Kadour/AFP

// Zardana, na Síria, em 2018, devastada pela guerra civil que assola o país desde 2011. Milhões de pessoas foram obrigadas a fugir em busca da sobrevivência.

EM FOCO

Depois de 25 anos de queda, fome volta a aumentar no mundo

Dezenove países vivem uma situação considerada como crítica; 60% daqueles que enfrentam a fome hoje estão em países afetados por conflitos ou mudanças climáticas

Pela primeira vez em 25 anos, a fome aumenta no mundo e reverte um processo que em um quarto de século havia dado sinais claros de melhoria para a população de diversos continentes. O alerta foi lançado nesta segunda-feira pelo brasileiro José Graziano da Silva, diretor-geral da FAO.

Em um discurso para governos reunidos em Roma, Graziano advertiu que 60% daqueles que enfrentam a fome hoje estão em países afetados por conflitos ou mudanças climáticas. Num total, 19 países vivem uma situação considerada como crítica, seja por guerras, secas ou enchentes.

No total, apenas na Nigéria, Somália, Sudão do Sul e Iêmen, 20 milhões de pessoas extras estariam passando fome em comparação a dados de 2015. Há dois anos, um total de 795 milhões de pessoas pelo mundo eram afetados pela fome, 216 milhões a menos que em 1990. A má-nutrição nos países mais pobres caiu de 23,3% para 12,9% em 25 anos, num avanço inédito na história contemporânea.

Mas hoje, diante das novas crises, essa taxa voltou a aumentar. Na avaliação do brasileiro, a "única opção para muitos tem sido a de aumentar a estatística da migração". Criticando a postura de governos de países ricos, ele alertou que a comunidade internacional "não salvará essas pessoas colocando-os em acampamentos". Para ele, apenas a garantia de que poderão produzir em suas terras é o que os manterá em seus países.

"Um compromisso político para erradicar a fome é fundamental. Mas não é suficiente", disse. "A fome apenas será vencida se os países transformarem suas promessas em ações", insistiu ao falar para 82 ministros. "Hoje, mais de 800 milhões de pessoas estão má-nutridas e infelizmente esse número voltou a crescer de novo", alertou Graziano.

De acordo com ele, ainda que o combate contra a fome tenha ganhado força nas últimas décadas, eles hoje estão ameaçados por conflitos, mudanças climáticas e impacto na dieta de populações inteiras. [...]

CHADE, Jamil. *O Estado de S. Paulo*, 3 jul. 2017. Disponível em: <http://brasil.estadao.com.br/noticias/geral,depois-de-25-anos-de-queda-fome-volta-a-aumentar-no-mundo,70001875241>. Acesso em: 7 jun. 2018.

População aguarda por alimentos em Doolow, na Somália, em 2018. A falta de alimentos foi causada por uma grave seca no ano anterior.

Gioia Forster/DPA/AFP

1. Quais fatores contribuíram para a volta do aumento da fome no mundo?
2. Reúna-se com mais três colegas e discutam a frase: "Um compromisso político para erradicar a fome é fundamental. Mas não é suficiente".

1. Distribuição da população mundial

A distribuição ou concentração populacional é desigual pelos continentes. De acordo com projeções da Organização das Nações Unidas (ONU) de 2018, a população mundial seria de cerca de 7,9 bilhões em 2020, com uma projeção de crescimento de 1 bilhão nos próximos doze anos.

Cartografando

Observe as anamorfoses a seguir com a distribuição da população mundial em 2017 e previsão para 2100.

População mundial e sua concentração (em milhões) – 2017 e 2100

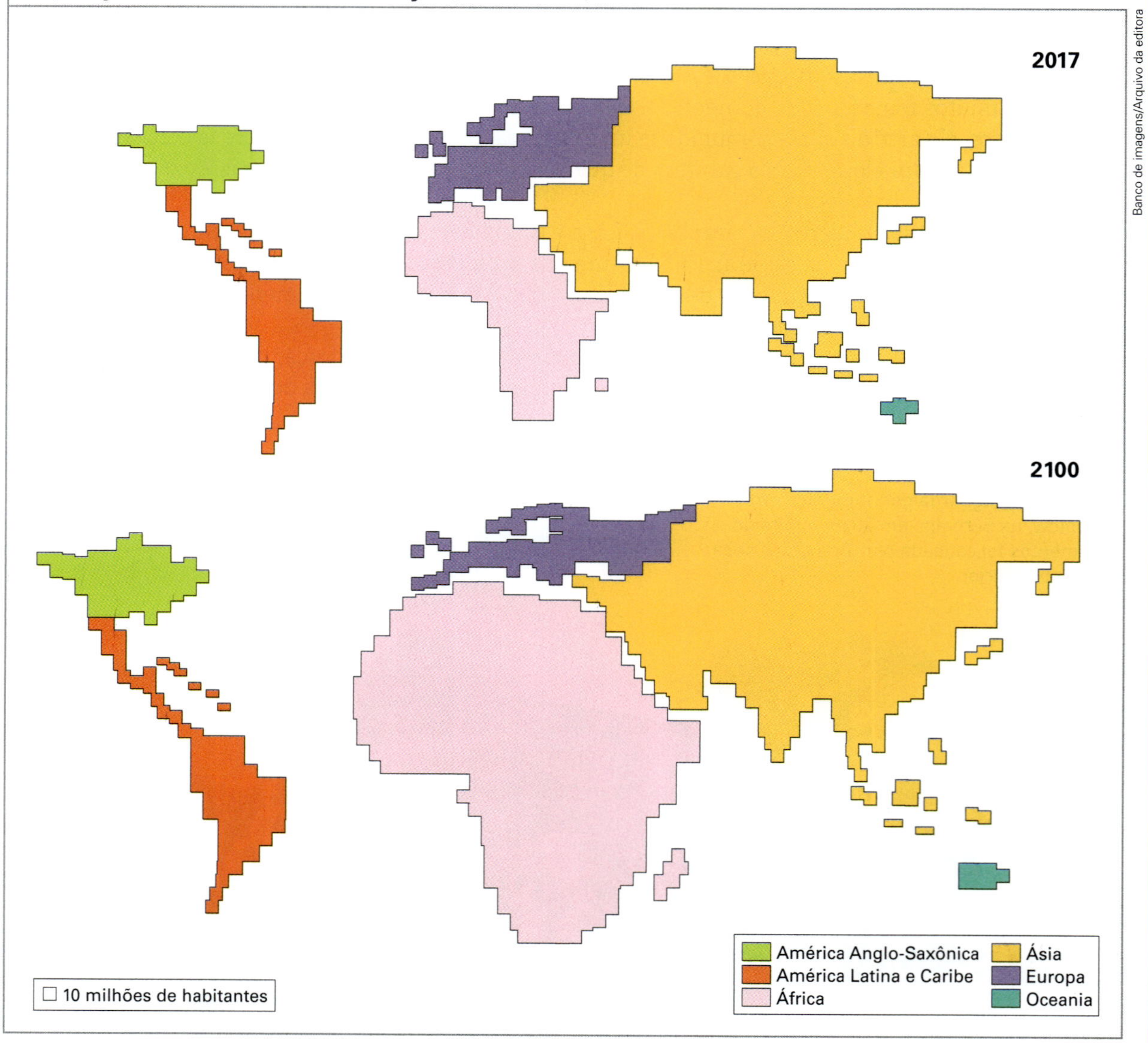

Elaborados com base em: ONU. *World Population Prospects:* 2017 Revision. New York: ONU. p. 1.

1. Com base nesses mapas, identifique:
   a) As regiões do mundo pouco povoadas (menos de 500 milhões de habitantes) em 2017.
   b) As regiões do mundo com previsão de maior e menor concentração populacional em 2100.

2. A teoria demográfica de Malthus e o neomalthusianismo

Thomas Robert Malthus (1766-1834) nasceu na Inglaterra e foi economista e demógrafo, além de pastor anglicano. Em 1798, publicou a obra *Essay on Population* (Ensaio sobre a população), na qual apresentou sua teoria de crescimento da população mundial e produção de alimentos. Segundo suas análises de crescimento populacional e distribuição da população, chegaria um momento em que a população não teria mais alimentos à sua disposição e, portanto, não evoluiria economicamente. Ao mesmo tempo, ocorreria uma explosão demográfica.

De acordo com a **teoria malthusiana**, a população mundial aumentava em progressão geométrica (1, 2, 4, 8, 16, 32...), enquanto a produção mundial de alimentos, em progressão aritmética (1, 2, 4, 6, 8...). Como resultado, não haveria alimentos para atender ao contingente populacional, gerando assim uma disputa pela alimentação. Essa disputa refletiria no emprego. Alguns indivíduos teriam que trabalhar horas excedentes para conseguir comprar alimentos, que, por sua vez, estariam cada vez menos disponíveis, levando ao aumento de seu preço. Em resumo, os indivíduos trabalhariam cada vez mais, mas seu poder aquisitivo para a compra dos alimentos seria cada vez menor.

Esse cenário de busca por empregos e aumento desenfreado dos valores dos alimentos levaria, segundo Malthus, ao aumento da pobreza. Para solucionar esse desequilíbrio, ele afirmava ser necessário o controle de natalidade por meio da abstinência sexual, além da negação, aos grupos populacionais pobres, de assistência à saúde ou ao envelhecimento. A teoria malthusiana levou o crescimento demográfico a ser visto apenas como uma questão de controle populacional por meio da redução da taxa de fecundidade e da taxa de natalidade.

Taxa de fecundidade: refere-se ao número médio de filhos por mulher. É calculada pela divisão do número total de crianças nascidas em determinado ano pelo número total de mulheres em idade fértil (faixa de 15 a 49 anos).

Taxa de natalidade: expressa a relação entre o número de nascimentos ocorridos em um ano e o número de habitantes.

A tese de Malthus

Para provar sua tese, Malthus parte da situação da Inglaterra, onde uma população de sete milhões de pessoas encontra alimentos suficientes para seu sustento. E seu raciocínio prossegue desta forma: nos 25 anos seguintes, a população chegaria a 14 milhões e, se duplicassem os alimentos, seriam suficientes para o seu sustento. Mas, nos 25 anos seguintes, a população seria de 56 milhões e os alimentos, aumentados numa progressão matemática, só poderiam sustentar 21 milhões. No final de um século, a população seria de quase 112 milhões e os alimentos equivalentes ao sustento de 35 milhões, o que deixaria uma população de 77 milhões totalmente sem recursos.

Sua conclusão naturalista sustenta que, assim como no meio vegetal e animal, também no meio humano, a consequência dessas leis é a doença e a morte. A miséria humana é uma consequência inevitável dessas duas leis. Por isso, Malthus não crê na possibilidade de uma sociedade próspera e igualitária. Ao contrário, seu ensaio visava a dois objetivos: 1) lançar uma sombra sobre o futuro da humanidade e 2) levantar a bandeira contra a igualdade e as reformas sociais. Malthus só admite o progresso da miséria. Mesmo que se eliminasse toda pobreza e vício, partindo-se de uma situação de igualdade, logo surgiriam diferenças sociais, que são naturais e devem ser deixadas a cargo das leis naturais. A pobreza faz parte das leis naturais, que indicam um futuro sombrio para a humanidade; não há distribuição de renda e reforma social que possa garantir um padrão de vida digno para os pobres; se a causa da pobreza é o excesso da população, qualquer distribuição só serve para estimular a indolência e a preguiça. [...]

CORAZZA, Gentil. Malthus e Ricardo: duas visões de economia política e de capitalismo. *Cadernos IHU Ideias*, ano 3, n. 39, p. 4-5, 2005.

Anos mais tarde, a teoria demográfica de Thomas Malthus repercutiu em diversas teorias sobre o crescimento populacional. Dentre elas, destaca-se a **teoria neomalthusiana**, surgida no fim da década de 1950, nos Estados Unidos. Esse estudo reafirmava a necessidade de impedir o crescimento populacional por meio de programas de controle de natalidade e também reforçava a importância da evolução econômica para o controle populacional.

Foi nesse contexto que se iniciou o planejamento familiar, que consistia em controlar a quantidade de filhos. Uma das políticas mais conhecidas de planejamento familiar com o controle de natalidade é chamada **política do filho único**, controle de natalidade implementado em 1976 para conter a explosão demográfica na China.

O governo chinês estabeleceu que os casais poderiam ter apenas um filho, exceto nas zonas rurais, onde haveria a possibilidade de um segundo filho, caso o primeiro nascimento fosse uma criança do sexo feminino. Essa política chinesa perdurou até 2016 e teve como consequências desde o abandono de meninas em orfanatos até o infanticídio, com a morte de meninas por seus familiares. Além disso, influenciou nos índices de fecundidade e de uniões, já que a população chinesa feminina em idade reprodutiva é menor em comparação ao número de homens na mesma idade.

Idade reprodutiva: período da vida humana em que um ser humano pode se reproduzir. No caso das mulheres, em geral, entre 15 e 49 anos de idade. No caso dos homens, entre 12 e 70 anos de idade.

Os neomalthusianos corroboravam com a teoria malthusiana de condenação da alta fecundidade. Além disso, afirmavam que o quantitativo populacional aumentaria a pressão sobre o ambiente, fato que tornaria inviável a vida humana no planeta. Para os neomalthusianos, o controle da natalidade nos países pobres, que possuem os maiores índices de natalidade, possibilitaria a diminuição da pobreza e das desigualdades sociais e ambientais. Parte dos ambientalistas (chamados ecomalthusianos) tornou-se adepta da teoria neomalthusiana ao associar a destruição ecológica e a extinção dos recursos naturais, como madeira, animais e espécies de vegetais, ao crescimento populacional.

Diálogo com História

China abole política do filho único, mas restringe a duas crianças por casal

Todos os casais que desejarem ter dois filhos poderão fazê-lo, segundo comunicado divulgado após reunião anual do Comitê Central do Partido Comunista

A China eliminará sua polêmica política do filho único. Todos os casais que desejarem ter dois filhos poderão fazê-lo, segundo anunciou a agência oficial Xinhua, que cita como fonte um comunicado emitido no encerramento da reunião anual do Comitê Central do Partido Comunista do país.

Ao longo de quatro dias, os 205 membros do Comitê Central e seus 170 suplentes se reuniram em um hotel no oeste de Pequim para discutir o 13º Plano Quinquenal, que estabelecerá as bases das políticas econômica e social para o período entre 2016 e 2020. A China "abandona a política do filho único, mantida durante décadas", afirma a Xinhua. Segundo a agência, a mudança "busca equilibrar o desenvolvimento da população e responder ao desafio do envelhecimento populacional". [...]

Taxa de natalidade na China

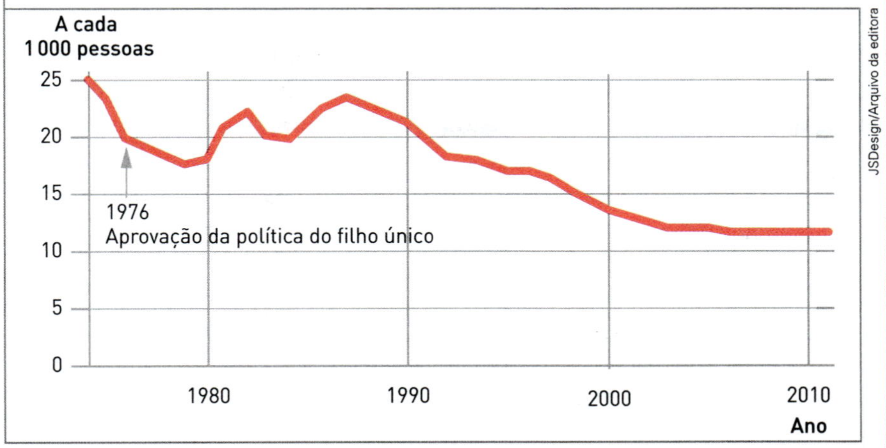

Fonte: Banco Mundial

Além disso, a política do filho único causou um grave desequilíbrio entre o número de homens e mulheres, dada a preferência cultural por descendentes do sexo masculino. De acordo com os números oficiais, em 2014 nasceram 116 meninos para cada 100 meninas. A proporção natural é de aproximadamente 104 meninos para cada 100 meninas. Acumulada ao longo das décadas, essa desproporção gerou um "excesso" de 34 milhões de homens. Isso, por sua vez, causou problemas como o aumento do tráfico de mulheres procedentes de países mais pobres. [...]

LIY, Macarena V. China abole política do filho único, mas restringe a duas crianças por casal. *El País*, 29 out. 2015. Disponível em: <https://brasil.elpais.com/brasil/2015/10/29/internacional/1446116401_777077.html>. Acesso em: 29 jun. 2018.

1. Associe a política do filho único na China com o gráfico apresentado.
2. Qual é a relação entre o abandono da política do filho único, o envelhecimento populacional chinês e o desequilíbrio entre o número de homens e mulheres?

3. A teoria reformista e o desenvolvimento desigual e combinado

A **teoria reformista** surgiu no fim da Segunda Guerra Mundial (1939-1945), em oposição à teoria de Malthus e à neomalthusiana. De acordo com os reformistas, a pobreza dos países não estava associada aos altos índices populacionais, mas resultava de uma concentração desigual de recursos materiais, consequência de um processo de exploração econômica de longa data. Desse modo, tem-se o desenvolvimento desigual, mas combinado entre os países.

As bases da teoria reformista seguem as ideias do filósofo alemão Karl Marx (1818-1883), que afirmava que a pobreza no mundo estava relacionada com a má distribuição de renda e não com os índices de natalidade e a produção de alimentos. Essa distribuição de renda desigual beneficiaria uma pequena parcela da população, a que detém as maiores posses; e, consequentemente, não permitiria que a maior parte da população, com precárias condições de vida, tivesse acesso aos meios de produção para satisfazer suas próprias necessidades, deixando-a vulnerável para aceitar qualquer tipo de trabalho com baixa remuneração.

De acordo com a teoria do desenvolvimento desigual, a combinação das condições de vida precárias da maioria, dos meios de produção nas mãos de uma minoria e da concentração desigual dos recursos naturais nos países permite que frações das populações explorem umas às outras. Ou seja, a maior parte é submetida a grandes jornadas de trabalho, baixa remuneração e baixos salários ou, ainda, alguns países se beneficiam ao subjugar outros em suas relações econômicas, por exemplo, comprando produtos primários (de menor valor) e vendendo produtos industrializados (de maior valor).

4. Pirâmide populacional, transição demográfica e bônus demográfico

Os estudos geográficos dedicam parte importante de seu trabalho para a análise das estruturas de uma população. Essa estrutura, ou a tipologia de uma população, é capaz de fornecer dados que permitem conhecer a realidade social, econômica e histórica de um país. Exemplos desses dados são as faixas etárias populacionais, a distribuição por gêneros e também as atividades profissionais. Um bom estudo de tipologia populacional pode ser obtido pelas **pirâmides etárias**, que são representações gráficas, por gênero e idade, da composição de uma população.

As pirâmides populacionais, ou pirâmides etárias, auxiliam os estudos de **transição demográfica**, um fenômeno observado em vários países, considerado um dos principais fatos dos estudos demográficos do século XXI. A transição demográfica ocorre quando, ao mesmo tempo, diminuem as taxas de natalidade e de mortalidade, resultando no envelhecimento populacional e no aumento da expectativa de vida, ou seja, a expectativa média de vida, em anos, de um recém-nascido.

É importante observar que a diminuição da taxa de fecundidade está associada ao processo de urbanização, à inserção da mulher no mercado de trabalho, com mudança na sua renda e na qualidade de vida, e à introdução de ações públicas de controle de natalidade, bem como ao uso da pílula anticoncepcional.

A segunda definição associada com a transição demográfica refere-se à **taxa de mortalidade**, que indica o número de óbitos registrados em uma população ao longo de um ano. É quantificada, assim como a taxa de natalidade, em unidades de morte por mil indivíduos por ano. A mortalidade nas populações está associada a diversas causas, como a perinatal (morte gestacional ou no nascimento), a materna (óbito da mãe após o nascimento), a mortalidade infantil (óbito de crianças na faixa etária de 1 a 5 anos) ou a mortalidade específica (óbito associado a uma característica de saúde e comportamento de uma faixa etária). Quando ocorre a transição demográfica, observa-se que as taxas de mortalidade em todas as suas tipologias diminuem em razão das condições socioambientais e econômicas dos grupos populacionais.

Distribuição da população mundial, por idade e sexo – 2017

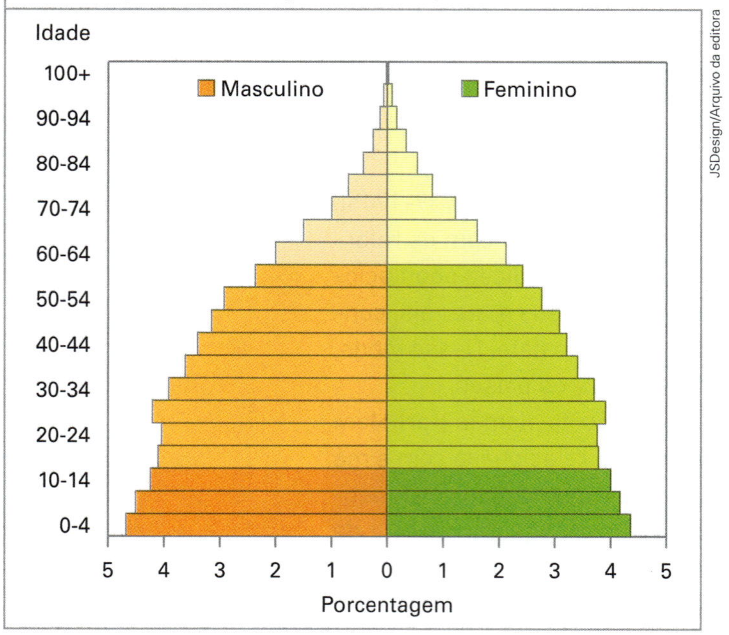

Elaborado com base em: ONU. *World Population Prospects*: 2017 Revision. New York: ONU, 2017. p. 2.

Toru Yamanaka/AFP

Mulheres em Okinawa, no Japão, em 2015. Essa ilha no sul do arquipélago é famosa pela população que ultrapassa os 100 anos de idade. A qualidade de vida e a alimentação são alguns dos fatores que elevam a expectativa de vida dos japoneses.

Por fim, o crescimento da taxa de **expectativa de vida** é um terceiro aspecto associado com a transição demográfica. As melhores condições de vida – relacionadas com o acesso a serviços de saúde (como o uso de vacinas e antibióticos), qualidade da alimentação (refeições variadas e equilibradas em termos nutricionais), elevação dos níveis de escolarização ou, ainda, melhores condições de saneamento básico (como o acesso a água potável e coleta e tratamento de esgoto) – resultam na longevidade das populações, ou seja, no aumento na expectativa de vida.

Em resumo, a transição demográfica é o resultado do baixo índice de fecundidade, do baixo índice de mortalidade e da elevação da expectativa de vida. As transições demográficas dos países são resultados de suas histórias. Na Europa, por exemplo, ela está associada à Revolução Industrial, enquanto na América Latina, ao fenômeno da urbanização.

No entanto, deve-se destacar que, antes de uma transição demográfica, os países assistem ao fenômeno denominado **bônus demográfico**. O bônus demográfico refere-se à população total de um país que, em sua composição quantitativa, tem menos crianças e idosos, e mais jovens e adultos. Esses jovens e adultos estão na chamada **população em idade ativa** (PIA), ou seja, estão em idade produtiva para o trabalho.

Tomando por exemplo uma população de 100 mil habitantes, desse total 20%, ou 20 mil, são idosos ou crianças, enquanto os demais, associados aos 80%, ou 80 mil, estão aptos para o trabalho ou estão empregados e, portanto, pertencem à **população economicamente ativa** (PEA). A população economicamente ativa corresponde à população empregada, com ocupação economicamente remunerada. Portanto, nem todos da PIA fazem parte da PEA.

Diálogo com Matemática

Observe as pirâmides etárias a seguir e responda às questões:

Brasil e São Paulo: pirâmides etárias – 2000, 2019 e 2030

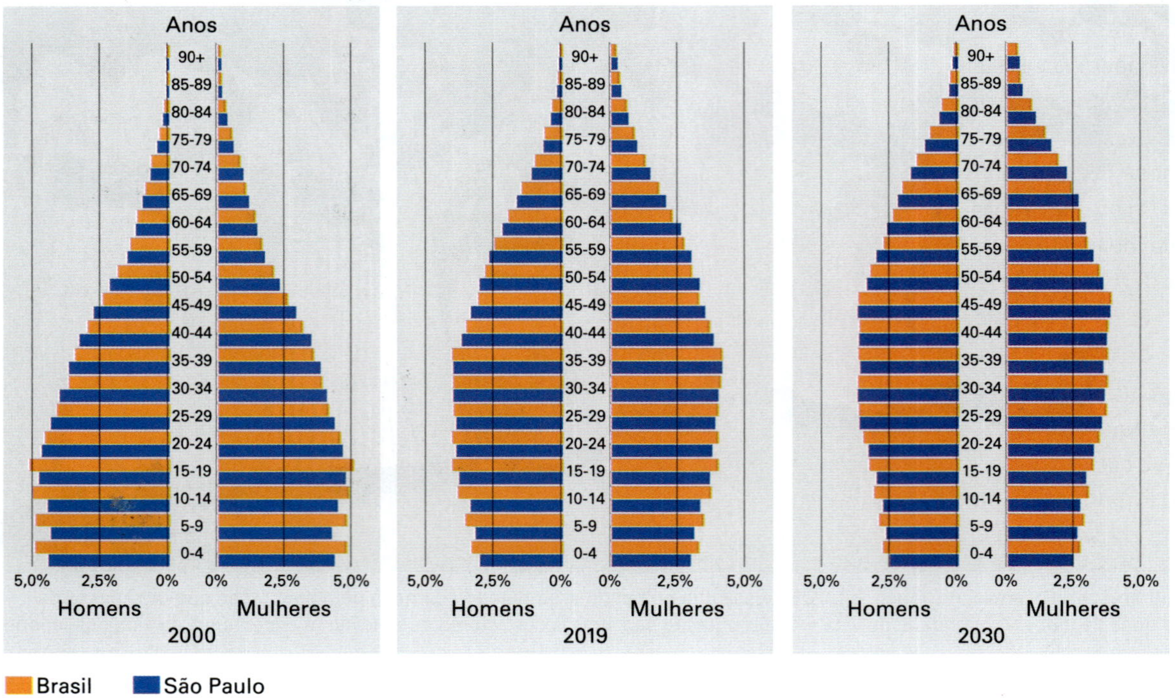

Elaborados com base em: IBGE População. Disponível em: <www.ibge.gov.br/apps/populacao/projecao/index.html>. Acesso em: 11 jul. 2018.

1. Quais são os dados de maior representatividade em cada uma das pirâmides (2000, 2019, 2030)? E os de menor representatividade?
2. Pode-se afirmar que nos gráficos se observa o fenômeno da transição demográfica? Justifique.
3. Pode-se afirmar que nos gráficos se observa o fenômeno do bônus demográfico? Justifique.

5. Os indicadores econômicos e sociais e as populações

Durante muitos anos, as desigualdades sociais foram analisadas estritamente por critérios econômicos, como o Produto Interno Bruto e a renda *per capita*.

O **Produto Interno Bruto** (PIB) é o primeiro índice de medição do desenvolvimento econômico e social de um país, e tem o objetivo de mensurar o nível de riqueza dos países sem levar em conta temas importantes para a qualidade de vida de uma população, como a educação e a saúde.

A soma dos recursos financeiros dos setores econômicos de um país, concentrados na agricultura, na agropecuária, na indústria e nos serviços, é o PIB nacional. Ele é o resultado das riquezas produzidas nesses setores ao longo de um ano e o seu valor é referenciado, em geral, em dólares (US$).

Quando dividido equitativamente pela população absoluta de um país, o PIB demonstra o poder de consumo que esse grupo possui, ou seja, a **renda *per capita*** do país. A renda *per capita* é, portanto, o PIB dividido pela população absoluta de um país (total de habitantes).

Os dados da ONU relativos ao ano de 2017 consideraram que os indivíduos pobres tinham renda anual inferior a 456 dólares, ou 1,25 dólar por dia. Um país que apresenta renda *per capita* (ou renda por habitante) abaixo de 1,025 dólar por dia é um país no qual as condições econômicas e sociais de seus habitantes não estão adequadas.

PIB dos países – 1990-2017 (em bilhões de dólares)

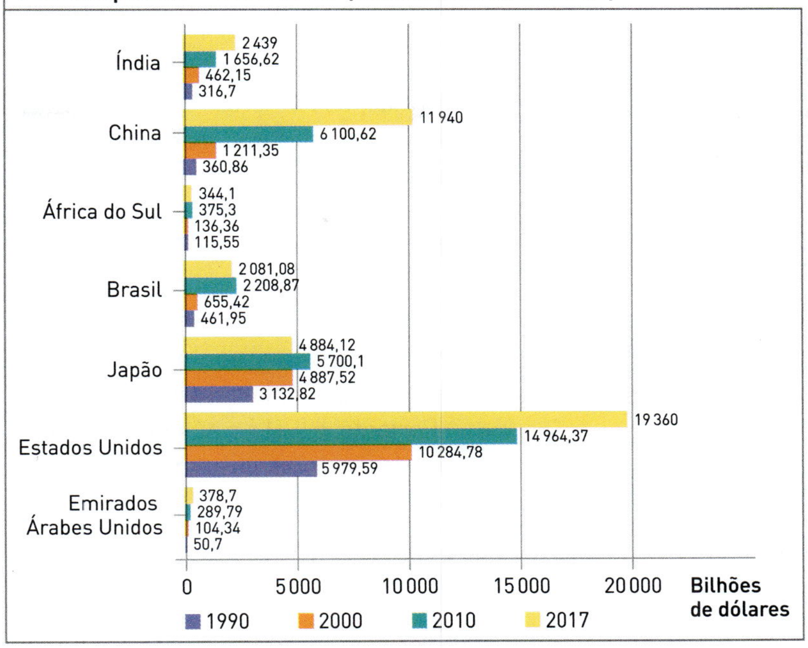

JSDesign/Arquivo da editora

Elaborado com base em: CIA. *The World Factbook*. Disponível em: <www.cia.gov/library/publications/resources/the-world-factbook/>; THE WORLD Bank. Data. Disponível em: <https://data.worldbank.org/country>. Acessos em: 13 jul. 2018.

A maioria das nações da América do Sul, como Brasil, Paraguai, Argentina, Equador e Peru, tem renda *per capita* de média a alta, com valores entre 4,036 dólares e 12,475 dólares por habitante. Países como Estados Unidos e Canadá têm alta renda *per capita*, cujos valores estão acima de 12,476 dólares por habitante.

Outro conceito importante é a **paridade de poder de compra**, que considera a renda de acordo com os preços praticados em uma nação. Desse modo, em determinados países, apesar de a renda *per capita* ser mais baixa, o poder de compra pode ser mais elevado do que o de populações com renda mais alta, já que o custo de vida delas também é mais alto.

Planisfério: renda *per capita*, por países – 2017

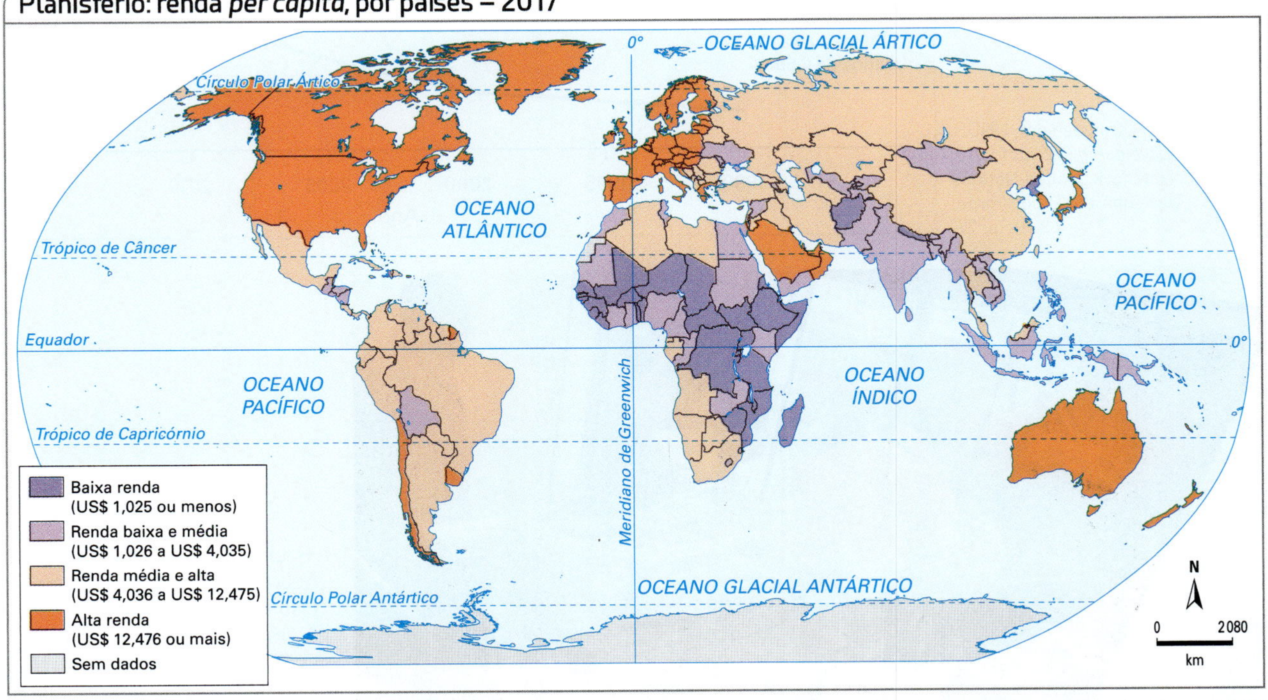

Banco de imagens/Arquivo da editora

Elaborado com base em: THE WORLD Bank. Disponível em: <https://databank.worldbank.org/data/download/site-content/wdi/maps/2017/world-by-income-wdi-2017.pdf>. Acesso em: 29 jun. 2018.

Índice de Desenvolvimento Humano (IDH)

No início dos anos 1990, o **Índice de Desenvolvimento Humano** (IDH) surgiu como um indicador para a elaboração de análises econômicas e sociais dos países. Até então, os números relacionados ao PIB eram os indicadores de desempenho utilizados e, portanto, resultavam na classificação dos países por meio de um *ranking* de desenvolvimento econômico.

A inserção de indicadores sociais relacionados com a educação e a saúde foi vista pela ONU como oportunidade de mensuração mais detalhada das realidades nacionais. A partir de então, esses indicadores passaram a ser utilizados como índice de desenvolvimento dos países. Para a projeção do IDH, compreende-se como indicador social a qualidade de vida da população não somente associada à renda, mas também à educação e à saúde.

Portanto, o IDH é o número que representa a oferta dos serviços prestados para a população de um país nos aspectos relacionados à saúde e à educação associado ao poder de compra ou à renda *per capita*.

IDH por regiões mundiais – 1990-2015

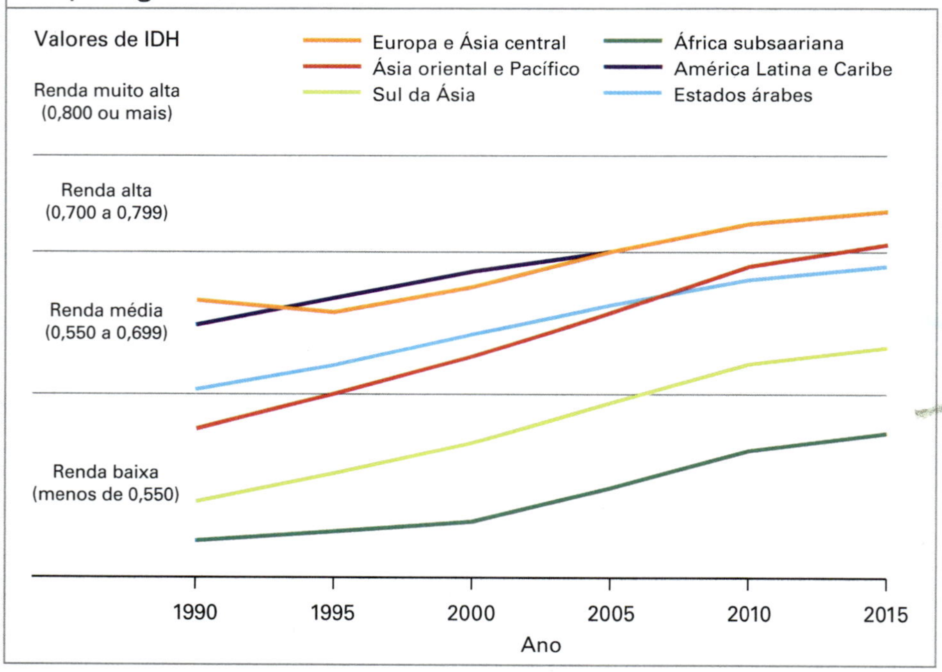

Elaborado com base em: UNDP. *Human Development Report 2016*. New York: United Nations Development Programme, 2016. p. 27.

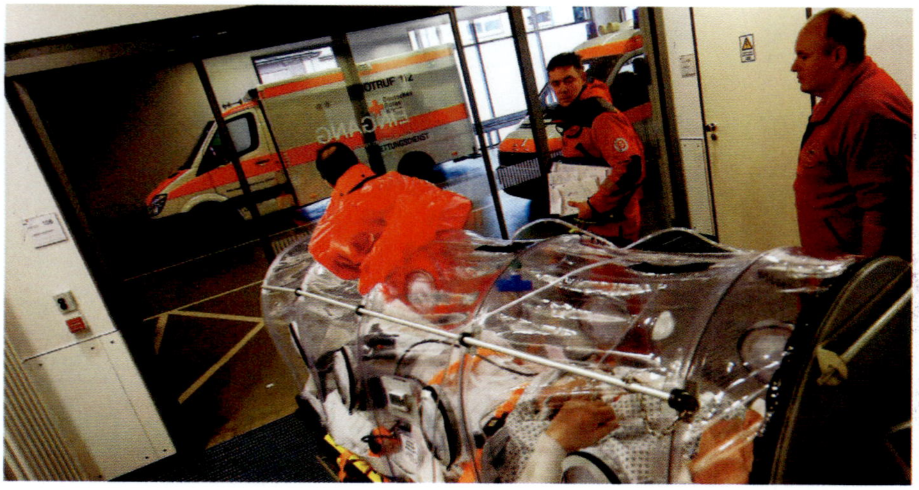

Kai Pfaffenbach/Reuters/Latinstock

Paciente transportado em helicóptero para hospital em Bad Wildungen, na Alemanha, em 2015. O país, sexto no *ranking* do IDH no relatório de 2015, aplica mais de 10% do seu PIB no sistema de saúde universal.

Felicidade Interna Bruta (FIB)

Um dos grandes desafios da vida nas cidades, sejam elas de pequeno ou médio porte, sejam megacidades, megalópoles ou cidades globais, é conciliar a vida urbana com a qualidade de vida e o bem-estar da população, buscando assim atingir a felicidade.

Para a sociedade em geral, o bem-estar engloba a capacidade da manutenção da vida, sua perpetuação por meio da reprodução e a realização do trabalho que leve à satisfação pessoal e que permita a manutenção da base material de existência, como um lugar para morar e condições de se alimentar. Além disso, as relações diárias devem permitir que os indivíduos tenham um bom estado de saúde emocional.

O **Felicidade Interna Bruta** (FIB) resulta da equação dos dados de expectativa de vida, grau de satisfação ou bem-estar das populações. Esse bem-estar está associado, por exemplo, à satisfação de vida, saúde mental, horas de sono diárias, participação política, renda *per capita*, etc.

Portanto, esse índice é uma medida que compara como diferentes países utilizam seus recursos naturais para preservar, com qualidade, a expectativa de vida de sua população. Existem outros índices de bem-estar e saúde para a mensuração da qualidade de vida das populações, por exemplo: o Índice do Planeta Feliz, que mede o grau de bem-estar, a expectativa de vida e a pegada ecológica.

Nutkerdphoksap/Shutterstock

// Thimphu, no Butão, em 2016. No Butão, a medida do desenvolvimento social envolve a felicidade, não apenas a atividade econômica.

CIDADANIA E PEGADA ECOLÓGICA

A pegada ecológica é a medição da quantidade de recursos naturais, como a água e o petróleo, utilizada diariamente pelas populações para manter seu estilo de vida.

A pegada ecológica tem o objetivo de questionar o modo de vida de seus habitantes para que consigam diminuir os problemas ambientais.

1. Realize o cálculo de sua pegada ecológica (ver **Dicas de *sites***). Compare a sua pegada com a dos colegas e depois, em grupos, façam um gráfico de barras com os indicadores de toda a turma.

Dicas de *sites*

Felicidade Interna Bruta
Disponível em: <www.felicidadeinternabruta.org.br>. Acesso em: 29 jun. 2018.
Esse indicador foi desenvolvido no Butão, um pequeno país asiático, com o apoio do Programa das Nações Unidas para o Desenvolvimento (Pnud). Ele considera o desenvolvimento econômico, além de aspectos como conservação do ambiente e qualidade de vida da população.

Teste sua pegada ecológica
Disponível em: <www.suapegadaecologica.com.br/>. Acesso em: 29 jun. 2018.
Teste desenvolvido pela Rede Clima, pelo Inpe e INCT para averiguar a pegada ecológica de um indivíduo.

6. Objetivos de Desenvolvimento do Milênio (ODM) e Objetivos de Desenvolvimento Sustentável (ODS)

Os **Objetivos de Desenvolvimento do Milênio** (ODM) surgiram de discussões na ONU e na Organização para a Cooperação e Desenvolvimento Econômico (OECD).

Como o fim da Guerra Fria, em 1991, as agências oficiais de assistência ao desenvolvimento tiveram cortes no orçamento. A União Europeia, diante desse cenário, organizou um grupo de trabalho com o objetivo de avaliar o futuro da ajuda ao desenvolvimento sustentável dos países.

Georgia Leopoldi/Instituto Baccarelli

// Jovens em situação de vulnerabilidade fazem aula de música em 2017, no Instituto Baccarelli, em São Paulo (SP), que visa à inclusão e à redução das desigualdades.

A erradicação da pobreza e da fome, a universalização da educação primária, a promoção da igualdade entre gêneros, a redução da mortalidade infantil, a melhoria da saúde materna l, o combate a doenças sexualmente transmissíveis, a garantia da sustentabilidade ambiental e o estabelecimento de ações para o desenvolvimento dos países são os oito temas dos ODM e foram assinados por 189 países-membros da ONU.

Os ODM deveriam ter sido atingidos até 2015, mas, como muitas tarefas não foram solucionadas em razão da grande desigualdade social nos países, foram reformulados com o nome de **Objetivos de Desenvolvimento Sustentável** (ODS). Com prazo para 2030 e muita lição de casa para os países, o grande desafio será cumprir as dezessete metas estabelecidas.

Reprodução/Organização das Nações Unidas

// Objetivos de Desenvolvimento Sustentável (ODS).

7. As migrações internacionais

A migração, por definição, é a movimentação de uma região para outra, de uma cidade para outra, de um estado para outro, de uma província para outra ou, ainda, de um país para outro. Esse último tipo de migração, de um país para outro, é chamado de **migração internacional**.

As migrações internacionais podem ser causadas por fatores como crises econômicas, doenças epidêmicas, perseguições políticas ou religiosas, desastres ambientais ou fuga de cérebros. Homens e mulheres migram em busca de oportunidades, de bem-estar ou de sobrevivência. Esse tipo de migração engloba dois movimentos: a imigração e a emigração. A **emigração** é o ato de sair do país de origem, enquanto a **imigração** é a chegada e o estabelecimento no país escolhido.

Fuga de cérebros: expressão usada para se referir a profissionais com muito conhecimento em seu campo de atuação e que migram de seu país de origem para outro, em busca de melhores trabalhos e especialização.

Quando os imigrantes entram legalmente no país, eles têm garantidos os direitos civis, por exemplo, o direito à vida, direitos sociais e trabalhistas. No entanto, existem grupos de imigrantes sem esses benefícios, os denominados **apátridas**. Os apátridas são grupos de indivíduos que não têm a nacionalidade assegurada por nenhum país. Por isso, não podem ter documentos como certidão de nascimento, carteira de identidade e passaporte. A Tailândia é um país com muitos apátridas. Estima-se que cerca de 400 mil pessoas vivam nessas condições naquele país.

Herika Martinez/AFP

Fronteira entre El Paso, nos Estados Unidos, e Ciudad Juarez, no México, em 2018. Com o lema "Abraços, não muros", mexicanos protestam contra a presença de muros para evitar a migração.

Dica de *site*

Organização Internacional pela Migração (IOM) (em inglês)
Disponível em: <www.iom.int/world-migration>. Acesso em: 29 jun. 2018.
No *site* é possível observar fluxos migratórios entre os países de todo o mundo.

Cartografando

1. Acesse o endereço eletrônico da Organização Internacional pela Migração (IOM) (ver **Dica de *site***) e observe o mapa político dos fluxos migratórios mundiais. Em seguida, selecione o Brasil e mais um país de cada continente e descreva os principais fluxos migratórios em cada um deles.

Os refugiados

Os refugiados são pessoas forçadas a se deslocar de seu país de origem por causa de guerras, desastres ambientais, perseguições políticas ou religiosas. Segundo os dados do Alto Comissariado das Nações Unidas para Refugiados (Acnur), em 2016, 22,5 milhões de pessoas eram consideradas refugiadas. Os maiores grupos naquele ano foram os palestinos, os sírios e os sudaneses do sul. As crianças, que representam a metade dos refugiados de todo o mundo, continuam carregando um fardo desproporcional de sofrimento, principalmente em razão de sua vulnerabilidade. Em 2016, 75 mil solicitações de refúgio eram de crianças que viajavam sozinhas ou separadas dos pais.

Os refugiados estão em todas as partes do mundo, inclusive no Brasil. Em 2017, o país recebeu aproximadamente 10 mil refugiados de 82 nacionalidades diferentes. Os países com maior número de refugiados foram Venezuela, Haiti e Cuba.

Acampamento de etíopes perto de Moyale, no Quênia, em 2018. A renúncia do primeiro-ministro da Etiópia, em fevereiro de 2018, provocou graves incidentes e levou milhares de pessoas a atravessar a fronteira em busca de refúgio.

Planisfério: origem dos refugiados no Brasil – 2017

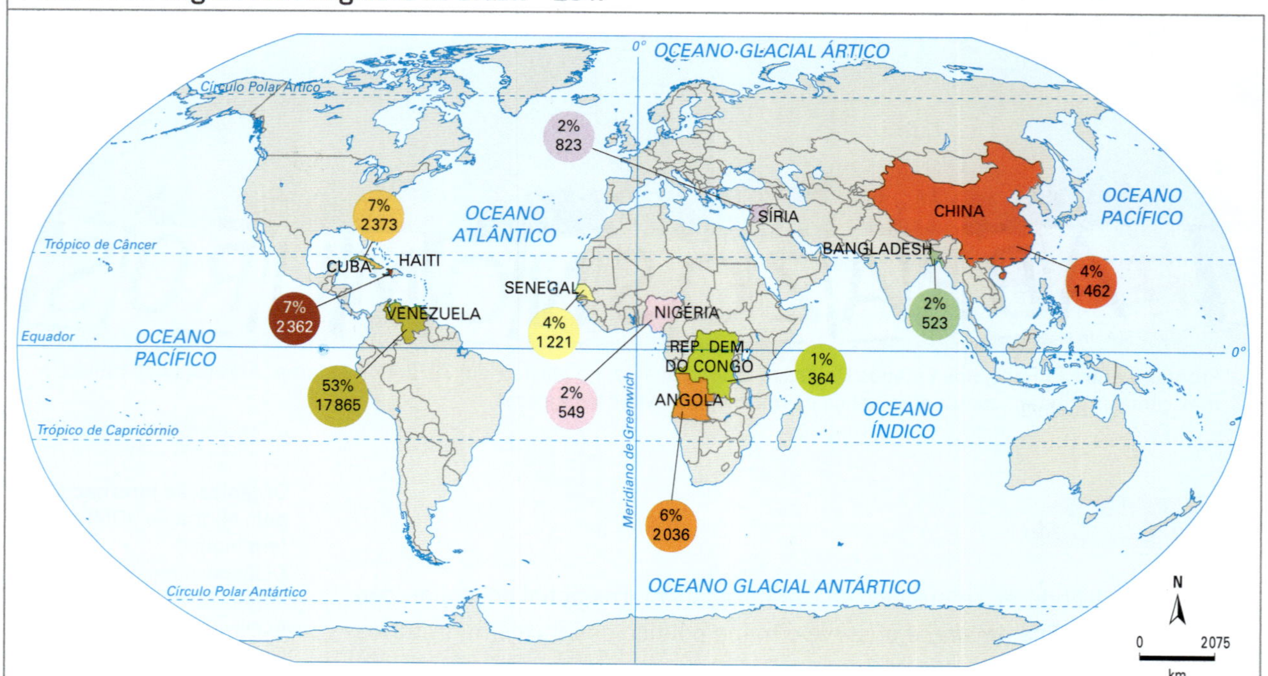

Elaborado com base em: BRASIL. Comitê Nacional para os Refugiados. *Refúgio em números*: 3ª edição. Disponível em: <www.acnur.org/portugues/wp-content/uploads/2018/04/refugio-em-numeros_1104.pdf>. Acesso em: 29 jun. 2018.

E no Brasil?

População produtiva brasileira cairá a partir de 2023

Pelas projeções mais recentes e consensuais para o crescimento econômico brasileiro, o país deixará de aproveitar o melhor momento de uma vantagem demográfica única em sua história para acelerar o desenvolvimento.

Com perspectiva de recessão neste ano e recuperação modesta nos próximos, a economia ainda terá de enfrentar, a partir dos anos 2020, a reversão do processo de crescimento da parcela da população em idade produtiva.

Chegará ao fim o período, iniciado nos anos 1990, de queda da proporção de dependentes – crianças e idosos – na população, que cria maior folga potencial para a poupança e recursos para educação, saúde e infraestrutura.

Diversos países conseguiram aproveitar o chamado bônus demográfico para dar um salto de patamar. É o caso do Japão e de nações europeias, que alcançaram o status de economia desenvolvida a partir dessa janela.

Limites

O Brasil, apesar de avanços observados na redução da pobreza e na inclusão educacional nas últimas décadas, não sofreu uma transformação equivalente até o momento – e avanços adicionais serão limitados pelo fraco desempenho esperado da economia no momento demográfico mais favorável.

O FMI previu, neste mês, que o Brasil crescerá, até o fim desta década, apenas 1,8% ao ano, em média – a metade da década anterior. Economistas de mercado consultados pelo BC também preveem um crescimento médio nesse patamar até 2019.

Nesse cenário, o mercado de trabalho deve manter a marcha lenta, limitando na prática o aumento da parcela da população que sustentaria o crescimento.

“Se a economia não se recuperar, no restante da década o Brasil vai perder as últimas vantagens trazidas pela janela de oportunidade demográfica”, diz o professor e especialista em estudos demográficos José Eustáquio Diniz Alves, da Escola Nacional de Ciências Estatísticas do IBGE.

Envelhecimento

A partir de 2023, a população produtiva deverá começar a cair no Brasil, refletindo o envelhecimento médio como resultado da maior longevidade.

Com isso, a contribuição da demografia para o crescimento passará a cair ano a ano, pressionando os gastos com saúde e aposentadorias.

“O país vai ter que rodar com custos maiores, sendo ainda um país de renda média”, diz Jorge Arbache, professor de economia na Universidade de Brasília. [...]

VERSIANI, Isabel; PATU, Gustavo. População produtiva brasileira cairá a partir de 2023. *Folha de S.Paulo*, 26 abr. 2015. Disponível em: <www1.folha.uol.com.br/mercado/2015/04/1621169-populacao-produtiva-brasileira-caira-a-partir-de-2023.shtml>. Acesso em: 3 jul. 2018.

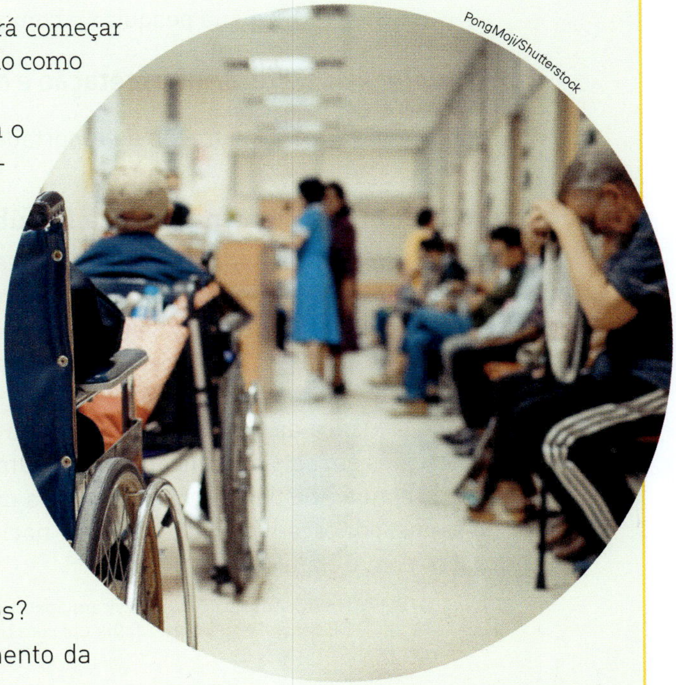
PongMoji/Shutterstock

O envelhecimento da população leva a maiores gastos com a saúde.

1. Qual é o significado de bônus demográfico?
2. Segundo o texto, quais são os limites brasileiros?
3. Como o texto aborda a questão do envelhecimento da população brasileira?

Reconecte

Dicas de *sites*

Atlas do Desenvolvimento Humano no Brasil
Disponível em: <www.dgi.inpe.br/CDSR/>. Acesso em: 3 jul. 2018.
Nesse atlas é possível consultar o IDH dos municípios, das Unidades da Federação e das regiões metropolitanas do Brasil.

Museu da Pessoa
Disponível em: <www.museudapessoa.net/pt/home>. Acesso em: 31 ago. 2018.
O Museu da Pessoa é um museu virtual colaborativo, no qual é possível conhecer histórias de vida e acessar publicações que abordam a importância da memória para a compreensão de eventos históricos e sociais.

Revisão

1. Escreva no caderno o que você entende por:
   a) Pirâmide etária.
   b) Produto Interno Bruto (PIB).
   c) Renda *per capita*.
   d) Índice de Desenvolvimento Humano (IDH).

Análise comparativa

2. Thomas Malthus, na obra *Ensaio sobre a população*, afirmou que a população cresceria em progressão geométrica (PG) e a produção de alimentos em progressão aritmética (PA). Sabendo que em uma cidade X, em 1900, a população total era de 7 mil habitantes e, em 1925, esse número era de 14 mil habitantes, qual seria o total de habitantes em 2000, em progressão aritmética e em progressão geométrica?

3. Acesse o endereço eletrônico do Atlas do Desenvolvimento Humano no Brasil (ver **Dicas de *sites***) e realize a coleta do IDH de três municípios. Em seguida, faça um gráfico comparando esses três municípios e discuta com os colegas sobre os resultados encontrados.

Pesquisa

4. Realize uma pesquisa no *site* Museu da Pessoa (ver **Dicas de *sites***) e busque informações sobre um imigrante ou um grupo de imigrantes que escolheu São Paulo para viver. Em seguida, escreva em seu caderno os resultados obtidos na sua pesquisa e compartilhe com os colegas.

Leitura, interpretação e debate

5. Leia trecho da reportagem a seguir.

Haitianos viram apátridas na vizinha República Dominicana

Às segundas e sextas, milhares de haitianos carregados de mercadorias entram na República Dominicana de forma desordenada, sem mostrar documentos, mas frequentemente pagando propina aos agentes dominicanos. É o preço a pagar pelo sonho dominicano.

Um sonho que, em 2013, virou pesadelo para as dezenas de milhares de haitianos e seus descendentes que moram no país vizinho há décadas.

Nesse ano, a Justiça da República Dominicana determinou que os filhos de haitianos em situação irregular nascidos em solo dominicano não teriam direito à nacionalidade.

De acordo com a Anistia Internacional (AI) a decisão é "arbitrária e discriminatória, priva esse coletivo de saúde, educação, previdência, e da nacionalidade dominicana, sendo que eles já não têm nenhum laço com o Haiti". [...]

ATTANASIO, Angelo. Haitianos viram apátridas na vizinha República Dominicana. *Folha de S.Paulo*, 14 ago. 2016. Disponível em: <www1.folha.uol.com.br/mundo/2016/08/1802762-haitianos-viram-apatridas-na-vizinha-republica-dominicana.shtml>. Acesso em: 3 jul. 2018.

- Em grupos, associem o texto a três desigualdades sociais estudadas no capítulo e debatam com seus colegas.

Produção textual

6. Retome os Objetivos de Desenvolvimento Sustentável e escreva um texto reflexivo sobre eles no caderno.

EXPLORANDO

7. Reúna-se com três colegas e, juntos, realizem uma entrevista com um imigrante para descobrir a história dele.

É importante organizar um roteiro de perguntas, com questões sobre a vinda para o Brasil, as diferenças culturais – como a língua e a alimentação –, a família, as oportunidades de trabalho e a moradia no país.

Caso não consigam encontrar nenhum imigrante na escola ou na região onde moram, façam uma pesquisa na internet sobre os imigrantes no Brasil.

Resumo

- A distribuição ou concentração populacional é desigual pelos continentes.
- Segundo a teoria malthusiana, a população aumenta em progressão geométrica, enquanto a produção de alimentos aumenta em progressão aritmética.
- A teoria neomalthusiana reafirma a necessidade de limitar o crescimento populacional por meio de programas de controle de natalidade.
- De acordo com a teoria reformista, a pobreza dos países não está associada aos altos índices populacionais, mas resulta de uma concentração desigual de recursos materiais.
- As pirâmides populacionais ou pirâmides etárias auxiliam os estudos de transição demográfica.
- Eram oito os Objetivos de Desenvolvimento do Milênio (ODM), que não foram concretizados até 2015. Em razão disso, foram propostas dezessete metas, os Objetivos de Desenvolvimento Sustentável (ODS), com prazo para 2030.
- As migrações internacionais ocorrem por diversos fatores e envolvem dois movimentos: as imigrações e as emigrações.
- Os refugiados são pessoas forçadas a abandonar o país de origem por causa de guerras, desastres ambientais, perseguições políticas ou religiosas.

CAPÍTULO

2

Brasil: um caldeirão de culturas

O Brasil é um país com grande diversidade étnica e cultural. Do período anterior à colonização até os dias atuais, muitos povos exerceram influências sobre a cultura brasileira. Povos originários, africanos escravizados, portugueses, italianos, japoneses, coreanos, bolivianos e sírios são apenas alguns dos muitos povos que trouxeram consigo elementos culturais que se misturaram e hoje fazem parte de hábitos, costumes e valores brasileiros. A tendência é que esse processo continue a ocorrer, pois o país ainda recebe muitos imigrantes de várias partes do mundo.

A estrutura da população brasileira, principalmente nas últimas décadas, tem se transformado bastante, como o ritmo de crescimento e a composição por idade, além de sua maior concentração em áreas urbanas.

Reprodução/Museu Nacional de Belas Artes, Rio de Janeiro, RJ.

Primeira missa no Brasil, de Victor Meirelles, 1860 (óleo sobre tela, de 268 cm x 356 cm). Na pintura, os povos originários foram representados como observadores das ações dos portugueses, que aparecem como protagonistas da cena.

De Agostini/S. Renis/AGB Photo Library

Boi-bumbá, também chamado de bumba meu boi, em São Luís (MA), em 2016. Uma das festas mais populares do Maranhão, remonta ao século XVIII, trazida pelos portugueses, com influências das culturas africana e indígena.

EM FOCO

Letras pretas

Em sua edição de 2017, o já consagrado Festival do Livro e da Literatura de São Miguel, iniciativa da Fundação Tide Setubal, decidiu discutir o racismo e a luta pela equidade racial na produção literária. O tema do ano foi "Letras Pretas: poéticas de corpo e liberdade" e ocupou uma série de bibliotecas, praças, espaços culturais e escolas no bairro da região Leste de São Paulo.

Inácio Pereira, coordenador do festival, chama a atenção para o papel de instrumento de mediação que a literatura exerce para fazer com que a sociedade discuta temas importantes. "Desde 2015 percebemos que o país passa por um momento de forte intolerância e ausência de escuta e diálogo, além da crise institucional que vivemos. Nesse sentido, a literatura e o festival em si ajudam a disparar discussões contemporâneas, como é a questão de igualdade de gênero [tema de 2016] e a questão racial e a literatura negra."

O coordenador lembra a fala da escritora nigeriana Chimamanda Ngozi Adichie. "Precisamos discutir representatividade, não podemos aceitar uma história só, apenas uma perspectiva. E hoje sabemos que o espaço da literatura negra é pequeno e os personagens negros têm sempre o mesmo destino, geralmente trágico", analisa.

Inácio toca nesse assunto lembrando que 94% dos escritores brasileiros publicados pelas três maiores editoras do país são brancos, de acordo com dados do IBGE. "Precisamos falar sobre isso. A literatura é uma das bases da construção simbólica – até porque tende a virar outros produtos culturais como peças de teatro, filmes para o cinema e programas para a televisão."

Os personagens também são, em sua maioria, brancos – mais precisamente 92%, como aponta estudo da pesquisadora Regina Dalcastagnè. Nesse sentido, o festival foi uma oportunidade de discutir e desconstruir essa narrativa social. "Foi uma experiência maravilhosa, muito bem recebida pela comunidade, de propor uma ocupação dos espaços, públicos e simbólicos", finaliza. A expectativa – os dados ainda estão sendo contabilizados – é que mais de 15 mil pessoas passaram pelo festival. [...]

DIA Nacional da Consciência Negra discute combate ao racismo e superação de desigualdades. O *Gife*. Disponível em: <https://gife.org.br/dia-nacional-da-consciencia-negra-coloca-em-pauta-o-combate-ao-racismo-e-a-superacao-de-desigualdades/>. Acesso em: 7 jul. 2018.

1. O que a escritora nigeriana Chimamanda Ngozi Adichie quis dizer com "o espaço da literatura negra é pequeno e os personagens negros têm sempre o mesmo destino, geralmente trágico"?
2. Em sua opinião, por que as editoras publicam mais obras de autores brancos?

Aurore Marechal/Abaca/Sipa USA/AP Images/Glow Images

Chimamanda Ngozi Adichie destaca-se na literatura contemporânea e aborda temas como feminismo, racismo, migração e identidade. Foto de 2018.

1. Os povos originários

Quando os portugueses chegaram às terras que viriam a ser o território brasileiro, encontraram povos diferentes e os chamaram índios porque acreditavam estar nas Índias. Desde então, essa palavra tem sido comumente usada para identificar grupos nativos ou originários que aqui habitavam.

No século XV, estima-se que havia no Brasil mais de mil povos diferentes, que totalizavam entre 2 milhões e 5 milhões de pessoas. Entre esses grupos havia semelhanças e diferenças em relação a língua, rituais praticados, alimentação e moradia, entre outros elementos.

Infelizmente, ao longo dos séculos, a população indígena foi sendo reduzida progressivamente. Segundo dados do Instituto Brasileiro de Geografia e Estatística (IBGE) de 2017, existem apenas 250 povos originários, formados por cerca de 897 mil pessoas.

Muitos fatores explicam essa redução populacional. Desde a colonização portuguesa, milhares de indígenas morreram com doenças trazidas por outros povos, como tuberculose, varíola, sífilis e gripe, pois não tinham imunidade a essas enfermidades. Esse problema perdurou e afetou o povo Kamaiurá, que habitava a região do Alto Xingu (MT), sendo quase extinto no início da década de 1950 por causa de uma epidemia de sarampo.

Atualmente, florestas são derrubadas ou para a extração de madeira ou são utilizadas para atividades econômicas, como a pecuária e a agricultura, rios estão sendo contaminados, áreas são urbanizadas. Nesse processo, muitos indígenas não conseguem manter seus modos de vida e, frequentemente, precisam migrar para outros locais. Em busca da sobrevivência, acabam trabalhando em atividades que nada tem a ver com sua cultura.

O povo Maxakali, que originalmente ocupava terras entre Bahia, Minas Gerais e Espírito Santo, sofreu pressão de não indígenas, principalmente a partir do século XVIII – quando as áreas mais ao interior passaram a ser colonizadas –, e foi obrigado a se deslocar. Atualmente, vive em uma única área protegida no nordeste de Minas Gerais, mas ainda assim está em constante conflito com pecuaristas da região.

Desde os massacres realizados pelos colonizadores, os povos originários do Brasil têm lutado para sobreviver e, assim, preservar suas terras e seus costumes. Atualmente, o maior problema são os conflitos observados entre eles e fazendeiros, mineradores, madeireiros e também o governo.

Ricardo Teles/Pulsar Imagens

Indígenas da etnia Kamaiurá na prova de cabo de guerra dos Jogos Mundiais dos Povos Indígenas, em Palmas (TO), 2015.

Cartografando

População indígena no Brasil

A maior parte dos indígenas brasileiros vive em **Terras Indígenas**, áreas coletivas que são ou estão sendo reconhecidas pelo governo para a utilização exclusiva desses povos originários. O mapa ao lado e a tabela a seguir mostram a distribuição dessas terras pelo território brasileiro, conforme o Censo demográfico 2010, realizado pelo IBGE.

Brasil: população indígena total – 2010

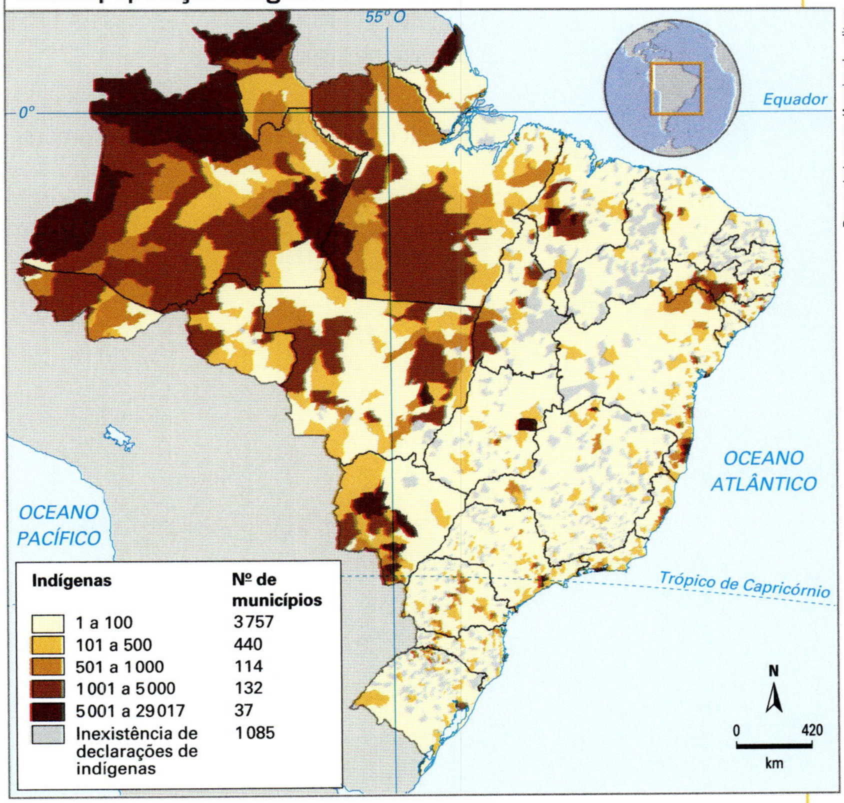

Elaborado com base em: ATLAS Nacional Digital do IBGE. Disponível em: <www.ibge.gov.br/apps/atlas_nacional/>. Acesso em: 7 jul. 2018.

População indígena, segundo as Grandes Regiões do Brasil – 2010

Grandes Regiões	Total	Localização geográfica		
		Terras Indígenas	Urbana: fora das Terras Indígenas	Rural: fora das Terras Indígenas
Brasil	896 917	517 383	298 871	80 663
Norte	342 836	251 891	59 386	31 559
Nordeste	232 739	106 142	95 242	31 355
Sudeste	99 137	15 904	78 620	4 613
Sul	78 773	39 427	32 846	6 500
Centro-Oeste	143 432	104 019	32 777	6 636

Elaborado com base em: IBGE. Censo demográfico 2010. Disponível em: <https://censo2010.ibge.gov.br/noticias-censo?busca=1&id=3&idnoticia=2194&t=censo-2010-poblacao-indigena-896-9-mil-tem-305-etnias-fala-274&view=noticia>. Acesso em: 7 jul. 2017.

1. Com base no mapa, analise a distribuição dos povos originários brasileiros de acordo com o número de habitantes e municípios por região geográfica.
2. De acordo com a tabela, qual é a região com a maior parte da população indígena do Brasil? Considere as Terras Indígenas e as áreas urbanas e rurais não indígenas.

Alguns povos indígenas se distribuem e transitam por outros países, como os da Amazônia. Por habitarem essas terras muito antes da chegada dos colonizadores, as fronteiras criadas para a definição dos territórios nacionais não têm grande significado no dia a dia das comunidades. O povo Yanomami vive justamente na fronteira entre o Brasil e a Venezuela. Para poderem circular entre essas fronteiras, foram criadas reservas a fim de que o modo de vida dessa população pudesse ser mantido.

Brasil e Venezuela: território yanomami – 2014

Elaborado com base em: ISA. Territórios e comunidades yanomami – Brasil-Venezuela 2014. Disponível em: <https://acervo.socioambiental.org/acervo/mapas-e-cartas-topograficas/bacia-do-rio-negro/territorio-e-comunidades-yanomami-brasil>. Acesso em: 23 jul. 2018.

Apesar do reconhecimento constitucional, a demora no estabelecimento das Terras Indígenas causa muitos problemas aos povos originários. Em 2018, de acordo com o Instituto Socioambiental (ISA) existiam 486 Terras Indígenas regularizadas, a maior parte na Amazônia Legal. Para conseguir sobreviver, parte dessa população precisa se transferir para áreas urbanas ou, então, passa a trabalhar na agricultura, interferindo na manutenção de suas tradições.

A população indígena deve ter seus direitos preservados, entre eles o de manter sua identidade. A Constituição de 1988 reconhece que os povos originários são os primeiros e naturais senhores das terras do território brasileiro. Mas, na prática, eles enfrentam muitas dificuldades. Terras Indígenas são invadidas em todo o Brasil, seja de maneira ilegal (posseiros, pescadores, madeireiros, entre outros), seja pelo próprio governo – quando são implementados grandes projetos, como hidrelétricas e atividades de mineração. Ainda há muito o que caminhar para que os povos originários tenham seus direitos respeitados.

2. Imigração forçada: africanos escravizados e afro-brasileiros

Na formação da sociedade brasileira também há raízes africanas. No período colonial, os portugueses desenvolveram várias atividades econômicas com a utilização de mão de obra escrava, como nos engenhos de produção de açúcar e, depois, na mineração. Essa força de trabalho era formada basicamente por africanos, que pertenciam a diferentes grupos daquele continente. Esse movimento forçado de migração foi chamado de **diáspora negra** ou africana.

O tráfico de africanos escravizados passou por muitas fases, desde o século XVI até sua proibição – com um período de comercialização ilegal. Pessoas eram tratadas como mercadorias e vendidas com outros produtos. Os europeus adquiriam grande número de escravos: geralmente prisioneiros de guerra entre tribos, pessoas que serviam de garantia de pagamento de dívidas ou indivíduos raptados pertencentes a grupos étnicos distintos. Eles eram levados para portos localizados na costa oeste da África e, de lá, partiam em condições absolutamente desumanas em direção às Américas.

Reprodução/Coleção particular

Caravana de escravos, de autor desconhecido, século XIX (gravura em madeira). Africanos escravizados acorrentados andam em fila, carregam objetos e são vigiados por guardas. Além disso, existem crianças, uma delas de colo.

Destaca-se o ciclo da Costa da Mina, ocorrido entre os séculos XVIII e XIX. Nesse período, o Brasil recebeu escravos de muitos povos africanos do golfo da Guiné (habitantes das terras que hoje formam Gana, Togo, Nigéria e Benin). Eles eram chamados de **sudaneses**, pois habitavam o sul do Saara, chamado Sudão, porém, tinham origens distintas (nagôs, jejes, kanuris, axantis, txis, fulas, mandingas, malês, etc.). Outro grande grupo de africanos vindos por meio do tráfico de escravos chegou de Angola, Congo, Moçambique e Tanzânia, e era conhecido como **banto** (que reunia benguelas, cabindas, cassangas, macuas, entre outros).

Não se sabe ao certo quantos africanos foram forçados a deixar seu continente. Estima-se que mais de 12 milhões seguiram em direção às Américas, principalmente para o Brasil. Isso sem contar as pessoas que morreram na captura e durante a viagem, nos porões dos navios, conhecidos como navios negreiros.

Diálogo com Literatura

O navio negreiro

O poeta baiano Castro Alves (1847-1871) retratou em poesia o cenário de uma travessia oceânica em um navio negreiro. Publicada em 1869, ele denunciou em versos as condições que a população escravizada enfrentava para chegar às terras coloniais. Com a abolição da escravatura, em 1888, esse quadro foi alterado, mas as diferenças sociais entre brancos e negros no Brasil ainda permanecem.

Leia um trecho do poema e, depois, responda às perguntas.

O navio negreiro

'Stamos em pleno mar... Doudo no espaço
Brinca o luar – dourada borboleta;
E as vagas após ele correm... cansam
Como turba de infantes inquieta.

'Stamos em pleno mar... Do firmamento
Os astros saltam como espumas de ouro...
O mar em troca acende as ardentias,
– Constelações do líquido tesouro...

'Stamos em pleno mar... Dois infinitos
Ali se estreitam num abraço insano,
Azuis, dourados, plácidos, sublimes...
Qual dos dous é o céu? qual o oceano?...

'Stamos em pleno mar... Abrindo as velas
Ao quente arfar das virações marinhas,
Veleiro brigue corre à flor dos mares,
Como roçam na vaga as andorinhas...

Donde vem? onde vai? Das naus errantes
Quem sabe o rumo se é tão grande o espaço?
Neste saara os corcéis o pó levantam,
Galopam, voam, mas não deixam traço. [...]

Era um sonho dantesco... o tombadilho
Que das luzernas avermelha o brilho.
Em sangue a se banhar.
Tinir de ferros... estalar de açoite...
Legiões de homens negros como a noite,
Horrendos a dançar...

Negras mulheres, suspendendo às tetas
Magras crianças, cujas bocas pretas
Rega o sangue das mães:
Outras moças, mas nuas e espantadas,
No turbilhão de espectros arrastadas,
Em ânsia e mágoa vãs!

E ri-se a orquestra irônica, estridente...
E da ronda fantástica a serpente
Faz doudas espirais ...
Se o velho arqueja, se no chão resvala,
Ouvem-se gritos... o chicote estala.
E voam mais e mais...

Presa nos elos de uma só cadeia,
A multidão faminta cambaleia,
E chora e dança ali!
Um de raiva delira, outro enlouquece,
Outro, que martírios embrutece,
Cantando, geme e ri!

No entanto o capitão manda a manobra,
E após fitando o céu que se desdobra,
Tão puro sobre o mar,
Diz do fumo entre os densos nevoeiros:
"Vibrai rijo o chicote, marinheiros!
Fazei-os mais dançar!..." [...]

Ontem plena liberdade,
A vontade por poder...
Hoje... cúm'lo de maldade,
Nem são livres p'ra morrer.
Prende-os a mesma corrente
– Férrea, lúgubre serpente –
Nas roscas da escravidão.
E assim zombando da morte,
Dança a lúgubre coorte
Ao som do açoute... Irrisão!... [...]

ALVES, Castro. O navio negreiro. Disponível em: <www.dominiopublico.gov.br/download/texto/bv000068.pdf>. Acesso em: 10 jul. 2018.

1. Como Castro Alves descreve o mar?
2. De que modo o autor expressa as condições da viagem dos africanos escravizados?
3. Reúna-se com três colegas e discutam como as desigualdades sociais entre negros e brancos pode ser combatida no Brasil?

No Brasil, as diferenças sociais podem ser percebidas na oferta de trabalho e na remuneração. Em geral, a população negra ganha muito menos que as pessoas denominadas brancas. Pela desigualdade de oportunidades, também é a parcela da população brasileira que mais assume trabalhos com menor qualificação, assim como os empregos informais (sem registro em carteira de trabalho).

Brasil: taxa de desocupação, segundo a cor – 2012 e 2017 (%)

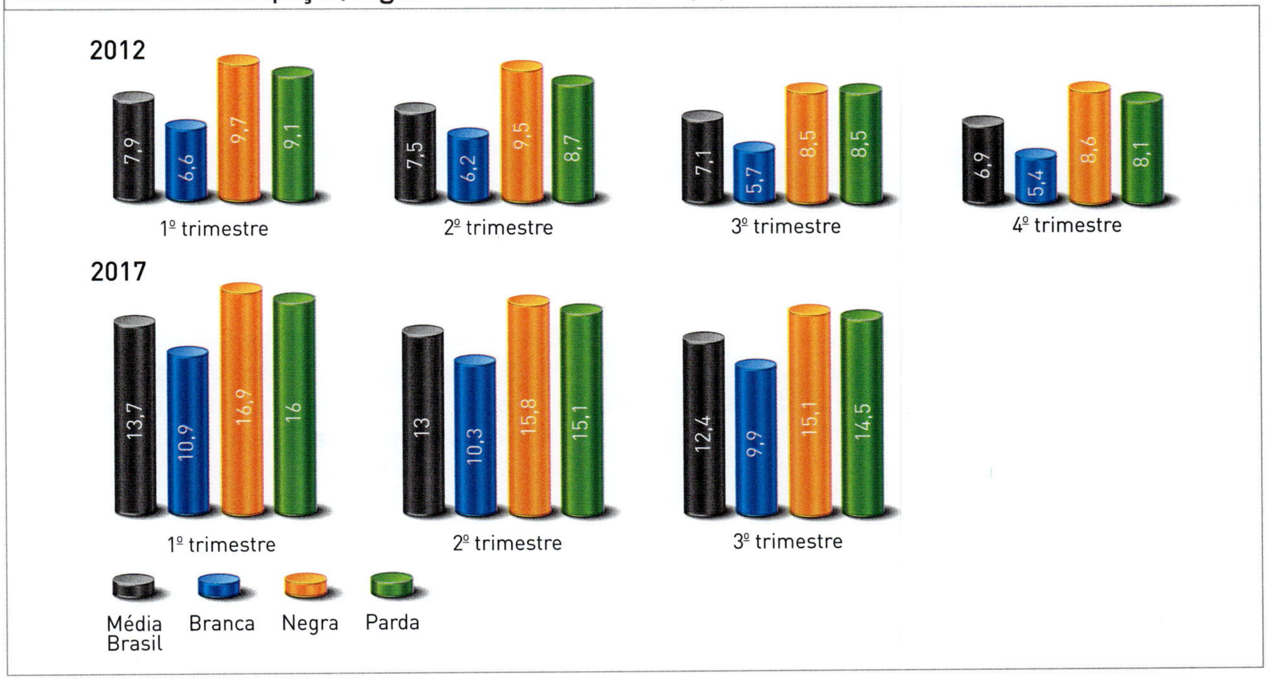

Elaborado com base em: IBGE. *Pesquisa Nacional por Amostra de Domicílios Contínua*: terceiro trimestre de 2017. Rio de Janeiro: IBGE, 2017, p. 30.

Mesmo diante de violências física e emocional, os povos africanos que chegaram escravizados trouxeram suas identidades expressas de diferentes formas, como na alimentação, nos costumes, no trabalho, na música, na dança, na religião, nas vestimentas, entre várias outras. Esse conjunto de fatores contribuiu para a formação da cultura brasileira.

Portanto, a estrutura populacional do Brasil reflete, em sua composição, a importância dessa população de origem africana. Segundo o IBGE, em 2015, 8,9% dos brasileiros declararam-se negros e pelo menos 45% se definiram pardos. Essa composição varia conforme as regiões do país.

Brasil: distribuição da população, por Grandes Regiões, segundo a cor – 2015 (%)

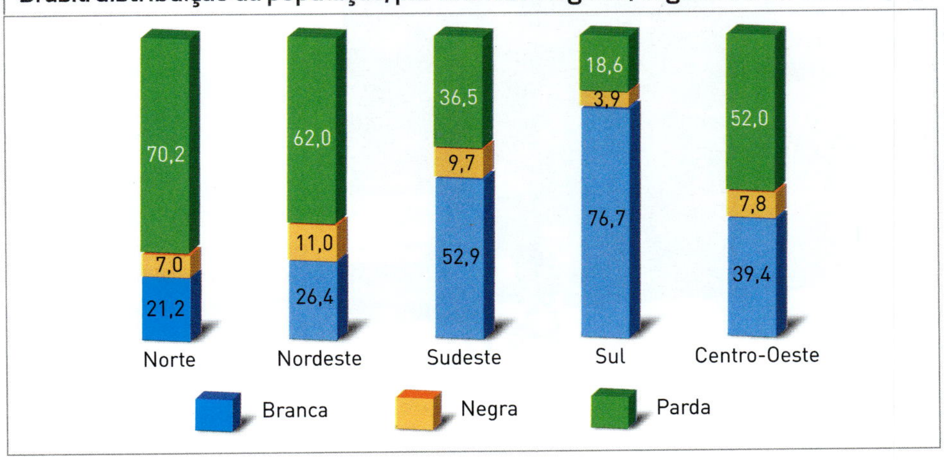

Elaborado com base em: IBGE. *Pesquisa Nacional por Amostra de Domicílios* – síntese de indicadores 2015. Disponível em: <https://biblioteca.ibge.gov.br/visualizacao/livros/liv98887.pdf>. Acesso em: fev. 2018.

Sem dúvida, ainda há muito o que fazer para promover o respeito e a igualdade de condições para esse grupo social fundamental na formação, na composição e na cultura da sociedade brasileira. A adoção de **ações afirmativas** busca solucionar esse problema. Esse modelo foi aplicado em vários países, como nos Estados Unidos. Envolvem, por exemplo, garantir a estudantes negros parte das vagas em universidades públicas (cotas) em reconhecimento das dificuldades que a população negra enfrentou no passado.

No Brasil, o modelo foi adaptado para receber negros, pardos e descendentes de povos indígenas. Além de várias universidades públicas federais, a Universidade de São Paulo, em 2017, também adotou esse sistema, entre outras estaduais.

CIDADANIA E EQUIDADE EDUCACIONAL

Indígena é aprovada para medicina em duas universidades federais

Filha de uma professora e moradora da aldeia Tey Kuê em Caarapó, a 264 km de Campo Grande, a jovem indígena de Mato Grosso do Sul, Dara Ramires Lemes, 19 anos, foi aprovada para o curso de medicina em duas universidades federais do país. A estudante da etnia guarani ficou em primeiro lugar no vestibular da Universidade Federal de São Carlos (UFSCAR) e da Universidade Federal de Santa Maria (UFSM).

Segundo a estudante, o vestibular de Santa Maria foi por cota, reservada só para indígenas. "Ofertaram duas vagas e eu me dei bem, fiquei com o primeiro lugar. Já na UFSCAR, eles fizeram vestibular específico para indígenas. Só os que comprovaram residir em aldeias participaram daquele vestibular. Foram 67 indígenas por vaga e, graças a Deus, eu consegui", comemorou.

A garota conta que estudou a vida toda na escola da aldeia. Depois de concluir o ensino médio, ela fez cursinho por dois anos e também reforçou os estudos em casa, totalizando cerca de 10 horas de dedicação por dia. O esforço valeu a pena e trouxe uma conquista inesperada por ela e pela família: a aprovação, em 1º lugar, em duas faculdades federais de medicina. [...]

INDÍGENA é aprovada para medicina em duas universidades federais. 26 jan. 2015. G1. Disponível em: <http://g1.globo.com/mato-grosso-do-sul/noticia/2015/01/indigena-e-aprovada-para-medicina-em-duas-universidades-federais.html>. Acesso em: 10 jul. 2018.

Gerson Gerloff/Acervo do fotógrafo

Universidade Federal de Santa Maria (UFSM), em Santa Maria (RS), 2018. A UFSM é uma das universidades brasileiras que reservam vagas para indígenas.

3. Imigração europeia: portugueses, italianos, espanhóis e alemães

No início do período colonial (séculos XVI e XVII), as "terras novas" não eram um atrativo suficiente para que as pessoas se dispusessem a fazer uma longa viagem.

Entretanto, no período da exploração do ouro em Minas Gerais (século XVIII), começaram os grandes movimentos de portugueses para as terras novas, atraídos pela perspectiva de enriquecimento. Por causa da invasão francesa em outros reinos europeus, comandada por Napoleão Bonaparte, a Corte portuguesa transferiu-se para o Brasil em 1808, com uma grande comitiva.

A chegada de dom João VI à Bahia, de Candido Portinari, 1952 (óleo sobre tela, de 381 cm × 580 cm).

Entre a segunda metade do século XIX e o começo do século XX, o Brasil recebeu grandes fluxos de **imigrantes portugueses**, principalmente da região do Minho (noroeste de Portugal). Isso ocorreu por várias razões: o aumento da população portuguesa, as crises econômicas que geraram falta de emprego, a Primeira Guerra Mundial (1914-1918) e as informações que circulavam na Europa sobre pessoas que fizeram fortuna em terras brasileiras. Quando os imigrantes portugueses chegaram, foram trabalhar em fazendas de café e em atividades comerciais nas vilas e nos centros urbanos.

A imigração portuguesa começou a diminuir a partir dos anos 1930, quando a situação econômica de Portugal mostrou melhoras e o Brasil passou a restringir a entrada de estrangeiros. Mais tarde, houve outros movimentos de entrada de portugueses no país.

Segundo o IBGE, entre 1870 e 1920 chegaram ao território brasileiro mais de 1,4 milhão de **imigrantes italianos**. Parte desse contingente veio com o apoio do governo brasileiro, que pagava os custos de viagem de famílias inteiras e numerosas, pois precisava substituir a mão de obra escrava das lavouras de café que se expandiam em São Paulo. Outros imigrantes se deslocaram para núcleos de colonização no Rio Grande do Sul, no Paraná e no Espírito Santo.

O município de São Paulo recebeu grande número de italianos, os quais se dedicavam a atividades industriais e serviços urbanos diversos, pois tinham conhecimentos técnicos. Além disso, eles foram os responsáveis pela formação das primeiras associações e movimentos trabalhistas no país.

Assim como os portugueses, os espanhóis também vinham explorando o Novo Mundo desde o século XV. Com a união das monarquias portuguesa e espanhola ocorrida entre os séculos XVI e XVII, conhecida como União Ibérica, os **imigrantes espanhóis** começaram a vir em maior número, principalmente os castelhanos. Nesse período, eles cumpriram um importante papel de ampliação dos territórios brasileiros.

Já no século XIX, assim como no exemplo português, o crescimento da população na Espanha e a dificuldade de desenvolvimento econômico que o governo espanhol enfrentava fizeram muitas pessoas deixarem o país em busca de novas oportunidades no Brasil. Os espanhóis também atuaram com destaque na organização de movimentos dos trabalhadores por melhores condições de vida.

Em número bem menor que os povos citados, os **imigrantes alemães** começaram a chegar ao Brasil a partir dos primeiros anos do século XIX, no estado do Rio de Janeiro, no município de Nova Friburgo. Em seguida, foram para colônias no Rio Grande do Sul e, depois, para Santa Catarina, Paraná, Espírito Santo e São Paulo, principalmente. Além das oportunidades oferecidas pelo governo brasileiro, muitos imigrantes queriam fugir dos conflitos decorrentes da unificação do Estado alemão.

Ricardo Silva/Fotoarena

Descendentes de alemães participam de apresentação de dança típica na Oktoberfest, festa da comunidade alemã em Blumenau (SC), em 2017.

Esse conjunto de culturas europeias, somadas às tradições dos povos originários e dos africanos, constitui a base da cultura brasileira, mas outros povos imigrantes também fazem parte da nossa formação cultural.

4. Imigração asiática

A partir de meados do século XIX, o Japão passou por muitas transformações políticas e econômicas que levaram grande desenvolvimento ao país, a chamada Era Meiji (1868-1912). Porém, tais avanços não chegaram às populações mais pobres do campo. As dificuldades enfrentadas por elas fizeram uma parte seguir para as grandes cidades em busca de oportunidades, outra, para a ilha de Hokkaido – no norte do Japão, com espaço ainda a ser explorado – e outra parcela se aventurou por terras estrangeiras, como o Brasil.

Ao chegarem aqui, nas primeiras décadas do século XX, os **imigrantes japoneses** seguiram para as regiões Sudeste, Sul e Norte. Dedicaram-se principalmente à agricultura, como o cultivo de café, algodão, arroz, hortaliças, chá e pimenta-do-reino. Passaram por muitas dificuldades, principalmente na Amazônia, em razão de doenças e do abandono das companhias de imigração.

Hoje, a população brasileira de origem nipônica está inserida em todos os setores econômicos em diversas Unidades Federativas.

Apesar de ter havido um pequeno movimento de **imigrantes chineses** entre os séculos XVIII e XIX, foi no século XX que eles começaram a vir para o Brasil por causa da pobreza e dos conflitos que ocorriam na China. Aqui passaram a se dedicar às atividades comerciais e de serviços. Durante certo período, essa imigração foi interrompida em razão do rompimento das relações diplomáticas entre os dois países. Porém, a partir de 1990, os fluxos migratórios chineses voltaram em ritmo bastante acelerado.

Reprodução/Projeto Memória e Imagem

Imigrantes japoneses em Tomé-Açu (PA), nos anos 1930. Famílias inteiras se estabeleceram no Brasil fugindo da pobreza que assolava o Japão nas primeiras décadas do século XX.

Já a **imigração coreana** teve início a partir da Guerra da Coreia (1950-1953), quando muitos tentavam escapar desse conflito. Cerca de 90% dos imigrantes coreanos vivem no estado de São Paulo, especialmente na capital paulista, mas também há uma importante comunidade em São Luís, no Maranhão. Grande parte desses imigrantes trabalha com confecção de roupas e outras atividades comerciais. Além disso, o estabelecimento de grandes empresas coreanas levou à transferência de funcionários da Coreia para vários postos de trabalho no Brasil.

Os imigrantes asiáticos e seus descendentes se integraram ao país, influenciando a cultura brasileira com seus conhecimentos e tradições. A comida asiática – principalmente a de origem chinesa e japonesa – foi assimilada por parte da população brasileira, um dos exemplos da presença de hábitos culturais desses povos no Brasil.

5. Imigração recente e refugiados

Os primeiros **imigrantes bolivianos** começaram a chegar ao Brasil nos anos 1950; porém, o grande fluxo deu-se a partir da década de 1980. De acordo com dados do consulado da Bolívia em São Paulo, estima-se que atualmente haja mais de 100 mil imigrantes bolivianos (legais e ilegais) só no município de São Paulo, onde está concentrada a maioria deles. Outra parte se dividiu entre Corumbá (MS) e Guajará-Mirim (RO), ambas áreas de fronteira.

Grande parte dos imigrantes bolivianos residentes no Brasil trabalha na indústria têxtil, muitos em condições precárias, às vezes até desumanas. O trabalho exercido por esses imigrantes chega a ser análogo ao de escravo.

Grifes são flagradas utilizando trabalho escravo de imigrantes bolivianos

Fiscais do trabalho encontraram dez imigrantes bolivianos em condições de trabalho análogo à escravidão em três oficinas de costura na capital paulista. Eles faziam jornadas de mais de 12 horas por dia costurando roupas para as grifes de luxo [...]. Segundo os fiscais, os trabalhadores recebiam cerca de R$ 4,23 por peças que eram vendidas por até R$ 590,00.

Os bolivianos eram submetidos a jornadas exaustivas, das 7h às 21h, por vezes até as 22h00, com intervalo de apenas uma hora, e trabalhavam entre baratas e outros insetos. Os prédios também estavam com instalações elétricas decadentes e apresentavam risco de incêndio. Segundo o coordenador da operação e integrante do Programa de Erradicação do Trabalho Escravo da SRT-SP, auditor-fiscal Luís Alexandre Faria, todos esses elementos juntos configuram trabalho em condições análogas à escravidão, crime contra o trabalhador.

Os trabalhadores receberam R$ 86 mil em indenizações trabalhistas, foram encaminhados ao Centro de Referência de Atendimento para Imigrantes da capital paulista e estão recebendo Seguro-Desemprego. "Eles também receberão orientação e encaminhamento para a inserção em postos de trabalhos regulares", informa o auditor-fiscal.

[...] As marcas esclareceram que não compactuam com a utilização de mão de obra irregular em suas cadeias de produção. "Todos os seus fornecedores assinam contratos em que se comprometem a cumprir a legislação trabalhista vigente e a não realizar a contratação de trabalhadores nessas condições", afirmaram em comunicado.

Segundo as duas marcas, os valores pagos aos fornecedores diretos são "exponencialmente superiores" aos R$ 5 relatados nos meios de comunicação.

"As marcas lamentam que tenham sido associadas aos tristes fatos, pelo descumprimento da legislação trabalhista por parte de um fornecedor e reiteram que não compactuam com a utilização de mão de obra irregular. Ressaltam, ainda, que em hipótese alguma tiveram contato com os referidos trabalhadores [...] bem como sequer sabiam da existência das referidas oficinas", dizem em nota. [...]

LEITE, Helen. Grifes são flagradas utilizando trabalho escravo de imigrantes bolivianos. *Correio Braziliense*, Política e Brasil, 19 dez. 2017. Disponível em: <www.correiobraziliense.com.br/app/noticia/brasil/2017/12/19/interna-brasil,648889/grifes-sao-flagradas-utilizando-trabalho-escravo-de-imigrantes.shtml>. Acesso em: 10 jul. 2018.

Apu Gomes/Folhapress

Bolivianos em oficina de costura em Campinas (SP), em 2013. Grande parte desses imigrantes trabalha na indústria da confecção, em oficinas terceirizadas e, muitas vezes, em condições precárias.

1. Por que a situação descrita na reportagem configura trabalho análogo ao de escravo?
2. Você já parou para pensar nas condições de trabalho das pessoas que produzem as roupas que você usa? Observe a etiqueta de duas peças de seu vestuário, produzidas em diferentes países, e investigue as condições de trabalho ligadas a cada um deles.
3. Reúna-se com três colegas e discutam se, ao comprar barato um produto vindo de outro país, realmente estamos pagando seu real valor. Deem exemplos.
4. O que poderia ser feito para combater o preconceito em relação aos estrangeiros residentes no Brasil?

Os **imigrantes peruanos** começaram a chegar ao Brasil por volta de 1950 para frequentar universidades brasileiras por meio de acordos realizados entre os dois países. Mas a maior parte veio a partir dos anos 1970 e 1980, devido às crises políticas e econômicas no Peru. Muitos desses imigrantes atuam hoje no setor de serviços na região metropolitana de São Paulo.

Outro grupo de imigração recente é o dos **haitianos**, que teve início após 2004, em decorrência de vários desastres naturais no Haiti, como fortes chuvas, furacões e, principalmente, um grande terremoto em 2010, que o devastou. Todos esses eventos pioraram muito os problemas políticos e econômicos já existentes, com graves consequências sociais, como fome, doenças e violência urbana.

A situação era tão grave que a Organização das Nações Unidas (ONU) organizou uma missão de paz com a participação de vários países, liderada pelo Brasil. Muitos países criaram dificuldade para a entrada de haitianos em seus territórios, como a França e os Estados Unidos; assim, o Brasil tornou-se o principal destino desses imigrantes.

A entrada no Brasil de um grande fluxo de imigrantes haitianos pelo município de Brasileia, no Acre, em um curto período, pegou a cidade desprevenida, pois não havia planejamento para oferecer emprego, moradia, acesso a hospitais e escolas. Esse problema social fez que os haitianos tivessem um tratamento especial, uma vez que foram autorizados pelo governo federal a legalizar seus documentos para trabalhar e viver no Brasil.

Também se destaca a chegada de refugiados em território brasileiro. Nos últimos anos, o Brasil recebeu cerca de 35 mil pedidos de asilo e concedeu aproximadamente 10 mil. A maior parte dos refugiados vem de países como Síria, Congo, Angola, Haiti, Venezuela e Cuba. Eles buscam novas oportunidades para reconstruir suas vidas, prejudicadas por tensões sociais e políticas e dificuldades econômicas enfrentadas em seus países de origem. Atualmente, a maior parte das solicitações de refúgio é de venezuelanos.

Márcio Pannunzio/Fotoarena

Membros da comunidade boliviana se apresentam na feira da Kantuta, que ocorre todo domingo em São Paulo (SP). A feira reúne bolivianos e brasileiros, trazendo comidas e produtos típicos do país andino. Foto de 2017.

E no Brasil?

O texto a seguir, da rede jornalística mais importante do mundo árabe, a Al Jazeera, aborda a realidade dos imigrantes islâmicos no Brasil:

O Brasil não é mais seguro para refugiados e imigrantes?

Em 28 de julho, um refugiado sírio foi agredido no pitoresco bairro de Copacabana, no Rio de Janeiro, enquanto ele estava tentando ganhar a vida vendendo esfirras – um salgado árabe popular no Brasil.

De acordo com a mídia brasileira, Mohamed Ali Abdelmoatty Ilenavvy, de 33 anos, foi atacado pelos membros de uma suposta "máfia do vendedor ambulante" por colocar sua barraca no local de outro vendedor.

Isso teria sido uma simples briga entre ambulantes se não fosse pela linguagem usada pelos agressores. Os agressores, ainda não identificados, disseram a Mohamed Ali que saísse do país, exigindo que ele lhes pague cerca de R$ 3 mil para permitir a instalação de uma barraca na calçada.

Os noticiários locais transmitiram um vídeo do incidente em que um dos agressores, armado com um pedaço de madeira, gritou: "Saia do meu país! Sou brasileiro e estou vendo meu país ser invadido por esses atentados suicidas que mataram crianças, adolescentes. São pessoas miseráveis".

Outros jogaram os pertences de Mohamed Ali no chão enquanto gritavam: "Essa terra é nossa. Você não vai tomar o nosso lugar".

Mohamed Ali, que é advogado, mudou-se para o Brasil há três anos para escapar da guerra em seu país de origem. Ele agora está casado com uma brasileira e tem um filho. Após o ataque, ele disse aos meios de comunicação locais que ficou surpreso com o que aconteceu, pois ele sempre se sentiu bem-vindo e aceito no Brasil. "Eu vim para o Brasil porque eles abriram suas portas aos refugiados", disse. "Todos os meus amigos [refugiados] estão trabalhando. Estamos trabalhando muito. Sinto muito, porque nunca pensei que isso pudesse acontecer comigo."

Como um refugiado trabalhador com fortes ligações com a comunidade local, Mohamed Ali é um exemplo clássico de integração na sociedade brasileira. O Brasil é um país imigrante onde os estrangeiros são bem-vindos em vez de serem tratados como um fardo. Mas as coisas estão começando a mudar.

[...] O Brasil também abriu suas portas aos imigrantes no século XXI. Até agora, acolheu mais de 3 mil refugiados sírios, tornando-se o país a acolher o maior número de refugiados sírios na América Latina.

No entanto, a retórica anti-imigração e a islamofobia que varreu o mundo nas últimas duas décadas também afetaram o Brasil e mudaram a atitude de acolhimento do país em relação a imigrantes e refugiados.

A comunidade muçulmana no Brasil é relativamente pequena, mas tem crescido constantemente, especialmente nas áreas periféricas das maiores cidades do Brasil. Em 2016, havia cerca de 1,5 milhão de muçulmanos no país, representando 0,7% da população brasileira.

Como o islamismo tornou-se um componente mais visível da sociedade brasileira, o número de ataques islamofóbicos no Brasil também aumentou, com recebimento de ameaças de morte e agressões físicas em locais públicos. [...]

Daniel Teixeira/Estadão Conteúdo

Refugiados sírios em Guarulhos (SP), em 2015.

Mas nem tudo está perdido.

Em resposta ao ataque que Mohamed Ali enfrentou em Copacabana, as autoridades locais no Rio de Janeiro estão discutindo a abertura de uma delegacia de polícia para combater crimes de raça e crimes de intolerância. Espera-se que a delegacia comece a operar este ano e ofereça proteção e orientação para refugiados e imigrantes que enfrentam intolerância.

Enquanto isso, os moradores de Copacabana estão abraçando Mohamed Ali e se desculpando em nome de todos os cariocas [...].

Muitos brasileiros estão resistindo ao surgimento da xenofobia e da islamofobia em seu país e se recusam a permitir que a propaganda antimuçulmana, o medo e o fanatismo assumam o controle de um país construído por imigrantes.

O medo de o Brasil presenciar ataques xenófobos e islamofóbicos, como o enfrentado por Mohamed Ali, é muito real. Mas não é tarde demais para o Brasil lembrar e abraçar suas raízes imigrantes.

GARCIA, Raphael T. Is Brazil no longer safe for refugees and immigrants? *Al Jazeera*. 16 ago. 2017. Disponível em: <www.aljazeera.com/indepth/opinion/2017/08/brazil-longer-safe-refugees-immigrants-170809113330259.html>. Acesso em: 10 jun. 2018. (Texto traduzido pelos autores.)

1. De acordo com o texto, que realidade os refugiados, como os sírios, têm enfrentado ao chegarem ao Brasil?
2. Que tipo de ação pode ser tomada para combater o preconceito e outros tipos de violência sofridos por essas pessoas? Discuta com três colegas.

6. Brasil: influências culturais

Toda cultura se forma e se transforma com o tempo, pois as sociedades descobrem e inventam coisas novas, assim como sofrem influências de outras culturas. Do início da colonização até os dias de hoje, o legado dos povos originários e de todos os imigrantes na cultura brasileira foi tanto que acabou formando um mosaico diversificado de costumes.

Essas influências ocorreram nos valores, nas crenças, nos hábitos, nas técnicas de trabalho, na arte, na arquitetura, na alimentação, entre outras. Entretanto, por estarem enraizadas e fazerem parte de nossas vidas, muitas vezes desconhecemos sua origem.

As heranças dos povos originários estão presentes até hoje. Por exemplo, muitos medicamentos são produzidos com base em conhecimentos que eles transmitiram de geração em geração. Além disso, vários alimentos que fazem parte da dieta da população brasileira se baseiam em hábitos alimentares dos indígenas, como a mandioca (e a tapioca), o pirão, o tacacá e a maniçoba. Outra grande influência está na língua.

Diálogo com Língua Portuguesa

Línguas indígenas

Quem acha que no Brasil só se fala português está bastante enganado. Se considerarmos todos os povos indígenas atuais, são mais de 150 línguas e dialetos falados em diferentes localidades do país.

Essas línguas têm origem muito antiga e se dividem em dois grandes eixos, chamados troncos linguísticos: o tupi e o macro-jê. As línguas que integram cada tronco apresentam algum tipo de semelhança, mesmo que bem pequena, e formam conjuntos chamados famílias linguísticas.

Os povos indígenas brasileiros ainda apresentam outras 19 famílias linguísticas que não se relacionam com os troncos linguísticos, além de línguas isoladas – que não se parecem com nenhuma outra.

As línguas do tronco tupi foram as que mais influenciaram a língua portuguesa, pois eram as mais faladas ao longo do litoral e desde o século XVI os colonizadores tomaram contato com elas. São muitas as palavras do nosso vocabulário com origem indígena. Boa parte delas designa plantas, animais e rios (abacaxi, açaí, caatinga, igarapé, tamanduá, tucano, sabiá e tantas outras). Da mesma forma, os povos originários também incorporaram muitas palavras trazidas pelos europeus.

Hoje, boa parte dos povos indígenas luta para preservar sua identidade linguística e se esforça para que as novas gerações aprendam sua língua nativa e, assim, mantenham viva sua cultura.

Tronco linguístico tupi									
Tupi-guarani	**Arikém**	**Aweti**	**Juruna**	**Mawé**	**Mondé**	**Puroborá**	**Munduruku**	**Rama-rama**	**Tupari**
Akwáwa	Karitiána	Aweti	Juruna, Xipaia	Mawé	Aruá		Kuruáya	Káro	Arujú
Amanayé					Cinta-larga		Munduruku		Makurap
Anambé					Gavião				Mekém
Apiaká					Mondé				Sakirabiár
Araweté					Surui				Tupari
Asurini do Xingu					Zoró				
Avá-canoeiro									
Guajá									
Guarani									
Kaapór									
Kamayurá									
Kayabi									
Kawahib									
Kokáma									
Língua geral amazônica									
Surui do Tocantins									
Tapirapé									
Tenetehára									
Wayampi									
Xetá									
Zo'e									

Famílias

Línguas

Elaborado com base em: INSTITUTO Socioambiental. Povos Indígenas no Brasil. Disponível em: <https://pib.socioambiental.org/pt/c/no-brasil-atual/linguas/troncos-e-familias>. Acesso em: 10 jun. 2018.

1. De acordo com o texto, como se organizam as línguas indígenas?
2. Escolha duas línguas do tronco tupi e faça uma pesquisa sobre povos indígenas que as utilizam.
3. Com três colegas, busquem outras palavras de origem indígena que fazem parte do nosso vocabulário.

A influência africana é muito marcante na cultura brasileira, lembrando que os povos que chegaram ao território brasileiro pertenciam a diversos grupos étnicos na África. Apesar da extrema violência a qual foram submetidos, os africanos que vieram escravizados trouxeram seus costumes e conhecimentos.

Iara Venanzi/Pulsar Imagens

A culinária baiana está repleta de influências africanas, como o acarajé, um bolinho de feijão-fradinho recheado com vatapá e frito no azeite de dendê.

Houve grandes influências na língua e nas religiões praticadas no Brasil. O candomblé é considerado uma religião afro-brasileira. Também se destaca a umbanda, que mistura o catolicismo e o espiritismo com outros elementos de origem africana.

Parte da culinária brasileira tem raízes africanas. O acarajé, o vatapá e a pamonha, assim como o uso de ingredientes como o azeite de dendê e a pimenta, estão entre suas contribuições. A feijoada, prato típico brasileiro, tem origem na alimentação dos escravizados, que misturavam as sobras da alimentação de seus senhores.

É praticamente impossível imaginar a música brasileira sem considerar as contribuições africanas no surgimento de muitos gêneros musicais, como o samba. Os escravizados produziram instrumentos como o berimbau, o agogô, o pandeiro e o reco-reco. A capoeira, uma manifestação cultural que envolve dança, música e artes marciais, tem origem com os africanos escravizados, que pulavam a vegetação baixa (capoeiras) para fugirem de seus perseguidores.

Além disso, destaca-se a cultura quilombola. Hoje existem no Brasil muitas comunidades formadas por descendentes de escravizados que viveram isolados por muito tempo e desenvolveram características próprias, mas que guardam muito das raízes africanas. Esses grupos estão em constante luta para exercer o direito de posse das terras onde vivem, que é garantido pela Constituição.

Brasil: terras quilombolas – 2015

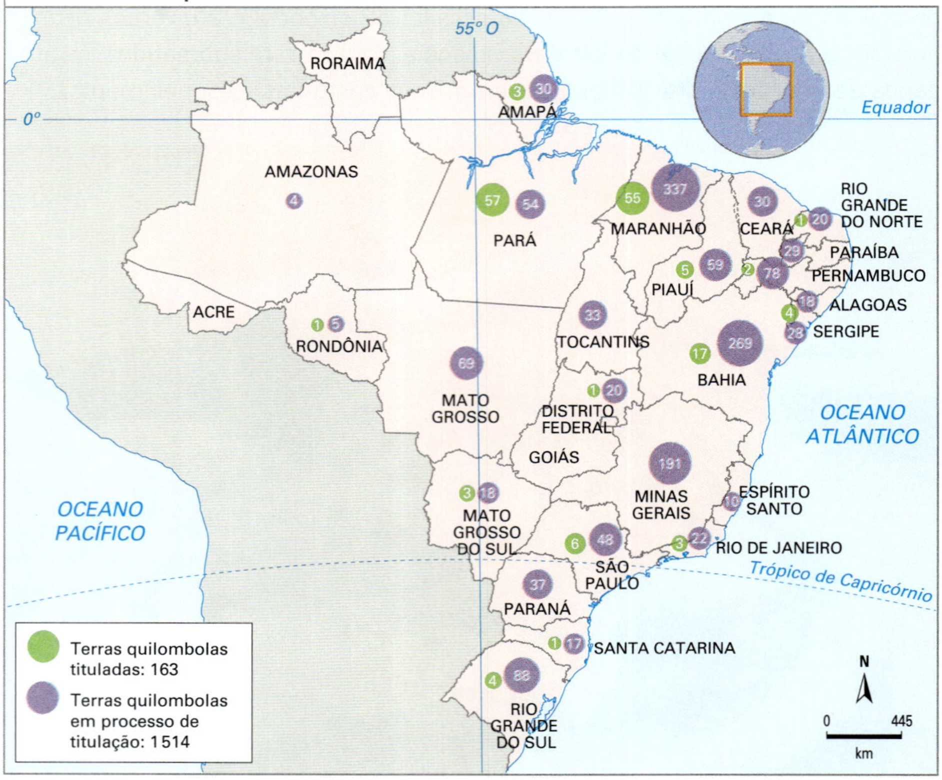

Elaborado com base em: TERRAS quilombolas em 2015: apenas 10 terras tituladas. *Comissão Pró-Índio de São Paulo*. Disponível em: <http://comissaoproindio.blogspot.com.br/2015/12/terras-quilombolas-em-2015-apenas-9.html>. Acesso em: 11 jul. 2018.

Dos imigrantes portugueses herdamos grande parte de nossa cultura. Além da língua portuguesa, elemento fundamental da identidade brasileira, os portugueses trouxeram também a religião católica, os hábitos culinários, os padrões arquitetônicos e de vestimentas, além de diversas manifestações artísticas que ocorriam na Europa na literatura, na pintura e na música.

Dos demais povos, como italianos, espanhóis, japoneses, chineses, coreanos, bolivianos, haitianos, sírios e tantos outros, foram muitas as influências na cultura brasileira e vão muito além dos elementos mais evidentes, por exemplo, a culinária. Com o tempo, modificam-se os costumes de imigrantes e das sociedades que os recebem, e esse movimento é o que torna a cultura brasileira tão diversa. Que elementos poderemos identificar na cultura brasileira daqui a alguns anos? Certamente haverá muitos outros.

Comunidade quilombola de Itamatatiua, em Alcântara (MA), em 2014. Garotos jogam futebol, um esporte de origem inglesa no qual o Brasil se destaca mundialmente, o que confirma que as influências culturais ultrapassam fronteiras.

Reconecte

Revisão

1. O que foi a diáspora negra ou africana?
2. Aponte alguns elementos europeus que hoje fazem parte da cultura brasileira.
3. Comente os recentes fluxos migratórios de origem asiática em direção ao Brasil.

Análise de imagens

4. As pinturas a seguir, de artistas italiano, britânico e brasileiro, respectivamente, retratam a chegada de diferentes povos migrantes ao território que viria a constituir o Brasil.

Reprodução/Pinacoteca do Estado, São Paulo, SP.

Os imigrantes, de Antonio Rocco, 1910 (óleo sobre tela, de 190 cm x 210 cm).

Reprodução/Museu Nacional Marítimo, Greenwich, Londres, Inglaterra.

Porão de navio negreiro brasileiro, de Francis Meynell, 1845 (lápis e aquarela, de dimensões desconhecidas).

O descobrimento do Brasil, de Oscar Pereira da Silva, 1922 (óleo sobre tela, de 190 cm x 333 cm).

a) Que impressões essas pinturas lhe provocam? Em sua opinião, que elementos os artistas quiseram representar com as cores e as técnicas utilizadas?

b) Com base nessas obras, comente e compare os diferentes fluxos migratórios que elas representam.

Interpretação e debate

5. Com base no mapa "Brasil: terras quilombolas – 2015" (página 48), discuta as questões a seguir.

a) Quais Unidades da Federação apresentam mais Terras Indígenas e mais terras quilombolas?

b) Faça uma comparação entre a Unidade da Federação em que você vive e aquelas apresentadas na resposta do item anterior.

c) Em grupos, debatam por que é importante haver a demarcação de terras quilombolas.

Análise de tabela e gráfico

6. Retorne à tabela "População indígena, segundo as Grandes Regiões do Brasil – 2010" (página 33). Em seguida, responda:

a) A população indígena, em sua maioria, vive em Terras Indígenas ou fora delas? Em sua opinião, por que isso ocorre?

b) Quais são as três Grandes Regiões com a maior concentração de Terras Indígenas?

7. Reveja o gráfico "Brasil: taxa de desocupação, segundo a cor – 2012 e 2017 (%)" (página 37) e responda:

a) O que ocorreu com as taxas de desocupação comparando-se os anos 2012 e 2017? E quais grupos são os mais afetados? Justifique.

b) Reúna-se com três colegas e, juntos, apresentem uma proposta para diminuir a taxa de desocupação, por grupo, segundo a cor. Utilize as informações do capítulo.

EXPLORANDO

8. Reúna-se com mais três colegas e organizem um questionário com perguntas sobre dois elementos da composição da população brasileira: cor (brancos, negros, pardos, amarelos) e idade. Depois, saiam a campo e, como recenseadores do IBGE, apliquem o questionário em uma amostra de vinte pessoas. Montem gráficos com os dados colhidos e, ao final, comparem o material elaborado com o de seus colegas de classe.

Resumo

- O caldeirão cultural brasileiro é formado por contribuições de diversos povos que exerceram influências em valores, crenças, costumes, língua, alimentação, arte, etc.
- Antes da chegada dos portugueses, viviam no Brasil diversos povos originários, com grande riqueza cultural. Ao longo da história, a população indígena foi sendo drasticamente reduzida e, hoje, esses povos vivem principalmente em áreas protegidas.
- As raízes africanas da sociedade brasileira remontam ao movimento forçado de negros escravizados no Brasil colonial. Apesar de a Constituição estabelecer condições de igualdade, existem grandes diferenças sociais entre brancos, negros e pardos.
- Os fluxos migratórios portugueses ocorrem desde a vinda dos primeiros exploradores no início do século XVI e, principalmente, a partir da descoberta de minerais na região de Minas Gerais (século XVIII).
- Imigrantes espanhóis e italianos tiveram grande importância na formação dos primeiros movimentos de trabalhadores no fim do século XIX.
- Os alemães migraram principalmente para o sul do Brasil e estabeleceram núcleos de povoamento.
- Os japoneses começaram a migrar para o Brasil no início do século XX. Hoje seus descendentes estão totalmente integrados à sociedade brasileira. Chineses e coreanos também marcam presença no país, com trabalhos dedicados principalmente ao comércio e à indústria têxtil, respectivamente.
- Os fluxos migratórios recentes ao Brasil têm origem, principalmente, em países como Bolívia, Peru, Haiti e Venezuela.
- Em 2017, havia cerca de 10 mil refugiados no Brasil, vindos de zonas de conflito ou áreas com graves problemas sociais, como Síria, Congo e Angola.

CAPÍTULO 3

Regiões do Brasil e dinâmica da população

Um dos maiores desafios da sociedade brasileira é organizar o território e implementar políticas públicas para diminuir as desigualdades sociais. Essa tarefa ultrapassa a duração de um governo e envolve inúmeros agentes, como os movimentos sociais e o setor produtivo. Além das diferenças sociais brasileiras, observam-se disparidades entre as regiões do país.

Essa dinâmica regional, que foi alterada ao longo do tempo, levou à elaboração de regionalizações distintas. Alterar a situação de pobreza de parte expressiva da população brasileira, de acordo com os Objetivos de Desenvolvimento Sustentável (ODS) da Organização das Nações Unidas (ONU), é uma meta a ser alcançada. Para isso, antes de mais nada, é necessário conhecer as desigualdades sociais e regionais do país, buscando entender como é possível transformá-lo.

Ricardo Oliveira/Tyba

Teatro Amazonas, em Manaus (AM), em 2015. Grandes concentrações urbanas estão localizadas na região Norte do país, como Manaus, principal centro industrial da região.

PARALAXIS/Shutterstock

Paraisópolis, em São Paulo (SP), em 2015. O Sudeste abriga os maiores centros urbanos, industriais e financeiros; no entanto, é uma região que apresenta grandes contrastes entre riqueza e pobreza.

EM FOCO

População com 60 anos ou mais cresce quase 19% em cinco anos

Em cinco anos, a população brasileira com 60 anos ou mais de idade cresceu 18,8% entre 2012 e 2017. O aumento evidencia o envelhecimento gradativo e foi constatado na pesquisa Características Gerais dos Domicílios e dos Moradores 2017, que o Instituto Brasileiro de Geografia e Estatística (IBGE) divulgou [...].

O estudo mostra que, em 2017, a população residente no Brasil foi estimada em 207,1 milhões de pessoas, um crescimento de 4,2% em relação a 2012, quando havia 198,7 milhões.

Os dados indicam, ainda, que a população, ao manter a tendência de envelhecimento dos últimos anos, ganhou 4,8 milhões de idosos desde 2012, superando os 30,2 milhões em 2017. Em 2012, os brasileiros com 60 anos ou mais eram 25,4 milhões.

As mulheres são maioria expressiva neste grupo, com 16,9 milhões (56% dos idosos), enquanto os homens idosos são 13,3 milhões (44% do grupo).

O levantamento indica que, desconsiderando a desagregação por sexo, em 2012, o grupo das pessoas de 60 anos ou mais de idade representava 12,8% da população residente, porém, em 2017, esse percentual cresceu para 14,6%.

Para Maria Lúcia Vieira, responsável pelo estudo do IBGE, o levantamento confirma o processo de envelhecimento da população, que já é conhecido e não acontece somente no Brasil, pois é um fenômeno mundial.

"Isto ocorre por vários fatores. Em primeiro lugar, pelo aumento da expectativa de vida da população – as pessoas estão vivendo mais até pela melhoria na questão do saneamento básico e nos tratamentos de saúde disponíveis –, detalhe aliado às mulheres. Elas estão tendo menos filhos, o que é possível perceber nos últimos anos pela redução da taxa de fecundidade", afirmou. [...]

O número médio de filhos por mulheres leva a que a população mais velha ganhe mais participação no total da população. As crianças de hoje são os jovens de amanhã e os adultos de depois de amanhã. Então, quanto menos crianças, mais aumenta a população mais velha", disse Maria Lúcia.

OLIVEIRA, Nielmar de. População com 60 anos ou mais cresce quase 19% em cinco anos. *Agência Brasil*, 26 abr. 2018. Disponível em: <http://agenciabrasil.ebc.com.br/economia/noticia/2018-04/populacao-com-60-anos-ou-mais-cresce-quase-19-em-cinco-anos>. Acesso em: 4 jul. 2018.

João Prudente/Pulsar Imagens

Aposentados caminham em Curitiba (PR), em 2015.

1. Quais são as razões do envelhecimento populacional?
2. Quais são as implicações do envelhecimento populacional no Brasil?

1. Regionalizações do Brasil

Em uma república, caso do Brasil, o governo deve buscar alcançar em suas ações o maior número de pessoas, para promover mais justiça social. As **regionalizações** ajudam nesse processo, permitindo planejar melhor as políticas públicas de acordo com as necessidades de cada região.

Os critérios usados em regionalizações do território brasileiro foram alterados ao longo do tempo. Inicialmente eram considerados apenas fatores naturais. Porém, aos poucos, foram introduzidos na divisão regional aspectos sociais, como economia e características da população. Em 1942, o Instituto Brasileiro de Geografia e Estatística (IBGE) apresentou uma regionalização com base em características naturais, como vegetação, relevo e solo, respeitando os limites dos estados e dos territórios existentes até então. Fabio Macedo Soares, geógrafo do IBGE e um dos mentores dessa divisão, argumentava que as bases físicas eram mais permanentes que as bases sociais e, por isso, deveriam ser usadas em uma regionalização.

Em 1945, o IBGE apresentou as **zonas fisiográficas**, um agrupamento de áreas no interior das Unidades da Federação também com base em atributos físicos. Porém, uma série de mudanças no país, como o aumento da atividade industrial e o processo de urbanização, levou ao abandono desse tipo de divisão regional.

Zona fisiográfica: área que apresenta características semelhantes em relação ao seu quadro físico (geologia, relevo, vegetação).

Em 1970, houve uma nova regionalização, com base em características naturais e elementos demográficos, sociais e econômicos. Dessa vez, foram considerados conceitos geográficos como o de região homogênea e espaços polarizados, que, de acordo com um de seus mentores, o geógrafo Pedro Pinchas Geiger, combinavam estudos geográficos dos Estados Unidos e da França. O Brasil foi dividido então em regiões Norte, Nordeste, Sudeste, Sul e Centro-Oeste.

Nos anos seguintes, o IBGE abandonou as zonas fisiográficas e adotou as microrregiões homogêneas – que agrupavam informações sociais sobre uma base natural – e as macrorregiões homogêneas – áreas intermediárias entre as microrregiões e os estados e territórios.

Brasil: divisão regional – 1942

Brasil: divisão regional – 1970

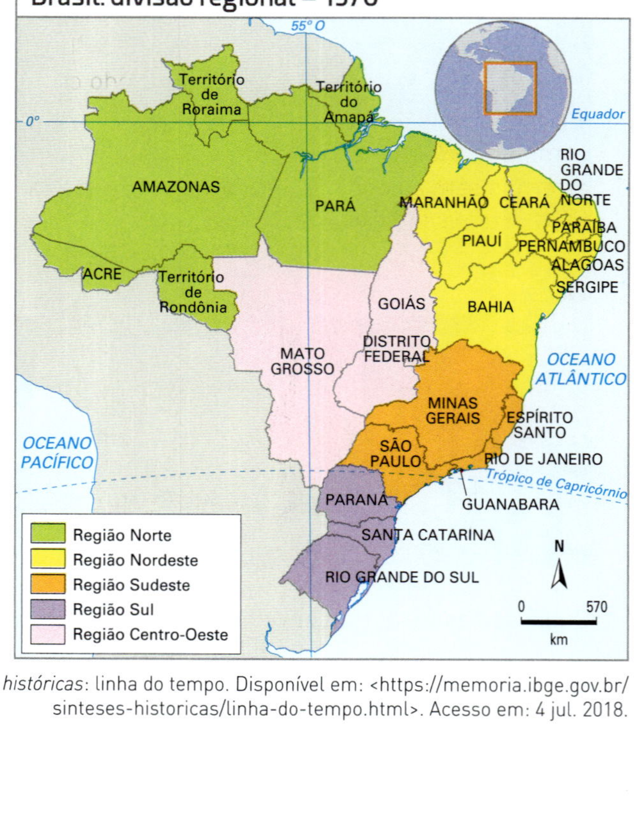

Mapas: Banco de imagens/Arquivo da editora

Elaborados com base em: IBGE Memória. *Sínteses históricas*: linha do tempo. Disponível em: <https://memoria.ibge.gov.br/sinteses-historicas/linha-do-tempo.html>. Acesso em: 4 jul. 2018.

A atual divisão regional brasileira do IBGE baseou-se em mudanças territoriais da década de 1980, mas assemelha-se à de 1970. A criação do Tocantins levou parte do território que pertencia a Goiás para a região Norte. Na Constituição de 1988, a organização territorial passou a adotar as Unidades da Federação. Os territórios federais de Roraima, Rondônia e Amapá tornaram-se Unidades da Federação e o de Fernando de Noronha foi integrado a Pernambuco.

Brasil: divisão regional – 1990

Elaborado com base em: IBGE. *Atlas geográfico escolar*. 7. ed. Rio de Janeiro: IBGE, 2016. p. 94.

Diálogo com História

Região e planejamento

Uma das primeiras iniciativas visando ao planejamento regional no Brasil surgiu na Constituição de 1946, que previa o Plano de Valorização da Amazônia, buscando traçar a integração dessa porção do território brasileiro ao restante do país.

A Fundação Brasil Central (FBC) tinha como meta construir uma via de ligação entre o Rio de Janeiro, capital federal na época, e Manaus, uma meta que ainda não foi plenamente concluída. Mais tarde, em 1953, foi criada a Superintendência do Plano de Valorização Econômica da Amazônia (SPVEA), cuja meta era desenvolver a Amazônia de modo complementar às atividades econômicas do país. Em 1966, o governo militar extinguiu a SPVEA e criou a Superintendência de Desenvolvimento da Amazônia (Sudam), que estabeleceu, em 1967, a Zona Franca de Manaus, um distrito industrial com investimentos externos sem a cobrança de impostos e que funciona até hoje.

O modelo da SPVEA inspirou a criação da Superintendência do Desenvolvimento do Nordeste (Sudene), em 1959. Esse órgão de planejamento regional procurou abordar temas centrais para a região Nordeste, como o combate à seca e o desenvolvimento econômico.

Em 1967, o governo militar extinguiu a FBC e criou a Superintendência do Desenvolvimento do Centro-Oeste (Sudeco), que tinha, entre suas atribuições, o objetivo de implementar uma malha rodoviária para integrar essa região às demais, bem como estimular o estudo do Cerrado e seu aproveitamento.

No mesmo ano, o governo criou a Superintendência de Desenvolvimento da Fronteira Sudoeste (Sudesul), que tinha a função de consolidar a presença do Estado brasileiro na faixa de fronteira Sul e Oeste do país, considerada prioridade diante da ameaça nacional na época: a Argentina. Não por acaso, os maiores contingentes das Forças Armadas estavam dispostos ao longo dessa faixa, o que mudou nas últimas décadas para a fronteira amazônica.

1. Qual é a relação entre os diversos órgãos de planejamento e a escala regional?

2. Por que os governos militares alteraram a organização territorial do país?

Outras regionalizações

Não foi apenas o IBGE que propôs divisões regionais para o Brasil. Afinal, essas regionalizações não conseguem expressar a complexidade da sociedade brasileira. Ao respeitar os limites das Unidades da Federação, a divisão regional do IBGE não apreende dinâmicas estabelecidas entre as populações situadas nos limites das Grandes Regiões. Além disso, não incorporou mudanças políticas, econômicas, sociais e ambientais observadas no país, que precisam ser consideradas em qualquer planejamento.

Para Pedro Pinchas Geiger, o Brasil de 1967 dividia-se em três regiões: a Amazônia, o Nordeste e o Centro-Sul. Ele combinou características naturais com aspectos econômicos e sua proposta regional não se limitou às divisões dos estados. Essa divisão recebeu as denominações **regiões geoeconômicas** e **complexos regionais**.

Os geógrafos Milton Santos e Maria Laura Silveira também elaboraram uma regionalização do Brasil, dividindo-o em quatro regiões: Amazônia, Nordeste, Centro-Oeste e Região Concentrada. A maior contribuição desses autores foi definir a **Região Concentrada**, na qual está a maior parte da população, além de indústrias, comércios, serviços, redes de transporte, instituições de ensino e pesquisa, entre outros elementos. É a região com os principais meios técnico-científicos e recursos financeiros capazes de inserir o país na economia globalizada.

Brasil: complexos regionais – 1967

Brasil: Região Concentrada – 2001

Mapas: Banco de imagens/Arquivo da editora

Elaborado com base em: BOSCOROL, Renan A. Região e regionalização no Brasil: uma análise segundo os resultados do Índice de Desenvolvimento Humano Municipal (IDHM). In: IPEA. *Territórios em números*: insumos para políticas públicas a partir da análise do IDHM e do IVS de municípios e Unidades da Federação brasileira. Brasília: Ipea, INCT, 2017. p.191 e 194.

CIDADANIA E ORGANIZAÇÃO TERRITORIAL

Em 2011, foi realizado um **plebiscito** no estado do Pará para consultar a população sobre a divisão dessa unidade federativa em até três estados: Pará, Carajás (sul e sudoeste) e Tapajós (oeste).

Os apoiadores da proposta diziam que, pelo fato de o Pará ser muito grande, sua administração não conseguia corresponder às necessidades de toda a população, principalmente das áreas mais periféricas. Defendiam que a divisão tornaria as políticas muito mais eficientes porque haveria mais investimentos em áreas menos desenvolvidas.

Porém, outra parcela da população acreditava que a fragmentação do território paraense aumentaria ainda mais os gastos públicos por causa da criação de cargos e pouco efeito teriam e/ou piorariam as condições de vida da população.

O território de Tapajós seria ocupado por reservas indígenas e outras áreas protegidas, além do vale do rio Xingu – onde está a usina de Belo Monte. O estado de Carajás ficaria com a maior parte dos recursos minerais paraenses. Já grande parte da população do novo estado do Pará não estava disposta a perder seus territórios com riquezas naturais.

Depois da consulta, a população decidiu manter o território do Pará como era. Mas a divisão não foi abandonada por seus defensores.

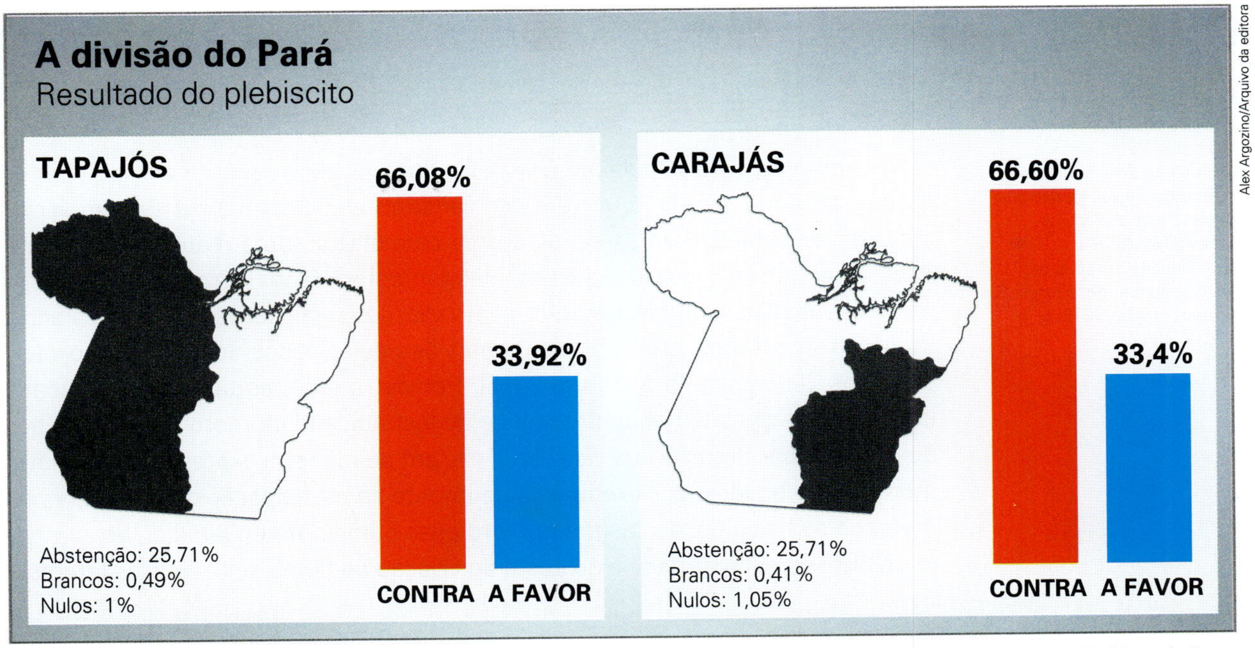

Elaborado com base em: GASPARIN, Gabriela. Em plebiscito, eleitores do Pará rejeitam divisão do estado. *G1*. Disponível em: <http://g1.globo.com/politica/noticia/2011/12/em-plebiscito-eleitores-do-para-rejeitam-divisao-do-estado.html>. Acesso em: 2 ago. 2018.

Além dessa proposta, existem muitas outras relacionadas à criação de divisão estadual no Congresso Nacional que, se fossem totalmente aprovadas, elevariam o número de unidades federativas a quase cinquenta.

1. Quais eram as motivações dos apoiadores da divisão do estado do Pará em novas Unidades da Federação? Quais eram os argumentos das pessoas contrárias a essa proposta?
2. Investigue sobre as novas propostas de divisão estadual que se referem à região onde você vive (Norte, Nordeste, Sudeste, Sul ou Centro-Oeste).
3. Como você se posicionaria diante de uma proposta como essa para a sua região?

2. Estrutura da população brasileira

A evolução da composição da população brasileira por cor, entre 2012 e 2017, mostra um declínio discreto da população branca e um crescimento da população parda e negra.

Brasil: população residente, por cor – 2012-2017

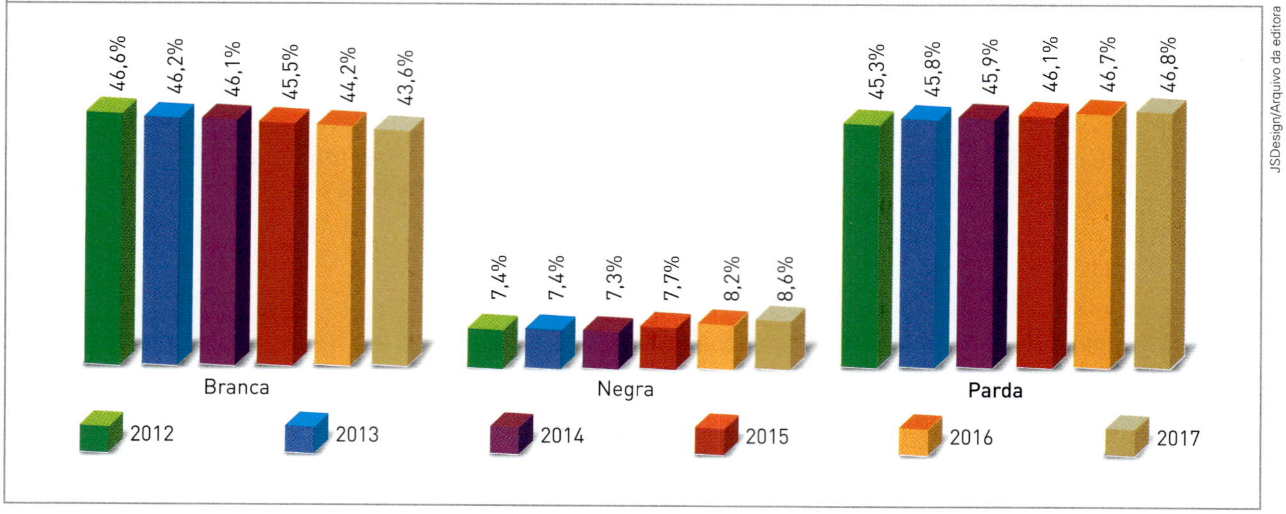

Elaborado com base em: IBGE, Diretoria de Pesquisas, Coordenação de Trabalho e Rendimento. *Pesquisa nacional por amostra de domicílios contínua 2016-2017*: características gerais dos domicílios e dos moradores. Rio de Janeiro: IBGE, 2018. p. 7.

A composição da população brasileira tem variado muito de acordo com os grupos de idade, isso porque vêm ocorrendo mudanças importantes em vários indicadores sociais. Verifica-se, de acordo com o IBGE, uma redução da mortalidade geral (próxima a seis a cada mil habitantes) e infantil (cerca de treze a cada mil habitantes) nas últimas décadas, com variações significativas entre os estados.

Ao mesmo tempo, cresceu a esperança de vida ao nascer (de 69 anos no início dos anos 2000 para 75 anos em 2015). Por outro lado, as taxas de natalidade (nascimentos por mil habitantes/ano) e de fecundidade (número médio de filhos de uma mulher durante sua vida fértil) caíram de maneira expressiva. Esses números estão ligados, por exemplo, ao aumento da participação das mulheres no mercado de trabalho, ao casamento tardio, ao planejamento familiar, ao aumento no nível de escolaridade e ao custo de criação de filhos, entre outros fatores.

Brasil: taxas de natalidade e mortalidade – 2000-2030

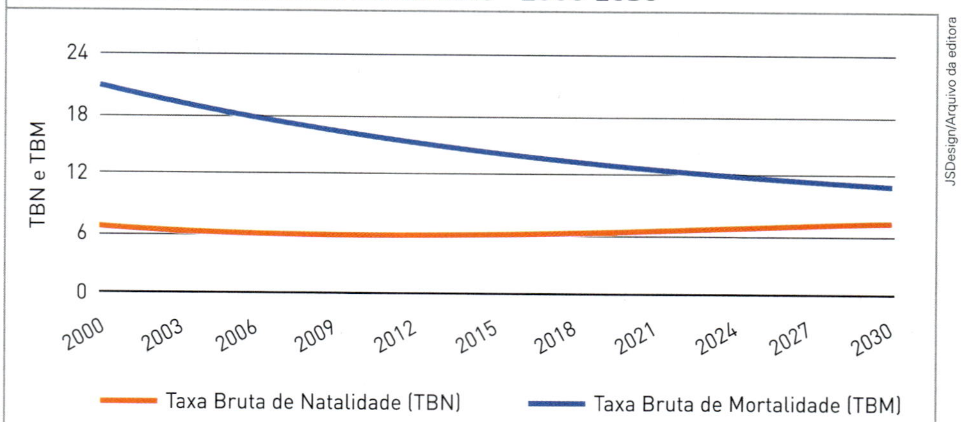

Elaborado com base em: IBGE. *Projeções e estimativas da população do Brasil e das Unidades da Federação*. Disponível em: <www.ibge.gov.br/apps/populacao/projecao/>. Acesso em: 5 jul. 2018.

O crescimento vegetativo da população brasileira ao longo das últimas décadas (diferença entre as taxas de natalidade e de mortalidade) aponta mudanças: seu ritmo vem caindo. Cada vez mais nascem menos pessoas em relação ao total da população, ou seja, a população está em processo de envelhecimento. Essa diminuição do número de jovens em comparação ao de pessoas mais velhas aponta uma **transição demográfica**. Como resultado, observa-se que a **pirâmide etária** do Brasil está com a base mais estreita.

Transição demográfica: processo de redução das taxas de natalidade e de mortalidade, que expressa a diminuição de nascimentos e o aumento do envelhecimento da população de uma unidade geográfica.

Pirâmide etária: gráfico que representa a estrutura populacional de uma unidade geográfica, segundo grupos de idade e sexo.

Brasil: pirâmides etárias – 2004 e 2015

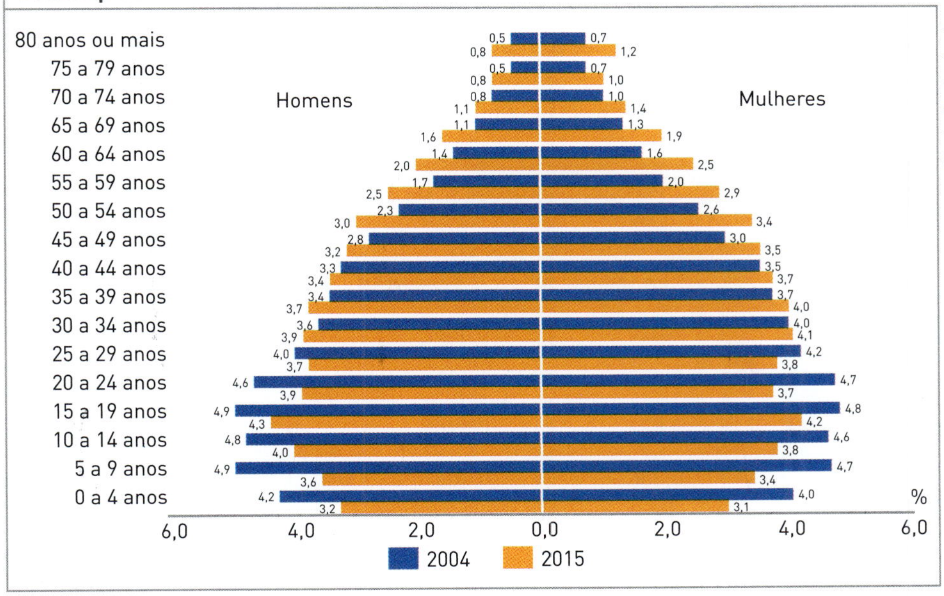

Elaborado com base em: IBGE. *Pesquisa nacional por amostra de domicílios*: síntese de indicadores – 2015. Rio de Janeiro: IBGE, 2016. Disponível em: <https://biblioteca.ibge.gov.br/visualizacao/livros/liv98887.pdf>. Acesso em: 5 jul. 2018.

3. Índice de Desenvolvimento Humano e Índice de Gini no Brasil

O **Índice de Desenvolvimento Humano** (IDH) é um indicador que mostra aspectos importantes de uma população, como a renda e o acesso a serviços de saúde e educação. Por ser um índice sintético, é um dos principais instrumentos para avaliar as condições básicas de vida e é muito utilizado para fazer comparações no interior de um país e entre os países.

A qualidade da saúde é medida pela taxa de expectativa de vida; a educação é avaliada pela média de anos de escolaridade; e a renda baseia-se na renda nacional bruta *per capita* (por habitante). O IDH varia de 0 a 1. Quanto mais próximo de 1, maior o desenvolvimento humano do país.

Faixas de desenvolvimento humano, segundo o IDH

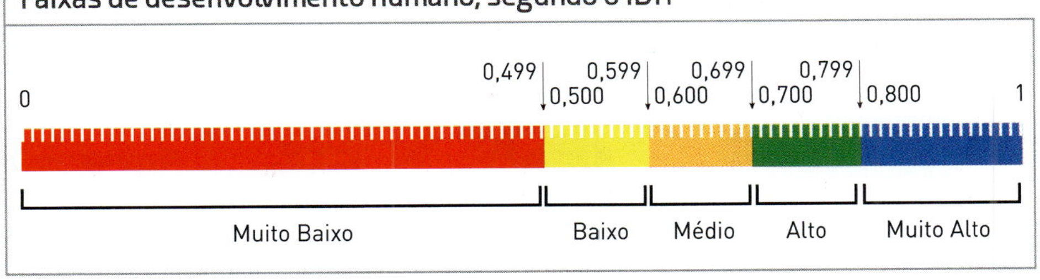

Elaborado com base em: IPEA. *Atlas do desenvolvimento humano nas regiões metropolitanas brasileiras*. Disponível em: <www.en.ipea.gov.br/agencia/images/stories/PDFs/livros/livros/atlasdodesenvolvimentohumanorms_o-indice-de-desenv.pdf>. Acesso em: 5 jul. 2018.

Com o tempo, esse indicador, desenvolvido na década de 1990, foi utilizado em outras escalas geográficas. Por exemplo, foi criado o **Índice de Desenvolvimento Humano Municipal** (IDHM), adaptado à realidade brasileira. Com ele, avalia-se, em um município, a longevidade com base na expectativa de vida ao nascer, o rendimento pela renda municipal *per capita*, a educação segundo o nível de escolaridade da população adulta e o fluxo escolar dos mais jovens.

Pode-se observar que a evolução do IDHM brasileiro entre 2011 e 2014 deve-se à melhora nos índices como os de educação. A maior parte dos estados apresentava IDHM considerado alto (acima de 0,7) ou muito alto (acima de 0,8).

O IDHM permite estabelecer comparações entre municípios e, desse modo, orientar a distribuição de recursos federais e estaduais na busca da diminuição de desigualdades sociais e econômicas, por exemplo. Possibilita, ainda, conhecer a situação de um município em relação a outros.

Brasil: evolução do IDHM – 2011 a 2014 e 2000 e 2010

Ano	Subíndices			IDHM
	Longevidade	Educação	Renda	
2011	0,820	0,676	0,729	0,742
2012	0,825	0,681	0,738	0,748
2013	0,831	0,696	0,745	0,757
2014	0,836	0,706	0,746	0,763
Taxa média de crescimento	0,6%	1,5%	1,1%	1,0%
2000	0,727	0,456	0,692	0,612
2010	0,816	0,637	0,739	0,727
Taxa média de crescimento	1,2%	3,4%	0,7%	1,7%

Elaborado com base em: IPEA. *Radar IDHM*. Brasília: Ipea/Pnud, 2016. p. 2.

Brasil: IDHM por Unidades da Federação – 2014

Banco de imagens/Arquivo da editora

Elaborado com base em: IPEA. *Radar IDHM*. Brasília: Ipea/Pnud, 2016. p. 10.

Índice de Gini

Criado pelo estatístico italiano Conrado Gini (1884-1965), o **Índice de Gini** é um indicador importante por expressar a desigualdade social com base na concentração da renda. Ele é apresentado em uma escala de 0 a 100. Um índice 0 indica que não há diferenças de renda na população; quanto mais próximo de 100, maior é a concentração, ou seja, menos gente detém maior parcela da riqueza. Em geral, o Índice de Gini é muito usado para evidenciar as disparidades sociais entre os mais ricos e os mais pobres em determinado território, a fim de chamar a atenção para a necessidade do desenvolvimento de políticas que reduzam a concentração de renda.

No Brasil, o Índice de Gini mostra uma elevada concentração da riqueza. De acordo com o *Relatório de Desenvolvimento Humano 2016*, do Programa das Nações Unidas para o Desenvolvimento (Pnud), o Índice de Gini do país era 51,5, ocupando a 179ª posição entre 188 no total, melhor apenas que Paraguai (51,7), Colômbia (53,5), Lesoto (54,2), Zâmbia (55,6), República Centro-Africana (56,2), Botswana (60,5), Haiti (60,8), Namíbia (61) e África do Sul (63,4). O país com menor Índice de Gini era a Eslovênia (25,6), seguido por Noruega (25,9), República Tcheca e Eslováquia (ambos com 26,1).

Em termos regionais, os Índices de Gini de renda domiciliar *per capita* em 2016 e 2017 mostram que a região Sul apresenta um índice menor que as demais regiões, enquanto a região Nordeste destaca-se pelo índice mais elevado que a média nacional.

Brasil: Índice de Gini de renda domiciliar *per capita* – 2016-2017

JSDesign/Arquivo da editora

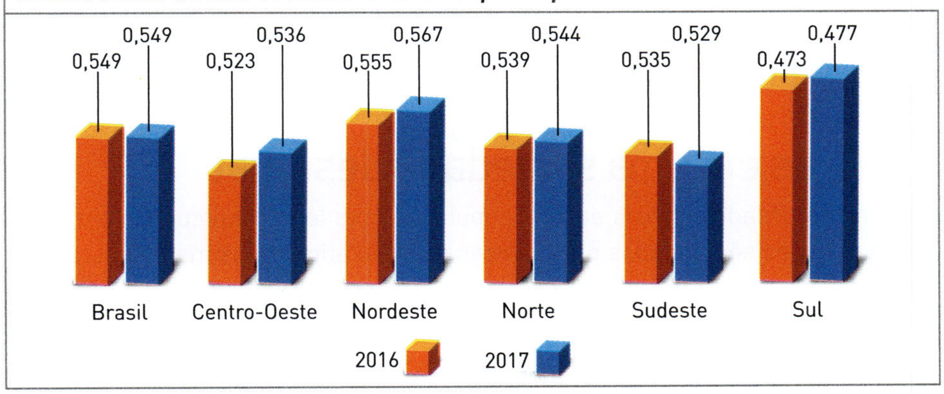

Elaborado com base em: IBGE. Diretoria de Pesquisas, Coordenação de Trabalho e Rendimento. *Pesquisa nacional por amostra de domicílios contínua 2016-2017*: características gerais dos domicílios e dos moradores. Rio de Janeiro: IBGE, 2018. p. 1.

4. Dinâmica espacial da população brasileira

Segundo o IBGE, em 1950, a população rural correspondia a quase 64% do total de habitantes do país e, em 2010, a população urbana já era cerca de 85%. Entre 2016 e 2017, a população brasileira cresceu 0,77% e era estimada em 207,7 milhões de pessoas. Desse total, quase 42% se encontravam no Sudeste, especialmente em São Paulo, Minas Gerais e Rio de Janeiro. Já os estados da região Norte, em sua maior parte, apareciam como os menos populosos do Brasil, com destaque para Roraima, Amapá e Acre.

Em 2017, os municípios brasileiros com até 20 mil habitantes (68,3%) abrigavam apenas 15,5% da população nacional (32,2 milhões de habitantes). Já os municípios com mais de 500 mil habitantes (apenas 42 do total de 5570 municípios brasileiros) concentravam mais de 30% de toda a população do país, como as capitais estaduais, além de Guarulhos (SP), Campinas (SP) e São Gonçalo (RJ).

Brasil: municípios brasileiros com mais de 50 mil habitantes – 2010

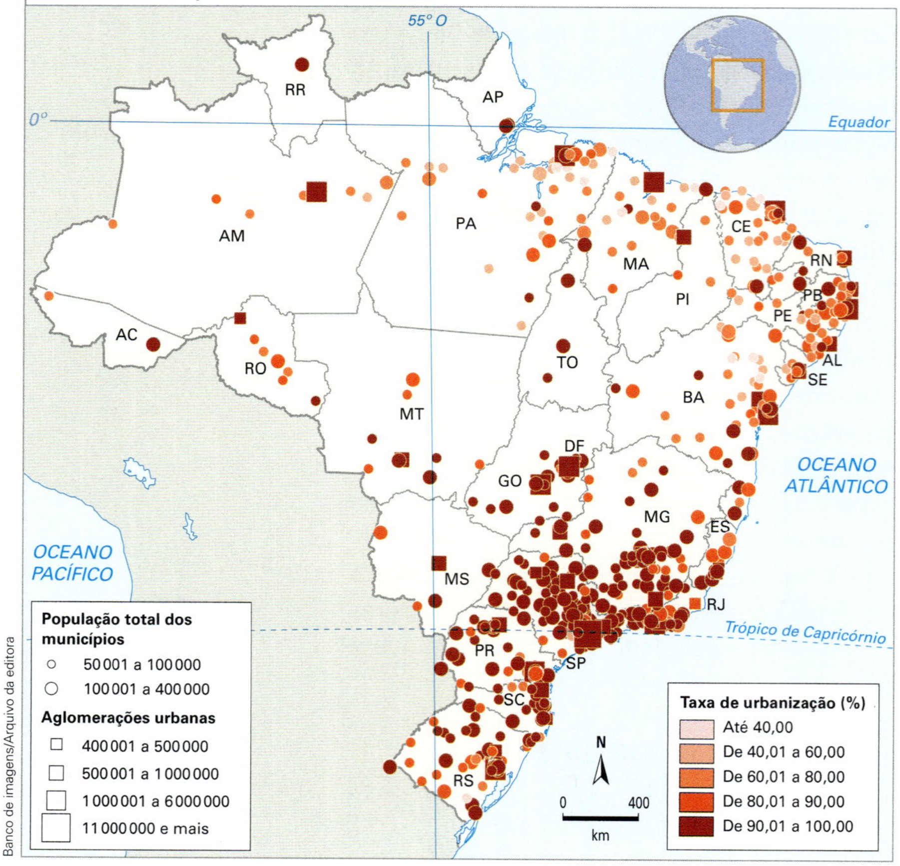

Elaborado com base em: IBGE. *Atlas nacional digital do IBGE*. Disponível em: <www.ibge.gov.br/apps/atlas_nacional/>. Acesso em: 5 jul. 2018.

Observa-se uma mudança no deslocamento populacional no interior do Brasil. As grandes aglomerações urbanas crescem em ritmo mais lento e as cidades médias (entre 50 mil e 500 mil habitantes) têm atraído empresas e migrantes.

Doenças em uma sociedade desigual

As desigualdades sociais entre a população brasileira repercutem na saúde. Os mais pobres são afetados por doenças que não atingem os mais ricos, pois a população de baixa renda sofre com doenças como aquelas ligadas à falta de saneamento básico e às más condições de higiene e moradia.

Muitas pessoas morrem em razão de malária, tuberculose, dengue, esquistossomose e mal de Chagas. Ainda que o número de ocorrências dessas doenças esteja caindo, não se observam esforços governamentais suficientes para que elas deixem de fazer parte da rotina das populações carentes. A melhoria das condições sanitárias, como o acesso a água de qualidade e a coleta e tratamento de esgoto, combateria os vetores desse tipo de enfermidade. As grandes empresas da indústria farmacêutica, por sua vez, concentram-se no desenvolvimento de medicamentos de âmbito geral. Contudo, verifica-se uma carência na realização de pesquisas e na produção farmacêutica específicas para o combate de doenças que assolam muitas populações, especialmente as socialmente vulneráveis.

Pesquisadores da saúde afirmam que a transição demográfica vem acompanhada de uma transição epidemiológica na qual doenças infectoparasitárias diminuem ao mesmo tempo que aumentam as doenças crônico-degenerativas, como as ligadas a coração, diabetes, obesidade e depressão. Dada a desigualdade social brasileira, essas doenças devem coexistir por muito tempo. A diferença é que as doenças do segundo tipo recebem mais atenção dos governos, das empresas farmacêuticas, das redes hospitalares privadas. Embora elas também atinjam os mais pobres, estes enfrentam dificuldades no acesso à saúde pública.

E no Brasil?

Quem são as mães de crianças com microcefalia devido à infecção por zika

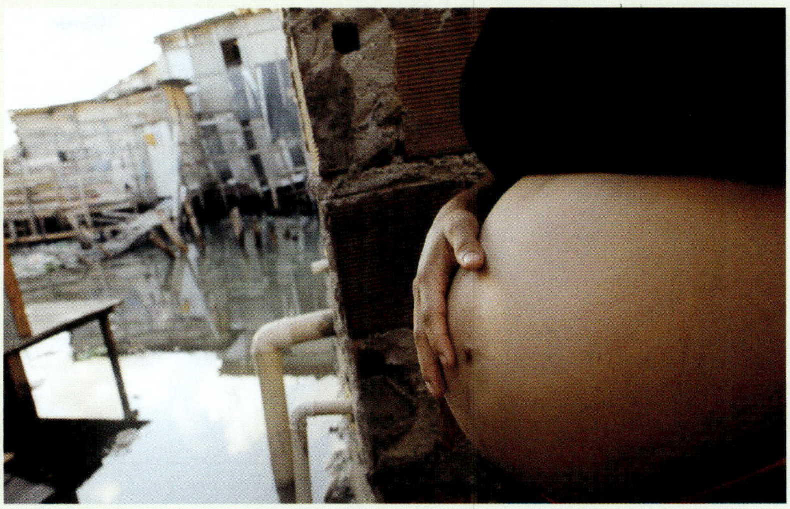

Grávida em área de risco no Recife (PE), em 2016.

Jovens, negras, sem ensino superior. E, em quase metade dos casos, solteiras. É esse o perfil da maioria das mães de crianças com microcefalia, doença provocada pela infecção pelo vírus zika, transmitido pelo mosquito *Aedes aegypti*, durante a gravidez.

É esse também o perfil que mais será afetado por uma decisão que o Supremo Tribunal Federal está prestes a tomar. Os ministros decidirão a ação direta de inconstitucionalidade, proposta pela Associação dos Defensores Públicos, que pede que a interrupção da gravidez seja uma possibilidade excepcional para mulheres que foram infectadas pelo vírus zika durante a gestação.

Há evidências de que o vírus contraído na gravidez provoca malformações no feto – principalmente a microcefalia, condição que faz com que o cérebro cresça menos do que o normal, gerando consequências físicas, psíquicas e cognitivas no desenvolvimento da criança.

Suspeita-se, ainda, que o vírus provoque outros danos na retina e no cérebro. Essas consequências tornam necessário acompanhamento médico e estimulação precoce dos bebês afetados – um desafio para mulheres de baixa renda. [...]

O Ministério da Saúde fez um levantamento sobre o perfil socioeconômico das mulheres que tiveram filhos com microcefalia no período entre 2010 e 2015. A partir destes dados, é possível entender qual é a população mais impactada pela doença: são jovens, não têm ensino superior, são negras, são solteiras ou estão em união estável.

Embora os dados não tenham o recorte de renda, é possível considerar, segundo o levantamento, que a maioria das mães de bebês com microcefalia estão "inseridas em um contexto socioeconômico desfavorável". Vale lembrar, também, que a maior parte dos casos foi registrada no Nordeste, região que tem a menor renda mensal do país.

Os dados do país refletem outras pesquisas. Um levantamento feito em Pernambuco, Estado que registrou o maior número de casos da doença, mostrou que 77% das famílias com suspeita de microcefalia no Estado estão na pobreza extrema: ou seja, em que cada pessoa sobrevive com R$ 47 por mês.

A infecção por zika atinge principalmente a população mais pobre por causa de fatores urbanos. Regiões com infraestrutura deficiente são ideais para a proliferação do mosquito. Por isso, locais em que há falta de saneamento básico, em que a população tem de armazenar água potável e há acúmulo de lixo, oferecem condições favoráveis para a procriação do mosquito – e, consequentemente, de surtos da doença. [...]

DIAS, Tatiana. Quem são as mães de crianças com microcefalia devido à infecção por zika. *Nexo*, 7 dez. 2016. Disponível em: <www.nexojornal.com.br/expresso/2016/12/07/Quem-são-as-mães-de-crianças-com-microcefalia-devido-à-infecção-por-zika>. Acesso em: 26 jul. 2018.

1. De acordo com o texto, quais fatores relacionados às desigualdades sociais interferem na contaminação das mulheres grávidas pelo vírus zika?

2. Discuta com seus colegas que ações podem ser tomadas para diminuir as desigualdades sociais e evitar a proliferação de doenças.

5. Análise regional da população brasileira

A distribuição da população brasileira é muito desigual entre as Grandes Regiões do IBGE. Ela reflete o processo de ocupação do território e do desenvolvimento de atividades econômicas.

As Unidades da Federação da região Sudeste concentram a maior parte da população brasileira. Por outro lado, o Centro-Oeste apresenta a menor participação.

Brasil: distribuição da população por região – 2016-2017	
Norte	8,5%
Nordeste	27,6%
Centro-Oeste	7,6%
Sudeste	42%
Sul	14,3%
Total 2017	207,1 milhões de residentes

Elaborado com base em: IBGE. Diretoria de Pesquisas, Coordenação de Trabalho e Rendimento. *Pesquisa nacional por amostra de domicílios contínua 2016-2017*: características gerais dos domicílios e dos moradores. Rio de Janeiro: IBGE, 2018. p. 2.

Existem diferenças na composição da população das grandes regiões brasileiras segundo o critério de cor. O Nordeste possui, entre seus habitantes, maior parcela de população negra (10,5%) em comparação às outras regiões. No Sul, mais de 75% da população é branca. Na região Norte, por sua vez, a participação de pardos no total populacional é expressiva (71,2%). As diferentes situações entre as regiões brasileiras refletem as dinâmicas espaciais e sociais históricas observadas no território brasileiro.

Brasil: distribuição populacional por cor e região – 2017 (%)

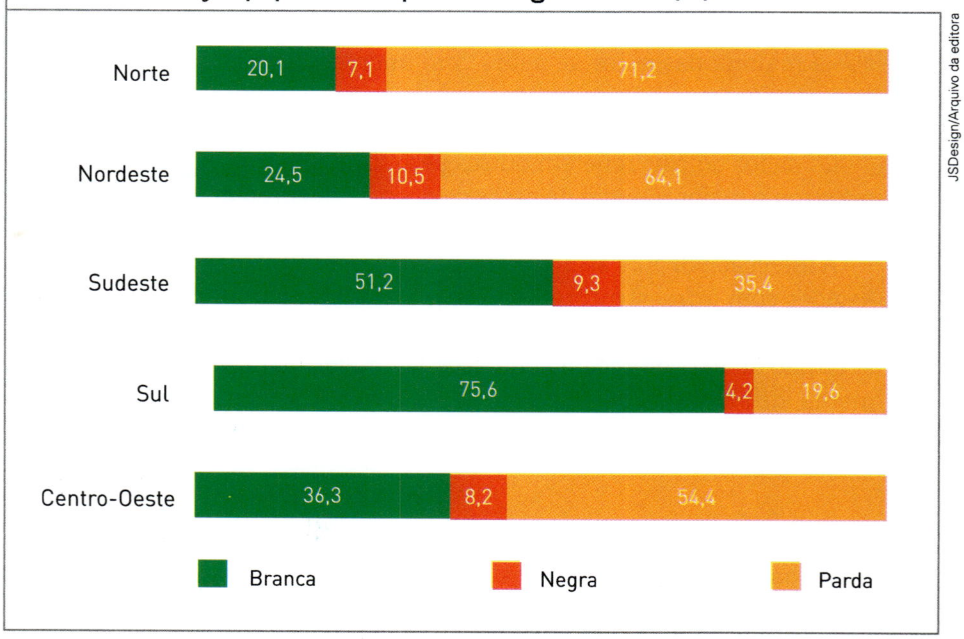

Elaborado com base em: IBGE. Diretoria de Pesquisas, Coordenação de Trabalho e Rendimento. *Pesquisa nacional por amostra de domicílios contínua 2016-2017*: características gerais dos domicílios e dos moradores. Rio de Janeiro: IBGE, 2018. p. 7.

As diferenças regionais se expressam também no acesso a renda e a serviços. Em 2016, a população das regiões Norte e Nordeste apresentava renda menor que a média nacional.

A dificuldade de acesso a serviços, ou mesmo a ausência deles, indica situação de pobreza. De acordo com o IBGE, a pobreza é um conceito multidimensional que combina dificuldades de acesso a educação e proteção social (morador de um domicílio com pessoas sem trabalho formal ou aposentado e com renda *per capita* inferior a meio salário mínimo), além de moradia inadequada, falta de saneamento básico e ausência de acesso a internet rápida no domicílio.

Brasil: renda média do trabalho, por Grandes Regiões – 2016

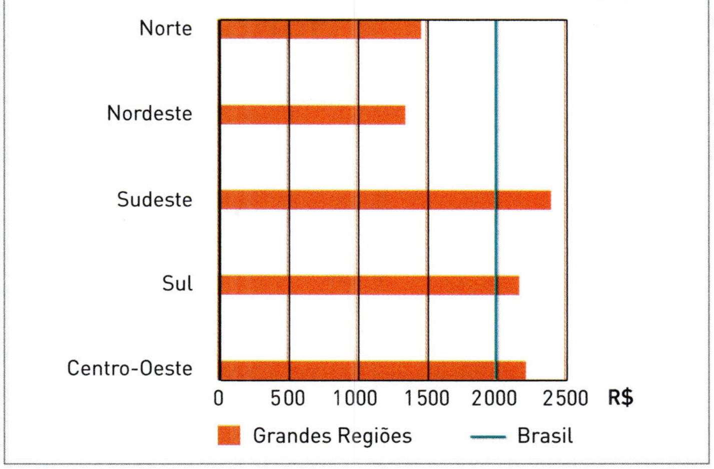

Elaborado com base em: IBGE. *Síntese de indicadores sociais*: uma análise das condições de vida da população brasileira – 2017. Rio de Janeiro: IBGE, 2017. p. 36.

No Brasil, em 2016, 25,5% da população não tinha internet em seus domicílios, percentual um pouco maior que o de pessoas com dificuldades de acesso a educação (22,8%). Porém, o pior indicador era o de acesso a saneamento, que afetava mais de 30% da população. O Amapá apresentava, percentualmente, as piores condições do país em termos de saneamento, nos quais 48,2% de sua população não recebia serviços como coleta de resíduos sólidos e tratamento de esgoto. Santa Catarina era a Unidade da Federação mais bem posicionada no item proteção social, mas apresentava um número elevado de pessoas sem coleta e tratamento de esgoto (42,6%). No Rio Grande do Norte, apenas 4,7% da população apresentava dificuldades com moradia, o menor índice do Brasil, mas 43,7% não tinham as condições adequadas de saneamento básico. São Paulo, com 10,2% da população sem coleta e tratamento de esgoto, era o estado com o melhor indicador do Brasil nesse quesito, mas em compensação 33% da população tinha dificuldade de acesso a educação, o maior percentual do país.

Palê Zuppani/Pulsar Imagens

Esgoto despejado sem tratamento em Florianópolis (SC), em 2014.

6. População brasileira: trabalho, gênero, cor e cidadania

No Brasil, verificam-se muitas diferenças no mercado de trabalho. Elas podem ser encontradas tanto em termos geográficos como em relação a gênero e cor. Assim como se observa uma distribuição desigual da remuneração média dos postos de trabalho por região, as diferenças de gênero e de cor são relevantes.

As **taxas de desemprego** de 2012 e 2016 indicam um aumento dessa situação social em todas as Unidades da Federação, com exceção de Roraima, que manteve o mesmo porcentual.

Brasil: taxas de desemprego – 2012 e 2016

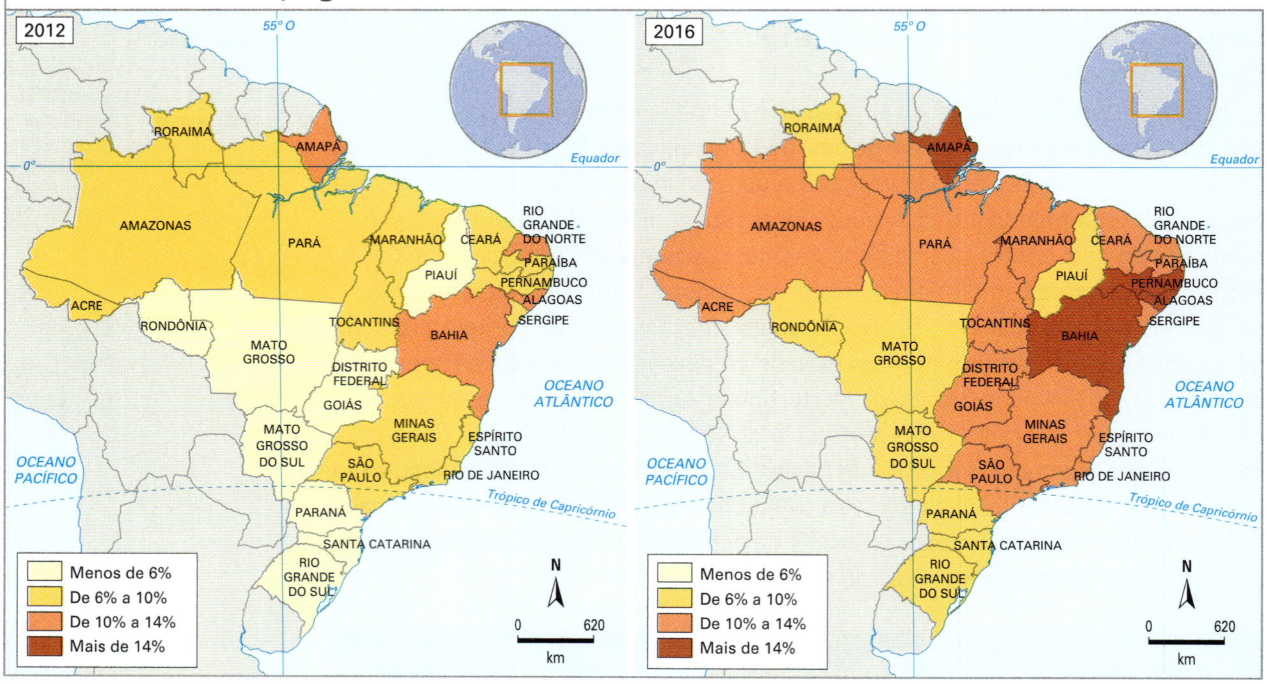

Elaborados com base em: IBGE. *Síntese de indicadores sociais*: uma análise das condições de vida da população brasileira – 2017. Rio de Janeiro: IBGE, 2017.

Brasil: taxa de desemprego, por gênero – 2012-2016

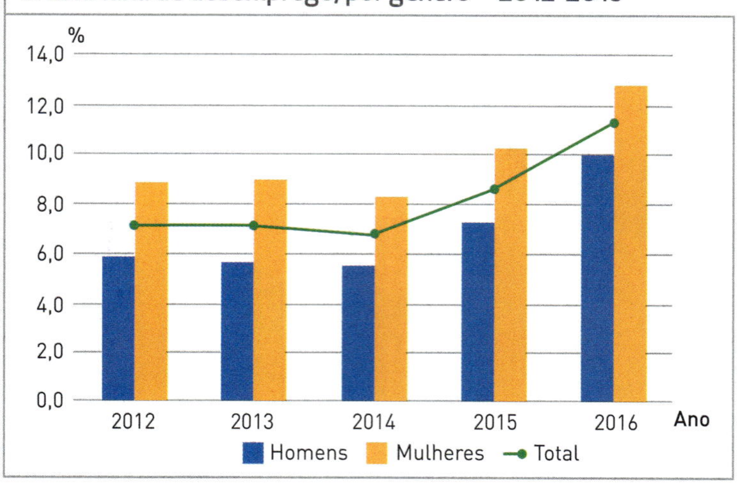

Elaborado com base em: IBGE. *Síntese de indicadores sociais:* uma análise das condições de vida da população brasileira – 2017. Rio de Janeiro: IBGE, 2017.

Quando se analisa a distribuição do desemprego da população por gênero e por cor, revela-se uma situação mais complexa. As mulheres e a população negra são os grupos mais afetados. Entre 2012 e 2016, o desemprego afetou mais mulheres que homens. Em relação à população negra e parda, cuja definição no Censo é autodeclaratória, houve maior desemprego em todas as faixas de escolaridade. A maior discrepância ocorreu entre os que chegaram a concluir o Ensino Fundamental ou ingressaram no Ensino Médio, mas não o concluíram.

Brasil: taxa de desemprego, por cor e escolaridade – 2016

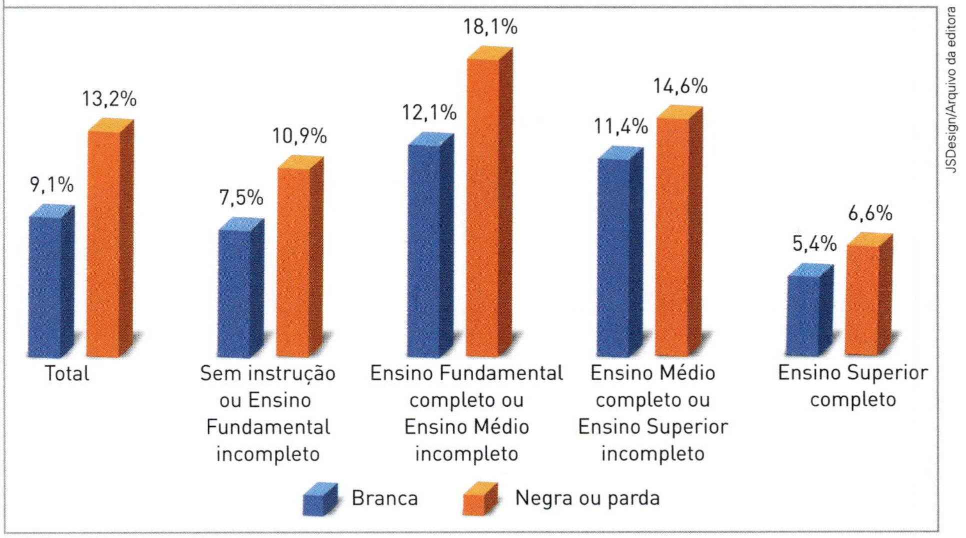

Elaborado com base em: IBGE. *Síntese de indicadores sociais*: uma análise das condições de vida da população brasileira – 2017. Rio de Janeiro: IBGE, 2017.

Em pesquisa realizada pelo IBGE em 2016, a partir de amostragem de domicílios, os dados obtidos apontavam que 25,4% da população brasileira apresentava rendimento domiciliar *per capita* inferior a 5,5 dólares por dia. Desse total, a maior parte é formada por negros ou pardos (33,3% dos homens e 34,3% das mulheres), enquanto a população branca corresponde a 30,5% (somados homens e mulheres). Quanto ao arranjo familiar, as mulheres negras ou pardas sem cônjuges e com filhos pequenos são as que apresentam maior vulnerabilidade social.

Além disso, nem toda a população brasileira tem acesso a serviços básicos de saneamento. Homens e mulheres negros e pardos apresentam índices de acesso a serviços de saneamento mais baixos que a média nacional. Enquanto cerca de 72% da população branca é atendida por serviços de abastecimento de água, coleta de lixo e rede de esgoto, somente 54% da população parda e negra tem acesso a eles.

Brasil: distribuição da renda entre os 10% mais pobres, por região – 2016

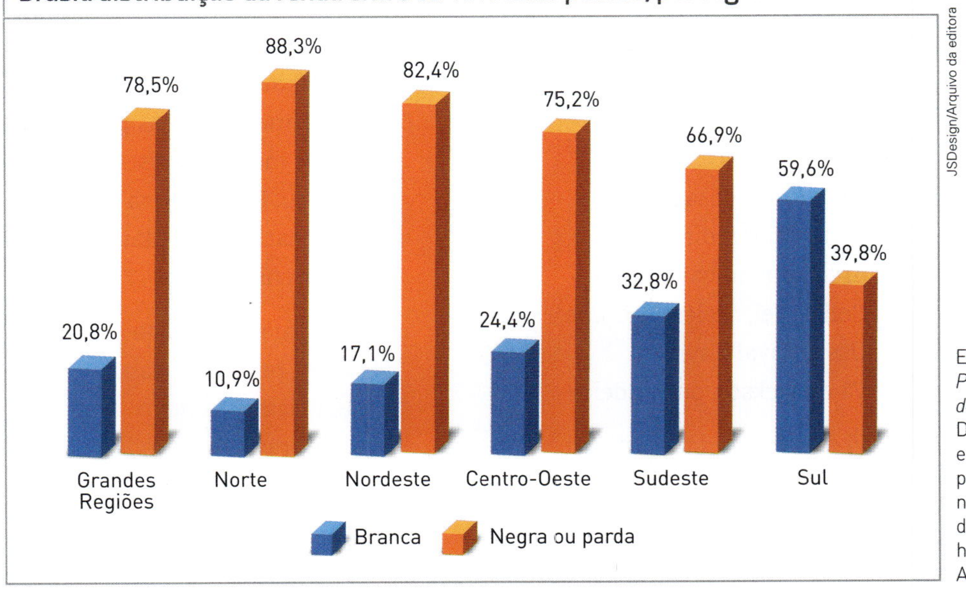

Elaborado com base em: IBGE. *Pesquisa nacional por amostra de domicílios contínua 2016*. Disponível em: <www.ibge.gov.br/estatisticas-novoportal/sociais/populacao/9171-pesquisa-nacional-por-amostra-de-domicilios-continua-mensal.html?=&t=o-que-e>. Acesso em: 11 maio 2018.

Reconecte

Revisão

1. Redija um texto com o tema "Desafios da transição demográfica no Brasil".

2. Escreva sobre três aspectos da população brasileira: trabalho, gênero e cor.

Produção textual

3. O que é regionalização? Por que é importante regionalizar um país ou um estado?

Análise comparativa

4. Compare as regiões geoeconômicas de Pedro Pinchas Geiger com a proposta da Região Concentrada, de Milton Santos e Maria Laura Silveira.

5. Elabore uma linha do tempo sobre as transformações nas regiões brasileiras segundo o IBGE (1942, 1969 e 1988).

Leitura, interpretação e debate

6. Leia a letra da canção "Paratodos", de Chico Buarque de Holanda, e escute-a na internet. Em seguida, faça uma análise da música, levando em conta os temas estudados neste capítulo. Ao final, discuta com a turma sobre suas conclusões.

Paratodos

O meu pai era paulista
Meu avô, pernambucano
O meu bisavô, mineiro
Meu tataravô, baiano
Meu maestro soberano
Foi Antonio Brasileiro

Foi Antonio Brasileiro
Quem soprou esta toada
Que cobri de redondilhas
Pra seguir minha jornada
E com a vista enevoada
Ver o inferno e maravilhas

Nessas tortuosas trilhas
A viola me redime
Creia, ilustre cavalheiro
Contra fel, moléstia, crime
Use Dorival Caymmi
Vá de Jackson do Pandeiro

Vi cidades, vi dinheiro
Bandoleiros, vi hospícios
Moças feito passarinho
Avoando de edifícios
Fume Ari, cheire Vinícius
Beba Nelson Cavaquinho

Para um coração mesquinho
Contra a solidão agreste
Luiz Gonzaga é tiro certo
Pixinguinha é inconteste
Tome Noel, Cartola, Orestes
Caetano e João Gilberto

Viva Erasmo, Ben, Roberto
Gil e Hermeto, palmas para
Todos os instrumentistas
Salve Edu, Bituca, Nara
Gal, Bethania, Rita, Clara
Evoé, jovens à vista

O meu pai era paulista
Meu avô, pernambucano
O meu bisavô, mineiro
Meu tataravô, baiano
Vou na estrada há muitos anos
Sou um artista brasileiro

HOLANDA, Chico Buarque de. Paratodos. In: *Paratodos*. BMG Ariola, 1993. 1 CD.

Análise de gráfico

7. Observe o gráfico "Brasil: pirâmides etárias – 2004 e 2015" (página 59) e responda ao que se pede.
   a) Em 2015, qual era a distribuição da população brasileira, em função da idade, entre homens e mulheres?
   b) Faça uma análise comparativa das duas pirâmides etárias apresentadas.
   c) Reflita e debata com a turma sobre os efeitos diretos e indiretos das transformações observadas.

Pesquisa e seminário

8. Reúna-se com três colegas e selecionem uma das Grandes Regiões brasileiras para fazer uma investigação sobre o desenvolvimento econômico e as condições sociais, culturais e ambientais. Em seguida, organizem um seminário para apresentar para a turma.

Produção de gráfico

9. Reúna-se com dois colegas e, com base nas informações estatísticas sobre o seu município, disponíveis no *site* do IBGE Cidades (ver **Dica de *site***), elaborem gráficos que retratem diferentes temáticas, como demografia, educação, saúde e economia. É importante escolher o melhor tipo de representação para os dados selecionados. A ideia é oferecer um panorama social e econômico local.

Dica de *site*

IBGE Cidades
Disponível em: <https://cidades.ibge.gov.br/>. Acesso em: 16 jul. 2018.
A página do IBGE Cidades disponibiliza um grande acervo de informações sobre os municípios e os estados brasileiros, incluindo pesquisas e mapas.

Resumo

- Regionalizar um país pode ser um instrumento para planejar as políticas públicas de um governo.
- O Brasil passou por diversas regionalizações: desde as que consideravam apenas os aspectos físicos até as temáticas sociais, que foram incorporadas na delimitação regional.
- A divisão regional geoeconômica baseia-se no conjunto de atividades econômicas de cada parte da região, enquanto a Região Concentrada foi pensada com base em vetores científicos e tecnológicos do Brasil.
- A população encontra-se dispersa de modo desigual pelo território brasileiro.
- As diferenças regionais espelham as desigualdades sociais brasileiras.
- O mercado de trabalho diferencia as mulheres e a população negra, que têm remuneração mais baixa que a média nacional.
- A transição demográfica no Brasil impõe uma revisão de políticas sociais.
- A concentração da renda no Brasil é elevada. Na classificação do Índice de Gini, que mede a desigualdade, o país apresenta um dos piores indicadores mundiais.

Globalização e cidadania

A globalização envolve múltiplas dimensões. As relações econômicas e financeiras reorganizam as relações sociais de modo intenso, afetando a população mundial de forma diferenciada.

Indicadores sociais são muito importantes nesse contexto histórico e social. Eles permitem comparar países e conhecer os efeitos sociais dos processos de produção globais pelo mundo e no interior de países. Os Objetivos do Desenvolvimento Sustentável são uma tentativa de resposta aos efeitos perversos da globalização, que acentuam as desigualdades sociais, o desemprego e o aumento da fome no mundo nos últimos anos. Essas metas, se alcançadas, podem ajudar a construir um mundo menos desigual e mais justo.

Como país emergente, o Brasil é duramente atingido por esse processo. Os indicadores da população brasileira expressam a desigualdade da globalização. Mas também mostram um povo miscigenado, formado por um contingente de povos originários combinados a outros que chegaram aqui, seja por migração forçada, seja em busca de novas oportunidades de trabalho.

Porém, os impactos da globalização são ainda mais intensos no Brasil porque, de certo modo, reafirmaram diferenças regionais históricas. Chamado de país arquipélago até meados do século XX, no qual as Unidades da Federação não estavam articuladas em termos econômicos, verificou-se maior integração posterior entre elas, mas insuficiente para combater as desigualdades sociais.

Por isso, a população brasileira aparece tanto com indicadores de países ricos como de países pobres. As diferenças se distribuem pelo território brasileiro e mostram nas paisagens urbana e rural um espaço geográfico denso em equipamentos técnicos em algumas localidades, caracterizando o meio técnico-científico-informacional e, em outras situações, desprovido de serviços básicos, como acesso a água e coleta de lixo e de esgoto.

Christian Knepper/Opção Brasil Imagens

// São Luís (MA), em 2016. O Brasil globalizado mistura riqueza, paisagem urbana moderna e grande desigualdade social.

Repercutindo

Texto 1

Mais jovens pobres no ensino médio na idade certa

A análise do percentual da população de 15 a 17 anos que frequenta a escola no ensino médio ou etapa posterior é estratégica por ser uma variável de fluxo hipersensível às mudanças. É reveladora do que ocorreu a um adolescente pertencente aos 5% ou 20% mais pobres que conseguiu ter um progresso escolar adequado chegando ao ensino médio na idade certa.

Em 2002, somente 10,7% dos jovens mais pobres ultrapassavam o muro dos que conseguiam chegar ao ensino médio na idade certa. Com o aumento de 264%, este patamar chegou a 39%. Sabemos que continua baixo, mas mostra que prioridade estatal e política pública intensivas foram capazes de reverter um cenário onde o fracasso escolar dos pobres foi sempre naturalizado. Os resultados alcançados não são suficientes. O estímulo ao ingresso e permanência de jovens no ensino médio estão vinculados à atratividade e à qualidade do sistema educacional, metas a perseguir.

Ensino superior: menos iniquidade de acesso

No período de 2002 a 2015, o acesso ao ensino superior, incluindo mestrado e doutorado, foi ampliado para toda a sociedade. Enquanto que o acesso ao conjunto da população quase dobrou, para os 20% mais pobres foi multiplicado 23 vezes. Uma barreira histórica para estudantes das escolas públicas começou a ser rompida pelos jovens que enfrentam os desafios da desigualdade social. Isto fica evidente no crescimento das vagas e correspondente ampliação do número de estudantes notadamente nas regiões Norte e Nordeste. [...]

Uma geração de jovens conquistou o lugar dos primeiros membros de suas famílias a terem acesso à universidade. Em 2015, por exemplo, 35% dos formandos que fizeram o Exame Nacional de Desempenho de Estudantes (Enade) eram os primeiros da família a serem diplomados.

Um conjunto de políticas públicas de acesso à universidade expandiu de forma inédita as vagas e as matrículas. As condições que foram dadas aos mais pobres não os igualou por baixo. O lugar antes restrito aos estratos com mais renda passou a ser compartilhado com as camadas mais pobres. [...]

CAMPELLO, Tereza (Org.). *Faces da desigualdade no Brasil*: um olhar sobre os que ficam para trás. Brasília: Faculdade Latino-Americana de Ciências Sociais/Conselho Latino-Americano de Ciências Sociais, 2017. p. 20-23.

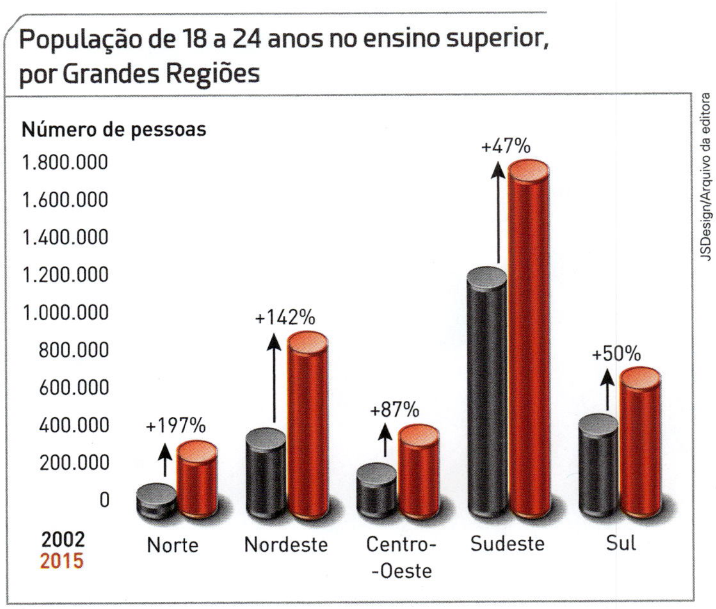

Fonte: IBGE/Pnad.

1. Após a leitura do texto e do gráfico, discuta com três colegas as questões a seguir.
   a) Quais são os efeitos da maior participação da população de baixa renda no Ensino Médio e no Superior?
   b) Qual região do país apresentou maior crescimento de jovens no Ensino Superior? De que modo isso afeta a região?

Texto 2

Desenvolvimento humano para todos

Os progressos realizados no âmbito do desenvolvimento humano têm sido impressionantes nos últimos 25 anos. Hoje em dia a população é mais longeva, mais meninos e meninas vão à escola e mais pessoas têm acesso a serviços sociais básicos. A Declaração do Milênio e os Objetivos de Desenvolvimento do Milênio, compromissos assumidos na virada do século para eliminar as privações humanas básicas em um prazo de 15 anos, impulsionaram esse quadro.

Sem dúvida o desenvolvimento humano foi desigual e as carências humanas persistem. O progresso passou longe de grupos, comunidades e sociedades e existem pessoas que ficaram à margem. Algumas só conseguiram o básico do desenvolvimento humano e outras nem sequer isso. Além disso, apareceram novos problemas para o desenvolvimento, que vão das desigualdades às mudanças climáticas, passando pelas epidemias, as migrações desesperadas, os conflitos e o extremismo violento. [...]

O desenvolvimento humano consiste em expandir as liberdades para que todos os seres humanos possam aproveitar as possibilidades que considerem mais valiosas. Essas liberdades têm dois aspectos fundamentais: a liberdade de bem-estar, representada pelas funções [...] e capacidades [...], e a liberdade de agir [...], representada pela voz e autonomia.

- Funções [...] são as diferentes coisas que uma pessoa pode valorizar ser e fazer, como ser feliz, ser adequadamente nutrida e gozar de boa saúde, bem como ter respeito próprio e participação na vida da comunidade.
- As capacidades [...] são os diferentes conjuntos de operações (ser e fazer) que uma pessoa pode alcançar.
- A capacidade de agir [...] está relacionada à liberdade de uma pessoa em fazer e alcançar ao perseguir objetivos ou valores que considera importantes.

Ambos os tipos de liberdade são absolutamente necessários para o desenvolvimento humano. [...]

PNUD. *Informe sobre desarrollo humano 2016*: desarrollo humano para todos. Nova York: Pnud, 2016. p. 1-2.

Attila Cser/Reuters/Fotoarena

Escola em Tampere, na Finlândia, em 2017. Os países nórdicos apresentam as melhores taxas de desenvolvimento humano do mundo, em que toda a população tem acesso a educação pública, saúde e renda mínima, além de outros fatores que elevam sua qualidade de vida.

2. Com base na leitura do trecho do relatório do Pnud, discuta com os colegas como combater o desenvolvimento desigual que assola o mundo.

1. (Enem)

Em 1999, o Programa das Nações Unidas para o Desenvolvimento elaborou o "Relatório do Desenvolvimento Humano", do qual foi extraído o trecho abaixo.

"Nos últimos anos da década de 90, o quinto da população mundial que vive nos países de renda mais elevada tinha:

- 86% do PIB mundial, enquanto o quinto de menor renda, apenas 1%;
- 82% das exportações mundiais, enquanto o quinto de menor renda, apenas 1%;
- 74% das linhas telefônicas mundiais, enquanto o quinto de menor renda, apenas 1,5%;
- 93,3% das conexões com a Internet, enquanto o quinto de menor renda, apenas 0,2%.

A distância da renda do quinto da população mundial que vive nos países mais pobres – que era de 30 para 1, em 1960 – passou para 60 para 1, em 1990, e chegou a 74 para 1, em 1997".

De acordo com esse trecho do relatório, o cenário do desenvolvimento humano mundial, nas últimas décadas, foi caracterizado pela

a) crescente concentração de renda, recursos e riqueza.
b) diminuição da marginalização de países pobres.
c) distribuição equitativa dos resultados das inovações tecnológicas.
d) inclusão progressiva de países no sistema produtivo.
e) redução da disparidade entre as nações.

2. (UFU)

O crescimento demográfico está ligado a dois fatores: crescimento natural ou vegetativo, que corresponde à diferença entre nascimento e óbitos verificada numa população, e a taxa de migração, que é a diferença entre a entrada e a saída de pessoas de um território.

Em relação ao crescimento demográfico, analise as afirmativas abaixo.

I. Pelo princípio malthusiano, a população tenderia sempre a crescer mais do que os meios de subsistência, tornando a fome e a miséria uma realidade inexorável (PG × PA). Uma alternativa lógica para se evitar o desastre populacional seria o controle da natalidade por meio do uso de métodos contraceptivos, aborto, abstinência sexual no casamento etc.

II. Os avanços da medicina, as medidas de avanço da higiene pública e a melhoria do padrão de vida da população possibilitaram uma forte redução da taxa bruta de mortalidade em todo o mundo. Para os neomalthusianos, a queda da mortalidade não tem efeito se não for seguida da redução da taxa de fecundidade, pois impediria o crescimento econômico do país. Por isso, a solução seria o controle da fecundidade, por meio de métodos contraceptivos e esterilização em massa.

III. Uma das consequências da queda da fecundidade brasileira são taxas de crescimento diferenciadas dos vários grupos etários, com taxas menores para os grupos mais jovens. Isto tem resultado numa diminuição do peso da população jovem no país e num aumento da importância do segmento idoso. Esta tendência é chamada de envelhecimento populacional, pois se dá em detrimento da diminuição do peso da população jovem no total, o que acarreta também um aumento da idade média e mediana da população.

Assinale a alternativa correta.

a) Apenas I é verdadeira.
b) I e III são verdadeiras.
c) I e II são verdadeiras.
d) II e III são verdadeiras.

3. (PUC)

As representações 1, 2 e 3 evidenciam, respectivamente, a realidade demográfica dos países:

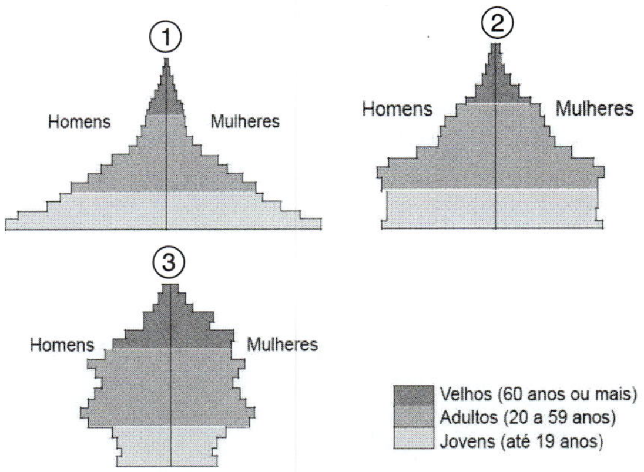

Fonte: CHESNAIS, Jean Claude. La population de L'Antiquité a 2050. Paris: Bordas, 1991, p. 63.

a) Brasil – Alemanha – Suécia
b) Paquistão – Coreia do Sul – Alemanha
c) Noruega – Brasil – Senegal
d) Sudão – Argentina – Tanzânia
e) Japão – China – Guatemala

UNIDADE

2 Geografia da produção

Plantação de soja em Missouri, nos Estados Unidos, em 2015. O agronegócio vale-se da tecnologia para monitorar sua produção.

Steve Collender/Shutterstock

No modo de produção capitalista estão articuladas a produção agrícola, as atividades industriais e a circulação de mercadorias. Ao longo do tempo, essas atividades sofreram mudanças e incorporaram inovações tecnológicas que ajudaram a superar crises e também permitiram uma nova onda de acumulação capitalista. Mas, ao mesmo tempo, foi possível verificar conflitos pela posse de terras no campo, desemprego nas cidades e aumento de impactos ambientais. Esse conjunto de temas está entre os grandes desafios da atualidade.

CAPÍTULO

4 Origens e crises do capitalismo

Existem várias formas de produzir os bens necessários para viver. O capitalismo é uma delas. Para os economistas, ele tem como base a posse privada dos meios de produção e a busca do lucro. Consideram também como característica desse sistema o livre mercado, que permite a troca de uma moeda por mercadorias ou a troca entre mercadorias. Por isso, muitos autores definem a economia de mercado como uma marca do capitalismo.

Os sociólogos, por sua vez, entendem o capitalismo como a relação de trabalho entre diferentes classes sociais, consistindo no pagamento de salário à classe trabalhadora pelos detentores dos meios de produção.

Paulo Whitaker/Reuters/Fotoarena

Atacarejo em São Paulo (SP), em 2017. Esse conceito de negócio une características do atacado e do varejo, em que o incentivo ao consumo faz girar a economia e gerar lucro.

EM FOCO

EUA e China invertem papéis no comércio

Está cada vez mais claro que o foco da nova guerra comercial lançada por Trump é a China.

Para vencer a competição estratégica com o país asiático, os EUA acabam de soltar uma nova batelada de restrições comerciais, financeiras e de transferência de tecnologia que podem atingir o coração da competitividade chinesa. Exemplos são a imposição de tarifas de 25% sobre produtos de alta tecnologia que representam até US$ 60 bilhões em exportações chinesas e uma interferência inédita do governo americano em processos de fusão e aquisição de empresas [...].

Em contrapartida, a China anunciou que poderá restringir a soja, a carne suína e os vinhos dos EUA, além de outras retaliações.

O pano de fundo da queixa é o fato de os EUA importarem US$ 490 bilhões da China e exportarem apenas US$ 115 bilhões, o que gera déficit anual de US$ 375 bilhões com o país asiático. Os EUA querem reduzir o valor em US$ 100 bilhões ainda neste ano.

Vejo três resultados possíveis para o conflito EUA-China.

O primeiro seria uma escalada de medidas protecionistas e retaliações sem retorno, que ricochetearia no mundo todo produzindo resultados líquidos negativos ao afetar o comércio, os investimentos e o crescimento global.

O mundo já viveu tempos sombrios dessa natureza. Mesmo que possamos no curto prazo nos beneficiar das retaliações chinesas em algumas commodities, não creio que no longo prazo haverá o que comemorar num cenário de guerra comercial generalizada.

O segundo resultado, mais provável no meu entendimento, seria um grande acordo bilateral entre os dois megaplayers após o tiroteio protecionista, com compensações pontuais da China para manter o status quo. Infelizmente nesse cenário o Brasil pode sair perdendo, pois a pauta de exportações dos EUA para a China é altamente "commoditizada" e curiosamente muito parecida com a nossa.

Commodity: matéria-prima geralmente destinada à exportação, com o preço regulado pela relação entre oferta e procura. Exemplos: petróleo, café, soja, etc.

O Brasil detém hoje o terceiro maior superávit comercial do planeta com a China, calcado na exportação de commodities como soja e carnes, nas quais o nosso maior concorrente são os Estados Unidos. Um acerto mercantilista entre EUA e China, realizado à revelia das regras multilaterais, pode cortar as nossas pernas.

Mas há um terceiro cenário sobre o qual ainda se fala pouco, e que pode ter resultados positivos tanto para mitigar o conflito bilateral como para o mundo. Esse caminho virtuoso seria a China ocupar o vácuo deixado pelos EUA e assumir um papel protagonista no cenário global como defensora da globalização, do livre-comércio e da sustentabilidade.

O país ainda está longe de substituir os EUA como maior shopping center do planeta. O crescimento meteórico chinês foi puxado por exportações hipercompetitivas, mas o país ainda restringe importações e não trata o investidor estrangeiro da mesma forma que o nacional. [...]

JANK, Marcos S. EUA e China invertem papéis no comércio. *Folha de S.Paulo*, 31 mar. 2018. Disponível em: <www1.folha.uol.com.br/colunas/marcosjank/2018/03/eua-e-china-invertem-papeis-no-comercio.shtml?loggedpaywall?loggedpaywall?loggedpaywall>. Acesso em: 26 jul. 2018.

Qilai Shen/In Pictures/Getty Images

Indústria de *smartphone* em Shenzhen, na China, em 2015.

1. Quais são as estratégias adotadas pelos países em disputa comercial?

2. Na sua opinião, quem ganha e quem perde com a disputa comercial entre Estados Unidos e China?

1. Etapas do capitalismo

Desde seu surgimento, o modo de produção capitalista demonstrou grande capacidade de reorganização. Parte disso se deve a inovações tecnológicas, sociais e econômicas que se expressam no espaço geográfico. Essas inovações estão relacionadas às mudanças nas relações de trabalho, ao avanço tecnológico, à organização empresarial, aos meios de transporte e de comunicação. Muitas transformações foram difíceis e resultaram em crises e disputas comerciais e sociais.

É um sistema econômico hegemônico envolvendo países, empresas e pessoas, que utilizam diferentes moedas para intermediar suas relações econômicas, que podem ser realizadas com papel-moeda ou moeda digital, também chamada criptomoeda, cujas transações ocorrem em meio eletrônico.

Esse sofisticado sistema de produção de mercadorias surgiu da transição de outra forma de organização social: o feudalismo.

Transição do feudalismo para o capitalismo

O feudalismo foi um modo de produção que vigorou no continente europeu. Sua origem está associada às invasões bárbaras, no século IV, à decadência do Império Romano, no século V, e à expansão árabe no Mediterrâneo, entre os séculos VII e VIII.

Feudo

Pedaço de terra sobre o qual o senhor feudal exercia sua autoridade.

© Sol 90 Images/Arquivo da editora

Elaborado com base em: SOL90. Feudalismo. Disponível em: <www.sol90images.com/product.php?id_product=260>. Acesso em: 31 jul. 2018.

No feudalismo, as terras senhoriais dispunham de castelo senhorial, moinhos e áreas de arrendamento para o cultivo de plantas, criação de animais e outros usos.

As terras, nas quais surgiram os feudos, eram doações dos monarcas a senhores feudais que lhes prestavam fidelidade. Essa estratégia da monarquia buscava conter a presença de povos estrangeiros em seus territórios. Os senhores feudais estabeleciam relações servis de produção, nas quais ofereciam, em troca de trabalho dos servos, proteção diante das invasões de outros povos. Por isso, o feudo passou a predominar na Europa como forma de produção econômica.

Nos feudos, os servos eram obrigados a trabalhar nas terras de seu senhor feudal e destinar a eles parte da produção das terras que usavam, além de pagar impostos pelo uso de equipamentos e pela proteção. Praticamente não se usava moeda nas trocas comerciais; prevalecia o escambo, que é a troca de uma mercadoria por outra. Os impostos também eram pagos em mercadorias.

O declínio do feudalismo está associado à retomada da atividade comercial fora dos feudos. A abertura das rotas comerciais possibilitou maior circulação de mercadorias, o ressurgimento das cidades e o fortalecimento das atividades de comércio. Assim, na transição do feudalismo para o capitalismo, surgiram potências colonialistas que tinham o objetivo de conquistar territórios. A busca de metais preciosos era fundamental e, para alguns estudiosos, propiciou o surgimento do capitalismo por meio da acumulação inicial de capital.

The Granger Collection/Glow Images

Detalhe da iluminura do *Livro de horas*, do duque de Berry, século XV. Cena do período feudal: camponeses trabalhando em torno de castelo murado.

O declínio do feudalismo

O processo de absorção da atividade mercantil e sua transformação deu-se paulatinamente nesses aglomerados e decorreu do fato de que mesmo durante o período de predomínio do modo de produção feudal os mercadores e, portanto, o comércio, subsistiram, ainda que eventuais e restritos, já que o feudo necessitava de muito poucos produtos. Além disto, no decorrer dos séculos X e XI houve a reabertura dos postos europeus, antes sob o controle árabe.

Contraditoriamente essa absorção/transformação foi possível graças ao caráter protetor dessas aglomerações, caráter do qual nem mesmo os mercadores (apesar da natureza de sua atividade) podiam prescindir naquela organização econômica, política e social.

Em outras palavras, o caráter itinerante dos mercadores e os riscos a que estavam expostos, numa época em que a ausência de um poder político central apenas dava garantias de proteção intrafeudo, exigiam um abrigo.

A proteção daqueles homens e sobretudo de suas mercadorias estava dentro da muralha. Desde a segunda metade do século X, os mercadores buscavam os burgos localizados ao longo dos caminhos e dos rios. O reatamento com o comércio do Oriente reforçou o fluxo comercial e a procura de proteção por parte dos mercadores tornou-se tão frequente que logo algumas dessas aglomerações muradas não puderam mais contê-los, gerando uma ocupação extramuros. Daí resultou a expressão *foris-burgus*, queria dizer burgo dos arredores, ou arrabaldes. Muitas cidades surgiram nos arrabaldes das fortalezas. [...]

SPÓSITO, Maria E. B. *Capitalismo e urbanização*. 8. ed. São Paulo: Contexto, 1997. p. 31.

Capitalismo comercial ou pré-capitalismo

O capitalismo comercial, ou pré-capitalismo, é o período em que surgiram potências econômicas, como Espanha, Portugal, Inglaterra, Países Baixos e França, e inovações tecnológicas associadas à navegação. Nessa época, outra invenção de destaque foi a imprensa, que ajudou a difundir o conhecimento em novas escalas.

Esses países buscavam conquistar novas terras além-mar, das quais extraíam recursos naturais, como o ouro e a prata. As Grandes Navegações marcam esse período, caracterizado pela disputa para conquistar novas terras. As viagens de Vasco da Gama para as Índias (1498) e as de Américo Vespúcio (1499) para o Novo Mundo são exemplos.

Planisfério: viagens de Vasco da Gama e Américo Vespúcio – século XV

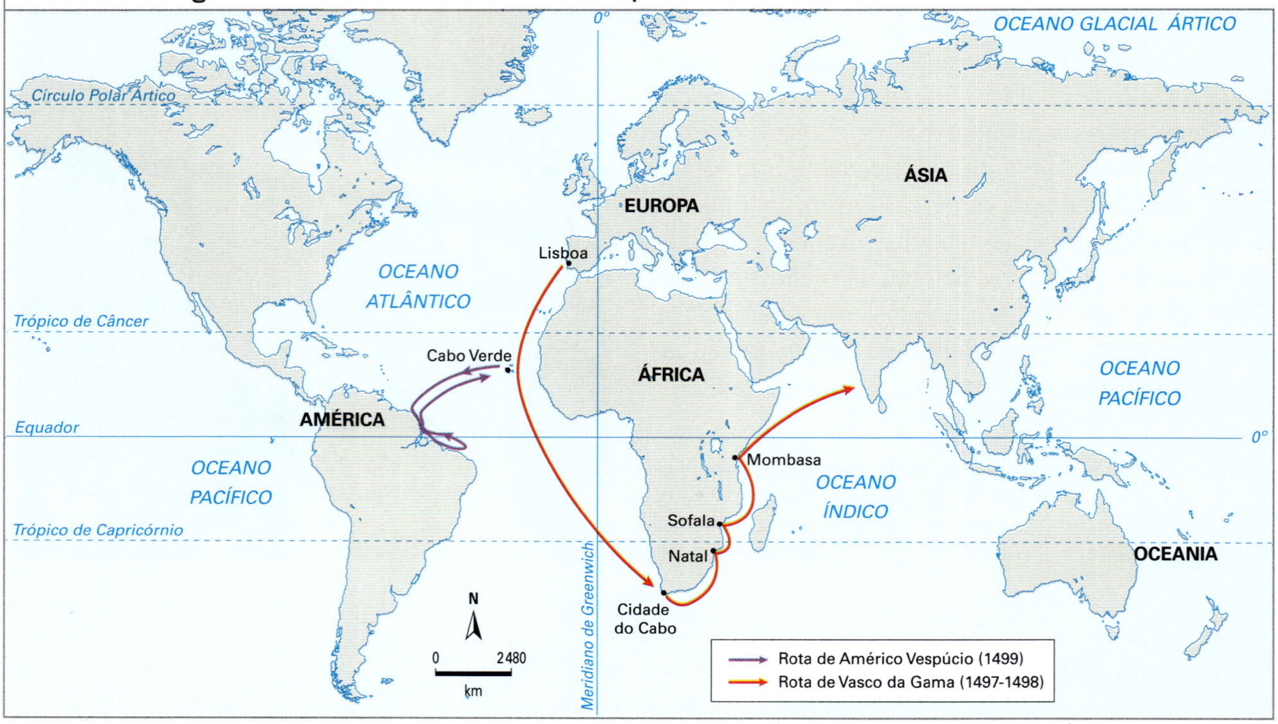

Elaborado com base em: ENCYCLOPÆDIA Universalis France. Grande découvertes, XVe-XVIe siècle. Disponível em: <www.universalis.fr/encyclopedie/grandes-decouvertes/>. Acesso em: 26 jul. 2018.

Os europeus impunham à população das terras conquistadas o colonialismo, marcado pela exploração de recursos naturais e pela escravização dos povos originários, como são chamados os que viviam nas terras antes da presença europeia. Os habitantes originais eram considerados inferiores porque não seguiam os preceitos das matrizes ocidentais.

Ao chegarem às terras novas, os europeus praticavam a cooptação dos povos originários e também o extermínio. A cooptação ocorria quando os povos originários assimilavam os valores ocidentais, principalmente os religiosos. Além disso, uma parte foi escravizada para servir aos seus interesses econômicos. Já o extermínio foi causado pela resistência desses povos à presença europeia e à escravização.

Uma das principais atividades dos europeus era o tráfico de escravos oriundos do continente africano. Grupos de povos negros foram escravizados e levados para trabalhar em colônias na América Central, América do Norte e América do Sul. O Brasil foi um desses destinos.

Outra prática do colonialismo foi o investimento em exploração agrícola e mineral. Na exploração mineral, o ouro e a prata eram amplamente retirados e enviados para os territórios europeus. Em termos de produção agrícola, muitas culturas foram introduzidas nas colônias, como a cana-de-açúcar e o chá, e algumas riquezas naturais, como o pau-brasil, foram intensamente utilizadas pelas sociedades europeias.

Todo o desenvolvimento dessa fase do sistema capitalista estava alicerçado na doutrina do mercantilismo, que, entre outras características, mantinha as colônias dependentes das potências em termos comerciais e centralizava as decisões no monarca. Uma colônia só podia comercializar com a metrópole que detinha a posse da terra.

O poder político dos monarcas estava associado ao tamanho de suas terras. Os reinos mais influentes eram os que detinham maiores riquezas em termos de recursos naturais, tais como ouro e prata.

jmeyersforeman/Alamy/Fotoarena

Igreja Santa Maria da Assunção, em Navarrete, Espanha, em 2012. O ouro retirado das colônias era enviado para a Europa e serviu para adornar muitas igrejas.

Cartografando

1. Observe o mapa a seguir e depois responda às questões.

Oceano Atlântico: rotas comerciais – fim do século XVIII

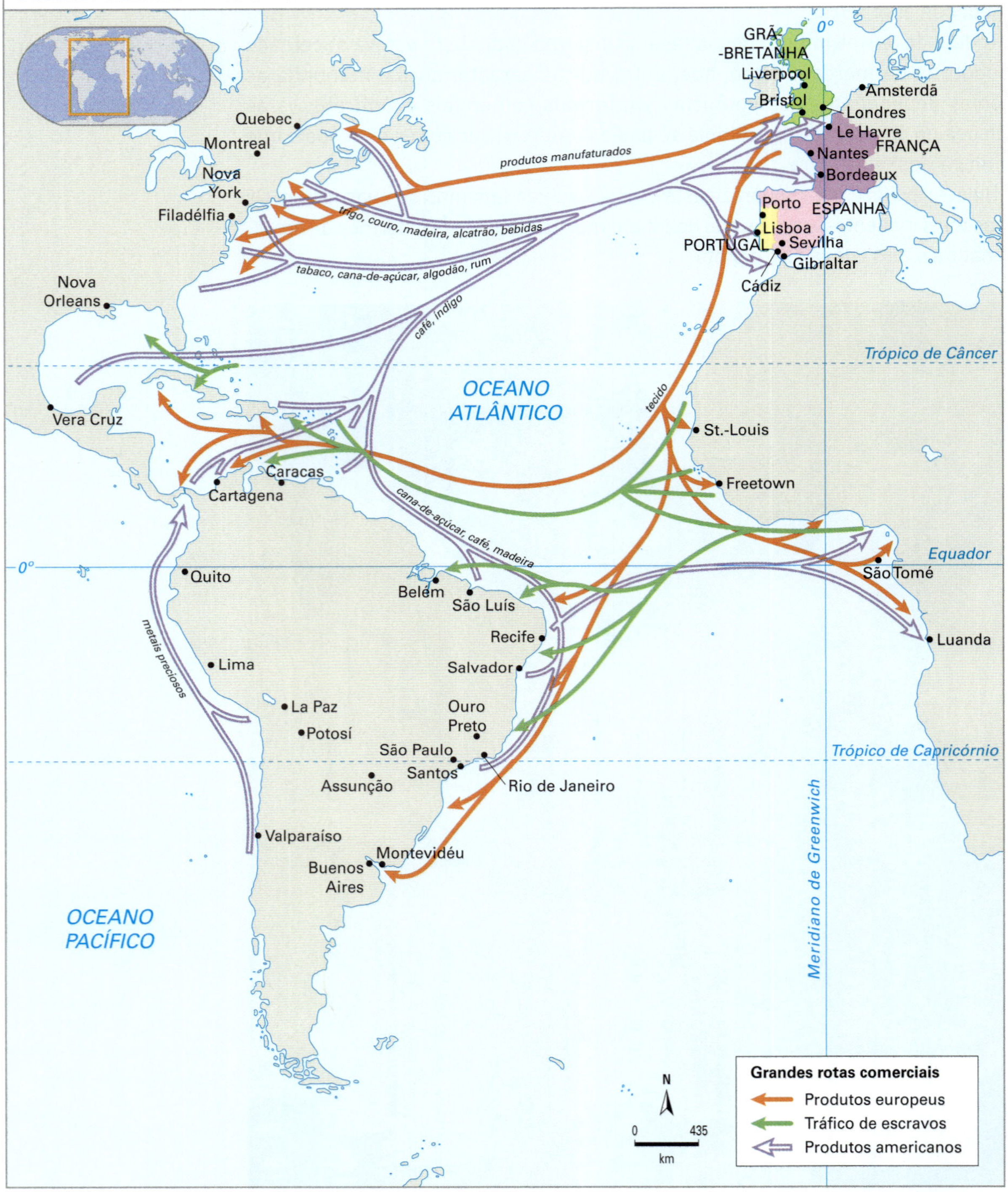

Banco de imagens/Arquivo da editora

Elaborado com base em: ENCYCLOPÆDIA Universalis France. Histoire de l'Atlantique. Disponível em: <www.universalis.fr/encyclopedie/histoire-de-l-atlantique/7-le-commerce-de-l-atlantique-aux-xviie-et-xviiie-siecles/>. Acesso em: 1º ago. 2018.

a) Quais eram as principais matérias-primas extraídas das terras que hoje integram a América do Sul?

b) Quais localidades recebiam mão de obra escravizada das terras que hoje formam a África?

Capitalismo industrial

A acumulação inicial de capital no capitalismo comercial foi, mais tarde, investida em equipamentos para a produção industrial. Com a chamada Revolução Industrial, estabeleceu-se nos países europeus o capitalismo industrial, que depois se difundiu pelo mundo.

A Inglaterra foi um importante foco de mudanças que levaram ao capitalismo industrial, por exemplo, a transformação dos recursos naturais em bens por meio de inovações tecnológicas como os teares mecânicos, a máquina a vapor e a locomotiva, bases para a produção industrial.

A doutrina econômica então dominante era a liberal, que criticava o Estado absolutista e o mercantilismo, além de defender o direito à propriedade e à livre concorrência dos mercados.

De acordo com o liberalismo, o Estado deve deixar o mercado funcionar, cabendo aos agentes econômicos – os novos industriais e os consumidores – regular as ações.

Reprodução/Biblioteca do Congresso, Washington, D.C., EUA

Fototeca Gilardi/akg-images/Album/Fotoarena

A doutrina liberal foi desenvolvida pelo escocês Adam Smith (à esquerda) e pelo inglês David Ricardo (à direita), que se opuseram ao mercantilismo e às práticas de controle da economia pelo Estado.

Bridgeman Images/Easypix Brasil/Coleção Real, Londres, Inglaterra

Manchester a partir de Kersal Moor, de William Wyld, 1852 (aquarela, de 31,9 cm x 49,1 cm). Ao fundo, a cidade de Manchester, na Inglaterra, e suas indústrias.

Trabalho assalariado: relação estabelecida inicialmente pelos empresários industriais, em que se realizava o pagamento periódico de salário pelo trabalho desenvolvido na fábrica.

Com o fim da escravatura em muitos países, a mão de obra passou a ser remunerada. Estava criada a base para o surgimento do trabalho assalariado. Ao mesmo tempo, essa alternativa representou o alicerce do que se verificou anos mais tarde, com a criação de um mercado consumidor que incorporou parte da classe trabalhadora. A lógica de produção e consumo havia mudado: deixou de se basear apenas no comércio de escravos e especiarias e passou a vender produtos oriundos da indústria.

A alternativa socialista

Embora a Inglaterra tenha despontado como precursora do capitalismo industrial, outras potências, como Japão, Estados Unidos, França e Alemanha, expandiram suas economias industriais. No começo do século XX, a então União das Repúblicas Socialistas Soviéticas (URSS) também desenvolvia seu parque industrial sob o comando do socialismo real, instalado a partir da Revolução Socialista, em 1917. No socialismo soviético, o Estado tornou-se o detentor dos meios de produção, em vez da iniciativa privada.

Esse modelo gerou muitas críticas entre os socialistas, o que levou ao rompimento de parte deles com a URSS. De acordo com Cornelius Castoriadis (1922-1997), filósofo e economista greco-francês, o socialismo deveria ter sido construído por meio da gestão dos trabalhadores e do controle coletivo dos meios de produção. Como isso não ocorreu, ele afirma que o socialismo nunca existiu de fato. Segundo esse autor, o que havia era um capitalismo de Estado, no qual o governo controlava a produção na URSS.

Sputnik/AFP

Indústria têxtil em Ivanovo, na antiga União Soviética, em 1935.

Capitalismo monopolista e financeiro

O capitalismo monopolista e financeiro indica outra etapa desse sistema econômico, tendo os Estados Unidos como o principal representante, seguido de Alemanha e Japão. Nesse período, a doutrina liberal amplamente defendida no capitalismo industrial começou a ser revista.

Ele surgiu da combinação do setor industrial com o financeiro. Bancos e demais empresas da área, como as seguradoras, passaram a impor regras que levam ao aumento de seus lucros, por meio da remuneração do dinheiro, que também é uma mercadoria passível de ser emprestada.

O teórico John Keynes (1883-1946) advertia que o mercado não se autorregulava e cabia ao Estado a intervenção econômica por meio de investimentos públicos que estimulassem o crescimento, as proteções sociais e de emprego. Essa teoria surgiu como resposta a ciclos de crise que modificaram o funcionamento do capitalismo e que resultaram em falências de indústrias, queda de preços e crises econômicas, com desvalorização das *commodities* nas bolsas de valores mundiais.

O capitalismo monopolista e financeiro foi resultado da expansão da atividade industrial mundial, ocasionando a formação de monopólios e oligopólios. O **monopólio** ocorre quando uma empresa controla a oferta de produtos sem concorrência. Já o **oligopólio** é verificado quando grupos formados por poucas empresas controlam um setor de produção. Nesse caso, empresas multinacionais de países distintos podem produzir bens semelhantes, negociando preços para alcançar lucro. Esse tipo de ação coordenada impede a presença de empresas menores no mercado, por exemplo, nas indústrias automobilística e farmacêutica.

A articulação do capital financeiro e industrial gerou um tipo de conglomerado chamado ***holding***, que atua em vários ramos de atividades. Nessa fusão, os bancos passam a controlar as indústrias.

Alex Argozino/Arquivo da editora

Uma *holding* engloba empresas de diversas áreas.

Já os **trustes** surgem quando empresas, incluindo *holdings*, compram concorrentes e controlam os meios de produção e dominam o mercado de determinado produto. Elas controlam a produção pela ausência de concorrência ou pelo amplo domínio do mercado e podem, desse modo, impor o preço de determinado produto aos consumidores. Muitos trustes se transformam em conglomerados, que surgem quando poucas empresas atuam em vários setores. Há ainda o **cartel**, que resulta da associação de empresas que, de modo coordenado, dividem o mercado entre si, fixando preços, eliminando concorrentes para, assim, obter maiores lucros.

Essa etapa do capitalismo foi marcada pela necessidade das indústrias de receber investimentos financeiros para ampliar sua linha de produção e sua capacidade tecnológica. Assim, os bancos passaram a intervir na economia industrial por meio do financiamento de obras privadas, que podiam estar associadas à inclusão de novas tecnologias, pesquisa de produtos e desenvolvimento de infraestrutura (novas instalações industriais, por exemplo). Esse endividamento das empresas muitas vezes facilitou sua aquisição pelo setor financeiro.

Mas o capitalismo financeiro não atua somente nos setores industriais. Os bancos ofertam a cidadãos e governos oportunidades de crédito e financiamento para o consumo. Em troca, obtêm lucros dessas operações com o pagamento das dívidas e dos juros sobre elas.

Capitalismo informacional e globalizado

O capitalismo atual é chamado de informacional e globalizado. Baseia-se na doutrina neoliberal, que visa aplicar os princípios do liberalismo criados na era do capitalismo industrial, no entanto, com a intervenção do Estado para regular o mercado a fim de preservar a estabilidade monetária e a livre concorrência.

A privatização das empresas estatais e a abertura dos mercados para a globalização são amplamente defendidas pelos autores neoliberais. O principal teórico desse período é Milton Friedman (1912-2006). Países como Estados Unidos, Japão, China, Alemanha e Coreia do Sul se destacam nesse sistema.

Alexander Tolstykh/Shutterstock

/// Robôs em linha de montagem de eletrônicos em Hannover, na Alemanha, em 2018. As inovações tecnológicas são cada vez maiores na indústria.

Essa etapa do capitalismo tem como base as inovações tecnológicas, principalmente na informática e na robótica. Portanto, o conhecimento passa a ser fundamental e os investimentos em desenvolvimento científico e tecnológico também, pois permitem o surgimento de inovações.

Outra característica dos dias atuais é a associação empresarial aos centros de pesquisa de universidades e outros institutos. Os fluxos de inovação tecnológica necessitam desse tipo de conhecimento e passam a financiar as pesquisas de seu interesse.

Segundo o geógrafo Milton Santos (1926-2001), o capitalismo tornou-se técnico científico e informacional, ou seja, cada vez mais os sistemas produtivos, financeiros e comerciais necessitam do conhecimento científico, que é transformado em tecnologia. Para ele, países e empresas que investem no desenvolvimento educacional e em pesquisa científica e tecnológica estão mais propensos a alcançar o desenvolvimento econômico e social.

Os avanços tecnológicos, como o desenvolvimento de melhorias em transportes e comunicações, permitiram que o capitalismo se globalizasse. No capitalismo mercantil, a velocidade média dos barcos a vela era de 16 km/h. Hoje, aviões domésticos atingem mais de 400 km/h e poderosos navios percorrem o mundo em poucos dias.

Essas mudanças fizeram diminuir o tempo para transpor as distâncias. Além disso, inovações aplicadas em portos e em navios facilitaram o fluxo de mercadorias, como o uso de contêineres, que permitiram o transporte de produtos diferentes em um mesmo navio e a redução do tempo de carga e descarga da embarcação. Esse conjunto de fatores levou à globalização do capitalismo.

Porém, somente pode usufruir desse mundo globalizado um país com indivíduos com poder de compra. Assim, apesar de a globalização ter alcançado todo o mundo, ela não está disponível para todos. Atualmente, existem países globalizados de fato e países excluídos desse processo. No interior de cada nação também se encontram os contemplados e os que estão fora da globalização.

CIDADANIA E DESAFIOS GLOBAIS

Por uma outra globalização

De fato, para a grande maior parte da humanidade a globalização está se impondo como uma fábrica de perversidades. O desemprego crescente torna-se crônico. A pobreza aumenta e as classes médias perdem em qualidade de vida. O salário médio tende a baixar. A fome e o desabrigo se generalizam em todos os continentes. Novas enfermidades como a SIDA se instalam e velhas doenças, supostamente extirpadas, fazem seu retorno triunfal. A mortalidade infantil permanece, a despeito dos progressos médicos e da informação. A educação de qualidade é cada vez mais inacessível. Alastram-se e aprofundam-se males espirituais e morais, como os egoísmos, os cinismos, a corrupção.

A perversidade sistêmica que está na raiz dessa evolução negativa da humanidade tem relação com a adesão desenfreada aos comportamentos competitivos que atualmente caracterizam as ações hegemônicas. Todas essas mazelas são direta ou indiretamente imputáveis ao presente processo de globalização. [...]

SANTOS, Milton. *Por uma outra globalização*: do pensamento único à consciência universal. 17. ed. Rio de Janeiro: Record, 2008. p. 19-20.

1. Discuta com mais três colegas o texto de Milton Santos e responda:

a) Quais ações um governo deve tomar diante de problemas advindos da globalização?

b) Como é possível combater a pobreza e o desemprego no mundo globalizado?

2. Crises do capitalismo

Diversas crises afetaram o modo de produção capitalista ao longo da história. Para alguns economistas, elas são sistêmicas, isto é, fazem parte da dinâmica desse sistema. Ocorreram por falhas no modo de produção capitalista, que tem como base o consumo crescente. A geração de expectativas de lucro nem sempre concretizadas causaram crises no mundo todo e repercutiram por vários anos. As crises de 1929 e de 2008 são exemplos dessa situação.

Outra interpretação para as crises sistêmicas aponta como causa principal o esgotamento de processos, instrumentos e técnicas usadas pelas empresas. Para o economista russo Nikolai Kondratieff (1892-1938), os ciclos de inovação tecnológica são capazes de superar crises. Para ele, cada ciclo do capitalismo correspondeu a uma inovação que superou a fase anterior e iniciou um novo ciclo de acumulação.

Entre as crises capitalistas, a de 1929 foi marcante e levou a uma mudança nos rumos da condução da atividade econômica.

A crise de 1929

Considerada a primeira grande crise do modo de produção capitalista, a crise de 1929 começou nos Estados Unidos e repercutiu em muitos países. O fator mais aceito para a sua deflagração foi a superprodução, tanto agrícola como industrial, que levou à derrubada dos preços das mercadorias, causando graves prejuízos aos produtores e fazendo-os falir.

Durante a Primeira Guerra Mundial (1914-1918), os países europeus foram abastecidos em grande parte por produtos agrícolas e industriais provenientes dos Estados Unidos. Com o fim da guerra e a recuperação da capacidade de produção europeia, as importações de artigos estadunidenses foram sendo reduzidas. Como resultado, verificou-se um excedente de mercadorias nos Estados Unidos.

Ao mesmo tempo, ao longo da década de 1920, houve uma euforia no consumo interno dos Estados Unidos, que estimulou o aumento da produção industrial. No entanto, a capacidade de produzir mercadorias era maior que a de consumo, em razão das perdas salariais da população. Com muita oferta, os preços caíram e muitas empresas não conseguiram cobrir seus custos e, assim, quebraram.

O ponto alto da crise ocorreu em 24 de outubro de 1929, que ficou conhecido na história como o ***crack* da Bolsa de Nova York**. Nesse dia, as ações das empresas negociadas tiveram uma queda muito grande porque a superprodução não era escoada. Ou seja, não havia garantia de que os valores das ações seriam honrados, o que gerou uma desconfiança em todo o sistema. Essa situação se propagou por outras bolsas, demonstrando o caráter global da crise e a articulação dos mercados no capitalismo.

Gamma-Keystone/Getty Images

Tensão entre os investidores em frente à Bolsa de Nova York, nos Estados Unidos, em 24 de outubro de 1929, dia que marcou a história do mundo.

Após o episódio da Bolsa, teve início um declínio da atividade econômica mundial em larga escala, denominado **Grande Depressão**. Ele se estendeu por praticamente toda a década de 1930 e foi uma das causas, segundo analistas políticos, do surgimento de líderes nazistas e fascistas na Alemanha e na Itália. De acordo com esses analistas, a crise econômica de longa duração permitiu o uso, entre outras coisas, de discursos baseados na discriminação social como causa dos problemas, o que levou à ascensão de líderes autoritários nesses dois países, que se aliaram na Segunda Guerra Mundial (1939-1945).

As saídas para resolver esse panorama de crise capitalista estavam associadas à intervenção do Estado na economia. A ideia era de que ele passasse a estimular a economia por meio da criação de infraestrutura e serviços, tornando-se, desse modo, um investidor. De início, não concorria com o setor privado, pois os investimentos eram voltados à melhoria das condições de vida da população. Para muitos economistas, isso gerou o **Estado de Bem-Estar Social**, que prosperou em alguns países europeus, além dos Estados Unidos, até o começo do século XXI. Esse modelo foi uma combinação de políticas nacionais que garantiam melhorias para a população e, simultaneamente, estimulavam o desenvolvimento econômico industrial.

A crise de 1929 no Brasil

Em 1929, o Brasil vivia o fim da política da República Velha (1889-1930), uma alternância no poder entre líderes de São Paulo e de Minas Gerais. Muitos historiadores associam esse período à política do café com leite porque o estado de São Paulo era o maior produtor nacional de café, com destaque internacional, enquanto Minas Gerais era líder na produção leiteira.

Principal produto exportado pelo país, o café chegou a representar 70% das exportações brasileiras, cujos principais mercados eram os países europeus e os Estados Unidos. A crise de 1929 fez o valor do café despencar, já que as compras internacionais praticamente pararam. Uma das ações tomadas pelo então presidente Washington Luís (1869-1957) foi a queima de sacas de café, buscando assim reduzir a oferta do produto e manter seu preço.

Em termos políticos, a crise de 1929 diminuiu o poder de políticos paulistas e mineiros, e permitiu a ascensão do gaúcho Getúlio Vargas (1882-1954) ao poder, por meio de um golpe de Estado em 1930. Em termos econômicos, a crise da produção do café levou à diversificação dos investimentos dos cafeicultores paulistas, impulsionando a industrialização no Brasil. A acumulação de capital pelos cafeicultores foi fundamental para que financiassem a atividade industrial em São Paulo.

Jm plano verdadeiramente revolucionario

Como solução radical, unica e indispensavel do problema caféeiro, ao Instituto do Café se propõe a queima total, realizada num só dia, dos estoques

Em data de hoje, foi enderegada Instituto do Café a seguinte re-esentação, que encerra um plano almente revolucionario para so-cionar o grave e prementissimo oblema cafeeiro:

"São Paulo, 17 de Outubro de 31 — Illmos. srs. directores do stituto de Café — Rua Wences-u Braz, São Paulo — Presados s. — Vv. ss. não ignoram a af-ctiva situação em que se debate lavoura de café, situação tanto ais grave e mais alarmante quan-as providencias até agora toma-s para corrigil-a tem resultado fficazes e contraproducentes. A lução do problema pela compra s "stocks" dos Reguladores "Sa-s de 1929 e 1930" pelo governo leral encerra, no fundo, um ver-deiro absurdo, pois, sendo noto-publica e o que é mais, offi-lisada a fallencia economica e anceira desse mesmo governo o é sequer admissivel, a não ser se subvertam inteiramente as s da logica e do bom senso, que a, elle o detentor de 16.500.000 ccas de café, o que não só cons-ue uma ameaça contra qualquer noria futura, como impede que sequer outras medidas parciaes cado. Fóra dahi nada a fazer. Tudo o mais é simples panacéa, inutil e inconsequente.

Vejamos, porém, de que modo se poderá attingir facilmente a esse objectivo. Calculemos em 70$ por sacca o preço da indemnisação aos portadores de conhecimentos representativos dos cafés de 1929 e 1930, na sua maioria na carteira do Banco do Estado de S. Paulo, alguns em outros bancos e os restantes — muito poucos — com particulares. Avaliando-se em .... 11.000.000 de saccas, os cafés representados por esses fornecimentos ainda não pagos, temos .... 11.000.000 multiplicados por 70$, ou sejam 770.000:000$ (setecentos e setenta mil contos). Ora, a divida resultante do contrato de emprestimo de 20.000.000 de libras, que grava esses cafés, orça hoje, mais ou menos, em 18.000.000. Calculada a libra á razão de 76$ temos 18.000.000x76$000 ou sejam 1.368.000:000$, sommando tudo 2.138.000:000$, que chamaremos o PASSIVO. Como poderemos cobril-o? Facilmente. Para isso, temos um decreto em vigor durante o prazo de quatro annos e que manda cobrar a taxa de meia libra como está arriscada a uma desvalorisação que será cada vez maior e marchará mesmo em progressão geometrica se o commercio do café continuar no pé em que se encontra, largado á influencia dos multiplos factores que o perturbam e o desmoralisam. Essa garantia precaria seria substituida pela taxa de meia libra, incomparavelmente melhor e mais segura.

As vantagens, pois, não seriam somente nossas, mas tambem dos banqueiros, sob todos os pontos-de-vista. A esse respeito, não hesitamos mesmo em prevêr uma alta immediata para os titulos do emprestimo referido, o que prestigiaria o nosso credito externo, consolidando-o.

Esse é, a nosso vêr, o caminho unico a seguir. Os "meios brandos tambem chamados legaes" de que nos temos servido fracassam e fracassarão sempre, irremediavelmente, contribuindo apenas para augmentar a confusão, para anarchisar os negocios, para lançar a intranquillidade e, pois, gerar a desconfiança. Já que estamos em periodo revolucionario, saibamos ao menos resolver "revolucionariamente" o nosso principal, o nosso

Arquivo/Estadão Conteúdo

// UM PLANO verdadeiramente revolucionário. *O Estado de S. Paulo*, 24 out. 1931, p. 9. O Instituto do Café propõe queimar os estoques de café para manter seu preço.

Crises do petróleo (1973-1986)

Alterações no preço do petróleo afetam o capitalismo em escala global. A produção industrial, bem como insumos usados na agricultura, dependem do petróleo e de seus derivados para funcionar. O encarecimento do petróleo acarreta maiores custos em cadeia, o que pode inviabilizar a atividade de algumas empresas, com consequente perda de capacidade produtiva e desemprego de trabalhadores, levando a dificuldades sociais graves.

Foi o que aconteceu durante a crise do petróleo, de 1973, que está associada a conflitos territoriais entre Síria, Egito e Israel. Conhecida como Guerra do Yom Kippur, ocorrida entre 6 e 26 de outubro de 1973, esse conflito uniu Egito e Síria, que reivindicavam terras em posse de Israel. Os egípcios então invadiram terras israelenses na península do Sinai, mas os israelenses, apoiados pelos Estados Unidos, revidaram e assumiram o controle da situação, adentrando o território sírio até a capital Damasco.

A crise do petróleo foi usada pela Organização dos Países Exportadores de Petróleo (Opep) para aumentar o preço do produto e impedir a venda para os países que apoiavam o Estado israelense. Como consequência, sua menor disponibilidade fez os preços subirem exponencialmente, quadruplicando em poucos meses: o barril passou de cerca de 3 dólares para 12 dólares.

As empresas exploradoras de petróleo, conhecidas como "Sete irmãs" enfrentaram dificuldades na época para exercer suas atividades porque alguns membros da Opep retomaram o controle das jazidas. Esse movimento foi visto como uma tentativa de salvaguardar a soberania no uso de recursos naturais, o que também encareceu o preço final do petróleo.

A instabilidade dos preços manteve-se por anos. A oscilação, quase sempre para cima, desencadeou uma série de reações da Opep, que visava garantir o preço mais elevado. O aparecimento de novos países produtores aumentou a oferta, o que permitiu o combate à política de preços da organização. Como alternativa, seus membros reduziram a produção e criaram cotas para comercializar com os países importadores.

Preço do petróleo – 1950-2010

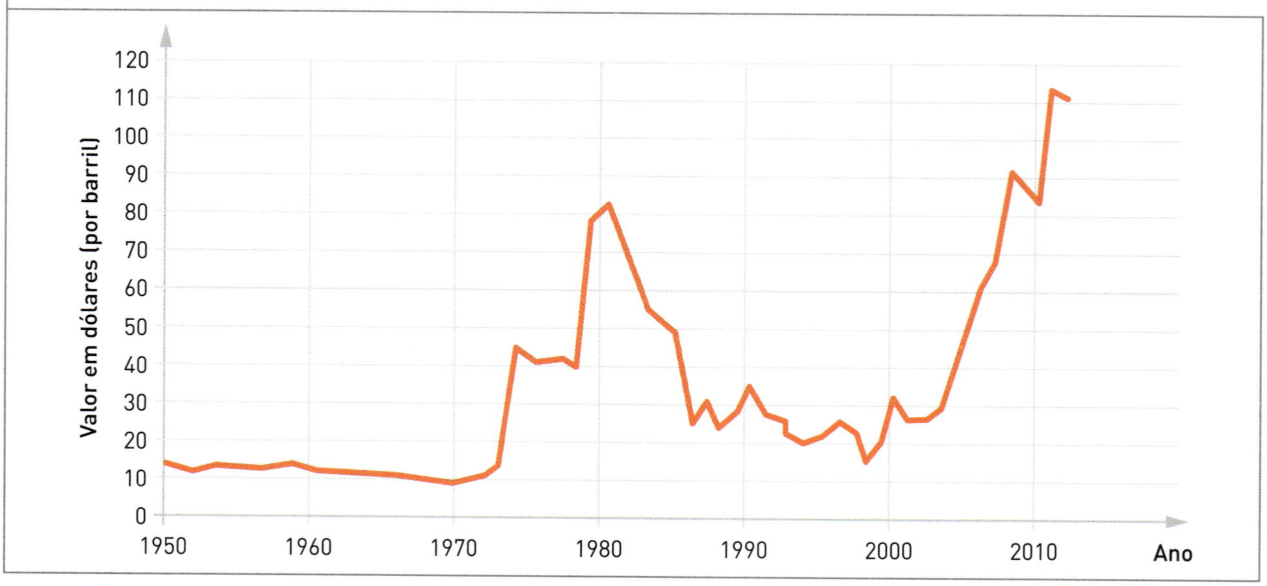

Elaborado com base em: ENCYCLOPÆDIA Universalis France, 2018. Disponível em: <www.universalis.fr/encyclopedie/petrole-economie-petroliere/>. Acesso em: 27 jul. 2018.

O milagre econômico e a crise do petróleo no Brasil

A campanha "O petróleo é nosso", promovida por Getúlio Vargas, culminou na criação de uma empresa pública, na década de 1950, para explorar o petróleo no Brasil: a Petrobras. Entretanto, não se produzia a quantidade necessária para atender à demanda e, em razão disso, o país foi duramente afetado pela crise do petróleo.

Eram tempos de ditadura militar (1964-1985), nos quais não se discutiam as decisões com a sociedade. O crescimento econômico, sem a distribuição de riquezas, diminuiu. A queda no Produto Interno Bruto (PIB) e a necessidade de importar petróleo mais caro levaram a um maior endividamento do país.

Como alternativa para diminuir a dependência da exportação de petróleo, foi criado o Programa Nacional do Álcool (Proálcool), em 1975. O objetivo era produzir álcool (etanol) para ser usado como combustível e, desse modo, diminuir a necessidade de importar petróleo. A opção adotada na época foi a cana-de-açúcar, que passou a ser cultivada em larga escala no país. Entre as justificativas para a sua escolha estavam a presença desse cultivo desde os tempos coloniais, o que indicava uma boa capacidade de adaptação da planta às condições naturais.

Com a queda na atividade econômica, o Brasil ingressou na década de 1980 muito fragilizado em termos econômicos e financeiros. Por isso, muitos analistas dizem que a "década perdida", como é chamado esse período, começou antes, com o aumento da dívida para pagar as importações de petróleo e com a redução do crescimento econômico.

Diego Herculano/Folhapress

Plantação de cana-de-açúcar em Camutanga (PE), em 2016. Seu cultivo teve grande impulso nos anos 1970 e ainda hoje é uma das culturas mais importantes do país.

A crise de 2008

A crise mundial mais recente com efeitos duradouros ocorreu em outubro de 2008. Uma série de bancos privados quebrou, isto é, não conseguiu garantir os depósitos de seus clientes nem saldar seus compromissos financeiros com outros bancos. Mais uma vez, a crise teve início no centro do capitalismo, quando um banco estadunidense, classificado como sólido de acordo com agências de análise de risco, faliu, gerando um efeito dominó que assolou o mundo todo.

Foram múltiplas as razões que ocasionaram a crise. A primeira foi a falta de capacidade de pagamento de operações entre bancos, que indicou uma fragilidade do sistema até então desconhecida. Além disso, os bancos mostraram que os depósitos de clientes não eram garantidos, isto é, que eles não poderiam sacar os valores porque não existia cobertura financeira equivalente.

Para muitos analistas, a concessão de empréstimos para o financiamento imobiliário com poucas exigências de comprovação de capacidade de pagamento foi a principal causa da crise de 2008. Os sinais de que algo estava errado foram dados em 2007, com muitos tomadores de empréstimo pedindo renegociação de dívidas ou simplesmente deixando de saldá-las.

Com a inadimplência dos tomadores de empréstimos para compra habitacional, os bancos não conseguiram recuperar seus empréstimos e, desse modo, ficaram sem dinheiro para garantir os depósitos de seus clientes e seus compromissos com outros bancos.

Depósito interbancário

É comum um banco fornecer dinheiro a outro, operação conhecida como depósito interbancário, que costuma ser realizada todos os dias.

Um banco que tem mais saques em determinado dia pode precisar comprar certificados bancários para equilibrar suas contas de um banco que teve mais depósitos que saques, por exemplo. Os bancos que emprestam (vendem) depósitos cobram dos que compram, que se endividam, caso não consigam repor as garantias no prazo estipulado em contrato.

Essas transações ocorrem por meio eletrônico e são baseadas na capacidade de pagamento de um banco a outro. Se a confiança é quebrada, ou seja, quando um banco não pode pagar a outro, os demais ficam com receio de emprestar dinheiro e emitir certificados bancários, o que colapsa o sistema, deixando bancos no negativo, pois não conseguem adquirir depósitos excedentes de outras instituições.

Outra causa da crise foi a crescente onda neoliberal, que fez que os países deixassem de intervir na economia e na atividade financeira. Acreditava-se que o mercado se autorregularia, mas, ao contrário disso, verificou-se uma elevada concessão de crédito barato sem garantias de pagamento. Quando um banco precisou de dinheiro para saldar seus compromissos, não conseguiu comprovar os ativos e teve que declarar insolvência, o que desencadeou um efeito dominó, afetando outros. A quebra de confiança foi ainda maior, segundo alguns analistas, porque não havia um porto seguro – o Estado – para amortecer as oscilações diárias da falta de capacidade de pagamento.

Ativo: bens de uma empresa ou um banco, que podem ser máquinas, dinheiro, mercadorias, terrenos, entre outros.

Para alguns analistas financeiros, a crise de 2008 teve reflexos por muitos anos. Entre as consequências, o crédito ficou mais caro, ou seja, tomar dinheiro emprestado tornou-se mais difícil, o que de certo modo acabou inibindo investimentos. Como repercussão, o crescimento da atividade econômica foi reduzido ou simplesmente não ocorreu, gerando estagnação e aumento do desemprego.

Junião/Acervo do cartunista

Charge de Junião, em *Diário do Povo*, Campinas (SP), 25 set. 2008.

A crise de 2008 no Brasil

Os primeiros reflexos da recessão provocada pela crise de 2008 no país foram a alta do dólar e a desvalorização da moeda brasileira. Empresas e cidadãos que realizaram importações tiveram aumento de seus custos em reais. Como muitas empresas brasileiras importavam produtos e matérias-primas, os valores de produtos químicos, máquinas e equipamentos, por exemplo, ficaram bem mais altos. Em janeiro de 2008, 1 dólar norte-americano equivalia a 1,77 real. Em dezembro daquele mesmo ano, 1 dólar passou a valer 2,33 reais.

Tal desequilíbrio afetou o consumo da população brasileira, que enfrentou uma restrição de crédito. O PIB brasileiro, que cresceu 6,9% em 2007, despencou para um crescimento de apenas 0,33% em 2009.

O cenário de baixo investimento industrial, associado à queda do consumo e à elevação dos juros, fez o governo brasileiro buscar saídas, como o estímulo ao consumo. Vários produtos industrializados, como fogões, geladeiras e até automóveis, tiveram impostos reduzidos para facilitar o acesso da população a eles. Desse modo, esperava-se movimentar a economia e arrecadar impostos pelo aumento da quantidade de produtos vendidos.

Em um primeiro momento, essas ações foram bem-sucedidas. Ao contrário de outros países, o Brasil apresentava índices de desemprego considerados baixos, cerca de 4,5% da população economicamente ativa. Porém, a instabilidade financeira e política que se seguiu alterou o quadro, resultando no aumento do desemprego e na baixa capacidade de investimentos de empresários e do Estado brasileiro.

Diálogo com Arte

Leia a letra da música "Lucro (descomprimindo)", da banda BaianaSystem.

Lucro (descomprimindo)

Tire as construções da minha praia
Não consigo respirar
As meninas de minissaia
Não conseguem respirar
Especulação imobiliária
E o petróleo em alto-mar
Subiu o prédio eu ouço vaia

Eu faço figa pra essa vida tão sofrida
Terminar bem-sucedida
Luz do sol é minha amiga
Luz da lua é minha instiga
Me diga você, me diga
O que é que sara a tua ferida
Me diga você, me diga

Lucro
Máquina de louco
Você pra mim é lucro
Máquina de louco

Vou botar rapadura na mamadeira
Vou dar rapadura
Vou dar rapadura pra bater, pá pá

PASSAPUSSO, Russo. Lucro (descomprimindo). In: *Duas cidades*. Ponto4 Digital, 2016. 1 CD. Faixa 3.

1. Com três colegas, discutam qual característica do capitalismo abordada neste capítulo pode ser encontrada na letra de "Lucro (descomprimindo)".

Reconecte

Revisão

1. Defina com suas palavras cada etapa do sistema capitalista:
   a) comercial;
   b) industrial;
   c) monopolista e financeiro;
   d) globalizado e informacional.

2. Explique com suas palavras as principais características das crises engendradas pelo sistema capitalista abordadas no capítulo.

Leitura, interpretação e debate

3. Leia a matéria sobre a redução de IPI de eletrodomésticos.

Governo anuncia redução do IPI de eletrodomésticos

O ministro da Fazenda, Guido Mantega, anunciou [...] a redução durante três meses do Imposto sobre Produtos Industrializados (IPI) sobre quatro eletrodomésticos da chamada "linha branca": geladeiras, fogões, máquinas de lavar e tanquinhos.

O imposto sobre geladeiras, atualmente de 15%, vai cair para 5%; no caso dos fogões, o IPI era de 5% e vai passar a zero; para máquinas de lavar, o imposto cairá de 20% para 10%; e para tanquinhos, de 10% para zero. [...]

As medidas serão publicadas em edição extraordinária do "Diário Oficial da União" [...] e deverão vigorar durante três meses. A mudança passa a valer a partir da data da publicação. "Ao reduzir o IPI, haverá aumento nas vendas e a arrecadação de outros tributos vai aumentar", afirmou Mantega.

O ministro explicou que as medidas valem também para os produtos que já estão no estoque das empresas. Segundo ele, os varejistas vão refaturar os produtos que compraram com o IPI reduzido. [...]

Segundo o ministro, a renúncia fiscal (imposto que deixará de ser arrecadado) do governo com a redução do IPI será R$ 173 milhões nos três meses. "Se todos trabalharmos juntos (trabalhadores, empresários e governo), conseguiremos superar essa crise", declarou Mantega.

Mantega voltou a afirmar que o Brasil registrará crescimento da economia neste ano. "Eu acredito que teremos PIB positivo em 2009. (...) Os empresários brasileiros e os trabalhadores são muito ativos", frisou ele. [...]

Guido Mantega também anunciou a complementação das medidas de redução do IPI para a construção civil, que já foram publicadas [...].

SCHELLER, Fernando. Governo anuncia redução do IPI de eletrodomésticos. *G1*, 17 abr. 2009. Disponível em: <http://g1.globo.com/Noticias/Economia_Negocios/0,,MUL1089103-9356,00-GOVERNO+ANUNCIA+REDUCAO+DO+IPI+DE+ELETRODOMESTICOS.html>. Acesso em: 27 jul. 2018.

a) Reúna-se com três colegas e comentem a decisão do governo de reduzir o IPI.

b) Nesse texto, qual é a etapa do sistema capitalista retratado e sua respectiva crise? Justifique.

Pesquisa

4. Em grupos, busquem na internet, em jornais ou revistas um exemplo de cada uma das três formações dos conglomerados econômicos apresentadas no capítulo: *holding*, truste e cartel.

EXPLORANDO

5. Reúna-se com dois colegas e, juntos, escolham uma empresa de qualquer setor de produção. Em seguida, realizem a seguinte pesquisa:
   - fundação (local e data);
   - produtos vendidos;
   - expansão industrial (empresa nacional, multinacional, cartel, truste, entre outras formas);
   - técnicas de divulgação dos produtos (modos de propaganda por meios eletrônicos, impressos, entre outros);
   - práticas de sustentabilidade (usos das matérias-primas, impactos ambientais, resíduos gerados).

Essa pesquisa deve ser apresentada à turma em formato de exposição oral. Seu grupo pode mostrar fotos e dados coletados.

Resumo

- O capitalismo é um sistema econômico que visa à geração de lucro.
- O capitalismo pode ser dividido nas seguintes etapas: comercial, industrial, financeiro e monopolista, informacional e globalizado.
- O capitalismo comercial visava à expansão territorial e à conquista de metais preciosos, o que permitiu a acumulação de capital por parte das metrópoles coloniais.
- O capitalismo industrial foi impulsionado por inovações tecnológicas.
- O capitalismo financeiro e monopolista combinou o setor industrial com o setor financeiro, que passou a impor regras para aumentar seus lucros.
- Atualmente, o capitalismo informacional e globalizado depende do poder da informação e da ciência para conquistar mercados e alcançar o lucro.
- A globalização informacional e o consumo são considerados excludentes porque não podem ser usufruídos por toda a população mundial.
- As crises capitalistas acabaram permitindo a superação e a retroalimentação do sistema.

CAPÍTULO

5

Sistemas de produção na agricultura

A agricultura e a criação de animais estão entre as atividades mais antigas, permitindo a sobrevivência do ser humano e a fixação de grupos sociais.

As práticas agrícolas e pecuárias transformaram-se consideravelmente desde então. Hoje existem complexos produtivos que articulam a produção no campo e na cidade. Empregam-se tecnologias sofisticadas em busca do aumento da produtividade, mas, apesar disso, não se extinguiu a fome no mundo.

Nesse cenário, o Brasil se destaca por diversas razões. Está entre os principais produtores e exportadores agrícolas do mundo, mas também é o país que mais usa agrotóxicos. Conseguiu retirar milhões de pessoas da fome nos últimos anos, mas ainda não promoveu o acesso a terra para uma parte expressiva da população.

Sergio Ranalli/Pulsar Imagens

Carregamento de soja em Leonópolis (PR), em 2018. O Brasil é um dos maiores produtores e exportadores de soja do mundo, favorecido pela existência de grandes terrenos e pela mecanização agrícola.

EM FOCO

Saiba tudo sobre os ovos contaminados que ameaçam a Europa

Os supermercados na Holanda e na Alemanha retiraram das prateleiras milhões de ovos suspeitos de estarem contaminados com um pesticida tóxico, Fipronil, após um alerta lançado pelas autoridades de segurança alimentar holandesas. [...]

O Fipronil, em comercialização desde 1994, é utilizado como inseticida. Quando atua nas células dos insetos, estes morrem de hiperexcitação. O pesticida está presente em vários produtos antiparasitários usados em animais domésticos, como spray ou coleiras antipulgas.

Na agricultura, é aplicado contra pragas que atacam o milho, o girassol ou as maçãs. Contudo, desde 2004, o uso do pesticida foi proibido na França e em outros países europeus, por levar à morte das abelhas.

O pesticida é solúvel na gordura. O que isto significa? Basicamente, o Fipronil pode infiltrar-se no leite, nos ovos e na carne dos animais que o consomem. É, por isso, expressamente proibido em animais destinados ao consumo humano, como vacas ou galinhas. Em grandes quantidades, o Fipronil é considerado, pela Organização Mundial de Saúde (OMS), como "moderadamente tóxico" para o homem.

Os possíveis consumidores dos ovos infetados não correm, portanto, riscos elevados, além da eventual ingestão do pesticida, sem que isso represente um perigo.

Um professor de toxicologia alimentar, Jean-François Narbonne, afirmou que, em grande quantidade, "o Fipronil pode causar dores de cabeça e conduzir ao coma" mas que, para isso, seria necessário inalar a solução concentrada.

O escândalo estalou no passado dia 2 de agosto, quando a Holanda alertou que tinha encontrado a substância em vários lotes de ovos.

A Bélgica e a Holanda, onde a contaminação ocorreu, mobilizaram-se para encontrar os responsáveis e os inquéritos realizados nos dois países levaram à detenção de dois responsáveis de uma empresa holandesa, que alegadamente usou o inseticida em explorações avícolas.

[...] a rede de supermercados mais importante da Holanda garantiu que os ovos seriam devolvidos e destruídos. Na verdade, esta situação já soma prejuízos na ordem dos vários milhões de euros. [...]

Doze países europeus já reportaram que foram atingidos pelo caso de ovos contaminados com o inseticida tóxico.

Áustria, Eslováquia, Dinamarca, Bélgica, Alemanha, França, Suíça, Reino Unido, Luxemburgo, Suécia, Romênia e Holanda já reportaram a existência de ovos contaminados nos seus circuitos comerciais [...].

SILVESTRE, Ana F.; GONÇALVES, Pedro Z. Saiba tudo sobre os ovos contaminados que ameaçam a Europa. *Correio da Manhã*, Portugal, 11 ago. 2017. Disponível em: <www.cmjornal.pt/portugal/detalhe/saiba-tudo-sobre-os-ovos-contaminados-que-ameacam-a-europa?ref=DET_relacionadas>. Acesso em: 16 jul. 2018.

1. De acordo com o texto, que tipos de problema estão associados à contaminação de alimentos para consumo humano por Fipronil?
2. Em sua opinião, por que os pesticidas são aplicados em plantações se já é sabido que o uso dessas substâncias é maléfico para a saúde de seres humanos e para o ambiente?
3. Por que tantos países detectaram a existência de alimentos contaminados em seu território em um curto período de tempo?
4. Você tem conhecimento de algum pesticida ou agrotóxico utilizado na produção dos alimentos que consome? Se sim, qual(is)?

Patrick Huisman/EFE

Ovos contaminados são descartados em Onstwedde, nos Países Baixos, 2017.

1. Cadeia agroindustrial

Ao longo do tempo, é possível observar uma crescente industrialização da agricultura em diversas regiões do mundo, ou seja, ela tornou-se praticamente um ramo da indústria depois que a modernização das técnicas usadas no campo passou a acelerar os processos naturais. Como resultado, produzem-se sementes artificialmente, solos são corrigidos, áreas secas são irrigadas, espécies são clonadas e algumas culturas passaram a produzir mais de uma safra ao ano.

Esse conjunto de fatores integra uma cadeia agroindustrial que produz os mais diversos tipos de mercadoria. A integração da agricultura com a indústria envolve mercados nacionais e internacionais.

Nesse processo, o comando passa da agricultura à indústria. Para acompanhar a demanda da indústria, a produção agrícola foi modernizada, ou seja, passou a ser realizada por meio de uma combinação de técnicas que reúnem irrigação, uso de máquinas que substituem parte expressiva da mão de obra e sementes transgênicas e agrotóxicos, que aceleram a produção ao eliminar outras espécies que poderiam concorrer com a que foi plantada.

O preço de diversos produtos da agricultura moderna é definido em mercados internacionais. Essa dinâmica impacta diretamente os investimentos no campo e pode gerar o excesso de produto no mercado, quando há superprodução, ou gerar carência, quando a procura é maior que a oferta.

Porém, embora a agricultura moderna tenha possibilitado lucros maiores às empresas, ela também intensificou a degradação ambiental. Geralmente praticada em grandes propriedades e de maneira intensiva, conduziu à perda de biodiversidade, redução de nutrientes do solo e contaminação em razão do uso excessivo de fertilizantes e agrotóxicos, entre outros impactos. E o crescente aumento da produtividade tampouco representou maior oferta de alimentos a toda a população mundial, já que parte dela ainda enfrenta a fome e, além disso, boa parte da produção desse modelo de agricultura gira em torno de um número reduzido de produtos padronizados para atender às exigências do mercado internacional, que não compõem a dieta da população em geral. Por fim, o trabalhador do campo perdeu muitos postos de trabalho.

// Irrigação agrícola no Vale do Hula, no norte de Israel, em 2017. A tecnologia usada pelos israelenses propicia a produção de alimentos em regiões com grande escassez de água.

Amir Cohen/Reuters/Fotoarena

Ao longo da história, a humanidade dedicou-se a cultivar alimentos e a confeccionar vestimentas. Porém, aos poucos, outras demandas passaram a ser atendidas pela agricultura, como a produção de matérias-primas para a indústria e a geração de energia.

Nesse processo de milênios, grande parte da superfície terrestre, que era habitada por uma diversidade de espécies, passou a ser ocupada por um pequeno número de plantas e animais – alguns deles foram domesticados e "melhorados" de acordo com as necessidades humanas.

Existem diversos sistemas de produção agrícola. Eles são definidos em função do uso de tecnologias ou técnicas de produção e pelo destino dessa produção.

Diálogo com Química e Biologia

Como suas roupas estão envenenando nossos oceanos e o fornecimento de alimentos

A primeira vez em que a professora Sherri Mason cortou um peixe dos Grandes Lagos, ela ficou alarmada com o que encontrou. As fibras sintéticas estavam em toda parte. Sob um microscópio, eles pareciam estar "tecendo-se no trato gastrointestinal". Embora estivesse estudando a poluição aquática nos Grandes Lagos [Estados Unidos] por vários anos, Mason, que trabalha para a State University of New York Fredonia, nunca viu nada parecido.

Novos estudos indicam que as fibras de nossas roupas poderiam envenenar as vias navegáveis e sua cadeia alimentar em grande escala. As microfibras – minúsculas linhas do tecido – foram encontradas em abundância em litorais onde as águas residuais são liberadas.

Agora, os pesquisadores estão tentando identificar de onde essas fibras de plástico estão vindo. [...]

As microfibras sintéticas são particularmente perigosas porque têm o potencial de envenenar a cadeia alimentar. O tamanho das fibras também permite que sejam facilmente consumidas por peixes e outros animais selvagens. Essas fibras plásticas têm potencial para bioacumular, concentrando toxinas nos corpos de animais maiores, além da cadeia alimentar. [...]

Em um artigo revolucionário de 2011, Mark Browne [...] descobriu que as microfibras constituíam 85% de detritos humanos nas áreas costeiras do mundo. [...]

Além disso, as fibras também estão sendo encontradas em água doce. "Esse não é apenas um problema costeiro ou marinho", disse Abigail Barrows [...].

Das quase 2 mil amostras aquáticas processadas por Barrows, cerca de 90% dos detritos eram microfibras – tanto em água doce como no oceano. [...]

MESSINGER, Leah. How Your Clothes Are Poisoning our Oceans and Food Supply. *The Guardian*, 20 jun. 2016. Disponível em: <www.theguardian.com/environment/2016/jun/20/microfibers-plastic-pollution-oceans-patagonia-synthetic-clothes-microbeads>. Acesso em: 7 ago. 2018. (Texto traduzido pelos autores.)

1. Segundo a reportagem, quais são os danos causados pelas fibras sintéticas em oceanos e reservatórios de água doce?
2. Com a ajuda do professor de Química, defina e cite exemplos de fibras sintéticas e artificiais utilizadas na indústria têxtil.
3. Quais são os impactos, para os seres vivos aquáticos, do descarte inadequado de fibras sintéticas?

Sistema de produção intensivo

O sistema de produção intensivo é voltado para aumentar a produtividade e visa extrair o máximo do solo, de modo a produzir mais toneladas por hectare do produto cultivado. Esse sistema costuma ser aplicado para uma única planta, caracterizando a monocultura, além de ser o que mais utiliza tecnologia. As descobertas científicas, em geral desenvolvidas em universidades e institutos de pesquisa, muitas vezes demoram anos para ganhar aplicação industrial e agrícola.

A tecnologia usada no sistema de produção agrícola intensivo envolve uma série de etapas. O preparo do solo, por exemplo, é realizado por máquinas que revolvem a terra e permitem que ela receba as sementes. Algumas máquinas também podem semear o terreno.

Na fase de crescimento da planta, mais tecnologias são usadas. A irrigação pode ser feita por meio de pivôs, que são estruturas suspensas – fixas ou móveis – com uma tubulação através da qual se irrigam amplas áreas de cultivo. Outra técnica é o gotejamento, em que a água é liberada em quantidade adequada e em determinado momento do dia, o que evita o desperdício; esse período é definido por estudos e experimentos realizados em laboratório, os quais são difundidos a agricultores e empresários do campo.

Scott Olson/Getty Images

Colheita de algodão mecanizada no Arkansas, nos Estados Unidos, em 2017.

Na produção intensiva, o crescimento da planta deve ser rápido para que o produto seja comercializado o quanto antes, a fim de maximizar o lucro. Para isso, adubos químicos costumam ser usados para acelerar o desenvolvimento da planta, além de agrotóxicos.

A colheita também é realizada de forma mecânica, por meio de máquinas sofisticadas. Depois, o produto é armazenado em condições especiais até ser destinado ao consumidor.

Sistema de produção familiar

No sistema de produção familiar, costuma-se empregar menos tecnologia e mais técnicas desenvolvidas ao longo de muitos anos, que são passadas de uma geração à outra pelos membros da comunidade. Esse saber é a base da atividade agrícola em diversas etapas desse processo produtivo.

O preparo do solo é feito por trabalhadores e, eventualmente, por animais. Em algumas situações, quando a comunidade dispõe de mais recursos, pode ocorrer o uso de máquinas.

Os membros da família semeiam e acompanham o crescimento da planta. O controle de pragas é feito manualmente, retirando-se espécies concorrentes ou aplicando agrotóxicos com equipamentos de pequeno porte pelo trabalhador do campo. A colheita é realizada pela própria família ou por membros da comunidade. O excedente é comercializado para obter recursos e adquirir outros produtos básicos. Por isso, em geral, no sistema de produção familiar, mais de uma cultura é desenvolvida.

Se, por um lado, o sistema de produção familiar produz menos por área cultivada em comparação com o sistema intensivo, por outro, permite o uso mais racional do solo, o que facilita a reposição de nutrientes de forma natural. Além disso, empregam-se muito menos fertilizantes industrializados.

Membros da família trabalham na agricultura em Harare, no Zimbábue, em 2017.

Siphiwe Sibeko/Reuters/Fotoarena

Pelo menos 70% dos alimentos no mundo têm origem na produção em pequena escala. A agricultura familiar é o grande destaque para o abastecimento de alimentos no mundo e envolve a organização das produções agrícola, pastoral, florestal e pesqueira em pequenas propriedades.

Na África subsaariana e na Ásia, a agricultura familiar ultrapassa 80% das terras cultivadas. Segundo a Organização das Nações Unidas para a Alimentação e a Agricultura (FAO), mais de 2,5 bilhões de pessoas em países pobres dependem diretamente do setor agrícola e boa parte delas encontra-se em condições de extrema pobreza.

Ainda que tenha um papel crucial no fornecimento de alimentos, a agricultura familiar mostra-se bastante vulnerável diante da pressão exercida pelos grandes complexos agroindustriais. Parte de sua produção é absorvida por essa agroindústria, que impõe padrões técnicos de produção e preço dos produtos.

Além da importância econômica e social, a agricultura familiar exerce ainda grande papel ambiental, por respeitar mais os ritmos naturais, permitindo o uso do solo de modo mais equilibrado e o cultivo de outros tipos de produto. No âmbito da cultura, possibilita que estilos de vida diferentes sejam mantidos, salvaguardando a diversidade de formas de organização social.

Economia solidária

Diante da relevância e da fragilidade da agricultura em pequena escala, surgem novas formas de produção que buscam fortalecer a presença desses agricultores na produção de alimentos. Uma delas é a economia solidária, na qual trabalhadores de diversos segmentos se organizam por meio da cooperação e gestão coletiva das atividades econômicas ligadas a produção, distribuição e comercialização. A economia solidária envolve associações e grupos de produtores, cooperativas agrícolas familiares e de coleta e reciclagem de materiais, empresas recuperadas geridas por trabalhadores, redes de produção, comércio e consumo, bancos comunitários, cooperativas de crédito, etc.

De maneira geral, baseia-se em quatro pilares: autogestão, cooperação, solidariedade e ação econômica. O objetivo é o desenvolvimento local e o combate à pobreza pelo estabelecimento de laços entre produtores, financiadores, comerciantes e consumidores. Existe uma série de iniciativas de economia solidária pelo mundo, com grande potencial de fortalecer a pequena produção agrícola, sobretudo em países da África subsaariana, do Sudeste Asiático, da América Central e da América do Sul.

A economia solidária no Brasil

A economia solidária é uma maneira de organizar as atividades econômicas de determinado lugar. Em vez da liberdade absoluta pregada pelo capitalismo de mercado, as associações são feitas de maneira mais padronizada, buscando diminuir a desigualdade de ganhos. [...]

Cooperação

A sua publicação, redistribuição, transmissão e reescrita sem autorização prévia é proibida. Uma das bases da economia solidária é que os produtores devem trabalhar em conjunto, buscando o melhor para o grupo. Não há divisão entre trabalhadores e donos das empresas. Quem trabalha e produz é também dono do negócio. Todos os que são donos do negócio também trabalham e produzem.

Autogestão

A comunidade de produtores tem o poder sobre si mesma. Cabe aos integrantes decidirem, por exemplo, como, quando e por quanto vendem as mercadorias, a escolha de fornecedores e compradores. Dentro das associações ou cooperativas, o ideal é que haja oferta de crédito aos associados, suporte e treinamento. [...]

Lucro repartido

A economia solidária também tem como objetivo a venda, a obtenção de recursos para os que produzem. Nas iniciativas solidárias, o lucro é chamado de sobras e a grande diferença se dá na maneira como é repartido. Como as ações são feitas em conjunto, as riquezas também são divididas. Diferentemente do capitalismo de mercado que premia a livre iniciativa individual.

Uma rede

A maioria das iniciativas atualmente estão isoladas, são de pequenos grupos que praticam a economia solidária entre si, mas negociam com o mercado exterior. [...]

Onde está no Brasil

As principais iniciativas de economia solidária no Brasil estão em comunidades de pequenos agricultores. Mas há também exemplos de cooperativas de artesãos, empreendimentos de reciclagem de lixo e cooperativas de crédito, entre outros.

CASTRO, José R. O que é economia solidária, foco de estudo e ação de Paul Singer. *Nexo*, 17 abr. 2018. Disponível em: <www.nexojornal.com.br/expresso/2018/04/17/O-que-é-economia-solidária-foco-de-estudo-e-ação-de-Paul-Singer>. Acesso em: 6 dez. 2018.

2. Sistemas de produção agrícola no Brasil

A produção agrícola brasileira caracterizava-se, até a década de 1950, pela utilização de técnicas tradicionais e pela expansão de novas áreas cultivadas. A partir de 1960, foram implementadas novas práticas ligadas à produção e ao uso de conhecimentos científicos e tecnológicos em diferentes etapas.

Atualmente, a modernização da agricultura brasileira atinge níveis elevados e associa-se intensamente com a indústria. Destacam-se tecnologias de produção de sementes, de adubos e fertilizantes. Espécies são clonadas e geneticamente modificadas para diversas finalidades – por exemplo, a obtenção de plantas mais robustas, safras maiores e numerosas, maior poder nutritivo, entre outras características. A correção de solo para o plantio, como no Cerrado, e a crescente mecanização do campo também estão nesse conjunto de ações. Em muitas localidades do país ocorre a associação entre a agricultura moderna e a indústria, formando um complexo agroindustrial.

A grande empresa agrícola

O modelo de produção da grande empresa agrícola caracteriza-se pela separação entre os administradores do processo produtivo e os trabalhadores, parte dos quais é assalariada, com regime de trabalho permanente ou temporário.

A produção visa ao mercado nacional e internacional. Por isso, está articulada a complexos agroindustriais, apresenta alto nível de especialização, limita-se a poucas culturas, ocupa grandes extensões de terra e utiliza muita tecnologia para alcançar altas taxas de produtividade. As mercadorias produzidas por esse tipo de agricultura seguem padrões rígidos para atender a normas e legislações de diferentes países.

Rodrigo Capote/Bloomberg/Getty Images

// Preparação de grãos de café para exportação em Machado (MG), em 2018. A conexão entre a indústria e o produtor cafeeiro é bastante estreita, garantindo uma posição de destaque do Brasil nas exportações.

O Brasil é um dos principais exportadores de produtos agrícolas do mundo, com destaque no comércio de soja (grão e derivados), milho, trigo, algodão, açúcar, café, cacau, celulose, etanol e suco de laranja. Operam no país grandes complexos agroindustriais, alguns dos quais com capital internacional, ligados a essas e outras *commodities*.

As cadeias produtivas integram o **agronegócio** brasileiro - conjunto de atividades agrícolas, pecuárias, industriais e comerciais necessárias à produção e à comercialização das mercadorias produzidas no campo. Abrange empresas produtoras de insumos agrícolas (sementes, herbicidas, agrotóxicos, adubos, fertilizantes e vacinas), de máquinas e equipamentos, empresas processadoras de matérias-primas, fabricantes de embalagens, companhias de distribuição e comercialização dos produtos, bancos, instituições de investimento e outras atividades em diferentes etapas da produção. Segundo o Instituto Brasileiro de Geografia e Estatística (IBGE), em 2017, a participação do agronegócio no Produto Interno Bruto (PIB) chegou a quase 24%.

Grande parte das atividades agrícolas brasileiras - alguns casos envolvendo até a agricultura familiar - integra complexas cadeias nas quais o setor primário se conecta com a indústria em todas as suas etapas de produção. Por exemplo, o setor sucroalcooleiro abrange grande número de empresas, ligadas - direta ou indiretamente - à produção de derivados da cana-de-açúcar, como o açúcar e o etanol (anidro e hidratado). Destacam-se a indústria de insumos (sementes especiais, agrotóxicos, máquinas e equipamentos), os produtores rurais, as processadoras da matéria-prima (logo, as indústrias de bens de produção) e as distribuidoras de cada tipo de mercadoria.

O cultivo da soja e de muitas mercadorias derivadas caracterizam uma cadeia produtiva extremamente complexa. Além da obtenção de farelo e óleo de soja, ela é utilizada na fabricação de cosméticos e produtos farmacêuticos, vernizes e tintas, plásticos e adesivos, adubos, espumas e fibras - até mesmo biodiesel. Sua indústria de insumos é diversificada e abrange sementes especiais, fertilizantes, agrotóxicos e maquinários. Também requer uma ampla rede de distribuição, pois a maior parte é exportada.

Por estar muito ligada aos mercados internacionais, a grande agricultura empresarial depende da demanda exterior, principalmente da China, da União Europeia e dos Estados Unidos. Oscilações de preço nesses mercados também afetam as cadeias produtivas no Brasil.

Outra dificuldade são as barreiras internacionais de importação, usadas em muitos países para impedir a entrada de produtos agropecuários brasileiros em seus territórios, com o objetivo de proteger sua economia. Outros impõem normas fitossanitárias - procedimentos para evitar a disseminação de doenças e pragas - que, muitas vezes, acabam barrando o avanço de produtos em alguns mercados.

O governo federal já acionou a Organização Mundial do Comércio (OMC) várias vezes para julgar situações em que são impostas barreiras comerciais aos produtos brasileiros. Por outro lado, diversos países também alegaram que o governo brasileiro favoreceu, por meio da concessão de subsídios, produtores agroindustriais do país, reduzindo os custos em relação aos produtos importados, o que dificultou a concorrência.

Diego Herculano/Folhapress

Usina de processamento de cana-de-açúcar em Camutanga (PE), em 2016.

Diálogo com Biologia

A Embrapa

A Empresa Brasileira de Pesquisa Agropecuária (Embrapa) é vinculada ao Ministério da Agricultura, Pecuária e Abastecimento (Mapa) e foi criada pelo governo brasileiro em 1973. Desde então, tem ocupado papel central na modernização da agricultura do país.

A Embrapa participa ativamente do desenvolvimento de pesquisas sobre todos os processos ligados a agricultura, pecuária e agroindústria brasileira. Foi fundamental para ampliar a produtividade do setor e para transformar a condição do Brasil de importador para grande exportador de produtos agropecuários.

Ao longo da história, a Embrapa tem alcançado diversas inovações tecnológicas. Destacam-se o controle de doenças que atingem plantações, a criação de animais e o desenvolvimento de práticas que melhoram a resistência das espécies em relação a fenômenos climáticos e condições de solo. Atua no desenvolvimento de práticas mais sustentáveis, como a agricultura de baixa emissão de carbono e a integração de cultivos. Também produz conhecimentos sobre automação e implantação da agricultura de precisão, além do uso de geotecnologias no campo, como o sensoriamento remoto e os sistemas de informações geográficas.

Atualmente, a Embrapa trabalha na produção de espécies transgênicas, ou seja, que recebem genes de outras espécies, com o objetivo de torná-las mais resistentes, bonitas e nutritivas. Por exemplo, o feijão resistente ao vírus do mosaico dourado e a soja da variedade Cultivance, tolerante a herbicidas – ambos aprovados pela Comissão Técnica Nacional de Biossegurança (CTNBio) no início dos anos 2010.

Saulo Coelho/Embrapa

Pesquisadores da Embrapa trabalham para o aperfeiçoamento e o desenvolvimento do algodão em Campina Grande (PB), em 2014.

1. De acordo com o texto, que papel a Embrapa desempenhou na modernização da agricultura brasileira?
2. Que inovações nas técnicas agrícolas foram alcançadas por essa instituição?
3. O que são alimentos transgênicos? Acesse a página da Embrapa (ver **Dica de *site***, na próxima página) e investigue essas e outras pesquisas desenvolvidas. Em seguida, converse com os colegas sobre a importância desse órgão para o desenvolvimento das atividades agropecuárias no país.

Agricultura familiar no Brasil

Segundo a Lei n. 11 326, de 2006, no Brasil, a agricultura familiar é aquela praticada no meio rural em pequenas propriedades, principalmente por pessoas da própria família, cuja renda provém dessa atividade. Também são considerados agricultores familiares os pescadores, os extrativistas, os indígenas e os quilombolas.

Conforme informações do Censo Agropecuário, realizado pelo IBGE em 2006, 84,4% dos estabelecimentos rurais do país pertenciam a grupos familiares. Isso era equivalente a mais de 4 mil propriedades rurais, distribuídas por mais de 80 milhões de hectares.

A agricultura familiar é muito importante para abastecer o mercado interno. São os pequenos produtores que cultivam grande parte dos alimentos consumidos pela população brasileira. De acordo com o IBGE, em 2015, 70% de toda a produção de feijão e 87% do cultivo da mandioca vieram de pequenos agricultores. Também se destacam a plantação de milho (46%), café (38%), arroz (34%) e trigo (21%), além de muitos outros cultivos não praticados pela empresa agrícola. Essa situação faz a agricultura familiar ser determinante no preço dos alimentos básicos da população brasileira, como feijão, arroz e mandioca.

A agricultura familiar auxilia a manter a população no campo, mas os pequenos produtores têm distintas condições de trabalho. Apenas uma parcela dos agricultores familiares do país é proprietária das terras que cultiva. Uma prática comum é o **arrendamento rural**, no qual um proprietário cede a utilização de seu terreno para práticas agrícolas, pecuárias, extrativas ou mistas para um agricultor, em troca de um aluguel. Em alguns casos, o pagamento pode ser feito com parte da produção. Nessa modalidade, recaem sobre o arrendatário todos os riscos, mesmo que a safra traga prejuízos, por exemplo, pela ausência ou excesso de chuvas, ou mesmo pela queda do preço no mercado.

Dica de *site*

Empresa Brasileira de Pesquisa Agropecuária (Embrapa)
Disponível em: <www.embrapa.br>. Acesso em: 17 jul. 2018.
A página da Embrapa disponibiliza informações sobre produtos, processos e serviços oferecidos, além de cursos e notícias sobre o setor.

Ernesto Reghran/Pulsar Imagens

Trabalhadores de pequena propriedade rural em Cornélio Procópio (PR), em 2018.

Na **parceria**, o agricultor também usa terras de terceiros, com a diferença de que os riscos de produção são partilhados entre ele e o proprietário, assim como os produtos ou o lucro. Em algumas parcerias, é comum que a metade da produção fique com o dono das terras, que também divide os custos dos insumos agrícolas.

Existem pequenos agricultores familiares que ocupam terras devolutas (pertencentes ao Estado brasileiro) ou improdutivas, das quais tomam posse, mas sem os documentos que comprovem a propriedade do imóvel. Esses agricultores são chamados **posseiros** ou **ocupantes** e diferenciam-se dos **grileiros**, aqueles que se apropriam ilegalmente de terras – muitas vezes com o uso de violência – e produzem falsos documentos de propriedade. Os grileiros, em geral, vendem "suas terras" para outras pessoas.

Por fim, existem os agricultores de assentamentos que esperam a documentação oficial de seus imóveis. Um **assentamento rural** é um conjunto de parcelas (lotes) de uma grande área rural desapropriada por ser improdutiva ou por ter dívidas com o Estado. Também há assentamentos em terras que pertencem ao governo e outros que resultam da luta pela terra, nos quais movimentos sociais organizados ocupam terrenos sem uso para produzir e, depois, reivindicam a posse pelo uso social.

Cabe ao Instituto Nacional de Colonização e Reforma Agrária (Incra) resolver essas questões na escala federal, mas algumas Unidades da Federação, como São Paulo, também contam com um órgão que visa resolver os conflitos pelo acesso a terra.

A agricultura familiar no Brasil visa manter a família, utilizando, em geral, poucos insumos agrícolas e mão de obra familiar. Eventualmente, a produção vai para o comércio, com o uso de recursos técnicos distintos e algum tipo de mecanização, como o trator. Nesse último caso, seus produtos podem ser exportados por meio de cooperativas.

Nas últimas décadas, alguns programas de governo procuraram incentivar a agricultura familiar. O Programa Nacional de Fortalecimento da Agricultura Familiar (Pronaf) fornece créditos com juros reduzidos. Alguns governos estaduais e municipais incentivam a produção familiar por meio da garantia de compra de seus produtos, que podem ser usados na merenda escolar, por exemplo.

Nos últimos anos, houve uma redução dos recursos destinados aos pequenos produtores. Essa situação tem levado muitos agricultores familiares ao endividamento e, inclusive, à perda de suas terras. Para tentar sobreviver, acabam se ligando de alguma maneira à agricultura empresarial ou abandonam as terras e migram para as cidades.

Cesar Diniz/Pulsar Imagens

Produtores de acerola no assentamento rural Mansueto de Lavor, em Petrolina (PE), em 2016.

Agricultura orgânica e agricultura urbana

Nas últimas décadas, observa-se no Brasil o crescimento da agricultura orgânica, que dispensa o uso de agrotóxicos. Impulsionada pelo aumento do mercado consumidor, em especial nos grandes centros urbanos, ela oferece alimentos mais saudáveis que os convencionais.

Para chegar a um produto com menor impacto ambiental na produção e na saúde dos consumidores, os insumos usados têm origem natural, como o adubo que vem do esterco de animais. Nesse tipo de produção, a água é utilizada em menor quantidade, por meio de técnicas como o gotejamento, o que torna a irrigação mais eficiente, além de empregar a mão de obra familiar.

Uma das dificuldades de muitos produtores orgânicos é a comercialização. No entanto, com a criação de cooperativas e de selos que atestam a origem do produto, além do aumento da demanda, muitos supermercados passaram a oferecer produtos orgânicos. Também se elevou a oferta de feiras orgânicas para a venda direta do produtor ao consumidor.

Ricardo Ribas/Fotoarena

Feira de produtos orgânicos em Florianópolis (SC), em 2016. O aumento da demanda fez crescer o número de feiras de orgânicos e tornou-os mais acessíveis à população.

Atualmente, há a ocorrência da prática da agricultura nas cidades. Chamada de agricultura urbana, consiste em aproveitar áreas sem uso para cultivar produtos, em geral de crescimento e consumo rápidos, como hortaliças.

Essa forma de produzir aumenta a cada dia em muitas cidades do país. Além de oferecer produtos mais baratos, já que os custos com transporte são menores, em alguns casos serve também para organizar a população, que produz na forma de mutirão, por meio de cooperativas.

3. Movimentos sociais no campo

Durante o período colonial, o modelo de ocupação do território pautou-se na exploração de diferentes recursos naturais. O cultivo era realizado em grandes propriedades, visando à exportação em detrimento do desenvolvimento da colônia, com o uso de mão de obra escrava. Esses elementos constituem a base das desigualdades sociais verificadas no Brasil desde aquela época até os dias atuais.

As terras, produtivas ou não, concentravam-se nas mãos daqueles que as recebiam dos governantes, os quais criavam leis que consolidavam as desigualdades de acesso a elas. No governo imperial, a Lei de Terras (1850) aboliu o regime de **sesmarias** e determinou que a única forma de obter um terreno seria a compra, ou seja, estabeleceu a propriedade privada. O objetivo era impedir que, com a abolição do tráfico de escravos ocorrida no mesmo ano, ex-escravos e outros grupos sociais menos favorecidos se tornassem proprietários.

Sesmaria: lote de terra abandonado doado a colonos pelo rei de Portugal para que o cultivassem.

No Brasil, a distribuição de terras não atendeu às necessidades sociais. À medida que o território era ocupado, diferentes grupos sociais marginalizados lutavam pela posse da terra e contra as condições de exploração a que eram submetidos. Esses conflitos foram marcados por muita violência.

Diante de fatores que os expulsam do campo, trabalhadores rurais têm lutado durante muitas décadas e criaram importantes movimentos sociais na luta por uma reforma agrária mais abrangente.

Na década de 1940, destacaram-se as **Ligas Camponesas**, associações de trabalhadores que formaram o primeiro movimento de expressão com o objetivo de lutar pela reforma agrária e pelos direitos da população do campo no Brasil.

Na década de 1980, foi criado o **Movimento dos Trabalhadores Rurais Sem Terra** (MST), que, com os mesmos objetivos das Ligas Camponesas, surgiu em um momento ainda mais difícil para a população pobre do campo. Em tempos de ditadura militar (1964-1985), o MST ofereceu resistência ao avanço da modernização agrícola, que provocou maior concentração de terra, desemprego e migração de trabalhadores (êxodo rural) em razão do processo de mecanização.

O desenvolvimento de grandes projetos na época da ditadura provocou impactos sociais e ambientais com graves consequências para grupos como camponeses, ribeirinhos, indígenas e quilombolas. Em muitos casos, eles foram desalojados e receberam indenizações insuficientes para a compra de novas terras ou sequer foram indenizados, por não terem documentos certificando a posse dos terrenos.

A luta pelo uso social da terra no país gera problemas graves, como o aumento de conflitos no campo, o uso da violência contra a população e mortes de lideranças de movimentos sociais.

Reprodução/Acervo Iconographia

Manifestação das Ligas Camponesas da Paraíba, em 1964.

Brasil: conflitos por terra – 2007-2016

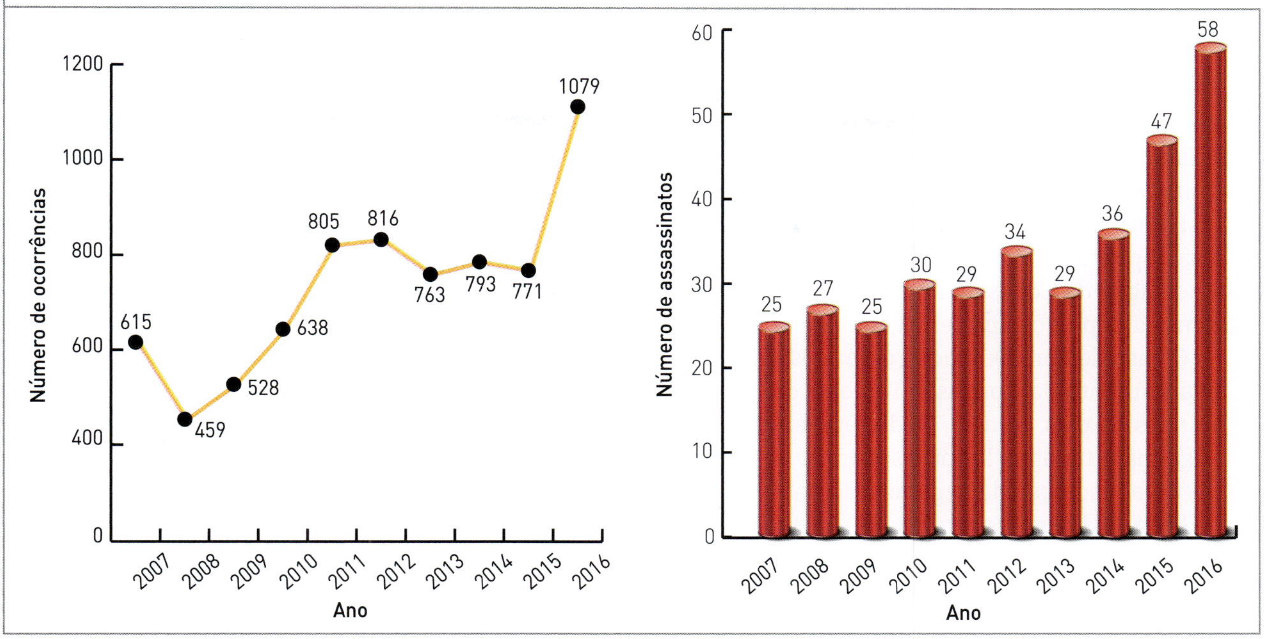

Elaborados com base em: CPT. *Conflitos no campo*: Brasil 2016. Goiânia: CPT Nacional-Brasil, 2016. p. 24.

No Mato Grosso do Sul, de acordo com dados da Comissão Pastoral da Terra (CPT), em 2016 houve quase trinta conflitos apenas entre fazendeiros e indígenas. Um exemplo foi entre a tribo guarani-kaiowá e os proprietários da fazenda de cultivo de soja Brasília do Sul, no município de Juti. Enquanto os indígenas afirmavam que as terras eram deles, os fazendeiros defendiam que haviam comprado a propriedade do Estado na década de 1920. No Pará, naquele mesmo ano, foram mais de 110 embates pela posse de terras, que envolveram cerca de 18 mil famílias – entre indígenas, quilombolas, sem-terras, extrativistas e ribeirinhos. Essa é apenas uma pequena mostra do número total de ocorrências.

Os conflitos envolvendo relações de trabalho tiveram redução de casos na última década; porém, a situação ainda é preocupante, principalmente porque grande parte não é denunciada nem registrada na estatística oficial. Em 2016, foram registradas ocorrências de trabalho análogo ao escravo em pelo menos dezesseis Unidades da Federação, principalmente nas regiões Norte e Nordeste. Tais situações associavam-se principalmente à atividade pecuária, mas também ao cultivo de café, soja, arroz, cacau e cana, ao extrativismo, ao desmatamento e às madeireiras. No Pará, foram treze ocorrências, com libertação de cerca de setenta pessoas, inclusive menores de idade.

Além das situações relacionadas à propriedade de terras e condições de trabalho, é cada vez maior o número de conflitos ligados a um recurso essencial à vida: a água. Destacam-se problemas sobre diminuição do acesso, destruição e poluição de corpos de água, utilização de barragens e açudes, entre outros.

Na maior tragédia ambiental já verificada no Brasil, houve o rompimento da barragem da mineradora Samarco, em Mariana (MG), em 2015. Esse incidente, que atingiu os estados de Minas Gerais e do Espírito Santo, gerou mortes, devastação da biodiversidade e poluição de toda a bacia do rio Doce, com prejuízos socioambientais inestimáveis, que acirraram os conflitos por água.

Conflitos por água disparam depois de tragédia de Mariana

A vida, como Mauro Salviano da Silva define a água, voltou a jorrar na pequena comunidade de Engenho do Ribeiro, distrito de Bom Despacho, no Centro-Oeste de Minas. "A água começou a faltar em abril do ano passado. Às vezes, faltava dois dias, três, quatro. No mês passado, ficamos dez dias sem água", conta Mauro, 76, um dos moradores mais antigos do lugar.

Em uma ação conjunta da prefeitura e da Polícia Militar, a água da nascente, que havia sido desviada por proprietários rurais, voltou a jorrar nos três chafarizes e a matar a sede dos 1 500 moradores. Mesmo tendo água da Copasa há mais de 70 anos – atualmente, há rodízio de abastecimento em razão da estiagem –, a população prefere a água da nascente que virou caso de polícia.

O caso de Bom Despacho é um dos muitos exemplos de conflitos por água no Estado. De acordo com levantamento da Comissão Pastoral da Terra (CPT), Minas lidera os registros de disputas por recursos hídricos no país, com 33,7% do total em 2016. Os casos envolvem pessoas ou comunidades que têm que brigar para ter água limpa e segura. O acesso ao recurso é um direito humano fundamental reconhecido em uma resolução da Organização das Nações Unidas (ONU).

Minas já liderava o ranking há alguns anos, mas, segundo a CPT, em 2016 as disputas aumentaram 123% em relação a 2014. O principal motivo foi o rompimento da barragem de Fundão, em Mariana, na região Central, tragédia que em 2015 matou 19 pessoas e provocou o maior desastre ambiental da história do país.

Dos 172 conflitos registrados no Brasil em 2016, segundo a CPT, 58 foram em Minas, dos quais 54 motivados pelo "rompimento da barragem da Samarco/Vale/BHP Billiton", diz o relatório. "Cada comunidade afetada gerou um conflito", explica o coordenador da CPT em Minas, Edivaldo Ferreira Lopes.

A pesquisa "Conflitos pela Água" registra problemas não apenas em Mariana, mas em toda a calha do rio Doce em Minas e no Espírito Santo, onde as brigas aumentaram 240% depois do rompimento. "A tragédia foi em 2015 e os conflitos continuaram em 2016, afetando comunidades inteiras que ficaram sem água até para beber. Tirou o sustento de muita gente, como dos pescadores", conta Lopes.

Segundo ele, 93% dos conflitos em Minas envolvem mineração. As hidrelétricas respondem praticamente sozinhas pelos outros 7% registrados. Lopes explica que outros motivos, como brigas com fazendeiros, existem, mas raramente são registrados por atingirem menos pessoas.

Sem contar a barragem de Fundão, o maior conflito registrado neste ano no Estado foi em Turmalina, no Alto Jequitinhonha, envolvendo comunidades rurais e a siderúrgica [...], que produz eucalipto para carvão. A empresa teria enterrado defensivos tóxicos próximos a uma nascente e análises comprovaram a contaminação do solo, segundo a CPT. A empresa disse ter analisado a água e afirma que não há indícios de contaminação. [...]

FERREIRA, Pedro. Conflitos por água disparam depois de tragédia de Mariana. *O Tempo*, 25 set. 2017. Caderno Cidades. Disponível em: <www.otempo.com.br/cidades/conflitos-por-água-disparam-depois-de-tragédia-de-mariana-1.1524044>. Acesso em: 30 jul. 2018.

Christophe Simon/Agência France-Presse

O rompimento da barragem de Fundão, em 2015, causou destruição em Mariana (MG), com grave repercussão em diversos municípios de Minas Gerais e do Espírito Santo.

1. Segundo o texto, quais foram os principais motivos para o aumento do número de conflitos por água em Minas Gerais?

2. Em grupos, investiguem outras situações de conflito por água na bacia do rio Doce que envolveu diferentes agentes sociais, como pescadores, comerciantes, indústrias e população em geral.

3. Organizem um seminário para que os grupos exponham o resultado de suas pesquisas. Por fim, conversem sobre o assunto de modo a promover a busca de soluções para esses problemas.

4. Agricultura e energia

Com a crise do petróleo, a agricultura passou a ser vista como um meio de produção de combustível para se livrar da dependência do petróleo, um recurso finito. Vários países passaram a adotar essa alternativa para produzir energia, os chamados **biocombustíveis** ou **agrocombustíveis**.

Os vegetais não lenhosos são os mais utilizados para essa fabricação. Destacam-se os vegetais sacarídeos (beterraba e cana-de-açúcar), celulósicos (gramíneas e resíduos de cultivo), amiláceos (milho) e oleaginosos (soja, girassol, amendoim, palma, mamona, etc.).

Os Estados Unidos, apesar da grande dependência dos combustíveis fósseis, como carvão, petróleo e gás natural, são os maiores produtores de etanol do mundo, obtido do milho. Sua produção se deve a estratégias de diversificação energética e também visa reduzir a poluição atmosférica.

Sergio Flores/Bloomberg/Getty Images

Caminhão descarrega milho para a produção de etanol em Iowa, nos Estados Unidos, em 2018.

O etanol tem sido determinante para a economia brasileira, sobretudo a partir da década de 1970, quando os preços do petróleo no mercado internacional se elevaram e o governo buscou soluções para substituir as importações de combustíveis. O etanol nacional é produzido da cana-de açúcar e apresenta uma produtividade muito maior que o obtido do milho. A Empresa Brasileira de Pesquisa Agropecuária (Embrapa) teve um papel importante no aprimoramento das técnicas ligadas a essa cadeia agroindustrial, como a correção de solos, a seleção dos melhores indivíduos para o cultivo, a utilização de defensivos agrícolas, entre outras, que permitiram a obtenção de várias safras ao longo do ano.

Em 2017, o etanol era uma das opções utilizadas em dois terços da frota de veículos do país, composta de veículos *flex*, ou seja, que podem ser abastecidos com gasolina ou etanol. A gasolina brasileira também tem a adição de uma proporção de pouco mais de 25% de etanol.

Atualmente, a modernização das técnicas permite a obtenção do chamado etanol de segunda geração, celulósico, que provém de subprodutos da cana-de-açúcar, como a palha e o bagaço, sem aumento de área cultivada e com produção até na entressafra. Mas já existem pesquisas para o etanol de terceira geração, que seria produzido de algas, por exemplo.

Em razão do clima temperado, na Europa, o etanol é produzido de uma espécie de beterraba-branca selecionada artificialmente, sobretudo na França. Naquele continente, investe-se de modo maciço em diversos combustíveis renováveis, e a tendência é que a produção cresça, embora os países europeus não disponham de grandes áreas para o cultivo, se comparados ao Brasil e aos Estados Unidos.

As oleaginosas também são cada vez mais empregadas na produção de biocombustíveis, que substituem combustíveis fósseis em veículos leves e motores estacionários (geradores), sendo misturados ao *diesel* em diferentes proporções – no Brasil, alcança 8%. Sua utilização é interessante sob diferentes aspectos: várias espécies podem ser usadas e misturadas sem adaptação dos motores. Além disso, emitem menos poluição, pois o gás proveniente da queima é absorvido durante o cultivo (carbono neutro), e podem gerar mais empregos e renda, desde que as políticas nacionais favoreçam os pequenos produtores e a diversidade de gêneros agrícolas, entre outros motivos.

Mas é importante considerar que, mesmo sendo fontes de energia renovável, também causam impacto ambiental e social. Vastas áreas são necessárias para o cultivo e para a produção de energia, o que pode gerar competição com a produção de alimentos e a proteção da biodiversidade. Usa-se muita água, além de fertilizantes e defensivos agrícolas, que comprometem a qualidade do solo e dos corpos de água. Por isso, é preciso analisar atentamente todos os aspectos ligados às cadeias agroindustriais de biocombustíveis.

Joel Silva/Folhapress

Queima ilegal da cana-de-açúcar em Cravinhos (SP), em 2017, proibida no estado de São Paulo por causar grande impacto ambiental.

CIDADANIA E PEGADA HÍDRICA

O conceito de pegada hídrica

A ideia de considerar o uso da água ao longo das cadeias produtivas ganhou interesse após a introdução do conceito de "pegada hídrica" [...]. A pegada hídrica é um indicador do uso da água que considera não apenas o seu uso direto por um consumidor ou produtor, mas, também, seu uso indireto. A pegada hídrica pode ser considerada como um indicador abrangente da apropriação de recursos hídricos, *vis-à-vis* ao conceito tradicional e restrito de captação de água. A pegada hídrica de um produto é o volume de água utilizado para produzi-lo, medida ao longo de toda a cadeia produtiva. É um indicador multidimensional, que mostra os volumes de consumo de água por fonte e os volumes de poluição pelo tipo de poluição; todas as componentes de uma pegada hídrica total são especificadas geográfica e temporalmente. A pegada hídrica azul de um produto refere-se ao consumo de água azul (superficial e subterrânea) ao longo de sua cadeia produtiva. "Consumo" refere-se à perda de água (superficial ou subterrânea) disponível em uma bacia hidrográfica. A perda ocorre quando a água evapora, retorna a outra bacia ou ao mar ou é incorporada em um produto. A pegada hídrica verde refere-se ao consumo de água verde (água de chuva, desde que não escoe). A pegada hídrica cinza refere-se à poluição e é definida como o volume de água doce necessário para assimilar a carga de poluentes, a partir de concentrações naturais e de padrões de qualidade da água existentes.

Como um indicador do "uso de água", a pegada hídrica difere da medida clássica de "captação de água" em três aspectos:

1. Não inclui o uso da água azul, quando essa água é devolvida para onde veio.
2. Não está restrito ao uso da água azul, mas inclui também a água verde e cinza.
3. Não é restrito ao uso direto da água, mas inclui também seu uso indireto.

A pegada hídrica, portanto, oferece uma perspectiva mais adequada e mais ampla sobre a forma como um consumidor ou produtor se relaciona com o uso dos sistemas de água doce. Ela é uma medida volumétrica de consumo e poluição da água. E ela *não* é uma medida da severidade do impacto ambiental local do consumo e poluição da água. O impacto ambiental local de certa quantidade de consumo e poluição da água depende da vulnerabilidade do sistema hídrico local e do número de consumidores e poluidores que fazem uso do mesmo sistema. A contabilização da pegada hídrica fornece informações espacial e temporalmente específicas sobre como a água é apropriada para os vários propósitos humanos. Elas podem alimentar a discussão sobre o uso e a alocação equitativos e sustentáveis da água, além de formar uma boa base para a avaliação dos impactos ambientais, sociais e econômicos.

HOEKSTRA, Arjen Y. et al. *Manual de avaliação da pegada hídrica*: estabelecendo o padrão global. Instituto de Conservação Ambiental The Nature Conservancy do Brasil/Earthscan, 2011. p. 2-3. Disponível em: <www.ayhoekstra.nl/pubs/Hoekstra-et-al-2013-ManualDeAvaliacaoDaPegadaHidrica.pdf>. Acesso em: 7 ago. 2018.

Lasmane/Shutterstock

1. De acordo com o texto, o que é pegada hídrica?
2. Cite e diferencie os três tipos de pegada hídrica apresentados.
3. De que maneira esse indicador pode contribuir para a utilização mais eficiente da água?

5. Produção agrícola no Brasil

Os produtos agrícolas produzidos no Brasil sempre tiveram grande importância na economia nacional. Nas últimas décadas, observa-se que a participação relativa dos produtos do setor primário na pauta de exportações do país cresceu consideravelmente.

Em 2017, segundo dados do Ministério da Indústria, Comércio Exterior e Serviços, os produtos básicos exportados representaram quase 50% do valor total exportado, cerca de 94 bilhões de dólares. Esses números apontam a maneira como o país se insere na divisão internacional do trabalho, ou seja, um fornecedor de produtos com menor valor agregado (básicos e semimanufaturados).

Brasil: exportações por tipo de produto – 2000-2018 (%)

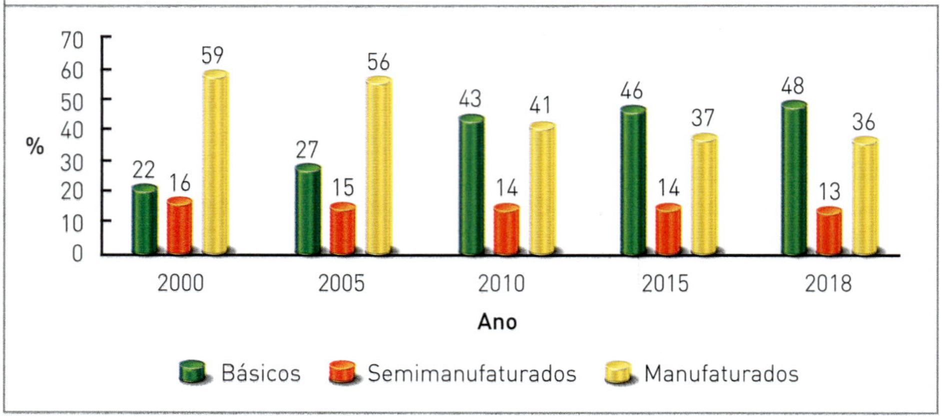

Elaborado com base em: BRASIL. Ministério da Indústria, Comércio Exterior e Serviços. Balança comercial brasileira. Disponível em: <www.mdic.gov.br/index.php/comercio-exterior/estatisticas-de-comercio-exterior/balanca-comercial-brasileira-acumulado-do-ano>. Acesso em: 31 jul. 2018.

Em 2017, a soja foi o principal produto exportado pelo Brasil. O açúcar da cana também teve destaque, assim como a celulose e o café.

Para garantir a produção agrícola e a exportação, o país depende da importação de adubos e fertilizantes, além de inseticidas, herbicidas e outros produtos agrotóxicos, que trazem problemas à saúde de trabalhadores e, no longo prazo, de consumidores. Esse mercado é controlado por um pequeno número de empresas europeias e estadunidenses.

Enquanto as áreas destinadas às lavouras para exportação têm se expandido em ritmo acelerado nos últimos anos, os cultivos de produtos básicos da alimentação brasileira, como arroz, feijão, trigo e mandioca, tiveram suas áreas de plantio significativamente reduzidas.

Brasil: área de cultivos – 2002 e 2016 (em hectares)

Produtos	2002	2016
Algodão	763 992	1 002 302
Arroz	3 175 772	2 004 643
Cana-de-açúcar	5 206 736	10 245 102
Feijão	4 321 809	2 946 801
Soja	16 382 035	33 309 865
Trigo	2 151 831	2 167 539

Elaborado com base em: IBGE. *Produção agrícola municipal*: culturas temporárias e permanentes 2002. Rio de Janeiro: IBGE, 2003; IBGE. *Produção agrícola municipal*: culturas temporárias e permanentes 2016. Rio de Janeiro: IBGE, 2017.

O cultivo de cereais, leguminosas e oleaginosas (soja, milho, feijão, arroz, trigo, amendoim, aveia, centeio, cevada, girassol, caroço de algodão, entre outros) destaca-se no Centro-Oeste e no Sul do país, principalmente nos estados de Mato Grosso (26,2%), do Paraná (17,2%) e do Rio Grande do Sul (15,2%).

De acordo com dados do IBGE sobre a safra de 2016, o cultivo da cana e a produção de açúcar e etanol concentravam-se na região Sudeste (64,3%), essencialmente em São Paulo (53,7%). As plantações de café localizavam-se também nessa região (84,4%), com destaque para Minas Gerais (52,6%) e Espírito Santo (22,1%). O cultivo da mandioca ocorria principalmente nas regiões Norte (35,1%, sobretudo no Pará) e Nordeste (40,9%, especialmente no Maranhão e na Bahia). O cacau, por sua vez, era cultivado majoritariamente na Bahia (73,4%).

6. Pecuária

Assim como a agricultura, a pecuária, a criação de diferentes espécies de animais (bovinos, suínos, caprinos, ovinos, etc.) para a obtenção de carne e outros produtos, como ovos, leite, couro e lã, também passou por transformações no decorrer da história.

Existem diversos sistemas de produção na pecuária. A **pecuária extensiva** ocorre com os animais soltos em uma vasta área. Na **pecuária intensiva**, os animais são criados confinados em ambientes controlados e recebem rações especiais e suplementos alimentares para ganhar peso mais rapidamente, o que aumenta a produtividade. A inseminação controlada e a produção leiteira mecanizada fazem parte desse modelo de produção. Por fim, na **pecuária semiextensiva**, o gado é criado solto, mas com o uso de técnicas como a seleção de animais e o emprego de suplementos.

Alvis Upitis/EFE

Pecuária extensiva em El Calafate, na Argentina, famosa por suas carnes, em 2017. A pecuária intensiva já foi implantada; no entanto, ainda gera resistência de muitos produtores.

Em 2017, o Brasil era o segundo maior produtor de carne bovina e o terceiro maior consumidor mundial. O país que mais consumia carne bovina eram os Estados Unidos, o maior produtor mundial naquele ano. Entre os principais exportadores destacam-se Brasil, Índia e Austrália. China e União Europeia são também grandes produtores e consumidores.

O complexo agropecuário envolve a criação de bovinos, aves, suínos e ovinos, com a produção de mercadorias relacionadas a proteína animal, ovos, leite e derivados. Apesar da crescente produção de animais em larga escala por meio do uso de tecnologias, cerca de 70% da população rural mundial ainda cria animais soltos.

A criação de animais é a atividade que mais ocupa terras no mundo. Grandes áreas com vegetação nativa são convertidas em pastagens, o que diminui a biodiversidade, e o pisoteio do gado também altera a qualidade do solo. Além disso, a atividade pecuária responde por boa parte das emissões de gases de efeito estufa, provenientes tanto do desmatamento como da ruminação e das fezes dos animais. Por fim, grande parcela da produção de grãos no mundo, como soja, milho e aveia, destina-se à alimentação animal, ou seja, vira alimento para animais, que depois se tornam alimentos para os seres humanos.

Pecuária no Brasil

As atividades pecuárias praticadas no Brasil são bastante diversificadas e se relacionam à produção de muitas mercadorias, como carnes, leite, ovos, couro, lã e mel. Tradicionalmente, desenvolve-se no país a pecuária extensiva para produzir carne bovina. Já a produção de aves apresenta uma situação distinta, com grandes rebanhos confinados.

O Brasil está entre os principais produtores e exportadores mundiais de produtos da pecuária. Na balança comercial, a carne de frango (congelada, fresca ou refrigerada) e a carne bovina estão entre os principais produtos exportados pelo país.

Cesar Diniz/Pulsar Imagens

Criação confinada de aves em Iraceminha (SC), em 2015.

Em 2018, o maior mercado de frango brasileiro estava na Ásia, liderado por China, Japão, Emirados Árabes Unidos, Arábia Saudita e Hong Kong. Já os maiores importadores da carne bovina do Brasil foram Hong Kong, China, Irã, Egito, Chile, Países Baixos e Itália, segundo dados do Ministério da Indústria, Comércio Exterior e Serviços.

Em relação à distribuição espacial dos rebanhos de animais de grande porte, observa-se que a maior parte da criação de gado bovino se desenvolve na região Centro-Oeste, principalmente em Mato Grosso (13,9%) e Mato Grosso do Sul (10%), além de Minas Gerais (10,8%) e Pará (9,4%).

Muitas das atividades pecuárias brasileiras integram grandes cadeias agroindustriais, que produzem uma diversidade de mercadorias, como carne, embutidos, leite e ovos, além da fabricação de iogurte, manteiga, queijo e outros laticínios. Também faz parte dessa cadeia a indústria têxtil baseada em couro, lã e seda.

7. Segurança alimentar

Mesmo com a incorporação crescente de novas áreas para o cultivo e a criação de animais e com o uso de tecnologias, a falta de alimentos ainda é uma realidade para parte expressiva da população no mundo. Garantir alimento em quantidade e com qualidade à população mundial é um grande desafio atual.

Após anos de queda, a fome tem aumentado em várias regiões do mundo. A FAO afirmou a existência de pelo menos 815 milhões de pessoas subnutridas em 2016, 5% mais que no ano anterior.

Entre os principais motivos associados a esse aumento, destacam-se problemas de abastecimento diante do aumento do número de conflitos e alterações climáticas. Outro fator é a redução da atividade econômica em muitos países, ampliando a dificuldade de acesso das populações mais pobres a alimentos. Em contrapartida, mesmo os países mais pobres ou de renda média apresentam elevação no número de pessoas com sobrepeso e problemas ligados à obesidade, bem como no desperdício de gêneros alimentícios. Portanto, quem come regularmente também pode estar se alimentando de maneira errada, o que gera problemas de saúde pública.

Alexandre Tokitaka/Pulsar Imagens

Verduras são descartadas em feira em São Paulo (SP), em 2015. O Brasil é um dos países que mais desperdiçam alimentos no mundo.

Disso surgem dois dilemas relacionados à segurança alimentar: o primeiro é como manter os estoques de produção de alimentos livres de oscilações climáticas ou da presença de pragas que possam devastar uma extensa área agrícola; o segundo refere-se ao direito de todas as pessoas ao acesso regular e permanente a alimentos de qualidade e em quantidade suficiente, por meio de práticas ambientais, culturais, econômicas e sociais sustentáveis.

Portanto, a segurança alimentar deve ser entendida como um conjunto que abrange a disponibilidade de alimentos produzidos, o acesso e a utilização correta deles, e a estabilidade em seu fornecimento.

Dimensões da segurança alimentar

De acordo com a FAO, para garantir a segurança alimentar é preciso que as dimensões a seguir sejam asseguradas ao mesmo tempo.

Disponibilidade física dos alimentos: a disponibilidade de alimentos aborda o "lado da oferta" da segurança alimentar e é determinada pelo nível de produção de alimentos, níveis de estoque e comércio líquido.

Acesso econômico e físico aos alimentos: oferta adequada de alimentos em nível nacional ou internacional não garante, por si só, a segurança alimentar no nível familiar. As preocupações com o acesso insuficiente aos alimentos resultaram em um foco maior na política de renda, gastos, mercados e preços para atingir os objetivos de segurança alimentar.

Utilização dos alimentos: a utilização é geralmente entendida como a maneira pela qual o corpo aproveita ao máximo vários nutrientes da comida. A ingestão suficiente de energia e nutrientes pelos indivíduos é o resultado de boas práticas de cuidado e alimentação, preparação de alimentos, diversidade da dieta e distribuição intradomiciliar dos alimentos. Combinado com a boa utilização biológica dos alimentos consumidos, isso determina o estado nutricional dos indivíduos.

Estabilidade das outras três dimensões ao longo do tempo: ainda que a ingestão de alimentos seja adequada hoje em dia, uma pessoa ainda faz parte do grupo de risco se tiver acesso inadequado a alimentos periodicamente, favorecendo a degradação do estado nutricional. Condições climáticas adversas, instabilidade política ou fatores econômicos (desemprego, aumento de preços dos alimentos) podem ter um impacto no seu *status* de segurança alimentar.

FAO. *Food Security Information for Action*: Practical Guides. Rome: FAO, 2008. p. 1.
(Texto traduzido pelos autores.)

Para haver segurança alimentar, essas dimensões precisam ser respeitadas simultaneamente. A fome no mundo é, acima de tudo, uma grande questão política. Assegurar o acesso a comida passa pela garantia de renda para quem não a produz poder comprar alimentos. Ou prevê que o produtor do campo possa exercer seu estilo de vida sem nenhum tipo de ameaça que coloque em risco a posse da terra.

thekovtun/Shutterstock

Alimentos em supermercado em Pisa, na Itália, em 2018. A padronização de verduras e legumes nas prateleiras indica desperdício, pois, na natureza, apresentam diferentes formas e tamanhos.

Diálogo com Biologia

Como a produção de alimentos e as mudanças climáticas estão entrelaçadas

A agricultura é, sem dúvida, um dos setores mais sensíveis ao clima. O Quinto Relatório de Avaliação do Painel Intergovernamental sobre Mudanças Climáticas (IPCC) mostrou que nos últimos 30 anos as mudanças climáticas já reduziram a produção agrícola global entre 1 e 5% e que os eventos climáticos extremos que afetam os principais produtores agrícolas ajudaram a impulsionar a volatilidade global dos preços dos alimentos nos últimos anos.

O relatório confirma que os países em desenvolvimento continuarão a ser mais atingidos à medida que as mudanças climáticas se acumulam – os mesmos países dos quais muitas empresas de alimentos e bebidas obtêm suas matérias-primas. Por exemplo:

- No Vietnã, a produção de arroz diminuiu devido à intrusão salina no solo em razão do aumento do nível do mar.
- Nos países da África Ocidental, ou perto do Sahel, as reduções das áreas em crescimento são projetadas para 70% das culturas até 2050 e em mais de 50% no caso de bananas, milho e feijão.
- Na Nicarágua, as mudanças climáticas contribuíram para a estagnação dos rendimentos do milho e de feijão, enquanto a seca e as fortes chuvas levaram a perda de colheita.

Em todo o mundo, agricultores enfrentam rendimentos decrescentes e precisam de áreas maiores para a produção, forçando o aumento do preço das *commodities*. [...]

Nos países em que grande parte do orçamento doméstico é gasto em alimentos e muitas pessoas dependem da agricultura, as consequências sociais e econômicas das mudanças de produção relacionadas ao clima e aos choques de preço podem ter implicações desastrosas para a economia em geral. [...]

HARYADI, Suhardiyoto. How Food Production and Climate Change Are Intertwined. *Eco-Business*. Disponível em: <www.eco-business.com/news/how-food-production-and-climate-change-are-intertwined/>. Acesso em: 31 jul. 2018. (Texto traduzido pelos autores.)

1. Quais são os impactos diretos das mudanças climáticas nas atividades agrícolas?
2. Como as populações que vivem diretamente dessas atividades poderão ser afetadas? Em sua opinião, quais serão as implicações para o restante da população?
3. Reúna-se com três colegas e investiguem os impactos das mudanças climáticas na agricultura em outras regiões do mundo.

Agrotóxicos e transgênicos: impasses

Outras tensões sociais ligadas às atividades agrícolas relacionam-se com as técnicas utilizadas, sobretudo em áreas extensas e monocultoras.

O agrotóxico, um defensivo agrícola, se usado em excesso, contamina a água e o solo, processo intensificado pela ação dos ventos e da chuva (**lavagem** das folhas, **lixiviação** e **erosão**). Apesar de cada governo estabelecer legislações específicas sobre os agrotóxicos, a fiscalização é insuficiente, o que pode levar ao consumo de alimentos prejudiciais à saúde. Em relação à pecuária, muitos animais são tratados com medicamentos e hormônios para o rápido crescimento e ganho de peso.

Mas a sociedade, em grande parte, não pode escolher se consome tais produtos, já que não tem muito claro quais são os efeitos dessas substâncias no organismo humano em longo prazo. Por isso, é importante que as embalagens informem sobre o uso desses produtos e as eventuais consequências.

Segundo a geógrafa Larissa Bombardi, da Universidade de São Paulo, o Brasil consome 20% de todo o agrotóxico utilizado no mundo. Do ano 2000 a 2014, houve um aumento de 135% no consumo de agrotóxicos no país, passando de 170 mil toneladas para 500 mil toneladas. Desse total, cerca de 52% foi empregado na cultura da soja, 10% na do milho e 10% nas plantações de cana-de-açúcar. Em outras palavras, essas três *commodities* tão importantes para a economia brasileira concentram 72% de todos os agrotóxicos utilizados no país, e grande parte dessas plantações envolve cultivos transgênicos.

Cartografando

Utilização e intoxicação por agrotóxicos no Brasil

Veja a seguir os mapas que retratam o uso de agrotóxicos e os casos de intoxicação em cada estado.

Brasil: uso de agrotóxicos – 2012-2014

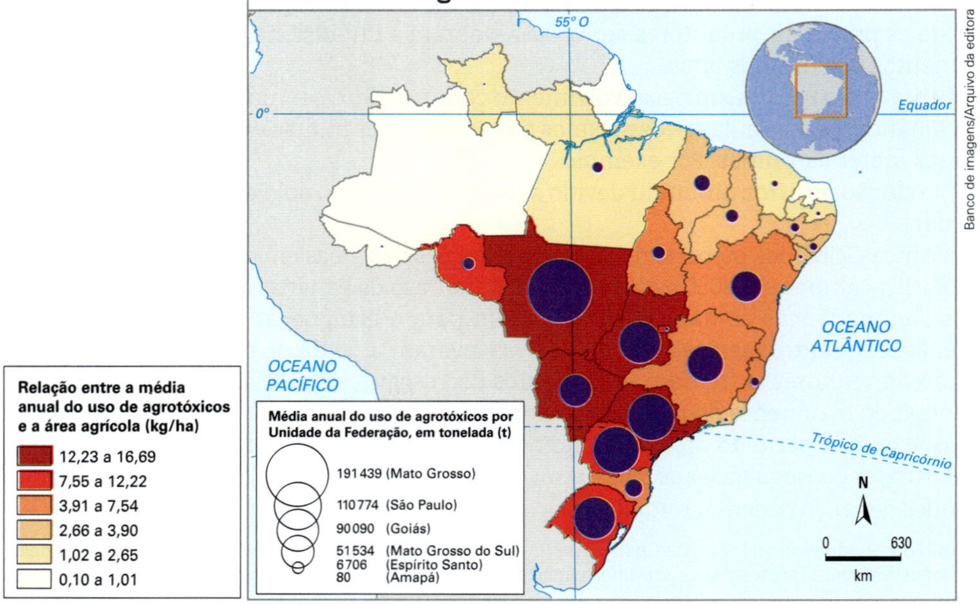

Brasil: intoxicação por agrotóxicos – 2007-2014

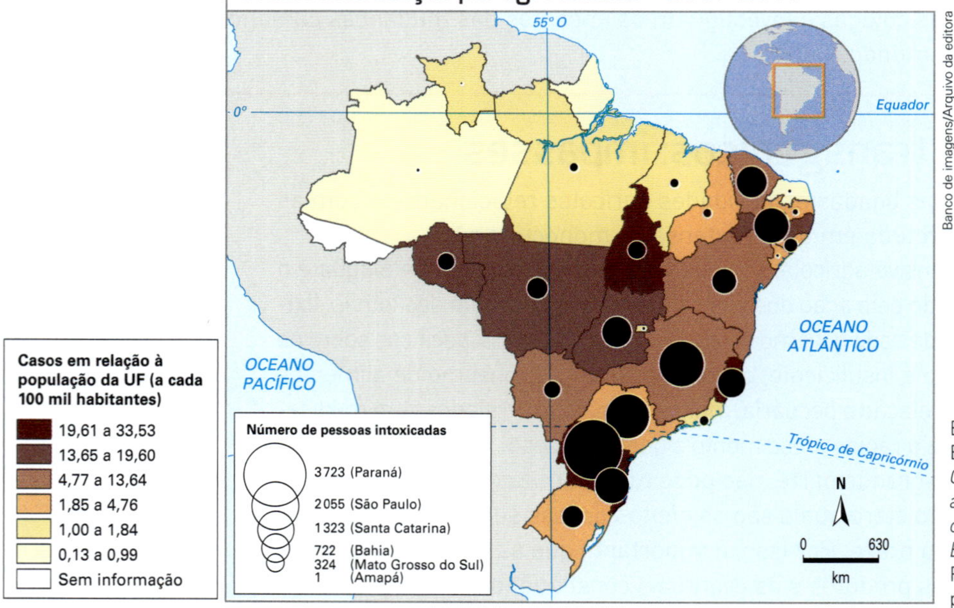

Elaborados com base em: BOMBARDI, Larissa M. *Geografia do uso de agrotóxicos no Brasil e conexões com a União Europeia*. São Paulo: FFLCH/USP, 2017. p. 70 e 128.

1. Em duplas, observem o primeiro mapa e façam uma comparação entre as quantidades utilizadas e o tamanho das áreas cultivadas.
2. Com base no segundo mapa, comentem sobre as Unidades da Federação que se destacam pelo número de ocorrências de intoxicação por agrotóxicos em relação à sua população.
3. Debata com a turma a situação da Unidade da Federação em que vivem e compare-a com uma vizinha.

Outro tema bastante polêmico gira em torno da utilização de **transgênicos**, ou seja, de organismos que foram geneticamente modificados. Por exemplo, espécies de plantas recebem genes de outras espécies (até de animais) para adquirir características de interesse comercial, como resistência a pragas e a certos agrotóxicos, ou mesmo para ampliar suas propriedades nutricionais ou melhorar sua estética.

Países com as maiores lavouras transgênicas – 2016	
País	Área (hectare), em milhões
Estados Unidos	72,9
Brasil	49,1
Argentina	23,8
Canadá	11,6
Índia	10,8
Paraguai	3,6
Paquistão	2,9
China	2,8
África do Sul	2,7
Uruguai	1,3
Bolívia	1,2
Austrália	0,9
Filipinas	0,8
Mianmar	0,3
Espanha	0,1
Sudão	0,1
México	0,1
Colômbia	0,1

Elaborado com base em: ISAAA. Global Status cf Commercialized Biotech/GM Crops: 2016. *ISAAA Brief No. 52*. Ithaca: ISAAA. p. 6.

Em 2016, a área global com lavouras transgênicas foi de 185,1 milhões de hectares, um aumento de 3% em relação a 2015, equivalente a 5,4 milhões de hectares.

Longe de ser algo para o futuro, a utilização de transgênicos é realidade em várias partes do mundo. Segundo a Embrapa, atualmente a cada 100 hectares plantados com soja no planeta, pelo menos 80 hectares são de sementes alteradas geneticamente. Em relação ao milho, a proporção é de 30% (90% no Brasil). Existem diversas espécies modificadas, como feijão, arroz, algodão, alface, batata, café e cana-de-açúcar.

Os impactos relacionados ao cultivo de transgênicos ainda não foram bem avaliados. Há riscos ligados à polinização cruzada dessas espécies com outras nativas ou culturas não modificadas e riscos à saúde, podendo causar alergias e outras enfermidades ligadas ao uso mais intensivo dos agrotóxicos – já que uma planta pode ser resistente a eles. Do ponto de vista social, os agricultores tornam-se dependentes da produção dos insumos modificados, como sementes patenteadas por grandes empresas.

Reconecte

Revisão

1. Em seu caderno, defina:
   a) Complexo agroindustrial.
   b) Produção familiar.
   c) Segurança alimentar.

Pesquisa e produção de infográfico

2. Em grupos, pesquisem quais são as principais atividades agrícolas e pecuárias da Unidade da Federação em que moram e a importância desse setor na economia nacional. Com base nessas informações, montem um infográfico com texto, imagens, gráficos ou outras formas de apresentação dos dados.

Dica de *site*

Comissão Técnica Nacional de Biossegurança (CTNBio)
Disponível em: <http://ctnbio.mcti.gov.br/liberacao-comercial/-/document_library_display/SqhWdohU4BvU/view/1684467#/liberacao-comercial/consultar-processo>. Acesso em: 7 ago. 2018.
Nesse *link* encontra-se uma tabela de plantas geneticamente modificadas aprovadas para comercialização.

Debate

3. Reúna-se com três colegas e debatam sobre o processo de modernização técnica verificado na agricultura brasileira. Realizem uma análise com base na perspectiva dos agentes sociais envolvidos: empresas produtoras de insumos (agrotóxicos, sementes, etc.), grandes proprietários, pequenos proprietários, trabalhadores assalariados e o Estado.

Leitura de charge e pesquisa

4. Com base na charge a seguir e nos conteúdos do capítulo, discuta com os colegas as causas da fome no mundo. Após a discussão inicial, pesquisem, em grupos, duas situações de insegurança alimentar encontradas em diferentes regiões do planeta. As informações podem ser organizadas em painéis para uma exposição sobre o tema.

Jean Gouders/Acervo do cartunista

Charge de Jean Gouders, 2012.

Pesquisa e produção de texto

5. Procure dois alimentos transgênicos que são consumidos em sua casa e pesquise sobre seu desenvolvimento e produção. Para saber se são transgênicos, observe se existe o símbolo (ver página seguinte) na embalagem.

Depois, acesse o *site* da Comissão Técnica Nacional de Biossegurança (ver **Dica de *site*** na página anterior), que disponibiliza informações sobre as espécies de plantas geneticamente modificadas aprovadas para a comercialização no país (nome, organismo doador, características de interesse, empresas produtoras e ano da obtenção da liberação). Organize as informações em um texto.

Vanessa Volk/Shutterstock

Símbolo de alimento transgênico.

EXPLORANDO

6. Observe a embalagem de um produto agropecuário manufaturado em casa ou em um ponto de venda. Com base nas informações encontradas (local de fabricação, ingredientes utilizados, dados sobre países importadores, entre outras), elabore um infográfico sobre a cadeia produtiva da mercadoria escolhida. Complemente a pesquisa com outras fontes.

Resumo

- A agricultura tem passado por um intenso processo de industrialização, com o uso de maquinários, agrotóxicos e organismos geneticamente modificados.
- Existem diferentes sistemas de produção agrícola, como a grande empresa agrícola e a agricultura familiar.
- A agricultura em pequena escala responde por quase três quartos dos alimentos produzidos no mundo. Em geral, acarreta menos impactos socioambientais que as grandes monoculturas.
- A agricultura brasileira começou a ser modernizada na década de 1960, com profundas transformações. Hoje está associada, em grande parte, à indústria, formando os complexos agroindustriais.
- O agronegócio refere-se às atividades de agricultura, pecuária, indústria e comércio, ligadas à comercialização de produtos do campo.
- A concentração de terras no Brasil remonta ao período colonial, e os grupos menos favorecidos foram impedidos de terem acesso a elas. Os movimentos sociais para fins da reforma agrária se multiplicaram, assim como os conflitos sobre disputa de terras.
- O Brasil participa da Divisão Internacional do Trabalho principalmente como exportador de produtos básicos com menor valor agregado.
- A pecuária, assim como a agricultura, também se moderniza no Brasil e constitui uma complexa cadeia agroindustrial. Destacam-se no país a pecuária extensiva e semiextensiva e a avicultura intensiva.
- A insegurança alimentar se eleva no mundo porque boa parte da população ainda não tem acesso a alimentos. Entre as causas, destacam-se mudanças climáticas, conflitos e problemas políticos e econômicos.

CAPÍTULO 6

Industrialização e circulação de mercadorias

Produzir em larga escala apresenta vantagens, mas também preocupações. O modelo de produção de bens necessários à vida acelerou a fabricação de mercadorias a partir da Revolução Industrial e as novas descobertas tecnológicas elevaram essa capacidade.

O emprego de mão de obra mudou bastante nesse processo. Inicialmente, foi preciso capacitar trabalhadores rurais que não conheciam o trabalho em ambiente fechado, como o de uma fábrica. Depois, passou-se a enxergá-los como eventuais consumidores, embora ainda fossem explorados.

A partir da década de 1980, cada vez mais tecnologia passou a ser usada na produção industrial, diminuindo o número de trabalhadores, já que muitos foram substituídos por robôs. Ao mesmo tempo, a produção se globalizou por meio da descentralização industrial para atender a interesses de corporações em busca de subsídios fiscais pelo mundo.

No Brasil, foi apenas na década de 1930 que o país criou condições para o desenvolvimento industrial, que recebeu novo impulso na década de 1950. A indústria automobilística ocupou uma posição de destaque, concentrando-se especialmente no estado de São Paulo. Nos anos 1990, a descentralização industrial chegou ao país, levando unidades fabris ao Nordeste e ao Sul.

Rubens Chaves/Pulsar Imagens

Fábrica de calçados em Farroupilha (RS), em 2018. O Rio Grande do Sul é um dos maiores produtores de calçados do país, um exemplo de descentralização industrial.

EM FOCO

Como a indústria global da moda afeta a sociedade e o meio ambiente

A calça jeans que provavelmente você tem pendurada no guarda-roupa pode ter percorrido até 75 mil quilômetros pelo mundo antes de ser sua. Isso sem considerar a viagem dos insumos que a compõem: o algodão que sai do campo e segue para fiação, lavagem e tingimento; os metais que das mineradoras vão para a indústria de botões, rebites e zíper; as etiquetas que, se forem feitas de poliéster, têm origem nos campos de petróleo e passam por muitos processos até estampar o nome de uma grife e, se forem de couro, acrescentem-se mais alguns milhares de quilômetros, além de "toneladas" de outros impactos socioambientais.

Some-se a toda essa quilometragem muita quantidade. Se 20 anos atrás as marcas produziam apenas quatro coleções por ano, uma para cada estação, hoje a chamada *fast fashion*, que abastece as grandes lojas varejistas internacionais, produz 52, uma por semana, despejando no mercado global 80 bilhões de peças de vestuário por ano [...].

Produzir grandes quantidades de roupas e calçados sem parar só faz sentido se na outra ponta as pessoas puderem comprar sem parar. Para isso, o preço tem de ser baixo, o custo de produção o menor possível e o ritmo de trabalho incessante. E está criada a fórmula do mal, responsável por situações degradantes de condições de trabalho, muitas vezes trabalho escravo, e de desrespeito ao meio ambiente.

Quem se sentiria confortável dentro de uma camiseta de marca que pudesse ter sido costurada por uma jovem costureira morta no desabamento do Rana Plaza, em Bangladesh (em péssimas condições de conservação, o prédio abrigava confecções de várias marcas globais famosas e ruiu em 24 de abril de 2013, matando 1134 trabalhadores, a maioria mulheres jovens e adolescentes, e deixando mais 2,5 mil feridos)?

E se você soubesse que o algodão utilizado naquela calça jeans pendurada no guarda-roupa veio de uma lavoura do Nordeste que intoxica trabalhadores rurais e polui rios e lençóis freáticos com agrotóxicos contrabandeados e usados além do limite permitido?

O que dizer das peças vendidas por confecções que exploram mão de obra de imigrantes ilegais, vivendo em situação análoga à escravidão em porões nos bairros do Bom Retiro, Brás, Pari ou Casa Verde, em São Paulo, ou no interior do estado? Presume-se que qualquer pessoa minimamente empática repudiaria produtos oriundos desse processo sujo da moda. Mas como saber o quanto de tragédia carrega uma peça de roupa que veste um manequim na vitrine glamorosa da loja do shopping center?

Eis aí um verdadeiro e inadiável desafio de sustentabilidade para a indústria da moda: dar transparência aos processos de produção, tanto no que diz respeito aos aspectos sociais como aos ambientais. [...]

CABRAL, Magali. Como a indústria global da moda afeta a sociedade e o meio ambiente. *Revista 22*, 31 out. 2017. Disponível em: <www.p22on.com.br/2017/10/31/como-a-industra-global-da-moda-afeta-a-sociedade-e-o-ambiente/>. Acesso em: 22 jun. 2018.

1. Após a leitura da reportagem, discuta com os colegas a relação entre produção industrial e impactos ao ambiente e à sociedade. Que atitudes podem ser tomadas durante suas compras a fim de gerar menos impactos?

Jorge Sanz/Pacific Press/Alamy Live News/Fotoarena

Curtume em Fez, no Marrocos, em 2016. O couro que abastece a indústria de roupas e acessórios de todo o mundo provoca a poluição das águas por diversos componentes químicos.

1. A Revolução Industrial

A Revolução Industrial reorganizou as relações sociais, econômicas, políticas e ambientais, com reflexos até os dias de hoje. Ela foi responsável por mudanças na produção de energia e nos transportes, além de ter promovido inovações científicas e novos usos de matérias-primas. Também foi responsável por grandes impactos ambientais, como a poluição e o uso intensivo de recursos naturais.

Esse conjunto de fatores implicou avanços técnicos e novos padrões de circulação, iniciando-se pela Europa. Foi na Grã-Bretanha, na segunda metade do século XVIII, onde residiam artesãos e técnicos preparados para trabalhar nas máquinas industriais, que essa revolução se desenvolveu.

Além disso, a Grã-Bretanha possuía uma rede de transportes que facilitava sua comunicação com o resto da Europa tanto para o fornecimento de **manufaturados** como para a compra de matérias-primas. No entanto, as rotas de circulação não eram exclusivas desse país. O porto de Marselha, na França, também era uma rota importante, assim como os canais fluviais e o porto de Bruges, na Bélgica, para a transferência de mercadorias e matérias-primas. O meio de transporte mais usado nessa época era o barco a vela.

As inovações da Revolução Industrial não ficaram apenas nos transportes. As fábricas têxteis, com teares mecânicos, e as comunicações, por meio do telégrafo, interligavam **metrópoles** e **colônias**.

Por meio das expansões marítimas, a Europa relacionava-se com o norte e o oeste do continente africano e com vários lugares da Ásia, estabelecendo trocas comerciais de cravo, algodão, tecidos, canela, entre outros artigos.

Outra inovação da época foi o uso do vapor de água. Por meio da queima do carvão, a água era aquecida e transformada em vapor, que era direcionado para mover máquinas usadas em teares e, mais tarde, para o transporte ferroviário e naval.

O carvão era a principal fonte para a produção e a circulação das mercadorias. Nesse período, os meios de transportes, como os navios e a locomotiva, eram movidos a vapor. Esse modelo de transporte conectou ainda mais a Europa por meio de hidrovias e trilhos.

O uso de novas fontes de energia levou a indústria a diversificar a produção de bens e a aumentar a produtividade, ou seja, ela passou a produzir mais em um tempo menor. Isso gerou maior demanda de trabalhadores para operar as máquinas.

A estação Saint Lazare, de Claude Monet, 1877 (óleo sobre tela, 75 cm × 104 cm). A obra retrata uma locomotiva a vapor no século XIX.

Album/Fotoarena/Coleção particular

Porém, não havia normas que estabelecessem critérios de condições de trabalho. Todos, inclusive mulheres grávidas, idosos e crianças, eram submetidos a jornadas diárias de quinze horas ou mais de trabalho e a remunerações baixíssimas. As condições de **insalubridade** eram enormes, com pessoas expostas a altas temperaturas, agentes químicos e ruídos.

Novas fontes de energia, como eletricidade e petróleo, passaram a ser usadas, o que alterou ainda mais a capacidade de produzir mercadorias. O refino do petróleo resultou em combustíveis, como gasolina e óleo *diesel*, que passaram a ser empregados em motores a explosão. Veículos automotores, como carros, ônibus e aviões, até hoje fazem uso desse tipo de energia.

2. Taylorismo, fordismo e toyotismo

Com o avanço dos processos de produção industrial e da regulamentação do trabalho, foi preciso alterar a organização das atividades nas fábricas para manter o lucro. O engenheiro estadunidense Frederick Taylor (1856-1915) promoveu ações nessa direção, ao estudar o trabalho dos operários e medir o tempo gasto em cada movimento.

Ao final, criou cartões de instrução de atividades e de controle das horas trabalhadas, procurando maior eficiência do tempo do trabalhador, que recebia mais se aumentasse sua produtividade. Como resultado, chegou-se ao modelo taylorista de produção, que se baseava em técnicas para diminuir o tempo gasto na produção e o esforço físico do trabalhador, aumentando o rendimento.

Henry Ford (1863-1947) criou, então, um novo sistema de produção em sua fábrica de automóveis. Esse sistema, conhecido por fordismo, consistia em uma linha de produção em larga escala, com alto uso de energia e linha de produção sequenciada, na qual cada trabalhador era responsável por uma etapa do processo de produção, cujo resultado era um veículo.

Nessa linha de montagem de carros, um trabalhador acoplava, por exemplo, a roda esquerda traseira no carro, enquanto outro se encarregava de acoplar a roda direita dianteira e, assim, sucessivamente. Esse sistema é utilizado até hoje na produção de automóveis, ônibus e caminhões, mas o trabalhador vem sendo substituído por robôs na linha de montagem, o que diminui a oferta de emprego.

Dica de filme

Tempos modernos
Direção: Charles Chaplin. Estados Unidos, 1936, 87 min.
Um operário que aperta parafusos em uma linha de montagem é demitido após uma crise de estresse. Depois de um período internado para se recuperar, conhece uma jovem pobre que rouba comida para sobreviver. Juntos, tentam enfrentar o ritmo frenético da vida moderna.

Hulton Archive/Getty Images

Linha de montagem no início do século XX em Michigan, nos Estados Unidos.

Udit Kulshrestha/Bloomberg/Getty Images

Linha de montagem em Chakan, na Índia, em 2018.

Essa grande produção necessitava de consumidores. Por isso, o fordismo procurou dar condições aos trabalhadores para que adquirissem o que produziam, estimulando o consumo.

A regulamentação do trabalho

No início do século XX não havia regulamentação do trabalho. Os grandes empresários, em busca do aumento da produção, instituíam longas jornadas e realizavam o pagamento dos empregados de acordo com seus interesses.

Esse cenário levou à organização de movimentos operários que reivindicavam melhores condições de trabalho, que se traduziam em fixação da jornada diária, salubridade nas fábricas, remunerações fixas, além de férias remuneradas. Nesse processo, o papel das mulheres foi muito importante.

Com o aumento da organização dos trabalhadores, que passaram a atuar em sindicatos, houve melhora nas condições de trabalho. Essa sistematização permitiu criar um órgão internacional que regula as relações entre patrões e empregados, a Organização Internacional do Trabalho (OIT).

Diálogo com História

Oito de Março: conquistas e controvérsias

O dia 8 de março é dedicado à comemoração do Dia Internacional da Mulher. Atualmente tornou-se uma data um tanto festiva, com flores e bombons para uns. Para outros é relembrada sua origem marcada por fortes movimentos de reivindicação política, trabalhista, greves, passeatas e muita perseguição policial. É uma data que simboliza a busca de igualdade social entre homens e mulheres, em que as diferenças biológicas sejam respeitadas mas não sirvam de pretexto para subordinar e inferiorizar a mulher. [...]

O dia 25 de março de 1911 era um sábado, e às 5 horas da tarde, quando todos trabalhavam, irrompeu um grande incêndio na Triangle Shirtwaist Company, que se localizava na esquina da Rua Greene com a Washington Place. A Triangle ocupava os três últimos de um prédio de dez andares. O chão e as divisórias eram de madeira, havia grande quantidade de tecidos e retalhos, e a instalação elétrica era precária. Na hora do incêndio, algumas portas da fábrica estavam fechadas. Tudo contribuía para que o fogo se propagasse rapidamente.

A Triangle empregava 600 trabalhadores e trabalhadoras, a maioria mulheres imigrantes judias e italianas, jovens de 13 a 23 anos. Fugindo do fogo, parte das trabalhadoras conseguiu alcançar as escadas e desceu para a rua ou subiu para o telhado. Outras desceram pelo elevador, mas a fumaça e o fogo se expandiram e trabalhadores/as pularam pelas janelas, para a morte. Outras morreram nas próprias máquinas. [...]

Morreram 146 pessoas, 125 mulheres e 21 homens, na maioria judeus.

A comoção foi imensa. [...]

Na década de 60, o 8 de março foi sendo constantemente escolhido como o dia comemorativo da mulher e se consagrou nas décadas seguintes. Certamente esta escolha não ocorreu em consequência do incêndio na Triangle, embora este fato tenha se somado à sucessão de enormes problemas das trabalhadoras em seus locais de trabalho, na vida sindical e nas perseguições decorrentes de justas reivindicações.

BLAY, Eva A. 8 de março: conquistas e controvérsias. *Estudos Feministas*, ano 9, 2º semestre 2001. Disponível em: <www.scielo.br/pdf/ref/v9n2/8643>. Acesso em: 4 jul. 2018.

Granger/Fotoarena

Incêndio na fábrica da Triangle Shirtwaist em Nova York, nos Estados Unidos, em 1911.

1. Reúna-se com três colegas e, juntos, conversem sobre as condições atuais de trabalho da mulher no Brasil e no mundo.

2. De acordo com o texto, qual é o significado do Dia Internacional da Mulher? E para você, o que essa data significa?

Fordismo periférico

O modelo de produção da indústria automobilística nos Estados Unidos espalhou-se pelo mundo e foi chamado de fordismo periférico. Isso porque foram instaladas unidades de produção dessa indústria em países com industrialização tardia. No entanto, nesses locais eram realizadas apenas etapas mais simples do processo produtivo, como a montagem dos carros e a produção de algumas peças. O projeto e o desenvolvimento dos carros ainda eram feitos nos países de origem dessas indústrias. Para os produtores de carros, isso era um bom negócio, pois ampliava o mercado, já que aumentou também o número de pessoas que passaram a adquirir veículos.

No início dessa divisão do trabalho, as decisões financeiras e tecnológicas eram tomadas na sede das empresas, enquanto as subsidiárias as implementavam. Porém, aos poucos, as filiais começaram a ter maior decisão local sobre novos investimentos.

Toyotismo

Para atender à crescente demanda de consumo, que se descentralizou e dispersou por diversos países, as indústrias mudaram a sua organização. O fordismo cedeu lugar ao toyotismo.

Toyotismo é um modo de produção criado no Japão, na década de 1950, no qual os trabalhadores exercem funções diferentes na fábrica. Ou seja, eles devem estar aptos a colaborar em distintas etapas do processo de produção.

Houve também a criação do sistema *just in time*. Diferentemente do modelo fordista, que produz em larga escala à espera dos consumidores, no toyotismo a produção ocorre sob demanda dos compradores. Assim, não existem grandes estoques de mercadorias para eventuais compradores.

Além disso, como os produtos são montados depois da encomenda, eles podem ser adaptados aos interesses do comprador. Por exemplo, um computador pode ser equipado com uma placa de vídeo mais adequada para jogos ou para produção artística, ou ter capacidade de processamento maior para cálculos.

Portanto, quando a procura por um bem é alta, são produzidos mais produtos e, quando ela diminui, a produção cai. Para reduzir os custos de uma produção menor, diminuem-se os estoques, as perdas de produtos e as operações desnecessárias de transporte.

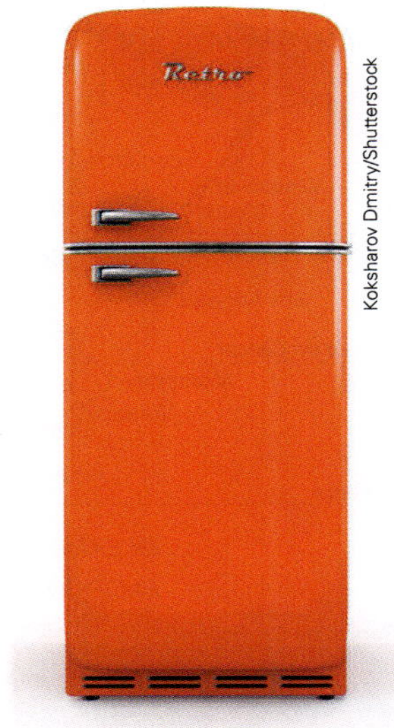

Koksharov Dmitry/Shutterstock

Na produção sob demanda, o consumidor escolhe como quer seu produto. É possível encomendar, por exemplo, uma geladeira colorida.

3. Localização industrial e tipos de indústria

Inicialmente, as indústrias eram atraídas por fontes de energia (em especial as reservas de carvão), de matéria-prima, de mão de obra e de mercado consumidor, ou seja, dependiam de fatores locais para se instalar, já que a escala de produção era voltada ao mercado interno.

Nos últimos anos, isso mudou bastante. Uma das razões é a intensificação da divisão territorial do trabalho, que consiste na segmentação de tarefas entre os países. Desse modo, enquanto alguns fornecem matéria-prima, como minerais, outros processam esse material, que resulta em máquinas para a produção industrial ou em partes de um produto. Não é raro uma empresa atuar na escala mundial e desenvolver componentes de seu produto em países diferentes. Essas partes são então levadas a determinado país, onde são montadas para chegar ao produto final, como um computador.

Com esse modo de produção, a localização de uma fábrica não obedece mais aos fatores apontados anteriormente. Mão de obra qualificada e sistema de transporte eficaz passam a ser determinantes na localização industrial.

Além disso, as indústrias buscam obter vantagens fiscais, como isenção de impostos, para instalar suas fábricas em certos países. Isso resulta em grande competição entre as nações e, muitas vezes, entre regiões de um mesmo país, que oferecem benefícios para receber uma unidade produtiva. Mas nem sempre os incentivos dados às indústrias compensam os gastos dos governos, já que, com a chegada de um novo contingente populacional, surgem novas demandas de serviços de saúde e de educação, entre outros.

Planisfério: principais centros de produção industrial – 2015

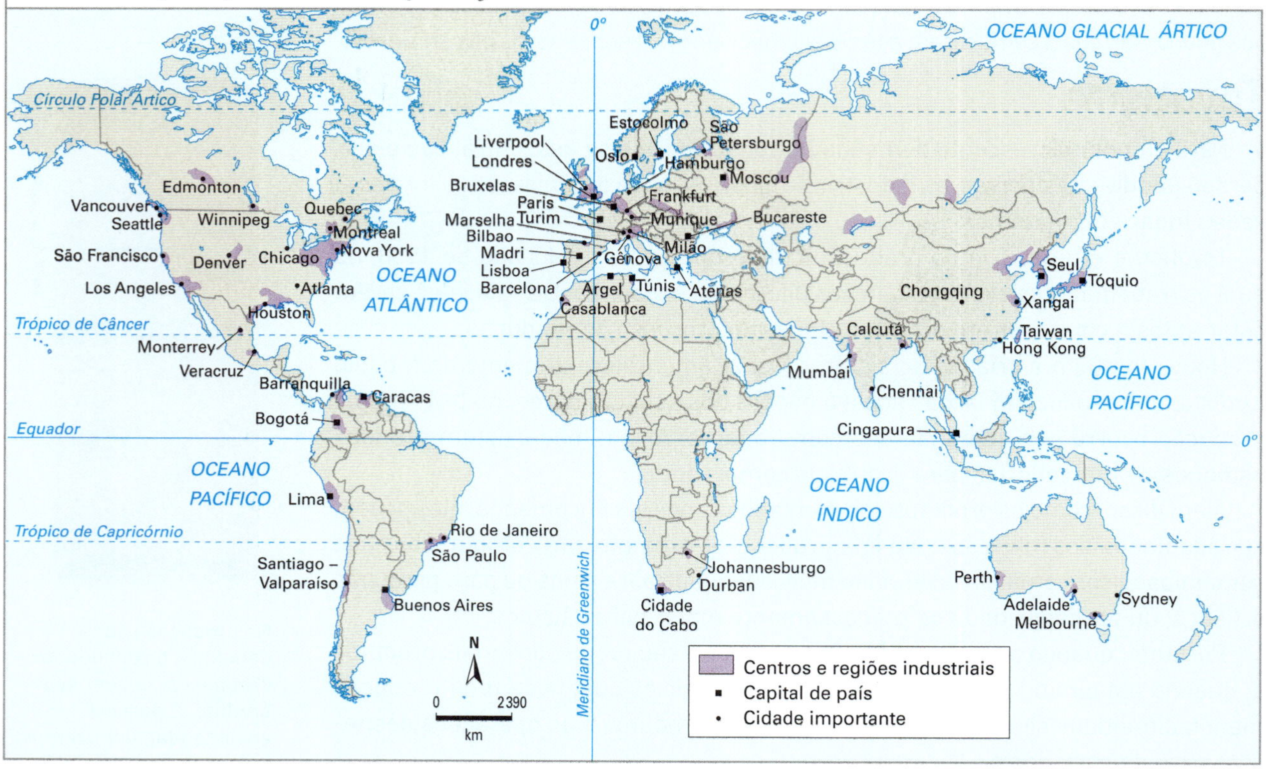

Elaborado com base em: PONS, Jordi I. *Atlas actual de Geografía universal*. Barcelona: Larousse, 2015. p. 41.

Tipos de indústria

As indústrias podem ser classificadas de acordo com seu destino de produção: indústrias de bens de produção, indústrias de bens de capital ou indústrias de bens de consumo.

As **indústrias de bens de produção** são responsáveis por fabricar produtos que servirão de matéria-prima ou energia para outras indústrias (de bens de capital ou de consumo), também chamadas de indústrias de base, pesadas ou de transformação. São exemplos dessa categoria as empresas siderúrgicas, petroquímicas, de celulose e papel, entre outras.

As **indústrias de bens de capital** produzem bens intermediários que também atendem a outras indústrias. Entre seus produtos estão, por exemplo, máquinas e equipamentos para agricultura, transporte e geração de energia. Sem elas, as demais empresas não teriam equipamentos e máquinas de produção.

Por fim, as **indústrias de bens de consumo** são divididas em não duráveis e duráveis. As indústrias de bens de consumo não duráveis geram produtos que são utilizados regularmente e que, por isso, necessitam ser repostos com maior frequência, como alimentos e vestuário. Já as indústrias de bens duráveis produzem móveis, automóveis, eletrodomésticos, eletroeletrônicos, entre outros itens que não são trocados com muita frequência.

Indústria, ciência e tecnologia

Produzir sem causar danos ambientais graves e com menos energia é o maior desafio do setor industrial. Ao mesmo tempo, observam-se na indústria a diminuição de postos de trabalho e o emprego de materiais cada vez mais sofisticados, parte deles manipulados por robôs em ambientes controlados.

Uma fábrica atual é muito diferente das antigas, nas quais operários estavam sujeitos a altas temperaturas e a muito barulho. Hoje, os robôs podem realizar diversas tarefas, o que provocou a diminuição dos postos de trabalho e tornou o ambiente fabril muito mais técnico do que antes.

Centro de pesquisa da Universidade de Tecnologia de Chemnitz, na Alemanha, em 2017.

Jan Woitas/picture alliance/Getty Images

Indústrias de setores que envolvem alta tecnologia, como a de informática, biotecnologia, telecomunicações e aeronáutica, costumam estar localizadas próximas a institutos de pesquisa e buscam parcerias para o desenvolvimento de tecnologias para aprimorar a produção.

Um modelo muito usado, inclusive no Brasil, é o de polo tecnológico. Trata-se de um conjunto de empresas de alta tecnologia instaladas próximas umas das outras. Assim, é possível aproveitar a sinergia gerada, associando-se a institutos de pesquisa e universidades. Os segmentos de produção de aviões, computadores, satélites e outros que envolvem a aplicação de tecnologias de ponta são os mais frequentes em polos tecnológicos.

Os principais polos tecnológicos estão localizados nos Estados Unidos, na Europa e no Japão. Atualmente, países árabes, Índia, China e Coreia do Sul também estão fazendo uso desse modelo. A localização desses parques é consequência da oferta de mão de obra qualificada, centros universitários com excelência em pesquisa, boa infraestrutura de transportes e telecomunicações e apoio do Estado.

Vale do Silício, na Califórnia, Estados Unidos, em 2018. Nessa região estão localizadas diversas empresas de alta tecnologia.

Alamy/Fotoarena

Nas últimas décadas, uma série de mudanças levou a uma nova forma de produção, que combina tecnologia, ciência e informação. Por isso, essa etapa é chamada por alguns autores de **revolução técnico-científica informacional**.

Transformações tecnológicas, associadas a fluxos de informações (ideias e dados), a inovações na informática (robôs, computadores portáteis de alta capacidade de processamento), na telecomunicação (*drones*, internet, *smartphones*) e nos transportes (trens de alta velocidade e navios com elevada capacidade de carga), alteraram o fluxo de pessoas e mercadorias, o que afetou a produção industrial.

A rede mundial de computadores permitiu a realização de operações de produção, transporte e venda em diferentes países ao mesmo tempo. Além disso, o uso da ciência na produção proporciona melhor desempenho dos equipamentos e ganho de produtividade.

Quanto aos trabalhadores, os impactos são severos. A substituição de pessoas no sistema de produção ocorre a passos largos, porque a tecnologia gerou uma necessidade cada vez menor de trabalhadores. Além disso, os empregados precisam estar bem capacitados, já que desempenham funções de controle ou de comando. Uma fábrica que antes empregava centenas de operários, atualmente, pode ser operada majoritariamente por robôs, exigindo poucos trabalhadores para supervisionar a produção.

O setor automobilístico manteve-se praticamente estável no período, enquanto outros setores registraram crescimento, como o de produção de equipamentos elétricos e o da indústria de máquinas. Países como Japão e Coreia do Sul estão entre os que mais usam robôs no mundo.

Taylor Weidman/Bloomberg/Getty Images

Indústria têxtil em Tbilisi, na Geórgia, em 2018. A automação industrial permitiu a diminuição expressiva de trabalhadores, levando ao ganho de produtividade.

Mundo: uso de robôs na produção industrial – 2010-2015 (por setor)

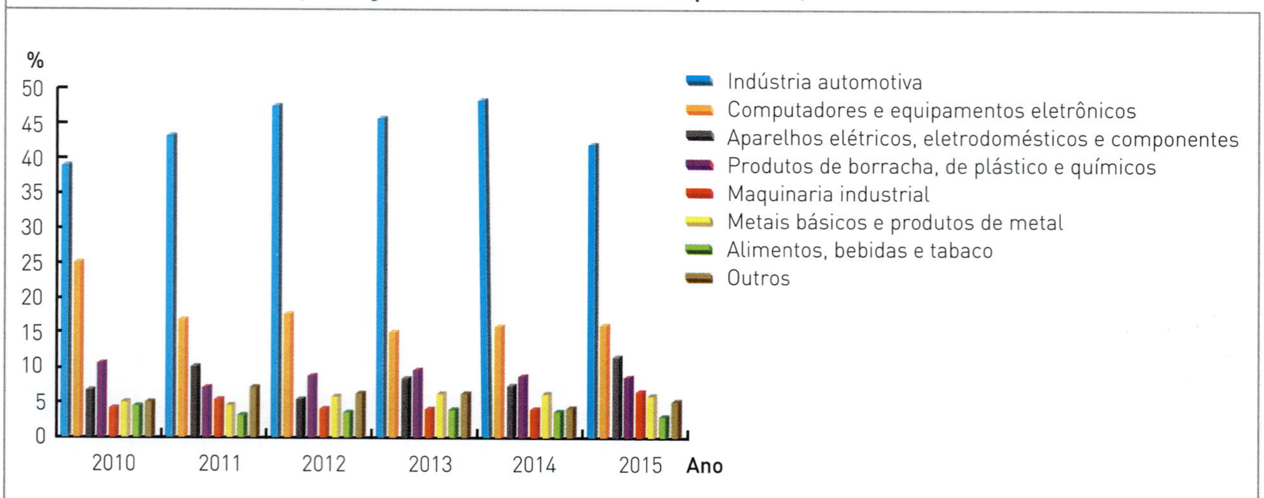

JSDesign/Arquivo da editora

Elaborado com base em: UNCTAD. *Trade and Development Report 2017*. UNCTAD, 2017. p. 48.

4. Energia, indústria e impactos ambientais

Energia é um fator de produção muito importante para a indústria. As bacias carboníferas inglesas, francesas e alemãs eram as mais cobiçadas para a alocação de fábricas quando eram baseadas na queima de carvão.

Ainda nos dias atuais, o carvão continua a ser usado. A China é o país com maior produção de carvão mineral do mundo, seguida pelos Estados Unidos. O petróleo também é largamente utilizado em países como Rússia, Arábia Saudita, Estados Unidos, China, Irã, Venezuela, México e Nigéria.

Uma série de fatores, porém, tem levado as indústrias a investir em fontes de energia renováveis. Um dos motivos é que as fontes de energia esgotáveis um dia deixarão de existir. Além disso, o aquecimento global fez muitos países buscarem alternativas para a produção de energia a fim de diminuir as emissões de gases de efeito estufa.

Outra vantagem das fontes de energia renováveis é que elas geram menos impactos ambientais e sociais. A energia solar, por exemplo, pode ser utilizada em pequenas localidades, com a instalação de placas com células fotovoltaicas, o que é muito diferente de uma grande usina nuclear ou de um lago para acumular água para uma hidrelétrica.

Outros exemplos de energias renováveis são a eólica, a das marés e a biomassa. Países como China, Estados Unidos e Japão se destacam entre os que mais investem nesse segmento.

Novos investimentos em energia renovável – 2014 e 2015 (em bilhões de dólares)

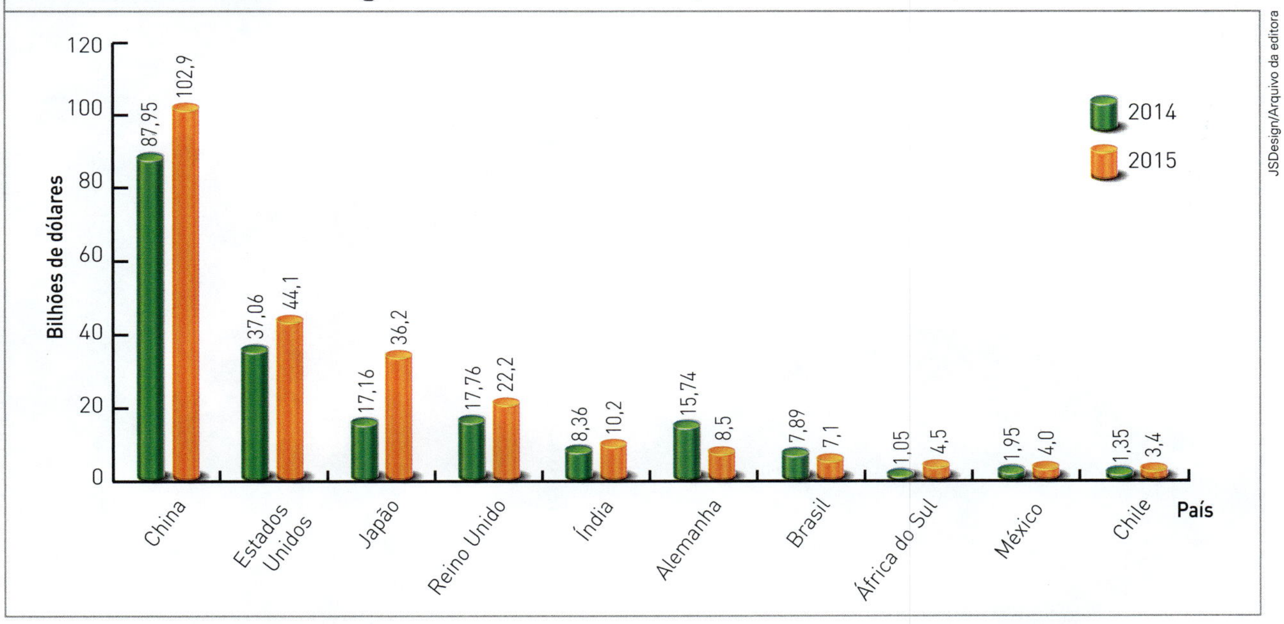

Elaborado com base em: IEEFA.org. *China's Global Renewable Energy Expansion*. Disponível em: <http://ieefa.org/wp-content/uploads/2017/01/Chinas-Global-Renewable-Energy-Expansion_January-2017.pdf>. Acesso em: 16 ago. 2018.

A adoção de práticas de baixo carbono, ou seja, que diminuam a emissão de poluentes atmosféricos, e a implantação de novas fontes de geração podem resultar em novos modelos de produção energética e industrial. Esse movimento está em curso e necessita de uma importante associação com o desenvolvimento científico e tecnológico.

FONTES DE ENERGIA

Desde a invenção da máquina a vapor até os dias atuais são utilizados recursos não renováveis, especialmente carvão, petróleo e gás, cujas reservas são limitadas e se esgotarão nos próximos séculos. As fontes renováveis, como a hidrelétrica, são também usadas, ainda que possam causar danos ecológicos e sociais. Um dos desafios para o futuro é obter energia de fontes renováveis de maneira econômica, segura e limpa.

AUSÊNCIA DE PROPORÇÃO

CORES FANTASIA

Energia nuclear

Envolve grandes investimentos, tecnologias e a possibilidade de acidente nuclear. Além disso, gera resíduos altamente tóxicos e perigosos.

Biocombustíveis

Países como Brasil e Estados Unidos destinam boa parte dos cultivos à produção de biocombustíveis, como milho e cana-de-açúcar. No entanto, os impactos desses cultivos envolvem contaminação, destruição da biodiversidade e encarecimento de alimentos.

Energia eólica

Uma das fontes mais promissoras, aos poucos ganha mais espaço. Limpa, ilimitada e econômica, necessita apenas de muito vento para mover as pás dos geradores. Contudo, há o impacto na paisagem.

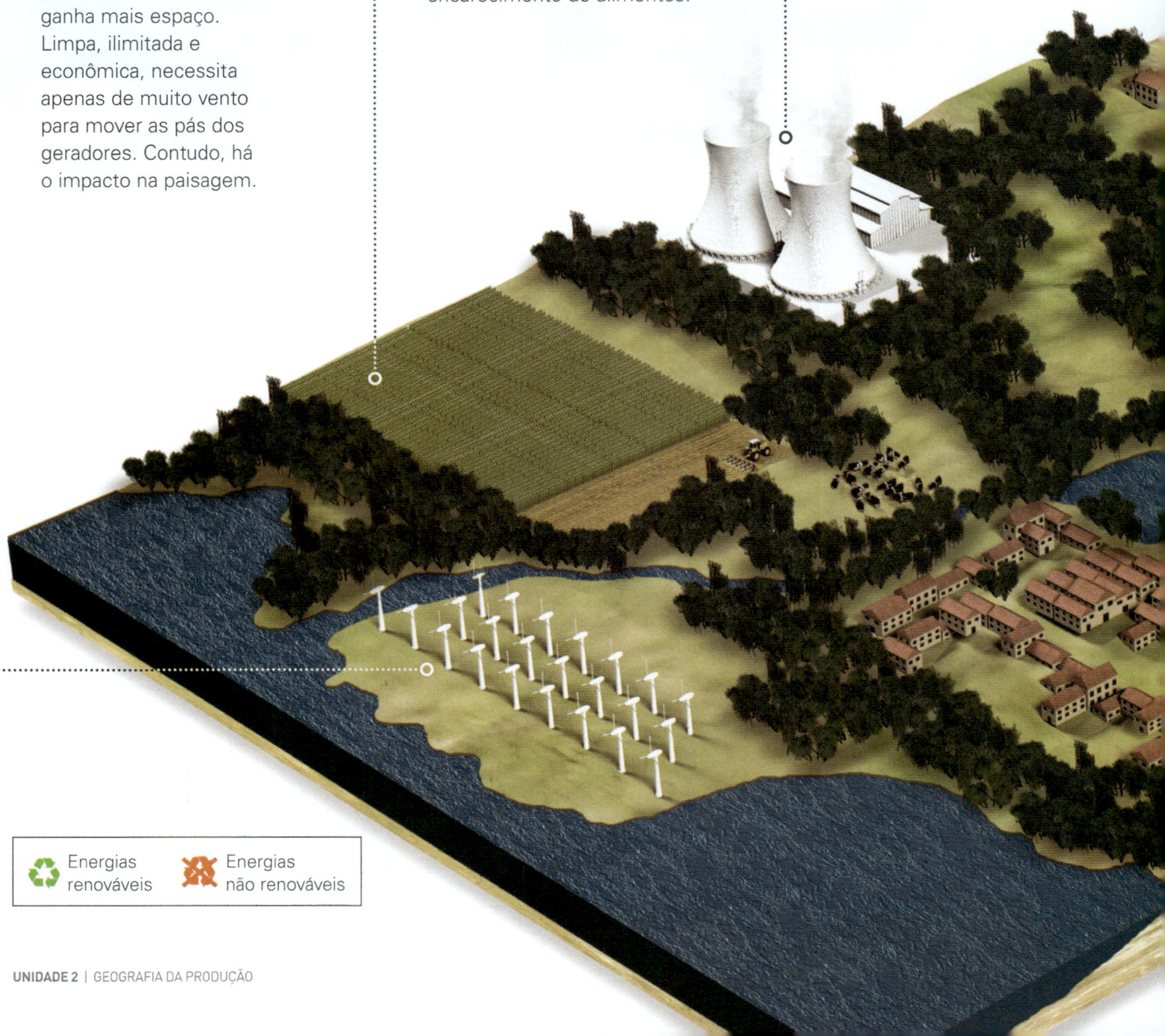

Energias renováveis | Energias não renováveis

Elaborado com base em: SOL90. Fuentes de energía. Disponível em: <www.sol90images.com/img/p/692-7373-large.jpg>. Acesso em: 8 ago. 2018.

Juca Martins

// Cubatão (SP) em 1984. Conhecida nos anos 1980 como Vale da Morte, Cubatão era um dos maiores polos industriais do país e foi considerada uma das cidades mais poluídas do mundo.

Extração de matérias-primas, transformação dos materiais para bens de produção e transporte para o consumo nos centros de compra provocam impactos socioambientais em cadeia. Estão associados à poluição da água e do ar, à geração de resíduos e ao surgimento de doenças causadas pela atividade industrial.

São muitos os casos de impactos socioambientais, por exemplo, aqueles associados ao uso do pesticida DDT para atividades industriais e consumo doméstico. Esse pesticida era muito utilizado em todo o mundo, antes de ser classificado como **poluente orgânico persistente**, associado a doenças graves.

A **obsolescência programada** também gera impactos socioambientais. Os bens de consumo duráveis e não duráveis têm um tempo de vida útil. Uma geladeira poderia funcionar durante vários anos, mas muitas vezes é programada para dar algum tipo de problema antes do limite do funcionamento de suas peças. Isso acontece em razão do planejamento e do dimensionamento de seus componentes, que são concebidos para deixar de operar adequadamente após determinado tempo de uso.

Muitos países ainda não regulamentaram a obsolescência programada, o que permite que várias empresas definam a duração de seus produtos sem levar em conta os interesses dos consumidores. Na lógica da empresa, a troca de um bem durável é importante para que novos produtos sejam adquiridos, o que resulta em um fluxo de material muito grande e enormes quantidades de resíduos.

Um mal a ser combatido: a obsolescência programada

Mas, afinal de contas, o que é essa "Obsolescência Programada"? Talvez muitos não tenham ouvido falar neste termo, e é possível que mesmo os que já ouviram não tenham ligado o nome ao seu significado. O fato é que esse termo foi criado em decorrência do processo de "descartalização" criado a partir dos idos de 1930, como uma grande jogada dos países capitalistas, a fim de movimentar a economia pós-crise dos anos 1920, tendo em vista o grande estoque de produtos que se encontrava totalmente parado nos portos, fábricas e armazéns devido à grande recessão econômica da época.

A medida tomada para promover a movimentação da economia, em um ato totalmente desesperado dos fabricantes da época, foi estrategicamente diminuir o ciclo de vida útil dos produtos, de modo a garantir um consumo contínuo através da insatisfação dos consumidores. [...]

Esse ciclo infinito de consumo acaba tornando-se um grave problema, e não apenas aos consumidores brasileiros. O aumento de lixo eletrônico e tóxico, bem como a falta de informações claras sobre como deve ser realizado o descarte destes produtos obsoletos, tem provocado impactos ao meio ambiente e à qualidade de vida da população mundial ao longo dos anos. [...]

PRINTES, Christian. Um mal a ser combatido: a obsolescência programada. *Idec*, 26 jun. 2012. Disponível em: <https://idec.org.br/em-acao/artigo/um-mal-a-ser-combatido-a-obsolescencia-programada>. Acesso em: 6 dez. 2018.

5. Industrialização brasileira

No Brasil, o processo de industrialização é considerado tardio. Até a década de 1930, a indústria brasileira era emergente, em parte porque durante o período colonial os produtos eram trazidos diretamente da Europa. Esse processo ocorreu depois que um segmento social, o dos cafeicultores, acumulou dinheiro para investir nas novas atividades.

A chegada de imigrantes europeus, trabalhadores oriundos das fábricas em sua terra natal, também contribuiu para o desenvolvimento de pequenas indústrias. Ao mesmo tempo, o governo adotou uma política de substituição de importações, na qual visava estimular a produção de produtos e, desse modo, diminuir a dependência externa para o abastecimento interno.

Uma série de indústrias e órgãos públicos foram criados após o estímulo à industrialização do Brasil, como:

- o Conselho Nacional do Petróleo (1938);
- a Companhia Siderúrgica Nacional (1941);
- a Companhia Vale do Rio Doce (1945);
- a Companhia Hidro Elétrica do São Francisco (1945);
- o Banco Nacional do Desenvolvimento (1952);
- a Petrobras (1953).

Reprodução/Arquivo Petrobras, Rio de Janeiro

// O presidente Getúlio Vargas com a mão suja de petróleo, símbolo da campanha "O petróleo é nosso", que defendia a exploração das reservas petrolíferas por uma empresa nacional.

Na década de 1950, a industrialização foi estimulada ainda mais com a chegada de montadoras de automóveis. Elas se instalaram principalmente no estado de São Paulo, nos arredores da capital, em uma importante zona industrial que englobava os municípios de Santo André, São Bernardo do Campo, São Caetano do Sul e Diadema – região conhecida como **ABCD**.

A Zona Franca de Manaus (ZFM) foi criada em 1967 com a finalidade de instalar indústrias, comércios e serviços na região Norte. A **zona franca** é uma área de livre-comércio para exportação e importação de bens duráveis e não duráveis.

As empresas que se instalaram na ZFM receberam incentivos fiscais. Em 2017, estimava-se que funcionavam na região aproximadamente setecentas indústrias, destacando-se as de eletroeletrônicos, motos, relógios, termoplásticos e bebidas.

Zona franca: área criada com o objetivo de desenvolver economicamente uma região. O processo de importação e exportação é especial, ou seja, os impostos são reduzidos ou, muitas vezes, inexistentes. É, portanto, uma área de livre-comércio.

Brasil: produção industrial – 2017

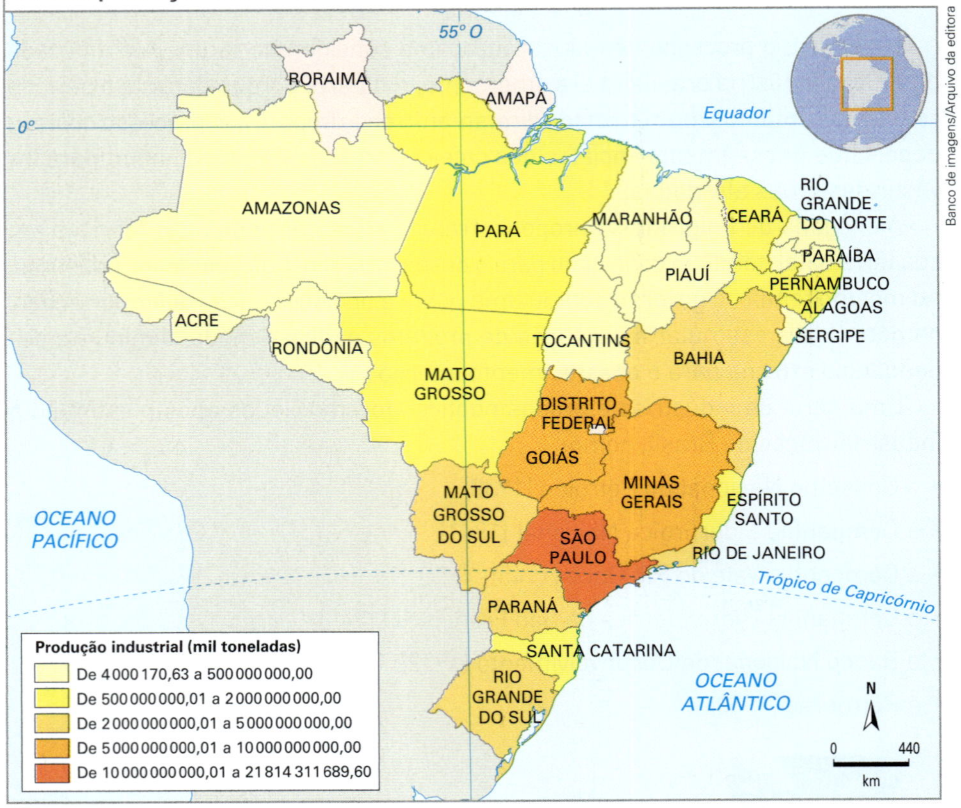

Elaborado com base em: BRASIL. Ministério dos Transportes, Portos e Aviação Civil. Disponível em: <www.transportes.gov.br/images/BIT_TESTE/Mapas/MapaIndustriasTransformacao.pdf>. Acesso em: 16 ago. 2018.

Novos polos industriais no Brasil

Na década de 1990, investimentos em Unidades da Federação que ainda não haviam se industrializado promoveram uma renovação no mapa das indústrias do Brasil. Polos industriais chegaram ao Nordeste e também se interiorizaram para partes do Centro-Oeste.

Em consequência disso, o Complexo Industrial e Portuário do Pecém, no Ceará, opera desde 2009 exportando frutas, aço, pescados e outros bens brasileiros. É também a porta de saída para produtos industrializados naquele estado, como calçados.

O Complexo Industrial Portuário de Suape abriga um polo industrial e um porto com movimentação de cargas em Pernambuco. É atualmente a terceira principal instalação portuária do país e, em 2016 e 2017, destacou-se na importação de combustíveis. Municípios como Paulista passaram a receber investimentos, alterando sua organização espacial, e indústrias petroquímicas e montadoras de automóveis se instalaram no estado depois que o porto começou a operar.

Hans Von Manteuffel/Pulsar Imagens

Complexo de Suape em Ipojuca, no sul de Pernambuco, em 2015.

Na região Sul, no Paraná, setores industriais geraram novos polos: têxtil, em Londrina; moda, em Maringá; automobilístico, em São José dos Pinhais, além de farmácia, cosméticos e comércio varejista. No Rio Grande do Sul, as indústrias químicas e petroquímicas estão associadas às empresas do setor siderúrgico. Na serra gaúcha, em Caxias do Sul e Garibaldi, localizam-se madeireiras, vinícolas, indústrias metalúrgica e têxtil. Em Santa Catarina, há indústrias de eletrônica, de produção de equipamentos para a construção civil e química, liderados por Jaraguá do Sul e municípios do vale do Itajaí.

Campinas, Sorocaba, Piracicaba, Pindamonhangaba e São José dos Campos, no estado de São Paulo, também aumentaram sua participação na produção industrial, com fábricas de eletrônicos, veículos, peças para a indústria aeronáutica e de reciclagem de alumínio. Nos arredores desses municípios encontram-se centros universitários públicos de excelência, como a Universidade Federal de São Carlos, a Universidade Estadual de Campinas e o Instituto Tecnológico de Aeronáutica, que fornecem subsídios ao desenvolvimento industrial.

Produção de energia no Brasil

Graças à **energia elétrica** é possível estudar à noite, conservar alimentos, acessar a internet. Por isso, tem caráter estratégico para qualquer país, já que produzir e distribuir energia é fundamental para o desenvolvimento econômico e socioambiental.

No Brasil, existem diversas fontes de energia tanto não renováveis (petróleo, carvão e gás natural) como renováveis (eólica, solar, hidrelétrica e biomassa).

O **carvão mineral** concentra-se em Santa Catarina. Já a maior parte das reservas de **petróleo** encontra-se no interior da superfície marinha, a muitos metros de profundidade. O pré-sal recebeu esse nome por ocorrer em uma camada localizada a cerca de 7 mil metros de profundidade, ou seja, está abaixo da camada de sal presente no interior da superfície terrestre. Existem outras reservas de petróleo mais próximas à superfície marinha, bem como na superfície terrestre, mas em volume muito menor que a estimada para o pré-sal.

Brasil: camada pré-sal

Studio Caparroz

AUSÊNCIA DE PROPORÇÃO

CORES FANTASIA

Elaborado com base em: PETROBRAS. Disponível em: <www.petrobras.com.br/pt/nossas-atividades/areas-de-atuacao/exploracao-e-producao-de-petroleo-e-gas/pre-sal/;>. Acesso em: 8 ago. 2018.

A **energia hidrelétrica** corresponde a mais de 60% da geração de energia do Brasil e é a principal fonte usada na produção industrial.

Outra fonte renovável é a **biomassa**, usada para produzir etanol para abastecer veículos leves, como carros e motos, e biodiesel, combustível para aviões, navios e ônibus. No entanto, o grande volume de produção para viabilizar o investimento acaba estimulando a monocultura da cana-de-açúcar e, como consequência, podem ocorrer a perda da biodiversidade e a contaminação do solo por agrotóxicos.

O investimento em **fontes eólicas** de energia começou, no Brasil, com a crise internacional do petróleo ocorrida em 1973, mas se deu de maneira descontínua e com muitas dificuldades. Somente nas duas últimas décadas esse processo foi retomado. Algumas regiões foram mapeadas para avaliar seu potencial de geração de energia, com destaque para localidades nos estados do Ceará e do Rio Grande do Sul. Turbinas de médio e grande porte foram conectadas ao Sistema Interligado Nacional (SIN) e outras de menor porte passaram a atender áreas isoladas, como no bombeamento de água, carregamento de baterias, telecomunicações e eletrificação rural. Hoje a energia eólica já é considerada comercial (pela demanda existente, tecnologias disponíveis e redução do custo de geração), ainda que de modo complementar na matriz energética do país. De acordo com o Balanço Energético Nacional (BEN), em 2016 foram gerados 33 489 gigawatts/hora de eletricidade a partir de fonte eólica, o que correspondia a 5,4% de toda a energia elétrica produzida no Brasil naquele ano.

Brasil: geração de energia eólica – 2007-2016

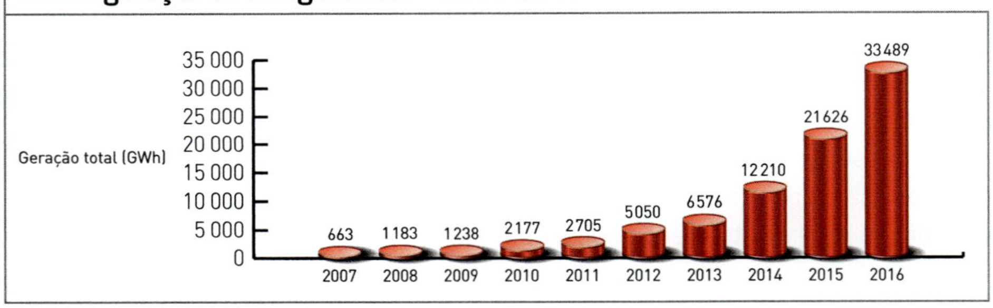

JSDesign/Arquivo da editora

Elaborado com base em: BRASIL. Empresa de Pesquisa Energética. *Balanço energético nacional 2017*: ano-base 2016. Rio de Janeiro: EPE, 2017. p. 49.

// Parque eólico na praia de Mundaú, em Trairi (CE), em 2017.

Luis Salvatore/Pulsar Imagens

A geração de **energia solar** ainda é incipiente no Brasil em razão de seu custo, embora o país tenha um dos maiores potenciais em relação a essa fonte. Em 2016, correspondeu a apenas 0,01% do total da energia elétrica gerada em território nacional. No entanto, ela é cada vez mais utilizada em telecomunicações (rádios e telefones remotos), sinalização marítima, cercas eletrificadas, entre outras aplicações.

Brasil: potencial de aproveitamento da energia solar

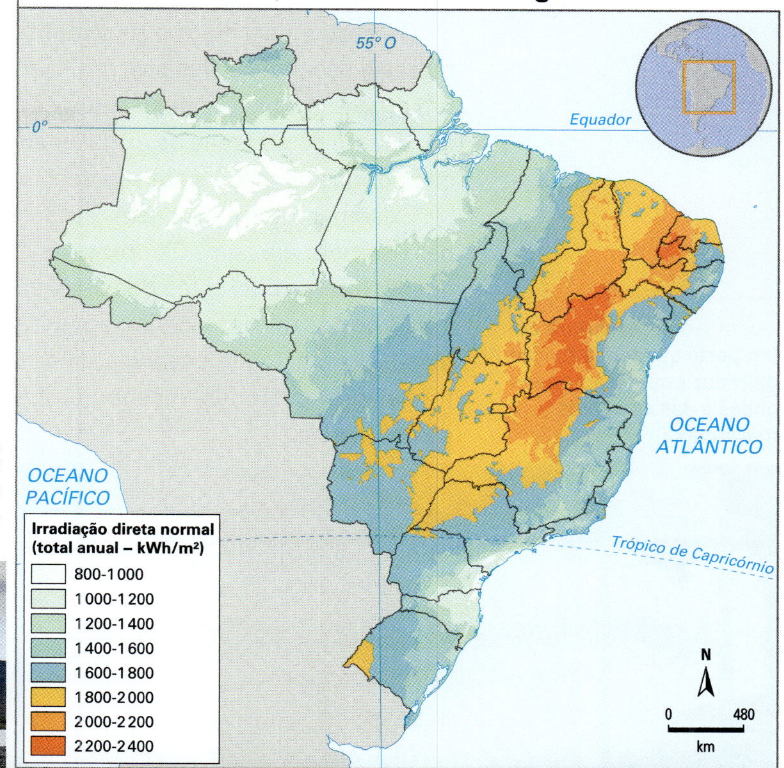

Elaborado com base em: PEREIRA, Enio B. et al. *Atlas brasileiro de energia solar*. 2. ed. São José dos Campos: INPE, 2017. p. 55.

Complexo solar de Pirapora (MG), em 2017. Quando ficar pronto, será a maior usina de energia solar da América Latina.

6. Circulação de mercadorias

É fundamental que os bens de consumo alcancem o mercado e, para isso, é necessário dispor de uma rede de transportes, composta de pontos que permitam a circulação de matérias-primas, produtos, pessoas e informações no espaço geográfico e que estejam interligados por diferentes tipos de transporte.

As redes de circulação de mercadorias podem ser reticulares ou polares. As redes reticulares ou ortogonais apresentam grande **conectividade** e **homogeneidade**. As redes de circulação polares partem de um ponto central no espaço geográfico e ramificam-se para as áreas periféricas.

Os meios utilizados para a circulação de mercadorias podem ser: rodoviário (por rodovias), ferroviário (por trem em vagões), hidroviário (por embarcações em rios e lagos), marítimo (por embarcações em mares e oceanos), aéreo (por aviões) e dutoviário (por dutos ou canalizações).

Portos

Os portos garantem a movimentação de embarcações por rios navegáveis, mares e oceanos. Neles ocorrem o embarque e o desembarque de mercadorias, um processo cada vez mais automatizado. Muitos portos possuem depósitos que funcionam como áreas de armazenagem das mercadorias que serão transportadas por outros modais até seu destino.

Existem portos que podem receber embarcações comerciais ou turísticas, mas nem sempre é assim. Os cruzeiros internacionais, por exemplo, necessitam de quebra-mares diferentes daqueles das embarcações comerciais.

Quebra-mar: estrutura em um porto que tem a função de reduzir os impactos das ondas e das correntes marítimas.

Os portos marítimos têm, em geral, uma estrutura física maior que a de rios, pois a profundidade oceânica está relacionada à plataforma continental, mais funda, possibilitando receber embarcações com capacidade de transportar contêineres.

T.W. van Urk/Shutterstock

// Porto de Roterdã, nos Países Baixos, em 2018. Esse é o porto mais movimentado da Europa e um dos mais importantes do mundo.

Os portos equipados para receber grandes volumes de cargas são os mais procurados. Isso é resultado de ao menos três aspectos: profundidade, o que permite receber navios maiores; automação para descarregar e carregar um navio, em geral associada a equipamentos modernos instalados onde os navios atracam; e interligação com outros modais de transporte, principalmente trem, pois as composições ferroviárias podem levar maiores quantidades de carga.

Ao longo do século XX, portos europeus, como o de Roterdã (Países Baixos), Antuérpia (Bélgica) e Hamburgo (Alemanha), e o de Los Angeles (Estados Unidos) eram os mais conhecidos, mas, em razão de mudanças na produção e na circulação de mercadorias, os principais portos atualmente estão no continente asiático. Em 2017, o porto de Xangai, na China, foi o primeiro porto marítimo do mundo, com grande movimentação de cargas anuais.

Ranking de portos: transporte de cargas por contêineres – 2017	
China	213 719 924,8
Estados Unidos	51 425 466
Cingapura	33 600 000
Coreia do Sul	27 427 000
Malásia	24 719 000
Japão	21 904 443
Emirados Árabes Unidos	21 280 900
Hong Kong (China)	20 770 000
Alemanha	19 447 600
Espanha	17 065 000

Elaborado com base em: UNCATDSTAT. Data Center. Disponível em: <http://unctadstat.unctad.org/wds/TableViewer/tableView.aspx?ReportId=13321>. Acesso em: 16 ago. 2018.

Transporte aéreo

O transporte aéreo envolve a movimentação de mercadorias e pessoas pelo ar, em aviões e helicópteros. Apesar de ser um modal bem rápido, o custo para transportar cargas é mais alto. Por isso, a indústria utiliza aviões de carga para o envio de mercadorias em menor volume em comparação com os demais sistemas de transporte.

Principais aeroportos do mundo – 2016	
Aeroporto	**Total de passageiros (em milhões)**
Atlanta, Estados Unidos (ATL)	52,085
Beijing, China (PEK)	47,196
Dubai, Emirados Árabes Unidos (DXB)	41,827
Los Angeles, Estados Unidos (LAX)	40,460
Tóquio, Japão (HND)	39,849
Chicago, Estados Unidos (ORD)	39,163
Londres, Reino Unido (LHR)	37,857
Hong Kong, China (HKG)	35,157
Xangai, China (PVG)	33,001
Paris, França (CDG)	32,966
Dallas, Estados Unidos (DFW)	32,835
Amsterdã, Países Baixos (AMS)	31,812
Frankfurt, Alemanha (FRA)	30,393
Istambul, Turquia (IST)	30,124
Cantão, China (CAN)	29,866

Elaborado com base em: ICAO. *Economic Development, 2016*: Air Transport, Yearly Monitor. p. 2.

Aviões são equipados com motores potentes, que usam muito combustível, o que torna esse meio de transporte um importante emissor de gases de efeito estufa. Por isso, a aviação busca adotar medidas para reduzir o uso de combustíveis, o que afeta principalmente o passageiro, ao reduzir o peso que cada um pode transportar.

Dica de *site*

Organização da Aviação Civil Internacional (International Civil Aviation Organization – Icao) (em inglês)
Disponível em: <www.icao.int/environmental-protection/CarbonOffset/Pages/default.aspx>. Acesso em: 9 ago. 2018.
No *site* da Icao, uma agência da ONU, é possível calcular a quantidade de carbono emitida em uma viagem de avião entre duas localidades.

CIDADANIA E GASES DE EFEITO ESTUFA NA AVIAÇÃO

Existem diversos meios de quantificar o volume de gases de efeito estufa de acordo com a atividade econômica. O setor da aviação civil também criou seu próprio sistema de medição.

1. Acesse a página da Organização da Aviação Civil Internacional (ver **Dica de *site***) e simule a quantidade de gases de efeito estufa que você emitiria em três situações, partindo da capital do estado em que você vive até:
   a) Brasília (se você mora em Brasília, escolha a capital de um estado como destino);
   b) Buenos Aires;
   c) Lisboa.

Transporte rodoviário e ferroviário

O modal rodoviário de cargas é utilizado pela indústria para enviar matérias-primas, produtos industrializados entre fábricas ou mercadorias perecíveis para o consumo final, por meio de veículos de tamanho médio, caminhão ou carreta.

O modal ferroviário é mais usado para o transporte de cargas a longas distâncias e para uma quantidade maior de carga. Por vias férreas previamente delineadas, os trens movimentam-se e realizam paradas nas plataformas ou estações durante o percurso para deixar ou receber carga, que chega ao destino por meio de outro modal, em geral o transporte rodoviário.

Na América do Sul e no continente africano, há predomínio do transporte rodoviário. A circulação de mercadorias e matérias-primas entre países sul-americanos depende basicamente de rodovias, o que torna o transporte mais caro. Na América do Norte e em países europeus, há predomínio dos modais ferroviários e hidroviários, que estão conectados. Os portos de Roterdã, Antuérpia e Hamburgo estão interligados com os sistemas fluvial e ferroviário. Por exemplo, a ponte Öresund faz a ligação rodoferroviária mais longa da Europa, interligando Suécia e Dinamarca.

Alamy/Fotoarena

// A ponte Öresund permite integração rodoviária e ferroviária entre Malmo, na Suécia, e Copenhague, na Dinamarca. Foto de 2017.

Os Estados Unidos são o país que mais utiliza o sistema ferroviário no mundo. O processo de colonização para o Oeste, associado à construção da primeira ferrovia que chegou ao Pacífico, inaugurada em 1869, foi determinante para esse resultado. A China também está ampliando sua malha ferroviária e atualmente é o segundo país com maior extensão de ferrovias.

Transporte hidroviário

O transporte hidroviário ou aquaviário é o mais antigo e movimenta cargas e pessoas por rios e lagos. Apesar de mais lento que os modais ferroviário, rodoviário e aéreo, tem maior capacidade de carga, já que um navio pode levar mais itens e carregar mais peso que um caminhão ou trem.

Muitos países europeus utilizam as hidrovias para escoar a produção industrial e também para o turismo. Paris, Frankfurt, Veneza e Amsterdã são exemplos de cidades que usam o transporte hidroviário para fins turísticos e industriais. Na Rússia, o uso da hidrovia também é relevante, como as hidrovias Moscou-São Petersburgo e Volga-Báltico.

Alamy/Fotoarena

// Barco de passageiros na hidrovia Volga-Báltico (Rússia), em 2017.

7. Circulação de informações

A indústria utiliza o transporte de informações em todas as suas operações, desde a localização por mapas digitais dos fornecedores de matérias-primas até o processo de controle de cargas no transporte por meios hidroviários, marítimos, terrestres ou aéreos.

Além disso, as informações científicas produzidas em universidades podem aprimorar seu sistema de produção. Para esse fim, são necessárias parcerias com os centros de pesquisa das instituições de ensino.

Desde o surgimento da internet, as informações passaram a circular mais rapidamente. Para muitos autores, estamos em plena era da informação, na qual indústrias e grupos sociais são cada vez mais dependentes dos avanços da ciência divulgados nos meios de comunicação, principalmente pela rede mundial de computadores.

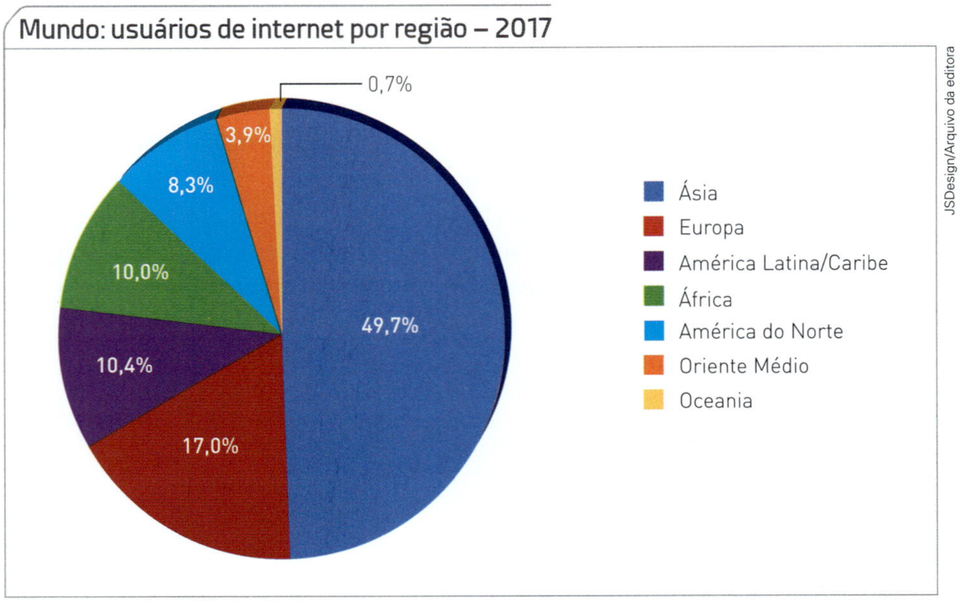

Elaborado com base em: INTERNET World Stats. Usage and Population Statistics, 31 dez. 2017. Disponível em: <www.internetworldstats.com/stats.htm>. Acesso em: 9 ago. 2018.

Circulação de mercadorias no Brasil

No Brasil, apesar das dimensões continentais, adotou-se um modelo baseado no transporte terrestre. Como resultado, o país é dependente de caminhoneiros, que enfrentam estradas, muitas vezes, sem segurança para trafegar.

Entre as poucas ferrovias do país, destaca-se a que interliga a produção mineral de Carajás (PA) a São Luís (MA). São quase mil quilômetros pelos quais circulam diariamente ao menos dois trens com cerca de oitenta vagões cada um, repletos de minério de ferro.

O porto de Santos (SP) é o principal do país. Paranaguá (PR) escoa a soja e, em períodos de safra, formam-se longas filas de caminhões aguardando para descarregar.

Em São Paulo estão os principais aeroportos do Brasil, Congonhas e Guarulhos, que recebem milhões de passageiros anualmente, parte deles para voos internacionais. Brasília (DF), Belo Horizonte (MG), Campinas (SP), Salvador (BA), Rio de Janeiro (RJ), Recife (PE) e Fortaleza (CE) também constituem a rede de grandes aeroportos do Brasil.

Rodovia dos Imigrantes em São Paulo (SP), em 2018. Caminhoneiros paralisados em todo o país em razão do preço do *diesel* e do baixo valor dos fretes afetaram o abastecimento de combustível e até de alimentos.

Reconecte

Produção textual

1. Redija um texto que sintetize as etapas do desenvolvimento industrial.

2. Faça uma dissertação sobre a relação entre os novos polos industriais no Brasil e a presença de polos de produção científica e tecnológica.

Análise de gráfico

3. Observe o gráfico sobre as exportações brasileiras em 2016 e responda no caderno.
   a) Que tipos de produtos o Brasil mais exportou em 2016?
   b) Considerando as características econômicas do país, quais fatores podem ter contribuído para esses resultados?

Brasil: comércio internacional de mercadorias

Queda da exportação em 2016: –3,1%

Comércio total de mercadorias (em milhões de dólares)	2005	2010	2015	2016
Exportação	118 529	201 915	191 134	185 280
Importação	77 628	191 537	178 832	143 474
Saldo comercial	40 901	10 378	12 302	41 806

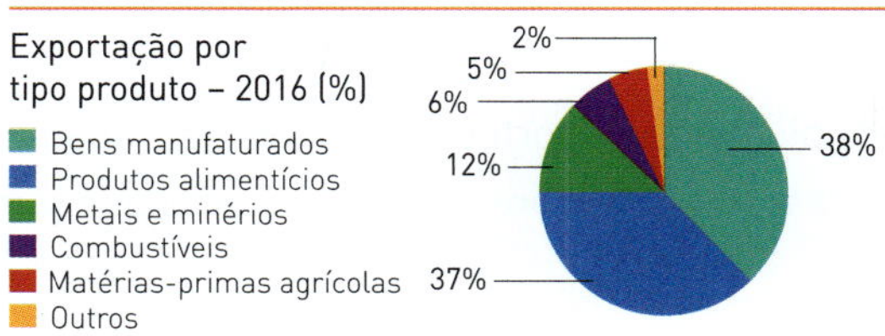

JSDesign/Arquivo da editora

Elaborado com base em: UNCTADSTAT. Country Profiles. Disponível em: <http://unctadstat.unctad.org/CountryProfile/GeneralProfile/en-GB/076/index.html>. Acesso em: 6 jul. 2018.

Interpretação de texto e debate

4. Leia a seguir a letra da canção "Admirável chip novo" e relacione-a com os temas do capítulo. Discuta com dois colegas as conclusões a que você chegou.

Admirável chip novo

Pane no sistema, alguém me desconfigurou
Aonde estão meus olhos de robô?
Eu não sabia, eu não tinha percebido
Eu sempre achei que era vivo
Parafuso e fluido em lugar de articulação
Até achava que aqui batia um coração
Nada é orgânico, é tudo programado
E eu achando que tinha me libertado
Mas lá vêm eles novamente eu sei o que vão fazer
Reinstalar o sistema
Pense, fale, compre, beba
Leia, vote, não se esqueça
Use, seja, ouça, diga...

PITTY. Admirável chip novo. In: *Admirável chip novo*. Deckdisc, 2003. 1 CD.

Leitura e interpretação de charge

5. Relacione as fases da industrialização com a charge *A marcha do progresso*.

Charge de Matt Wuerker, 2012.

Pesquisa

6. Pesquise na internet, em revistas ou em jornais um produto industrializado de seu interesse. Em seguida, faça o que se pede.
   a) Onde é produzido?
   b) Quais são as matérias-primas para sua elaboração?
   c) Quais são suas políticas de competitividade industrial (tecnologia, transportes, condições de trabalho)?
   d) Apresente aos colegas suas impressões e dê uma nota para avaliar a empresa. Peça à turma que também avalie essa empresa.

EXPLORANDO

7. Em grupos, organizem uma exposição de bens de consumo duráveis. Apresentem uma ficha informativa de cada produto com as seguintes características:
   a) matérias-primas utilizadas;
   b) locais de venda;
   c) destino das embalagens.

Resumo

- A Revolução Industrial promoveu inovações científicas e novos usos de matérias-primas; no entanto, foi responsável por grandes impactos ambientais.
- Entre os modelos de produção mais presentes no século XX estão o taylorismo, o fordismo e o toyotismo.
- A organização de movimentos operários permitiu a criação da Organização Internacional do Trabalho (OIT).
- As indústrias podem ser classificadas de acordo com seu destino de produção: de bens de produção, de bens de capital e de bens de consumo.
- Polo tecnológico é um conjunto de empresas de alta tecnologia instaladas próximas umas das outras. Operam associadas a institutos de pesquisa e universidades.
- Os meios utilizados para a circulação de mercadorias são: rodoviário, ferroviário, hidroviário, marítimo, aéreo e dutoviário.

Globalização e cidadania

A longa história do capitalismo é um dos demonstrativos da capacidade desse sistema de se reinventar. Em cada uma de suas fases, marcadas por contradições, foram criados pressupostos fundamentais para a fase seguinte.

No capitalismo comercial, houve a acumulação primitiva de capital, que possibilitou a Revolução Industrial. O desenvolvimento das indústrias, por sua vez, intensificou a circulação internacional de mercadorias, serviços, pessoas e capitais – característica fundamental para o período posterior, o capitalismo financeiro. Nas últimas décadas, grandes empresas transnacionais adquiriram enorme importância, em uma economia cada vez mais globalizada.

Na indústria, a produção de mercadorias em larga escala demanda muitos recursos naturais e pouca mão de obra. No campo, o uso intensivo do solo também gera desafios sociais e ambientais. Esses fenômenos são resultado de um processo de produção voltado para o capital, e não para as demandas sociais.

O quadro se intensifica com a globalização, que faz situações locais afetarem diferentes setores, territórios e lugares. Ou seja, se o sistema capitalista já era excludente em seus primórdios, a situação fica cada vez mais grave diante da crescente divisão social e territorial do trabalho. O abismo entre os poucos ricos e os muito pobres nunca foi tão grande.

Alamy/Fotoarena

Fachada de lojas e letreiros iluminados em Tóquio, no Japão, em 2017. O consumismo e a circulação de capital são características marcantes do sistema capitalista.

Repercutindo

Leia os textos a seguir e responda às questões.

Texto 1

Origem e consequências da crise mundial

Como todos sabem, a presente crise mundial teve origem no estouro duma bolha imobiliária nos Estados Unidos. A bolha foi provocada pela provisão competitiva de crédito a cada vez mais compradores de habitações, gerando uma demanda em contínuo aumento por imóveis, cujos preços não cessaram de subir durante cinco anos. A alta dos preços dos imóveis realimentava a bolha, fazendo que os seus efeitos afetassem o conjunto da economia.

Os novos proprietários utilizavam a valorização dos seus patrimônios, que serviam como garantia, para tomar mais empréstimos, originando gastos adicionais que transmitiam a alta a outros setores econômicos. O aumento da demanda por mais consumo alcançava até mesmo produtos importados, fazendo que os efeitos da bolha imobiliária estadunidense se propagassem pelo mundo.

Essa propagação somente foi possível pelo grande peso dos Estados Unidos na economia mundial e pela amplitude que a globalização comercial e financeira atingiu nos últimos anos. As sucessivas rodadas de liberalização comercial culminaram com a criação da Organização Mundial do Comércio (OMC) e a aprovação de tratados que impõem o livre-comércio em princípio a todas as nações. É claro que o poder da OMC de impor a obediência às suas resoluções é muito desigual, sendo bastante limitado em relação aos países do Primeiro Mundo, que continuam protegendo e subsidiando suas agriculturas, mas se mostrando esmagador em relação a países menores e mais pobres, em geral muito dependentes do comércio exterior e dos capitais externos.

A integração comercial e financeira do Terceiro Mundo às economias norte-americana, europeia e japonesa resultou em nítido fortalecimento da classe capitalista em relação ao proletariado no interior desses países, pois o livre-comércio e a livre circulação dos capitais entre as economias nacionais permitem às empresas transnacionais deslocar suas empresas para países em que o custo da mão de obra é menor, deixando para trás tristes bolsões de pobreza e desemprego e um movimento operário enfraquecido, incapaz de defender integralmente suas conquistas econômicas, sociais e políticas. Essa mudança na relação de forças entre as classes foi sentida em todos os países industrializados e se traduziu também na acentuação da desigualdade entre as grandes transnacionais e as empresas menores, que atuam somente nos mercados internos.

A exceção notada por todos foi um pequeno número de países semidesenvolvidos, de grande população e extensão, que absorveram a maior parte da atividade econômica que se deslocou do Primeiro Mundo e puderam aproveitar as bolhas produzidas pelas finanças desregulamentadas para crescer aceleradamente durante décadas. Destacam-se entre os países emergentes os quatro que formam o Bric – Brasil, Rússia, Índia e China –, tendo o último se convertido na terceira maior economia do mundo. Em cada continente, países não tão grandes também puderam se aproveitar da bolha norte-americana, como Coreia do Sul, Taiwan, Cingapura, Malásia etc. na Ásia, e aqui na América Latina, Argentina, Venezuela, Colômbia, Peru, Panamá e Costa Rica. O mesmo vem ocorrendo no leste da Europa e na África do Sul.

Parecia que a globalização só tinha punido o proletariado, tanto no centro como na periferia. Praticamente em todos os países (incluindo o Brasil), a renda do trabalho se concentrou fortemente nas mãos dos dirigentes de grandes empresas, com ganhos que, agora na crise, tomaram ares de escândalo no setor financeiro. A globalização comercial e financeira com certeza concentrou riqueza e poder nas classes que já os usufruíam e nos países que abrigam grandes mercados financeiros globais, com destaque para Nova York e Londres. Além disso, tirou dos Estados nacionais (com exceção dos aqui referidos) o poder de regular o relacionamento comercial e financeiro dos seus próprios cidadãos com o resto do mundo. Os Estados haviam instituído esse poder durante a crise dos anos 1930 e a Segunda Guerra Mundial e o usaram para recuperar atrasos históricos e lançar as bases de Estados de Bem-Estar Social. De 1979 em diante a vaga reacionária do neoliberalismo fez a história retroagir para a hegemonia do capital privado, típica do século XIX.

SINGER, Paul. A América Latina na crise mundial. *Estudos Avançados*, São Paulo, n. 23, v. 66, 2009. p. 91.

1. Quais são as motivações da crise mundial de 2008 retratada pelo autor?

2. Que efeitos benéficos e perversos a integração econômica internacional tem provocado nas classes sociais mais baixas de países mais pobres e emergentes?

3. Reúna-se com três colegas e, juntos, organizem um mapa conceitual sobre os conteúdos retratados no texto.

Texto 2

Especulando sobre inteligência artificial

Terça-feira, 23 de abril de 2013, quando o relógio marcava 13h07, os operadores no pregão da bolsa de valores de Nova York viram a seguinte mensagem [...] em seus monitores: "Última: Duas explosões na Casa Branca; Barack Obama, ferido". Em instantes o mercado entrou em queda vertiginosa e nos 90 segundos seguintes o indicador Dow Jones perdeu 160 pontos, eliminando os ganhos do dia. Em minutos, confirmou-se que a mensagem era falsa. [...] E, assim como o vendaval começou, de repente tudo voltou ao normal. Mas naqueles minutos de frenesi financeiro houve perdas de mais de 140 bilhões de dólares. [...]

Hoje, cerca de 70% das transações nos mercados financeiros são realizadas por computadores institucionais. E, claro, a velocidade das transações acelerou rapidamente. Nos mercados de ações mais desenvolvidos do mundo, um título permanece nas mãos de um "participante do mercado" em média 22 segundos antes de entrar novamente em outra transação. A especulação automatizada já domina os mercados financeiros.

Uma questão chama a atenção dos corretores: os sistemas de inteligência artificial são mais eficientes que os métodos tradicionais para obter melhores retornos em uma carteira de investimentos? A resposta não é óbvia. A maioria dos operadores ainda prefere o uso da análise convencional, na qual os indicadores sobre a saúde econômica e financeira da empresa que emite determinado título são a base para a tomada de decisão. Embora muitas operadoras sejam excelentes para fazer uma boa análise em um curto período em um emissor de títulos financeiros, há muitas outras variáveis que necessariamente serão ignoradas. É aí que entra a capacidade de um programa processar enormes quantidades de dados em uma fração de segundo. [...]

NADAL, Alejandro. Especulando sobre inteligencia artificial. *La Jornada*, Unam, Cidade do México, 16 maio 2018. Disponível em: <www.jornada.unam.mx/2018/05/16/opinion/025a1eco>. Acesso em: 9 ago. 2018. (Texto traduzido pelos autores.)

Alamy/Fotoarena

Wall Street, em Nova York, nos Estados Unidos, em 2018, considerada o centro financeiro mais importante do mundo.

4. Por que uma notícia falsa pode afetar tão drasticamente o mercado financeiro?

5. Por que a velocidade é um fator importante na tomada de decisões no mercado financeiro?

Enem e vestibulares

1. (Enem)

Um carro esportivo é financiado pelo Japão

Um carro esportivo é financiado pelo Japão, projetado na Itália e montado em Indiana, México e França, usando os mais avançados componentes eletrônicos, que foram inventados em Nova Jérsei e fabricados na Coreia. A campanha publicitária é desenvolvida na Inglaterra, filmada no Canadá, a edição e as cópias, feitas em Nova York para serem veiculadas no mundo todo. Teias globais disfarçam-se com o uniforme nacional que lhes for mais conveniente.

REICH, R. *O trabalho das nações*: preparando-nos para o capitalismo no século XXI. São Paulo: Educador, 1994 (adaptado).

A viabilidade do processo de produção ilustrado pelo texto pressupõe o uso de:

a) linhas de montagem e formação de estoques.
b) empresas burocráticas e mão de obra barata.
c) controle estatal e infraestrutura consolidada.
d) organização em rede e tecnologia da informação.
e) gestão centralizada e protecionismo econômico.

2. (UEL)

Leia o texto a seguir.

O espaço urbano é simultaneamente fragmentado e articulado: cada uma de suas partes mantém relações espaciais com as demais, ainda que de intensidade muito variável.

CORRÊA, R. L. *O espaço urbano*. 4. ed. São Paulo: Ática, 2004. p. 7. Série Princípios.

De acordo com Corrêa, os agentes que fazem e refazem a cidade são os seguintes: os proprietários dos meios de produção, sobretudo os grandes industriais, os proprietários fundiários, os promotores imobiliários, o Estado e os grupos sociais excluídos.

Com base nos conhecimentos sobre as dinâmicas desses agentes, considere as afirmativas a seguir.

I. O Estado Capitalista atua de forma complexa e variável tanto no tempo como no espaço, refletindo a dinâmica da sociedade da qual é parte constituinte.

II. O que define a renda pré-capitalista da terra é a renda em trabalho promovida pela ocupação dos espaços da periferia urbana pelos grupos sociais excluídos.

III. Os promotores imobiliários atuam para prevenir a segregação residencial que ocorre nas cidades, promovendo a função social da terra.

IV. Os grandes proprietários industriais e as empresas comerciais atuam sobre o espaço, transformando-o em mercadoria.

Assinale a alternativa correta.

a) Somente as afirmativas I e II são corretas.
b) Somente as afirmativas I e IV são corretas.
c) Somente as afirmativas III e IV são corretas.
d) Somente as afirmativas I, II e III são corretas.
e) Somente as afirmativas II, III e IV são corretas.

3. (Uncisal)

Essa atividade agrícola é responsável por garantir a segurança alimentar do País, gerando os principais produtos da cesta básica consumida pelos brasileiros. Ela emprega quase 75% da mão de obra no campo e é responsável pela segurança alimentar do país, produzindo 70% do feijão, 87% da mandioca, 58% do leite e 46% do milho, entre outros produtos consumidos pela população.

CASSEL, Guilherme. Um novo modelo de desenvolvimento rural. *Folha de S.Paulo*. São Paulo, 11 out. 2009.

O texto se refere à agricultura

a) familiar.
b) transgênica.
c) empresarial.
d) de exportação.
e) de subsistência.

4. (PUC)

O pequeno lavrador, segundo lei federal de 2006, é aquele que, residindo na zona rural, detenha a posse de gleba rural não superior a 50 (cinquenta) hectares, explorando-a mediante o trabalho pessoal e de sua família, admitida a ajuda eventual de terceiros.

Sobre o pequeno lavrador brasileiro é correto afirmar que

a) tem sido estimulado a migrar para as áreas urbanas, pois as atividades rurais que pratica são consideradas pouco lucrativas.
b) usufrui de créditos bancários que lhe garantem alto índice de produtividade e, automaticamente, aumento dos lucros.
c) tradicionalmente utiliza técnicas que têm como objetivo preservar a sustentabilidade socioeconômica e ambiental da sua propriedade.
d) entre suas principais atividades estão aquelas voltadas à produção de bens destinados à exportação, concorrendo com o agronegócio.
e) de modo geral desenvolve a agricultura familiar que produz a maior parte dos bens destinados ao mercado consumidor brasileiro.

CADERNO DE ESTUDOS

conecte

LIVE

Geo

WAGNER RIBEIRO

Bacharel e licenciado em Geografia pela Universidade de São Paulo (USP).

Doutor em Geografia Humana pela Universidade de São Paulo (USP).

Professor Titular do Departamento de Geografia e dos programas de pós-graduação em Geografia Humana e em Ciência Ambiental da Universidade de São Paulo (USP).

CAROLINA GAMBA

Bacharel e licenciada em Geografia pela Universidade de São Paulo (USP).

Doutora em Geografia Humana pela Universidade de São Paulo (USP).

Docente e coordenadora do curso de bacharelado e licenciatura em Geografia em faculdade particular.

Professora do Ensino Fundamental II e Ensino Médio em escolas particulares.

LUCIANA ZIGLIO

Bacharel e licenciada em Geografia pela Universidade de São Paulo (USP).

Doutora em Geografia Humana pela Universidade de São Paulo (USP).

Pós-Doutoranda em Organizações e Sustentabilidade pela Escola de Artes, Ciências e Humanidades da Universidade de São Paulo (EACH/USP).

Professora do Ensino Médio na rede pública e em escolas particulares.

2

Editora Saraiva

Editora Saraiva

Direção geral: Guilherme Luz
Direção editorial: Luiz Tonolli e Renata Mascarenhas
Gestão de projeto editorial: Viviane Carpegiani
Gestão e coordenação de área: Wagner Nicaretta (ger.) e Jaqueline Paiva Cesar (coord.)
Edição: Caren Midori Inoue, Orlinda Teruya e Daniele Dionizio (assist.)
Gerência de produção editorial: Ricardo de Gan Braga
Planejamento e controle de produção: Paula Godo (ger.), Roseli Said (coord.) e Márcia Pessoa
Revisão: Hélia de Jesus Gonsaga (ger.), Kátia Scaff Marques (coord.), Rosângela Muricy (coord.), Aline Cristina Vieira, Ana Curci, Ana Paula C. Malfa, Andréa Bruno, Arali Gomes, Brenda T. M. Morais, Carlos Eduardo Sigrist, Célia Carvalho, Cesar G. Sacramento, Claudia Virgilio, Daniela Lima, Diego Carbone, Flavia S. Vênezio, Gabriela M. Andrade, Hires Heglan, Kátia Lopes Godoi, Lilian M. Kumai, Luciana B. Azevedo, Luís M. Boa Nova, Marília Lima, Maura Loria, Patricia Cordeiro, Patrícia Travanca, Paula T. de Jesus, Raquel A. Taveira, Ricardo Miyake, Rita de Cássia C. Queiroz, Sueli Bossi, Vanessa P. Santos; Amanda T. Silva e Bárbara de M. Genereze (estagiárias)
Arte: Daniela Amaral (ger.), Claudio Faustino (coord.), Yong Lee Kim, Jacqueline Ortolan e Lívia Vitta Ribeiro (edição de arte)
Diagramação: JS Design
Iconografia: Sílvio Kligin (ger.), Denise Durand Kremer (coord.), Thaisi Albarracin Lima, Iron Montovanello e Mariana Sampaio (pesquisa iconográfica)
Licenciamento de conteúdos de terceiros: Thiago Fontana (coord.), Luciana Sposito e Angra Marques (licenciamento de textos), Erika Ramires, Luciana Pedrosa Bierbauer, Luciana Cardoso Sousa e Claudia Rodrigues (analistas adm.)
Tratamento de imagem: Cesar Wolf, Fernanda Crevin
Ilustrações: Adilson Secco, Alex Argozino e Studio Caparroz
Cartografia: Eric Fuzii (coord.), Robson Rosendo da Rocha (edit. arte) e Portal de Mapas
Design: Gláucia Correa Koller (ger.), Erika Yamauchi Asato, Filipe Dias (proj. gráfico) e Adilson Casarotti (capa)
Composição de capa: Segue Pro
Foto de capa: RobertZac/Shutterstock, Top Photo Engineer/Shutterstock, Lucas Aboudib/Shutterstock

Avenida das Nações Unidas, 7221, 1º andar, Setor A –
Espaço 2 – Pinheiros – SP – CEP 05425-902
SAC 0800 011 7875
www.editorasaraiva.com.br

Dados Internacionais de Catalogação na Publicação (CIP)

Ribeiro, Wagner
Geo 2 : conecte live / Wagner Ribeiro, Carolina Gamba, Luciana Ziglio. - 1. ed. - São Paulo : Saraiva, 2019.

Suplementado pelo manual do professor.
Bibliografia.
ISBN: 978-85-472-3475-1 (aluno)
ISBN: 978-85-472-3476-8 (professor)

1. Geografia (Ensino médio). I. Gamba, Carolina. II. Ziglio, Luciana. III. Título.

2018-0350 CDD: 910.7

Julia do Nascimento - Bibliotecária - CRB-8/010142

2019
Código da obra CL 800870
CAE 628198 (AL) / 628199 (PR)
1ª edição
1ª impressão

Impressão e acabamento: Bercrom Gráfica e Editora

Uma publicação SOMOS EDUCAÇÃO

Apresentação

Caro estudante,

Este material foi elaborado especialmente para você, estudante do Ensino Médio que está se preparando para ingressar no Ensino Superior.

Além de todos os recursos do Conecte LIVE, como material digital integrado ao livro didático, banco de questões, acervo de simulados e trilhas de aprendizagem, você tem à sua disposição este Caderno de Estudos que o ajudará a se qualificar para as provas do Enem e de diversos vestibulares brasileiros.

O material foi estruturado para que você consiga utilizá-lo autonomamente, em seus estudos individuais além do horário escolar, ou sob orientação de seu professor, que poderá sugerir atividades complementares às dos livros.

Para cada ano do Ensino Médio, há um Caderno de Estudos com uma revisão completa dos conteúdos correspondentes, atividades de aplicação imediata dos conceitos trabalhados e grande seleção de questões de provas oficiais que abordam esses temas.

No Caderno de Estudos do 3º ano, há ainda um material complementar. Quando terminar de se dedicar aos conteúdos destinados a este ano escolar, você poderá se planejar para uma retomada final do Ensino Médio! Revisões estruturadas de todos os conteúdos desse ciclo são acompanhadas de simulados, propostos para que você os resolva como se realmente estivesse participando de uma prova oficial de vestibular ou Enem, de maneira que consiga fazer um bom uso do seu tempo.

Desejamos que seus estudos corram bem e que você tenha sucesso **Rumo ao Ensino Superior**!

Equipe Conecte LIVE!

Conheça este Caderno de Estudos

Reveja o que aprendeu

Seção de retomada dos principais conteúdos e conceitos estudados em cada capítulo, de maneira resumida, para você recordar o que vem aprendendo ao longo do ano.

Aplique o que aprendeu

Depois de retomar os conteúdos no **Reveja o que aprendeu**, aplique seus conhecimentos resolvendo atividades. A seção tem início com a **Atividade resolvida**, que traz uma questão respondida e comentada. Em seguida, há uma seleção de atividades para você resolver. Se o seu desempenho estiver aquém de suas expectativas, consulte novamente o seu livro-texto e retome os assuntos trabalhados, individualmente ou em grupos de estudo.

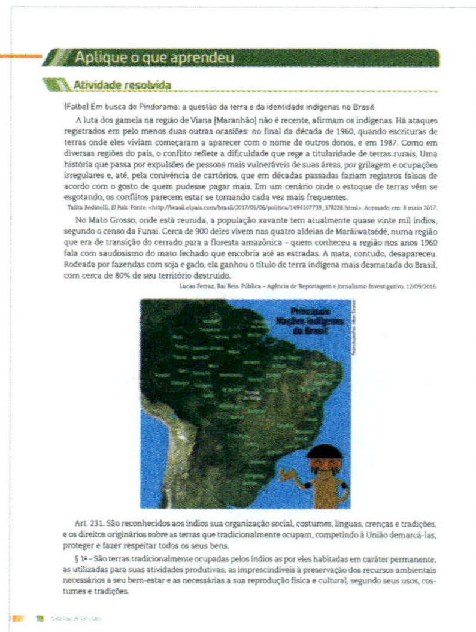

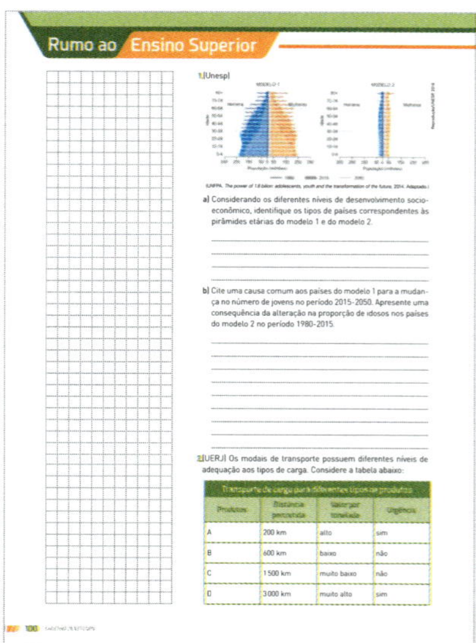

Rumo ao Ensino Superior

Seção com uma seleção de atividades que envolvem conteúdos estudados ao longo de todo o 2º ano do Ensino Médio. Você encontrará questões do Enem e de diferentes vestibulares do Brasil.

Sumário

Já revi este conteúdo   Já apliquei este conteúdo

CAPÍTULO 1

População mundial: distribuição e desigualdades sociais

Você deve ser capaz de:

- Elaborar, ler e interpretar gráficos, mapas e tabelas sobre dinâmicas demográficas.
- Identificar fatores políticos e econômicos que influenciam a mobilidade da população mundial.
- Compreender o caráter social dos processos e temas relacionados à dinâmica da população, assim como sua distribuição no globo.

Reveja o que aprendeu

A dinâmica das populações no mundo globalizado é o tema do capítulo. Os avanços tecnológicos e o aumento do fluxo de informações, além de fatores sociais, políticos, econômicos e ambientais, mudaram o panorama dos deslocamentos populacionais no mundo.

Herika Martinez/Agência France-Presse

Construção do muro na fronteira entre os Estados Unidos e o México, em Santa Teresa, próximo a Ciudad Juárez, México, 2018.

Conteúdo referente à página 14.

Distribuição da população mundial

A população mundial distribui-se de forma desigual pelo planeta. Em 2017, havia cerca de 7,5 bilhões de pessoas espalhadas pelo mundo; desse total, cerca de 4,5 bilhões viviam na Ásia. O segundo continente mais populoso é a África, com 1,25 bilhão de habitantes.

Projeções para 2100 indicam que a Europa será o único continente que terá a população reduzida. O crescimento da Ásia será proporcionalmente pequeno, e a África apresentará os maiores índices, atingindo um contingente próximo ao asiático.

Conteúdo referente às páginas 15 a 17.

A teoria demográfica de Malthus e o neomalthusianismo

Em 1789, o economista e demógrafo inglês Thomas Robert Malthus publicou uma teoria que relaciona o crescimento populacional mundial com o ritmo da produção de alimentos, concluindo que haveria um tempo em que a quantidade de alimentos não seria suficiente para atender à demanda de alimentação da população mundial.

Considerando os dados da época, Malthus avaliava que o crescimento populacional ocorria em progressão geométrica e a produção de alimentos crescia em progressão aritmética. Portanto, a escassez de alimentos inflacionaria seu preço e, mesmo que as pessoas trabalhassem mais para ganhar mais dinheiro, não haveria alimentos disponíveis para todos, o que causaria pobreza e fome. Para ele, a solução seria promover o controle da natalidade por meio do monitoramento de índices como taxa de fecundidade e taxa de natalidade.

A teoria naturalista de Malthus foi elaborada em um contexto geográfico e histórico limitado. Ele considerou apenas os dados observados em um curto período na Inglaterra, em um momento de baixa produtividade de alimentos e grande crescimento populacional. Não considerou os efeitos dos avanços tecnológicos e da mudança de comportamento da sociedade que se urbanizava.

Apesar de suas limitações, as ideias de Malthus nunca foram totalmente abandonadas e voltaram a ganhar força no fim dos anos 1950, nos Estados Unidos. Uma corrente de estudiosos propôs então a **teoria neomalthusiana** para os estudos demográficos, associando os altos índices de crescimento populacional ao aumento da pobreza e defendendo o controle de natalidade e a evolução econômica como formas de manter o contingente populacional em número que consideravam adequado para a economia. Os neomalthusianos defendiam, sobretudo, maior rigor no controle de natalidade em países mais pobres.

Assim, ganharam relevância políticas de planejamento familiar que buscavam a redução do número de filhos por meio de diferentes estratégias, desde a veiculação de modelos de família e a divulgação de métodos anticoncepcionais até medidas estatais mais rigorosas, como a **política do filho único**, lançada na China em 1976 e revogada em 2013.

Os neomalthusianos argumentavam também que o crescimento demográfico exerce grande influência sobre os recursos naturais do planeta e com esse discurso conseguiram a adesão de parte dos ambientalistas.

A teoria reformista e o desenvolvimento desigual e combinado

Conteúdo referente às páginas 17 e 18.

A **teoria reformista** surgiu no fim da Segunda Guerra Mundial (1939-1945), em oposição às teorias malthusiana e neomalthusiana, e foi amparada em teorias marxistas.

De acordo com essa teoria, a pobreza não é resultado dos altos índices demográficos, mas sim da concentração desigual de recursos materiais, consequência de um processo histórico de exploração econômica. Trata-se, portanto, de um desenvolvimento desigual e combinado.

Assim, o problema central da pobreza se deve à má distribuição de renda. Essa desigualdade é resultado da dominação de uma pequena parcela da população, que detém o capital, é dona dos meios de produção e explora a mão de obra da maioria das pessoas para sustentar seus privilégios.

Essa lógica foi transferida para a relação entre os países. Os mais desenvolvidos vendem produtos mais caros para os países mais pobres e compram deles bens e matérias-primas mais baratos.

Pirâmide populacional, transição demográfica e bônus demográfico

Conteúdo referente às páginas 18 a 20.

As **pirâmides etárias** (ou populacionais) são representações gráficas de dados populacionais organizados em faixas etárias e gêneros. Elas auxiliam no estudo da **transição demográfica**, quando, simultaneamente, diminuem as taxas de natalidade e de mortalidade, resultando no aumento da expectativa de vida e no envelhecimento da população.

As causas da diminuição da natalidade são: urbanização, maior participação da mulher no mercado de trabalho, políticas públicas, conhecimento e acesso a métodos anticoncepcionais, etc.

Já as causas da diminuição da mortalidade são: exames pré-natais, acesso ao sistema de saúde, saneamento básico, acesso à higiene e cuidados pessoais básicos, aumento da renda, etc.

Entre as causas do aumento da expectativa de vida estão: a oferta ou a melhoria do saneamento básico, o acesso ao sistema de saúde (vacinas e remédios), a qualidade da alimentação, o aumento da escolarização, etc.

Na Europa a transição demográfica está associada à Revolução Industrial, e na América Latina, à urbanização no século XX.

O **bônus demográfico** é o fenômeno que antecede a transição demográfica. Trata-se do momento histórico de um país no qual a maioria da população é composta de jovens e adultos. Portanto, a **população em idade ativa (PIA)** é mais numerosa, o que constitui uma oportunidade econômica para o país em questão.

A **população economicamente ativa (PEA)** refere-se ao número de pessoas que exercem alguma atividade econômica ou estão buscando ocupação. A PEA é menos numerosa que a PIA, que compreende também as pessoas desocupadas que não estão buscando trabalho nem exercem outra atividade econômica.

Conteúdo referente às páginas 20 a 23.

Os indicadores econômicos e sociais e as populações

O Produto Interno Bruto (PIB) soma, em valor monetário, todos os bens e serviços produzidos em uma localidade (município, estado ou país) durante um período determinado (mês, semestre, ano). É um dos principais indicadores de pobreza e riqueza. Quando se somam ou subtraem os rendimentos vindos ou enviados ao exterior, obtém-se o Produto Nacional Bruto (PNB).

A renda *per capita*, por sua vez, é o índice obtido do PNB, subtraídos impostos pagos pelos trabalhadores e pelos empresários, dividido pelo total da população de determinada área. Trata-se de uma média utilizada para se ter uma ideia geral do nível de riqueza e desenvolvimento de países ou de determinadas regiões.

Segundo pesquisas e cálculos da ONU, em 2017, os pobres tinham renda anual inferior a 456 dólares (1,27 dólar/dia).

Na América do Sul, os países têm renda *per capita* entre média e alta, de US$ 4036 a US$ 12475. Já nos Estados Unidos e no Canadá, a renda *per capita* é alta, acima de US$ 12476.

A paridade do poder de compra (PPC) considera a renda, medida em dólar, de acordo com o poder de compra no país ou região. Ou seja, os custos e os preços variam de um local para outro. Por isso, é preciso avaliar o real poder de compra de cada dólar em cada local.

Índice de Desenvolvimento Humano (IDH)

É o índice numérico entre 0 e 1 (quanto mais próximo de 1, melhor o desenvolvimento humano) obtido por meio de cálculos que consideram expectativa de vida, educação, PIB e renda *per capita*. Foi desenvolvido no início dos anos 1990 com o objetivo de expressar numericamente, de forma mais precisa, o grau de desenvolvimento de determinada população ao considerar, além da renda, dados de educação e saúde.

Felicidade Interna Bruta (FIB)

Esse índice avalia o bem-estar geral de determinada população. Considera um conjunto de informações não compreendidas nos índices tradicionais de avaliação do desenvolvimento, como ambiente, bem-estar psicológico, governança (democracia e participação popular), cultura (valores locais), vitalidade comunitária, padrão de vida, entre outros aspectos. Foi recentemente adotado pela ONU para complementar a avaliação das nações e das populações.

Objetivos de Desenvolvimento do Milênio (ODM) e Objetivos de Desenvolvimento Sustentável (ODS)

Conteúdo referente à página 24.

Os Objetivos de Desenvolvimento do Milênio (ODM) são metas que foram estabelecidas para 2015 pela ONU para erradicar a pobreza e a fome, universalizar a educação primária, promover a igualdade entre os sexos, reduzir a mortalidade infantil, melhorar a saúde maternal, combater as doenças sexualmente transmissíveis, garantir a sustentabilidade ambiental e estabelecer ações para o desenvolvimento dos países.

Essas metas foram depois reformuladas com o nome de Objetivos de Desenvolvimento Sustentável (ODS), com prazo para 2030: erradicar a pobreza; erradicar a fome; garantir a saúde de qualidade; garantir a educação de qualidade; promover a igualdade de gêneros; prover água potável e saneamento; investir em energias renováveis e acessíveis; promover trabalho digno e crescimento econômico; investir em indústrias, inovação e infraestruturas; reduzir as desigualdades; tornar as cidades e comunidades sustentáveis; promover a produção e o consumo sustentáveis; colocar em prática ações climáticas; proteger a vida marinha; proteger a vida terrestre; promover paz, justiça e instituições eficazes; angariar parcerias para a implementação dos objetivos.

As migrações internacionais

Conteúdo referente às páginas 25 a 27.

Migração populacional é o deslocamento de pessoas de determinada localidade para outra, com a finalidade de moradia, mesmo que temporária, oportunidades, bem-estar ou sobrevivência.

A **migração internacional** é o deslocamento de pessoas entre países. A emigração é o ato de sair do país de origem; já a imigração é a chegada e o estabelecimento no país escolhido.

Entre as causas das migrações internacionais estão: crises econômicas, doenças epidêmicas, perseguições políticas ou religiosas, desastres ambientais e fuga de cérebros. Os migrantes legais têm as garantias civis dadas pelos países que os recebem.

Os **apátridas** são grupos de indivíduos que não têm a nacionalidade assegurada por nenhum país. Por isso, não podem ter documentos como certidão de nascimento, carteira de identidade e passaporte.

Os refugiados

Os refugiados são pessoas forçadas a abandonar seu país de origem em razão de guerras, perseguições políticas ou religiosas e desastres ambientais. Dos atuais refugiados no mundo, metade é criança.

Há pessoas refugiadas por todo o mundo. Os maiores grupos de refugiados são formados por palestinos, sírios e sudaneses do sul. O Brasil recebeu nos últimos anos pessoas de 82 nacionalidades, sendo a maior parte delas vindas da Venezuela, do Haiti e de Cuba.

Yannis Behrakis/Reuters/Fotoarena

Reflexo, em poça de água, de refugiados sírios, que aguardam para entrar em Idomeni, na Grécia, em 2015.

Aplique o que aprendeu

Atividade resolvida

(UERJ)

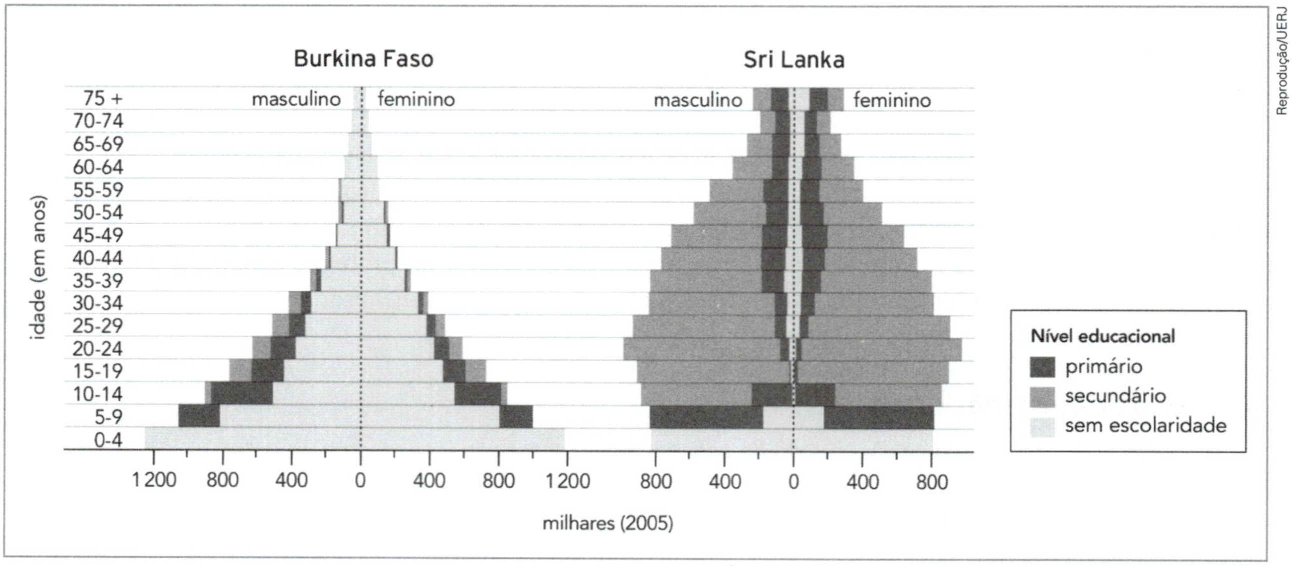

Adaptado de *Concise atlas of the world*. Washington D.C.: National Geographic, 2016.

As pirâmides acima apresentam informações sobre os níveis educacionais de dois países, associando-as à estrutura etária de suas populações.

Estabeleça uma relação entre o nível educacional da população e o formato da pirâmide etária utilizando um indicador demográfico distinto para a análise de cada país.

Resposta

Os formatos dessas pirâmides populacionais são bastante distintos um do outro. Burkina Faso apresenta um gráfico típico de países pobres, subdesenvolvidos, e o gráfico de Sri Lanka apresenta informações demográficas de países que estão em nível de desenvolvimento maior. A base da pirâmide de Burkina Faso é mais larga, indicando que o número de crianças é muito grande; e seu topo estreito indica a pequena quantidade de idosos e, consequentemente, a baixa expectativa de vida. Já o Sri Lanka apresenta as faixas centrais de sua pirâmide populacional mais largas, indicando alto percentual de jovens e adultos.

Outro diferencial é o nível de escolaridade, baixíssimo em todas as faixas etárias em Burkina Faso e com índices mais promissores na faixa das crianças em idade escolar em Sri Lanka.

Pode-se inferir então que, em Burkina Faso, o baixíssimo nível de escolaridade resulta em precárias condições sociais e, em Sri Lanka, o maior nível de escolaridade reflete em menores taxas de fecundidade e maior expectativa de vida.

Comentário

Esta questão exige as habilidades de leitura e interpretação de pirâmides etárias, assim como a habilidade de correlacionar dados; neste caso, estabelecer correlação com os dados sobre os níveis educacionais da população, também expressos na representação gráfica. Como não é algo tão comum de ser feito, é possível constatar que o grau de dificuldade para a resolução da atividade é maior.

Atividades

1. Observe as anamorfoses abaixo.

Planisfério: distribuição da população – 2018

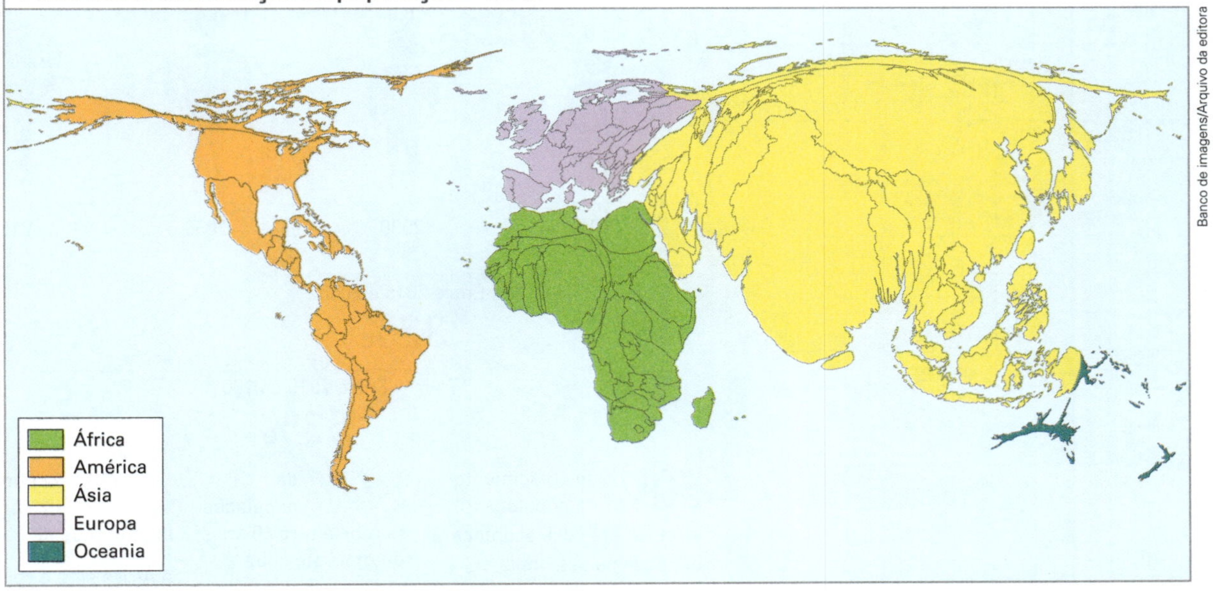

Elaborado com base em: WORLD Mapper. Population 2018. Disponível em: <worldmapper.org/maps/population-year-2018/>. Acesso em: 29 nov. 2018.

Planisfério: PIB dos países – 2018

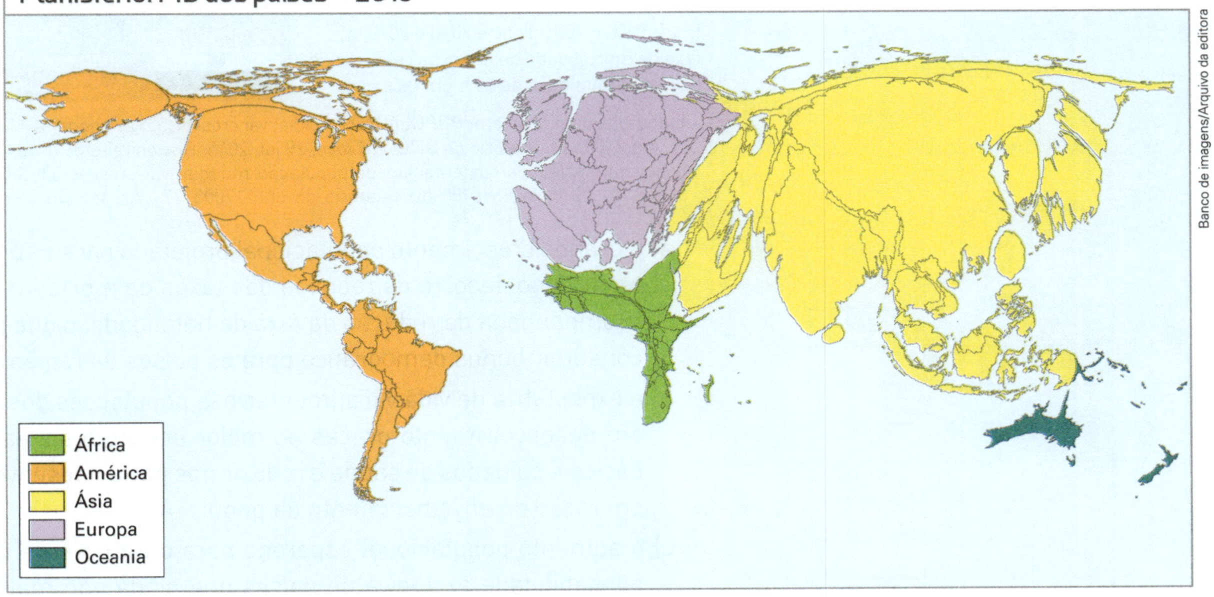

Elaborado com base em: WORLD Mapper. GDP 2018. Disponível em: <worldmapper.org/maps/gdp-2018/>. Acesso em: 29 nov. 2018.

Comparando a distribuição da população pelo planeta com a distribuição de riqueza, é possível afirmar que:

a) a distribuição da riqueza, de modo geral, coincide com a distribuição da população em idade ativa (PIA).

b) todos os países com alta densidade demográfica possuem baixa renda *per capita*.

c) os países do hemisfério Sul são menos populosos e mais pobres.

d) os países pobres apresentam grande densidade demográfica.

e) não há correlação direta entre a distribuição da população e a distribuição de riqueza pelo planeta.

2. Entre as causas e as consequências do crescimento populacional ilustrado no infográfico abaixo, pode-se afirmar que:

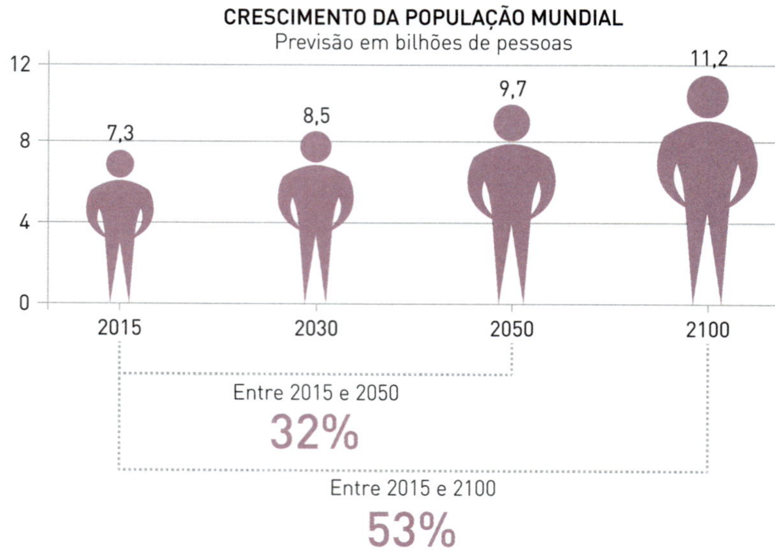

JS Design/Arquivo da editora

50% do crescimento da população mundial até 2050 acontecerá em nove países: Índia, Nigéria, República Democrática do Congo, Etiópia, Tanzânia, Estados Unidos, Indonésia e Uganda.

34% da população europeia terá 60 anos ou mais até 2050.

Até 2050, o número de pessoas com 60 anos ou mais vai aumentar muito.

41% da população africana tem hoje menos de 15 anos.

A África será o continente responsável por mais da metade do crescimento da população mundial até 2050.

Entre 2000 e 2005 e entre 2010 e 2015, a taxa de mortalidade de crianças com menos de 5 anos caiu mais de 30% em 86 países.

Até 2022, a Índia se tornará o país mais populoso do mundo.

Elaborado com base em: POPULAÇÃO mundial vai crescer 53% e chegar a 11,2 bilhões em 2100, diz relatório da ONU. *O Globo*, 29 jul. 2015. Disponível em: <https://oglobo.globo.com/sociedade/sustentabilidade/populacao-mundial-vai-crescer-53-chegar-112-bilhoes-em-2100-diz-relatorio-da-onu-17003177>. Acesso em: 29 nov. 2018.

a) o grande crescimento populacional projetado para o continente africano decorre da redução das taxas de mortalidade não acompanhada da redução da taxa de natalidade, o que poderá constituir bônus demográfico para os países da região.

b) a expectativa de vida vai aumentar nas populações dos países em desenvolvimento graças ao maior acesso a saneamento básico e cuidados de saúde e reduzir nos países desenvolvidos em razão do envelhecimento da população.

c) o aumento populacional esperado para o futuro será de responsabilidade exclusiva de países que ainda não realizaram sua transição demográfica por terem seu desenvolvimento econômico tardio.

d) China e Índia são os países mais populosos do mundo atualmente e manterão essa posição nas projeções futuras em razão da sustentação dos seus atuais índices demográficos, como as altas taxas de natalidade.

e) apesar do envelhecimento da população europeia, o continente ainda terá um dos maiores percentuais de crianças e jovens em razão das migrações internacionais.

3. (UEG) Observe a pirâmide etária dos países A e B.

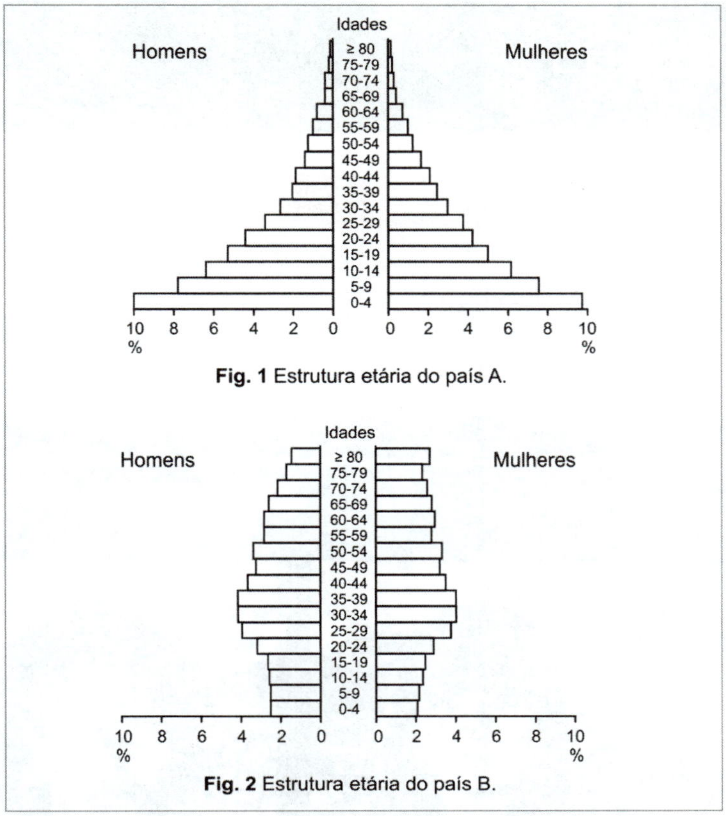

Fig. 1 Estrutura etária do país A.

Fig. 2 Estrutura etária do país B.

Reprodução/UEG

Elaborado com base em: U.S. Bureau of Census

De acordo com a análise das pirâmides etárias, verifica-se que

a) o país A possui percentual de população adulta e idosa maior, se comparado ao país B.

b) a população em idade economicamente ativa no país A é menor que no país B.

c) no país A, o Índice de Desenvolvimento Humano (IDH) é maior que no país B.

d) a população adulta do país A tende a diminuir nos próximos 30 anos.

e) no país A, observa-se uma crescente redução da taxa de natalidade.

4. Explique e diferencie migrantes internacionais de refugiados.

CAPÍTULO

2 Brasil: um caldeirão de culturas

Você deve ser capaz de:

- Reconhecer os povos, assim como suas contribuições na formação do Brasil.
- Compreender a importância do respeito à diversidade étnica, cultural e religiosa do Brasil.
- Promover ações de combate ao racismo e a qualquer outra forma de preconceito, discriminação e desigualdade.

Reveja o que aprendeu

A diversidade étnica e cultural do Brasil é o assunto deste capítulo. Os elementos culturais dos povos originários (os indígenas) misturaram-se com a bagagem cultural de europeus, africanos, asiáticos e outros povos sul-americanos que vieram para cá.

Rubens Chaves/Folhapress

Estação Sumaré, instalação do artista Alex Flemming em uma estação de metrô na cidade de São Paulo (SP), de 1998 (poemas aplicados em fotografias exibidos em 44 painéis de vidro; dimensão de cada painel: 1,75 m × 1,25 m). Na obra, o artista procura destacar a diversidade cultural da cidade paulistana.

Conteúdo referente às páginas 32 a 34.

Os povos originários

Estima-se que no século XV havia mais de mil povos distintos vivendo no território que hoje constitui o Brasil e eles somavam entre 2 milhões e 5 milhões de pessoas. Atualmente, segundo dados de 2017 do IBGE, restam apenas 250 povos indígenas, que somam cerca de 897 mil indivíduos.

Entre as causas da redução da população indígena estão: mortes por doenças trazidas por outros povos, como tuberculose, sífilis, varíola, sarampo e gripe, para as quais os indígenas não tinham imunidade; destruição dos ambientes naturais e expulsão de seus territórios, o que os impossibilitou de manter seu modo de vida; conflitos com fazendeiros, mineradores, madeireiros e até com o governo.

Grande parte da população indígena vive hoje nas **Terras Indígenas**, áreas coletivas que são ou estão sendo reconhecidas pelo governo para a utilização exclusiva desses povos.

As populações indígenas estão distribuídas de forma desigual pelo Brasil. Veja o gráfico abaixo.

Brasil: distribuição da população indígena por região (2010)

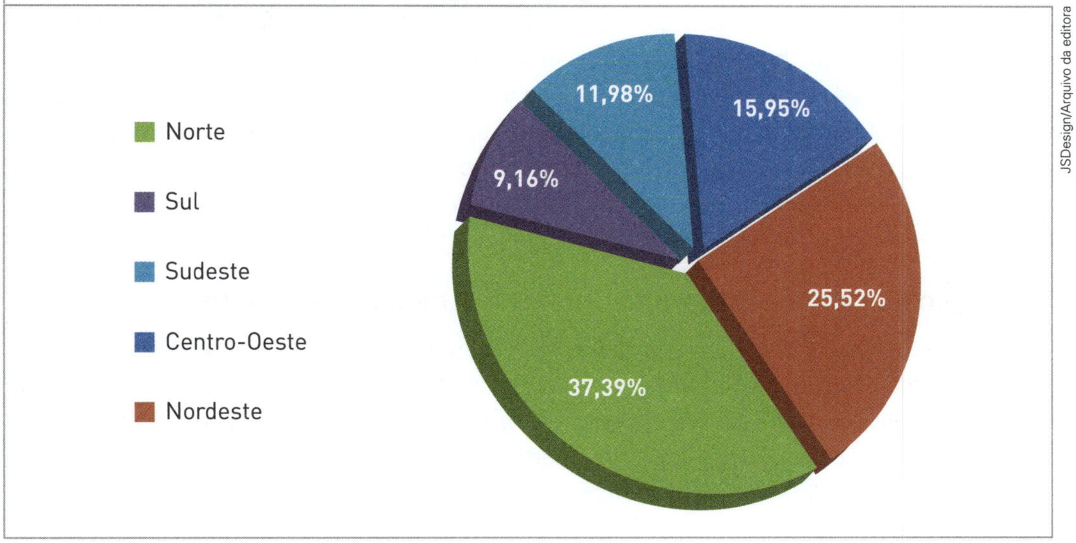

Elaborado com base em: OBSERVATÓRIO Socioambiental, 2 out. 2017. Disponível em: <www.observatoriosocioambiental.org/2017/10/descumprindo-ordens-judiciais-e-termo.html>. Acesso em: 29 nov. 2018.

Alguns povos indígenas podem ser encontrados em mais de um país, como os Yanomami, que vivem na Amazônia brasileira e na Amazônia venezuelana. Eles já viviam nessas áreas antes da demarcação das fronteiras entre os países e conquistaram o direito de preservar seu modo de vida com a criação de reservas.

No entanto, o processo de demarcação e homologação de terras indígenas é lento e muitos povos ainda não conquistaram esse direito constitucional. Além disso, muitas terras indígenas, homologadas ou não, são invadidas por posseiros, pescadores, madeireiros, entre outros, que agem de forma ilegal para se apropriar dos recursos naturais disponíveis nessas áreas.

Uma parte dos indígenas migra para as zonas urbanas ou se dedica à agricultura comercial para conseguir se sustentar, mas perde parte de seu modo de vida.

Imigração forçada: africanos escravizados e afro-brasileiros

Conteúdo referente às páginas 35 a 38.

Os africanos trazidos à força ao Brasil para trabalhar em engenhos de açúcar e na mineração foram fundamentais para o processo de colonização portuguesa no Brasil. Estima-se que mais de 12 milhões de pessoas de diversas regiões da África foram obrigadas a partir em direção ao continente americano, principalmente para o Brasil. Essa migração forçada foi denominada **diáspora negra**.

O escravo era comercializado como uma mercadoria, não tinha nenhum direito civil. Os europeus capturavam ou adquiriam escravos nos portos litorâneos da costa oeste da África, onde eram embarcados em condições desumanas em navios negreiros. Muitos morriam durante o trajeto.

Nos séculos XVIII e XIX, durante o ciclo da Costa da Mina, havia tráfico de escravos para o Brasil de povos do golfo da Guiné (atuais Gana, Togo, Nigéria e Benin). Eram os chamados **sudaneses**, que compreendiam os povos nagôs, jejes, kanuris, axantis, txis, fulas, mandingas, malês, etc. Os **bantos**, formados pelos povos benguelas, cabindas, cassangas, macuas, entre outros, foram capturados nas regiões nas quais hoje se localizam Angola, Congo, Moçambique e Tanzânia.

A composição da população brasileira indica numericamente a relevância dos negros: de acordo com dados do IBGE de 2015, 8,9% dos brasileiros declararam-se negros e 45%, pardos.

Mesmo com a violência da escravidão, os povos das diversas regiões africanas conseguiram manter parte de suas tradições e seus costumes, elementos que acabaram constituindo a base da cultura brasileira.

O reflexo da escravidão no Brasil nos dias atuais pode ser constatado na grande desigualdade social entre brancos e afrodescendentes. Em geral, os afrodescendentes têm menos oportunidades e exercem ocupações de menor qualificação e remuneração. Medidas reparatórias e de promoção de igualdade ainda são necessárias no país, além das ações afirmativas, como a promoção do acesso de afrodescendentes a sistemas educacionais públicos por meio de cotas. Esse modelo, vindo dos Estados Unidos, foi adotado no Brasil e inclui também descendentes de povos indígenas.

Conteúdo referente às páginas 39 e 40.

Imigração europeia: portugueses, italianos, espanhóis e alemães

Até o século XVII, houve uma pequena migração de portugueses para o Brasil, mas a descoberta e a exploração do ouro em Minas Gerais no século XVIII atraiu um grande contingente de pessoas interessadas em enriquecer rapidamente. Em 1808, a transferência da Corte portuguesa para o Brasil também estimulou a vinda de novos migrantes.

Entre a metade do século XIX e o começo século XX, houve maior fluxo de migrantes portugueses em razão da crise econômica e da falta de emprego em Portugal, das ameaças da Primeira Guerra Mundial e das informações de enriquecimento dos primeiros migrantes. Essa leva de migrantes foi trabalhar na lavoura de café e em atividades comerciais urbanas.

Nos anos 1930, a migração diminuiu em razão da recuperação econômica de Portugal e das restrições impostas pelo governo brasileiro.

Entre 1870 e 1920, cerca de 1,4 milhão de italianos chegaram ao Brasil. O governo brasileiro pagou a viagem de grande parte desses imigrantes porque necessitava substituir o trabalho escravo nas lavouras de café, sobretudo em São Paulo. Os imigrantes italianos também se dedicaram a atividades industriais e urbanas e introduziram ideais que inspiraram os primeiros movimentos trabalhistas no Brasil. Também fundaram outros núcleos de colonização: no Rio Grande do Sul, no Paraná e no Espírito Santo.

Nos séculos XVI e XVII, houve um aumento da imigração na época da União Ibérica, quando as monarquias portuguesa e espanhola se uniram. No século XIX, a nova leva de imigrantes foi em razão do crescimento populacional e da crise econômica na Espanha.

Numericamente inferior a espanhóis, portugueses e italianos, os imigrantes alemães chegaram no início do século XIX e fundaram colônias no Rio Grande do Sul e, depois, em Santa Catarina, Paraná e Espírito Santo. Muitos vieram para fugir dos conflitos que envolviam a unificação do Estado alemão.

Conteúdo referente às páginas 40 e 41.

A imigração asiática

Os japoneses migraram para o Brasil no início século XX. Eram sobretudo trabalhadores rurais empobrecidos pelas transformações políticas e econômicas no Japão. Fundaram colônias nas regiões Sudeste, Sul e Norte e dedicaram-se à agricultura (café, algodão, arroz, hortaliças, chá e pimenta-do-reino).

Os primeiros imigrantes chineses, em pequeno número, vieram entre os séculos XVIII e XIX. O maior contingente chegou no século XX em razão dos conflitos e do aumento da pobreza na China. A partir de 1990, houve um novo fluxo de imigração.

A imigração coreana iniciou com a Guerra da Coreia (1950-1953). Cerca de 90% dos imigrantes coreanos instalaram-se no estado de São Paulo, sobretudo na capital. Em São Luís do Maranhão, fundaram outro núcleo importante. Muitos dedicam-se ao setor de confecção de roupas e comércio. Outros vieram com a expansão recente das multinacionais coreanas.

Os imigrantes asiáticos e seus descendentes integraram-se ao país e influenciaram a cultura brasileira com seus conhecimentos e tradições.

Imigração recente e refugiados

Conteúdo referente às páginas 41 a 45.

Os primeiros imigrantes bolivianos chegaram ao Brasil em 1950. Nos anos 1980, houve um grande fluxo de pessoas vindas da Bolívia. A maioria está estabelecida no município de São Paulo (SP). Há ainda bolivianos em Corumbá (MS) e Guajará-Mirim (RO), ambas as cidades em áreas de fronteira.

Grande parte trabalha em condições precárias na indústria têxtil. Há muitos casos de trabalho análogo ao escravo.

Os peruanos, por sua vez, começaram a migrar para o país em 1950. A partir dos anos 1970 e 1980, esse fluxo aumentou em razão de crise econômica e política no país de origem. A maior parte trabalha no setor de serviços na região metropolitana de São Paulo.

No início de 2004, o Brasil liderou uma missão de paz no Haiti, organizada pela ONU, em razão de diversos desastres naturais que acentuaram a crise econômica, política e humanitária daquele país. Em consequência disso, muitos haitianos vieram para o Brasil, entrando em Brasileia, no Acre, onde grande parte regularizou sua permanência e dirigiu-se para outros estados.

Calcula-se que, em 2016, havia quase 10 mil refugiados no país vindos de mais de oitenta países, com destaque para Síria, Congo e Angola. Eles buscam novas oportunidades para reconstruir suas vidas.

Márcio Fernandes de Oliveira/Estadão Conteúdo/AE

Refugiados haitianos durante aula de Língua Portuguesa em Paranaíta, Mato Grosso, em 2012.

Brasil: influências culturais

Conteúdo referente às páginas 45 a 48.

A cultura brasileira é resultado da contribuição de diferentes povos que vieram para cá. Muitas características desses povos fazem parte do cotidiano e, de tão enraizadas, é difícil reconhecer suas origens.

Dos povos indígenas, a cultura brasileira herdou conhecimentos sobre o uso medicinal de plantas, hábitos alimentares, vocabulário, entre outros.

Dos povos africanos, a cultura brasileira também assimilou parte do vocabulário, hábitos alimentares, músicas e danças, crenças religiosas (com destaque para o candomblé e a umbanda), além da capoeira.

A maior parte da cultura brasileira foi herdada dos portugueses, facilmente reconhecida no idioma, na religião (catolicismo), na arquitetura, nas roupas e nas artes em geral.

Além das contribuições desses três grupos de povos que formaram a sociedade brasileira, pode-se afirmar que a cultura nacional também foi bastante influenciada pelos demais imigrantes.

Aplique o que aprendeu

Atividade resolvida

(Falbe) Em busca de Pindorama: a questão da terra e da identidade indígenas no Brasil

A luta dos gamela na região de Viana [Maranhão] não é recente, afirmam os indígenas. Há ataques registrados em pelo menos duas outras ocasiões: no final da década de 1960, quando escrituras de terras onde eles viviam começaram a aparecer com o nome de outros donos, e em 1987. Como em diversas regiões do país, o conflito reflete a dificuldade que rege a titularidade de terras rurais. Uma história que passa por expulsões de pessoas mais vulneráveis de suas áreas, por grilagem e ocupações irregulares e, até, pela conivência de cartórios, que em décadas passadas faziam registros falsos de acordo com o gosto de quem pudesse pagar mais. Em um cenário onde o estoque de terras vêm se esgotando, os conflitos parecem estar se tornando cada vez mais frequentes.

Talita Bedinelli, *El País*. Fonte: <http://brasil.elpais.com/brasil/2017/05/06/politica/1494107739_378228.html>. Acessado em: 8 maio 2017.

No Mato Grosso, onde está reunida, a população xavante tem atualmente quase vinte mil índios, segundo o censo da Funai. Cerca de 900 deles vivem nas quatro aldeias de Marãiwatsédé, numa região que era de transição do cerrado para a floresta amazônica – quem conheceu a região nos anos 1960 fala com saudosismo do mato fechado que encobria até as estradas. A mata, contudo, desapareceu. Rodeada por fazendas com soja e gado, ela ganhou o título de terra indígena mais desmatada do Brasil, com cerca de 80% de seu território destruído.

Lucas Ferraz, Rai Reis. Pública – Agência de Reportagem e Jornalismo Investigativo, 12/09/2016.

Reprodução/Fac. Albert Einstein

Art. 231. São reconhecidos aos índios sua organização social, costumes, línguas, crenças e tradições, e os direitos originários sobre as terras que tradicionalmente ocupam, competindo à União demarcá-las, proteger e fazer respeitar todos os seus bens.

§ 1º – São terras tradicionalmente ocupadas pelos índios as por eles habitadas em caráter permanente, as utilizadas para suas atividades produtivas, as imprescindíveis à preservação dos recursos ambientais necessários a seu bem-estar e as necessárias a sua reprodução física e cultural, segundo seus usos, costumes e tradições.

§ 2º – As terras tradicionalmente ocupadas pelos índios destinam-se a sua posse permanente, cabendo-lhes o usufruto exclusivo das riquezas do solo, dos rios e dos lagos nelas existentes.

[...]

§ 4º – As terras de que trata este artigo são inalienáveis e indisponíveis, e os direitos sobre elas, imprescritíveis.

Fonte: Extraído de Constituição da Rep. Fed. do Brasil, 1988. Tít. VIII, Cap. VIII, Dos Índios. <http://www.planalto.gov.br>. Acesso em: 17 maio 2017.

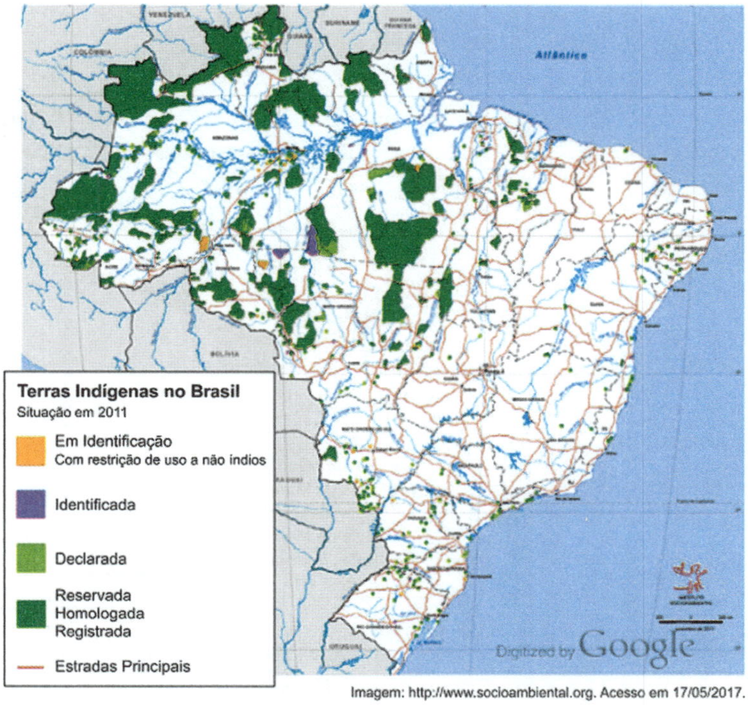

Reprodução/Fac. Albert Einstein

Imagem: http://www.socioambiental.org. Acesso em 17/05/2017.

A partir dos textos e das imagens, caracterize a situação dos povos indígenas no início da colonização portuguesa (século XVI) e na atualidade, tendo em vista a questão da terra e da identidade.

Resposta

Estima-se que no século XV havia mais de mil povos nativos distintos vivendo no território que hoje constitui o Brasil e eles somavam entre 2 milhões e 5 milhões de pessoas. Atualmente, segundo dados de 2017 do IBGE, restam apenas 250 povos indígenas, que somam cerca de 897 mil indivíduos.

Eles tiveram seus territórios ocupados pelos colonizadores, alguns foram escravizados, outros morreram em combate e muitos morreram de doenças contagiosas para as quais ainda não estavam imunizados, como gripe, sarampo e varíola.

Grande parte da população indígena vive hoje nas **Terras Indígenas**, áreas coletivas que são ou estão sendo reconhecidas pelo governo para a utilização exclusiva desses povos. No entanto, muitas terras indígenas, homologadas ou não, são invadidas por posseiros, pescadores, madeireiros, entre outros, que agem de forma ilegal para se apropriar dos recursos naturais disponíveis nessas áreas.

Uma parte dos indígenas migra para as zonas urbanas ou se dedica à agricultura comercial para conseguir se sustentar, mas perde parte de seu modo de vida tradicional. Esses povos estão distribuídos de forma desigual pelo Brasil. A maior parte das terras indígenas está nas regiões Norte e Centro-Oeste.

Comentário

Trata-se de uma questão que oferece muitos recursos e informações de fontes variadas que podem e devem ser mobilizadas para a composição da resposta. No entanto, é esperado que, além da identificação e da correlação de informações nas fontes fornecidas, seja feita alguma extrapolação, apresentando outros conhecimentos sobre o tema.

1. Observe o mapa abaixo.

Planisfério: rotas da escravidão – séculos XVI a XIX

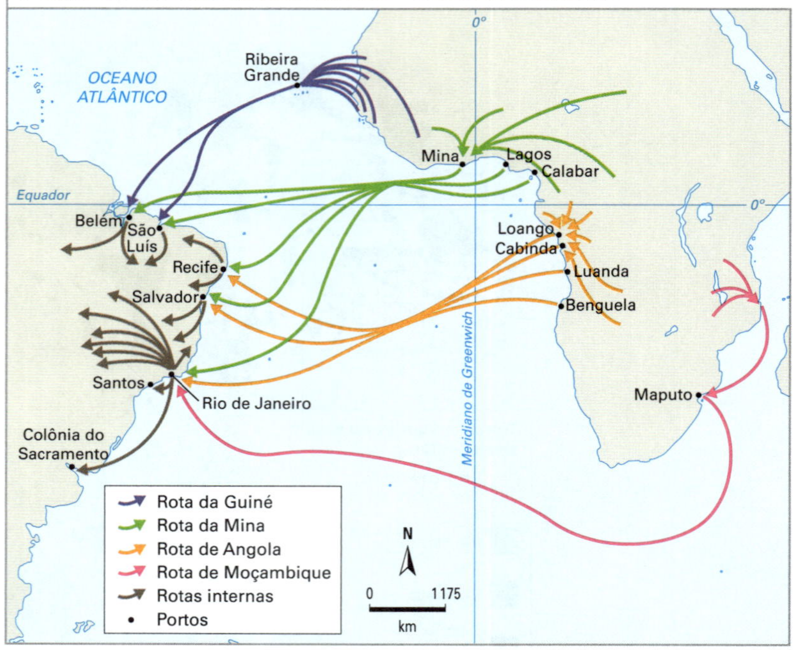

Banco de imagens/Arquivo da editora

Elaborado com base em: GELEDÉS. Rotas da escravidão, 18 abr. 2009. Disponível em: <https://www.geledes.org.br/rotas-da-escravidao/>. Acesso em: 3 dez. 2018.

Os escravos africanos trazidos para o Brasil:

a) vieram de diversas localidades do continente africano, sobretudo do litoral, para trabalhar nos engenhos de açúcar, na mineração de ouro e na lavoura do café.

b) embarcavam em navios negreiros que partiam de diversas localidades na África com a esperança de fugir dos conflitos tribais e eram escravizados assim que desembarcavam.

c) eram todos prisioneiros de conflitos tribais negociados entre africanos e portugueses, que os traziam para o Brasil para trabalharem nas frentes desbravadoras em direção ao interior do país.

d) vieram em sua maior parte dos portos de comercialização de escravos localizados no litoral oriental da África, com destaque para as rotas da Mina e da Guiné.

e) desembarcavam sobretudo no porto do Rio de Janeiro, onde eram comercializados e levados para o restante do país por meio da rede ferroviária que conectava a então capital do Brasil com boa parte do território nacional.

2. Leia o texto abaixo e faça o que se pede.

Em pleno século XXI a grande maioria dos brasileiros ignora a imensa diversidade de povos indígenas que vivem no país. Estima-se que, na época da chegada dos europeus, fossem mais de 1000 povos, somando entre 2 e 4 milhões de pessoas. Atualmente encontramos no território brasileiro 254 povos, falantes de mais de 150 línguas diferentes.

Os povos indígenas somam, segundo o Censo IBGE 2010, 896.917 pessoas. Destes, 324.834 vivem em cidades e 572.083 em áreas rurais, o que corresponde aproximadamente a 0,47% da população total do país.

A maior parte dessa população distribui-se por milhares de aldeias, situadas no interior de 717 Terras Indígenas, de norte a sul do território nacional.

QUEM são? *Povos Indígenas no Brasil*, 5 jun. 2018. Disponível em: <https://pib.socioambiental.org/pt/Quem_são>. Acesso em: 25 ago. 2018.

Leia as afirmativas a seguir e assinale a alternativa correta.

I–Entre as causas da redução do contingente indígena no Brasil estão mortes por doenças trazidas pelos colonizadores, destruição dos ambientes naturais e expulsão de seus territórios, além de conflitos com fazendeiros, mineradores, madeireiros e com o governo.

II–Terras Indígenas são áreas coletivas que são ou estão sendo reconhecidas pelo governo para a utilização exclusiva dos povos originários.

III–A maior parte dos indígenas vive atualmente na região Amazônica, em reservas nas áreas rurais.

a) São corretas as afirmativas I e III.
b) São corretas as afirmativas I e II.
c) São corretas as afirmativas II e III.
d) Apenas a afirmativa I é correta.
e) Todas as afirmativas estão corretas.

3. [...] A distância geográfica e linguística que separa os dois países não impediu o desenvolvimento de uma estreita relação entre as duas sociedades, especialmente nos âmbitos econômico e cultural. Desde a chegada do navio Kasato Maru, em 1908 no porto de Santos, que trouxe 781 _____ para trabalhar em fazendas no interior de São Paulo, a cultura ______ floresceu, adquirindo feições próprias que, num movimento inverso, passou a integrar o universo cultural da antiga pátria de origem. [...]

110 ANOS de imigração japonesa no Brasil. Centro de Formação e Pesquisa Sesc-SP, [s.d.]. Disponível em: <http://centrodepesquisaeformacao.sescsp.org.br/noticias/110-anos-da-imigracao-japonesa-no-brasil>. Acesso em: 3 dez. 2018.

Assinale a alternativa que complete corretamente o texto.

a) chineses; chino-brasileira
b) coreanos; coreo-brasileira
c) indianos; indo-brasileira
d) japoneses; nipo-brasileira
e) siameses; sino-brasileira

4. O que justifica afirmar que o Brasil é um caldeirão de culturas?

____

____

____

____

____

____

CAPÍTULO 3
Regiões do Brasil e dinâmica da população

Você deve ser capaz de:

- Compreender o processo de regionalização do espaço brasileiro.
- Conhecer as principais propostas de regionalização do Brasil e identificar as diferenças entre elas.
- Conhecer a estrutura da população brasileira e como ela se distribui nas regiões do país.
- Reconhecer as diferenças entre as regiões brasileiras e compreender as causas das desigualdades sociais internas.

Reveja o que aprendeu

A regionalização do Brasil foi uma maneira que os governos encontraram para direcionar políticas públicas de acordo com as necessidades de cada parcela do território, com a finalidade de diminuir as desigualdades sociais e regionais do país.

Alamy/Fotoarena

Prédios modernos no centro do Rio de Janeiro (RJ), um dos centros financeiros da região Sudeste. Foto de 2017.

Amarildo Oliveira/Tucupi Imagens

Bairro em Porto Velho, Rondônia, 2017.

Regionalizações do Brasil

Conteúdo referente às páginas 54 a 57.

Há diferentes critérios de regionalização. No Brasil, esses critérios foram sendo alterados ao longo do tempo. Em um primeiro momento, observaram-se apenas os aspectos naturais; mais tarde, foram incorporados aspectos sociais e econômicos nos critérios de divisão do país.

O Instituto Brasileiro de Geografia e Estatística (IBGE) apresentou as seguintes regionalizações ao longo dos anos:

- 1942: divisão regional com base em critérios naturais, respeitando os limites entre estados e territórios.
- 1945: zonas fisiográficas, agrupamento de áreas segundo atributos físicos. Esse critério foi rapidamente abandonado.
- 1970: regionalização com base em critérios naturais, demográficos, sociais e econômicos. Adoção dos conceitos de região homogênea e espaços polarizados. Divisão em cinco regiões: Norte, Nordeste, Centro-Oeste, Sudeste e Sul.

A atual regionalização do Brasil feita pelo IBGE é uma atualização da proposta de 1970, com informações relacionadas às mudanças territoriais no país (criação de novos estados).

Outras regionalizações

Em 1967, Pedro Pinchas Geiger propôs a seguinte regionalização: **regiões geoeconômicas** ou **complexos regionais**, combinando aspectos naturais com aspectos econômicos, e não respeitando rigorosamente os limites entre os estados. São três regiões: Amazônia, Nordeste e Centro-Sul.

Milton Santos e Maria Laura Silveira, em 2001, propuseram a **Região Concentrada**, dividindo o país em quatro regiões: Amazônia, Nordeste, Centro-Oeste e Região Concentrada (onde se concentram a população, os principais objetos que caracterizam o meio técnico-científico-informacional e recursos financeiros).

Estrutura da população brasileira

Conteúdo referente às páginas 58 e 59.

Entre 2012 e 2017, de acordo com dados do IBGE, ocorreu leve declínio da população branca na composição da população brasileira e aumento da população de negros e pardos.

Outra variação significativa se deu nas faixas etárias. A expectativa de vida aumentou (75 anos em 2015) e as taxas de natalidade e fecundidade diminuíram (em razão do aumento da participação das mulheres no mercado de trabalho, casamento tardio, planejamento familiar, aumento no nível de escolaridade, custo de criação de filhos, entre outros).

Nas últimas décadas, o crescimento vegetativo (diferença entre natalidade e mortalidade) vem caindo, o que resulta no envelhecimento da população, processo identificado com a transição demográfica e que pode ser percebido na atual configuração da pirâmide etária do Brasil.

Brasil: pirâmide etária – 2018

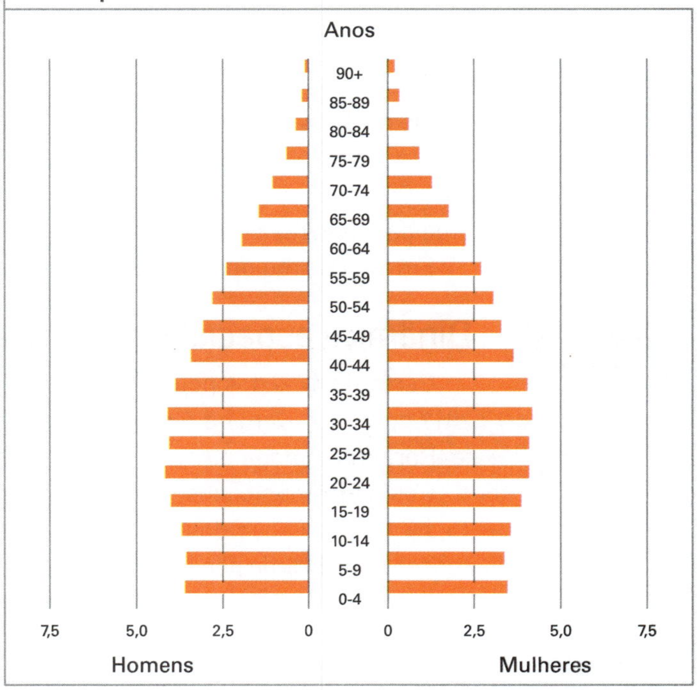

JSDesign/Arquivo da editora

Elaborado com base em: IBGE. Disponível em: <www.ibge.gov.br/apps/populacao/projecao/>. Acesso em: 3 dez. 2018.

Conteúdo referente às páginas 59 a 61.

Índice de Desenvolvimento Humano e Índice de Gini no Brasil

O Índice de Desenvolvimento Humano (IDH) é um indicador que avalia renda, expectativa de vida e média de anos de escolaridade. Esse índice varia de 0 a 1: quanto mais próximo de 1, maior o desenvolvimento humano da região analisada, que pode ser um país ou um município, como é o caso do Índice de Desenvolvimento Humano Municipal (IDHM), adaptado à realidade brasileira.

Nos últimos anos, a evolução no IDHM foi positiva nos três critérios, mas se deu sobretudo em razão das melhoras nos índices de educação. A maior parte dos estados reúne índices acima de 0,7 (alto) e 0,8 (muito alto).

Rubens Chaves/Pulsar Imagens

Foto aérea de São Caetano do Sul (SP), a cidade brasileira com melhor índice de IDH. Foto de 2018.

Índice de Gini

O Índice de Gini é utilizado para demonstrar a desigualdade social por meio da concentração de renda. Varia de 0 a 100 (quanto mais próximo de 100, maior é a concentração de renda).

Em 2016, o Índice de Gini do Brasil foi calculado em 51,5, o que colocou o país na 179ª posição em uma lista de 188 nações. Isso significa que a concentração de renda no país é uma das maiores do mundo.

Em termos regionais, o Sul apresenta melhores índices e o Nordeste, os piores índices.

Conteúdo referente às páginas 61 a 63.

Dinâmica espacial da população brasileira

Cerca de 42% dos pouco mais de 207 milhões de habitantes (de acordo com dados de 2017 do IBGE) vivem na região Sudeste. Os estados menos populosos estão na região Norte (Roraima, Amapá e Acre).

Dos 5 570 municípios brasileiros, 68,3% têm até 20 mil habitantes e abrigam apenas 15,5% da população do país. Os municípios com mais de 500 mil habitantes (apenas 42) concentram 30% da população, com destaque para as capitais estaduais, além de Guarulhos e Campinas, em São Paulo, e São Gonçalo, no Rio de Janeiro.

As grandes aglomerações urbanas crescem em ritmo mais lento. As cidades médias (entre 50 mil e 500 mil habitantes) têm atraído empresas e migrantes.

A desigualdade social brasileira é facilmente percebida nos índices de saúde e nos tipos de doenças que acometem a população. Os mais pobres sofrem com doenças relacionadas à falta de saneamento básico, de cuidados básicos de saúde e higiene, além da falta de medidas preventivas e medicamentos para doenças infectoparasitárias (malária, tuberculose, dengue, esquistossomose, mal de Chagas, entre outras doenças causadas por bactérias e parasitas).

Análise regional da população brasileira

Conteúdo referente às páginas 64 e 65.

A distribuição desigual da população pelas regiões do país é resultado do processo de ocupação do território e do desenvolvimento de atividades econômicas.

Há também diferenças na distribuição da população de acordo com o critério cor. A maior parcela de negros é encontrada no Nordeste; os brancos são maioria no Sul (mais de 75%) e os pardos são maioria no Norte (mais de 71%).

O acesso a renda e serviços é outro critério que explicita a grande desigualdade regional brasileira. O destaque negativo fica para as regiões Norte e Nordeste.

A pobreza representa um conceito multidimensional relacionado a dificuldades de acesso à educação e proteção social (domicílio sem pessoas com trabalho formal ou aposentados e com renda *per capita* inferior a meio salário mínimo), moradia inadequada, falta de saneamento básico e ausência de acesso à internet.

Brasil: distribuição da população por região – 2017

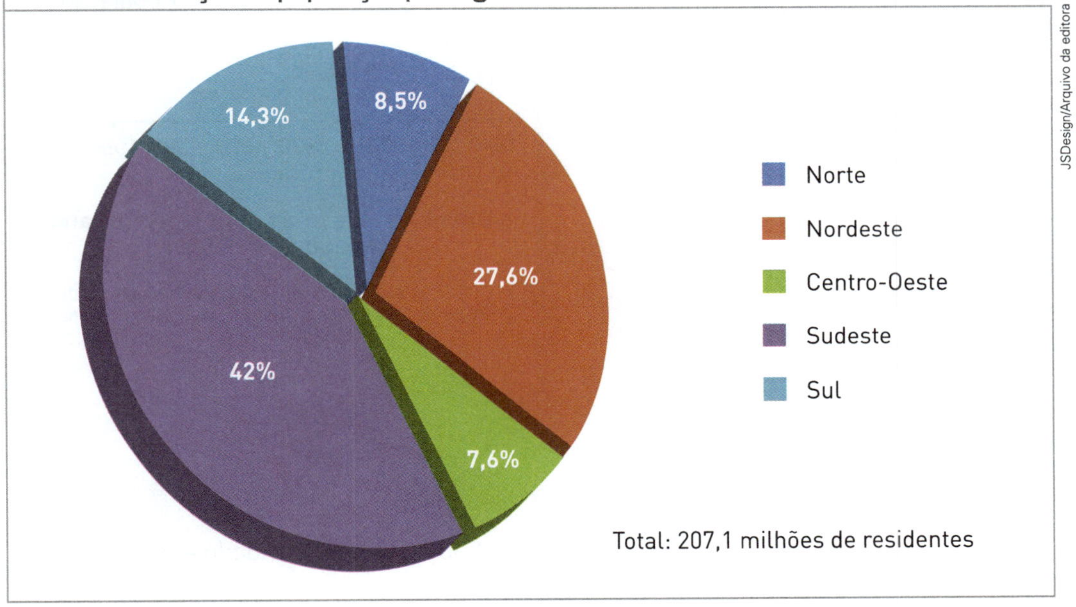

Elaborado com base em: IBGE. Diretoria de Pesquisas, Coordenação de Trabalho e Rendimento. *Pesquisa nacional por amostra de domicílios contínua 2016-2017*: características gerais dos domicílios e dos moradores. Rio de Janeiro: IBGE, 2018. p. 2.

População brasileira: trabalho, gênero, cor e cidadania

Conteúdo referente às páginas 66 e 67.

Entre 2012 e 2016, a taxa de desemprego aumentou em todo o país, exceto em Roraima.

Destaca-se o fato de que, considerando gênero e cor, o nível de renda, o tipo de trabalho e a taxa de desemprego também são muito desiguais no Brasil. As mulheres, os negros e os pardos são a população de menor renda e maioria entre os desempregados.

Dos 25,4% da população brasileira que apresentavam rendimento domiciliar *per capita* inferior a US$ 5,5 por dia em 2016, a maior parte eram negros ou pardos (33,3% dos homens e 34,3% das mulheres).

Cerca de 72% da população branca é atendida por serviços de abastecimento de água, coleta de lixo e rede de esgoto, mas somente 54% da população parda e negra tem acesso a esses mesmos serviços.

Aplique o que aprendeu

Atividade resolvida

(UFRGS)

O gráfico mostra que a população brasileira cresceu de forma significativa no decorrer do século XX: em 1940, eram 41 milhões de habitantes; em 2000, quase 170 milhões.

Em relação à mudança na distribuição da população ocorrida em torno de 1970, que fica evidente no gráfico, são feitas as seguintes afirmações.

I. No período de 1970 a 2000, aumentou a taxa de mortalidade da população rural.

II. A partir de 1970, intensificou-se o processo de urbanização.

III. A partir de 1970, a atividade agrícola entrou em crise.

Quais estão corretas?

a) Apenas I.

b) Apenas II.

c) Apenas I e II.

d) Apenas II e III.

e) I, II e III.

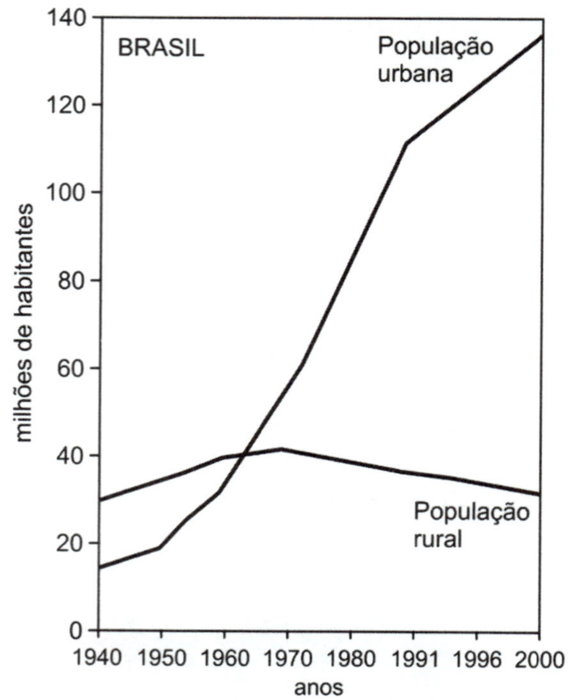

Brasil: evolução da população urbana e rural (1940-2000)

Fonte: THÉRY, Hervé; MELO, Neli Aparecida de. *Atlas do Brasil:* disparidades e dinâmicas do território. 2. ed. São Paulo: EDUSP, 2008. p. 92.

Resposta

Alternativa **b**.

A afirmação I é falsa porque a taxa de mortalidade geral, tanto rural quanto urbana, diminuiu; a II é verdadeira, pois foi a partir da década de 1970 que a urbanização cresceu muito no país; e a III é falsa porque não houve crise na atividade agrícola, e sim modernização da produção, o que implica mecanização e aumento das propriedades com a expulsão dos trabalhadores rurais, que migraram para as periferias das grandes cidades.

Comentário

Resolver corretamente a questão exige tanto a leitura do gráfico quanto informações prévias sobre a dinâmica populacional brasileira do período representado no gráfico. É preciso saber que nesse período a população brasileira inicia seu processo de transição demográfica, caracterizado pela redução das taxas de natalidade e mortalidade, resultando na redução do número de crianças e no aumento da população de jovens e idosos, o que está associado ao processo de urbanização, que cresceu muito no país na década de 1970.

Atividades

1. Observe os mapas abaixo.

Brasil: evolução das grandes regiões – 1940 a 1990

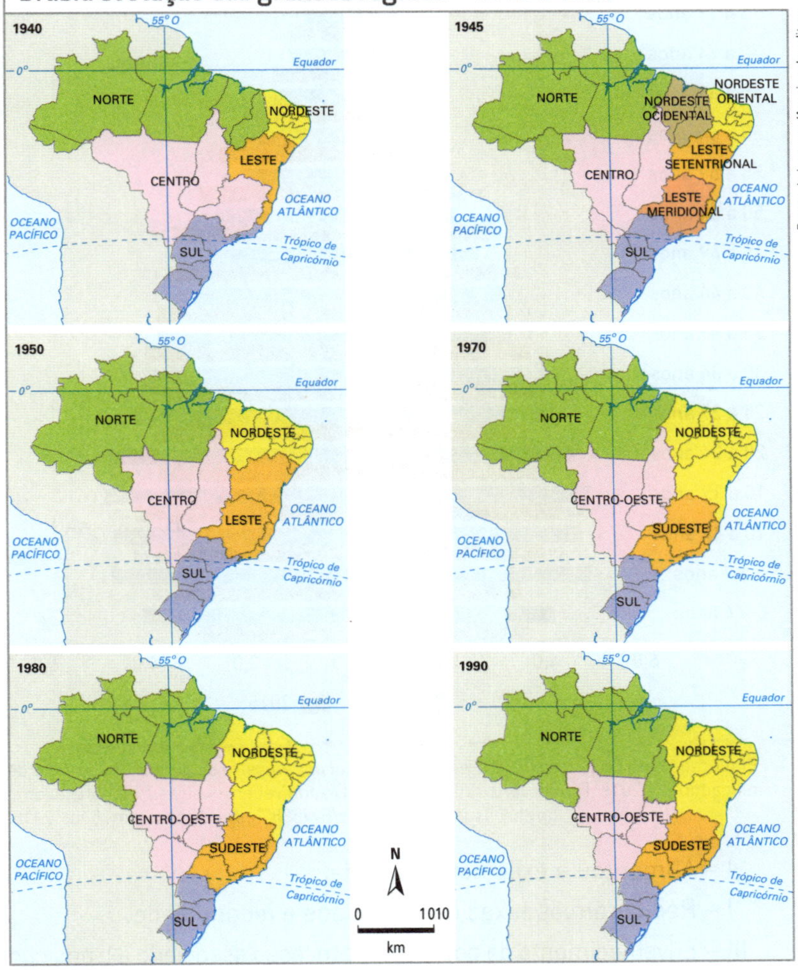

Banco de imagens/Arquivo da editora

Elaborado com base em: THÉRY, Hervé; MELLO, Neli Aparecida de. *Atlas do Brasil: disparidades e dinâmicas do território*. São Paulo: Edusp, 2005. p. 268.

O território brasileiro já teve diferentes regionalizações oficiais ao longo de sua história e mesmo atualmente há propostas diferentes daquela do IBGE de 1990.

As regionalizações são distintas porque:

a) cada governo pensa em políticas econômicas e sociais distintas que implicam a reorganização territorial.

b) além da variedade dos critérios utilizados, os dados do território se alteram com o tempo.

c) os critérios naturais têm dinâmica diferente dos critérios sociais e econômicos e por isso deixaram de ser considerados nas regionalizações atuais.

d) são criados novos estados e as migrações alteram a configuração regional.

e) a intensificação dos fluxos globais e a criação de novos estados no território dependem da política de regionalização.

2. Observe a seguir a pirâmide etária do Brasil.

Brasil: pirâmides etárias – 2004 e 2015

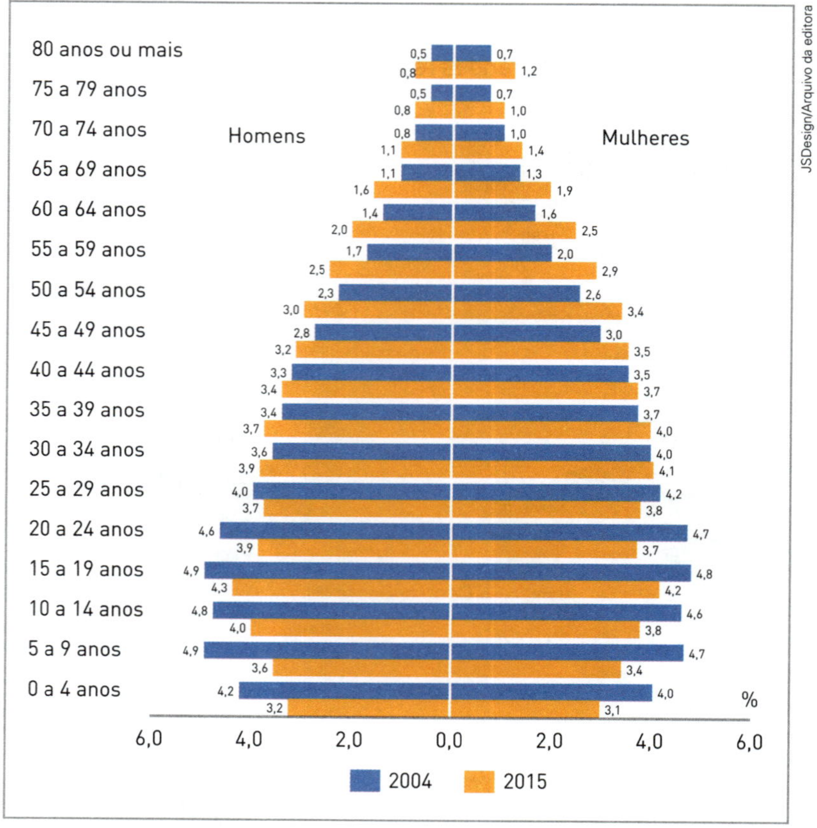

Elaborado com base em: IBGE. *Pesquisa nacional por amostra de domicílios:* síntese de indicadores – 2015. Rio de Janeiro: IBGE, 2016. Disponível em: <https://biblioteca.ibge.gov.br/visualizacao/livros/liv98887.pdf>. Acesso em: 5 jul. 2018.

I – Aumentou a expectativa de vida.

I – Reduziram as taxas de natalidade e fecundidade.

III – Envelhecimento da população, processo associado à transição demográfica.

A análise da evolução da pirâmide etária brasileira permite afirmar:

a) Apenas as alternativas I e II estão corretas.

b) Apenas as alternativas I e III estão corretas.

c) Apenas as alternativas II e III estão corretas.

d) Nenhuma afirmativa é correta.

e) Todas as afirmativas estão corretas.

3. Quais aspectos o Índice de Desenvolvimento Humano (IDH) sintetiza?

a) Saúde, saneamento básico e taxa de desemprego.

b) Concentração da renda e desigualdade social.

c) Renda, expectativa de vida e média de anos de escolaridade.

d) Analfabetismo, renda *per capita* e PIB.

e) Expectativa de vida, mortalidade infantil e acesso à moradia.

4. Observe o gráfico abaixo.

Brasil: distribuição populacional por cor e região – 2017 (%)

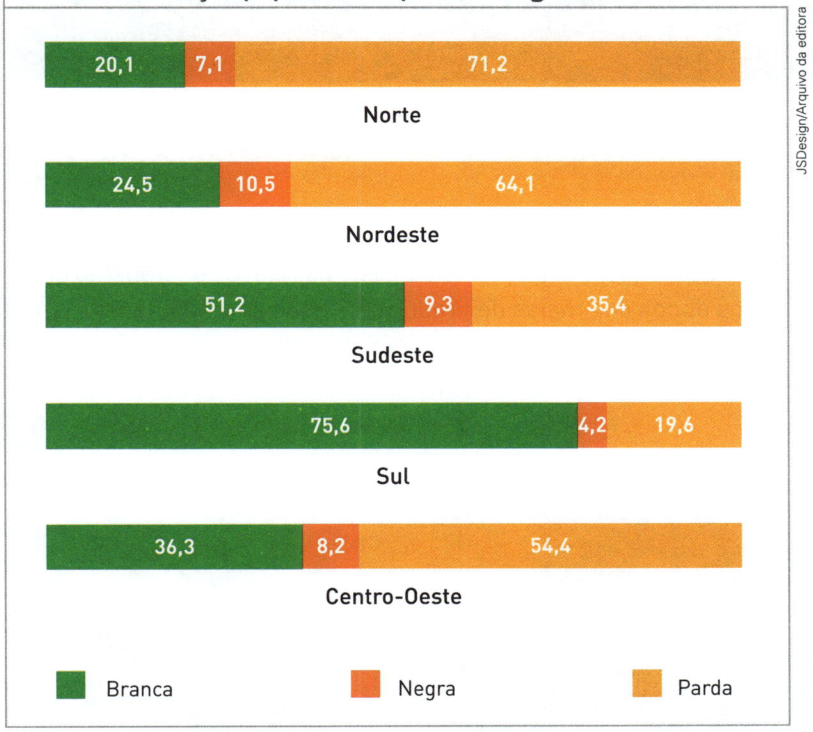

Elaborado com base em: IBGE. Diretoria de Pesquisas, Coordenação de Trabalho e Rendimento. *Pesquisa nacional por amostra de domicílios contínua 2016-2017:* características gerais dos domicílios e dos moradores. Rio de Janeiro: IBGE, 2018. p. 7.

O que explica a distribuição desigual de brancos, negros e pardos nas regiões brasileiras?

5. Compare condições de trabalho, desemprego e renda segundo os critérios de gênero e de cor.

CAPÍTULO 4

Origens e crise do capitalismo

Você deve ser capaz de:

- Compreender o processo de formação do sistema capitalista.
- Analisar o processo e os efeitos da globalização com base nas transformações políticas, econômicas, ambientais e sociais ocorridas nas últimas décadas do século XX.

Reveja o que aprendeu

O capitalismo tem como base a busca do lucro, a posse dos meios de produção e a economia de mercado. Para sociólogos, o capitalismo consiste na relação de trabalho entre diferentes classes sociais: os donos dos meios de produção e a classe trabalhadora.

O progresso dos transportes e das comunicações permitiu o fluxo intenso de mercadorias e capitais entre diversas partes do mundo, o que caracteriza o capitalismo na época da globalização.

Fred Tanneau/Agência France-Presse

Navio cargueiro levando produtos na costa de Quessant, França, 2018.

Conteúdo referente às páginas 78 a 87.

Etapas do capitalismo

O sistema capitalista é dinâmico, ou seja, transforma-se de acordo com as mudanças tecnológicas, sociais e econômicas. Atualmente, trata-se do sistema econômico hegemônico no mundo, responsável por regular trocas econômicas entre países e empresas.

Transição do feudalismo para o capitalismo

O **feudalismo** foi um modo de produção que vigorou na Europa. Senhores feudais eram proprietários de terras cedidas pela monarquia, à qual eram fiéis. A relação de trabalho nessas terras era a servidão: os servos ofereciam trabalho em troca de abrigo e proteção, e predominavam trocas sem a mediação da moeda (escambo).

O declínio desse sistema decorreu das atividades comerciais feitas fora dos feudos, incentivadas pela abertura de rotas comerciais, maior circulação de mercadorias e ressurgimento das cidades.

Surgem potências colonialistas na busca de novos territórios para praticar o comércio ou para explorar metais preciosos.

Capitalismo comercial ou pré-capitalismo

As Grandes Navegações, uma das marcas do capitalismo no período, levaram potências econômicas e marítimas a se lançar ao mundo na busca de novos produtos para comercializar e de recursos naturais, principalmente a prata e o ouro.

Houve assim anexação de novos territórios e a imposição do **colonialismo** (exploração da agricultura e da mineração por meio do trabalho escravo com o objetivo de transferir as riquezas para a metrópole). Prevalecia a doutrina **mercantilista**, ou seja, as colônias eram submetidas às decisões das metrópoles, que impunham a elas políticas comerciais desvantajosas.

As populações locais dos territórios invadidos eram cooptadas culturalmente ou dizimadas, além de escravizadas. Nesse período, o trabalho escravo de negros africanos ganha grandes proporções, com o aumento do tráfico humano da África para o continente americano.

Capitalismo industrial

A acumulação de capital da fase comercial possibilitou mobilizar recursos para investir no desenvolvimento de equipamentos e inovações do sistema de produção, que passou a ser cada vez mais mecanizado e movido a energia não humana (teares mecânicos, máquinas a vapor, locomotivas). Esse sistema resultou na **Revolução Industrial**, que se iniciou na Inglaterra.

Prevaleceu nesse período o **liberalismo** econômico, que fazia contraponto ao Estado absolutista e ao mercantilismo, defendendo o direito à propriedade e a livre concorrência de mercado, ou seja, sem a regulação do Estado.

O fim da escravatura e o crescimento do trabalho assalariado contribuíram para a formação de mercado consumidor dos bens industrializados.

Além da Inglaterra, países como França, Alemanha, Estados Unidos e Japão passaram a desenvolver parques industriais seguindo a lógica capitalista. No início do século XX, a **Revolução Russa**, na Rússia, resultou na União Soviética (que durou até 1991) e promoveu a industrialização do país segundo o modelo econômico no qual o Estado era o grande indutor econômico e proprietário dos meios de produção.

Capitalismo monopolista e financeiro

O capitalismo monopolista resultou da combinação dos setores industrial e financeiro (bancos, seguradoras e bolsas de valores). Nesse período, o empréstimo de dinheiro mediante pagamento com juros ganhou relevância.

Os principais expoentes dessa fase foram Estados Unidos, Alemanha e Japão. Houve uma revisão da doutrina liberal em razão das graves crises que resultaram em quedas de preço, falências e desemprego.

John Keynes, um economista inglês, advertia que o mercado não se autorregularia e, portanto, caberia ao Estado fazer investimentos para promover crescimento e garantir empregos e proteção social.

A expansão da atividade industrial mundial promoveu a formação de **oligopólios** (grupos formados por poucas empresas que controlam um setor de produção) e **monopólios** (quando uma empresa controla a oferta de produtos sem concorrência), que passaram a impedir a livre concorrência e o surgimento de empresas menores.

A fusão de muitas empresas, tanto de capital industrial como de capital financeiro, levou à constituição de um tipo de empresa responsável pela gestão e pela coordenação dos grupos assim formados, a ***holding***, guiada pela lógica do lucro do capital financeiro, como os bancos que controlam as indústrias, por exemplo.

Os **trustes** surgiram da união de várias empresas para o controle do mercado, eliminando a concorrência. O **cartel**, por sua vez, é decorrente da associação entre as empresas para dividir o mercado, eliminar a concorrência e praticar os preços que desejam.

Capitalismo informacional e globalizado

O capitalismo informacional e globalizado é marcado pelas inovações tecnológicas (informática e robótica) e pela associação entre empresas e centros de pesquisa, que financiam pesquisas na área de inovação. Estados Unidos, Japão, China, Alemanha e Coreia do Sul destacam-se nesse sistema. Para o geógrafo Milton Santos, esse processo resultou em um **meio técnico-científico-informacional**. Esse meio é uma marca da globalização, que necessita de uma complexa base tecnológica para funcionar.

Os avanços nos sistemas de transporte e comunicação possibilitaram a **globalização** do capitalismo por meio de variados e intensos fluxos materiais e imateriais pelo mundo. Cada vez mais são produzidas mercadorias em grande quantidade com vistas a ofertar produtos em escala mundial.

No entanto, os benefícios dos avanços da tecnologia só estão disponíveis para aqueles que possuem recursos financeiros para obtê-los e que estão concentrados nos países centrais do sistema, o que permite distinguir os países inseridos na globalização daqueles que estão à sua margem. Ou seja, a globalização resulta em exclusão social e de países que não conseguem acessar os benefícios dela.

Conteúdo referente às páginas 88 a 93.

Crises do capitalismo

O sistema capitalista já atravessou diversas crises. Para alguns economistas, elas fazem parte do sistema, são cíclicas e decorrem da impossibilidade do crescimento e do lucro contínuo. Para outros, elas resultam do esgotamento de processos, instrumentos e técnicas e impelem o sistema para a busca de inovação.

A crise de 1929

Considerada a primeira grande crise do capitalismo, teve início nos Estados Unidos, em 1929, e se espalhou pelo mundo. A maior causa foi a superprodução, agrícola e industrial, que fez os preços despencarem, causando enormes prejuízos e falências.

O crescimento estadunidense antes da crise estava bastante pautado na produção e no fornecimento de produtos para o mercado europeu, que se encontrava estagnado em razão da Primeira Guerra Mundial (1914-1918). Com o fim da guerra e a recuperação econômica da Europa, ocorreu um excedente de mercadorias nos Estados Unidos. Ao mesmo tempo, a euforia de consumo no país estimulou a produção industrial, que passou a produzir mais do que o mercado podia consumir. A grande oferta e a redução da procura fizeram os preços baixarem até o ponto de muitas empresas quebrarem, provocando o ***crack* da Bolsa de Nova York**, porque não havia garantia de pagamento para as ações das empresas.

Na sequência, as atividades econômicas foram intensamente reduzidas e o mundo entrou em recessão até a década de 1930, período que ficou conhecido como **Grande Depressão**. A saída foi ajustar o sistema com maior intervenção do Estado por meio de investimentos em infraestrutura e serviços essenciais para estimular o crescimento econômico. Também foram implantadas políticas de proteção ao trabalhador que resultaram no **Estado de Bem-Estar Social**, que prosperou nos países desenvolvidos até o início do século XXI.

No Brasil, a queda do preço do café, principal produto de exportação na época, levou o governo federal a queimar muitas sacas do produto com o objetivo de elevar seu preço. No fim das contas, esse fato levou o capital nacional a ser aplicado em outros sistemas produtivos e alavancou a industrialização do país. Politicamente, enfraqueceu os políticos paulistas e mineiros (da política do "café com leite") e favoreceu a ascensão de Getúlio Vargas ao poder.

Crises do petróleo (1973-1986)

Como grande parte dos processos produtivos e da produção de energia depende do petróleo, a variação de seu preço tem impacto no mundo inteiro.

Em 1973, os conflitos políticos nos países do Oriente Médio serviram como causa e justificativa para a Organização dos Países Exportadores de Petróleo (Opep) elevar o preço do petróleo e restringir sua circulação (em pouco tempo o barril subiu de 3 dólares para 12 dólares). As grandes empresas petrolíferas, conhecidas como as Sete Irmãs, enfrentaram dificuldades para exercer suas atividades em alguns países em razão da crise política.

Nos anos seguintes, os preços se elevaram, sempre por meio da manipulação da Opep, que aumentava ou diminuía a produção de acordo com seus interesses.

No Brasil, a crise internacional do petróleo estimulou o governo a investir na prospecção desse recurso natural. Nesse período, entretanto, a dívida externa aumentou, pois o país era dependente de produtos importados, que tiveram seus preços elevados por conta da crise internacional. O governo acabou optando pela criação do Programa Nacional do Álcool (Proálcool), em 1975, com o objetivo de produzir álcool (etanol) da cana-de-açúcar para ser usado como combustível e diminuir a necessidade de importar petróleo.

A queda nas atividades econômicas brasileiras levou o país a uma séria crise nos anos 1980, que ficaram conhecidos como a "década perdida".

A crise de 2008

Em 2008, muitos bancos privados quebraram porque não conseguiram honrar depósitos dos clientes e outros compromissos financeiros. Assim como a crise de 1929, essa crise teve início nos Estados Unidos e se espalhou pelo mundo.

Analistas econômicos explicam que sua origem está ligada à concessão de empréstimos imobiliários para pessoas que não tinham condições de pagá-los e que se tornaram inadimplentes.

Além disso, a pouca intervenção estatal na economia, decorrente da prevalência da ideologia neoliberal, contribuiu com a crise, pois houve uma avaliação de que o mercado se autorregularia, o que não ocorreu. Mais uma vez, além das falências, aumentaram o desemprego e a recessão.

No Brasil, a alta do dólar afetou parte do consumo da população, dependente de produtos e matérias-primas importados. Houve também queda dos índices de crescimento econômico do país, que até então apresentava bons indicadores, e elevação dos juros.

O governo federal tentou reverter esse cenário estimulando o consumo por meio da redução dos impostos dos produtos, estratégia que deu certo em um primeiro momento. No entanto, a instabilidade econômica e política que veio em seguida alterou a situação e o país entrou em crise, o que fez aumentar o número de pessoas desempregadas.

Aplique o que aprendeu

Atividade resolvida

(UEM)

Sobre o mercado financeiro e a financeirização da economia, assinale o que for **correto**.

01) A crise de 2008/2009, desencadeada pela chamada bolha imobiliária, resultou em uma elevação imediata do valor total de mercado das bolsas de valores existentes no globo.

02) O sistema financeiro, ancorado nas tecnologias da informática e das comunicações, é responsável pela movimentação da maior parte dos capitais especulativos existentes.

04) Vultosas cifras são transferidas de um mercado financeiro para outro mediante compras de títulos da dívida pública emitidos pelos governos de diferentes países.

08) Parcela significativa dos investimentos realizados no chamado setor produtivo é destinada às bolsas de valores espalhadas pelo mundo. O valor de mercado de uma bolsa de valores corresponde ao valor da soma das ações das empresas nela listadas.

16) Capital produtivo corresponde ao dinheiro investido nos mercados de títulos financeiros, de ações, de moedas ou de mercadorias, no intuito de se obter lucros rápidos e elevados.

Resposta

A resposta correta é 14 (02 + 04 + 08 = 14). Os itens 01 e 16 estão incorretos.

O item 01 está incorreto porque a crise financeira global de 2008 é decorrente da inadimplência do setor imobiliário nos Estados Unidos, o que levou muitos bancos a não ter recursos para honrar seus depósitos e transações com outras instituições. O desdobramento foi uma expressiva queda das bolsas de valores nos Estados Unidos e no mundo.

O item 16 está incorreto porque o capital investido em títulos financeiros não é produtivo, ao contrário, é especulativo. Trata-se de recursos financeiros que são deslocados rapidamente entre países e tipos de aplicações sem nenhum compromisso com a economia real, as empresas e os trabalhadores.

Comentário

Nesse tipo de questão, é preciso somar os números correspondentes às alternativas corretas. Todos os itens podem estar certos, ou apenas um, ou ainda alguns, como acontece nesta questão. É preciso ter bastante atenção tanto na leitura quanto na efetuação da soma.

Repare que na pergunta foi destacado, por meio de negrito, que é preciso assinalar o que é **correto**, e isso é o mais comum. No entanto, algumas questões pedem que se destaque o que está **errado**. Portanto, aqui também é preciso fazer uma leitura cuidadosa do que é solicitado.

Atividades

1. O capitalismo passou por transformações ao longo da História e enfrentou crises em diversos momentos. Porém, apresenta uma característica que permanece ao longo de séculos, que é a busca de:

a) matérias-primas diretamente da natureza.

b) obtenção de lucro com a venda de mercadorias.

c) soluções para crises econômicas por meio de ajuda a países pobres.

d) novas técnicas que aumentem o poder de trabalhadores.

e) trabalhadores ideais, os robôs atuais.

2. A obra de arte a seguir representa características do espaço geográfico europeu durante o:

Prisma/UIG/Getty Images

Miniatura de *Grimani Breviary*, manuscrito iluminado do século XV.

a) feudalismo.

b) capitalismo comercial.

c) colonialismo.

d) mercantilismo.

e) capitalismo agrário.

3. Doutrina econômica que critica o Estado absolutista e o mercantilismo, além de defender o direito à propriedade e a livre concorrência dos mercados. Na visão de seus teóricos, o Estado deve deixar o mercado funcionar, cabendo aos agentes econômicos regular as ações.

O texto descreve que doutrina econômica? E durante que fase do capitalismo ela foi predominante?

a) Liberalismo; capitalismo comercial.

b) Neoliberalismo; capitalismo comercial.

c) Liberalismo; capitalismo industrial.

d) Neoliberalismo; capitalismo industrial.

e) Liberalismo; capitalismo financeiro.

4. O atual sistema capitalista informacional e globalizado é caracterizado:

a) pela ausência da participação do Estado na economia, imposição de barreiras comerciais, globalização e constituição do meio técnico-científico-informacional.

b) pelas inovações tecnológicas (informática e robótica), associação entre empresas e centros de pesquisa e disseminação irrestrita pelo espaço mundial de variados e intensos fluxos materiais e imateriais.

c) pelo avanço nos sistemas de transporte e comunicação, intensificação das migrações internacionais e constituição de um espaço geográfico mundial onde os indivíduos são consumidores e trabalhadores globais, com livre acesso ao mercado.

d) pela doutrina econômica neoliberal, maior participação do Estado na economia, intensificação das privatizações e maiores fluxos econômicos internacionais.

e) pelas inovações tecnológicas, avanço nos sistemas de comunicação, intenso fluxo de capitais e mercadorias e disseminação da doutrina neoliberal.

5. Para alguns economistas, as crises do capitalismo fazem parte do sistema, são cíclicas, decorrentes da impossibilidade do crescimento e do lucro contínuo. Para outros, elas resultam do esgotamento de processos, instrumentos e técnicas e impelem o sistema para a busca de inovação.

A primeira grande crise do capitalismo, em escala global, ocorreu em 1929. Explique as origens e as consequências desse evento.

6. Quais as consequências, no Brasil, do choque do petróleo ocorrido em 1973?

CAPÍTULO

5

Sistemas de produção na agricultura

Você deve ser capaz de:

- Reconhecer os sistemas de produção agrícola e suas principais características.
- Reconhecer a história dos movimentos sociais no espaço rural brasileiro.
- Analisar a produção da agricultura brasileira, incluindo sua importância no setor energético.
- Analisar os impactos das mudanças climáticas na produção de alimentos.

Reveja o que aprendeu

Agricultura e pecuária estão entre as atividades mais antigas da humanidade. Elas possibilitaram a fixação dos grupos sociais, pois os seres humanos não precisavam mais buscar comida em outras terras. Essas atividades sofreram grandes transformações e, atualmente, uma parte da produção utiliza tecnologia de ponta, como é o caso dos complexos agroindustriais.

O Brasil está entre os maiores produtores e exportadores mundiais de gêneros agropecuários. É também o país que mais consome agrotóxico e ainda não resolveu o problema de acesso à terra para grande parte dos pequenos produtores.

Paulo Whitaker/Reuters/Fotoarena

Plantação de soja em Tangará da Serra, Mato Grosso, 2009. O cultivo da soja é um dos mais emblemáticos do sistema de produção agrícola atual: realizado por grandes complexos agroindustriais no sistema de monocultura, em grandes latifúndios, com ampla utilização de agrotóxicos e fertilizantes, que contaminam o solo e as águas. O maior problema é que esse tipo de cultivo avança sobre as áreas de vegetação original, como no caso do Cerrado, no Centro-Oeste do Brasil.

Cadeia agroindustrial

Conteúdo referente às páginas 98 a 101.

O processo de modernização da agricultura acelerou o ritmo da produção com métodos de irrigação, correção dos solos, seleção de sementes ou produção de sementes artificiais, uso intensivo de máquinas, fertilizantes e agrotóxicos, de modo a tornar possível produzir mais de uma safra por ano.

A cadeia agroindustrial não produz alimentos para serem consumidos localmente. Na realidade, produz matéria-prima para a indústria, a fim de atender os mercados nacional e internacional. Isso faz com que o preço de cada produto oscile de acordo com as demandas do mercado e seja definido em bolsas de valores.

Geralmente praticado em grandes propriedades e de maneira intensiva, esse tipo de produção causou perda de biodiversidade, redução de nutrientes do solo, contaminação em razão do uso excessivo de fertilizantes e agrotóxicos, entre outros impactos socioambientais. Também reduziu a quantidade de empregos no campo, e sua alta produtividade não garante a oferta de alimentos para toda a população, sobretudo porque a variedade dos gêneros cultivados é pequena, padronizada e voltada para a indústria.

O sistema de produção agrícola é definido em função do uso de tecnologias ou técnicas de produção e pelo destino dessa produção.

Sistema de produção intensivo

O objetivo é obter a máxima produtividade possível por hectare. São empregados muitos recursos financeiros que se materializam em técnicas avançadas de produção, com intenso uso de máquinas e insumos. Esse sistema reduz o tempo entre a semeadura e a colheita, outra forma de aumentar a produtividade.

É praticado em grandes propriedades (latifúndios) e no cultivo de apenas um gênero agrícola (monocultura).

Sistema de produção familiar

Uso de técnicas tradicionais aplicadas geralmente por poucos trabalhadores, quase sempre membros da mesma família, com pouca mecanização. São cultivados diversos produtos (policultura) em pequenas propriedades (minifúndios). Apesar de apresentar menor produtividade que o sistema intensivo, tende a preservar os recursos naturais e provocar pouco impacto ambiental, pois usa menos insumos industrializados e segue o ritmo da natureza.

É responsável por cerca de 70% da produção de alimentos em todo o mundo, mas vem sendo ameaçado pelos complexos agroindustriais, que definem preços e controlam tanto a produção de sementes quanto o que deve ser produzido.

Sistemas de produção agrícola no Brasil

Conteúdo referente às páginas 102 a 107.

Até década de 1950, havia técnicas tradicionais e expansão de novas áreas agrícolas. Após 1960, novas tecnologias começaram a ser aplicadas. Nos dias atuais, a produção agrícola brasileira apresenta elevado nível de modernização e está intensamente vinculada à indústria.

A grande empresa agrícola

Nesse modelo de produção, existe uma separação entre os administradores do processo produtivo e os trabalhadores assalariados com regime de trabalho permanente ou temporário.

A produção é direcionada aos mercados internacional e nacional, apresenta alto nível de especialização, limita-se a poucas culturas, ocupa grandes extensões de terra e utiliza muita tecnologia para alcançar altas taxas de produtividade.

No Brasil, grande parte das atividades agrícolas integra complexas cadeias nas quais o setor primário se conecta com a indústria em todas as suas etapas de produção. O país é um dos principais exportadores de produtos agrícolas do mundo, com destaque para soja (grão e derivados), milho, trigo, algodão, açúcar, café, cacau, celulose, etanol e suco de laranja. Segundo o IBGE, em 2017, a participação do agronegócio no Produto Interno Bruto (PIB) chegou a quase 24%.

No entanto, a entrada desses produtos em alguns mercados externos, como países da Europa e os Estados Unidos, é impedida em razão de políticas protecionistas, como barreiras internacionais de importação e regras fitossanitárias exigentes, medidas que encarecem os produtos. Além disso, o governo brasileiro é acusado por outros países de favorecer os produtores por meio de isenções fiscais e subsídios, o que barateia a produção.

Agricultura familiar no Brasil

Segundo a Lei n. 11326, de 2006, a agricultura familiar é a praticada no meio rural em pequenas propriedades, principalmente por pessoas de uma mesma família, cuja renda provém dessa atividade. Estão compreendidos nessa classificação os pescadores, os extrativistas, os indígenas e os quilombolas.

Pode ser de dois tipos: a que visa manter a família e utiliza, em geral, poucos insumos agrícolas e mão de obra familiar; e a que tem como objetivo o comércio, com o uso de técnicas mais avançadas e algum tipo de mecanização, como o trator. Nesse segundo caso, os produtos podem ser exportados por meio de cooperativas.

Segundo dados de 2006 do IBGE, 84,4% dos estabelecimentos rurais do país pertenciam a grupos familiares, ou seja, mais de 4 mil propriedades rurais, distribuídas por mais de 80 milhões de hectares.

É o sistema que mais produz alimentos no país. Segundo dados de 2015 do IBGE, a agricultura familiar foi responsável por 70% de toda a produção de feijão, 87% do cultivo de mandioca, 46% de milho, 38% de café, 34% de arroz e 21% de trigo.

São diversas as condições de trabalho na agricultura familiar:

- **pequenos proprietários**: o próprio dono da terra produz, com o auxílio de familiares e um ou outro empregado;
- **arrendamento rural**: o proprietário aluga sua terra. Em alguns casos, o pagamento pode ser feito com parte da produção. Os riscos são do arrendatário;
- **parceria**: o agricultor usa terras de terceiros. É comum que a metade da produção fique com o dono das terras, que também divide os custos dos insumos agrícolas. Os riscos de produção são partilhados entre as duas partes;
- **posseiros ou ocupantes**: pequenos agricultores familiares que ocupam terras devolutas (pertencentes ao Estado brasileiro) ou improdutivas, das quais tomam posse, mas sem os documentos que comprovem a propriedade do imóvel;

O Instituto Nacional de Colonização e Reforma Agrária (Incra) é o órgão federal responsável pela questão do acesso e da posse da terra no país, como no caso de **grileiros** (pessoas que se apropriaram ilegalmente de terras por meio de documentos de propriedade falsos) e **assentamentos rurais** (ocupação de parcelas de grande área rural desapropriada por ser improdutiva, ou por ter dívidas com o Estado, ou que pertence ao governo).

Agricultura orgânica

Esse tipo de produção agrícola que não faz uso do agrotóxico tem crescido no Brasil e no mundo. Geralmente, o adubo vem do esterco de animais, a água é usada em menor quantidade e a mão de obra é familiar. Sua certificação tem auxiliado na comercialização, o grande desafio desse setor.

Movimentos sociais no campo

Conteúdo referente às páginas 107 a 111.

A Lei de Terras, de 1850, determinou que a única forma de acesso à terra seria pela compra, ou seja, estabeleceu a propriedade privada. O objetivo era impedir que, com a abolição do tráfico de escravos ocorrida no mesmo ano, ex-escravos e outros grupos sociais menos favorecidos se tornassem proprietários de terra.

Ao contrário do que ocorreu em outros países, no Brasil não houve uma ampla reforma agrária para garantir que pequenos produtores tivessem acesso à terra. Diante disso, há muitas décadas trabalhadores rurais têm lutado, por meio de importantes movimentos sociais, para que não sejam expulsos do campo.

Na década de 1940, foram criadas as Ligas Camponesas, que eram associações de trabalhadores. Esse foi o primeiro movimento de expressão com o objetivo de lutar pela reforma agrária e pelos direitos da população do campo no Brasil. Com o mesmo objetivo, foi criado, na década de 1980, o Movimento dos Trabalhadores Rurais Sem Terra (MST).

A luta pelo uso social da terra no Brasil gera problemas graves, como o aumento de conflitos no campo, o uso da violência contra a população e mortes de lideranças de movimentos sociais.

Sebastião Salgado/Amazonas Images

Agricultores na Marcha Nacional por Emprego, Justiça e Reforma Agrária, do MST, na fazenda Cuibá, no sertão de Xingó (SE), 1996. Fotografia de Sebastião Salgado.

Conteúdo referente às páginas 111 a 113.

Agricultura e energia

A crise do petróleo levou vários países a buscar alternativas em produtos agrícolas que possam servir de combustível, os chamados **biocombustíveis** ou **agrocombustíveis**. Destacam-se os vegetais sacarídeos (beterraba e cana-de-açúcar), celulósicos (gramíneas e resíduos de cultivo), amiláceos (milho) e oleaginosos (soja, girassol, amendoim, palma, mamona, etc.).

Os Estados Unidos são os maiores produtores de etanol obtido do milho. Na Europa, o etanol produzido é derivado de uma espécie de beterraba branca. Investe-se maciçamente em diversos combustíveis renováveis e a tendência é que a produção cresça, embora os países europeus não disponham de grandes áreas para o cultivo.

No Brasil, por sua vez, o etanol é derivado da cana-de-açúcar e tem produtividade superior à do milho. Desde a década de 1970, com o aumento do preço do petróleo, exerce papel importante na economia do país. É utilizado em dois terços da frota de veículos brasileiros, que podem ser abastecidos com gasolina ou etanol. Além disso, a gasolina brasileira tem uma proporção de pouco mais de 25% de etanol adicionado.

Como são menos poluentes, as oleaginosas são cada vez mais empregadas na produção de biocombustíveis, que substituem combustíveis fósseis em veículos leves e motores estacionários (geradores), e são misturados ao *diesel* em diferentes proporções.

Conteúdo referente às páginas 114 e 115.

Produção agrícola no Brasil

A produção agrícola brasileira sempre teve papel relevante na exportação do país e aumentou sua participação nas últimas décadas. Representa cerca de 50% do valor total exportado, tendo como destaque a soja, seguida por açúcar, celulose e café.

As áreas destinadas à agricultura comercial se expandem, enquanto as destinadas à produção de alimentos são reduzidas.

Entre os destaques regionais, estão:

- **Centro-Oeste e Sul**: cultivo de cereais, leguminosas e oleaginosas (soja, milho, feijão, arroz, trigo, amendoim, aveia, centeio, cevada, girassol, caroço de algodão, entre outros);
- **Sudeste**: cana para produção de açúcar e etanol, café;
- **Norte e Nordeste**: mandioca e cacau.

Conteúdo referente às páginas 115 a 117.

Pecuária

A pecuária trata da criação de diferentes espécies de animais (bovinos, suínos, caprinos, ovinos, etc.) para a obtenção de carne e outros produtos, como ovos, leite, couro e lã. Pode ser dividida em:

- **pecuária extensiva**: animais soltos em uma vasta área;
- **pecuária intensiva**: animais confinados em ambientes controlados que recebem rações especiais e suplementos alimentares para ganhar peso mais rapidamente (maior produtividade). A inseminação controlada e a produção leiteira mecanizada fazem parte desse modelo de produção;
- **pecuária semiextensiva**: o gado é criado solto, mas com o uso de técnicas como a seleção de animais e o emprego de suplementos.

Em 2017, os Estados Unidos foram considerados o maior produtor e consumidor de carne bovina no mundo. O Brasil é o segundo maior produtor e o terceiro maior consumidor. Entre os principais exportadores de produtos pecuários estão: Brasil, Índia e Austrália. China e União Europeia também são grandes produtores e grandes consumidores.

A criação de animais é a atividade que mais ocupa terras no mundo. Apesar da crescente produção de animais em larga escala, por meio do uso de tecnologias, cerca de 70% da população rural mundial ainda cria animais soltos.

Isso provoca diversos impactos ambientais: grandes áreas com vegetação nativa são convertidas em pastagens, pisoteio do gado altera a qualidade do solo e responde por boa parte das emissões de gases de efeito estufa, provenientes tanto do desmatamento como da ruminação e das fezes dos animais.

Pecuária no Brasil

Tradicionalmente, desenvolve-se no país a pecuária extensiva para produzir carne bovina. A maior parte da criação de gado bovino é desenvolvida na região Centro-Oeste, principalmente em Mato Grosso (13,9%) e Mato Grosso do Sul (10%), além de Minas Gerais (10,8%) e Pará (9,4%). Já a produção de aves apresenta grandes rebanhos confinados.

Segurança alimentar

Conteúdo referente às páginas 117 a 121.

A segurança alimentar leva em conta a disponibilidade de alimentos produzidos, o acesso, a utilização correta e a estabilidade no fornecimento.

A falta de alimentos ainda é uma realidade para parte expressiva da população no mundo. Entre os principais motivos associados ao grande número de pessoas com fome, destacam-se problemas de abastecimento, por causa do número crescente de conflitos e alterações climáticas, e a redução da atividade econômica em muitos países, ampliando a dificuldade de acesso das populações mais pobres a alimentos.

Agrotóxicos e transgênicos: impasses

Empregado para aumentar a produção, o agrotóxico usado em excesso contamina a água e o solo, processo intensificado pela ação dos ventos e da chuva (lavagem das folhas, lixiviação e erosão).

Em relação à pecuária, muitos animais são tratados com medicamentos e hormônios para o rápido crescimento e ganho de peso.

Já os transgênicos são organismos que foram geneticamente modificados. Em 2016, a área global com lavouras transgênicas foi de 185,1 milhões de hectares, um aumento de 3% em relação a 2015.

Os impactos relacionados ao cultivo de transgênicos ainda não foram bem avaliados. Há riscos ligados à polinização cruzada dessas espécies com espécies nativas ou não modificadas e à saúde, causando alergias e outras enfermidades. Além disso, os transgênicos podem exigir o uso mais intensivo dos agrotóxicos, já que a planta pode ser resistente a eles. Isso faz com que, do ponto de vista social, os agricultores se tornem dependentes da produção dos insumos modificados, como sementes patenteadas por grandes empresas.

Euclides Oltramari Jr/Futura Press

Avião pulveriza agrotóxico em plantação de milho em Rondonópolis, Mato Grosso, 2015. Em 2017, o Brasil era o país que mais consumia agrotóxicos no mundo (em média, 7,3 litros por pessoa).

Aplique o que aprendeu

Atividade resolvida

(UERJ)

Em abril de 1996, 19 camponeses sem-terra foram mortos pela polícia militar no episódio que ficou mundialmente conhecido como Massacre de Eldorado de Carajás, ocorrido no sudeste do Pará. Os participantes do Movimento dos Sem Terra faziam uma caminhada até a cidade de Belém, quando foram impedidos pela polícia de prosseguir. Mais de 150 policiais foram destacados para interromper a caminhada, o que levou a uma ação repressiva extremamente violenta.

Adaptado de anistia.org.br.

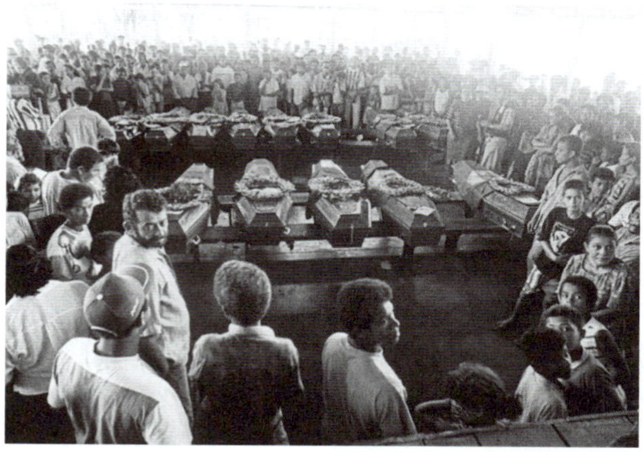

Reprodução/UERJ

Dez posseiros foram assassinados em maio de 2017 durante uma ação policial de reintegração de posse em um acampamento na Fazenda Santa Lúcia, no Pará, segundo informações da Comissão Pastoral da Terra. A reintegração foi realizada pelas Polícias Civil e Militar do estado.

agenciabrasil.ebc.com.br

Reprodução/UERJ

Como indicam os episódios retratados nas reportagens, os conflitos pela posse da terra no Brasil nas últimas décadas persistem.

Esses conflitos são decorrentes do seguinte processo:

a) desqualificação do trabalhador rural.

b) encarecimento de insumos agrícolas.

c) reformulação de legislação específica.

d) concentração da propriedade fundiária.

Resposta

Alternativa d.

Apesar de as demais alternativas apresentarem afirmações verdadeiras, o maior problema no campo brasileiro, a chamada "questão agrária", é a distribuição desigual de terra, a concentração fundiária e o impedimento de acesso à terra ao pequeno produtor.

Comentário

Nesse tipo de questão, as imagens e os textos não são estruturais para identificar a resposta correta. Eles servem para contextualizar o tema e indicar que a questão da violência no campo é uma realidade concreta e atual no país, veiculada nos meios de comunicação quando massacres de grande proporção acontecem. Portanto, em exames vestibulares com muitas questões e pouco tempo de resolução, ler primeiramente a questão para avaliar se há necessidade de recorrer aos textos e às imagens de apoio é uma boa estratégia para economizar tempo.

Atividades

1. A integração da agricultura com a indústria consolidou a cadeia agroindustrial, caracterizada pelo(a):

I. Modernização das técnicas usadas no campo, que acelerou os processos naturais.

II. Produção de sementes artificiais, correção dos solos, irrigação, clonagem de espécies e produção de mais de uma safra ao ano.

III. Preço definido pelo mercado internacional.

Estão corretas:

a) I e II.

b) II e III.

c) I e III.

d) Nenhuma.

e) Todas.

2. A agricultura familiar no Brasil:

a) representa o menor percentual de propriedades rurais no país.

b) atende sobretudo às demandas da cadeia agroindustrial estrangeira.

c) é responsável por grande parte dos alimentos consumidos no país.

d) utiliza muitos insumos industriais e provoca significativo impacto ambiental.

e) limita-se às pequenas propriedades, onde os trabalhadores são os donos da terra.

3. Uma prática comum no campo brasileiro é ______________, no(a) qual um proprietário cede a utilização de seu terreno para práticas agrícolas, pecuárias, extrativas ou mistas a um agricultor, em troca de um aluguel. Em alguns casos, o pagamento pode ser feito com parte da produção.

Assinale a alternativa que preenche corretamente a afirmação.

a) a parceria.

b) o assentamento rural.

c) a grilagem.

d) o arrendamento rural.

e) a meiagem.

4. Com base no mapa a seguir, responda à questão proposta.

Brasil: distribuição da produção de grãos – 2014-2015

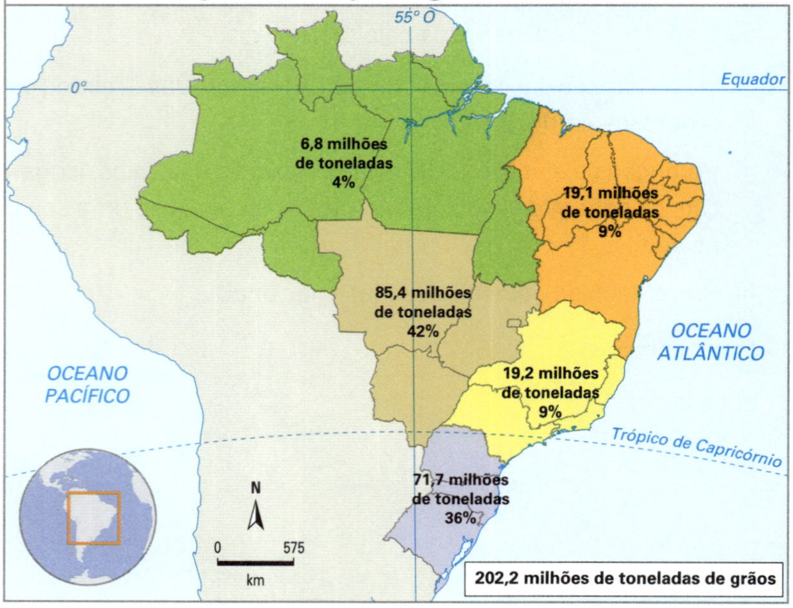

Elaborado com base em: BRASIL – Ministério do Planejamento. Obras de infraestrutura logística do PAC 2 viabilizam escoamento de safra recorde, 13 jan. 2015. Disponível em: <www.pac.gov.br/noticia/b5f0f117>. Acesso em: 7 dez. 2018.

Quais são as regiões brasileiras que se destacam na produção de grãos e quais gêneros são mais cultivados?

a) Centro-Oeste e Sul. Soja, milho e arroz.

b) Centro-Oeste e Sudeste. Feijão e caroço de algodão.

c) Sul e Sudeste. Feijão, laranja e café.

d) Centro-Oeste e Sul. Centeio, cevada, girassol e mandioca.

e) Norte e Nordeste. Mandioca, cacau e frutas.

5. Faça uma comparação entre os sistemas de produção intensivo e familiar.

6. A segurança alimentar trata de disponibilidade, acesso, utilização correta e estabilidade no fornecimento dos alimentos produzidos. Quais são as maiores dificuldades para a manutenção da segurança alimentar mundial?

7. A criação de animais é a atividade que mais ocupa terras no mundo, e a maior parte do gado é criada solta. Quais os principais impactos ambientais dessa prática?

CAPÍTULO

6

Industrialização e circulação de mercadorias

Você deve ser capaz de:

- Reconhecer as principais características da Revolução Industrial.
- Compreender as consequências da mecanização da produção e o surgimento de uma nova configuração social.
- Analisar diferentes processos de produção e de circulação de bens, capitais e informações e suas diversas implicações.

Reveja o que aprendeu

A Revolução Industrial foi o ponto de partida para uma série de mudanças que ocorreram no mundo a partir do século XVIII. O uso de tecnologia, que aumentou o ritmo da produção e substituiu os trabalhadores por robôs, além do processo de globalização, no qual empresas transnacionais ultrapassaram as fronteiras de países em busca de mercados consumidores e baixos custos de produção, são fatores que influenciaram a história da humanidade em níveis nunca antes vistos.

Geoff Caddick/Agência France-Presse

Indústria automobilística em Londres, Reino Unido, que utiliza apenas robôs em sua linha de produção. Foto de 2017.

A Revolução Industrial

Conteúdo referente à página 126.

A Revolução Industrial, ocorrida na Grã-Bretanha, no século XVIII, e difundida para outros países europeus e para os Estados Unidos, reorganizou as relações sociais, econômicas, políticas e ambientais.

Houve mudanças na produção de energia e nos transportes; inovações científicas; utilização de novas matérias-primas. Por outro lado, as mudanças causaram grandes impactos ambientais: poluição e uso intensivo de recursos naturais.

As inovações resultaram em maior produtividade: máquinas a vapor, tear mecânico, trens e ferrovias, além do uso do carvão mineral como fonte de energia. Com o passar do tempo, apareceram novas fontes de energia, como petróleo e eletricidade, além de novas invenções e melhorias na produtividade. Entretanto, as condições de trabalho tornavam-se mais insalubres.

Taylorismo, fordismo e toyotismo

Conteúdo referente às páginas 127 a 129.

O **taylorismo** foi um modelo de produção cuja base eram técnicas que visavam maior rendimento e a diminuição do tempo gasto na produção e do esforço físico dos trabalhadores.

Já no **fordismo** havia uma linha de produção em grandes quantidades, com alto uso de eletricidade. Essa linha de produção era sequenciada, ou seja, cada trabalhador era responsável por uma etapa do processo de produção.

Esse aumento de produção exigia uma ampliação do mercado consumidor. Assim, o consumo foi estimulado por meio do aumento do salário dos trabalhadores, além da veiculação de propagandas do modelo de vida consumista.

A regulamentação do trabalho

No início do século XX, não havia regulamentação do trabalho. Os movimentos operários reivindicavam melhores condições, que se traduziam em fixação da jornada diária, condições mais salubres nas fábricas, remunerações fixas e férias remuneradas.

Fordismo periférico

Foi o modelo de produção da indústria automobilística dos Estados Unidos difundido pelo mundo. Nesses países eram realizadas apenas etapas mais simples do processo produtivo, como a montagem dos carros e a produção de algumas peças. Os processos gerenciais e as tomadas de decisão continuavam sendo realizados na matriz.

Toyotismo

Foi um modelo de produção criado no Japão, na década de 1950. Nesse modelo, os trabalhadores exercem diversas funções na fábrica. A produção ocorre sob demanda dos compradores (*just in time*). Assim, não existem grandes estoques de mercadorias para eventuais compradores. Os produtos são montados depois da encomenda, e podem ser adaptados aos interesses do comprador.

Localização industrial e tipos de indústria

Conteúdo referente às páginas 129 a 132.

Inicialmente, o estabelecimento das indústrias dependia de fatores locais, como fontes de energia (em especial as reservas de carvão mineral), de matéria-prima, de mão de obra e de mercado consumidor, já que a produção era voltada ao mercado interno.

Com a intensificação da divisão territorial do trabalho, o processo produtivo ficou mais fragmentado, e disperso espacialmente. Hoje é comum uma empresa atuar em escala mundial, desenvolvendo componentes de seu produto em países diferentes. Mão de obra qualificada e sistema de transporte eficaz passaram a ser determinantes na localização industrial, além de vantagens fiscais, como isenção de impostos.

Tipos de indústria

As **indústrias de bens de produção** são responsáveis por fabricar produtos que servirão de matéria-prima ou energia para outras indústrias (de bens de capital ou de consumo), e também são chamadas de indústrias de base, pesadas ou de transformação.

As **indústrias de bens de capital** produzem bens intermediários que atendem a outras indústrias. Entre seus produtos estão máquinas e equipamentos para agricultura, transporte e geração de energia.

Já as **indústrias de bens de consumo** são divididas em:

- não duráveis: produtos que são utilizados regularmente e que, por isso, necessitam ser repostos com maior frequência, como alimentos e vestuário;
- duráveis: produtos como móveis, automóveis, eletrodomésticos, eletroeletrônicos, entre outros itens que não são trocados com frequência.

Indústria, ciência e tecnologia

As indústrias de setores que envolvem alta tecnologia (informática, biotecnologia, telecomunicações e aeronáutica) geralmente estão localizadas próximo de institutos de pesquisa, com o objetivo de estabelecer parcerias para o desenvolvimento de tecnologias para aprimorar a produção.

Polo tecnológico é o nome dado ao conjunto de empresas de alta tecnologia instaladas próximas umas às outras. Assim, todas podem aproveitar a sinergia gerada, associando-se a institutos de pesquisa e universidades.

Os principais polos tecnológicos estão localizados nos Estados Unidos, na Europa e no Japão. Atualmente, países árabes, Índia, China e Coreia do Sul também passaram a adotar esse modelo. A localização desses parques é consequência da oferta de mão de obra qualificada, centros universitários de excelência em pesquisa, boa infraestrutura de transportes e telecomunicações e apoio do Estado.

Nas últimas décadas, uma série de mudanças levou a uma nova forma de produção, que combina tecnologia, ciência e informação. Chamada por alguns autores de Revolução Técnico-científica-informacional, é caracterizada por transformações tecnológicas, associadas a fluxos de informações e a inovações na informática, na telecomunicação e nos transportes, que alteraram o fluxo de mercadorias, capitais e pessoas e afetaram a produção industrial.

A substituição de pessoas por robôs no sistema de produção vem ocorrendo a passos largos.

Energia e indústria

Conteúdo referente às páginas 133 a 136.

Energia é um fator de produção muito importante para a indústria. As bacias carboníferas inglesas, francesas e alemãs eram as mais cobiçadas para a instalação de fábricas, na época em que o carvão mineral era a principal fonte de energia.

O carvão mineral ainda é importante como fonte de energia. A China é o maior produtor do mundo, seguido pelos Estados Unidos. Já o petróleo é largamente produzido em países como Rússia, Arábia Saudita, Estados Unidos, China, Irã, Venezuela, México e Nigéria.

Recentemente, as indústrias passaram a investir em fontes de energia renováveis, considerando a finitude das fontes de energia não renováveis, além de pressões políticas e sociais em razão do aquecimento global e dos demais impactos ambientais e sociais. Destacam-se a energia solar, a eólica, a das marés e a biomassa.

A extração de matérias-primas, a fabricação de bens de produção e o transporte desses bens para os centros de compra provocam impactos socioambientais em cadeia, associados à poluição da água e do ar, à geração de resíduos e ao surgimento de doenças causadas pela atividade industrial.

A obsolescência programada também gera impactos socioambientais. Os bens de consumo duráveis e não duráveis são desenvolvidos propositadamente com um tempo de vida útil menor do que poderiam ter. Há, assim, maior consumo de matéria-prima e aumento de resíduos.

Industrialização brasileira

Conteúdo referente às páginas 137 a 141.

A industrialização brasileira é considerada tardia. Até a década de 1930, ela era incipiente, mas a acumulação do capital cafeeiro possibilitou o investimento em infraestrutura para sua expansão nos anos seguintes.

O governo brasileiro adotou a política de substituição de importações, que visava estimular a produção e diminuir a dependência externa de produtos para abastecimento interno. Na década de 1950, a industrialização foi estimulada com a chegada de montadoras de automóveis, com destaque para o estado de São Paulo.

A Zona Franca de Manaus (ZFM) foi criada em 1967 com a finalidade de receber indústrias, comércios e serviços na região Norte. Trata-se de uma área de livre-comércio para exportação e importação de bens duráveis e não duráveis.

Novos polos industriais no Brasil

Na década de 1990, investimentos em estados que ainda não haviam se industrializado promoveram a renovação do mapa das indústrias no Brasil. Polos industriais surgiram no Nordeste e no interior da região Centro-Oeste.

Produção de energia no Brasil

No Brasil, existem diversas fontes de energia, tanto não renováveis (petróleo, carvão mineral e gás natural) como renováveis (eólica, solar, hidrelétrica e biomassa).

- Carvão mineral: concentra-se em Santa Catarina.
- Petróleo: a maior parte das reservas encontra-se nas bacias oceânicas, no fundo do mar. O pré-sal recebeu esse nome por ser uma camada localizada a cerca de 7 mil metros de profundidade, abaixo da camada de sal presente no interior da superfície terrestre.
- Energia hidrelétrica: corresponde a mais de 60% da geração de energia do Brasil e é o principal tipo de energia usado na produção industrial.

Fabio Colombini/Acervo do fotógrafo

Foto aérea da Usina Itaipu Binacional, na fronteira de Brasil (Foz do Iguaçu) e Paraguai (Ciudad del Este), em 2018. Itaipu fornece cerca de 15% da energia consumida no Brasil e 86% da energia consumida no Paraguai.

- Biomassa: fonte renovável usada para produzir etanol para abastecer veículos leves, como carros e motos, e biodiesel, combustível para aviões, navios e ônibus. Estimula a monocultura da cana-de-açúcar, o que pode causar a perda da biodiversidade e a contaminação do solo por agrotóxicos.
- Fontes eólicas: o investimento inicial, a partir da crise internacional do petróleo ocorrida em 1973, foi retomado nas duas últimas décadas. Destacam-se os estados do Ceará e do Rio Grande do Sul.
- Energia solar: ainda é incipiente no Brasil em razão de seu custo, embora o país tenha um dos maiores potenciais em relação a essa fonte. Em 2016, correspondeu a apenas 0,01% do total da energia elétrica gerada em território nacional.

Conteúdo referente às páginas 141 a 145.

Circulação de mercadorias

A rede de transportes permite a circulação de matérias-primas, produtos, pessoas e informações no espaço geográfico.

As redes de circulação de mercadorias podem ser reticulares ou polares. As redes reticulares ou ortogonais apresentam grande conectividade e homogeneidade. As redes de circulação polares partem de um ponto central no espaço geográfico e ramificam-se para as áreas periféricas.

Os meios de transporte podem ser: rodoviário (por rodovias), ferroviário (por trens), hidroviário (por embarcações em rios e lagos), marítimo (por embarcações em mares e oceanos), aéreo (por aviões) e dutoviário (por dutos ou canalizações).

Portos

Os portos garantem a movimentação de embarcações por rios navegáveis, mares e oceanos. Neles ocorrem o embarque e o desembarque de mercadorias, processo cada vez mais automatizado.

Transporte aéreo

O transporte aéreo de mercadorias e pessoas ocorre pelo ar, em aviões e helicópteros. Modal rápido e com o custo mais elevado. Por isso, a indústria utiliza em menor volume aviões de carga para o envio de mercadorias em comparação com os demais sistemas de transporte.

Transporte rodoviário e ferroviário

O modal rodoviário de cargas é utilizado pela indústria para enviar matérias-primas e produtos industrializados entre fábricas ou mercadorias perecíveis para o consumo final, por meio de veículos de tamanho médio, caminhões ou carretas.

O modal ferroviário é mais usado para o transporte de cargas em longas distâncias e para uma quantidade maior de carga.

Transporte hidroviário

O transporte hidroviário ou aquaviário é o mais antigo e movimenta cargas e pessoas por rios e lagos. Apesar de mais lento que os modais ferroviário, rodoviário e aéreo, tem maior capacidade de carga, já que um navio pode levar mais itens e carregar mais peso que um caminhão ou trem.

No Brasil, apesar das dimensões continentais, adotou-se um modelo cuja base é o transporte terrestre.

Conteúdo referente às páginas 145 e 146.

Circulação de informações

Para muitos estudiosos, esta é a era da informação, na qual indústrias e grupos sociais são cada vez mais dependentes dos avanços da ciência divulgados nos meios de comunicação, principalmente pela rede mundial de computadores.

Aplique o que aprendeu

Atividade resolvida

(UERJ)

Ao longo de dois séculos de existência, as características estruturais do sistema capitalista permanecem inalteradas. Nele, contudo, houve importantes mudanças que redefiniram as formas de produção e consumo de bens. Essa é a razão pela qual os estudiosos reconhecem momentos distintos do capitalismo, denominados como modelos produtivos. As campanhas publicitárias guardam forte coerência com esses modelos.

A imagem publicitária que expressa uma característica do modelo produtivo fordista é:

a) 

Reprodução/UERJ

b) 

Reprodução/UERJ

c) 

Reprodução/UERJ

d) 

Reprodução/UERJ

Resposta

Alternativa **a**.

Essa alternativa é a que melhor expressa importantes conceitos relacionados ao fordismo, como linha de produção e produção em série e em larga escala (conceitos possíveis de identificar na imagem pelo alinhamento infinito de garrafas).

As demais propagandas veiculam comportamentos individuais, apelando à singularidade do sujeito, às suas escolhas, aos seus desejos, mensagens mais próximas de um sistema de valores pretensamente flexível. Por se tratar de imagens polissêmicas, ou seja, que transmitem informações diferentes segundo o leitor, pode haver diversas interpretações. Contudo, a imagem da alternativa **a** é a única que faz uma referência visual com forte associação ao modelo industrial fordista.

Comentário

Para solucionar essa questão, é preciso dominar o conceito de fordismo e ter a habilidade de relacioná-lo com a mensagem imagética e textual transmitida pelos anúncios publicitários.

Atividades

1. A Revolução Industrial reorganizou as relações sociais, econômicas, políticas e ambientais, com reflexo até os dias de hoje. Ela foi responsável por mudanças na produção de energia e nos transportes, além de ter promovido inovações científicas e novos usos de matérias-primas.

Todas as afirmativas a seguir caracterizam o processo da Revolução Industrial, **exceto**:

a) Iniciou-se no século XVIII, na Grã-Bretanha, e depois dispersou-se para alguns países da Europa e para os Estados Unidos.

b) Desenvolvimento de rede de transporte marítima e ferroviária para o escoamento da produção e da matéria-prima.

c) Uso intensivo do carvão mineral para movimentar as máquinas nas fábricas e os meios de transporte.

d) Não havia regulamentação trabalhista que impedisse jornadas excessivas e permanência em ambiente insalubre.

e) O uso de máquinas aumentou a necessidade de mão de obra.

2. A dinâmica da sociedade industrial promoveu avanços nos processos de fabricação, sendo os mais conhecidos o taylorismo, o fordismo e o toyotismo. O taylorismo é resultado de estudos científicos sobre os movimentos dos operários, ou seja, a criação de instruções precisas para evitar a perda de tempo e garantir o aumento da produtividade. O fordismo aproveitou esse conceito e introduziu a linha de montagem, entre outros procedimentos. E o que caracteriza o toyotismo?

I. Trabalhadores aptos a colaborar em diferentes etapas do processo de produção.

II. Produção *just in time*, em larga escala e com grande estoque para não perder consumidores.

III. Produtos são montados depois da encomenda e podem ser adaptados aos interesses do comprador.

Estão corretas:

a) Apenas I.
b) Apenas II.
c) I e II.
d) I e III.
e) II e III.

3. A localização industrial segue a lógica de redução de custos e do aumento dos lucros. Além disso, dependendo do tipo de indústria e das possibilidades técnicas e políticas de cada momento histórico, os fatores locacionais como mão de obra, mercado consumidor, matéria-prima, infraestrutura, entre outros, ganham ou perdem relevância.

Atualmente, as indústrias estão mais dispersas espacialmente e fatores locacionais tradicionais:

a) perderam totalmente a relevância.

b) são fundamentais para as indústrias de bens de produção.

c) são fundamentais para as indústrias de bens de consumo.

d) são fundamentais para as indústrias de bens de capital.

e) ainda são muito relevantes para todas as atividades industriais.

4. As atividades industriais são grandes consumidoras de energia para executar todas as suas atividades produtivas. Tradicionalmente são muito dependentes de combustíveis como carvão mineral e petróleo. No entanto, recentemente, passou-se a fazer investimentos em fontes renováveis de energia em razão:

a) da possibilidade de esgotamento de fontes tradicionais de energia; da intenção de redução da emissão de gases do efeito estufa; da exigência cada vez maior da sociedade e de legislações mais restritivas quanto ao impacto social e ambiental das atividades econômicas.

b) da preocupação com o efeito estufa; da redução dos custos de produção; da previsão de esgotamentos dos combustíveis fósseis para a próxima década.

c) de acordos e conferências internacionais para a redução de dióxido de carbono; da possibilidade de maior rentabilidade com o uso de energias renováveis; de novas tecnologias que dispensam o uso de energia externa no processo produtivo.

d) da redução da oferta de combustíveis fósseis no mercado internacional; de incentivos fiscais oferecidos pela OCDE; da pressão da sociedade civil organizada por redução da poluição.

e) da insegurança no mercado internacional de carvão e petróleo pelas ameaças constantes de aumento de preços por parte da Opep; da observação das diretrizes estabelecidas pelo Protocolo de Kyoto; de processos produtivos menos dependentes de energia.

5. Cite e explique os principais impactos ambientais decorrentes das atividades industriais.

____

____

____

____

____

6. As indústrias no Brasil são muito concentradas em algumas localidades. O grande destaque é o estado de São Paulo. O que explica a concentração industrial nesse estado?

____

____

____

____

____

____

CAPÍTULO 7

Globalização e consumo consciente

Você deve ser capaz de:

- Compreender os processos da globalização econômica, financeira, política e cultural, assim como suas consequências sociais e ambientais.
- Compreender a importância de adquirir hábitos pautados no consumo consciente, assim como a importância da implantação do comércio justo como alternativa para diminuir impactos no ambiente.

Reveja o que aprendeu

No mundo globalizado, países ocupam diferentes papéis na produção. Alguns fornecem apenas matérias-primas e outros, tecnologia. Porém, alguns países, como o Brasil, atuam nas duas situações, ainda que a exportação de matéria-prima seja predominante. As produções industrial e agrícola estão associadas ao mercado financeiro. Além disso, há intenso fluxo financeiro, com oferta de créditos. A globalização busca padronizar o consumo e resulta em desigualdade e exclusão social. Daí a importância do consumo consciente e do comércio justo para reduzir os impactos ambientais e a desigualdade econômica entre países.

Alamy/Fotoarena

Manifestantes carregam cartaz no qual se lê "Globalizar a indignação", no protesto promovido pelo movimento Unidos por uma Mudança Global, que ocorreu em 951 cidades de 82 países ao redor do mundo. Paris, França, 2011.

Conteúdo referente às páginas 160 e 161.

Globalização econômica

Para muitos autores, a globalização é mais uma etapa do capitalismo, decorrente dos avanços da tecnologia de informação no pós-Segunda Guerra Mundial, caracterizada economicamente pelas privatizações e pela abertura de mercados.

No capitalismo globalizado, a obtenção de lucros é planetária, por isso as empresas transnacionais atuam em diversos países, produzindo e comercializando produtos semelhantes em escala mundial, mas com componentes ou valores culturais locais.

O grande fluxo de capitais advém da transferência dos lucros das subsidiárias para as sedes, onde tanto os produtos como as estratégias comerciais são planejados.

A intensificação do comércio mundial levou à criação da Organização Mundial do Comércio (OMC), de fóruns econômicos e de grupos e blocos de países com o objetivo de regular o comércio e ao mesmo tempo estimulá-lo. A OMC foi criada em 1996, com o objetivo de estabelecer normas para o comércio mundial, com base na abertura comercial. Na teoria, um país-membro não pode criar restrições à importação de produtos de outro país-membro, por exemplo.

Durante o Fórum de Davos, um encontro anual que reúne chefes de Estado, empresários e lideranças da sociedade civil desde 1971, discutem-se temas de interesse mundial voltados ao comércio.

Há dois grupos, cuja sigla é G20, que discutem a economia global:

- G20 financeiro: reúne, desde 1999, os países mais ricos do mundo.
- G20 comercial: criado em 2006 por 23 países emergentes, busca alternativas para o comércio mundial.

Principais blocos de países

Conteúdo referente às páginas 162 a 166.

A constituição de blocos de países tem como objetivo facilitar o comércio e, em alguns casos, o fluxo de pessoas entre esses países. É uma organização que favorece a globalização econômica e está presente em todos os continentes.

Mercosul

Em 1991, Argentina, Brasil, Paraguai e Uruguai criaram o Mercado Comum do Sul (Mercosul). A Venezuela aderiu ao grupo posteriormente, mas está suspensa desde 2017 em razão de sua crise política e democrática; a Bolívia, por sua vez, está em processo de adesão. Chile, Colômbia, Equador, Peru, Guiana e Suriname são membros associados (participam de alguns acordos comerciais do bloco, mas não podem votar nas decisões do grupo).

É uma união aduaneira: área de livre-comércio entre os países-membros, na qual as taxas de importação dos produtos comercializados são reduzidas. Esse bloco favoreceu o incremento comercial entre os países-membros, mas vem enfrentando dificuldades de ampliação de seus laços comerciais e retrocedendo em políticas fiscais de alguns produtos.

Unasul

Em 2008, foi criada a União de Nações Sul-Americanas (Unasul), compreendendo todos os países da América do Sul, exceto a Guiana Francesa, com o objetivo de integrá-los.

Entre os diversos conselhos setoriais criados, merece destaque o Conselho Sul-Americano de Infraestrutura e Planejamento (Cosiplan), que visa estabelecer um sistema de vias terrestres e de transmissão de energia para integrar os países sul-americanos.

Do Nafta ao United States, Mexico, Canada Agreement (USMCA)

O Tratado Norte-Americano de Livre-Comércio (Nafta) foi criado em 1992 e extinto em 2018. Reunia Canadá, Estados Unidos e México, e durante sua vigência, várias fábricas estadunidenses foram transferidas para o México em busca de mão de obra mais barata (as chamadas *maquiladoras*).

Além do aumento de fluxo de mercadorias, o aumento do fluxo de mexicanos para o vizinho do norte gerou tensões a ponto de o presidente Donald Trump propor a construção de um muro entre os dois países para impedir a passagem de imigrantes ilegais.

O Canadá, por sua vez, incrementou as atividades econômicas com os Estados Unidos, mas se tornou mais dependente.

Em novembro de 2018, os três países, sob pressão dos Estados Unidos, eliminaram o Nafta e criaram o Acordo Estados Unidos, México e Canadá, no qual foram revistas as tarifas de exportação entre os membros.

União Europeia

A oficialização da União Europeia (UE) aconteceu em 1993, mas seu processo de constituição é antigo. Em 1945, Bélgica, Luxemburgo e Países Baixos se associaram e, em 1952, criaram, com França, Alemanha e Itália, a Comunidade Europeia do Carvão e do Aço (Ceca), liberando as taxas alfandegárias sobre esses produtos.

Em 1957, o Mercado Comum Europeu, ou Comunidade Econômica Europeia (CCE), ampliou a integração econômica ao permitir o fluxo de trabalhadores entre os países-membros.

Entre as características da União Europeia estão: moeda comum (euro); constituição de um banco central único que define metas financeiras; formação de um Parlamento Europeu que define orçamentos, políticas ambientais, industriais e agrícolas. É o bloco mais avançado de todos os blocos no mundo, mas não estabeleceu uma política externa nem Forças Armadas comuns.

Enfrenta dificuldades decorrentes de crises econômicas, sobretudo desde 2008. O maior revés do grupo foi a decisão do Reino Unido, tomada em plebiscito em 2016, de deixar a União Europeia, processo que ficou conhecido como Brexit.

Asean

Em 1967, foi criada a Associação das Nações do Sudeste Asiático (Asean), compreendendo Brunei, Camboja, Cingapura, Filipinas, Indonésia, Laos, Malásia, Mianmar, Tailândia e Vietnã.

Possui três eixos de ação: segurança política regional; integração econômica e integração cultural.

Apec

A Cooperação Econômica Ásia-Pacífico (Apec) foi criada em 1989, tendo como membros Austrália, Brunei, Canadá, Cingapura, Coreia do Sul, Estados Unidos, Filipinas, Indonésia, Japão, Malásia, Nova Zelândia e Tailândia. Mais tarde foram integrados: China, Hong Kong e Taiwan, além de México, Papua-Nova Guiné, Chile, Peru, Rússia e Vietnã.

Além do estímulo à integração econômica, sua pauta comum prevê controle do terrorismo, promoção da saúde e intercâmbio de práticas agrícolas. No entanto, enfrenta dificuldades de concretização em razão da grande diferença econômica entre os países-membros e posicionamentos políticos divergentes, sendo polarizada por Estados Unidos e China.

SADC

Em 1992, foi criada a Comunidade de Desenvolvimento da África Austral (SADC), constituída de dezesseis países: África do Sul, Angola, Botsuana, Camarões, eSwatini, Lesoto, Madagascar, Malauí, Maurício, Moçambique, Namíbia, República Democrática do Congo, Seychelles, Tanzânia, Zâmbia e Zimbábue.

Esse grupo de países adotou agenda para estabelecer zona de livre-comércio e estabeleceu acordos sobre conservação da biodiversidade, produção energética e gestão dos recursos hídricos.

Conteúdo referente às páginas 167 a 169.

Globalização financeira

Trata-se da ampliação da participação do capital em todos os setores da economia, tais como agricultura, pecuária, indústria e serviços, e até em atividades tradicionais do Estado.

Os meios eletrônicos e a internet são os suportes da circulação financeira mundial, que é facilitada pelos dispositivos técnicos (computadores, *smartphones*, cartões com chip, etc.). Entre as transações financeiras estão: compra de moeda estrangeira; compra e venda de ações; aplicações em fundos de pensão e de investimentos; crédito imobiliário; cartões de débito e crédito. Vale ressaltar que cresceram as transações especulativas, que remuneram o dinheiro, e não a atividade produtiva (como investimentos bancários e em bolsas de valores).

A oferta de crédito e a cobrança de juros a pessoas, empresas e governos acabaram levando à financeirização da vida. Se o volume de inadimplentes cresce muito ou há suspeita de que os compromissos não serão honrados, pode ocorrer uma crise financeira.

O "dinheiro sujo" resultante de negócios ilegais – por exemplo, corrupção, tráfico de drogas, de armas, de pessoas e de órgãos humanos – entra no sistema financeiro por meio de paraísos fiscais, tornando-se, assim, legalizado. Os paraísos fiscais encontram-se, em geral, em países menores que cobram poucos impostos, com isenção de taxas e poucas exigências legais.

Globalização e cultura

Conteúdo referente às páginas 170 e 171.

Cultura é o conjunto de ações humanas desenvolvidas em sociedade que dá significado à existência de um indivíduo perante o grupo (vestuário, música, idioma, crença religiosa, dança, valores morais, etc.).

Há diversas expressões culturais no mundo. A convivência nem sempre é harmônica, mas a intolerância deve ser combatida. A maior veiculação de informações no mundo globalizado pode tanto provocar choque de valores quanto estimular intercâmbio cultural. Observa-se também um movimento empreendido por países e, sobretudo, por empresas, de imposição de um mesmo padrão de comportamento e de valores (a chamada indústria cultural). Diante da capacidade de produção atual, a globalização econômica procura criar hábitos de consumo mundiais.

Globalização solidária

Conteúdo referente às páginas 171 e 172.

Movimentos sociais e estudiosos defendem a construção de outro tipo de globalização, nomeada por alguns como **mundialização** e por outros como **movimento antiglobalização** e ainda como **globalização solidária**. Para esses pensadores, os avanços tecnológicos e científicos devem estar a favor do intercâmbio entre sociedades e governos sem obedecer aos interesses do capital privado das grandes empresas.

O Fórum Social Mundial, encontro anual criado em 2001, teve sua primeira edição no Brasil e reuniu diferentes grupos organizados da sociedade civil para debater e apresentar propostas para resolver, de forma alternativa, problemas sociais e econômicos do mundo.

Consumo consciente e comércio justo

Conteúdo referente às páginas 172 a 175.

Consumo consciente

É o realizado após a reflexão sobre a real necessidade da compra de um bem. Consome-se apenas o que é necessário, observando toda a cadeia produtiva, de maneira a avaliar seu impacto socioambiental e dar destino adequado aos resíduos do produto consumido.

Esse tipo de consumo considera a origem da matéria-prima do produto, a energia gerada na produção e na fabricação, a eficiência dos meios de transporte, as condições de trabalho e o destino dos resíduos e do bem após seu uso.

Comércio justo

Esse conceito defende o pagamento de preços mais elevados para produtores de gêneros primários, contabilizando as variáveis sociais e ambientais. Seu objetivo é salvaguardar as comunidades locais, suas tradições, o ambiente, e remunerar melhor os países mais pobres pelo fornecimento de matéria-prima.

Uma comunidade que extrai determinado recurso natural sem esgotá-lo recebe um valor suplementar pelo serviço ambiental associado ao que está prestando, isto é, pela manutenção de uma área protegida. Portanto, essa forma de comércio evita o esgotamento do recurso natural, além de reconhecer a importância da conservação ambiental por meio de um preço final mais equilibrado pago a quem trabalha em uma área protegida.

O capitalismo verde e o *greenwashing*

Conteúdo referente às páginas 175 e 176.

No capitalismo verde, as técnicas de produção visam diminuir os impactos sociais e ambientais. A maior eficiência da produção é obtida pela diminuição do consumo de energia, de materiais e na redução dos custos de transporte.

Greenwashing refere-se a empresas que veiculam valores adequados à proteção social e ambiental, mas cujas cadeias produtivas não seguem à risca o que essas empresas preconizam.

Aplique o que aprendeu

Atividade resolvida

(FGV-SP)

Este ano, Papai Noel não virá de trenó; este ano, ele chegará de navio.

Para alegria das crianças, dos pais e dos comerciantes – e desespero dos industriais europeus –, as montanhas de jogos, de objetos de decoração, de calendários e uma infinidade de presentes possíveis e imagináveis chegaram a Suffolk (Inglaterra) nesse sábado, 4 de novembro, a bordo do gigantesco Emma Maersk, proveniente da China. O Emma Maersk, cuja tripulação é composta de 13 homens, transporta contêineres e é uma testemunha da transferência de indústrias manufatureiras da Europa e dos Estados Unidos para a China. O navio retornará rapidamente para a China, mas, em lugar de transportar jogos e computadores, levará o lixo do que foi consumido no Natal. Os dejetos de plástico tornaram-se um dos produtos de exportação para a China, e, uma vez reciclados, estarão nos novos jogos e presentes que o Emma Maersk irá trazer para o próximo Natal.

Adaptado de VIDAL, J. Apud *Courrier International*, nº 836, 2006.

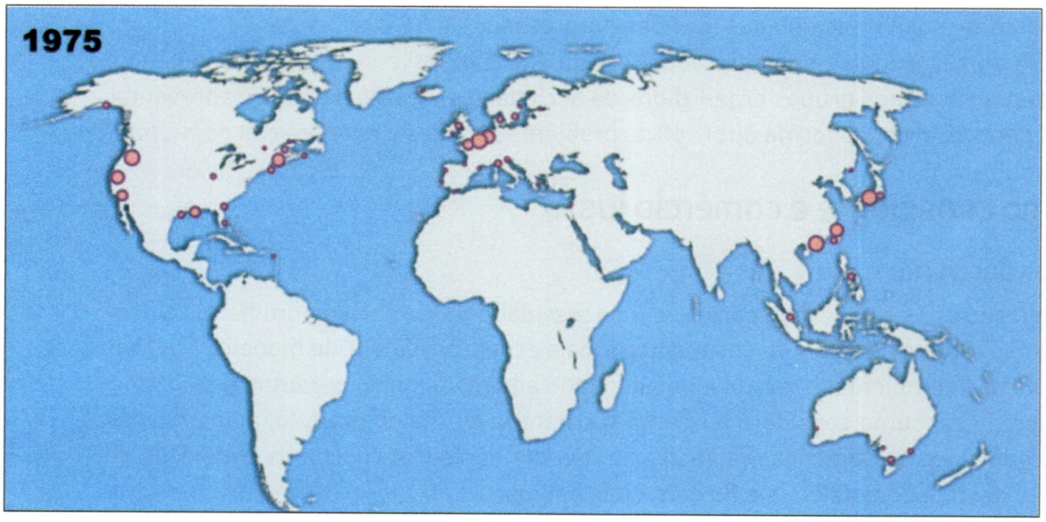

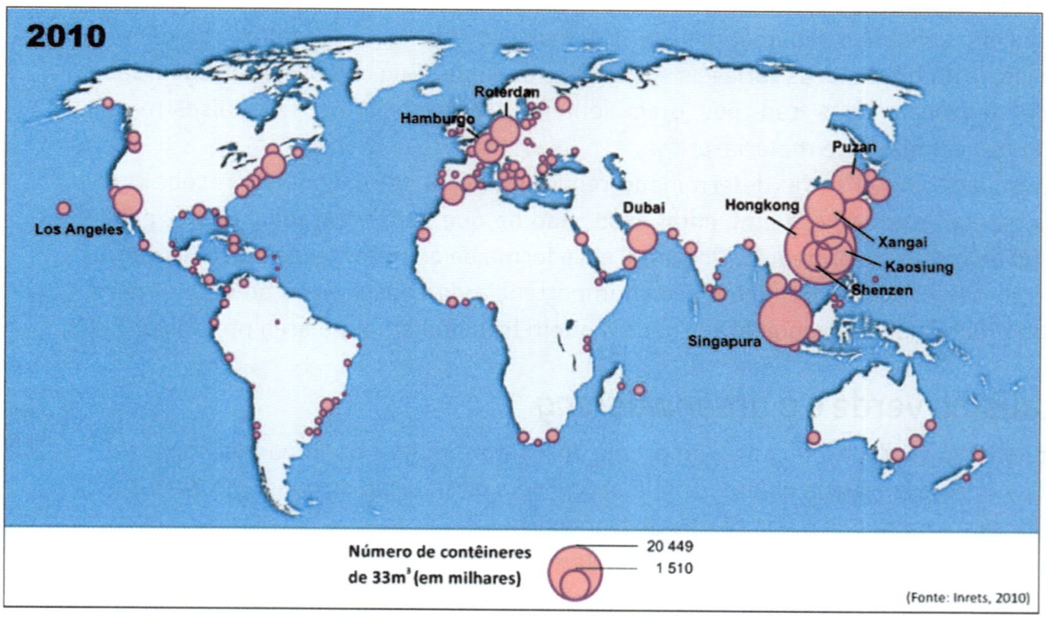

Com base no texto e nos mapas,

a) justifique a afirmação: *O contêiner é o símbolo da mundialização das trocas comerciais*;

b) indique os fatores responsáveis pela transferência das indústrias manufatureiras da Europa e dos Estados Unidos para a China;

c) relacione a *sociedade de consumo* com o *mercado mundial de sucata*.

Resposta

A resolução do item **a** não exige nenhuma informação das fontes ofertadas. Uma possibilidade de resposta seria: O contêiner tornou-se um símbolo da mundialização das trocas econômicas porque o crescimento do seu uso está associado à expansão do comércio mundial de mercadorias nas últimas décadas.

A resolução do item **b** exige conhecimentos prévios sobre as condições que possibilitaram a transferência das plantas das fábricas de um país para outro, fator que está imbricado ao processo de globalização. A razão principal é a maximização do lucro, um dos principais objetivos do sistema capitalista. A justificativa é buscar mercado consumidor e custos mais baixos decorrentes de mão de obra barata e incentivos fiscais. Também faz-se necessário que o local de instalação tenha infraestrutura (transportes, energia, telecomunicações e portos) para escoar a produção, o que está presente na China, com a vantagem ainda de o país apresentar um mercado consumidor interno em crescimento.

Na resolução do item **c**, é preciso argumentar que o crescimento do consumo em escala global – sobretudo dos países ricos, cujas populações mantêm hábitos que caracterizam a *sociedade de consumo* – provocou um aumento na geração dos mais variados resíduos. Como em muitos desses países a política de descarte correto de resíduos é severa, a gestão dos resíduos sólidos acaba tornando-se custosa, e vender esses resíduos para países que os reciclam é uma forma de obter renda e promover a destinação adequada do lixo, prática alinhada à legislação ambiental. Assim, países que desenvolveram tecnologia de aproveitamento de resíduos e de sucatas criaram um mercado internacional bastante lucrativo, como é o caso da China.

Comentário

Trata-se de uma questão trabalhosa porque exige a leitura do fragmento de texto e dos mapas e suas articulações com conceitos prévios sobre globalização, comércio mundial, consumo e descarte de resíduos para responder aos três itens.

Para identificar o que é solicitado, pode-se iniciar a aproximação com o que é pedido na ordem como as informações foram sugeridas: 1. Leitura do texto; 2. Leitura dos mapas; e 3. Leitura das questões. Ou então começar pela leitura das questões para otimizar a mobilização das informações nas leituras realizadas em seguida. Neste caso, as fontes de informações oferecidas não contribuem efetivamente para a elaboração das respostas de nenhuma das questões.

Atividades

1. A intensificação das trocas comerciais entre os países aumentou com o processo de globalização. Com o crescimento do comércio internacional foram necessários ajustes e acordos para regular a relação, os preços e os créditos entre os países. A instituição responsável por isso é:

a) Banco Mundial.

b) Fórum de Davos.

c) OMC.

d) G20.

e) FMI.

2. Os países identificados nos subgrupos, no planisfério a seguir, integram quais blocos econômicos?

Planisfério: alguns blocos econômicos (2016)

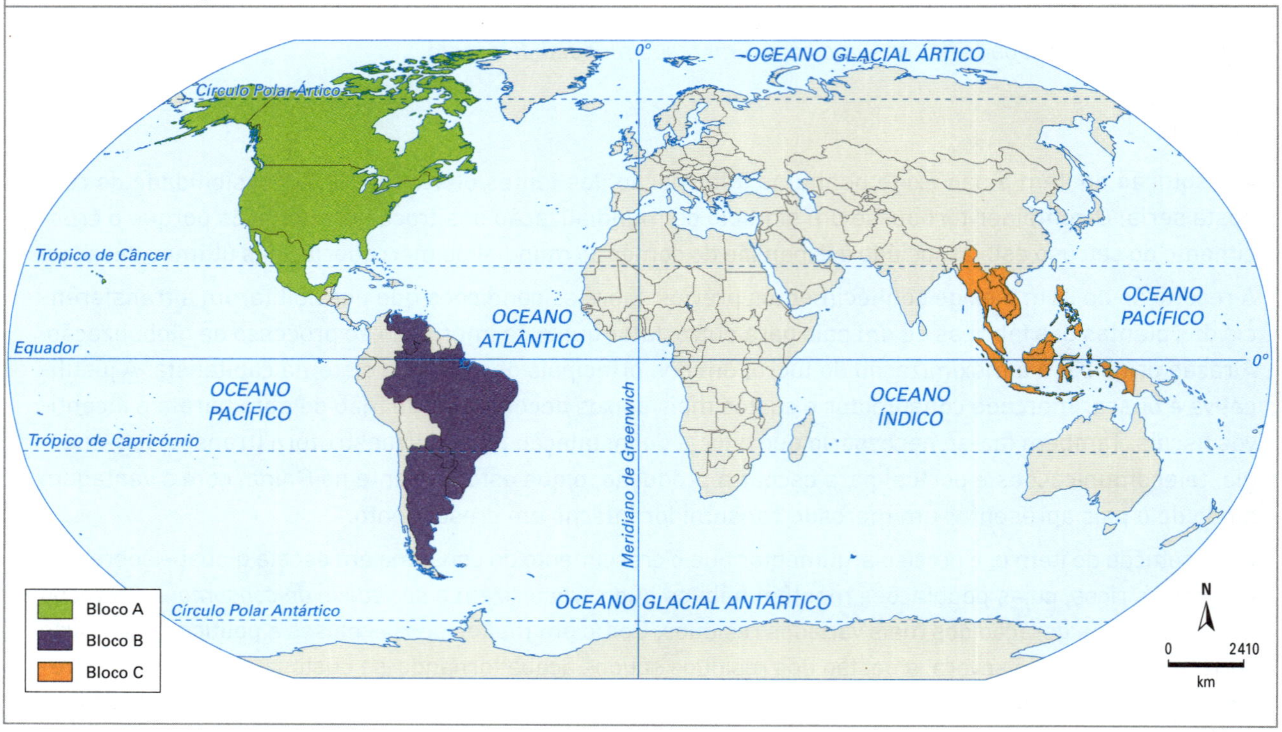

Elaborado com base em: IBGE. *Atlas geográfico escolar*. 6. ed. Rio de Janeiro: IBGE, 2016. p. 32.

a) A – UE; B – Unasul; C – Apec.

b) A – Nafta; B – Mercosul; C – Apec.

c) A – UE; B – Unasul; C – SADC.

d) A – Nafta; B – Mercosul; C – Asean.

e) A – Nafta; B – Mercosul; C – UE.

3. A constituição de blocos econômicos tem como principal objetivo:

a) promover o fim das fronteiras ao capital mundial produtivo e especulativo.

b) integrar economias e culturas para a constituição de blocos de resistência aos processos homogeneizadores da globalização.

c) favorecer o fluxo de pessoas, ideias, culturas e tecnologia.

d) integrar economias e estruturas militares para controlar imigração.

e) facilitar o comércio e, em alguns casos, o fluxo de pessoas.

4. Caracterizam o consumo consciente e o comércio justo:

I. Definição de preços dos produtos considerando a manutenção da comunidade envolvida em sua produção e também a diminuição dos impactos ambientais.

II. Pagamento pelo serviço ambiental de preservação.

III. Práticas socioambientais que minimizam os impactos desde a produção industrial até o descarte do bem.

a) Todas as afirmativas estão incorretas.

b) Todas as afirmativas estão corretas.

c) Apenas as afirmativas I e II estão corretas.

d) Apenas as afirmativas I e III estão corretas.

e) Apenas as afirmativas II e III estão corretas.

5. No que consiste o movimento denominado por alguns estudiosos como "globalização solidária"?

6. O que é o *capitalismo verde* e quando ele ganhou relevância mundial?

CAPÍTULO

8

Economia da informação: nova fonte de acumulação?

Você deve ser capaz de:

- Compreender a importância da economia da informação e suas implicações econômicas, políticas, sociais e culturais.
- Conscientizar-se do uso seguro, ético e responsável das novas tecnologias de informação e comunicação.

Reveja o que aprendeu

A economia da informação envolve dados, informações e conhecimentos em escala mundial. Os fluxos não materiais estão aumentando muito. As operações e o comportamento de empresas e pessoas podem ser armazenados em uma nuvem e formam o *big data*, que dá suporte a políticas e estratégias de mercado.

jittavit.21/Shutterstock

As bolsas de valores armazenam e disponibilizam uma grande quantidade de informações. A Bolsa de Nova York, por exemplo, movimenta cerca de um *terabyte* por dia. Em 2016, eram quase 19 bilhões de conexões de rede, o equivalente a 2,5 conexões por pessoa no mundo.

Conteúdo referente às páginas 180 e 181.

Bases técnicas da economia da informação

A economia da informação é amparada por tecnologias que possibilitam acessar instantaneamente um grande volume de dados. Pode-se traçar a evolução técnica do sistema de telecomunicações da seguinte maneira:

- 1830: criação do telégrafo elétrico;
- entre o fim do século XIX e o início do século XX: desenvolvimento do telefone, do rádio, do transistor e do televisor;
- 1957: entrada em órbita do primeiro satélite artificial;
- década de 1960: desenvolvimento da rede de computadores, a internet.

As tecnologias de informação e comunicação (TICs) envolvem produtos (materiais e imateriais) ligados a armazenagem, manipulação, processamento, transmissão, divulgação e uso de informações, tais como *hardwares*, *softwares*, aplicativos, infraestrutura de telecomunicações, etc. Essas tecnologias não estão restritas ao setor produtivo, pois incorporam as dimensões social, política e cultural. Atualmente, há uma relativa popularização da tecnologia.

Economia da informação

Conteúdo referente às páginas 182 a 184.

Na segunda metade do século XX, houve grande crescimento de atividades econômicas não agrícolas e não industriais. Na década de 1970, foi possível constatar a insustentabilidade do consumo crescente de matéria-prima e energia barata e o quanto era limitado o modelo fordista de produção. A relação entre economia e informação ficou mais evidente, surgindo o termo **economia da informação**.

A informação é um dado imaterial, mas armazenado em meios físicos ou transmitido por sinais de rádio. Primeiramente, é preciso diferenciar dados, informação e conhecimento.

- Dados: registros sem tratamento, arquivos.
- Informação: tratamento e organização dos dados.
- Conhecimento: relações que são estabelecidas entre as informações.

Graças à microeletrônica, os custos de armazenamento do imenso volume de informação, o *big data*, foram reduzidos ao mesmo tempo que a capacidade dessa armazenagem foi aumentada.

bluebay/Shutterstock

Big data é um grande volume de dados que grandes empresas utilizam para direcionar ações estratégicas de negócio.

Isso possibilitou gerar mais informação e conhecimento. Investimentos no setor têm trazido constantes inovações nas diferentes áreas, que se retroalimentam, ou seja, avanços possibilitam outros avanços e assim sucessivamente.

Calcula-se que a produção global de bens ligados às tecnologias de comunicação, informação e serviços representa mais de 6% do Produto Interno Bruto (PIB) mundial, e as projeções para o futuro próximo são de rápido crescimento. Entretanto, há grande desigualdade mundial na pesquisa e no desenvolvimento de tecnologias da informação. Isso pode ser verificado na grande quantidade de pessoas que ainda hoje não têm acesso à internet.

Comércio virtual

Conteúdo referente às páginas 185 e 186.

Atualmente, os meios utilizados pela publicidade estão mais diversificados, sendo que os meios digitais têm ganhado importância.

O comportamento do usuário na internet fornece informações importantes para as empresas repensarem suas estratégias de lançamentos e vendas.

Hoje, é possível comprar todo tipo de mercadoria e serviço pela internet, independentemente do preço e da distância dos locais de produção. Empresas tradicionais, com lojas físicas, criaram suas plataformas digitais de venda e há muitos negócios que existem apenas na internet.

Esse comércio precisa ser garantido por uma rede segura de transações financeiras e um sistema de transporte e entrega rápido e confiável.

Conteúdo referente às páginas 186 a 188.

Economia da informação e poder

O acesso à informação e o controle de sua distribuição são instrumentos de poder. Alguns governos censuram o que pode ser veiculado dentro do território de seus países e não permitem o acesso da população a parte das informações de que dispõem.

Durante o período da ditadura militar brasileira (1964-1985), os meios de comunicação e as expressões culturais (música, teatro, cinema, etc.) sofreram intensa censura do governo. Porém, a liberdade de expressão passou a ser um direito com a redemocratização do país. Outro avanço foi a Lei de Acesso à Informação, de 2011, pela qual o governo brasileiro reconhece que a informação sob guarda do Estado é um bem público e, portanto, um direito de todo cidadão.

A China, por sua vez, é um país com rigoroso controle sobre as informações e os meios de comunicação: o governo bloqueia o acesso a milhares de páginas na internet, por exemplo. Notícias consideradas ilegais no país podem levar jornalistas a serem presos. Isso também ocorre em outros países, como a Turquia.

Apesar do avanço da internet, os meios de comunicação tradicionais, sobretudo o rádio e a TV, ainda exercem grande poder em muitos países, como é o caso do Brasil, onde há muitas pessoas sem acesso à internet ou que ainda são analfabetas funcionais. Além disso, há poucas empresas de telefonia e de transmissão de dados que controlam o acesso à rede de computadores, praticando planos de acesso e preços com pouca concorrência.

Ásia-Pacífico: controle da mídia – 2018

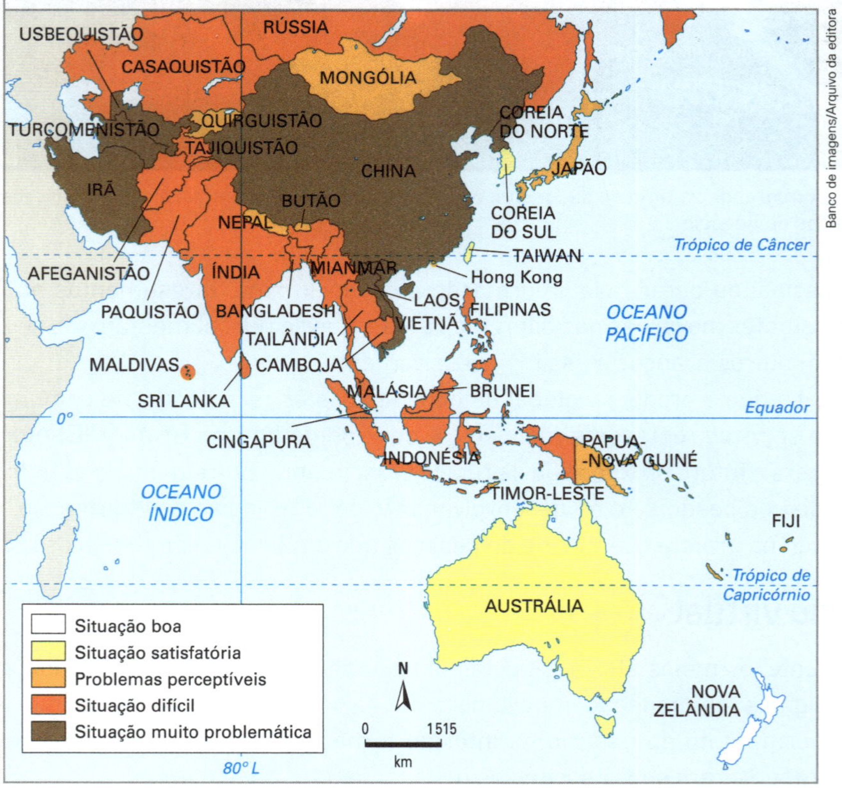

Elaborado com base em: REPÓRTERES sem Fronteiras. Disponível em: <https://asiapacificreport.nz/2018/04/26/chinas-media-control-threatens-asia-pacific-democracies-says-rsf/>. Acesso em: 12 dez. 2018.

Segundo a organização Repórteres sem Fronteiras, a situação de controle na China acaba ameaçando as democracias da região da Ásia-Pacífico.

Cidadania e riscos na economia da informação

Conteúdo referente às páginas 188 a 190.

A produção e a distribuição de grandes volumes de dados e informações por todo o mundo geram questionamentos sobre a segurança, a restrição de acesso a dados privados e a veracidade das informações veiculadas. Por isso, são investidos recursos para proteger as informações digitais.

Há preocupação também com a coleta e o uso de dados não autorizados pelas pessoas, como localização, rotina e comportamento, que podem ser utilizados para manipulação de indivíduos e, ainda, invasão de sistemas de empresas e governos. Os países da União Europeia regulamentaram o acesso à coleta de dados dos usuários da internet, o que não ocorre na maior parte dos países.

Outro risco à sociedade é a veiculação massiva de informações falsas, conhecidas como *fake news*, que ameaçam a reputação de pessoas e empresas, e que podem provocar prejuízos emocionais e financeiros.

Profissionais da economia da informação

Conteúdo referente às páginas 191 e 192.

Na economia da informação muitos postos de trabalho são eliminados e outros, em número bem menor, são criados, com objetivos e tarefas bem diferentes dos anteriores. Há profissionais dedicados a otimizar o acesso às páginas eletrônicas das empresas, outros que criam anúncios específicos para *smartphones*, influenciadores digitais, especialistas em segurança digital e inúmeros outros.

Banco de imagens/Arquivo da editora

Trabalhadora da área de segurança digital, ou cibersegurança, na África do Sul, em 2017.

Geografia da economia da informação

Conteúdo referente às páginas 192 e 193.

Existem lugares que são responsáveis pelo armazenamento de dados, além de processamento e geração de informações. Há grande concentração de sedes de empresas da economia da informação na América do Norte, em especial nos Estados Unidos, seguidos de Ásia e Europa. Países com maior capacidade de investimentos e de geração de tecnologias possuem infraestrutura mais robusta.

As informações armazenadas no sistema denominado "nuvem" na realidade não estão no ar, como o nome sugere, mas sim em constante circulação em redes de fibra óptica e servidores centrais, localizados em pontos distintos do planeta e mantidos por sistemas de geração de energia que permanecem ligados o tempo todo.

A análise desses dados é realizada por órgãos públicos e privados. No Brasil, destacam-se o Instituto Brasileiro de Geografia e Estatística (IBGE), o Instituto de Pesquisa em Economia Aplicada (Ipea), o Instituto Nacional de Pesquisas Espaciais (INPE), o Laboratório Nacional de Computação Científica (LNCC) e algumas universidades.

Aplique o que aprendeu

Atividade resolvida

(UEM)

O terciário é o setor mais representativo da Revolução Técnico-Científico-Informacional e apresentou uma forte expansão no decorrer do século XX e início do século XXI, em função dos avanços da microeletrônica, promovendo o incremento de atividades de telecomunicações, transportes e serviços financeiros.

(Fonte: TERRA, L.; ARAUJO, R.; GUIMARÃES, R.B. *Geografia Conexões Estudos de Geografia do Brasil*. São Paulo: Moderna, 2010).

Sobre o setor terciário é **correto** afirmar que:

01) O desenvolvimento das tecnologias da informação e comunicação gerou uma tendência de transformação de setores inteiros de prestação de serviços, de atendimento ou mesmo de pesquisa, com consequências positivas para países em desenvolvimento, onde mesmo a mão de obra mais qualificada é remunerada com salários mais baixos.

02) Nos países centrais, o setor de serviços que mais cresce está ligado à propaganda e ao *marketing*, e é resultante das estratégias de inovação tecnológica que buscam alcançar maior competitividade, preços melhores e integração com padrões internacionais de qualidade dos produtos.

04) No Brasil, o crescimento do consumo tem levado grandes empresas transnacionais a investirem pesadamente na aquisição ou na formação de redes de comércio varejista. Grandes redes de hipermercados vêm se instalando no país, que é parte do fluxo de investimentos ligados ao consumo de bens duráveis e não duráveis.

08) No mundo das redes digitais, das teleconferências e da transmissão quase ilimitada de dados, os mercados locais perdem sua razão de ser, pois não existem mais motivos para a concentração geográfica das atividades comerciais.

16) Os fluxos da informação têm repercussão na vida social e na organização do espaço geográfico. As atividades geradas neste contexto oferecem oportunidades de negócios inovadores, contudo, como dependem de tecnologias cada vez mais sofisticadas, essas atividades produzem novas singularidades espaciais, recriam aglomerações e reproduzem as desigualdades sociais.

Resposta

Total: 21 pontos.

As afirmações erradas são:

(02) O setor de serviços que mais cresce nos países desenvolvidos é aquele vinculado à tecnologia.

(08) Apesar do grande crescimento do comércio virtual globalizado, os mercados locais ainda atendem à dinâmica do consumo, sobretudo dos produtos de uso cotidiano e perecíveis, assim como dos de interesse regional.

Comentário

Esse tipo de questão exige avaliar as afirmações para identificar quais são as verdadeiras, e então somar seus números para obter o resultado final.

O texto introdutório, nesse caso, apenas apresenta o tema ao qual as afirmações estão associadas, e não fornece dados para a resolução. Portanto, é necessário identificar os erros conceituais para eliminar as alternativas incorretas.

É preciso fazer uma leitura bastante atenta, pois as afirmações são relativamente extensas. É melhor sublinhar os trechos equivocados ou que suscitam dúvidas.

Atividades

1.

"As empresas brasileiras ainda são muito pequenas e concorrem com empresas internacionais muito grandes, que têm faturamentos na ordem de bilhões de dólares. Atuam de forma muito secundária, visto que em outros países há forte valorização da propriedade intelectual. Além disso, o dinamismo e demanda dessas empresas estrangeiras são muito fortes", afirmou [Luis Claudio] Kubota [...]

"O mercado é global, e as políticas públicas devem levar essa característica em consideração. O Brasil é claramente um mercado seguidor, e é injusto esperar que as empresas nacionais estejam na fronteira dessa disputa econômica, quando o país está cerca de quatro anos atrasado em relação aos países que mais produzem e inovam em tecnologias para a informação e a comunicação", concluiu Kubota.

BRASIL – Instituto de Pesquisa Econômica Aplicada (Ipea). Nova publicação discute economia da informação, 31 ago. 2012. Disponível em: <www.ipea.gov.br/portal/index.php?option=com_content&view=article&id=15281>. Acesso em: 12 dez. 2018.

A geração de tecnologia, armazenamento e processamento de informação e produção de conhecimento:

a) ocorre de forma caótica ao redor do mundo em razão dos avanços tecnológicos e do barateamento dos equipamentos.

b) apresenta-se concentrada em países com mais recursos financeiros e que mais investem em pesquisa e tecnologia.

c) concentra-se nas cidades globais de países como Índia e China, onde a mão de obra é bem formada e barata.

d) está desterritorializada, circulando nas nuvens, e é controlada por grandes empresas globais.

e) está dispersa em paraísos fiscais, pequenos países com pouca regulamentação financeira e ausência de controle de informação e fluxo de dados.

2. A maior geração de informação e conhecimento que caracteriza a economia da informação foi possibilitada, entre outros fatores, pela:

a) invenção do sistema de posicionamento global que permitiu georreferenciar os fluxos de dados.

b) desregulamentação da economia que caracteriza o meio técnico-científico-informacional.

c) hegemonia do sistema capitalista e pela possibilidade da livre comunicação entre os países.

d) robótica e pelos sistemas de inteligência artificial que operam 24 horas por dia.

e) microeletrônica, que, além de ampliar a capacidade de armazenagem dos dados, reduziu seus custos.

3. Observe o mapa abaixo.

Planisfério: usuários de internet – 2018 (%)

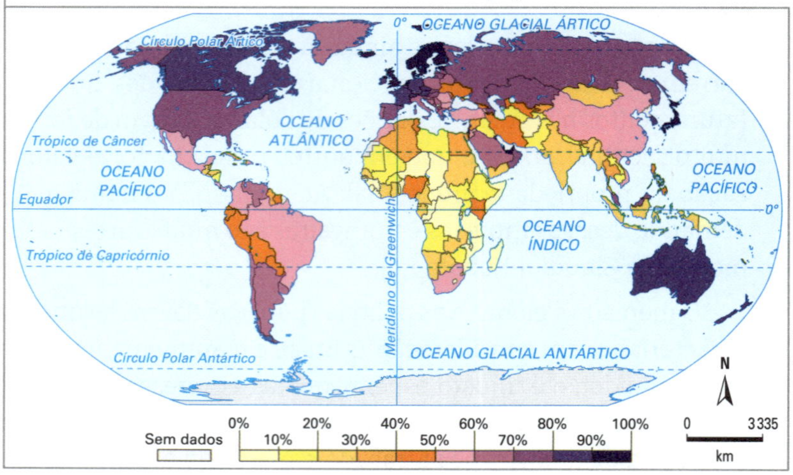

Banco de imagens/Arquivo da editora

Elaborado com base em: OUR WORLD in Data. Internet. Disponível em: <https://ourworldindata.org/internet>. Acesso em: 26 ago. 2018.

O acesso à informação veiculada por meios digitais e a possibilidade de produção de informação e conteúdo para internet são:

I. Bastante desiguais, sendo muito pouco ofertados para os países em desenvolvimento e menos desenvolvidos.

II. Amplamente favoráveis aos países ricos, mas com certa participação dos países em desenvolvimento.

III. Bastante baixos no mundo todo, sem grande desigualdade.

a) Apenas a afirmativa I é correta.

b) Apenas a afirmativa II é correta.

c) Apenas a afirmativa III é correta.

d) Todas as afirmativas são corretas.

e) Nenhuma afirmativa é correta.

4. O acesso à informação e, sobretudo, a distribuição da informação são importantes instrumentos de poder. No mundo globalizado:

a) o poder dos meios de comunicação se dissipou no mundo todo em razão do acesso da população a fontes de informação alternativas, produzidas pela própria população.

b) a informação está mais centralizada pelos órgãos oficiais e centros de pesquisa, os únicos capazes de produzir e emitir informação pelos variados canais de comunicação.

c) as informações tendem a ficar mais transparentes e plurais, como mecanismos coletivos de autorregulação entre o que é verdadeiro e o que é falso.

d) os meios tradicionais, como rádio e TV, ainda detêm muito poder em razão do atraso das novas tecnologias da informação em muitos países.

e) os países estão desregulamentando a coleta de dados sobre as pessoas para que estes possam ser utilizados para compreender a sociedade.

5. Quais são as estratégias desenvolvidas pelas empresas para tornar suas marcas mais visíveis, atrair maior número de consumidores e estreitar o relacionamento com seus clientes na economia da informação?

6. Quais são os riscos inerentes à maior circulação de dados e informações nas redes virtuais?

7. Descreva como é organizado materialmente o fluxo das informações pela internet.

CAPÍTULO

9 Trabalho e Revolução 4.0

Você deve ser capaz de:

- Compreender o processo da Revolução 4.0 e suas consequências.
- Analisar de maneira crítica os impactos da Revolução 4.0 no mundo do trabalho.
- Compreender os conceitos da transição justa e do trabalho decente ante as transformações decorrentes da Revolução 4.0.

Reveja o que aprendeu

As novas tecnologias associadas ao aumento da capacidade de processar informações possibilitaram novas maneiras de trabalhar e produzir. É a chamada Revolução 4.0. Contudo, o avanço da tecnologia vem reduzindo o número de postos de trabalho, o que leva a questionamentos e à proposição de novos conceitos, como transição justa e trabalho decente.

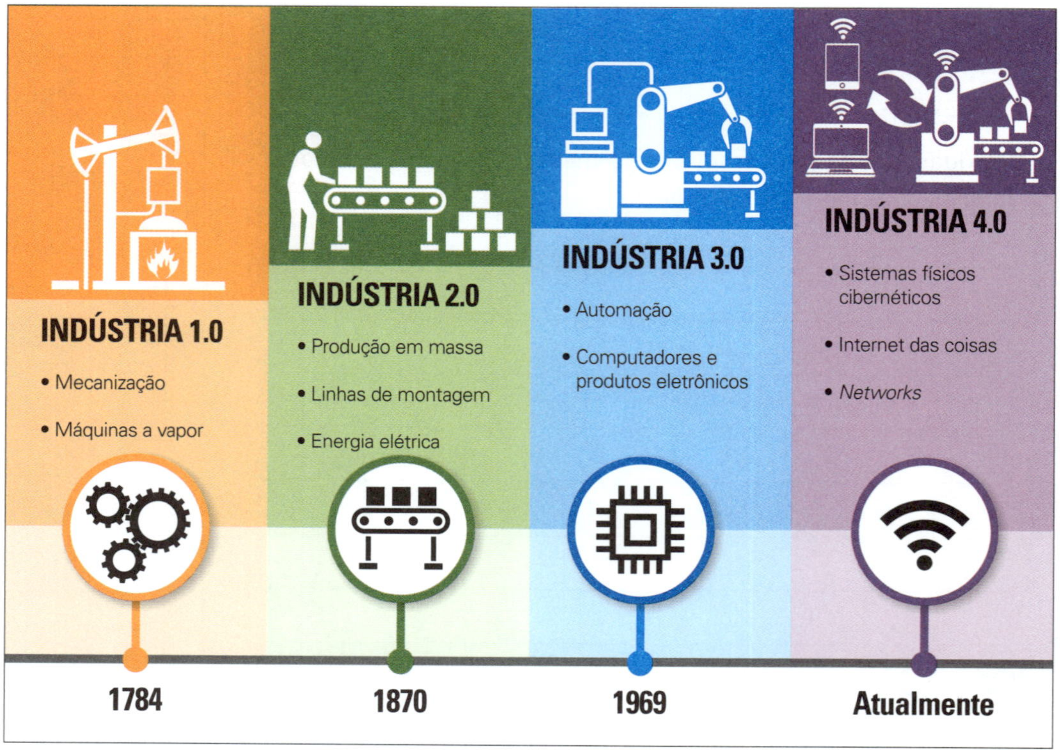

Etapas da Revolução Industrial, das máquinas a vapor aos sistemas físicos cibernéticos.

Elaborado com base em: CADM. The Fourth Industrial Revolution, 18 maio 2018. Disponível em: <www.cadm.com/the-fourth-industrial-revolution/>. Acesso em: 13 dez. 2018.

Conteúdo referente às páginas 198 a 201.

Revolução 4.0

A Revolução 4.0 teve origem com o avanço digital, mais especificamente o avanço na comunicação e na integração entre tecnologias possibilitadas pela internet. A aceleração da velocidade da transformação rompeu padrões e processos até então existentes.

Essa revolução tem como característica geral a articulação de objetos que atuam de modo sistêmico e que são comandados por sistemas computacionais, muitos deles autômatos, com o uso de inteligência artificial, que passa a realizar análises de situações e a interpretar cenários para propor ações.

Destacam-se a engenharia genética, a biotecnologia, a nanotecnologia, a robótica, além de energias renováveis, automatização de máquinas e processos, inteligência artificial, internet das coisas e computação na nuvem. Apesar desses grandes avanços tecnológicos, parte expressiva da população mundial ainda vive sem energia elétrica.

Robótica: evolução e perspectivas

Robótica refere-se ao desenvolvimento de robôs capazes de desempenhar funções complexas. Presente na indústria desde os anos 1950, foi responsável pela automação de diversos processos produtivos em diferentes ramos.

Durante muito tempo, essa tecnologia esteve restrita ao interior das fábricas. No entanto, o avanço tecnológico tem levado à aplicação da robótica em diversas atividades, muito mais amplas que a dos robôs de primeira geração: inúmeros processos industriais, na logística, na agricultura de precisão, na medicina, etc. Isso tem promovido uma transformação profunda nas relações entre seres humanos e máquinas, com implicações na economia, na política e na sociedade.

Outras inovações tecnológicas

A engenharia genética e a biotecnologia têm se destacado muito nas últimas décadas, pois tratam de manipulação de genes que resultam em espécies selecionadas, novos materiais, remédios, alimentos, entre outros. Entretanto, a criação rápida de novas possibilidades pode trazer consequências a médio e longo prazos que ainda são desconhecidas e que podem impactar a vida das gerações futuras.

Trabalho na Revolução 4.0

Conteúdo referente às páginas 201 a 207.

Além da redução dos postos de trabalho decorrente dos avanços da tecnologia, o ritmo da transformação e da inovação é mais rápido que a capacidade das pessoas de se qualificarem para as novas posições de trabalho.

Cidadania e perspectivas do mercado de trabalho

Habilidades e competências do trabalhador do século XXI:

- conhecimento geral dos processos de sua área;
- conhecimento e uso de novas tecnologias;
- trabalho em equipe;
- comunicação (em mais de um idioma);
- senso crítico e tomada de decisões amparada em dados;
- aprendizagem contínua.

Assim, veem-se o surgimento de novas profissões, o aprimoramento das já existentes e a extinção de profissões mecânicas e que podem ser automatizadas. O desemprego, que nesse caso é denominado **desemprego estrutural**, tende a aumentar, pois as vagas deixam de existir e, diferentemente do **desemprego conjuntural**, não são decorrentes de crises econômicas. Há ainda aumento do trabalho informal e perda de direitos trabalhistas.

Transição justa e trabalho decente

Muitos sindicatos de trabalhadores têm atuado para atenuar os efeitos negativos do avanço da tecnologia. Ao buscar uma **transição justa**, procuram dar condições dignas aos trabalhadores nesse processo de troca de formas de produção agrícola e industrial.

Em 2015, a Organização Internacional do Trabalho (OIT) estabeleceu, para governos e outros agentes sociais, importantes orientações referentes à transição justa para economias e sociedades sustentáveis. As reuniões sobre questões ambientais e mudanças climáticas contam com a participação de sindicatos e outras organizações para pressionar pela realização da transição justa.

O **trabalho decente**, estabelecido em 1998, na Declaração da OIT sobre os Princípios e Direitos Fundamentais no Trabalho, tem como base:

- o respeito aos direitos fundamentais do trabalho: liberdade sindical, direito de negociação coletiva, eliminação de formas de discriminação em relação a emprego e ocupação, erradicação de trabalho forçado e trabalho infantil;

- a promoção do emprego produtivo e de qualidade;
- a ampliação da proteção social;
- o fortalecimento do diálogo social.

Para a concretização da transição justa e do trabalho decente, é necessário diálogo entre governos, empresas e trabalhadores.

Conteúdo referente às páginas 207 a 211.

O Brasil na Revolução 4.0

O desenvolvimento da ciência e da tecnologia no Brasil é fomentado por agências federais e estaduais, como a Coordenação de Aperfeiçoamento de Pessoal de Nível Superior (Capes) e o Conselho Nacional de Desenvolvimento Científico e Tecnológico (CNPq), por meio de bolsas de estudo e financiamento de projetos de pesquisa. No entanto, o investimento é baixo, comparado com os investimentos realizados por outros países, e muitas vezes é compreendido como "gasto", sendo reduzido em momentos de crise e ajustes fiscais.

Impactos da Revolução 4.0 no Brasil

Pouco investimento em pesquisa e tecnologia mantém o Brasil como exportador de mercadorias com baixo valor agregado e importador de mercadorias de maior valor. Nos últimos anos, esse cenário piorou por causa da redução de investimentos e da dificuldade de manutenção dos centros públicos de pesquisa. Isso leva muitos pesquisadores a mudar para países onde podem realizar seus trabalhos, na chamada "fuga de cérebros".

No entanto, mesmo nesse cenário desfavorável, há significativos avanços em alguns setores:

- Empresa Brasileira de Pesquisa Agropecuária (Embrapa): destaque para os cultivos transgênicos que aumentam a produtividade, além de investimentos em biotecnologia, que desenvolve medicamentos e fios produzidos por aranhas em laboratório, bem como outras pesquisas.
- Petrobras: referência internacional na exploração de petróleo e gás natural em águas profundas. Desenvolvimento de tecnologias de extração e logística de distribuição.
- Indústria automobilística: pesquisas desenvolvidas ao longo de décadas levaram à produção de veículos bicombustíveis, movidos a etanol de cana-de-açúcar e a gasolina, os chamados carros *flex*.
- *Startups*: criação de produtos e serviços que atendem a inúmeras finalidades, como programas e aplicativos para educação, saúde, *marketing*, lazer, finanças, agricultura e indústria. Essas empresas emergentes caracterizam-se pela flexibilidade e pela agilidade e também por contar com poucas pessoas em suas equipes.

Em 2018, o governo brasileiro regulamentou o **Marco Legal da Ciência, Tecnologia e Inovação** (Lei n. 13.243, de 2016), que permite a integração de instituições científicas e tecnológicas, públicas e privadas. Também está sendo desenvolvido o **Plano Nacional de Internet das Coisas** para acelerar a inserção do país na Revolução 4.0. Esse plano define como prioridade quatro eixos iniciais de investimento tecnológico: saúde, cidades inteligentes, agricultura e indústria.

Sindicalismo, transição justa e trabalho decente no Brasil

Em 2006, foi desenvolvida a Agenda Nacional de Trabalho Decente com três prioridades:

- geração de mais empregos que assegurem igualdade de oportunidades e de tratamento à população;
- erradicação do trabalho escravo e do trabalho infantil;
- fortalecimento dos atores e do diálogo em busca da governabilidade democrática.

É preciso destacar que a reforma na legislação trabalhista – Consolidação das Leis do Trabalho (CLT) – promovida pela Lei n. 13.467, aprovada em 2017, tem gerado muitas incertezas em relação ao futuro do trabalho decente no Brasil.

Aplique o que aprendeu

Atividade resolvida

Indústria 4.0: como a tecnologia fez surgir a Quarta Revolução Industrial

Assim que um usuário clica no botão "comprar" em seu computador, *smartphone* ou *tablet*, o sistema da Amazon, maior *e-commerce* do mundo, repassa o pedido à instalação mais próxima do comprador. É nesse galpão que tem início uma série de procedimentos – que podem parecer caóticos para um ser humano – todos controlados por um sistema computacional.

Eric Slomanson/Amazon Inc.

Na Amazon da Flórida, nos Estados Unidos, as prateleiras vêm até o funcionário, e não o contrário. Foto de 2014.

À primeira vista, um visitante pode estranhar o fato de que as prateleiras no armazém não são divididas por categorias. Na maioria dos estoques de *e-commerces*, um funcionário teria que percorrer as estantes para encontrar o produto escolhido pelo comprador. Entretanto, a planta da Amazon é cheia de surpresas: as prateleiras são levadas até os funcionários por pequenos robôs, que também organizam os produtos nas estantes.

Ao longo de todo processo, o produto adquirido é escaneado diversas vezes por humanos e robôs, o que permite certificar se o item é o mesmo que foi vendido *online* e evita extravios. Funcionários têm métricas de produtividade, no mínimo, curiosas: após retirar um item da prateleira, há um tempo máximo para manuseá-lo, fazer a embalagem ou retorná-lo ao estoque caso o produto não seja o correto ou a compra não seja realmente efetivada – por simples desistência do cliente ou problemas constatados no pagamento. Parte desse controle de movimentação é repassado ao comprador, que acompanha o *status* do pedido pela internet.

O caso da Amazon é apenas um dos exemplos do uso da automação e interconectividade (pela internet) das atividades de manufatura. A chamada indústria 4.0, pelos alemães, ou manufatura avançada, pelos americanos e chineses, tem sido considerada a Quarta Revolução Industrial e "se insere nas tendências de computação em nuvem (*cloud computing*) e internet das coisas (*IoT*), que têm encontrado aplicação em diversas áreas", como resume o professor e coordenador de graduação do Departamento de Engenharia de Produção da Escola Politécnica (Poli) da Universidade de São Paulo (USP), Davi Nakano. [...]

ALCÂNTARA, Tiago; NEVES, Carolina. Indústria 4.0: como a tecnologia fez surgir a Quarta Revolução Industrial. *Inovação*, 16 ago. 2016. Disponível em: <www.inovacao.unicamp.br/reportagem/industria-4-0-como-tecnologia-fez-surgir-quarta-revolucao-industrial/>. Acesso em: 13 dez. 2018.

a) Que implicações materiais das inovações trazidas pela Revolução 4.0 são exemplificadas no trecho da reportagem?

b) Que tecnologias estão envolvidas na reorganização do processo produtivo exemplificado pela reportagem?

Respostas

a) A organização da planta e das prateleiras do estoque da empresa é realizada considerando a mecanização do processo de armazenagem, a identificação e a coleta dos produtos. São os robôs que selecionam o pedido e o submetem a muitas conferências, tanto por outros robôs como por seres humanos.

b) Automação e interconectividade possibilitadas pela internet, programas de computador e robótica.

Comentários

O item *a* exige compreender que "implicações materiais" refere-se àquilo que de concreto ocorre na forma de produção ou organização do trabalho decorrente da tecnologia.

No item *b*, é preciso reconhecer as tecnologias que possibilitam a organização do galpão da Amazon como foi descrito e também as etapas envolvidas nos processos de compra e entrega do produto.

Atividades

1. A chamada Revolução 4.0:

I. Teve origem no avanço digital, mais especificamente na comunicação e na integração entre tecnologias possibilitadas pela internet.

II. Altera processos produtivos e ocasiona desemprego estrutural.

III. Está restrita aos países desenvolvidos.

As afirmações corretas são:

a) apenas a I.
b) I e II.
c) I e III.
d) II e III.
e) apenas a III.

2. Todas as tecnologias a seguir estão associadas à Revolução 4.0, exceto:

a) energia nuclear.
b) robótica.
c) biotecnologia.
d) nanotecnologia.
e) computação na nuvem.

3. A articulação de objetos que atuam de modo sistêmico e comandados por sistemas computacionais, muitos deles autômatos, com o uso de inteligência artificial, que passa a realizar análises de situações e a interpretar cenários para propor ações, tem como uma de suas consequências:

a) aumento do efeito estufa.
b) redução do tamanho das áreas fabris.
c) diversificação de tecnologias incompatíveis entre si.
d) redução da necessidade de bases materiais para a realização do processo produtivo.
e) redução drástica da oferta de trabalho.

4. O conceito de **trabalho decente**, estabelecido em 1998, na Declaração da Organização Internacional do Trabalho sobre os Princípios e Direitos Fundamentais no Trabalho, compreende todas as diretrizes listadas a seguir, exceto:

a) respeitar os direitos fundamentais no trabalho: liberdade sindical, direito de negociação coletiva, eliminação de formas de discriminação em relação a emprego e ocupação, erradicação de trabalho forçado e trabalho infantil.

b) promover o emprego produtivo e de qualidade.

c) facilitar a terceirização na contratação do trabalhador.

d) ampliar a proteção social.

e) fortalecer o diálogo social.

5. Leia o texto a seguir.

Dois dados divulgados recentemente dizem muito sobre a realidade brasileira: a taxa de desemprego alcançou 12,2% em janeiro de 2018 e o Produto Interno Bruto cresceu 1,0% em 2017. A teoria econômica clássica diria que é necessário crescimento maior e mais consistente ao longo do tempo para que sejam gerados novos empregos. Verdadeira, mas apenas em parte. [...]

HECKERT, Cristiano Rocha. Desemprego: conjuntural ou estrutural? *Tribuna de Minas*, 11 mar. 2018. Disponível em: <https://tribunademinas.com.br/opiniao/tribuna-livre/11-03-2018/desemprego-conjuntural-ou-estrutural.html>. Acesso em: 13 dez. 2018.

Explique a diferença entre desemprego conjuntural e desemprego estrutural.

6. Explique o papel que o Brasil ocupa e representa na denominada Revolução 4.0.

CAPÍTULO

10 Geopolítica do Brasil

Você deve ser capaz de:

- Entender o papel da geopolítica no mundo e conhecer seus principais pensadores.
- Compreender a importância da geopolítica no Brasil no decorrer de sua história, principalmente no que se refere às políticas territoriais e energéticas.

Reveja o que aprendeu

A geopolítica brasileira teve maior destaque ao longo do século XX. Ganhou relevância no período das guerras mundiais, quando o país teve de se alinhar com outros países. Nos dias atuais, um dos principais focos da geopolítica do Brasil é a vigilância da região Norte, mais especificamente da Amazônia.

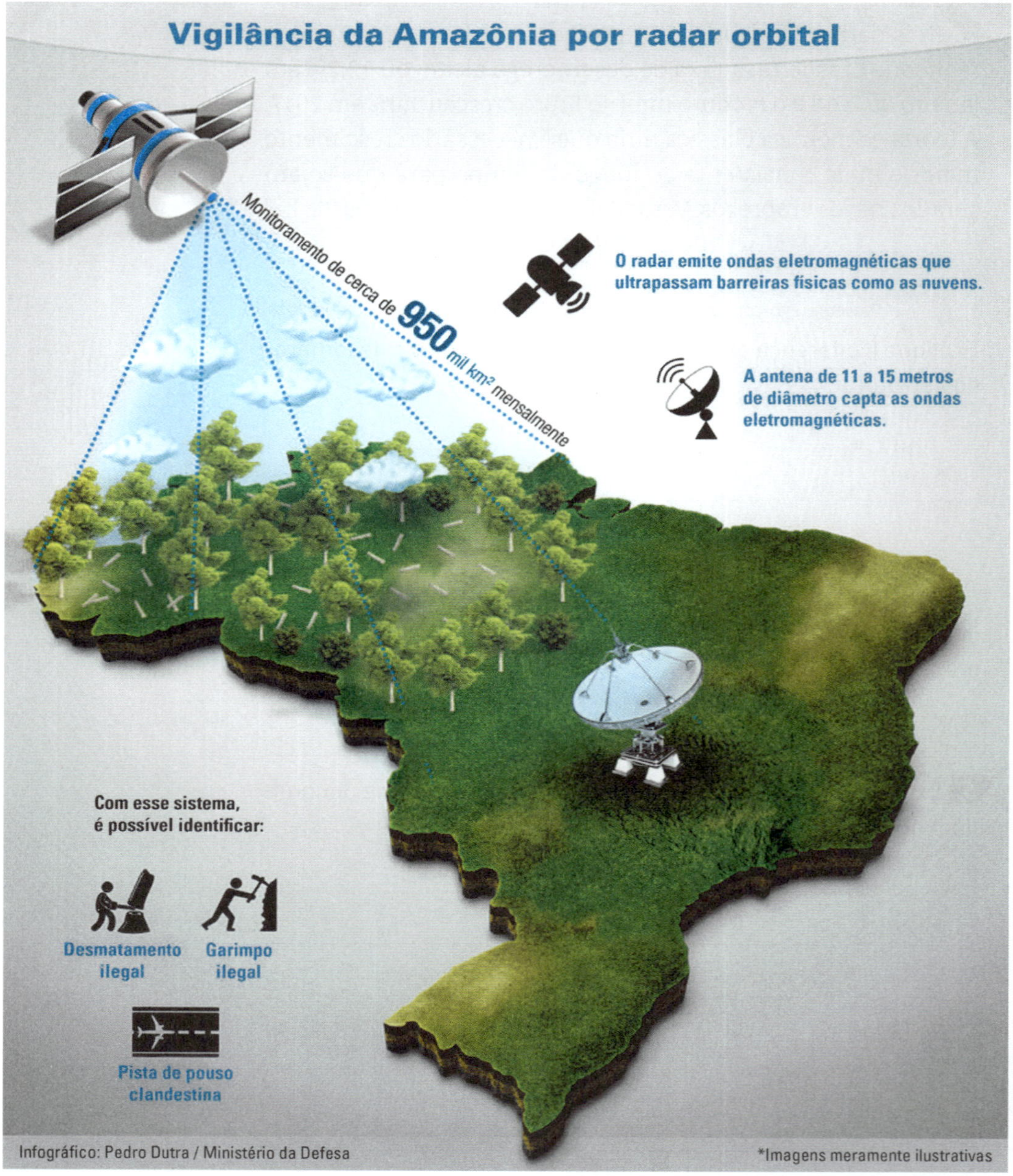

Pedro Dutra/Ministério da Defesa/Governo Federal do Brasil

Elaborado com base em: BRASIL – Ministério da Defesa. Combate a crimes na Amazônia Legal. Disponível em: <www.sipam.gov.br/assuntos/sensoriamento-remoto-noticias/projeto-amazonia-sar-r-80-5-milhoes-contra-o-desmatamento-ilegal/radar-orbital-md-infografico.jpg/image_view_fullscreen>. Acesso em: 7 jan. 2019.

O radar orbital é um tipo de satélite de sensoriamento remoto que envia ondas eletromagnéticas. As imagens coletadas pela antena são enviadas para o Centro Gestor e Operacional do Sistema de Proteção da Amazônia (Censipam), que analisa e envia informações para os órgãos de fiscalização competentes.

O que é geopolítica?

Conteúdo referente às páginas 222 e 223.

A geopolítica trata da forma como o poder é exercido em determinado espaço geográfico. O conceito clássico a define como a área de conhecimento que identifica as estratégias de um país em relação a outro com o intuito de cooperação ou de dominação. Atualmente, a geopolítica pode ser definida também como as relações de poder em um determinado espaço geográfico entre Estado e agentes privados.

Entre os principais teóricos de geopolítica, podem ser citados:

- Rudolf Kjëllén (Suécia, 1864-1922): criador do termo e do conceito. Compreendia a geopolítica como um campo interdisciplinar.
- Friedrich Ratzel (Alemanha, 1844-1904): contribuiu para a sistematização da ciência geográfica e da geopolítica. Defendia que o domínio do território por seu povo exerceria um papel central na soberania desse povo, seja internamente, seja em relação a outros países, como projeção de poder.
- Alfred Thayer Mahan (Estados Unidos, 1840-1914): apontou a importância do poder marítimo nas relações entre os países. Acreditava que um país poderia influenciar outro com base em características como posição, extensão territorial e tamanho de sua costa.
- Halford John Mackinder (Inglaterra, 1861-1947): desenvolveu a teoria do poder terrestre. Para ele, o controle dos mares não seria mais fundamental para a supremacia dos países. Cunhou o conceito de *Heartland* para identificar a massa territorial que forma o continente europeu e o asiático, chamada Eurásia. Essa seria a "área pivô", e o país que a controlasse exerceria domínio sobre os demais.

Primórdios da geopolítica no Brasil

Os principais pensadores e teóricos brasileiros que se dedicaram ao conceito de geopolítica foram:

- Everardo Backheuser (1879-1951): afirmou que a geopolítica deveria promover a consolidação do Estado nacional brasileiro, projetando o país no cenário internacional.
- Mário Travassos (1891-1973): dedicou-se ao estudo da formação do território brasileiro, o que contribuiu para a escolha da nova capital do país, Brasília. Suas ideias sobre a projeção de poder do Brasil em relação aos países vizinhos e sobre a necessidade de integrar o país repercutiram em políticas públicas, como a ocupação da Amazônia na década de 1970.
- Golbery do Couto e Silva (1911-1987): defendeu o alinhamento do Brasil com os Estados Unidos na Guerra Fria. Fez estudos sobre a segurança nacional e foi um dos criadores da Escola Superior de Guerra (ESG), fundada em 1949, no Rio de Janeiro.

Geopolítica do Brasil nas guerras mundiais

Conteúdo referente às páginas 223 a 225.

O envolvimento do Brasil nas duas grandes guerras foi pouco expressivo, mas garantiu ao país a participação nos dois mais importantes organismos de regulação das relações internacionais: a Liga das Nações e a Organização das Nações Unidas, que substituiu a Liga.

Primeira Guerra Mundial (1914-1918)

Na Primeira Guerra Mundial, navios brasileiros foram atacados por submarinos alemães, o que levou o país a entrar na guerra ao lado da Tríplice Entente (formada inicialmente por Reino Unido, França e Rússia), em guerra contra a Tríplice Aliança (Império Alemão, Império Austro-Húngaro e Itália), e apreender navios opositores que estavam em águas brasileiras.

O país enviou contingente reduzido à guerra (pilotos de avião, médicos e uma esquadra da Marinha) e foi convidado a assistir à Conferência de Paz de Paris, em 1919, da qual participaram os vencedores da guerra e que resultou na criação da Liga das Nações. Foi integrante rotativo do Conselho da Liga das Nações até 1926. Reivindicava a aceitação permanente no Conselho e vetou a ocupação desse assento pela Alemanha. Porém, logo que o Brasil foi excluído, a Alemanha se juntou ao Conselho.

Afastado do cenário europeu, dedicou-se às disputas de poder na América do Sul, envolvendo-se na resolução de conflitos entre Colômbia e Peru, de 1932 a 1934, e entre Bolívia e Paraguai (Guerra do Chaco), de 1932 a 1938.

No cenário internacional global praticava um movimento pendular, ora acatando a influência dos Estados Unidos, ora a da França e até mesmo a da Alemanha. Submeteu-se às influências do Reino Unido, com o qual mantinha relações econômicas e financeiras desde o Império.

Segunda Guerra Mundial (1939-1945)

Em 1942, o Brasil alinhou-se aos Aliados (União Soviética, países europeus, como França e Reino Unido, e mais tarde os Estados Unidos) para combater o nazifascismo, representado pelas forças do Eixo (a Alemanha e a Itália – sob regimes totalitários –, além do Japão).

Entre as consequências dessa adesão, podem-se citar:

- a criação da Força Expedicionária Brasileira (FEB), em 1943;
- o envio de tropas para combater na Itália;
- a instalação de bases militares dos Estados Unidos em Natal (RN) e no arquipélago de Fernando de Noronha;
- a criação, em Volta Redonda (RJ), da Companhia Siderúrgica Nacional (CSN), que passou a operar em 1946, com o apoio estadunidense.

Conteúdo referente às páginas 225 a 228.

Geopolítica do Brasil após a Segunda Guerra Mundial

Após a Segunda Guerra Mundial, o Brasil alinhou-se aos Estados Unidos e rompeu relações diplomáticas com a União Soviética em 1947. No ano seguinte, o governo federal tornou ilegal o Partido Comunista Brasileiro (PCB).

Em 1952, Getúlio Vargas, de volta ao poder, assinou tratado de cooperação militar com os Estados Unidos, que só seria rompido em 1975, em razão de um acordo de produção de energia nuclear com a Alemanha.

Em 1958, o presidente Juscelino Kubitschek lançou a política Operação Pan-Americana com o objetivo de aproximar os países da América. Esse movimento não atingiu os resultados almejados, mas serviu para indicar que o Brasil desejava alcançar posição de destaque no continente.

O movimento brasileiro para atingir maior autonomia em relação aos Estados Unidos prosseguiu no início da década de 1960, com os governos Jânio Quadros e João Goulart.

Em 1961, foi proposta a Política Externa Independente (PEI), que visava maior independência do Brasil em relação a outros países, evitando alinhar o país a qualquer um dos dois grandes blocos de poder da Guerra Fria. Alegando esse direito de autodeterminação dos povos, por exemplo, o presidente João Goulart manifestou-se contra o bloqueio econômico a Cuba. Segundo alguns historiadores, esse foi um dos episódios que justificaram a tomada do poder pelos militares, em 1964, com o apoio dos Estados Unidos.

O golpe militar e a ESG

Com o golpe militar de 1964, o poder passou a ser exercido pela primeira geração de militares formados na Escola Superior de Guerra, e o novo projeto de inserção internacional promoveu o realinhamento com os Estados Unidos.

A segurança nacional tratava da defesa das fronteiras nacionais contra eventuais ameaças externas. Porém, para os militares era preciso garantir a segurança interna também, por isso reprimiram com violência organizações políticas, sindicais, estudantis e da sociedade civil.

Políticas territoriais e energéticas

No início da década de 1970, o governo brasileiro pretendia integrar e controlar o território, garantindo a presença do Estado nas fronteiras. Com a colonização e a instalação de rodovias, como a Transamazônica, na Amazônia, também ocorreu a intensificação do desmatamento.

O projeto **Brasil Potência** tinha como objetivo construir usinas nucleares para dominar a tecnologia nuclear, inclusive para eventual uso militar. Foram projetadas três usinas, em Angra dos Reis, no litoral do Rio de Janeiro:

- Angra I: construída com apoio de empresa estadunidense, sem o repasse de tecnologia nuclear. Por causa disso, o governo brasileiro rompeu com os Estados Unidos.
- Angra II: construída com apoio de uma empresa alemã que passou tecnologia nuclear para cientistas brasileiros. O governo criou infraestrutura para processar urânio, que pode ser empregado tanto para produzir combustível para as usinas como para fins militares.
- Angra III: não havia sido finalizada até 2018.

Nessa época, foram construídas também as seguintes hidrelétricas:

- Tucuruí, no Pará (1974-1984): geração de energia para explorar bauxita, matéria-prima para a produção de alumínio.
- Balbina, no Amazonas (1988): geração de energia para o Polo Industrial de Manaus. Alagou uma vasta área e gerou pouca energia.
- Itaipu Binacional, em conjunto com o Paraguai, localizada no rio Paraná, na divisa entre os dois países (1975-1982): responsável pela maior produção de energia no Brasil e no Paraguai.

O governo brasileiro se responsabilizou pela construção da usina de Itaipu e criou algumas cláusulas contratuais, visivelmente favoráveis aos interesses brasileiros. Entre elas, estavam a obrigatoriedade de uma parte vender à outra o excedente de energia e também saldar a dívida do Paraguai relativa à construção da usina.

Além da produção de energia, o objetivo era aproximar o Paraguai da área de influência brasileira. Havia também a preocupação de uma possível invasão do território brasileiro pelas Forças Armadas argentinas e a meta de tornar o Brasil o principal interlocutor dos Estados Unidos para assuntos regionais. No entanto, os problemas com o acesso à tecnologia nuclear, assim como os projetos de hidrelétricas, levaram ao rompimento com a potência estadunidense e a uma maior aproximação com os países vizinhos.

Geopolítica do Brasil contemporâneo

Conteúdo referente às páginas 228 a 232.

A criação do Mercosul reduziu o potencial de conflito nas fronteiras ao sul do país, colocando a Amazônia como principal foco da geopolítica brasileira.

A proteção da fronteira Norte

A fronteira em área de floresta é pouco ocupada e difícil de ser controlada, o que a leva a sofrer constantes invasões de garimpeiros, contrabandistas e narcotraficantes. Em razão disso, para monitorar a região foram desenvolvidos os seguintes projetos:

- Projeto Calha Norte, 1985: em 1999, teve o nome alterado para Programa Calha Norte. Criado com o objetivo de intensificar a presença do Estado na fronteira Norte por meio de instalação de bases militares e povoamento civil estimulado pela criação de municípios.
- Sistema de Vigilância da Amazônia (Sivam), 1990: monitoramento do espaço aéreo por meio de satélites.

- Sistema de Proteção da Amazônia (Sipam), 1999: integração de diversos órgãos por meio de satélites, radares e estações meteorológicas para monitoramento da região.
- Centro Gestor e Operacional do Sistema de Proteção da Amazônia (Cesipam), 2002: recebe informações dos municípios da Amazônia Legal e faz parte do Ministério da Defesa.

As Forças Armadas

As Forças Armadas estão divididas em três organizações: Exército, Aeronáutica e Marinha.

É função do Exército proteger a porção terrestre do território nacional, mas enfrenta dificuldades em razão do tamanho do país e de suas características naturais e demográficas. A Aeronáutica se ocupa da segurança do espaço aéreo por meio de ações rápidas de ataque e de defesa, assim como de busca, salvamento e fiscalização do tráfego aéreo civil. A Marinha, por sua vez, cuida do mar territorial brasileiro, que apresenta recursos valiosos (reservas de petróleo e de gás natural, principalmente).

Em comparação com o efetivo militar de vizinhos da América do Sul, o Brasil possui superioridade numérica e de equipamentos. Porém, esse efetivo é insuficiente para enfrentar países mais bem preparados para exercer o poder marítimo, como Estados Unidos e Reino Unido.

Aplique o que aprendeu

Atividade resolvida

Em analogia ao tamanho e aos recursos presentes na Amazônia, a Marinha brasileira batizou de Amazônia Azul uma extensa faixa litorânea, repleta de recursos naturais. Tanto a Amazônia Azul quanto a Amazônia Continental necessitam de proteção contra interesses estrangeiros.

Brasil: Amazônia Azul

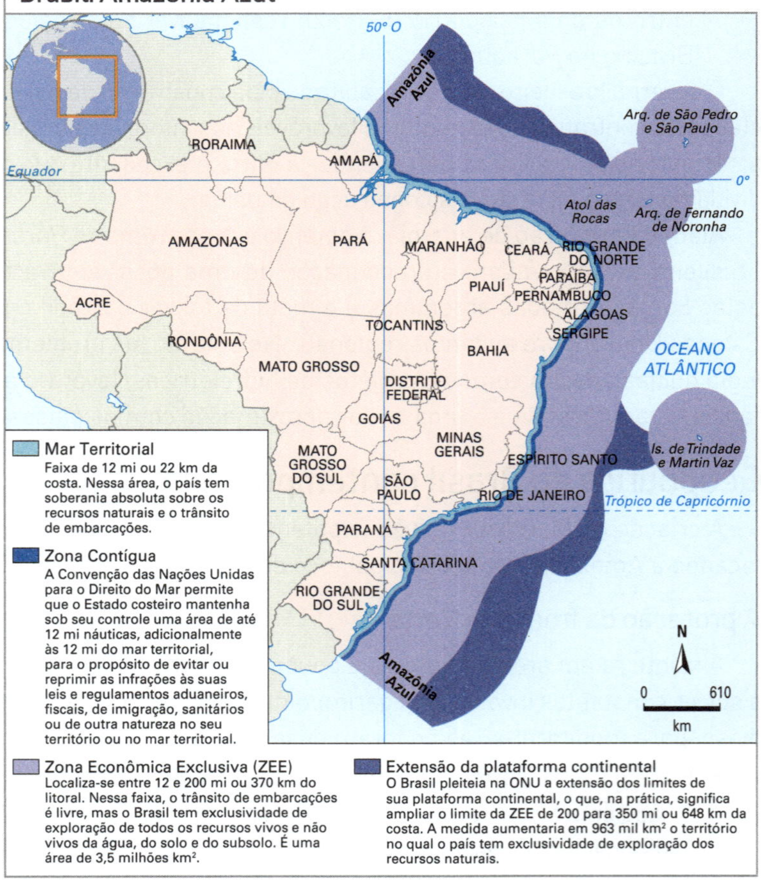

Elaborado com base em: BRASIL – Ministério da Defesa, Marinha do Brasil. Amazônia Azul. Disponível em: <www.marinha.mil.br/amazonia-azul>. Acesso em: 17 dez. 2018.

Banco de imagens/Arquivo da editora

a) Qual é a composição das Forças Armadas brasileiras e quais são suas principais funções?

b) Qual é a importância estratégica e econômica para o Brasil em manter a Amazônia Azul?

Resposta:

a) As Forças Armadas estão divididas em: Exército, que protege a porção terrestre do território nacional, mas enfrenta dificuldades em razão do tamanho do país e de suas características naturais e demográficas; Aeronáutica, que cuida da segurança do espaço aéreo por ações rápidas de ataque e de defesa, assim como de busca, salvamento e fiscalização do tráfego aéreo civil; e Marinha, que cuida do mar territorial brasileiro e seus recursos naturais (reservas de petróleo e de gás natural, principalmente).

b) A importância econômica da Amazônia Azul é o aproveitamento dos recursos naturais (petróleo, gás natural, geração de energia por marés, pesca) e navegação de cabotagem, por exemplo. Essa faixa marinha é estrategicamente patrulhada pela Marinha, pois funciona como zona de proteção à invasão terrestre, e o país possui o direito de controlar o tráfego náutico na região.

Comentário

A resolução do item **a** exige saber que as Forças Armadas estão divididas em Exército, Aeronáutica e Marinha, e suas funções se voltam à área de atuação: domínio terrestre, aéreo e fluvial-marinho, respectivamente.
O texto da questão e o mapa sugerem o objetivo da Marinha e são recursos essenciais para responder ao item **b**. A importância econômica da Amazônia Azul é o aproveitamento dos recursos naturais, e essa faixa marinha funciona como zona de proteção a eventuais invasões terrestres.

Atividades

1. O conceito de *Heartland*, cunhado pelo geógrafo inglês Mackinder, sustenta que:

a) um país poderia influenciar outro com base em características como posição, extensão territorial e tamanho de sua costa.

b) os países tropicais exercem papel secundário na geopolítica mundial em razão do determinismo geográfico.

c) o país que controlar a massa territorial que forma os continentes europeu e asiático, chamada Eurásia, terá domínio sobre os demais.

d) o domínio do território por um povo exerce um papel central na soberania desse povo, seja internamente, seja em relação a outros países.

2. Entre as ideias de Golbery do Couto e Silva, destacava-se:

a) o afastamento da esfera de influência dos Estados Unidos.

b) a posição de autonomia do país nas relações internacionais.

c) a aproximação dos países do Cone Sul para fortalecer a posição meridionalista.

d) a defesa pelo alinhamento geopolítico com os Estados Unidos.

3. A participação do Brasil na Segunda Guerra Mundial resultou em todas as ações citadas abaixo, exceto:

a) criação da Força Expedicionária Brasileira.

b) instalação da Usina Nuclear de Angra I.

c) instalação de bases militares dos Estados Unidos em Natal (RN) e no arquipélago de Fernando de Noronha.

d) criação, em Volta Redonda (RJ), da Companhia Siderúrgica Nacional (CSN).

4. Como foi a participação do Brasil na Primeira Guerra Mundial e quais foram os desdobramentos dessa participação para a geopolítica brasileira?

5. Descreva as principais características da Doutrina de Segurança Nacional posta em prática pelos governos militares após o golpe de 1964.

6. Caracterize a política territorial e energética iniciada pelos militares na década de 1970.

7.

Com mais de duas décadas de existência, o Mercado Comum do Sul (Mercosul) é a mais abrangente iniciativa de integração regional da América Latina, surgida no contexto da redemocratização e reaproximação dos países da região ao final da década de [19]80. Os membros fundadores do Mercosul são Brasil, Argentina, Paraguai e Uruguai, signatários do Tratado de Assunção de 1991. [...]

BRASIL – Mercosul. Saiba mais sobre o Mercosul. Disponível em: <www.mercosul.gov.br/saiba-mais-sobre-o-mercosul>. Acesso em: 17 dez. 2018.

Qual foi o impacto da criação do Mercosul na geopolítica brasileira?

8. Cite as ações desenvolvidas pelo governo brasileiro para zelar pelas fronteiras ao norte do país, assim como monitorar os espaços terrestre e aéreo da Amazônia.

CAPÍTULO

11

Parcerias estratégicas do Brasil

Você deve ser capaz de:

- Analisar a atuação política e econômica do Brasil no cenário internacional.
- Compreender a importância do Brasil no cenário regional.
- Reconhecer a participação do Brasil em órgãos multilaterais.

Reveja o que aprendeu

Nos anos 2000, cresceu a participação brasileira em organismos internacionais para a resolução de problemas globais e regionais, assim como a o estabelecimento de parcerias para promoção do desenvolvimento de infraestrutura energética e econômica e proteção ambiental.

EyePress News/Agência France-Presse

Vladimir Putin (Rússia), Narendra Modi (Índia), Dilma Roussef (Brasil), Xi Jinping (China) e Jacob Zuma (África do Sul) na sexta Reunião de Cúpula do Brics realizada em Fortaleza (CE), em 2014, na qual foi oficializado o Novo Banco de Desenvolvimento, criado para financiar projetos de infraestrutura em países emergentes.

Conteúdo referente às páginas 236 a 240.

Tratados internacionais regionais

As parcerias entre países vizinhos fortalecem a convivência pacífica e promovem a cooperação em diversos setores. Na América do Sul, o Brasil participa de acordos regionais, como **Mercosul** e **Unasul**, que visam estimular o desenvolvimento econômico e a cooperação entre os países membros.

Tratado da Bacia do Prata

A bacia do Prata é uma das principais bacias hidrográficas transnacionais da América do Sul. Ocupa cerca de 17% da região e envolve rios e territórios de Argentina, Bolívia, Brasil, Paraguai e Uruguai. Destacam-se os rios Paraná, Paraguai, Uruguai e da Prata.

Em 1967, foi criado o Comitê Intergovernamental Coordenador dos Países da Bacia do Prata (CIC), que passou a funcionar em 1969.

O Tratado da Bacia do Prata tem como principal objetivo promover a integração entre os países, limitada às áreas efetivas da bacia hidrográfica. Há concordância em práticas de preservação ambiental, uso racional da água, permissão de navegação e aperfeiçoamento de infraestrutura.

Tratado de Itaipu

Em 1966, foi assinada a Ata do Iguaçu, um tratado de exploração do potencial energético hidráulico na divisão entre Brasil e Paraguai que previa a produção de energia dividida igualmente entre os dois países. Também foi acertado que uma parte teria prioridade de compra da energia não utilizada pela outra.

O Tratado de Itaipu, de 1973, resultou na construção da Usina Hidrelétrica de Itaipu por meio da criação da empresa Itaipu Binacional.

Esses acordos contribuíram para aproximar os dois países e também afastou o Paraguai da esfera de influência da Argentina. No entanto, não foram suficientes para eliminar algumas tensões herdadas da participação em lados opostos na Guerra do Paraguai (1864-1870), o que trouxe muitos prejuízos ao Paraguai.

Uma delas é a discordância sobre as delimitações territoriais sobre uma área que supostamente seria coberta pelo lago artificial de Itaipu, prevista no projeto e que não se concretizou, resultando na criação, em 1984, do Refúgio Ecológico Binacional de Maracaju.

Além disso, no início dos anos 2000, o Paraguai reivindicou soberania nacional para dar o destino que quisesse à energia não utilizada, nova tarifa de energia e maior participação na diretoria da Itaipu Binacional. O governo brasileiro concordou com as duas últimas demandas.

Tratado de Cooperação Amazônica

Em 1978, os países com parte de seu território na Amazônia – Bolívia, Brasil, Colômbia, Equador, Guiana, Peru, Suriname e Venezuela – criaram o Tratado de Cooperação Amazônica (TCA), que passou a vigorar em 1980. Tinha como objetivos a proteção e o uso sustentável da biodiversidade.

Esse tratado surgiu em um contexto internacional de questionamento da soberania dos países amazônicos sobre a Amazônia em razão da sua relevância mundial. Ele possibilitou estudos e cooperação no desenvolvimento de temas variados, como saúde, povos originários, turismo, ciência e tecnologia.

Em 2002, foi criada a Organização do Tratado de Cooperação Amazônica (OTCA), uma organização supranacional que busca articular os países-membros e trata dos termos acordados no TCA. Apesar das dificuldades financeiras, a OTCA elaborou um plano estratégico conciliando desenvolvimento econômico com conservação ambiental.

O Brasil também é membro da Organização dos Estados Americanos (OEA), criada em 1948, cujos objetivos são: cooperação econômica regional, proteção ambiental, combate ao crime organizado, entre outros.

Participação em outros blocos

Conteúdo referente às páginas 241 a 244.

Novos desafios, crises e contextos específicos levaram à criação de outros organismos multilaterais dos quais o Brasil é integrante.

G20 financeiro e G20 comercial

Em 1999, os países com as maiores economias reuniram-se no G20 financeiro, motivados pela crise econômica asiática. Trata-se de um fórum, e não de um organismo com orçamento e secretariado próprio. Esses países, que têm proeminência política e econômica no cenário internacional, perfazem cerca de 85% do PIB mundial e mais de dois terços da população. Em suas reuniões, são privilegiados temas relacionados a segurança econômica, desenvolvimento, comércio, entre outros.

O Brasil perdeu relevância e deixou de participar dos últimos encontros, desde a crise política e econômica iniciada em 2015.

Em 2003, o G20 comercial, orquestrado pelo Brasil na preparação para reunião da Organização Mundial do Comércio (OMC), reuniu-se para defender interesses dos países classificados como emergentes. Esse grupo informal organiza encontros cuja pauta principal tem sido a produção agrícola mundial.

Brics

Em 2008, aconteceu a primeira reunião formal entre Brasil, Rússia, Índia, China, países cujas letras iniciais formam o acrônimo **Bric**. Não é um bloco econômico, mas esses países atuam politicamente para defender interesses comuns em fóruns internacionais, além de promover a cooperação entre eles em diversos setores. Em 2011, a África do Sul foi integrada ao grupo, que teve o nome alterado para **Brics**.

Os países desse grupo representam pouco mais de 40% da população mundial e cerca de 23% do PIB mundial. Eles têm concentrado esforços na reforma da ONU para ampliar o poder dos países integrantes no **Conselho de Segurança** e na gestão do banco criado por eles (**Novo Banco de Desenvolvimento**) para financiar projetos nos países-membros e também em outros países mais pobres.

Entretanto, instabilidades políticas e econômicas nesses países, assim como o gigantismo chinês, podem comprometer o sucesso das ações dos Brics, incluindo sua continuidade.

Conteúdo referente às páginas 244 a 246.

O Brasil e a União Europeia

O estreitamento das relações entre Brasil e União Europeia ocorreu em 2007 por meio do estabelecimento de uma parceria estratégica. Os países da União Europeia formam um conjunto que a torna o principal investidor estrangeiro no Brasil, com destaque para indústria automotiva, fabricação de metais e comunicações.

No entanto, há divergências sobre as políticas protecionistas de cada parte. A União Europeia acusa o Brasil de proteger alguns setores de sua economia, inviabilizando a importação de produtos do bloco europeu, e o Brasil reclama do subsídio aos produtores agrícolas locais, o que reduz a competitividade dos produtos brasileiros no mercado europeu.

Conteúdo referente às páginas 247 e 248.

O Brasil em órgãos multilaterais

Nas últimas décadas, o Brasil aumentou sua participação em órgãos multilaterais e fóruns internacionais por meio de seus diplomatas. Além disso, brasileiros têm assumido importantes cargos de direção nesses organismos.

Roberto Azevêdo foi eleito em 2017 para o segundo mandato na **Organização Mundial do Comércio**, na qual contribuiu com dois acordos muito importantes: o Acordo de Facilitação de Comércio (AFC) e o acordo sobre o fim de subsídios à exportação de produtos agrícolas.

Desde 2012, José Graziano da Silva é presidente da **Organização das Nações Unidas para a Alimentação e a Agricultura (FAO)**. Já promoveu mudanças profundas nesse órgão multilateral, que atua no combate à fome mundial, para o fortalecimento e o aumento da cooperação entre os países e a maior eficiência na utilização dos recursos financeiros.

Aplique o que aprendeu

Atividade resolvida

Leia o texto a seguir sobre a origem e o objetivo da Agência Brasileira de Cooperação (ABC) e analise o quadro com a natureza e a evolução da quantidade de cooperações multilaterais recebida pelos país entre 2004 e 2014. Em seguida, responda às questões.

A Agência Brasileira de Cooperação (ABC), vinculada ao Ministério das Relações Exteriores (MRE), é responsável por coordenar, executar e avaliar os programas e ações da cooperação técnica e humanitária internacionais do Brasil, em parceria com governos estrangeiros ou com organismos internacionais, nas vertentes do Brasil para o exterior e do exterior para o Brasil. Criada em 1987, foi a primeira Agência de Cooperação Internacional oficialmente estabelecida entre os países em desenvolvimento.

Ao longo dos anos, a ABC contribuiu para a mudança do perfil do país no contexto internacional. O Brasil, que antes se limitava, basicamente, a receber assistência técnica dos parceiros desenvolvidos, passou a atuar, nos últimos anos, como um ator relevante da cooperação horizontal no eixo Sul-Sul.

A cooperação técnica internacional brasileira é desenvolvida por meio de programas, projetos e atividades destinados à promoção do desenvolvimento social e inclusivo com países em desenvolvimento, em parceria com um ou mais estados estrangeiros e/ou organismos internacionais com os quais o Brasil mantenha Acordo Básico de Cooperação Técnica.

No Brasil, entende-se a cooperação técnica como uma estratégia capaz de produzir impactos positivos sobre as populações. Tem por finalidade elevar padrões de vida, modificar realidades e promover o desenvolvimento sustentável e o respeito pela dignidade de vida de cada pessoa.

Para desempenhar sua missão, a ABC segue as diretrizes da política externa do MRE e as prioridades nacionais de desenvolvimento, definidas nos planos e programas setoriais de governo. [...]

BRASIL – Ministério das Relações Exteriores, Agência Brasileira de Cooperação (ABC). Introdução. Disponível em: <www.abc.gov.br/SobreABC/Introducao>. Acesso em: 18 dez. 2018.

Cooperação multilateral recebida (2004-2014)											
Natureza do evento	2004	2005	2006	2007	2008	2009	2010	2011	2012	2013	2014
Propostas, revisões e emendas	338	271	330	419	269	135	93	208	229	137	140
Missões de acompanhamento	111	80	71	47	59	20	46	48	153	182	170
Reuniões com instituições nacionais	260	176	608	534	310	95	305	215	150	106	55
Conferências e seminários no Brasil	25	9	24	8	8	4	3	20	11	7	9
Reuniões com organismos internacionais	n.d.*	n.d.	n.d.	n.d.	n.d.	n.d.	n.d.	127	127	89	95

Cooperação multilateral recebida (2004-2014)											
Reuniões multilaterais e intergovernamentais	11	7	18	15	12	4	16	6	6	10	18
Comissões mistas	0	1	1	1	0	1	1	1	1	1	1
Reuniões com missões estrangeiras	3	22	20	18	34	7	6	15	7	192	179
Total:	748	566	1072	1042	692	266	470	640	684	723	666

*A abreviação **n.d.** significa que o dado sobre reuniões com organismos internacionais está contido na linha "Reuniões com instituições nacionais".

BRASIL – Ministério das Relações Exteriores, Agência Brasileira de Cooperação (ABC). Introdução. Disponível em: <www.abc.gov.br/SobreABC/Introducao>. Acesso em: 18 dez. 2018.

a) Qual o principal objetivo da Agência Brasileira de Cooperação e qual a sua principal particularidade?

b) Avalie os tipos de cooperação multilateral recebidos pelo país e sua evolução no período de 2004 a 2014.

Resposta

a) O objetivo da ABC é coordenar, executar e avaliar os programas e ações da cooperação técnica e humanitária do Brasil, em parceria com governos estrangeiros ou com organismos internacionais. Seu principal diferencial é ser a primeira agência de cooperação internacional estabelecida entre países emergentes.

b) Quantitativamente, destacam-se os anos de 2006 e 2007 por apresentarem número total de eventos muito superiores à média do período e também o ano de 2009 por apresentar número muito inferior (talvez reflexo da crise econômica mundial de 2008). Entre os eventos ocorridos no período, destacam-se pela maior quantidade os classificados como "Propostas, revisões e emendas" e "Reuniões com instituições nacionais"; e os de menor frequência: "Comissões mistas", "Reuniões multilaterais e intergovernamentais" e "Conferências e seminários no Brasil". Por fim, é possível afirmar que o número absoluto de eventos é alto e que, em sua maior parte, trata-se de reuniões e revisões de documentos e acordos.

Comentário

O texto e o quadro oferecem várias informações, e a leitura atenta é muito importante para a produção de sínteses. Auxilia bastante identificar o que cada questão cobra para criar objetivos de leitura mais específicos, focados no levantamento das informações relevantes para a resolução de cada item.

A resposta do item **a** está integralmente oferecida no texto, basta selecioná-la. A identificação do principal objetivo da ABC é simples, já o reconhecimento do seu principal diferencial exige um pouco mais de atenção.

O item **b** exige habilidade de leitura e análise dos dados apresentados na tabela, capacidade de selecionar o que é mais importante e de transformar as informações em texto escorreito.

O estudo e a análise do quadro passam pela identificação do que é significante numericamente, tanto os valores mais altos quanto os mais baixos, na avaliação das variações e oscilações ao longo do tempo, além da busca de padrões e anomalias. Contudo, como a coluna "Natureza do evento" apresenta títulos muito amplos, é difícil aprofundar a análise. Portanto, o foco deve se concentrar na variação numérica dos eventos.

Atividades

1. Com cerca de 3 milhões de quilômetros quadrados e cerca de 17% da área da América do Sul, a bacia do Prata está entre as mais importantes do mundo. O **Tratado da Bacia do Prata** compreende quais rios principais e quais países?

a) Rios Amazonas, Orinoco, Urubamba e da Prata, drenando partes dos territórios do Brasil, Colômbia, Peru e Venezuela.

b) Rios Grande, Paranapanema, Uruguai e da Prata, drenando partes dos territórios da Argentina, Brasil, Paraguai e Uruguai.

c) Rios Tietê, Paraná, Urubamba e da Prata, drenando partes dos territórios da Argentina, Brasil, Chile e Uruguai.

d) Rios Paraná, Paraguai, Uruguai e da Prata, drenando partes dos territórios da Argentina, Bolívia, Brasil, Paraguai e Uruguai.

2. A assinatura da **Ata de Iguaçu** em 1966, na qual Brasil e Paraguai concordaram em explorar conjuntamente o potencial hidráulico do salto Grande de Sete Quedas ou salto de Guaíra, resultou:

a) na Itaipu Binacional.

b) no Mercosul.

c) no Tratado do Cone Sul.

d) no Acordo Hidrográfico Bilateral.

3. O **Tratado de Cooperação Amazônica**, que passou a vigorar em 1980 e tem como objetivos a proteção e o uso sustentável da biodiversidade, surgiu:

a) dos debates entre representantes governamentais e não governamentais ocorridos na Conferência Mundial do Meio Ambiente no Rio de Janeiro.

b) em contexto internacional de questionamento da soberania dos países amazônicos sobre a Amazônia em razão da sua relevância mundial.

c) da criação da diretoria de meio ambiente da Organização dos Estados Americanos.

d) sob gerenciamento do Pnuma, agência para o meio ambiente da ONU.

4. O Brics é um grupo formado por Brasil, Rússia, Índia, China e África do Sul que atua politicamente para defender interesses comuns em fóruns internacionais e também aumentar a cooperação entre esses países em diversos setores. Entretanto, a manutenção do grupo é ameaçada:

a) pela oposição e pelo boicote realizados pelos países mais ricos, que integram o G20.

b) pelas instabilidades políticas e econômicas dos países integrantes.

c) pela tendência mundial de enfraquecimento de blocos multilaterais e fortalecimento do nacionalismo.

d) pela corrupção política e pela prática de favorecimentos de que são acusados os chanceleres que representam cada país no bloco, sobretudo do Brasil e da África do Sul.

5. Leia o texto a seguir.

A União Europeia é o principal bloco comercial do mundo. A UE é o maior exportador mundial de bens e serviços e o maior mercado de importação para mais de 100 países.

O comércio livre entre os países da UE foi um dos princípios fundadores da UE, concretizado no mercado único. Fora das suas fronteiras, a UE está igualmente empenhada na liberalização do comércio mundial.

UNIÃO Europeia. A UE em poucas palavras. Disponível em: <https://europa.eu/european-union/about-eu/eu-in-brief_pt#a-união-europeia-e-o-resto-do-mundo>. Acesso em: 18 dez. 2018.

As relações comerciais entre o Brasil e a União Europeia:

a) são pouco significativas em razão das barreiras sanitárias que o bloco europeu estabelece sobre os produtos agropecuários brasileiros.

b) perderam relevância ao longo da história em razão do crescimento chinês.

c) indicam que os países-membros da União Europeia a tornam o maior investidor estrangeiro no Brasil.

d) vem ocupando o lugar do Mercosul na compra de gêneros de alto valor agregado produzidos no Brasil.

6. Qual a importância da participação dos países em tratados regionais? Qual tem sido o papel do Brasil?

7. Qual foi a importância geopolítica para o Brasil da assinatura do **Tratado de Itaipu**?

8. Quais são as principais diferenças entre o G20 financeiro e o G20 comercial?

9. Nas últimas décadas, a participação brasileira em fóruns internacionais e organismos multilaterais aumentou. De modo geral, como têm sido avaliados o Brasil e seus chanceleres tanto nos debates quanto na condução das pautas e temas internacionais?

CAPÍTULO

12 O Brasil na economia internacional

Você deve ser capaz de:

- Compreender a participação do Brasil nos fluxos econômicos internacionais.
- Analisar o processo de contração da dívida externa brasileira e seus desdobramentos na economia do país.
- Compreender a composição do balanço de pagamentos do Brasil, assim como identificar os principais produtos brasileiros no comércio mundial.

Reveja o que aprendeu

O Brasil está entre as dez maiores economias do mundo e tem grande participação no comércio global. O país exporta, sobretudo, gêneros agropecuários e minerais e tem participação relevante na venda de aviões; as importações, por sua vez, são constituídas de produtos industrializados. Nos últimos tempos, o país tem buscado ampliar e diversificar as parcerias comerciais.

Sag. Johnson Barros/Força Aérea Brasileira

Duas aeronaves Super Tucano sobrevoam a Floresta Amazônica. O avião brasileiro, projetado inicialmente para fazer a vigilância da Amazônia, é atualmente um dos produtos tecnológicos mais exportados do Brasil. Foto de 2011.

Conteúdo referente às páginas 252 a 254.

Dívida externa

A dívida externa brasileira tem origem no processo de independência. O país recorreu a outros países, sobretudo Inglaterra, para saldar dívidas do período colonial, além dos gastos decorrentes da Guerra do Paraguai (1864-1870).

- **1900 a 1930**: uma tentativa malsucedida de renegociação da dívida no fim do século XIX resultou em aumento de aproximadamente 700% do saldo devedor nas primeiras décadas do século XX.
- **1943**: houve nova tentativa de renegociação da dívida, na qual foram estabelecidos o prazo de pagamento de 60 anos e a redução da dívida e dos juros. Porém, alguns anos depois, a dívida voltou a crescer em razão do desequilíbrio da balança comercial.
- **1956 a 1961**: durante o governo de Juscelino Kubitschek, houve aumento da dívida por causa da construção de Brasília e de novas rodovias.

- **1964 a 1985**: durante a ditadura militar, a dívida externa saltou de 3,16 bilhões para 105,17 bilhões de dólares. Investimentos em grandes obras e a crise do petróleo foram os principais motivos desse aumento. Foram os anos do "milagre econômico", mas sem equacionamento do problema da desigualdade social e da pobreza no país.
- **1987**: durante o governo de José Sarney, houve desequilíbrio das contas públicas, decorrente, entre outros fatores, do pagamento dos juros da dívida externa, o que levou à declaração da moratória (suspensão do pagamento da dívida), afastando investimentos externos no país. O Fundo Monetário Internacional (FMI) teve de intervir na economia brasileira, direcionando inclusive as decisões políticas.
- **Anos 1990**: a abertura da economia ao mercado externo com o fim ou a redução de tarifas alfandegárias acabou prejudicando a indústria nacional. A dívida cresceu 109% nesse período.
- **Anos 2000**: o Governo Federal procurou alcançar metas de crescimento econômico aliadas ao pagamento da dívida externa e conseguiu quitar parte dos empréstimos contraídos com o FMI e as agências internacionais de risco passaram a classificar positivamente o Brasil. No entanto, a dívida interna do país cresceu.
- **2015**: o Brasil perdeu a classificação de bom pagador.
- **2017**: a dívida pública interna estava próxima a 70% do PIB. A dívida externa voltou a crescer e era de 317,2 bilhões de dólares.

Comércio internacional

Conteúdo referente às páginas 255 a 258.

Apesar da grande participação do país no comércio internacional, o volume de capital de seus negócios é modesto se comparado ao de países como Estados Unidos, China e Alemanha.

Em 2017, os principais parceiros comerciais do Brasil foram:

China

- Comprou cerca de 22% do que o Brasil vendeu no ano.
- Vendeu cerca de 18,2% do que o Brasil comprou no ano.

Estados Unidos

- Comprou cerca de 12% do que o Brasil vendeu no ano.
- Vendeu cerca de 16,5% do que o Brasil comprou no ano.

União Europeia

- Comprou cerca de 15,5% do que o Brasil vendeu no ano.

Outros países que estabelecem boas relações comerciais com o Brasil são Argentina, Índia, México e Japão. O Brasil é bastante dependente de importações de produtos manufaturados, como aparelhos eletrônicos, veículos, medicamentos, produtos químicos, adubos e fertilizantes, plásticos, etc.

Balanço de pagamentos

Conteúdo referente às páginas 258 e 259.

O **balanço de pagamentos** é a soma das contas-correntes e de capitais, ou seja, todas as transações econômicas que um país realiza com outros países. A maioria dos países segue a estrutura padronizada pelo Fundo Monetário Internacional:

Conta-corrente é o comércio de bens e serviços realizado ao longo de um ano. O saldo entre exportações e importações é chamado **balança comercial**.

Conta de capitais são os investimentos estrangeiros diretos, ou seja, os recursos externos aplicados na estrutura produtiva industrial, a participação estrangeira em ações de empresas, os capitais especulativos.

Quando o balanço de pagamento é positivo, isso significa que houve aumento das reservas internacionais, um recurso importante para proteger o valor da moeda nacional em uma eventual crise econômica, pois o governo pode usá-las para comprar moedas estrageiras, o que acaba valorizando a moeda do país.

Em 2017, a situação do Brasil era:

- conta-corrente: *deficit* superior a 11 bilhões de dólares (0,6% do PIB).
- conta de capitais: pequeno saldo positivo.
- reserva de capitais: havia crescido um pouco, atingindo pouco mais de 381 bilhões de dólares.

Conteúdo referente às páginas 260 a 264.

Principais setores da economia brasileira no comércio mundial

Dos mais de cem produtos que compõem a pauta de exportação brasileira, os grandes destaques são os gêneros agropecuários e agroindustriais. Em 2016, o Brasil foi o terceiro maior exportador mundial desses produtos.

- **Soja**: destaque para o dinamismo de sua cadeia produtiva. Em 2017, esse produto correspondeu a 7,5% do total das exportações brasileiras, sendo a maior parte da produção vendida para a China, Espanha, Tailândia, Países Baixos e Irã.
- **Café**: ocupou papel central na economia durante o fim do Império e começo da República, mas continua relevante até os dias atuais. O Brasil é o maior produtor do mundo, e a venda do café está entre os dez principais produtos comercializados pelo país.
- **Minério de ferro**: o principal produto da pauta de exportação brasileira. Em 2017, constituía cerca de 10% do total de exportações. É extraído por poucas e grandes empresas no Quadrilátero Ferrífero, em Minas Gerais, e em Carajás, no Pará. No entanto, a queda do preço dessa *commodity* nos últimos anos levou as empresas mineradoras a aumentar a produção sem levar em consideração os impactos ambientais.
- **Petróleo**: em 2017, o óleo cru foi o segundo principal produto da pauta de exportação do país. Esse cenário foi possível graças à descoberta da camada pré-sal, o que possibilitou reverter o cenário de grande dependência externa que o Brasil tinha de petróleo. Entretanto, o país continua grande comprador de derivados de petróleo (gasolina e óleo *diesel*).

Vitoria Velez/Agência France-Presse

Plataforma de petróleo da Petrobras, na costa do Espírito Santo, em 2015.

- **Construção civil**: empresas brasileiras de engenharia atuam em diversos países com grandes obras de infraestrutura, dinamizando a cadeia produtiva do setor (ferro, cimento, etc.).
- **Indústria aeronáutica**: destaque para a Embraer na produção e comercialização de aeronaves de uso civil e militar. As vendas da estatal correspondem a cerca de 2% da pauta de exportação nacional.
- **Fuga de cérebros**: profissionais e pesquisadores altamente qualificados que deixam o país em busca de melhores condições de trabalho e de remuneração, além de qualidade de vida. O desenvolvimento científico do país acaba ficando estacionado por deixar de contar com a contribuição dessas pessoas.
- **Exportação de pernas**: emigração de atletas brasileiros, sobretudo de jogadores de futebol.

Aplique o que aprendeu

Atividade resolvida

(Fuvest)

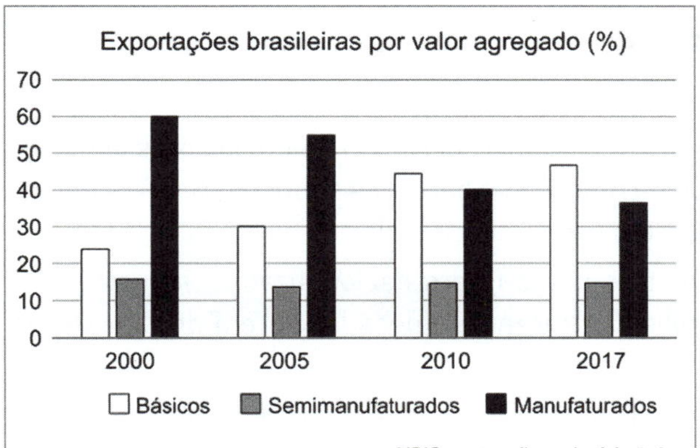

MDIC - www.mdic.gov.br. Adaptado.

Com base no gráfico referente à pauta das exportações brasileiras, é correto afirmar que, no período analisado, houve

a) ampliação do setor secundário, especialmente de bens de capital intermediários.

b) consolidação do Brasil como exportador de alta tecnologia, cujo percentual vem se ampliando na pauta de exportações brasileiras.

c) fortalecimento do setor primário e declínio do setor de maior valor agregado.

d) maior peso do setor primário, pela primeira vez na história econômica brasileira.

e) diminuição da agroindústria nas exportações e aumento do peso dos bens manufaturados.

Resposta
Alternativa **c**.

Comentário

Em geral, questões que apresentam informações em gráficos podem exigir: leitura para identificar a informação; interpretação para apontar tendências, sínteses e conclusões; ou ainda a correlação com outros conhecimentos conceituais que os alunos devem possuir.

Neste caso, o primeiro passo é identificar o que as colunas representam. No eixo vertical estão indicados os percentuais; no eixo horizontal, os anos (evolução histórica). Cada coluna representa um grupo de produtos: básicos, semimanufaturados e manufaturados. Ao ler as alternativas, constata-se que é preciso saber classificar esses grupos de produtos nos setores da economia (primário: agropecuário; secundário: indústria; terciário: comércio e serviços), relacioná-los ao valor médio de produção, verificar se estão associados a bens de capital e tecnologia empregada, além de outras informações pontuais.

A leitura do gráfico permite concluir que, entre 2000 e 2017:

- houve aumento da participação percentual das exportações de produtos básicos;
- ocorreu um declínio nas exportações de produtos manufaturados ou industrializados;
- os produtos semimanufaturados mantiveram-se relativamente estáveis.

Com apenas essas informações, é possível eliminar as alternativas **a**, **b** e **e**.

Sobram as alternativas **c** e **d**. A eliminação da alternativa **d** vem por meio do conhecimento que, historicamente, não é a primeira vez que o setor primário tem o maior peso da pauta de exportação nacional. De fato, é justamente o contrário: o país sempre manteve o papel de fornecedor de matérias-primas para o mercado mundial – um conhecimento já bastante consolidado nos anos de estudo e, portanto, relativamente fácil de se acessar.

Assim, por eliminação, resta a alternativa **c**, a correta, pois o Brasil se tornou um dos maiores exportadores mundiais de soja, açúcar, algodão, suco de laranja, café, celulose, carne bovina, carne de aves, ferro, manganês, cobre, alumínio, etc. e enfrenta grande concorrência externa na venda de produtos industrializados.

Atividades

1. Todos os fatos a seguir estão relacionados à contração e ao aumento da dívida externa brasileira, **exceto**:

a) Guerra do Paraguai.

b) reforma agrária.

c) construção de Brasília.

d) crise do petróleo.

2. Na década de 1990, com a abertura do mercado brasileiro (por meio do fim ou da redução de barreiras alfandegárias) e a implementação da pauta econômica neoliberal:

a) empresas estrangeiras foram nacionalizadas, indústrias de capital familiar entraram em decadência e a dívida externa aumentou bastante.

b) muitas multinacionais se instalaram no país, aumentou a receita da balança comercial e a dívida externa se estabilizou.

c) o setor automobilístico se modernizou, foi criado o Real e a dívida externa foi reduzida.

d) empresas foram privatizadas, setores industriais nacionais entraram em crise e a dívida externa aumentou.

3. Observe os gráficos a seguir.

Brasil: exportação para os Estados Unidos – 2017

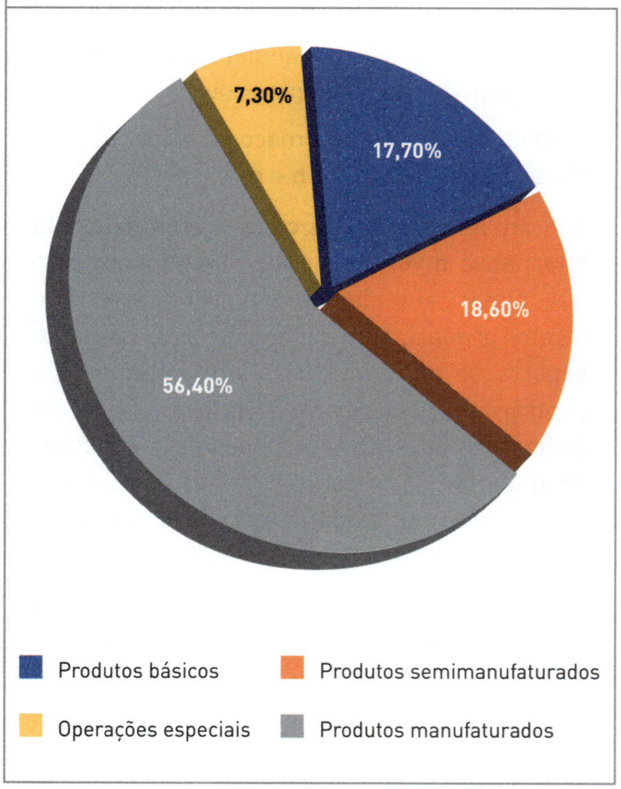

JSDesign/Arquivo da editora

Brasil: importação dos Estados Unidos – 2017

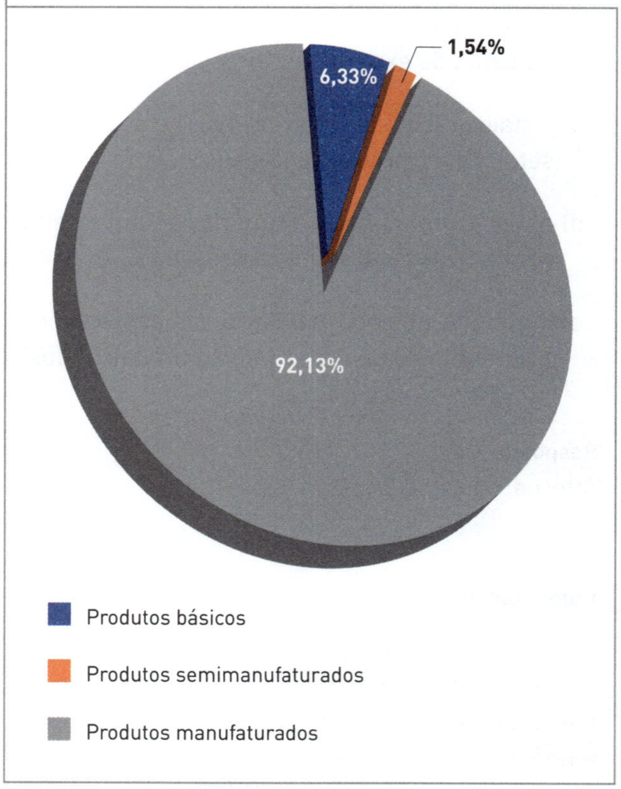

JSDesign/Arquivo da editora

Elaborados com base em: BRASIL – Ministério do Desenvolvimento, Indústria e Comércio Exterior. Comex Vis: países parceiros. Disponível em: <www.mdic.gov.br/comercio-exterior/estatisticas-de-comercio-exterior/comex-vis/frame-pais?pais=usa>. Acesso em: 17 set. 2018.

O comércio internacional entre Brasil e Estados Unidos é:

a) pouco significativo para o Brasil, que exporta basicamente gêneros primários para os Estados Unidos.

b) muito importante para os Estados Unidos, que adquirem produtos de alta tecnologia do Brasil, como aeronaves e sistemas integrados computadorizados, por preços muito inferiores aos praticados em seu mercado interno.

c) muito importante para o Brasil, sendo os Estados Unidos um de seus principais parceiros comerciais e grande fornecedor de produtos de alto valor agregado.

d) pouco significativo financeiramente para os Estados Unidos, que apenas mantém a parceria comercial com o Brasil para sustentar sua hegemonia geopolítica na região e impedir o avanço chinês.

4. Quais são os principais produtos da pauta de exportação brasileira? Quais fatores explicam a composição dessa pauta?

5. O que é moratória e por que o presidente José Sarney a declarou em 1987?

6. Do que é composto o balanço de pagamentos, segundo as diretrizes do Fundo Monetário Internacional, e por que é importante que ele apresente saldo positivo?

1. (Unesp)

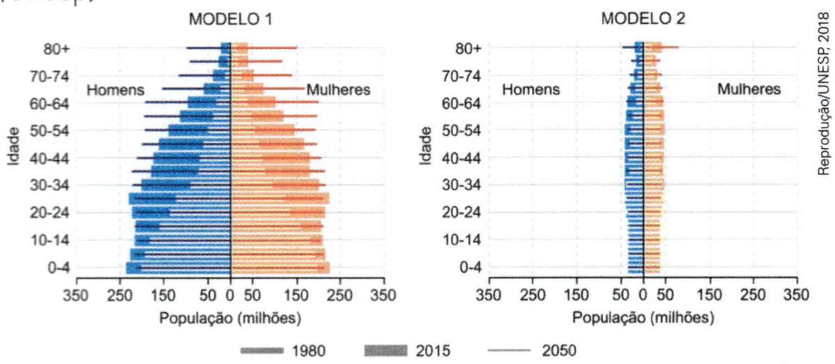

(UNFPA. *The power of 1.8 bilion: adolescents, youth and the transformation of the future*, 2014. Adaptado.)

a) Considerando os diferentes níveis de desenvolvimento socioeconômico, identifique os tipos de países correspondentes às pirâmides etárias do modelo 1 e do modelo 2.

b) Cite uma causa comum aos países do modelo 1 para a mudança no número de jovens no período 2015-2050. Apresente uma consequência da alteração na proporção de idosos nos países do modelo 2 no período 1980-2015.

2. (UERJ) Os modais de transporte possuem diferentes níveis de adequação aos tipos de carga. Considere a tabela abaixo:

Transporte de carga para diferentes tipos de produtos			
Produtos	Distância percorrida	Valor por tonelada	Urgência
A	200 km	alto	sim
B	600 km	baixo	não
C	1 500 km	muito baixo	não
D	3 000 km	muito alto	sim

De acordo com a lógica econômica capitalista, para o transporte dos produtos A e D, os modais mais adequados são, respectivamente:

a) aéreo e ferroviário

b) rodoviário e aéreo

c) ferroviário e marítimo

d) marítimo e rodoviário

3. (Unesp)

A vigilância alienada é praticada pelas companhias de tecnologias dos Estados Unidos (Microsoft, Google, Facebook, Amazon, Apple, entre outras), sem que a maioria de seus usuários saiba ou tenha conhecimento. Para essas companhias, o fato de o usuário ou cliente assinar o termo de aceitação de uso de um software tem sido considerado suficiente, como permissão consentida, para que essas companhias possam utilizar informações sem autorização explícita ou formal.

(Hindenburgo Pires. "Indústrias globais de vigilância em massa". In: Floriano J. G. Oliveira et al. (orgs.). *Geografia urbana*, 2014. Adaptado.)

As informações geradas pelos consumidores, quando espacializadas, permitem estabelecer padrões que interessam, particularmente, às grandes empresas. A "vigilância alienada" abordada pelo excerto, bem como o emprego do geomarketing, contribui para

a) alimentar bancos de dados que colaboram com a reprodução do capital.

b) orientar políticas públicas para diminuir a concentração desigual de renda.

c) coibir práticas abusivas na veiculação de propagandas enganosas.

d) fiscalizar as formas de uso de produtos que possam invalidar garantias.

e) estabelecer áreas prioritárias para a distribuição de bens de caráter humanitário.

4. (Unesp) O cálculo do Produto Interno Bruto (PIB) busca expressar o dinamismo de uma economia a partir da soma das riquezas produzidas por um país durante determinado período. No entanto, o cálculo do PIB ignora

a) os valores consumidos pelas importações, o que artificializa cálculos superavitários.

b) os gastos do governo, o que interfere na produção de bens e serviços.

c) a dimensão territorial, condição que interfere na paridade do cálculo.

d) os investimentos de empresas, mascarados em balanços comerciais positivos.

e) a apropriação da riqueza gerada, o que prejudica análises sociais.

5. (ESPM-SP) Interpretando o gráfico a seguir podemos constatar que:

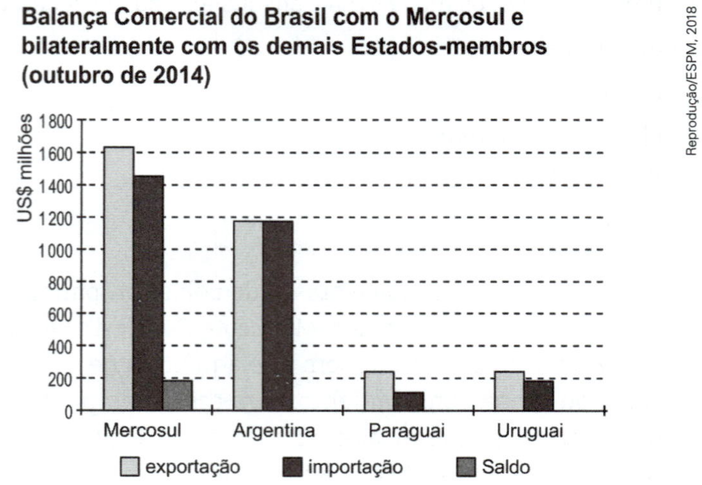

Fonte: Ministério do Desenvolvimento, Indústria e comércio exterior. Balança comercial Mercosul 2014. Disponível em: <http://www.mdlc.gov.br/sitio/interna.php?area5&menurefr=2081>.

a) o Brasil apresenta superávit em relação ao Mercosul.
b) a Argentina apresenta superávit em relação ao Mercosul.
c) o Paraguai apresenta déficit em relação ao Mercosul.
d) o Brasil apresenta déficit em relação ao Paraguai.
e) o Uruguai apresenta superávit em relação ao Brasil.

6. (UPE) Leia o texto a seguir:

> Esse mundo globalizado, visto como fábula, exige certo número de fantasias... Um mercado avassalador dito global é apresentado como capaz de homogeneizar o planeta através da disposição, cada vez maior, de mercadoria para o consumo... Podemos indagar se não estamos diante de uma ideologização maciça, segundo a qual a realização do mundo atual exige como condição essencial o exercício de fabulações.
>
> Milton Santos, 2000.

O geógrafo Milton Santos faz uma importante abordagem sobre o processo geopolítico contemporâneo, cujo contexto socioespacial está amplamente relacionado com todas as alternativas apresentadas a seguir, EXCETO:

a) A forte crença na flexibilização das relações sociais de produção e na terceirização de algumas etapas do processo produtivo para consolidar os ajustes espaciais necessários à nova acumulação do capital globalizado.
b) A criação de expressões que são dadas como regras. Termos como "aldeia global", "morte do Estado" e "flexibilidade" aparecem, comumente, veiculados pela mídia e são adotados como modelo político e econômico na economia globalizada.
c) A aceleração do tempo, por meio da informação em rede, e o encurtamento do espaço para proprietários de multinacionais ou agentes financeiros internacionais que transformam a compressão da distância em vantagens econômicas e em poder.

d) A difusão cada vez maior de notícias. O mito do tempo-espaço e o mercado dito global, homogêneo, que vêm aumentando a fragmentação espacial e social e a desterritorialização das pessoas e do processo produtivo.

e) A valorização da experiência do indivíduo ou do grupo, visando compreender o comportamento e as maneiras de sentir das pessoas em relação aos seus lugares e visão do mundo, que são expressas por meio das atitudes e dos valores humanos, nos espaços de vivência.

7. (UPE) Sobre o capitalismo industrial, analise o diagrama apresentado a seguir:

Fonte: Banca Elaboradora da UPE

O conjunto dessas transformações, ocorridas no espaço geográfico, reúne características do seguinte período:

a) Segunda Revolução Industrial, que possibilitou a transformação do processo de produção com o desenvolvimento de novas técnicas de energia a vapor, utilizada nos trens que transportavam as matérias-primas.

b) Segunda Revolução Industrial, ocorrida em meados do século XIX até a primeira metade do século XX, fase em que se verificou a ampliação da malha ferroviária no Continente Europeu.

c) Revolução Industrial, ocorrida em meados do século XVIII até meados do século XIX. Nessa fase, a Europa era predominantemente agrária e passou a incorporar a divisão do trabalho.

d) Terceira Revolução Industrial, em que o expressivo aumento da produção industrial e o desenvolvimento dos setores de comunicação e transporte permitiram às empresas multinacionais implantar unidades de produção em todos os continentes.

e) Terceira Revolução Industrial, em que teve início a chamada revolução científico-informacional. As inovações tecnológicas possibilitaram a informatização dos sistemas de produção industrial, inserindo a robotização.

8. (EBMSP) A economia informal tem se expandido tanto nos países centrais quanto nos países periféricos, com intensidades distintas, nas últimas décadas.

Essa economia caracteriza-se sobretudo:

a) pela capacidade de absorver a PEA disponível.

b) pela contraposição ao assalariamento.

c) por não provocar impacto no meio ambiente.

d) pela maior oferta de trabalho com salários altos.

e) por estar intimamente relacionada à expansão das atividades secundárias tanto no campo quanto nas cidades.

9. (Unesp)

O governo anuncia planos antidesmatamento para a Amazônia, mas a derrubada de árvores só aumenta. Uma explicação é a falta de foco no que mais influencia o problema: a grilagem de terras, que se confirmou fator primordial do desmatamento, abrindo novas fronteiras antes mesmo da chegada de atividades econômicas. Para combater esse problema, uma ação concreta e ao alcance do governo seria reverter os estímulos à grilagem gerados pela perspectiva de valorização da terra que atrai fluxos invasores.

(Roberto Smeraldi. http://panoramaecologia.blogspot.com.br, 27.08.2007. Adaptado.)

a) O que é grilagem de terras? Explique a origem dessa expressão no contexto da propriedade de terras.

b) Apresente duas ações que valorizam as terras na Amazônia e atraem os fluxos invasores.

10. (UPE) Leia o texto a seguir:

O modelo da modernização da agricultura foi implantado a partir de receitas – os pacotes tecnológicos – que o produtor deveria adotar. Para os produtores terem acesso aos pacotes tecnológicos, nos países subdesenvolvidos, foi necessária uma ampliação do crédito por meio de convênios intergovernamentais, com o objetivo de financiar a importação de insumos e de maquinário agrícola. Tal medida teve um peso muito forte para convencer os produtores a implantarem, em suas propriedades, um manejo de produção com base nos pacotes, favorecendo o surgimento da Revolução Verde.

ROSA, Antônio Vitor. São Paulo: Atual, 1998.

Sobre a Revolução Verde, destacada no texto, analise as afirmativas a seguir:

1. Adota o uso intensivo de agrotóxicos e fertilizantes sintéticos na agricultura.
2. Minimiza a concentração da renda e da terra e evita a migração para as cidades.
3. Pode causar contaminação dos ecossistemas e compactação do solo.
4. Aumenta a concentração fundiária e de renda.
5. Multiplica o desenvolvimento da biodiversidade e da biomassa.

Estão CORRETAS:

a) 1 e 2, apenas.
b) 2 e 5, apenas.
c) 3 e 4, apenas.
d) 1, 3 e 4, apenas.
e) 1, 2, 3, 4 e 5.

11. (Mackenzie) A respeito das técnicas de cultivos e de sistemas agrícolas praticados no mundo, marque (V) para verdadeiro e (F) para falso.

( ) A Agricultura Itinerante representa um dos primeiros sistemas praticados pelo homem. Nela, as técnicas estão ligadas à derrubada de mata nativa com o objetivo de liberação do solo para o cultivo, à queima para limpeza do terreno e é desprovida de investimentos financeiros. Um exemplo desse tipo de prática é a coivara.

( ) A Agricultura de Jardinagem surgiu nas regiões centrais da Austrália e é um reflexo da adaptação dos povos às condições naturais. Com a intensa sazonalidade das monções, caracteriza-se por um tipo de cultivo em que a divisão do terreno em seções viabiliza o cultivo da rizicultura de inundação. Essa prática milenar coloca o país como maior produtor de grãos do mundo.

( ) A Agricultura Comercial é uma modalidade na qual a produção se faz em larga escala e é voltada para os mercados externo e interno. Pode ser dividida em Intensiva ou Extensiva. A primeira é praticada em pequenas propriedades com uso reduzido de fertilizantes, defensivos químicos e baixos investimentos de capitais e pesquisa científica. Já a segunda visa ao mercado externo e tem como base a mão de obra qualificada e uso de alta tecnologia.

( ) A hidroponia e a Agricultura Orgânica são consideradas as produções do futuro. A primeira é uma técnica que dispensa a necessidade de solo. Os vegetais são cultivados em tubos onde recebem uma solução rica em nutrientes e, assim, se desenvolvem. A segunda consiste no uso de elementos naturais para realização da produção, pois não são utilizados defensivos químicos ou agrotóxicos. Valorizam a rotação de culturas e o uso consciente dos recursos hídricos.

Assinale a alternativa que apresenta a sequência correta, de cima para baixo.

a) F – V – V – F
b) F – V – F – V
c) V – F – F – V
d) V – V – V – V
e) V – F – V – V

12. (Fuvest)

As primeiras práticas de agricultura datam de, aproximadamente, 10.000 anos. Neste período, ocorreram inúmeras transformações na sua base técnica, mas é no decorrer da segunda metade do século XX que a revolução agrícola contemporânea, fundada na elevada motorização-mecanização, na seleção de variedades de plantas e de raças de animais e na ampla utilização de corretores de pH dos solos, de fertilizantes, de ração animal e de insumos químicos para as plantas e para os animais domésticos, progrediu vigorosamente nos países desenvolvidos e em alguns setores limitados dos países subdesenvolvidos.

Marcel Mazoyer & Laurence Roudart. *História das agriculturas no mundo*: do neolítico à crise contemporânea, São Paulo: Unesp; Brasília: NEAD, 2010. Adaptado.

As transformações ocorridas na agricultura após meados do século XX foram reconhecidas como revolução verde, sobre a qual se pode afirmar:

a) Sua concepção foi desenvolvida no Japão e nos Tigres Asiáticos após a II Guerra Mundial.
b) Contribuiu para a ampliação da diversificação das espécies e do controle das sementes pelos pequenos agricultores.
c) Seus parâmetros produtivos estavam fundados, desde sua origem, em preservar e proteger a biodiversidade nas áreas de cultivo.
d) Com sua expansão, na África e no sudeste Asiático, as populações rurais puderam alcançar padrões de consumo semelhantes aos das grandes metrópoles.
e) Foi baseada na inovação científica e está atrelada à grande produção de grãos em extensas áreas de monocultura.

13. (Unesp) Examine a tira Armandinho, do cartunista Alexandre Beck.

Reprodução/UNESP, 2018

(https://tirasarmandinho.tumblr.com)

A situação enfrentada pelo personagem faz alusão:

a) ao uso indiscriminado de agrotóxicos no processo tradicional de produção agrícola.
b) ao precário monitoramento de resíduos de agrotóxicos em alimentos nos EUA e na União Europeia.

c) ao protecionismo dos países centrais em relação aos produtos cultivados nos países periféricos.

d) aos limites técnicos da agricultura familiar na produção de alimentos *in natura*.

e) ao descumprimento das normas de cultivo orgânico propostas pela Revolução Verde.

14. (UFRGS) Assinale a afirmativa correta sobre o atual contexto de integração política e econômica na União Europeia.

a) A aprovação do Brexit resultou na saída da Escócia do Reino Unido em 2016 e na sua maior integração com a União Europeia a partir desse ano.

b) A permanência do Reino Unido do bloco EFTA (Associação Europeia de Livre Comércio) em 2016 está relacionada ao projeto de integração entre os países envolvidos e ao crescimento da União Europeia.

c) A saída da Grécia e a entrada dos Estados Unidos na União Europeia em 2016 resultou no crescente fortalecimento da integração política e econômica do bloco.

d) A saída do Reino Unido da União Europeia em 2016 integrou apenas a Grã-Bretanha e a Irlanda.

e) A saída do Reino Unido da União Europeia em 2016 pode resultar em alterações nas relações de integração entre os demais membros.

15. (UPF) Sobre relações de comércio, é correto afirmar:

a) A acentuada expansão do comércio verificada na segunda metade do século XX foi impulsionada, em grande parte, pelos avanços tecnológicos na área dos transportes e na área das comunicações, reduzindo distâncias e tempo.

b) A formação de blocos econômicos está associada à economia globalizada e competitiva, instituindo barreiras comerciais entre países formadores e entre diferentes blocos, privilegiando poucos países e reduzindo o poder de negociação de outros.

c) O Acordo Transpacífico de Cooperação Econômica, criado em 2016 e que envolve países da América, Ásia e Oceania, é um mercado de 40% do PIB mundial, aprovado pelo Parlamento e confirmado pelo presidente norte-americano no início de 2017.

d) O Mercosul, principal bloco econômico da América do Sul e do qual o Brasil é membro, foi criado nos primeiros anos de século XXI. É com esse bloco que o Brasil realiza o maior volume de suas exportações.

e) Até o final do século XX, comércio, produção, finanças e tecnologia estavam concentrados nos países desenvolvidos; na entrada do século XXI, observa-se forte ascensão dos países periféricos no comércio mundial de produtos industrializados.

16. (Fuvest) O capitalismo neoliberal, após os anos 1980, caracteriza-se:

a) pela prevalência da agricultura e pecuária no PIB dos países desenvolvidos.

b) pelo crescimento da concentração da riqueza e das finanças em detrimento dos setores produtivos e pela tendência à diminuição dos direitos sociais.

c) pela adoção de políticas que restringem a fluidez dos capitais e distribuem mais equitativamente a riqueza.

d) pelo fortalecimento do papel do Estado nos direitos sociais e pela diminuição do papel das finanças em relação ao PIB mundial.

e) pela formação de blocos econômicos entre países periféricos, que impediram a livre circulação de capitais e contiveram o aumento das desigualdades.

17. (Unesp) Em 03/04/2017, o jornal *El País* publicou matéria que pode ser assim resumida:

Os países __________ não têm poder político sobre os demais Estados-partes, mas possuem ferramentas para tentar reconduzir a situação de um membro, caso esse se afaste dos princípios do Tratado de Assunção, assinado em 1991. Nessa perspectiva, insere-se a aplicação da cláusula democrática do bloco sobre a __________, em função da crise política, institucional, social, de abastecimento e econômica que atravessa o país.

As lacunas do excerto devem ser preenchidas por:

a) do Nafta – Argentina

b) do Mercosul – Bolívia

c) da Aladi – Venezuela

d) da Aladi – Bolívia

e) do Mercosul – Venezuela

18. (EBMSP)

A Primeira Guerra Mundial veio demonstrar que o petróleo era imprescindível e estratégico para todas as nações que buscavam o progresso. As empresas europeias intensificaram as pesquisas em todo o Oriente Médio. Elas comprovaram que 70% das reservas mundiais de petróleo estavam no Oriente Médio e provocaram uma reviravolta na exploração do produto. Um tempo depois, países como Iraque, Irã e Arábia Saudita ganharam alto poder no jogo da produção petrolífera. E foi nesse contexto de domínio das reservas que aconteceram as três grandes crises do petróleo, em 1973, em 1979 e em 1991. Na primeira, os árabes reduziram, drasticamente, a produção dos seus poços; na segunda, houve uma violenta alta dos preços internacionais do petróleo e, na terceira, explodiu a Guerra do Golfo.

Disponível em: <http://vtremmel.blogs.sapo.pt/378.html>. Acesso em: ago. 2017. Adaptado.

A repercussão dessas crises no âmbito do mercado e da política internacionais revelou:

a) a intensa coesão dos países-membros do bloco da OPEP em torno da fixação do volume da produção e dos preços internacionais dos barris de petróleo.

b) a perda da influência dos EUA no mercado petrolífero internacional, maior importador mundial do petróleo vindo da Europa e da América Latina.

c) a necessidade de encontrar fontes alternativas de energia, como forma de enfrentar a crise e superar a dependência da indústria ocidental da produção petrolífera do Oriente Médio.

d) o crescimento da influência do petróleo brasileiro no mercado internacional, beneficiado pela descoberta das reservas do pré-sal no litoral do Nordeste do país.

e) a substituição do uso da energia petrolífera pela energia nuclear em países antes produtores de petróleo como o Japão, a Grécia e a Itália.

19. (FGV-SP) Analise os gráficos.

Matriz energética do Brasil (2013)

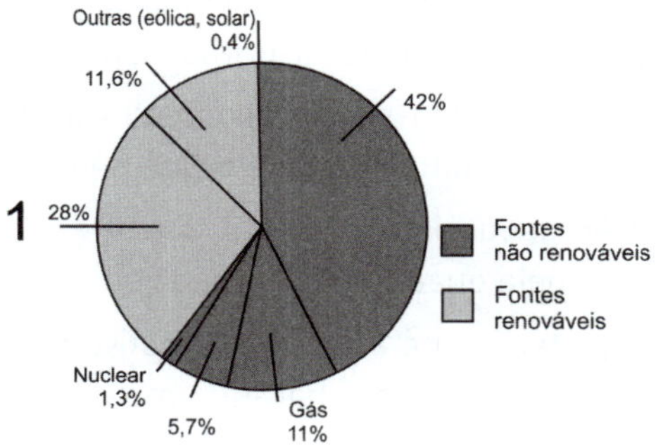

Matriz energética dos Estados Unidos (2014)

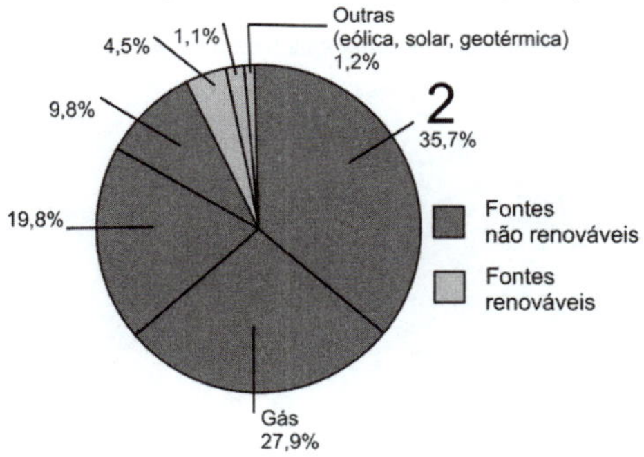

Matriz energética da China (2013)

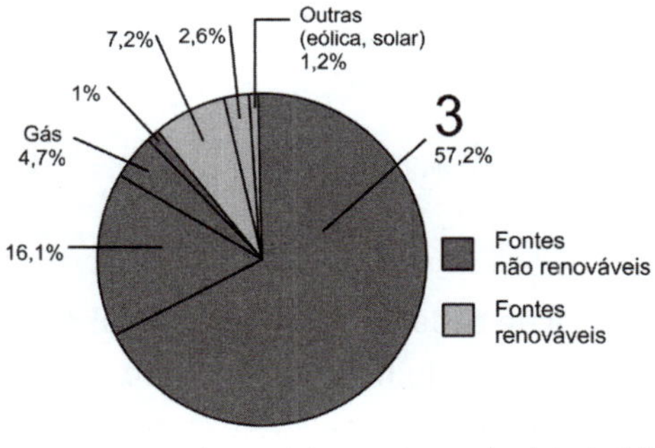

(www.clubemundo.com.br. Adaptado)

É correto afirmar que os números 1, 2 e 3 correspondem, respectivamente:

a) ao biocombustível, ao petróleo e ao carvão.

b) à hidrelétrica, ao carvão e ao petróleo.

c) à hidrelétrica, à biomassa e à nuclear.

d) ao biocombustível, ao petróleo e à hidrelétrica.

e) ao petróleo, à hidrelétrica e ao carvão.

20. (EBMSP) Os combustíveis fósseis contribuem para o aquecimento global, razão pela qual a sociedade vem buscando novas alternativas energéticas mais limpas e cada vez mais competitivas.

Considerando-se essa informação e os conhecimentos sobre fontes de energia, pode-se afirmar:

a) O uso de biocombustíveis, por ser antieconômico, é pouco utilizado, todavia nos países centrais eles já estão substituindo as fontes tradicionais, principalmente na Europa Oriental.

b) A maior usina de etanol celulósica do planeta está localizada na Amazônia, onde há matéria-prima disponível e abundante.

c) A energia eólica tornou-se mais competitiva nos EUA, após o uso das máquinas flutuantes que giram hélices mais longas.

d) A localização geográfica do Brasil dificulta a circulação dos ventos, razão pela qual não há parques eólicos no país.

e) A energia geotérmica é a fonte alternativa mais utilizada no Hemisfério Norte porque é barata, limpa, de fácil obtenção, além de ser inesgotável.

21. (UERJ)

A PARCELA DE CADA PAÍS NA ECONOMIA GLOBAL

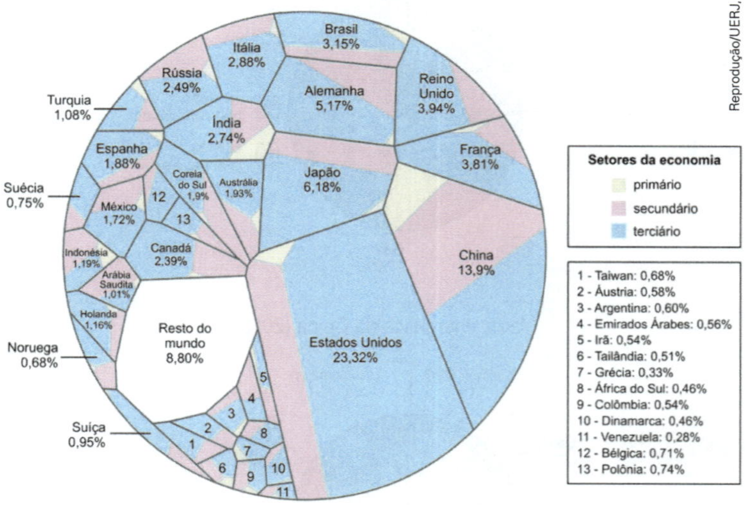

Adaptado de vox.com, 21/08/2015.

No gráfico, a área de cada país é proporcional à porcentagem do seu Produto Interno Bruto (PIB) em relação ao tamanho da economia global. As economias mais relevantes do mundo possuem uma parcela superior a 0,4% do PIB global.

Aponte o continente com o menor número de países nessa situação de relevância.

Em seguida, identifique o setor da economia mais importante para a composição do PIB das nações desenvolvidas, apresentando uma justificativa para o destaque desse setor.

22. (Uece) Um dos fenômenos mais marcantes do presente é o nascimento e a difusão da cultura da Internet, em cujo contexto ampla parcela da população mundial incorpora, como prática cotidiana, a tecnologia da informação, a comunicação virtual e as relações em rede. Sobre a geografia desse sistema reticular, é correto afirmar que:

a) uma vez constituída, a rede aproxima as distâncias e suprime a geografia, não mais necessitando de bases territoriais para seu funcionamento.

b) a despeito da especulação sobre as fragilidades do sistema, não há como empresas públicas ou privadas interceptarem a massa de dados e informações dos usuários da Internet para fins previamente não autorizados.

c) a fluidez da comunicação pela Internet, mesmo se apoiando na comunicação física da rede, não respeita a centralidade econômica e política no mundo, sendo mais intensa exatamente em áreas onde a pobreza é marcante.

d) é feita de redes e nós que processam fluxos de informação gerais e controlados desde determinados lugares.

23. (Fuvest) No mundo virtual, milhões de pessoas falam, compram, compartilham dados e se reúnem para tratar dos mais variados assuntos.

Nas figuras, os números mostram a movimentação média, em 1 minuto, de algumas das principais empresas e ferramentas de internet nos anos de 2015 e 2017.

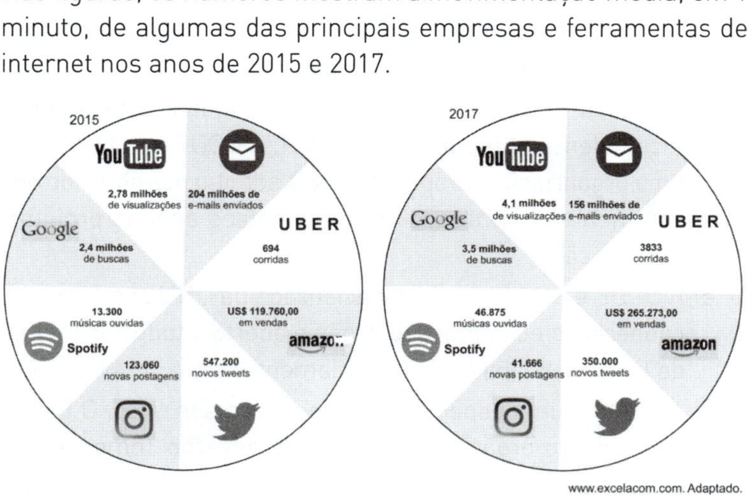

Reprodução/FUVEST, 2018

www.excelacom.com. Adaptado.

Sobre a internet e os números mostrados nas figuras, é correto afirmar:

a) Após um crescimento até a primeira década do século XXI, as ferramentas na internet apresentaram estagnação de utilização nos últimos anos.

b) Para todos os governos do mundo, independentemente do regime, a democratização da internet é uma ação estratégica.

c) O controle de dados e informações é descentralizado, o que confere equanimidade aos países-membros da ONU.

d) A internet está em constante e rápida mudança, com novas ferramentas aparecendo com contribuições relevantes, enquanto outras vão perdendo espaço.

e) Empresas do ramo de serviços têm apresentado crescimento acentuado, o que não é observado em relação a empresas do ramo de entretenimento.

24. (ESPM-SP)

O Brasil terá um embaixador e uma equipe de diplomatas em Paris para representar Brasília junto à Organização para a Cooperação e Desenvolvimento Econômico (OCDE). O embaixador Carlos Márcio Cozendey chega à capital francesa na próxima semana e ficará na embaixada brasileira em Paris. Diversos países em desenvolvimento têm buscado aderir à OCDE. Para esses países, o ingresso na organização equivaleria à obtenção de um selo de qualidade, que poderia estimular investimentos e a consolidação de reformas econômicas.

(www.itamaraty.gov.br/pt-br/politicaexterna/diplomacia)

Sobre a OCDE e o Brasil, é correto assinalar:

a) A OCDE é uma espécie de clube dos países ricos e constitui um foro composto por 35 países, dedicado à promoção de padrões convergentes em questões econômicas, financeiras, comerciais e ambientais. O Brasil se encontra em processo de adesão à OCDE.

b) A OCDE é uma espécie de clube de países ricos e constitui um foro composto por 35 países, dedicado ao fomento do desenvolvimento econômico. O Brasil é membro pleno e atuante da OCDE desde a fundação da organização.

c) Formada, em 1947, para administrar a ajuda norte-americana e canadense sob o plano Marshall, a OCDE foi desde o início uma organização europeia e jamais admitiu membros de outros continentes, mantendo com tais países apenas projetos de cooperação.

d) A OCDE é uma agência especializada da ONU com atuação na cooperação econômica. O órgão é aberto a todos os membros da ONU a ele filiados voluntariamente.

e) A OCDE é uma espécie de clube dos países ricos. O Brasil foi admitido no órgão por iniciativa do governo Temer e já atua como membro pleno e de direito.

25. (Enem)

Os portos sempre foram respostas ao comércio praticado em grande volume, que se dá via marítima, lacustre e fluvial, e sofreram adaptações, ou modernizações, de acordo com um conjunto de fatores que vão desde a sua localização privilegiada frente a extensas hinterlândias, passando por sua conectividade com modernas redes de transportes que garantam acessibilidade, associados, no atual momento, à tecnologia, que o transformam em pontas de lança de uma economia globalizada que comprime o tempo em nome da produtividade e da competitividade.

ROCHA NETO, J. M.; CRAVIDÃO, F. D., Portos no contexto do meio técnico. *Mercator*, n. 2, maio-ago., 2014 (adaptações).

Uma mudança que permitiu aos portos adequarem-se às novas necessidades comerciais apontadas no texto foi a:

a) intensificação do uso de contêineres.

b) compactação das áreas de estocagem.

c) burocratização dos serviços de alfândega.

d) redução da profundidade dos atracadouros.

e) superação da especialização dos cargueiros.

26. (ESPM-SP)

Densidade de Ferrovia
(km linha por 1 000 km² de área)

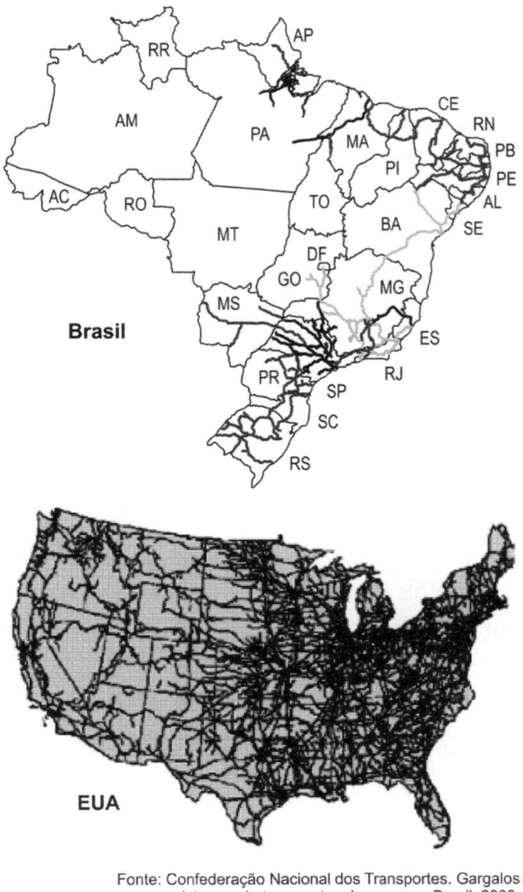

Reprodução/ESPM, 2018

Fonte: Confederação Nacional dos Transportes. Gargalos nos sistemas de transportes de carga no Brasil. 2009.

Comparando os dois modelos acima é correto afirmar que:

a) A implementação das ferrovias no Brasil começa apenas na segunda metade do século XX, o que resultou no cenário exposto nos mapas, enquanto nos Estados Unidos o processo iniciou-se ainda no século XVIII.

b) O que explica a flagrante diferença de densidade ferroviária entre os dois países são as adversidades do território muito mais acentuadas no caso brasileiro.

c) A implementação do rodoviarismo brasileiro com a chegada da indústria automobilística nos anos 1950 responde por parte da realidade expressa nos mapas.

d) Nos dois casos percebe-se forte concentração ferroviária na fachada leste do território e o que explica a menor densidade ferroviária brasileira é o intenso uso aquaviário no deslocamento de carga.

e) O Brasil compensa sua baixa densidade ferroviária com uma malha rodoviária superior à estadunidense e que supre a demanda da economia nacional.

27. (Unesp)

Entesouramento e personagens como o Capitão Kidd, um corsário escocês a serviço do Reino Unido (que existiu de fato e viveu no século XVII), são de outros tempos. Mas parece ser de outro tempo também, ou se tornado distante, a ideia de que o movimento do capital busca, acima de tudo, se valorizar por meio do trabalho, no processo de produção. Se não é mais cabível o entesouramento nos moldes dos piratas, tampouco é aceitável acreditar que o capital busque ainda, fundamental e prioritariamente, sua reprodução por meio do trabalho industrial no processo de produção fabril.

(Sandra Lencioni. *Metrópole, metropolização e regionalização*, 2017. Adaptado.)

A forma contemporânea de reprodução do capital sugerida no excerto corresponde à lógica do chamado capitalismo:

a) concorrencial

b) financeiro

c) mercantil

d) utópico

e) social

28. (UFU) Na década de 1990, durante seu mandato como ministro da Fazenda e posteriormente presidente da República em dois pleitos consecutivos até 1º de janeiro de 2003, Fernando Henrique Cardoso implantou uma política que buscava, além da estabilidade econômica, uma maior aproximação do Brasil com o comércio internacional. Para muitos analistas, o alicerce dessa política foi edificado sobre as ideias do neoliberalismo.

Pode ser considerado como uma das estratégias dessa política no Brasil:

a) a ampliação da participação do Estado no setor terciário.

b) a privatização de empresas estatais pelo governo.

c) o investimento maciço em infraestrutura de produção.

d) a recuperação salarial da classe trabalhadora.

29. (UFPR)

A desmaterialização da fábrica, com menos pessoas e mais programas de computador e máquinas automatizadas, a personalização dos produtos de luxo, o distanciamento entre vendedor e comprador e a rapidez na entrega são os eixos da nova "revolução" até 2025.

("Mercado da moda se articula e traça metas para nova revolução industrial". *Folha de S. Paulo*, 07/05/2017. Disponível em: <http://www1.folha.uol.com.br/ilustrada/2017/05/1881838-vigiar-e-consumir.shtml>. Acesso em: 25 jul. 2017.)

Sobre o futuro da indústria de confecção, afirma-se nesse texto que estaria em curso um novo modelo produtivo, baseado nas novas tecnologias de informação e comunicação.

A respeito do assunto, considere as seguintes afirmativas:

1. A terciarização é uma das principais características dessa nova Revolução Industrial.
2. "Menos pessoas e mais programas de computador e máquinas automatizadas" são características da terceira Revolução Industrial, cuja emergência se deu no final do século XX.
3. Entre os principais elementos responsáveis pelas intensas transformações desse novo modelo produtivo, estão os adventos do petróleo, da energia elétrica, do alumínio e do telefone.
4. Flexibilização, toyotismo, pós-fordismo, robótica e cibernética são alguns dos principais conceitos associados a esse momento histórico da nova Revolução Industrial.

Assinale a alternativa correta.

a) Somente a afirmativa 2 é verdadeira.
b) Somente as afirmativas 1 e 3 são verdadeiras.
c) Somente as afirmativas 2 e 4 são verdadeiras.
d) Somente as afirmativas 1, 3 e 4 são verdadeiras.
e) As afirmativas 1, 2, 3 e 4 são verdadeiras.

30. (Unesp)

O cooperativismo de consumo não está morto, mas perdeu a batalha contra o grande capital comercial, que é atacadista e varejista ao mesmo tempo. Em termos de preços e qualidade, o grande capital é imbatível. Só que é impessoal, burocrático, não permite atentar para necessidades particulares. Suas vantagens se dirigem a um público cujas preferências são pautadas pela publicidade nos meios de comunicação.

(Paul Singer. *Introdução à economia solidária*, 2013. Adaptado.)

Um pressuposto das relações contemporâneas de consumo, coerente com a lógica do modo de produção capitalista, é:

a) a pluralidade na produção.
b) a diversidade dos indivíduos.
c) a generalização de tarefas.
d) a massificação da sociedade.
e) a pequena escala produtiva.

31. (Famerp) Analise os gráficos.

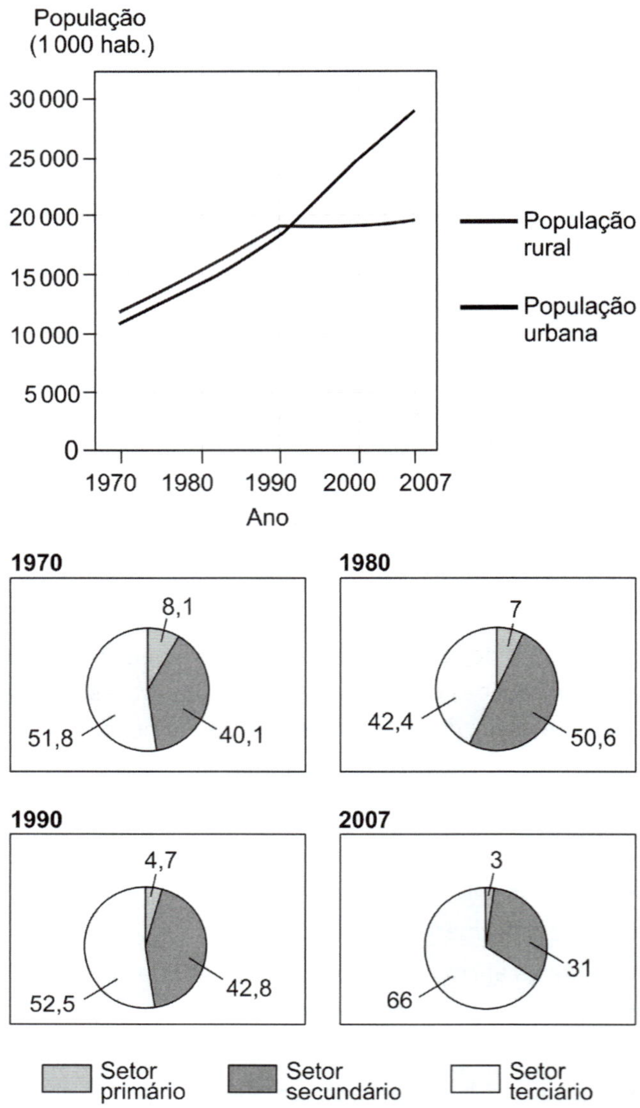

(Levon Boligian. *Geografia*, 2011. Adaptado.)

Considerando o fenômeno da urbanização, os gráficos correspondem a um país:

a) do Primeiro Mundo, onde a revolução técnico-científica proporcionou a absorção da mão de obra urbana no processo de terceirização.

b) de industrialização precoce, onde a revolução técnica ocorreu pela existência de matérias-primas próximas aos locais de produção.

c) do Terceiro Mundo, onde as desigualdades socioespaciais promoveram o incremento do setor terciário ligado à produção agrícola.

d) de industrialização recente, onde houve uma rápida modernização do setor secundário, com a ampliação do papel do Estado na indústria de base.

e) de industrialização tardia, onde houve a modernização das atividades agrícolas, que expulsaram trabalhadores rurais para as cidades.

32. (UFPR)

"Não é possível analisar o mundo, sob quaisquer dimensões, sem referência ao fenômeno da globalização. De tão difundido e repetido, não é de estranhar que o conceito nem sempre seja claro, pela dificuldade de distinguir o que são os componentes econômicos do processo daqueles sociais e culturais."

(CASTRO, Iná. *Geografia e política* – Território, escalas de ação e instituições. Bertrand Brasil, Rio de Janeiro, 2005, p. 215.)

Levando em consideração o problema acima exposto, escreva um texto que defina globalização e trate dos seus impactos nas relações políticas, econômicas e sociais.

33. (Unicamp) Detroit foi símbolo mundial da indústria automotiva. Chegou a abrigar quase 2 milhões de habitantes entre as décadas de 1960 e 1970. Em 2010, porém, havia perdido mais de um milhão de habitantes. O espaço urbano entrou em colapso, com fábricas em ruínas, casas abandonadas, supressão de serviços públicos essenciais, crescimento da pobreza e do desemprego. Em 2013, foi decretada a falência da cidade. Essa crise urbana vivida por Detroit resulta dos seguintes processos:

a) ascensão do taylorismo; protecionismo econômico e concorrência com capitais europeus; deslocamento de indústrias para cidades vizinhas.
b) consolidação do regime de acumulação fordista; protecionismo econômico e concorrência com capitais europeus; deslocamento de indústrias para outros países;
c) declínio do toyotismo; liberalização econômica e concorrência com capitais asiáticos; deslocamento de indústrias para cidades vizinhas.
d) ascensão do regime de acumulação flexível; liberalização econômica e concorrência com capitais asiáticos; deslocamento de indústrias para outros países.

34. (Puccamp) Ao final da II Guerra, a América Latina passou por um rápido processo de crescimento econômico que:

a) teve como base de sustentação a substituição de importações; no entanto, a partir da década de 1970, um dos fatores que levaram a reduzir o ritmo de crescimento do continente foi o surgimento dos Tigres Asiáticos.
b) foi favorecido pelo Plano Marshall, que financiou a infraestrutura necessária à industrialização; no entanto, a partir da década de 1990, teve início a estagnação econômica porque o continente ficou à margem da globalização.

c) foi sustentado pelos Estados Unidos no contexto da Guerra Fria; no entanto, a partir da década de 1990, a Europa Central, formada por países em transição do socialismo para o capitalismo, passou a ser priorizada.

d) destacou o continente como foco de investimentos das multinacionais; no entanto, a partir dos anos 2000, vieram à tona as desigualdades socioeconômicas que passaram a limitar o interesse do capital econômico.

e) impulsionou as transformações socioeconômicas no continente; no entanto, a partir dos anos de 1980, inúmeras crises políticas e de energia reduziram a perspectiva de o continente tornar-se desenvolvido como a Europa.

35. (EsPCEx-Aman)

"a União Europeia (UE) atrai muitos imigrantes, principalmente a porção mais rica do bloco. Imigrantes vindos das ex-colônias europeias, em especial da África e da Ásia, procuram se estabelecer em suas antigas metrópoles. [...] Também é significativa a imigração dos países mais pobres do Leste Europeu para a porção mais rica da União Europeia."

Terra, L; Araújo, R.; Guimarães, R. *Conexões*: Estudos de Geografia Geral e do Brasil. 3. ed. São Paulo: Moderna, 2015, p. 92.

Sobre a questão imigratória na Europa, especialmente na União Europeia (UE), podemos afirmar que

I. o Espaço Schengen, constituído, dentre outros, por todos os países que compõem a UE, foi implantado por um acordo, em 1985, e prevê o fim do controle das fronteiras e a livre circulação de pessoas entre os países-membros.

II. a livre circulação de pessoas entre os países da UE tem se mostrado um problema, por isso os países-membros tentam impedir qualquer fluxo imigratório, uma vez que quem consegue entrar em um dos países do bloco pode circular livremente pelos demais.

III. em virtude da imigração magrebina, uma das principais comunidades muçulmanas na UE encontra-se na França e sua presença funciona como pretexto para campanhas políticas de cunho xenofóbico.

IV. do ponto de vista econômico, o fluxo de imigrantes tem impactos positivos, pois ameniza o processo de envelhecimento da população e fornece mão de obra barata para a maioria das funções rejeitadas pelos europeus.

V. os fluxos imigratórios têm grande impacto demográfico na UE, visto que a maior parte do crescimento populacional do bloco não decorre do crescimento vegetativo, mas sim dos saldos migratórios.

Assinale a alternativa que apresenta todas as afirmativas corretas.

a) I, II e IV
b) I, II e V
c) I, III e V
d) II, III e IV
e) III, IV e V

36. (Mackenzie) O aproveitamento do potencial hidrelétrico no Brasil tem sido tema de grande debate quanto aos seus aspectos positivos e negativos. De acordo com o Gerente da Empresa de Planejamento Energético (EPE) Maurício Tolmasquim:

"O único país do mundo que tem esse imenso potencial hídrico na floresta é o Brasil. Temos que pensar soluções para o nosso caso, que é muito específico. Temos esse potencial em um bioma bastante sensível, do ponto de vista da biodiversidade, temos que criar soluções adequadas para essa questão. Existem dois extremos – de um lado, uma visão totalmente conservacionista, de querer deixar tudo como está e não mexer em nada. Do outro, uma visão ultradesenvolvimentista, de vamos aproveitar todos os recursos, com o impacto que for. Estamos buscando o que está no meio dessas duas linhas."

Fonte: Amazônia S. A., 25/09/2016.

Com base no contexto apresentado, analise as afirmativas e assinale a alternativa que contenha somente as corretas.

I. A condição "única" citada no texto refere-se ao elevado uso de hidroeletricidade em países desenvolvidos, como França, Reino Unido e Alemanha, onde esse tipo de energia corresponde a mais 70% de suas matrizes energéticas.

II. No caso brasileiro, tem ganhado força a proposta de construção de hidrelétricas na Amazônia do tipo "plataformas". Este tipo de projeto prevê a construção de usinas com trabalhadores que não se fixam nas suas imediações, sem a formação de cidades. A operação da usina seria feita de modo semelhante ao que se verifica em plataformas petrolíferas no mar.

III. As críticas comumente feitas à construção de hidrelétricas na Amazônia se fundamentam nos aspectos ambientais e sociais, como a inundação de florestas e deslocamentos de comunidades de povos ribeirinhos e ou indígenas. Essas críticas ganham força quando se constata que, atualmente, a hidroeletricidade é ambientalmente mais impactante e muito mais cara do que fontes alternativas como a energia eólica, a solar e a biomassa.

a) I b) II c) III d) I e II e) II e III

37. (Enem-Libras)

O desenvolvimento científico digital-molecular de certa forma desterritorializou as localizações produtivas; os novos métodos de organização do trabalho industrial também vão na mesma direção: just in time, kamban, organização flexível.

OLIVEIRA, F. *As contradições do ão*: globalização, nação, região, metropolização. Belo Horizonte: Cedeplar UFMG, 2004.

As mudanças descritas no texto referentes aos processos produtivos são favorecidas pela

a) ampliação da intervenção do Estado.
b) adoção de barreiras alfandegárias.
c) expansão das redes informacionais.
d) predominância de empresas locais.
e) concentração dos polos de fabricação.

38. (Udesc) O processo de modernização agrícola, iniciado ainda no final do século XIX, com os avanços da energia a vapor, da mecânica, da genética vegetal, dos descobrimentos da química agrícola, tem continuidade, em âmbito mundial, nos setores agrários capitalizados. Esta Segunda Revolução Agrícola, apoiada por um conjunto de incentivos de políticas agrárias nos Estados Unidos e na Europa, e daí para os países em desenvolvimento, ficou conhecida internacionalmente como:

a) Revolução Transgênica
b) Revolução Verde
c) Agricultura Biodinâmica
d) Permacultura
e) Agroecologia

39. (UFU)

É uma técnica de cultivo conservacionista em que o plantio é efetuado sem as etapas do preparo tradicional da aração e da gradagem. Nessa técnica, é necessário manter o solo sempre coberto por plantas em desenvolvimento e por resíduos vegetais. Essa cobertura tem por finalidade proteger o solo do impacto direto das gotas de chuva, do escorrimento superficial e das erosões hídrica e eólica.

Disponível em: <http://www.agencia.cnptia.embrapa.br/gestor/milho/arvore/CONTAG01_72_59200523355.html> Acesso em: 27 abr. 2017.

A técnica de cultivo apresentada é classificada como:

a) Plantio convencional
b) Plantio direto
c) Rotação de cultura
d) Pousio agrícola

40. (Enem-PPL)

A utilização dos métodos da Revolução Verde (RV) fez com que aumentasse dramaticamente a produção mundial de alimentos nas quatro últimas décadas, tanto assim que agora se produz comida suficiente para alimentar todas as pessoas do mundo. Mas o fundamental é que, apesar de todo esse avanço, a fome continua a assolar vastas regiões do planeta.

LACEY, H.; OLIVEIRA, M. B. Prefácio. In: SHIVA, V. *Biopirataria*: a pilhagem da natureza e do conhecimento. Petrópolis: Vozes, 2001.

O texto considera que para erradicar a fome é necessário:

a) distribuir a renda.
b) expandir a lavoura.
c) estimular a migração.
d) aumentar a produtividade.
e) desenvolver a infraestrutura.

41. (UFPR)

Os processos industriais não imitam a natureza; a agroecologia, sim, o faz. Substitui os insumos externos, como o fertilizante, por saberes de como combinar plantas, árvores e animais, de tal forma que se reforce a produtividade da terra. [...] a produtividade aumentou até 214% em 44 projetos em 20 países da África Subsaariana mediante técnicas de agroecologia em um período de 3-10 anos [...] muito mais do que qualquer cultivo geneticamente modificado alguma vez já tenha conseguido [...]. Outras avaliações científicas recentes mostraram que os camponeses de 57 países que utilizam técnicas agroecológicas obtiveram aumento de até 80% na produtividade. O aumento médio dos africanos é de 116% [...] Hoje, a evidência científica demonstra que os métodos agroecológicos são muito melhores do que os fertilizantes químicos para aumentar a produção de alimentos em regiões onde vivem os famintos.

(Fontes: Stephen Leahy, Mudança climática e cultivos ecológicos, 20 dez. 2011. Disponível em: <https://www.grain.org/article/entries/4439-mudanca-climatica-e-cultivos-ecologicos>. Olivier de Schutter: "La agroecología y el derecho a la alimentación", relatório apresentado no Conselho de Direitos Humanos, 8 mar. 2011.)

Com base nas informações do texto e nos conhecimentos de geografia agrária, assinale a alternativa correta.

a) A agroecologia é uma técnica agrícola própria dos agricultores africanos, motivo pelo qual aquele continente é sempre usado como exemplo nesse tipo de produção.

b) A integração de práticas produtivas locais com cultivos geneticamente modificados faz com que a agroecologia tenha uma visão ecológica do meio ambiente.

c) A agroecologia está se revelando como uma opção para a produção de alimentos saudáveis, mas sua produção ainda é inferior à produção convencional.

d) A forma agroecológica de produzir foi introduzida no Brasil na década de 70 do século XX, quando a modernização da agricultura promoveu o que se denominou de "Revolução Verde".

e) Um dos aspectos negativos da produção agroecológica são os problemas sociais e ambientais, pois esse modelo de produção ocupa pouca mão de obra em grandes extensões e consome muitos recursos naturais.

42. (UFPR) Considere o texto abaixo:

O povo brasileiro pagou, historicamente, um preço terrivelmente alto em lutas das mais cruentas de que se tem registro na história, sem conseguir sair, através delas, da situação de dependência e opressão em que vive e peleja. Nessas lutas, índios foram dizimados e negros foram chacinados aos milhões, sempre vencidos e integrados nos plantéis de escravos. O povo inteiro, de vastas regiões, às centenas de milhares, foi também sangrado em contrarrevoluções sem conseguir jamais, senão episodicamente, conquistar o comando de seu destino para reorientar o curso da história. Ao contrário do que alega a historiografia oficial, nunca faltou aqui, até excedeu, o apelo à violência pela classe dominante como arma fundamental da construção da história. O que faltou, sempre, foi espaço para movimentos sociais capazes de promover sua reversão.

RIBEIRO, D. O *povo brasileiro*. São Paulo: Companhia das Letras, 1999, p. 25-26.

Com base nesse texto e nos conhecimentos sobre formação populacional brasileira, escreva um texto estabelecendo um paralelo entre a formação histórica da população brasileira e a realidade política, econômica e social dessa população hoje.

43. (UFU)

Os últimos séculos marcam, para a atividade agrícola, com a humanização e a mecanização do espaço geográfico, uma considerável mudança de qualidade, chegando-se, recentemente, à constituição de um meio geográfico a que podemos chamar de meio técnico-científico-informacional, característico não apenas da vida urbana, mas também do mundo rural, tanto nos países avançados como nas regiões mais desenvolvidas dos países pobres. É desse modo que se instala uma agricultura propriamente científica, responsável por mudanças profundas quanto à produção agrícola e quanto à vida de relações.

SANTOS, Milton. *Por uma outra globalização*: do pensamento único à consciência universal. 11. ed. Rio de Janeiro, Record, 2004, p. 88.

De acordo com a citação, é correto afirmar que:

a) Na natureza global, as práticas agrícolas condizem com uma demanda extrema de comércio, em que o dinheiro passa a ser uma informação dispensável, pois as técnicas e o conhecimento sobrepõem-se ao capital.

b) Os produtos são escolhidos segundo uma base mercantil, o que os subordina ao conhecimento científico e tecnológico generalizado pelo mundo, daí seu caráter globalizante.

c) A produção agrícola tem referência mundial e recebe influência das mesmas leis que regem os outros aspectos da produção econômica, em que a competitividade leva a um aprofundamento da tendência à instalação de uma agricultura científica.

d) As máquinas e os implementos industriais que foram incorporados à produção agrícola proporcionaram um elevado aumento da produtividade, tornando o campo independente da cidade.

44. (UFRGS) Observe a figura abaixo.

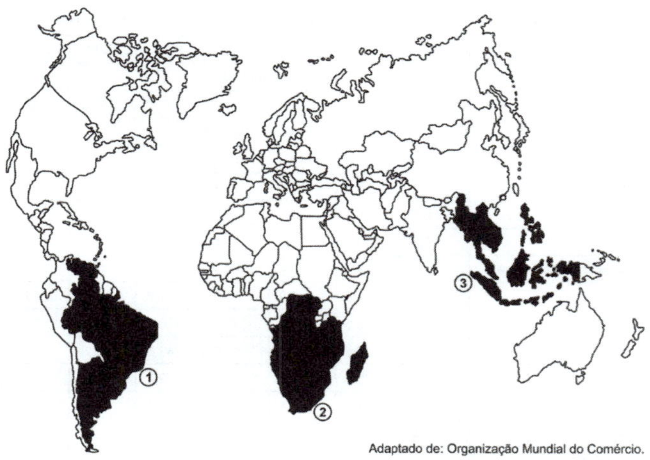

Reprodução/UFRGS, 2017

Adaptado de: Organização Mundial do Comércio.

Os blocos regionais, assinalados numericamente de 1 a 3 no mapa, são, respectivamente,

a) Mercosul (Mercado Comum do Sul); APEC (Cooperação Econômica Ásia-Pacífico); Sapta (Acordo Comercial Preferencial do Sul da Ásia).

b) Unasul (União das Nações Sul-Americanas); Ecowas (Comunidade Econômica dos Estados da África Ocidental); Asean (Associação das Nações do Sudeste Asiático).

c) Mercosul (Mercado Comum do Sul); SADC (Comunidade de Desenvolvimento da África Austral); Asean (Associação das Nações do Sudeste Asiático).

d) Comunidade Andina; União Africana; Apec (Cooperação Econômica Ásia-Pacífico).

e) Mercosul (Mercado Comum do Sul); Ecowas (Comunidade Econômica dos Estados da África Ocidental); APEC (Cooperação Econômica Ásia-Pacífico).

45. (UEG) Observe a figura a seguir.

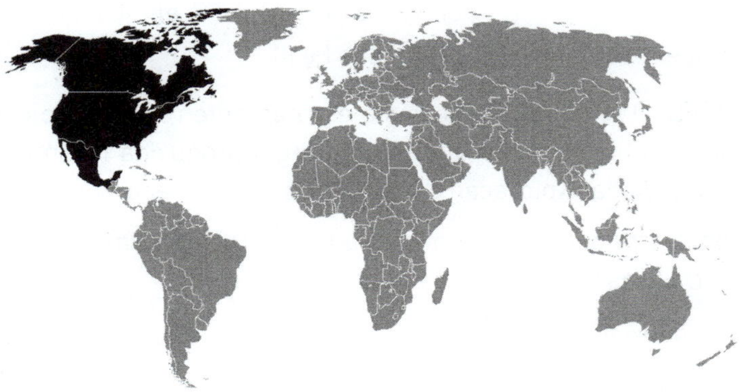

Reprodução/UEG, 2017

Fonte: <https://commons.wkimedia.org/wiki/File:Map_of_NAFTA.png>. Acesso em: 17 ago. 2016.

A região em destaque no mapa representa os países-membros do seguinte megabloco econômico:

a) CEE

b) Alca

c) Apec

d) Nafta

e) Mercosul

46. (UFRGS) Observe a tabela abaixo.

Mundo: exportações de mercadorias por regiões econômicas selecionadas

Ano	1948	1953	1963	1973	1983	1993	2003	2015
Valor (bilhões de dólares)								
Mundo	59	85	157	579	1.838	3.688	7.380	15.985
Participação em porcentagem								
América do Norte	28,1	24,8	19,9	17,3	16,8	17,9	15,8	14,4
Estados Unidos	21,6	14,6	14,3	12,2	11,2	12,6	9,8	9,4
Canadá	5,5	5,2	4,3	4,6	4,2	3,9	3,7	2,6
México	0,9	0,7	0,6	0,4	1,4	1,4	2,2	2,4
Américas do Sul e Central	11,3	9,7	6,4	4,3	4,5	3,0	3,0	3,4
Brasil	2,0	1,8	0,9	1,1	1,2	1,0	1,0	1,2
Chile	0,6	0,5	0,3	0,2	0,2	0,2	0,3	0,4
Europa	35,1	39,6	47,8	50,9	43,5	45,3	45,9	37,3
Alemanha	1,4	5,3	9,3	11,7	9,2	10,3	10,2	8,3
Países Baixos	2,0	3,0	3,6	4,7	3,5	3,8	4,0	3,5
França	3,4	4,8	5,2	6,3	5,2	6,0	5,3	3,2
Reino Unido	11,3	9,0	7,8	5,1	5,0	4,9	4,1	2,9
África	7,3	6,5	5,7	4,8	4,5	2,5	2,4	2,4
África do Sul	2,0	1,6	1,5	1,0	1,0	0,7	0,5	0,5
Oriente Médio	2,0	2,7	3,2	4,1	6,7	3,5	4,1	5,3
Ásia	14,0	13,4	12,5	14,9	19,1	26,0	26,1	34,2
China	0,9	1,2	1,3	1,0	1,2	2,5	5,9	14,2
Japão	0,4	1,5	3,5	6,4	8,0	9,8	6,4	3,9
Índia	2,2	1,3	1,0	0,5	0,5	0,6	0,8	1,7
Austrália e Nova Zelândia	3,7	3,2	2,4	2,1	1,4	1,4	1,2	1,4

Fonte: World Trade Statistical Review 2016, Organização Mundial do Comércio (WTO).

Considere as afirmações abaixo, sobre a tabela.

I. Os Estados Unidos, embora apresentem queda de participação em tempos recentes, ainda são o principal país exportador de mercadorias, refletindo, em escala global, dominância econômica e política.

II. As exportações de mercadorias têm apresentado pouca variação positiva desde o pós-Segunda Guerra.

III. A Ásia é cada vez mais importante no comércio mundial de mercadorias, o que se reflete no aparecimento da China como líder.

Quais estão corretas?

a) Apenas I.
b) Apenas II.
c) Apenas III.
d) Apenas I e III.
e) I, II e III.

47. (UEFS) O tema energético está estritamente relacionado com o meio ambiente, visto que toda energia produzida no mundo é resultado da exploração e transformação dos recursos naturais.

Sobre a relação entre energia e meio ambiente, marque V nas afirmativas verdadeiras e F, nas falsas.

( ) A produção de etanol no Brasil, para uso como combustível no setor de transportes, tem diminuído a poluição atmosférica e aumentado a concentração fundiária.

( ) As principais barreiras à opção pela produção de energia nuclear estão relacionadas à segurança e à disposição dos dejetos.

( ) O carvão mineral apresenta um aproveitamento energético expressivo, em razão das insignificantes consequências ambientais que sua exploração e utilização acarretam.

( ) A energia hidrelétrica, embora seja uma fonte renovável que não emite poluentes, não está isenta de impactos ambientais.

( ) Tendo em vista o impacto ambiental e operacional, nos países desenvolvidos, a energia solar e a eólica estão sendo substituídas gradativamente pelas termelétricas.

A alternativa que apresenta a sequência correta, de cima para baixo, é a

a) F – V – F – F – V
b) F – V – V – F – V
c) V – V – F – V – F
d) V – F – V – V – F
e) F – F – V – F – V

48. (FGV-RJ)

Atualmente, as empresas, ao definir a localização de suas unidades, levam em conta os custos de deslocamentos dos bens. Neste sentido, os governos podem, por meio da implantação de sistemas de transportes eficientes, definir estratégias de modernização destinadas a conferir vantagens comparativas aos territórios.

Adaptado de TERRA, Lygia. ARAÚJO, Regina. GUIMARÃES, Raul B. *Conexões: estudos de geografia geral e do Brasil.*

Em relação à logística dos transportes, analise as afirmações a seguir.

I. O transporte em dutos se expande cada vez mais no mundo e a escolha do tipo mais adequado depende de fatores como distância, tempo de percurso e custo.
II. A opção rodoviária provoca dificuldades logísticas, pois é um sistema caro e muitas vezes ineficiente, com impactos negativos para a economia e o meio ambiente.
III. O uso de contêineres, ao agilizar a ruptura de tráfego, torna mais eficiente a logística dos transportes, possibilitando a entrega ponto a ponto.

Está correto o que se afirma em:

a) I, apenas.
b) II, apenas.
c) I e III, apenas.
d) II e III, apenas.
e) I, II e III.

49. (UFU) O setor produtivo é constituído por uma rede de interdependências ampliadas pela constituição de comunidades político-econômicas e mercados comuns.

A esse respeito, leia as seguintes afirmativas.

I. Uma das diferenças entre a empresa multinacional e a empresa global é resultado da mudança do conceito de autonomia operacional, esta devendo ser subordinada a uma estratégia de conjunto, adaptada às novas condições comerciais.

II. Alianças empresariais de grandes dimensões organizam os mercados e os circuitos de produção, de modo a se beneficiar de economias de escala, escolher as melhores implantações, aproveitar as especializações produtivas das empresas associadas e, assim, reduzir os custos de produção.
III. A criação de empresas-rede torna-se uma tendência e uma necessidade, resultantes de combinações entre o imperativo da integração e o imperativo da globalização. As empresas globais funcionam em redes, desenvolvendo ramificações e interdependências globais.
IV. As redes constituídas no território são tributárias de informações cuja importância na produção aumenta significativamente. Como a globalidade da empresa relaciona-se com a participação dos serviços em suas atividades, empresas ligadas à informação são as que se globalizam com mais intensidade.

Assinale a alternativa correta.

a) Apenas I, II e IV são corretas.
b) Apenas II, III e IV são corretas.
c) I, II, III e IV são corretas.
d) Apenas I e III são corretas.

50. (Uece) No que tange ao processo de globalização, são feitas as seguintes afirmações:

I. Esse processo permite que as pessoas conheçam o planeta extensivamente e profundamente.
II. Apesar do aumento da internacionalização da economia e das finanças mundiais, muitos países, regiões dentro de países e até áreas continentais não são alcançadas pelo movimento de globalização, a não ser sob a forma contraditória de sua própria marginalização.
III. Uma das estratégias da economia globalizada é a de adotar a prática empresarial do melhor resultado ao menor custo possível, instaurando uma reengenharia nas relações de trabalho que implica o aumento do emprego parcial, temporário, precário e subcontratado.

É correto o que se afirma em:

a) I, II e III.
b) I e II apenas.
c) I e III apenas.
d) II e III apenas.

51. (Unesp) Considerando os setores da economia, o conjunto das atividades intensivas em pesquisa, desenvolvimento e inovação ligadas ao mundo da informação tecnológica indica a configuração do setor

a) especulativo.
b) informal.
c) primário.
d) transnacional.
e) quaternário.

52. (Unesp)

Idade mediana, população inativa e população ativa no Brasil, 1950 a 2010							
Indicador	1950	1960	1970	1980	1991	2000	2010
Idade mediana	18	18	19	20	22	25	27
População inativa	46,1%	47,4%	46,9%	44,3%	42,0%	38,2%	34,9%
População ativa	53,9%	52,6%	53,1%	55,7%	58,0%	61,8%	65,1%

Ana M. N. Vasconcelos e Marília M. F. Gomes. "Transição demográfica: a experiência brasileira". Epidemiologia e serviços de saúde, out./dez. 2012. Adaptado.

Razão de dependência corresponde ao peso da população considerada inativa sobre a população ativa. Determine, a partir das informações da tabela, as décadas que apresentaram a maior e a menor razão de dependência para a população brasileira. Apresente duas condições que determinam o processo de transição demográfica analisado.

53. (Fuvest) Em 2015, os Estados Unidos (EUA), país que não é membro da Opep, tornaram-se o maior produtor mundial de petróleo, superando grandes produtores históricos mundiais, de acordo com a publicação *Statistical Review of World Energy* (BP) – 2015.

Sobre essa fonte de energia, é correto afirmar:

a) A queda da oferta de petróleo, em 2015, pelos países não membros da Opep é resultado do uso de fontes de energia alternativas, como os biocombustíveis, e também da expansão das termelétricas.

b) O Brasil, país que não é membro da Opep, destaca-se pela exploração de jazidas de petróleo em rochas vulcânicas do embasamento cristalino do pré-sal.

c) O crescimento da produção de petróleo nos EUA, que levou esse país à condição de maior produtor mundial em 2015, deu-se pela exploração das jazidas de óleo de xisto.

d) A elevação da produção de petróleo em países da Opep, como Arábia Saudita, Rússia e China, é resultado da alta dos preços dessa *commodity* em 2015.

e) A exploração das jazidas de óleo de xisto do subsolo oceânico foi um fator para a industrialização de países como México, Japão e EUA.

54. (Udesc) O Tratado de Assunção, com vistas a criar o Mercado Comum do Sul (Mercosul), foi assinado entre Argentina, Brasil, Paraguai e Uruguai, em 26 de março de 1991. Os objetivos principais do Tratado de Assunção são: A integração dos Estados-partes por meio da livre circulação de bens, serviços e fatores produtivos, do estabelecimento de uma Tarifa Externa Comum (TEC), da adoção de uma política comercial comum, da coordenação de políticas macroeconômicas e setoriais, e da harmonização de legislações nas áreas pertinentes.

Com relação ao Mercosul, assinale a alternativa incorreta.

a) O Mercosul não possui código aduaneiro comum, apesar de a tarifa externa comum ser um dos seus objetivos inicias.

b) Todos os países da América do Sul participam do Mercosul, seja como Estado-parte, seja como Estado Associado.

c) Em 2012, o Mercosul passou pela primeira ampliação desde sua criação, com o ingresso definitivo da Venezuela como Estado-parte.

d) Guiana e Suriname foram os últimos países a fazer parte do Mercosul como Estados Associados, em 2013.

e) Com mais de 310 milhões de barris em reservas certificados pela Opep (Organização dos Países Exportadores de Petróleo), o Mercosul possui a maior reserva de petróleo do mundo, apresentando-se como um dos principais potenciais energéticos do planeta.

55. (Unesp)

Na década passada, a demanda por determinadas mercadorias aumentou muito, puxada, principalmente, pelo crescimento acelerado da China. Isso influenciou os preços, que ficaram mais altos e favoreceu os países produtores. Foi um período de bom crescimento do PIB brasileiro, mesmo com a crise mundial de 2008. A atual queda em seus preços globais começou com a desaceleração da China, por volta de 2011. O país asiático vive um processo de transição para um novo modelo econômico, que valoriza o mercado interno em detrimento da produção industrial para exportação.

www.nexojornal.com.br. Adaptado.

De grande importância para a economia brasileira, as mercadorias, negociadas globalmente, a que o excerto se refere correspondem a:

a) bens de produção.

b) microcondutores.

c) *commodities*.

d) insumos agropecuários.

e) veículos.

56. (Unicamp)

A presença de empresas globais que dominam o mercado de tecnologia no mundo costuma gerar atritos com os governos nacionais e impactos de diferentes dimensões em sua indústria cultural e na privacidade dos indivíduos. Diante do poder dessas grandes empresas, os Estados nacionais buscam estabelecer regras antitrustes para o setor.

Adaptado de Farhad Manjoo, *The New York Times/Folha de S. Paulo*, 11/06/2016, p. 1 e 2.

Com relação ao poder econômico e político das empresas globais de tecnologia digital e às ações dos governos nacionais, é correto afirmar que:

a) A tecnologia digital representou uma expressiva reestruturação da ordem global. Houve maior democratização da circulação de informações pela internet e os Estados nacionais perderam totalmente o controle do conteúdo transmitido pelas redes digitais.

b) O poder das grandes empresas de tecnologia predomina apenas nos países pobres, cujos Estados dispõem de limitadas legislações para o controle desses grupos econômicos em seus territórios, sobretudo no que diz respeito às mídias globais.

c) As leis antitrustes surgiram no final do século XX e foram criadas pelos Estados nacionais para o controle do poder econômico das empresas globais do mercado de tecnologia digital, setor que costuma desenvolver práticas de mercado anticompetitivas.

d) As empresas de tecnologia digital formam verdadeiros oligopólios e controlam diversas redes informacionais; apesar disso, elas ainda dependem das legislações dos Estados nacionais para a atuação nos territórios e comercialização dos seus produtos.

57. (Unesp) Criado em resposta às crises econômicas do final da década de 1990, o G-20 reflete o contexto de:

a) unilateralidade da antiga ordem mundial, marcada pela supremacia britânica no Conselho de Segurança das Nações Unidas.

b) bipolaridade da antiga ordem mundial, caracterizada pela estabilidade financeira dos países desenvolvidos e subdesenvolvidos.

c) multipolaridade da antiga ordem mundial, marcada pelo fortalecimento da cooperação entre blocos econômicos.

d) multipolaridade da nova ordem mundial, caracterizada pela diversidade de interesses das economias industrializadas e emergentes.

e) bipolaridade da nova ordem mundial, caracterizada pelo controle estadunidense e soviético das instituições financeiras internacionais.

58. (Fuvest)

Níveis *per capita* de industrialização, 1750-1913 (Reino Unido em 1900 = 100)				
País	1750	1800	1860	1913
Alemanha	8	8	15	85
Bélgica	9	10	28	88
China	8	6	4	3
Espanha	7	7	11	22
EUA	4	9	21	126
França	9	9	20	59
Índia	7	6	3	2
Itália	8	8	10	26
Japão	7	7	7	20
Reino Unido	10	16	64	115
Rússia	6	6	8	20

Ronald Findlay e Kevin O'Rourke. *Power and Plenty*: Trade,War, and the World Economy in the Second Millennium. Princeton: Princeton University Press, 2007. Adaptado.

Com base na tabela, é correto afirmar:

a) A industrialização acelerada da Alemanha e dos Estados Unidos ocorreu durante a Primeira Revolução Industrial, mantendo-se relativamente inalterada durante a Segunda Revolução Industrial.

b) Os países do Sul e do Leste da Europa apresentaram níveis de industrialização equivalentes aos dos países do Norte da Europa e dos Estados Unidos durante a Segunda Revolução Industrial.

c) A Primeira Revolução Industrial teve por epicentro o Reino Unido, acompanhado em menor grau pela Bélgica, ambos mantendo níveis elevados durante a Segunda Revolução Industrial.

d) Os níveis de industrialização verificados na Ásia em meados do século XVIII acompanharam o movimento geral de industrialização do Atlântico Norte ocorrido na segunda metade do século XIX.

e) O Japão se destacou como o país asiático de mais rápida industrialização no curso da Primeira Revolução Industrial, perdendo força, no entanto, durante a Segunda Revolução Industrial.

59. (Imed) O modelo de produção industrial denominado "toyotismo", criado pelo engenheiro Taiichi Ohno, tem como características:

I. Linha de produção

II. Descentralização da produção

III. Terceirização

IV. Automação

Quais estão corretas?

a) Apenas I e III.

b) Apenas II e IV.

c) Apenas I, II e III.

d) Apenas II, III e IV.

e) I, II, III e IV.

60. (UEFS) Sobre o espaço industrial, evolução, organização e sistematização, no mundo e no Brasil, é correto afirmar:

a) O Alvará de 1º de abril de 1808, assinado pelo príncipe Dom João, manteve todas as proibições do Brasil Colonial com relação à indústria e ao comércio.

b) A Revolução Industrial surgiu na Inglaterra, no final do século XVIII, e, 200 anos mais tarde, a Europa já apresentava diversas unidades fabris, principalmente nas regiões do Vale do Ruhr, no Vale do Pó, na Bacia Parisiense e na Bacia de Londres, dentre outras.

c) A crise financeira de 1929 e o câmbio desfavorável não diminuíram as exportações nem a produção e participação brasileira na economia mundial.

d) O governo de Juscelino Kubitschek, marcado pelo desenvolvimentismo, caracterizou-se pela implantação da reforma agrária e pela modernização da rede ferroviária do Centro-Sul do país.

e) O Japão se industrializou após a Segunda Guerra Mundial e, desde o início, contou com grandes recursos naturais oriundos do Continente Asiático.

61. (FGV-RJ) A partir da década de 1970, a informática e a eletrônica "diminuíram" o tempo e a distância e, graças à eficiência das novas tecnologias, tornaram possível a flexibilização da produção.

Sobre o modelo de produção flexível, assinale a afirmação correta.

a) A participação dos funcionários nas decisões possibilita a uniformização do processo produtivo.

b) A eliminação de estoques permite a redução dos custos e o aumento da produtividade.

c) A renovação da linha de montagem exige a contratação de numerosa mão de obra.

d) A adoção das novas tecnologias mantém a produção massificada e uniforme.

e) A valorização do trabalho individual garante o controle de qualidade.

62. (UEG) A produção agropecuária na atualidade requer a adoção de sistemas de produção (intensivos e extensivos) rural, que dependem principalmente:

a) do tamanho da propriedade e da presença de recursos hídricos abundantes para a implantação de pivôs centrais.

b) da existência de fatores naturais como clima úmido, solos férteis, relevo plano e proximidade das vias de transportes.

c) das condições físico-geográficas de uma região, da cultura e do nível de desenvolvimento econômico de uma dada sociedade.

d) do uso de agrotóxicos e sementes transgênicas, da utilização de mão de obra barata e de técnicas tradicionais de produção.

63. (Falbe) Observe o mapa e os gráficos a seguir:

Principais países que desenvolvem organismos transgênicos, 2011

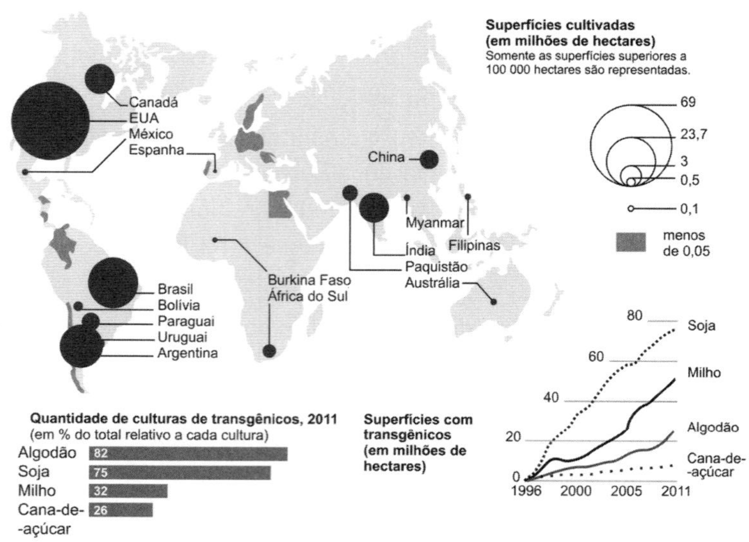

Fonte: Serviço Internacional para a Incorporação de Aplicações Agro-biotecnológicas (ISAAA), www.isaaa.org

SciencesPo. | carto

In: Atelier de Cartographie de Sciences Po, 2012 – http://cartographie.sciences.po.fr

Segundo o que está representado, pode ser afirmado que:

a) esse tipo de produção incide em especial nos cultivos altamente comerciais, e que, em boa medida, fornecem produtos primários para o sistema das indústrias alimentícias e energéticas.

b) o ritmo crescente do cultivo dos transgênicos, em especial nos países pobres, deve-se ao fato de se tratar de uma produção bem mais barata, na qual o agricultor fica mais autônomo.

c) as Américas lideram esse tipo de cultivo em razão de suas terras agrícolas se situarem em zonas climáticas temperadas, o que facilita a adaptação do organismo transgênico.

d) a produção de organismos transgênicos, por ter que incorporar alta tecnologia (que é muito cara) no seu processo, é grande e crescente, especialmente nos países chamados desenvolvidos.

64. (Unesp)

As disparidades regionais e a concentração econômica e industrial no estado de São Paulo, principalmente em sua região metropolitana, revelam as desigualdades geradas a partir da formação do capitalismo nacional. A produtividade brasileira baseava-se nas economias de escala e na concentração espacial das atividades e de seus operadores. Isso gerou, primeiramente, as economias de aglomeração que, posteriormente, transformaram-se em "deseconomias de aglomeração", por fatores provocados pelas forças contraditórias entre os benefícios econômicos da aglomeração e as desvantagens da concentração, levando à desconcentração industrial.

Eliane C. Santos. "A reestruturação produtiva – do fordismo à produção flexível no estado de São Paulo". In: Eliseu S. Sposito (org). *O novo mapa da indústria no início do século XXI*, 2015. Adaptado.

Apresente duas características das economias de aglomeração que contribuíram para a concentração das indústrias na região metropolitana de São Paulo e duas condições que promoveram a posterior desconcentração industrial.

65. (UPE)

Reprodução/UPE-SSA

Fonte: Carta Capital, julho de 2015.

Os países representados pelos membros do grupo em destaque, na ilustração acima, estão organizados em torno de variados temas e modalidades correspondentes às políticas de cooperação internacional.

Sobre esse assunto, analise as afirmativas a seguir:

1. Trata-se de um grupo de economias desenvolvidas cuja esfera de atuação está concentrada na agenda política elaborada pela OCDE (Organização Para a Cooperação e Desenvolvimento Econômico), que defende os princípios do livre mercado.
2. O principal objetivo desse grupo de economias em desenvolvimento está voltado para as instituições financeiras multilaterais e sua democratização. A cooperação entre os Brics projeta uma agenda geopolítica que aumente o seu poder de atuação na ordem global.
3. O Brasil, a China, a Rússia, a Índia e a África do Sul se comprometeram, na última reunião de 2015, a desenvolver suas políticas e seus programas de cooperação regulados pelas regras da OMC (Organização Mundial do Comércio).

Está(ão) CORRETA(S):

a) apenas 1.
b) apenas 2.
c) apenas 1 e 3.
d) apenas 2 e 3.
e) 1, 2 e 3.

66. (Unesp)

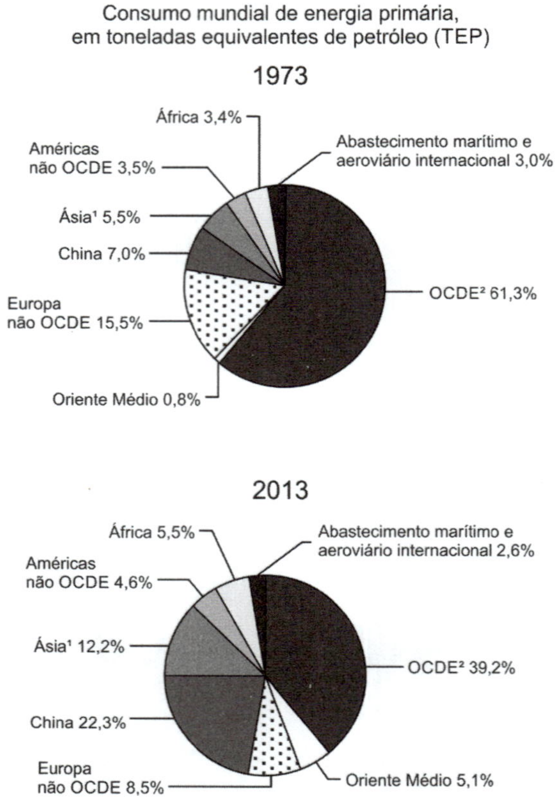

1. Ásia, exceto China.
2. Organização para a Cooperação e Desenvolvimento Econômico.

(www.iea.org. Adaptado.)

Considerando os cenários encontrados nos gráficos e os conhecimentos sobre o consumo mundial de energia primária, é correto afirmar que

a) os países-membros da OCDE diminuíram sua participação percentual no consumo mundial de energia primária em resposta ao aumento em seu padrão de consumo.
b) o consumo mundial de energia primária entre os países desenvolvidos aumentou em razão da crise econômica no período.
c) a China aumentou sua participação percentual no consumo mundial de energia primária devido ao seu desligamento do bloco dos Tigres Asiáticos.
d) os países subdesenvolvidos aumentaram sua participação percentual no consumo mundial de energia primária em função do aumento em seu dinamismo econômico.
e) o Oriente Médio registrou o maior aumento percentual no consumo mundial de energia primária devido ao crescimento de sua produção industrial.

67. (UFJF)

Foram concluídas em agosto de 2015 as negociações que culminaram na adoção, em setembro, dos Objetivos de Desenvolvimento Sustentável (ODS), por ocasião da Cúpula das Nações Unidas para o Desenvolvimento Sustentável. Processo iniciado em 2013, seguindo mandato emanado da Conferência Rio+20, os ODS deverão orientar as políticas nacionais e as atividades de cooperação internacional nos próximos quinze anos, sucedendo e atualizando os Objetivos de Desenvolvimento do Milênio (ODM).

Dentre os objetivos do referido documento está o Objetivo 2: "Acabar com a fome, alcançar a segurança alimentar e melhoria da nutrição e promover a agricultura sustentável".

Disponível em: <http://www.pnud.org.br/Docs/TransformandoNossoMundo.pdf>. Acesso em: 30 out. 2015.

Eliminar os subsídios à exportação de produtos agrícolas contribui para acabar com a fome porque

a) aumentará a produção da agricultura sustentável internacional.
b) proporcionará equilíbrio entre a demanda e oferta de insumos.
c) será possível diminuir a área ocupada pela agricultura tradicional.
d) tornará mais baratos os produtos agrícolas dos países mais ricos.
e) valorizará os produtos agrícolas dos países em desenvolvimento.

68. (UERJ)

Portos com maior movimentação de contêineres em 2012

Adaptado de cdn1.vox-cdn.com.

Reprodução/UERJ, 2016

Os contêineres são grandes caixas metálicas utilizadas para o transporte de mercadorias. O fluxo de contêineres dos portos mais movimentados do mundo, observado no mapa, é explicado por uma tendência da economia mundial nas últimas décadas.

Essa tendência está apresentada em:

a) ampliação da rede de telecomunicações
b) redução do comércio de matérias-primas
c) concentração do consumo de mercadorias
d) terceirização da produção de bens industriais

69. (UERJ)

DISPOSITIVOS CONECTADOS À INTERNET

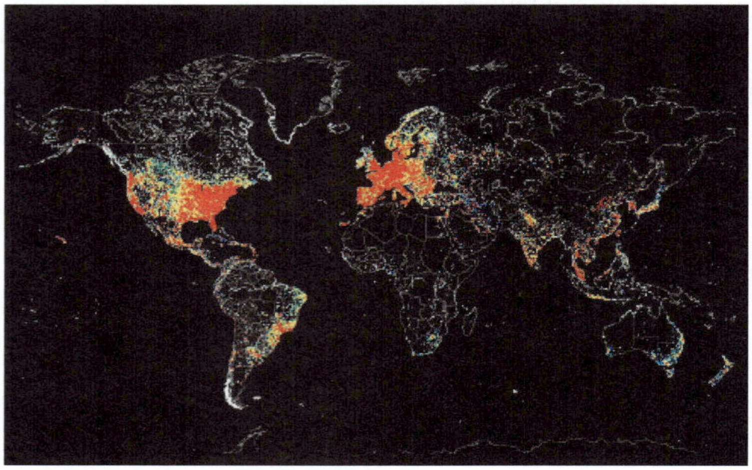

Reprodução/UERJ, 2016

Imagine mandar um sinal para todos os dispositivos conectados à Internet ao redor do globo? Foi exatamente o que fez John Matherly, que se autointitula um "cartógrafo" da rede. Com essa técnica, que permite sondar tão rapidamente o panorama de conexões no mundo, o criador pretende fazer isso mais vezes ao longo do tempo, para comparar a evolução do acesso à rede. Quanto mais intensa a cor, maior o número de dispositivos, e por enquanto sabemos bem onde eles se concentram.

Adaptado de revistagalileu.globo.com, set. 2014.

A análise do mapa possibilita visualizar o uso da Internet nas diversas regiões do mundo.

A principal causa para as diferenças regionais na concentração do uso dessa rede é:

a) baixa densidade demográfica
b) redução do crescimento econômico
c) descontinuidade das transmissões globais
d) desigualdade de desenvolvimento tecnológico

70. (FGV-SP)

Reprodução/FGV, 2016

O bar e bicicletaria Las Magrelas e a loja de doces Brownie Shop são dois exemplos paulistas dos 120 estabelecimentos comerciais que aceitam bitcoin no Brasil, segundo levantamento de julho de 2015. Bitcoin é uma rede de pagamentos e um novo tipo de moeda, eletrônica, que usa a tecnologia ponto a ponto para operar sem a intermediação de uma autoridade central. As transações com bitcoin são gerenciadas coletivamente pelos usuários da rede.

As opções a seguir apresentam novidades trazidas pela rede bitcoin em relação ao sistema de pagamento em papel-moeda, à exceção de uma. Assinale-a.

a) Realiza transações financeiras diretamente entre duas pessoas, sem a mediação de bancos ou de sistemas de pagamento on-line, como o PayPal.

b) Elimina os riscos de falsificação e os custos relativos à impressão, transporte e distribuição do dinheiro físico.

c) Transfere valores entre pessoas de qualquer país sem os custos de taxas de câmbio e de impostos do Estado.

d) Visualiza on-line o lastro em ouro que sustenta a cotação dos bitcoin e os converte em papel-moeda segundo a conveniência do usuário.

e) Adere a um tipo de moeda transferível instantânea e independentemente da supervisão e do monopólio de instituições financeiras estatais.

71. (UEMG)

A Revolução da Informação

"A vida política e social foi profunda e irreversivelmente alterada pela redução brutal dos tempos de deslocamento de matéria e informação. Os governos passaram a ter condições de controle efetivo sobre os territórios ao adquirirem a capacidade de emitir ordens, instantaneamente, para agentes administrativos em lugares distantes".

TERRA, Lygia; ARAÚJO, Regina; GUIMARÃES, Raul. *Conexões*. Estudos de geografia geral e do Brasil. Ed. Moderna. p. 460.

Assembleia da ONU aprova proposta contra espionagem

Resolução, que não é obrigatória, foi iniciada por Brasil e Alemanha após dados vazados por Snowden indicarem que os dois governos eram monitorados.

Nenhum país é obrigado a adotar, mas quase 200 apoiaram uma resolução contra espionagem aprovada nesta quarta-feira pela Assembleia Geral da ONU. A proposta foi introduzida por Brasil e Alemanha, depois das alegações de que os governos dos dois países eram monitorados.

O texto pede aos países que revejam procedimentos e legislação relacionados a programas de vigilância e protejam a privacidade dos usuários de internet e outras formas de comunicação eletrônica. Também faz um apelo para que sejam criados ou mantidos mecanismos de controle independentes e efetivos, capazes de assegurar transparência e prestação de contas sobre os programas que interceptam dados pessoais.

http://veja.abril.com.br/noticia/mundo/assembleia-da-onu-aprova-proposta-contra-espionagem. Acesso em: 30/9/2015.

O avanço da tecnologia foi sem dúvida um grande passo para a humanidade, porém cobra seu preço.

Com base nos dois textos, podemos concluir que o avanço tecnológico:

a) Trouxe benefícios exclusivos para os países ricos, criando uma separação entre países desenvolvidos e subdesenvolvidos.

b) Gerou a necessidade aos países de criarem leis e medidas de proteção à privacidade de seus órgãos, ações e cidadãos.

c) Levou as empresas a ultrapassarem os limites regionais, atingindo mercados internacionais e equilibrando a economia global.

d) Gera a invasão de privacidade de pessoas e entidades, sendo prática comum de todos os governos e maioria das empresas.

72. (FGV-SP)

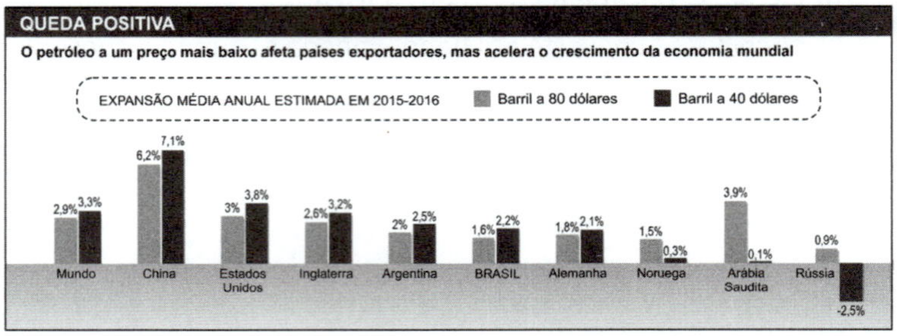

Reprodução/FGV, 2016

Os anos de bonança para os países produtores e exportadores de petróleo ficaram para trás. O ciclo de cotações acima de 100 dólares viabilizou e rentabilizou novas fronteiras de exploração, como o xisto norte-americano, as areias betuminosas canadenses e o pré-sal brasileiro. Mas o preço do barril, em trajetória de queda há seis meses, caiu abaixo do patamar psicológico de 50 dólares.

Os exportadores sofrem com o encolhimento das receitas. Nesse grupo, estão países como Arábia Saudita, Rússia, Venezuela e Noruega.

(*Veja*, 14 jan. 2015. Adaptado.)

A partir de seus conhecimentos e da análise do gráfico, é correto afirmar que o país que tem maior dependência de suas exportações de petróleo é

a) a Austrália.

b) o Canadá.

c) os EUA.

d) a Índia.

e) a Rússia.

73. (Unisc) O processo de industrialização pode ser considerado um dos principais propulsores da modernização das sociedades. Sobre isso, é importante ressaltar que as dinâmicas industriais passaram por diferentes etapas até se configurarem da maneira como as conhecemos atualmente. Leia as afirmativas que se seguem acerca dessas etapas.

I. Primeira Revolução Industrial: foi a primeira etapa do processo de industrialização, ocorrida entre meados do século XVIII e final do século XIX. O Reino Unido era considerado a grande potência industrial e as técnicas industriais, quando comparadas ao que conhecemos hoje, eram simples. Predominavam questões acerca da máquina a vapor, da indústria têxtil e do carvão mineral como fonte de energia. As empresas da época, em sua maioria, eram de pequeno ou médio porte e davam forma ao contexto do capitalismo concorrencial ou liberal.

II. Segunda Revolução Industrial: teve início a partir das últimas décadas do século XIX. Aos poucos, o Reino Unido foi cedendo seu lugar de liderança a países como Estados Unidos, que apresentavam economias mais dinâmicas. Foi uma fase marcada pelas mudanças técnicas e tecnológicas relacionadas ao surgimento da eletricidade e à utilização do petróleo como fontes de energia. Muitas empresas passaram por processos de expansão enquanto o capitalismo monopolista passou a se fortalecer. Neste contexto, emergiu o Fordismo.

III. Terceira Revolução Industrial: também conhecida como Revolução Técnico-Científica-Informacional, iniciou-se em meados do século XX. É uma fase marcada pelo avanço dos conhecimentos e das tecnologias que envolvem as dinâmicas industriais. Destacam-se, nesta fase, a informática, a robótica, a biotecnologia, entre outros.

Assinale a alternativa correta.

a) Somente a afirmativa II está correta.

b) Somente as afirmativas I e II estão corretas.

c) Somente as afirmativas II e III estão corretas.

d) Somente as afirmativas I e III estão corretas.

e) Todas as afirmativas estão corretas.

74. (UPF) A agricultura, uma das mais antigas atividades humanas, passou por profundas transformações e foi, ela própria, transformadora do espaço natural. Nesse processo de evolução, incorporou técnicas, superou ambientes inóspitos, alcançou altos índices de produtividade e continua sendo praticada de forma heterogênea pelos quatro cantos do mundo.

No quadro abaixo, a coluna 1 apresenta afirmações sobre a prática da agricultura. Relacione as afirmações da coluna 1 com os locais (coluna 2) onde essas práticas são verificadas.

1.Também conhecida como agricultura de jardinagem, é praticada em solos inundáveis, destacando-se a rizicultura, realizada com trabalho braçal e base familiar.	( ) Costa Oeste dos Estados Unidos
2. O crescente uso de técnicas de irrigação e mecanização transformaram áreas áridas em áreas de fruticultura com elevada produtividade.	( ) Estados Unidos e União Europeia
3. Além da elevada produtividade, o protecionismo governamental efetivado pela concessão de subsídios aumenta o poder de competição no mercado internacional em detrimento dos países subdesenvolvidos.	( ) Regiões tropicais da América Latina, Ásia e África
4. Monocultura destinada ao mercado externo é praticada em larga escala em latifúndios, com emprego de mão de obra numerosa e barata, destacando-se o cultivo de cacau, café, cana-de-açúcar e banana.	( ) Sul e sudeste asiático

A sequência correta de preenchimento dos parênteses, de cima para baixo, é:

a) 4 – 3 – 1 – 2.
b) 2 – 3 – 4 – 1.
c) 2 – 4 – 3 – 1.
d) 3 – 1 – 4 – 2.
e) 1 – 2 – 3 – 4.

75. (PUC-RJ)

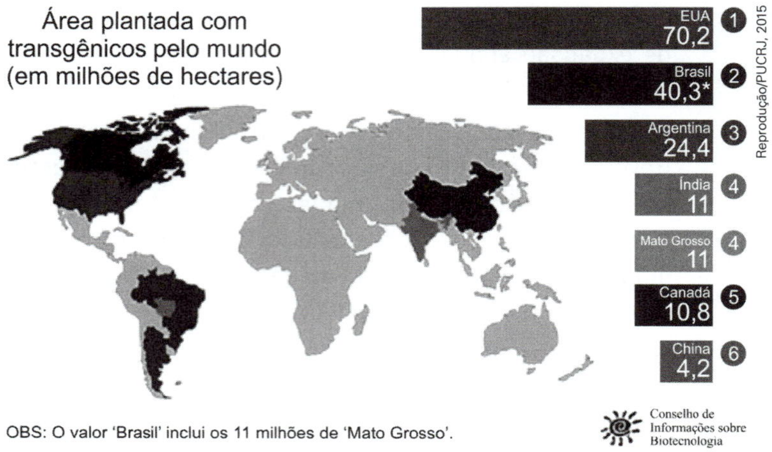

Fonte: Adaptado de http://cib.org.br. Acesso em: 14 jan. 2014.

Levando-se em conta que, em 2006, em todo continente americano (norte, centro e sul) somente 8,0 milhões de hectares eram utilizados para os cultivos orgânicos, conclui-se que a:

a) preferência pelo cultivo orgânico e de subsistência no continente está associada à cadeia do complexo agroindustrial no mundo.
b) produção de transgênicos é muito mais barata do que a de orgânicos, devido aos produtos massificados, mas a produtividade dos orgânicos é maior.
c) necessidade de alta produtividade dos setores agroindustriais impõe ao mercado um modelo de produção agrícola baseado na rápida reprodução das plantas.
d) redução do consumo de fertilizantes e adubos no continente americano na última década impede que os orgânicos sejam mais cultivados pelo agricultor americano.
e) população mundial está acostumada a comer produtos de origem transgênica, o que reduz a possibilidade de os orgânicos ganharem mercado, principalmente no Brasil.

76. (UFPR)

Neste fim do século XX, as fronteiras econômicas se ampliam, mais áreas são ocupadas e pode-se mesmo dizer [...] que o território brasileiro está inteiramente apropriado. Por outro lado, a natureza recuou consideravelmente, enquanto todas as formas de densidade humana ficam cada vez mais presentes. Ainda que sua distribuição seja desigual, há, em uma porção considerável do território, maior densidade técnica, acompanhada de maior densidade informacional.

SANTOS, M.; SILVEIRA, M. L. *O Brasil* – Território e sociedade no início do século XXI. Rio de Janeiro: Record, 2001, p. 279.

Com base na reflexão oferecida pelo texto e no conhecimento sobre geografia do Brasil, assinale a alternativa INCORRETA.

a) Durante o século XX, o Estado nacional foi responsável por grandes projetos para ampliação das fronteiras internas de ocupação, como é o caso da Marcha para o Oeste.

b) A densidade humana e técnica presentes no território mostram um país regionalmente diferenciado, mas com uma economia integrada, do ponto de vista do mercado nacional.

c) Processos de ocupação do território, a exemplo do avanço da soja no Centro-Oeste brasileiro e de atividades agropecuárias na Amazônia, demonstram um avanço contínuo sobre os espaços naturais.

d) Do ponto de vista econômico há um desequilíbrio na produção de bens e serviços entre as regiões brasileiras, fato que tem levado à criação de políticas de desenvolvimento regional, como foi o caso da Zona Franca de Manaus.

e) Considerando a extensão e a direção da ocupação do território brasileiro – do litoral rumo ao interior – há uma vasta porção por ser apropriada pelo Estado Nacional: a Amazônia.

77. (Unesp) Analise os gráficos.

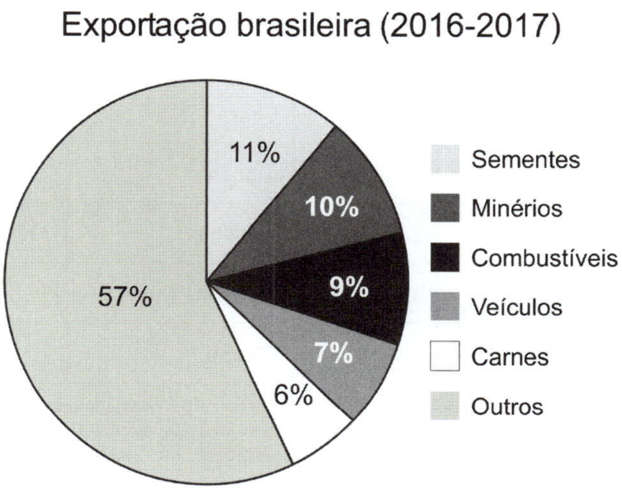

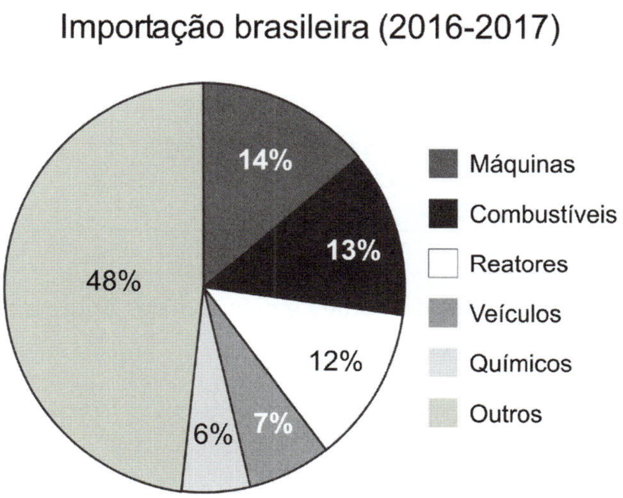

(www.mercadoseestrategias.com)

A partir dos gráficos, conclui-se que o Brasil se destaca por

a) importar bens primários sem concorrência local.
b) exportar bens de consumo com elevado valor agregado.
c) importar mercadorias com baixo valor agregado.
d) exportar bens de produção com custo subsidiado.
e) exportar produtos com baixo valor agregado.

78. (USF)

Mortalidade infantil no Nordeste Melhores desempenhos 1980/2013			
Estado	**Índice 2013**	**Estado**	**Índice 1980**
Pernambuco	141,9	Piauí	81,0
Ceará	16,6	Bahia	83,1
R. G. do Norte	17,0	Maranhão	86,1
Sergipe	19,9	Sergipe	90,1
Paraíba	19,0	Pernambuco	104,6
Bahia	19,9	R. G. do Norte	111,2
Piauí	21,1	Ceará	111,5
Alagoas	24,0	Alagoas	111,6
Maranhão	24,7	Paraíba	117,1
Nordeste (média)	19,5	Nordeste (média)	99,5
BRASIL	15,0	BRASIL	70,0

Fonte: IBGE. Elaboração Agência Prodetec. Fonte: http://www.agenciaprodetec.com.br/estudos-e-pesquisas/678-melhoram-taxas-de-expectativa-de-vida-e-de-mortalidade-infantil-no-nordeste.html. Acesso em: 21/04/2017.

a) Indique duas ações do poder público que poderiam explicar a redução da mortalidade infantil na região Nordeste nos períodos analisados.

b) Qual dos estados do Nordeste obteve maior êxito na redução da taxa de mortalidade infantil?

79. (Famerp) A balança comercial brasileira, no contexto da economia global, caracteriza-se pela primazia da

a) importação de alta tecnologia da União Europeia.

b) exportação de produtos manufaturados para o Mercosul.

c) exportação de commodities para a China.

d) importação de produtos semimanufaturados dos Estados Unidos.

e) exportação de produtos terciários para a Índia.

80. (EsPCEx-Aman)

"Desde 2007, o saldo comercial brasileiro vem apresentando tendência de queda, puxada pelo mau comportamento do setor industrial, e em consequência da perda da competitividade da economia brasileira."

(Fonte: oglobo.globo.com/opiniao/comercioexterior. Consulta em: 26/03/2015.)

A perda sistêmica de competitividade da indústria nacional e a consequente queda de sua participação na formação da riqueza nacional estão associadas, dentre outros:

I. aos elevados custos de deslocamento dos produtos de exportação, em virtude do predomínio das rodovias e da precária integração entre os modais de transporte.

II. à grande dispersão espacial da indústria brasileira em regiões historicamente periféricas.

III. à baixa taxa de inovação da indústria brasileira, aliada ao fato de essa inovação estar mais relacionada à aquisição de máquinas e equipamentos do que ao desenvolvimento de novos produtos.

IV. aos inúmeros acordos bilaterais assinados pelo País, restringindo o número de seus parceiros comerciais no mercado externo.

V. à fraca mecanização das operações portuárias de embarque e desembarque e à intricada burocracia nos portos, provocando atrasos e congestionamentos nas exportações.

Assinale a alternativa que apresenta todas as afirmativas corretas.

a) I, II e IV
b) II, IV e V
c) I, III e V
d) I, II e III
e) III, IV e V

81. (PUC-RS) Para responder à questão, considere as características da balança comercial brasileira e as afirmativas que seguem.

I. Os minerais nacionais são importantes para a manutenção do saldo positivo do comércio exterior do País.

II. Mantendo-se o dólar em alta, a balança comercial brasileira se beneficia com a comercialização de produtos, tais como o frango, no mercado internacional.

III. A safra de soja brasileira é um fator negativo para a exportação, gerando déficit na balança comercial do País.

IV. A exportação da safra de trigo brasileira é um dos fatores que contribuem para o índice positivo da balança de pagamentos.

Estão corretas apenas as afirmativas:

a) I e II.
b) I e IV.
c) II e III.
d) II e IV.
e) I, II e III.

82. (USF) Observe as informações contidas no gráfico a seguir.

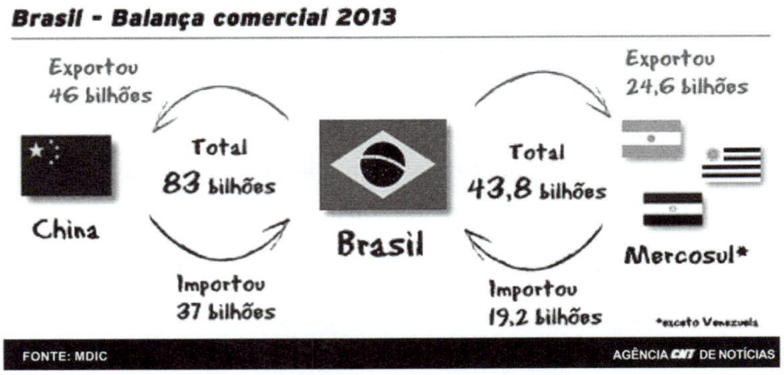

Fonte: <http://www.cnt.org.br/Paginas/Agencia_Noticia.aspx?noticia?=trocas-comerciais-brasil-china-12052014>. Acesso em: 10/09/2015, às 17h.

A China é, na atualidade, o principal parceiro comercial do Brasil. Porém, ao analisar apenas os valores, podem-se omitir informações importantes sobre produtos exportados e importados pelo Brasil. Nesse contexto, pode-se concluir que:

a) a pauta de exportações do Brasil para o Mercosul apresenta produtos com maior valor agregado se comparada às exportações para a China.

b) a China importa do Brasil uma gama de produtos, em especial autopeças para veículos, automóveis e derivados de petróleo.

c) a China é o maior fornecedor de petróleo ao Brasil, garantindo, dessa forma, a segurança energética não só do Brasil como dos demais países do Mercosul.

d) a principal diferença nas exportações do Brasil para a China e para o Mercosul está na predominância das commodities na pauta de exportações para o Mercosul.

e) a crise hídrica que afeta o Brasil desde 2013 fez com que as importações de arroz da China aumentassem significativamente, garantindo a segurança alimentar do país.

83. (Unesp) Examine o gráfico.

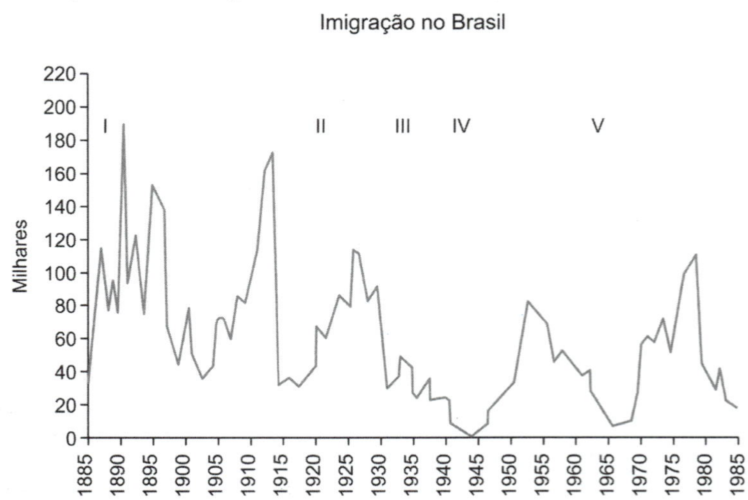

(Marcos A. Moraes e Paulo S. S. Franco. *Geografia humana*, 2011. Adaptado.)

Na análise dos movimentos migratórios ao Brasil, o gráfico expressa os impactos:

a) da Lei de Cotas em II, com o controle sobre a entrada de estrangeiros, para evitar o aumento do desemprego no país.

b) da Primeira Guerra Mundial em III, com o desinteresse pelo país devido à oposição à Tríplice Aliança.

c) das leis de redução e abolição da escravatura em I, com o incentivo à vinda de imigrantes para compor a mão de obra nas fazendas cafeeiras.

d) da Segunda Guerra Mundial em IV, com a interrupção no fluxo de imigrantes alemães a partir da adesão brasileira ao Eixo.

e) do regime militar em V, com o combate à entrada de latino-americanos, em prol da europeização da sociedade brasileira.

84. (UEL) Analise os gráficos a seguir.

Gráfico I

Expectativa de vida

Dados mostram crescimento no Brasil desde 1940

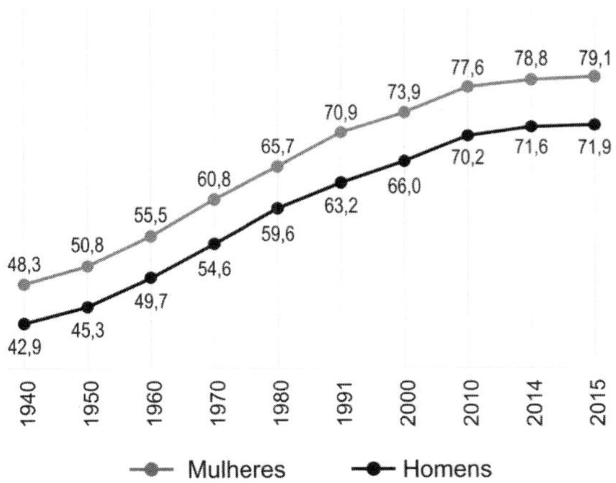

(Adaptado de: <https://g1.globo.com/bemestar/noticia/expectativa-de-vida-do-brasileiro-ao-nascer-e-de-755-anos-diz-ibge.ghtml>. Acesso em: 21 jul. 2017.)

Gráfico II

Evolução da taxa de mortalidade por armas de fogo

(em 100 mil habitantes)

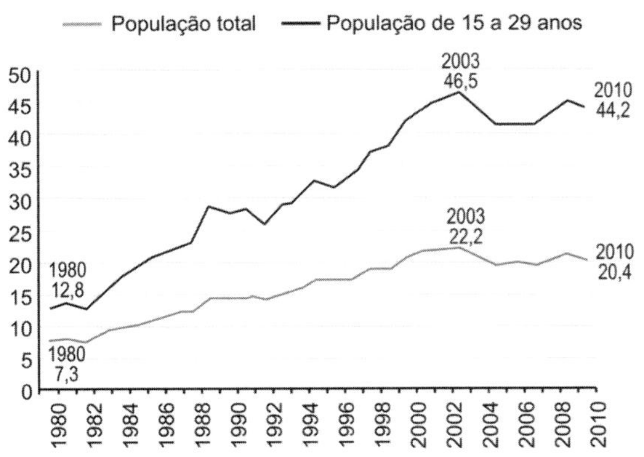

(Disponível em: <http://mapadaviolencia.org.br/pdf2013/mapaviolencia2013_armas.pdf>. Acesso em: 21 jul. 2017).

Vários fatores exercem influência direta na expectativa de vida da população de um país. Com base nos gráficos e nos conhecimentos sobre a dinâmica da população, considere as afirmativas a seguir.

I. O gráfico I demonstra que a longevidade dos brasileiros aumentou, fato que ocorreu devido à melhoria da qualidade de vida.

II. Os indicadores saneamento básico, renda, alimentação, índices de violência, saúde, educação e condições de moradia são utilizados para calcular o Índice de Desenvolvimento Humano (IDH), impactando a expectativa de vida conforme demonstrado no gráfico I.

III. A mortalidade de jovens evidenciada no gráfico II é um dos fatores que distanciam o Brasil das taxas de expectativa de vida dos países desenvolvidos, como Japão, Suíça e Austrália.

IV. O conceito de expectativa de vida depende do crescimento natural da população em um determinado território, pois este é obtido pela diferença positiva entre as taxas de natalidade e mortalidade.

Assinale a alternativa correta.

a) Somente as afirmativas I e II são corretas.

b) Somente as afirmativas I e IV são corretas.

c) Somente as afirmativas III e IV são corretas.

d) Somente as afirmativas I, II e III são corretas.

e) Somente as afirmativas II, III e IV são corretas.

85. (Falbe) Em dezembro de 2015, uma nova resolução da Assembleia Geral das Nações Unidas reconheceu o saneamento básico como um direito humano separado do direito à água potável. Em relação ao Brasil, observe o gráfico abaixo:

Proporção de domicílios particulares permanentes com acesso a serviços de saneamento, por tipo de serviço, segundo a situação do domicílio - Brasil - 2015

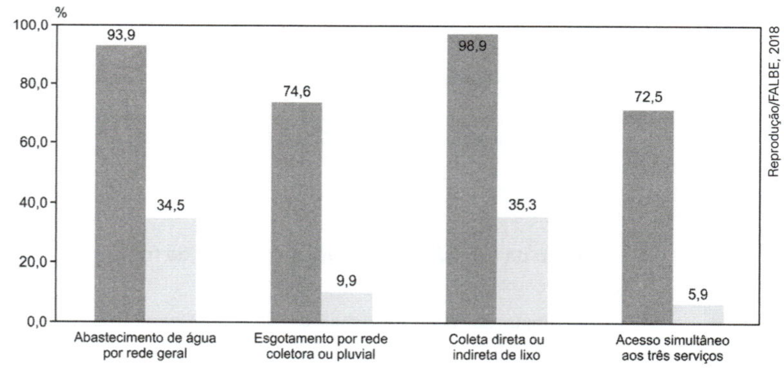

Extraído de: https://biblioteca.ibge.gov.br/visualizacao/livros/liv98965.pdf

Sobre esse tema, em relação ao Brasil, podemos afirmar:

a) Um problema para o Brasil ainda são os serviços de saneamento para as populações rural e urbana. Mas é a população rural que mais sofre com a carência de oferta de água tratada, coleta de lixo e tratamento de esgoto.

b) O abastecimento de água por rede geral chega à maioria da população rural, porém o acesso ao esgotamento por rede coletora ou pluvial ainda é muito ruim e a coleta de lixo precisa ser ampliada.

c) O acesso ao abastecimento de água por rede geral, a coleta direta ou indireta de lixo e o esgotamento por rede coletora ou pluvial ainda são deficientes no país como um todo.

d) A população urbana ainda precisa de muito mais investimento em relação à coleta de lixo e ao esgotamento por rede coletora ou pluvial. Com relação ao acesso a água tratada podemos afirmar que não se trata mais de um problema.

86. (UPE) Analise o gráfico a seguir:

Distribuição etária da população por sexo
2000 e 2035

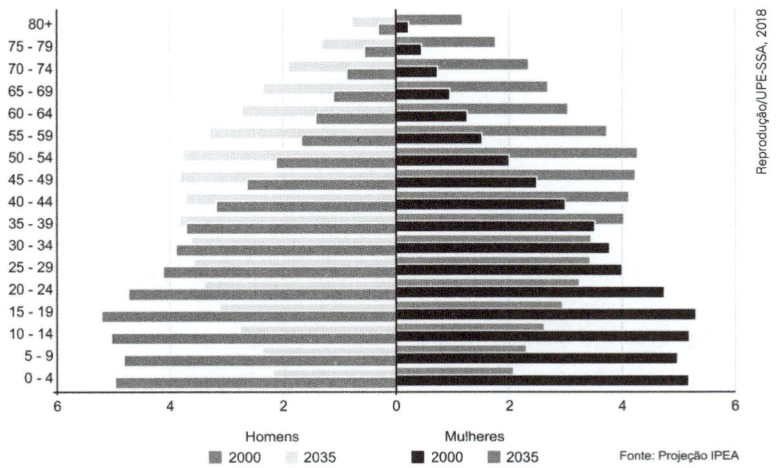

Fonte: http://www.ipea.gov.br/, 2014

Sobre a estrutura e a dinâmica da população brasileira, considere as seguintes afirmações:

1. O regime demográfico, vigente no período 1990-2000, foi caracterizado pelo rápido crescimento populacional e industrial e por deslocamentos internos da população, cujo resultado foi um grande aumento da taxa de natalidade em um país mais urbanizado.
2. O que se convencionou chamar de segunda fase da história populacional brasileira é o período que se estende de 1940 a 1970. Nesse período, o Brasil era um país de jovens, que crescia, se industrializava e se movimentava.
3. A projeção da estrutura etária da população brasileira para 2035 revela a contradição entre o envelhecimento populacional e a onda jovem. Nota-se um alargamento da base da pirâmide, resultado da queda da fecundidade e observa-se um crescimento na proporção da população com idade compreendida entre 10 e 14 anos.

Está CORRETO o que se afirma em:

a) 1, apenas.

b) 2, apenas.

c) 1 e 2, apenas.

d) 2 e 3, apenas.

e) 1, 2 e 3.

87. (Unesp) Analise o mapa.

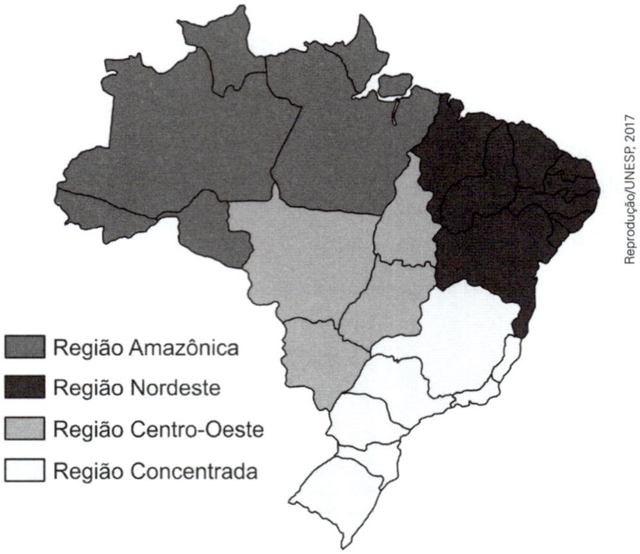

(Milton Santos e María L. Silveira. *O Brasil: território e sociedade no início do século XXI*, 2006.)

Quais foram os dois critérios utilizados para a regionalização apresentada no mapa? Cite duas características da Região Concentrada.

88. (UERJ)

Convenção ratificada pelo Brasil em 2004

Aplica-se aos povos tribais em países independentes, cujas condições culturais, sociais e econômicas os distingam de outros setores da coletividade nacional, e que estejam regidos, total ou parcialmente, por seus próprios costumes ou tradições; aos povos em países independentes, considerados indígenas pelo fato de descenderem de populações que habitavam o país ou uma região geográfica na época da conquista ou da colonização. A consciência de sua identidade indígena ou tribal deverá ser considerada como critério fundamental para determinar os grupos aos que se aplicam as disposições da presente Convenção.

Organização Internacional do Trabalho, 1989. Adaptado de planalto.gov.br.

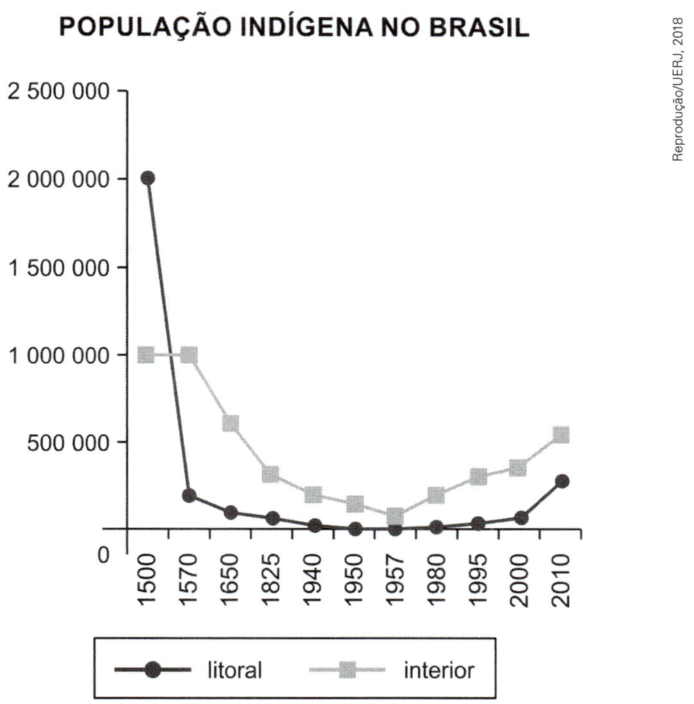

Adaptado de funai.gov.br.

A partir do exposto no texto, a mudança nos dados demográficos apresentados no gráfico entre 2000 e 2010 está associada à seguinte atitude:

a) promoção da permanência de grupos nativos nas áreas de reserva.

b) adoção da autodeclaração como critério de pertencimento étnico.

c) aprimoramento do controle jurídico nos processos de demarcação de terras.

d) ampliação do processo de preservação das tradições das comunidades da floresta.

89. (UFPR) No artigo "Gênero e sexualidade na análise do espaço urbano", de Joseli Maria Silva (2007), é apontada uma série de características da relação entre pobreza, gênero e espaço urbano. Vejamos duas delas:

> [...] as mulheres de baixa renda, em geral, possuem uma vivência reduzida do espaço total da cidade, desenvolvem deslocamentos menos extensos e frequentes do que os estabelecidos pelos homens dos mesmos locais. Além disso, os motivos dos deslocamentos estão relacionados com seu papel da maternagem e, fora deste, não há registros de deslocamentos para realizar interesses particulares.
>
> As narrativas das proibições masculinas em relação aos deslocamentos realizados pelas mulheres, ao controle do vestuário, locais e horários são regulares em todas as pesquisas atualmente realizadas [...]. Impressionante é a constatação da naturalização dos códigos de honra internalizados pelas próprias mulheres, que promovem, por conta disso, uma autorregulação.

Com base nessas informações, assinale a alternativa correta.

a) As fortes desigualdades no país, fruto das diferenças de gênero, justificam a necessidade de os homens terem uma vivência mais ampla do espaço total da cidade.

b) O aumento de famílias monoparentais femininas contribui com a democratização da cidade como espaço de lazer.

c) As mulheres que possuem filhos sob seu encargo ampliam sua vivência do espaço total da cidade, por somarem seus interesses aos dos filhos.

d) O controle masculino da espacialidade do cotidiano feminino exerce-se a partir da própria mulher.

e) O uso do espaço urbano por homens e mulheres de baixa renda é regido pelas mesmas regras sociais, restringindo os deslocamentos de ambos ao cuidado dos filhos.

90. (UFRGS) As violações dos direitos humanos relacionadas à orientação sexual e à identidade de gênero, que vitimizam fundamentalmente a população LGBT, constituem um padrão que envolve diferentes espécies de abusos e discriminações.

Observe os dados do Disque Direitos Humanos (Disque 100) da Secretaria de Direitos Humanos da Presidência da República, para os anos de 2012 e 2013.

UF	2012	2013	% de variação
Acre	10	4	-60,00%
Alagoas	63	16	-74,60%
Amapá	6	4	-33,40%
Amazonas	60	33	-45,00%
Bahia	194	113	-41,80%
Ceará	143	76	-46,90%
Distrito Federal	236	60	-74,60%
Espírito Santo	73	50	-31,60%
Goiás	111	63	-43,30%
Maranhão	105	39	-62,90%
Mato Grosso	123	17	-86,20%
Mato Grosso do Sul	44	21	-52,30%
Minas Gerais	248	146	-41,20%
Pará	98	36	-63,30%
Paraíba	95	59	-37,90%
Paraná	181	73	-59,70%
Pernambuco	109	62	-43,20%
Piauí	66	104	57,60%
Rio de Janeiro	258	185	-28,30%
Rio Grande do Norte	72	47	-34,80%
Rio Grande do Sul	200	82	-59,00%
Rondônia	13	8	-38,50%
Roraima	7	2	-71,50%
Santa Catarina	58	35	-39,70
São Paulo	405	322	-20,50%
Sergipe	31	13	-58,10%
Tocantins	15	6	-60,00%
casos de denúncias coletivas, com vítima difusa NA	7	19	171,50%
Total	3031	1695	-44,10%

Fonte: Departamento de Ouvidoria Nacional dos Direitos Humanos – SDH/PR. Acesso em: 20 set. 2017.

A partir dos dados acima, é correto afirmar que:

a) as maiores quedas percentuais no número de denúncias ocorreram em São Paulo, Rio de Janeiro, Espírito Santo e Amapá.

b) o registro de denúncias diminuiu em todo o país.

c) a maior variação percentual ocorreu nos casos de denúncias coletivas, com vítima difusa, representados na tabela por "NA".

d) os estados do Nordeste tiveram uma variação percentual inferior à média nacional.

e) os estados do Sul pouco variaram suas taxas, mantendo os mesmos números de denúncias.

91. (UPF) Sobre os conceitos populacionais e sua relação com o Brasil, assinale a alternativa correta.

a) A População Economicamente Ativa (PEA) é composta pelas pessoas de 16 a 65 anos de idade classificadas como ocupadas ou desocupadas. No Brasil, a PEA, em 2016, é maior do que a População em Idade Ativa (PIA).

b) Pirâmide etária é um gráfico que permite analisar a distribuição da população por faixa etária. No Brasil, observa-se que a base da pirâmide etária vem diminuindo, mesmo que a população total esteja aumentando.

c) Índice de Desenvolvimento Humano (IDH) é uma medida resumida do progresso em longo prazo em três dimensões básicas do desenvolvimento humano: renda, educação e saúde. Em 2016, o Brasil atingiu IDH igual a 1,4, índice de um país em desenvolvimento.

d) Taxa de natalidade é a relação existente entre o número total de nascimentos que ocorre no espaço de um ano e a população absoluta. No Brasil, a taxa de natalidade é igual à taxa de fecundidade.

e) Crescimento vegetativo é o resultado da diferença entre a taxa de natalidade, a taxa de mortalidade e a expectativa de vida. No Brasil, o crescimento vegetativo é negativo, ou seja, o número de nascimentos é menor do que o de mortes.

92. (USF) Observe os dados a seguir que classificam os locais do Brasil em dez melhores e dez piores em coleta e tratamento de esgoto.

MELHORES	PIORES
1. Santos - SP	72. Canoas - RS
2. Uberlândia - MG	73. Jaboatão - PE
3. Franca - SP	74. Macapá - AP
4. Jundiaí - SP	75. Ananindeua - PA
5. Curitiba - PR	76. Nova Iguaçu - RJ
6. Ribeirão Preto - SP	77. Belém - PA
7. Maringá - SP	78. São João de Meriti - RJ
8. Sorocaba - SP	79. Belford Roxo - RJ
9. Niterói - RJ	80. Duque de Caxias - RJ
10. Londrina - PR	81. Porto Velho - RO

Fonte: Ministério das Cidades

O tema em evidência na questão impacta diretamente o(a):

a) analfabetismo funcional
b) urbanização
c) taxa de fecundidade
d) mortalidade infantil
e) desemprego

93. (EsPCEx-Aman) No Brasil observa-se nítido processo de transição demográfica, especialmente nas duas últimas décadas, cujos censos demográficos realizados pelo IBGE revelam:

I. aumento da taxa de mortalidade infantil associado à carência dos serviços públicos essenciais no País.

II. estreitamento do corpo da pirâmide etária como resultado da significativa redução do número de jovens.

III. o ingresso do Brasil no período de passagem da chamada "janela demográfica", devido ao significativo aumento percentual da população em idade ativa no País.

IV. aumento do número de óbitos associados ao crescimento absoluto da população e ao aumento da participação percentual de idosos no conjunto total dela.

V. redução da fecundidade, para nível inferior ao preconizado pela Organização das Nações Unidas como taxa de reposição da população, e aumento da esperança de vida da população.

Assinale a alternativa que apresenta todas as afirmativas corretas.

a) I, II e IV
b) I, III e IV
c) I, II e V
d) II, III e V
e) III, IV e V

94. (Uece) Atente ao que se diz a seguir a respeito das questões étnicas africanas no Brasil.

I. O triângulo dos fluxos econômicos comerciais do século XV ao XIX, envolvendo a Europa, África e América, que tinha o Oceano Atlântico como espaço de ligação, está na gênese do tráfico demográfico forçado de negros para o Brasil por quase quatro séculos, o que definiu a forte presença da cultura africana na sociedade brasileira.

II. Mudanças na estrutura histórica da sociedade brasileira garantem que a noção de inferiorização dos conhecimentos, saberes e tecnologias da cultura negra e africana está superada.

III. Apesar dos avanços na discussão sobre alteridade e discriminação racial no Brasil, ser descendente de referências africanas no país continua sendo um fator de risco, um desafio para a manutenção da sobrevivência humana e um esforço adicional para ter visibilidade no sistema dominante.

É correto o que se afirma em:

a) I, II e III
b) I e III apenas
c) II e III apenas
d) I e II apenas

95. (ESPM-SP) Observe o mapa a seguir:

Brasil: migração (2000 - 2010)

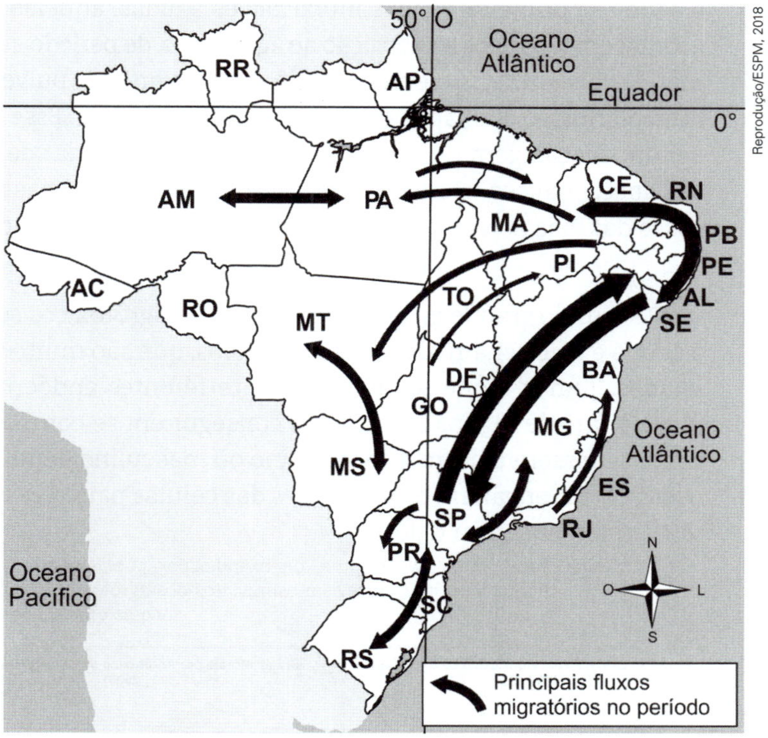

Fonte: Maria Elena Simielli. *Geoatlas*. 13 ed. São Paulo: Ática, 2013, p. 35.

No período indicado destaca-se a:

a) forte migração para o sertão nordestino motivado por uma nova corrida do ouro.

b) migração de nordestinos para São Paulo motivada pela expansão da soja.

c) atração de migrantes sulistas para o sertão nordestino para atuar na fruticultura.

d) forte migração de retorno de nordestinos.

e) migração de vários pontos do país para a Amazônia motivada pela mineração.

96. (Unioeste)

Texto 1:

O Brasil, que, desde 2009, tornou-se o maior consumidor de agrotóxicos do Planeta, teve um aumento na taxa de crescimento das vendas desses produtos da ordem de 200%, no período de 2000 a 2010. A média de consumo de agrotóxicos no País por hectare era de 7 kg em 2005 e passou para 10,1 kg por hectare em 2011 (*Valor Econômico*, 30/07/2012), ou seja, um escandaloso aumento de 43% em um curto período de seis anos.

Disponível em: BOMBARDI, Larissa Mies. Violência Silenciosa: o uso de Agrotóxicos no Brasil. Anais do VI Simpósio Internacional de Geografia Agrária: Universidade Federal da Paraíba. João Pessoa, 2013. Acesso em: 18 ago. 2017

Texto 2:

Os agrotóxicos têm dois grandes grupos de impactos sobre a saúde. O primeiro é o das intoxicações agudas, aquelas que acontecem logo após a exposição ao agrotóxico, de período curto, mas de concentração elevada. Por exemplo, quando se pulveriza uma plantação com aplicador costal, trator ou aérea. Esse tipo de intoxicação gera um quadro clínico que pode variar da dor de cabeça, náusea, alergias cutâneas e ardor na pele e nas mucosas das vias aéreas superiores até convulsão, coma e morte.

[...]

O segundo grande grupo de impactos dos agrotóxicos sobre a saúde é o dos chamados efeitos crônicos, que são muito ampliados. Temos o que se chama de interferentes endócrinos, que é o fato de alguns agrotóxicos conseguirem se comportar como se fossem o hormônio feminino ou masculino dentro do nosso corpo; enganam os receptores das células para que aceitem uma mensagem deles.

Disponível em: <https://www.cptne2.org.br/index.php/publicacoes/noticias/agrotoxicos/3023-entrevista-osimpactos-dos-agrotoxicos-no-pais>. Acesso em: 18 ago. 2017.

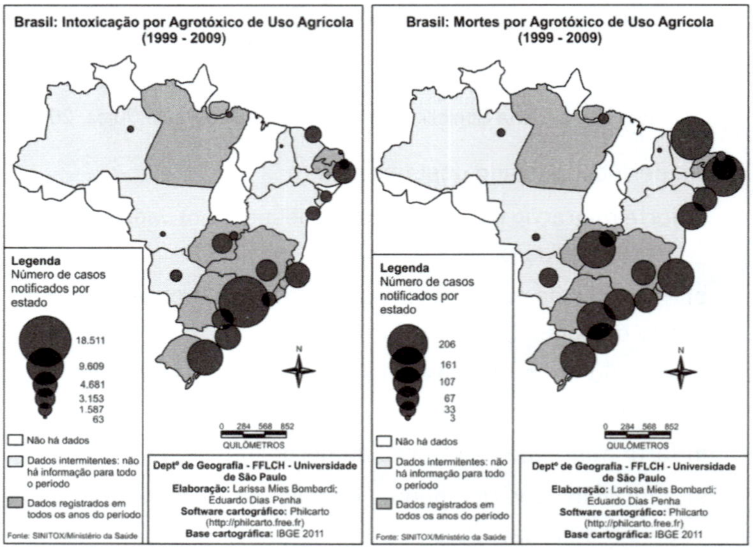

(Fonte: BOMBARDI, Larissa Mies. Intoxicação e morte por agrotóxicos no Brasil: a nova versão do capitalismo oligopolizado. In: *Boletim Dataluta*. Presidente Prudente, Set. 2011.

Considerando-se as informações apresentadas nos textos e mapas e com base nos estudos sobre a utilização de agrotóxicos no Brasil, é INCORRETO afirmar:

a) Há um expressivo número de pessoas, em especial agricultores, trabalhadores rurais e seus familiares, sendo cotidianamente intoxicadas e até mesmo vindo a óbito devido ao uso de agrotóxicos.

b) O uso indiscriminado de agrotóxicos no Brasil está vinculado à expansão do agronegócio e à atuação dos monopólios fabricantes de agroquímicos, além de causar degradação ambiental e contaminação de cerca de 64% dos alimentos consumidos no País.

c) Embora possa trazer riscos à saúde humana, a utilização de agrotóxicos no Brasil está submetida à rígida fiscalização pelo governo federal, através da Agência Nacional de Vigilância Sanitária (Anvisa) e outros mecanismos de controle, que testam, registram e impedem o uso de substâncias nocivas à saúde humana, inclusive daquelas proibidas em outros países.

d) O consumo de alimentos contaminados com agrotóxicos pode ser responsável por diversos cânceres, alterações neurocomportamentais, asma, hepatopatias tóxicas, infertilidade masculina, abortos, malformações congênitas, além de desregulação endócrina e imunogenética.

e) O uso de agrotóxicos no Brasil, inclusive de substâncias proibidas em outros países, garante à indústria química brasileira um mercado que supera os 12 bilhões de dólares e permite aos produtores de commodities agrícolas o aumento da produtividade e do lucro.

97. (Enem-PPL)

No primeiro semestre do ano de 2009, o Supremo Tribunal Federal (STF), a mais alta corte judicial brasileira, prolatou decisão referente ao polêmico caso envolvendo a demarcação da reserva indígena Raposa Serra do Sol, onde habitam aproximadamente dezenove mil índios aldeados nas tribos Macuxi, Wapixana, Taurepang, Ingarikó e Paramona – em julgamento paradigmático que estabeleceu uma série de conceitos e diretrizes válidas não só para o caso em questão, mas para todas as reservas indígenas demarcadas ou em processo de demarcação no Brasil.

SALLES, D. J. P. C. Disponível em: www.ambito-juridico.com.br. Acesso em: 30 jul. 2013 (adaptado).

A demarcação de terras indígenas, conforme o texto, evidencia a:

a) ampliação da população indígena na região.

b) função do Direito na organização da sociedade.

c) mobilização da sociedade civil pela causa indígena.

d) diminuição do preconceito contra os índios no Brasil.

e) pressão de organismos internacionais em defesa dos índios brasileiros.

98. (Unesp)

Em meados da década de 1970, as condições externas que haviam sustentado o sucesso econômico do regime militar sofreram alterações profundas.

(Tania Regina de Luca. *Indústria e trabalho na história do Brasil*, 2001.)

As condições externas que embasaram o sucesso econômico do regime militar e as alterações que sofreram em meados da década de 1970 podem ser exemplificadas, respectivamente:

a) pelos investimentos oriundos dos países do Leste Europeu e pelo aumento gradual dos preços em dólar das mercadorias importadas.

b) pela ampla disponibilidade de capitais para empréstimos a juros baixos e pelo aumento súbito do custo de importação do petróleo.

c) pelos esforços norte-americanos de ampliar sua intervenção econômica na América Latina e pela redução acelerada da dívida externa brasileira.

d) pela ampliação da capacidade industrial dos demais países latino-americanos e pelo crescimento das taxas internacionais de juros.

e) pela exportação de tecnologia brasileira de informática e pela recessão econômica enfrentada pelas principais potências do Ocidente.

99. (UPE) Observe o organograma a seguir:

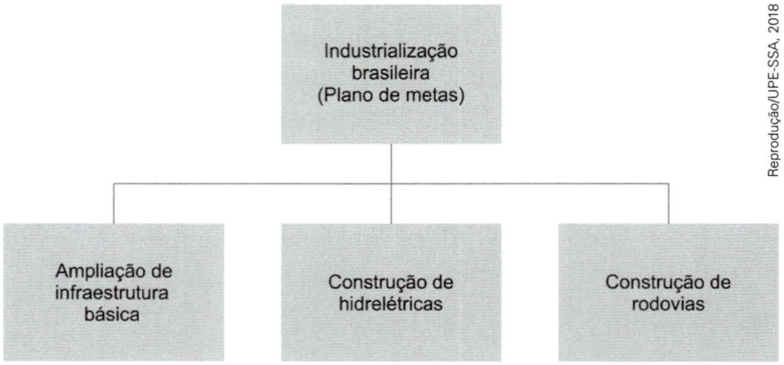

Fonte: Banca Elaboradora da UPE.

Ele representa um período da industrialização brasileira, que instaurou uma política conhecida como:

a) Integralismo

b) Toyotismo

c) Nacionalismo

d) Fordismo

e) Desenvolvimentismo

100. (Famerp)

Na década de 1950, com a construção de Brasília, consolida-se uma estrutura de planejamento estatal que tem na intervenção do território a linha mestra de atuação. A capacidade geográfica do Estado, como produtor de espaço, mostrou-se em sua plena potência nessa obra e no adensamento da malha rodoviária realizado no governo de Juscelino Kubitschek. Teorias de ponta da "melhor geografia internacional" estavam na base do planejamento estatal da época, prática bem ilustrada na criação das Superintendências de Desenvolvimento.

(Antonio C. R. Moraes. *Território e história do Brasil*, 2005. Adaptado.)

O planejamento estatal apontado no excerto tinha como objetivo:

a) aumentar a transferência de capitais para estados pobres, por meio do incentivo às migrações interestaduais.

b) aumentar a qualidade de vida regional, a partir de investimentos financeiros internacionais em setores sociais.

c) diminuir a inflação pela implantação de diferentes taxas de subsídios fiscais para a exportação, de acordo com o desenvolvimento do estado.

d) diminuir as desigualdades regionais, a partir de mecanismos que promovessem o crescimento de áreas econômica e socialmente estagnadas.

e) aumentar a concorrência entre os estados da federação, pela determinação de diferenças nas taxas de impostos.

101. (Puccamp) Considere os itens a seguir.

I. Entre as principais realizações destacam-se a estabilização da moeda e a redução da inflação, assim como a abertura do mercado interno e a integração do país no mercado internacional.

II. Entre as consequências negativas destacam-se a recessão econômica, a quebra de bancos e empresas, assim como o aumento das demissões e do desemprego em todos os setores da economia.

Os itens I e II associam-se:

a) À política de estabilização de Dilson Funaro, que visou conter a inflação e organizar a economia.

b) Ao Plano Bresser, de reconstrução nacional, que extinguiu o cruzeiro e criou uma nova moeda.

c) À instituição de uma política econômica de caráter recessivo por Fernando Collor de Mello.

d) À mais importante realização econômica para conter a inflação do governo Itamar Franco.

e) Ao plano econômico do governo de José Sarney que implantou o congelamento de salários.

102. (UFU)

De 1967 a 1973, o Brasil alcançou taxas médias de crescimento muito elevadas e sem precedentes, decorrentes da política econômica, mas também de uma conjuntura econômica internacional muito favorável. Esse período (e por vezes de forma mais restrita nos anos 1968-1973) passou a ser conhecido como o do "milagre econômico brasileiro". Infelizmente, o mês de outubro de 1973 marca o término desse período de crescimento.

Disponível em: <http://www.fgv.br/cpdoc/acervo/dicionarios/verbete-tematico/milagre-economico-brasileiro>. Acesso em: 23 de mar, 2017. (Adaptado)

Um fator responsável pelo fim do milagre econômico apresentado foi:

a) a queda na exportação de produtos agrícolas brasileiros, principalmente, o café.

b) o primeiro choque do petróleo e a consequente crise no mercado internacional.

c) o aumento no valor das matérias-primas importadas pelo Brasil, com destaque para a bauxita.

d) as sucessivas greves produzidas pelo movimento sindical, inviabilizando a produção para exportação.

103. (Fatec) A Companhia Siderúrgica Nacional (CSN) foi fundada em abril de 1941, durante o governo Getúlio Vargas, com o financiamento estadunidense, em troca da cessão do uso do porto de Natal (RN) como base militar dos Estados Unidos no decorrer da Segunda Guerra Mundial.

Essa siderúrgica foi construída no município de:

a) Cubatão, localizado no estado de São Paulo, entre a capital e o porto de Santos, maior porto brasileiro na ocasião.

b) Carajás, no interior do estado do Pará, para aproveitar a maior reserva mundial de minério de ferro, situada naquela localidade.

c) Volta Redonda, situado entre São Paulo e Rio de Janeiro, as duas maiores cidades brasileiras na época, e próximo ao Quadrilátero Ferrífero.

d) São Paulo, capital do estado mais rico da federação naquele período e maior consumidor de produtos siderúrgicos e metalúrgicos da América Latina.

e) Salvador, capital do país naquele momento, grande centro financeiro e industrial, cortado pelas linhas da Rede Ferroviária Federal, que abasteciam os fornos da companhia.

104. (Unesp) A construção da Usina Hidrelétrica de Itaipu durante os anos 1970 e 1980:

a) contribuiu para a queda do regime cívico-militar brasileiro, depois que a imprensa denunciou grandes desvios de verbas da obra.

b) assegurou a autonomia energética definitiva de Argentina e Paraguai, países que participaram do projeto e se beneficiaram com sua execução.

c) permitiu o restabelecimento das relações diplomáticas entre Argentina, Brasil e Paraguai, rompidas desde a Guerra do Paraguai.

d) proporcionou a consolidação das hegemonias argentina e brasileira no comércio e no controle político da região do Rio da Prata.

e) foi uma iniciativa conjunta dos governos militares do Brasil e do Paraguai, que teve forte impacto geoestratégico na região do Rio da Prata.

105. (UPE) Leia o texto a seguir:

Conflitos no campo deixam 59 mortos e violência é a maior em 13 anos

Em 2016, os conflitos agrários causaram a morte de 59 pessoas em todo o País. O índice é o mais alto desde 2003, quando 71 pessoas foram assassinadas em conflitos no campo. Em 2015, haviam sido 50 assassinatos, 14 a mais que no ano anterior. O Estado de Roraima ocupa o topo da lista dos mais violentos, vindo em seguida Maranhão e Pará.

Fonte: *O Estado de S. Paulo*, jan. 2017. Adaptado.

Sobre o conteúdo apresentado no texto e o modo como as propriedades rurais estão distribuídas pelo território brasileiro, é CORRETO afirmar que a estrutura fundiária do país:

a) é caracterizada pela desconcentração de terras e pela existência majoritária de minifúndios rurais, cuja produção agrícola é, em geral, destinada ao mercado externo da América do Norte e da Europa.

b) apresenta a menor concentração de terras da América Latina e mantém a equidade na distribuição por regiões do país, com índices de produtividade bastante altos e grande potencial para a produção agropecuária.

c) possui a maior parte de suas terras concentradas por latifundiários, fato que permite situações de desigualdades e conflitos sociais com trabalhadores que reivindicam a reforma agrária.

d) viabiliza a real necessidade de ocupação dos trabalhadores do campo, sobretudo nas regiões Norte e Centro-Oeste, para fins de produção agropecuária, impedindo, dessa forma, a concentração de grilagens.

e) registra, por meio dos censos agropecuários do país, que, entre o período do governo militar e o início do século XXI, houve uma grande diminuição da concentração fundiária nas regiões Norte e Sul.

106. (Enem)

A agricultura ecológica e a produção orgânica de alimentos estão ganhando relevância em diferentes partes do mundo. No campo brasileiro, também acontece o mesmo. Impulsionado especialmente pela expansão da demanda de alimentos saudáveis, o setor cresce a cada ano, embora permaneça relativamente marginalizado na agenda de prioridades da política agrícola praticada no país.

AQUINO. J. R.; GAZOLLA. M.; SCHNEIDER. S. In: SAMBUICHI. R. H. R. et al. (Org.). *A política nacional de agroecologia e produção orgânica no Brasil*: uma trajetória de luta pelo desenvolvimento rural sustentável. Brasília: Ipea. 2017 (adaptado).

Que tipo de intervenção do poder público no espaço rural é capaz de reduzir a marginalização produtiva apresentada no texto?

a) Subsidiar os cultivos de base familiar.

b) Favorecer as práticas de fertilização química.

c) Restringir o emprego de maquinário moderno.

d) Controlar a expansão de sistemas de irrigação.

e) Regulamentar o uso de sementes selecionadas.

107. (UERJ) Da euforia à irrelevância

A sigla BRIC – acrônimo para Brasil, Rússia, Índia e China – foi criada em 2001 pelo economista Jim O'Neil, num relatório que mostrava aos clientes do Banco Goldman Sachs o grande potencial econômico de tais países. Dois anos depois, o banco aprofundou a projeção em outro relatório, que sugeria que, em 50 anos, as economias dos BRIC seriam maiores do que a dos seis países mais ricos do mundo.

Daí até a construção de uma narrativa sobre o limiar de uma nova ordem geopolítica internacional foi um passo. Em 2010, a África do Sul foi admitida ao clube, e a sigla sofreu uma adição, tornando-se BRICS. Os números dos BRICS, de fato, impressionam. No entanto, é preciso indagar se um grupo tão heterogêneo de países – e com interesses tão diversos – é capaz de formar um bloco coeso, com condições e com o propósito de se contrapor à hegemonia econômica americana.

Cláudio Camargo

Adaptado de *Mundo Pangea*, out. 2015.

Apresente duas características econômicas comuns aos BRICS que justifiquem as expectativas acerca desses países no início do século XXI. Em seguida, considerando a heterogeneidade do bloco, aponte duas diferenças entre seus integrantes, uma econômica e outra política.

108. (UPE) Leia o texto a seguir:

Órfãos da cana

Mecanização da lavoura cria legião de ex-boias-frias

Desempregados no país e com problemas de saúde

Sem vagas de trabalho, migração para SP trava

"Se cana enriquecesse, eu seria milionário. Trabalhei 26 anos direto, cortando 18 toneladas por dia. Tenho dores na coluna e um braço torto. Foi só o que consegui ganhar", disse Geraldo Melchiades, 52 anos.

Eram milhares. Mas, com o aumento vertiginoso da mecanização das lavouras, foram praticamente expulsos dos canaviais. Uma legião de Geraldos, Raimundos e Josés viu suas vidas tomarem outros rumos por causa das máquinas. Não foram derrotados só pela tecnologia, mas perderam espaço também devido a um acordo, que restringiu a queima da palha da cana, responsável por fumaça, fuligem e gases tóxicos, e obrigou as usinas a se mecanizarem cada vez mais.

Fonte: *Folha de S. Paulo*, 30/06/2017. Adaptado.

De acordo com os fatos apresentados no texto, é CORRETO afirmar que a modernização tecnológica da agricultura brasileira:

a) apresentou resultados socioambientais de diminuição de impactos negativos, como a degradação dos solos e dos recursos hídricos, além da minimização dos problemas causados à saúde humana pelos agrotóxicos.

b) aumentou a mecanização do campo brasileiro, resultando na gradual eliminação dos boias-frias do cenário rural, sobretudo nas áreas agrícolas paulistas, gerando um reordenamento no processo migratório socioespacial.

c) intensificou o percentual de lavouras não mecanizadas no Centro-Sul, tornando essas áreas espaços atrativos para migrações de milhares de pequenos posseiros, parceiros e arrendatários.

d) diminuiu as desigualdades regionais no país, reorientando a ocupação e utilização de terras para produção, tornando a região Nordeste e a Amazônia áreas concentradoras de fluxos migratórios.

e) desencadeou o avanço das fronteiras agrícolas na Amazônia, diminuindo o número de grandes propriedades ligadas às empresas multinacionais, resultando em menor expansão de atividades extrativistas.

109. (Unesp) Examine o mapa.

Potencial Energético

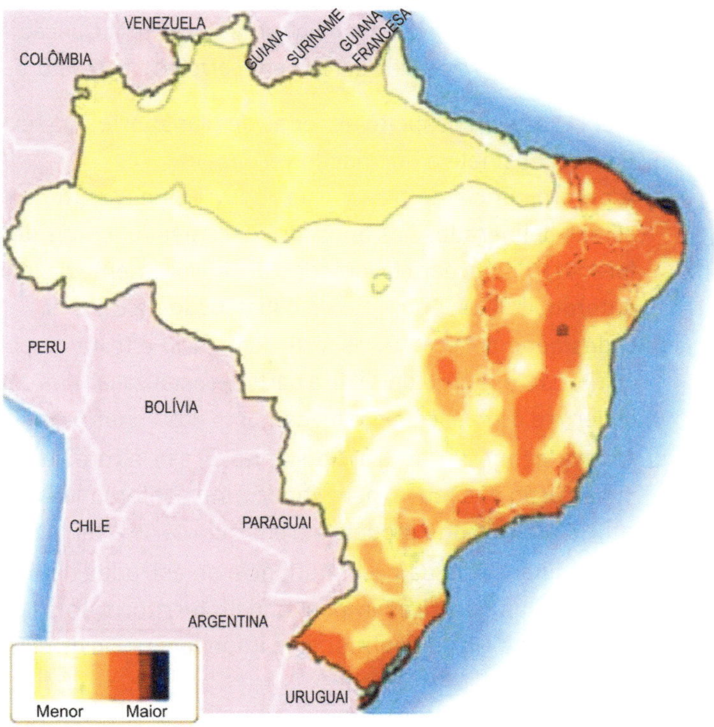

(ANEEL. *Atlas de energia elétrica do Brasil*, 2005. Adaptado.)

O mapa apresenta o potencial de exploração da energia

a) hidráulica
b) geotérmica
c) termoelétrica
d) eólica
e) solar

110. (Uece) As descobertas em águas ultraprofundas de jazidas de petróleo e gás natural na área geológica do Pré-Sal é fruto de longos anos de pesquisa da Petrobrás na atividade exploratória offshore no Brasil e confirma que o país se tornou uma das únicas nações a dominar a tecnologia de exploração petrolífera em águas profundas e ultraprofundas.

Considerando os aspectos dessas descobertas e a decisão governamental brasileira de readequar o marco regulatório nas etapas de exploração e de produção da indústria brasileira de petróleo e de gás natural, assinale a afirmação verdadeira.

a) Os principais reservatórios do Pré-Sal, localizados especialmente nos litorais do Nordeste e do Norte do Brasil, são ultraprofundos e se situam abaixo da lâmina de água e abaixo da camada de sal.

b) As novas perspectivas abertas com o Pré-Sal estimularam o Governo Federal a estabelecer algumas mudanças regulatórias, sendo a mais importante delas o aumento da participação de empresas estrangeiras na prospecção e produção de petróleo e gás natural.

c) Os poços exploratórios do Pré-Sal, principalmente aqueles encontrados na Bacia de Santos, apesar de acumularem grandes porções de petróleo e gás natural, são condensados e pouco atrativos comercialmente, em função da baixa qualidade dos reservatórios.

d) Em vista do papel essencial da Petrobrás para o sucesso exploratório do Pré-Sal e do volume de recursos envolvidos, o Governo Federal desenhou um aparato regulatório para exploração exclusiva da empresa, resultando em uma maior participação estatal na apropriação da renda gerada por petróleo e gás natural.

111. (Uece) No que diz respeito às redes de transportes no território brasileiro, assinale a afirmação verdadeira.

a) A proeminência do transporte rodoviário é resultado de escolhas deliberadas nos anos de 1950, quando muitas decisões foram tomadas para favorecer o desenvolvimento da indústria automobilística, entre elas a construção de Brasília.

b) O destaque dado ao transporte rodoviário é fruto de políticas territoriais dos anos de 1990, a partir da estatização das estradas de ferro e do consequente fechamento das linhas ferroviárias.

c) A nova geografia do transporte no Brasil altera o efeito da construção das redes, permitindo ampla interconexão do território através dos modais aéreo, rodoviário e ferroviário.

d) A principal razão da predominância de estradas de rodagem dá-se pelas barreiras impostas pelo território, tais como as cordilheiras e o permafrost, que impedem o uso diversificado dos modais de transporte.

112. (UFRGS) O resultado da Pesquisa Nacional por Amostra de Domicílios (Pnad), do Instituto Brasileiro de Geografia e Estatística (IBGE), mostra que flutuações na taxa de desocupação podem ser causadas por "mudanças na probabilidade de um ocupado perder a ocupação, de um desocupado encontrar uma ocupação ou de indivíduos saírem e entrarem na força de trabalho, a População Economicamente Ativa (PEA)".

Observe a tabela abaixo.

Decomposição da mudança da taxa de desocupação no RS • 1º trim./2014 - 1º trim./17

DINÂMICAS DE TRANSIÇÃO	CONTRIBUIÇÃO					
	TOTAL		HOMENS		MULHERES	
	Número	%	Número	%	Número	%
Da ocupação para a desocupação	(1) 0,321	36,6	(1) 0,448	52,2	(1) 0,202	24,0
Da ocupação para fora da População Economicamente Ativa (PEA)	-0,043	-4,9	0,001	0,1	0,003	0,3
De fora da PEA para a desocupação	(1) 0,284	32,4	(1) 0,222	25,8	(1) 0,274	32,6
Da desocupação para a ocupação	(1) 0,210	24,0	(1) 0,169	19,7	(1) 0,226	26,9
De fora da PEA para a ocupação	(2) 0,046	5,3	(2) 0,024	2,8	(2) 0,058	6,9
Da desocupação para fora da PEA	(1) 0,058	6,6	-0,006	-0,6	(2) 0,079	9,4
TOTAL	0,876	100,0	0,858	100,0	0,842	100,0

Fonte: Carta de conjuntura da FEE, Ano 26, n.7, 2017.

Considerando os dados da tabela, assinale a alternativa correta sobre a mudança da taxa de desocupação no RS.

a) A transição "da ocupação para a desocupação" permaneceu inalterada no período entre o primeiro trimestre de 2014 e o primeiro trimestre de 2017.

b) O componente mais representativo, na explicação da mudança da taxa de desocupação para mulheres, foi "da ocupação para a desocupação", com 32,6%.

c) O percentual da população que apresenta a mudança "de fora da PEA para a ocupação" é maior para mulheres do que para homens.

d) O componente mais representativo, na explicação da mudança da taxa de desocupação para homens, foi "de desocupação para fora da PEA".

e) O percentual da população que apresenta a mudança "de fora da PEA para a desocupação" é maior para homens do que para mulheres.

113. (UPF) A partir da Segunda Guerra Mundial, a indústria ganhou importância no processo econômico brasileiro. O Plano de Metas, elaborado no governo de Juscelino Kubitschek (1956-1961), impulsionou o crescimento econômico a partir da adoção de diversas medidas. Foi/Foram destaque nesse período:

a) Privatização de indústrias estatais de base, como a Companhia Siderúrgica Nacional.

b) Criação de polos industriais, com a finalidade de dispersão, como a Zona Franca de Manaus.

c) Adoção de inovações tecnológicas, como a indústria aeroespacial no Sudeste.

d) Abertura ao capital estrangeiro e estímulo à indústria, como a automobilística.

e) Políticas nacionalistas e de intervenção estatal, como a criação da Petrobrás.

114. (UCPEL) A agricultura no Brasil, ao longo da história, experimentou diversos ciclos e transformações, indo desde a economia monocultora, pautada principalmente na produção de cana-de-açúcar durante o período colonial, até as recentes transformações e expansão do café e da soja. Atualmente, essas transformações ainda ocorrem, sobretudo garantindo transformações técnicas ocorridas a partir do século XX, como a mecanização da produção e a modernização das atividades. Atualmente a produção agrícola é altamente estimulada, gerando especialização em determinadas áreas do país e a produção de determinados cultivos.

Leia as seguintes afirmativas sobre os principais produtos da agricultura comercial brasileira.

I. Durante muito tempo, o produto manteve-se circunscrito ao Paraná e a São Paulo, produzindo pelo regime de parceria. Minas Gerais, Espírito Santo e São Paulo conservam a dianteira da produção. Bahia e Rondônia surgiram como novas áreas produtoras, com uma particularidade: são cultivadas, principalmente, por paranaenses, antigos produtores do norte do Paraná.

II. Expandiu-se com maior vigor no país, durante os anos 70, notadamente nos estados do Paraná e do Rio Grande do Sul. Cultura típica de exportação, está cada vez mais voltada para o mercado interno em razão do crescente consumo de derivados na alimentação do brasileiro. Atualmente, verifica-se sua expansão nas áreas do cerrado, sobretudo nos estados do Mato Grosso do Sul, Mato Grosso, Minas Gerais, Goiás e Bahia;

III. Apesar de ser um produto cultivado no Brasil desde o século XVI, sua produção foi estimulada, a partir de 1975, com a criação de programas federais de incentivos. O estado de São Paulo detém mais da metade da produção nacional, mas também se pode encontrar em Goiás, Paraná, Rio de Janeiro, além de estados nordestinos (Zona da Mata);

IV. Produto largamente cultivado para atender à demanda da indústria, tem no estado de São Paulo seu principal produtor. Paraná e Minas Gerais estão se convertendo em novas e importantes áreas de produção. O Brasil é um grande exportador de derivados do produto, principalmente para os EUA.

Sobre os principais produtos da agricultura comercial brasileira é correto afirmar que as afirmativas se referem respectivamente aos seguintes:

a) I. café, II. soja, III. cana-de-açúcar e IV. laranja.
b) I. soja, II. café, III. laranja e IV. cana-de-açúcar.
c) I. cana-de-açúcar, II. café, III. laranja e IV. soja.
d) I. laranja, II. cana-de-açúcar, III. soja e IV. café.
e) I. café, II. laranja, III. cana-de-açúcar e IV. soja.

115. (EsPCEx-Aman)

"A indústria aparece na Amazônia sob a forma de enclaves, estabelecidos a partir de incentivos federais ou para explorar recursos minerais."

MAGNOLI, D. *Geografia para o Ensino Médio*. 1. ed. São Paulo: Atual, 2012, p. 310.

Entre os enclaves industriais na Amazônia, destaca-se a Zona Franca de Manaus (ZFM), criada em 1967, sob a supervisão da Superintendência da Zona Franca de Manaus (Suframa). Sobre a ZFM, pode-se afirmar que:

I. A implantação da ZFM consistiu numa estratégia geopolítica, cuja principal meta era reforçar o poder nacional na considerada região "de fronteira".

II. Os capitais dominantes são transnacionais e praticamente não se utilizam matérias-primas ou insumos regionais na produção industrial nessa área.

III. A balança comercial da ZFM é positiva no intercâmbio com o mercado externo, haja vista que, com a isenção de impostos sobre a exportação, suas mercadorias destinam-se, prioritariamente, a esse mercado.

IV. Na década de 1990, a política de abertura da economia nacional, com a redução das tarifas de importação, foi muito positiva para a ZFM, pois ampliou as vendas para o mercado interno e propiciou o aumento do número de empregos diretos e indiretos no polo industrial amazônico.

Assinale a alternativa que apresenta todas as afirmativas corretas.

a) I e II
b) I e III
c) I e IV
d) II e III
e) II e IV

116. (Unicamp) Detroit foi símbolo mundial da indústria automotiva. Chegou a abrigar quase 2 milhões de habitantes entre as décadas de 1960 e 1970. Em 2010, porém, havia perdido mais de 1 milhão de habitantes. O espaço urbano entrou em colapso, com fábricas em ruínas, casas abandonadas, supressão de serviços públicos essenciais, crescimento da pobreza e do desemprego. Em 2013, foi decretada a falência da cidade. Essa crise urbana vivida por Detroit resulta dos seguintes processos:

a) ascensão do taylorismo; protecionismo econômico e concorrência com capitais europeus; deslocamento de indústrias para cidades vizinhas.
b) consolidação do regime de acumulação fordista; protecionismo econômico e concorrência com capitais europeus; deslocamento de indústrias para outros países.
c) declínio do toyotismo; liberalização econômica e concorrência com capitais asiáticos; deslocamento de indústrias para cidades vizinhas.
d) ascensão do regime de acumulação flexível; liberalização econômica e concorrência com capitais asiáticos; deslocamento de indústrias para outros países.

117. (UFU) O setor produtivo é constituído por uma rede de interdependências ampliadas pela constituição de comunidades político-econômicas e mercados comuns.

A esse respeito, leia as seguintes afirmativas.

I. Uma das diferenças entre a empresa multinacional e a empresa global é resultado da mudança do conceito de autonomia operacional, esta devendo ser subordinada a uma estratégia de conjunto, adaptada às novas condições comerciais.
II. Alianças empresariais de grandes dimensões organizam os mercados e os circuitos de produção, de modo a se beneficiar de economias de escala, escolher as melhores implantações, aproveitar as especializações produtivas das empresas associadas e, assim, reduzir os custos de produção.
III. A criação de empresas-rede torna-se uma tendência e uma necessidade, resultantes de combinações entre o imperativo da integração e o imperativo da globalização. As empresas globais funcionam em redes, desenvolvendo ramificações e interdependências globais.
IV. As redes constituídas no território são tributárias de informações, cuja importância na produção aumenta significativamente. Como a globalidade da empresa relaciona-se com a participação dos serviços em suas atividades, empresas ligadas à informação são as que se globalizam com mais intensidade.

Assinale a alternativa correta.

a) Apenas I, II e IV são corretas.

b) Apenas II e III e IV são corretas.

c) I, II, III e IV são corretas.

d) Apenas I e III são corretas.

118. (PUC-PR)

"Na última década (2005-2015), a proporção de jovens com idade entre 25 e 34 anos que ainda moram na casa dos pais aumentou de 21,7% para 25,3%. É o que revela a Síntese de Indicadores Sociais (SIS), divulgada pelo Instituto Brasileiro de Geografia e Estatística (IBGE). Segundo o estudo, esta é a maior proporção em 11 anos. No Brasil, a "geração canguru", como esse grupo é conhecido, é composta majoritariamente por homens (60,2%). De acordo com os especialistas do IBGE, a opção de permanecer na casa dos pais está ligada ao prolongamento dos estudos e ao encarecimento do custo de vida atual. Os dados da pesquisa comprovam isso. Os jovens que moram com os pais tendem a ser mais escolarizados do que aqueles com a mesma faixa etária que moram sozinhos".

Disponível em: http://exame.abril.com.br/brasil/geracao-canguru-atinge-maior-proporcao-em-11-anos. Acesso em: 9 fev. 2017.

Uma consequência do fenômeno evidenciado no texto é:

a) o aumento do crescimento vegetativo

b) a queda na taxa de fecundidade

c) a diminuição da expectativa de vida

d) o aumento da taxa de analfabetismo

e) o aumento do desemprego estrutural

119. (UFJF) O mapa representa a distribuição de trabalhadores encontrados sob condições análogas à escravidão entre 1995 e 2015 no Brasil. Observa-se que as maiores concentrações deste tipo de superexploração da força de trabalho estão localizadas em tradicionais áreas agrícolas do país.

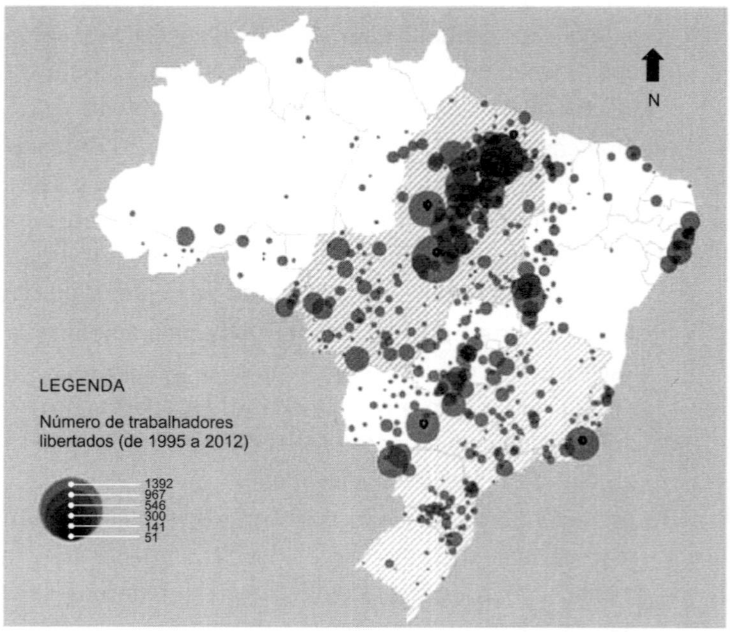

Disponível em: <http://reporterbrasil.org.br/2013/03/revista-organiza-mapa-do-trabalho-escravo-no-brasil-2/>. Acesso em: 20 de agosto de 2016. (Adaptado)

De acordo com o mapa, qual região do país concentra o maior número de libertações de trabalhadores submetidos a condições análogas à da escravidão?

a) Porção oeste do Triângulo Mineiro.

b) Leste da Zona da Mata Nordestina.

c) Borda oriental da Amazônia Legal.

d) Porção meridional Centro-Oeste.

e) Porção setentrional do Norte Fluminense.

120. (UFRGS) Observe a figura e o quadro abaixo.

Taxa de homicídios de mulheres por UF no Brasil, em 2013

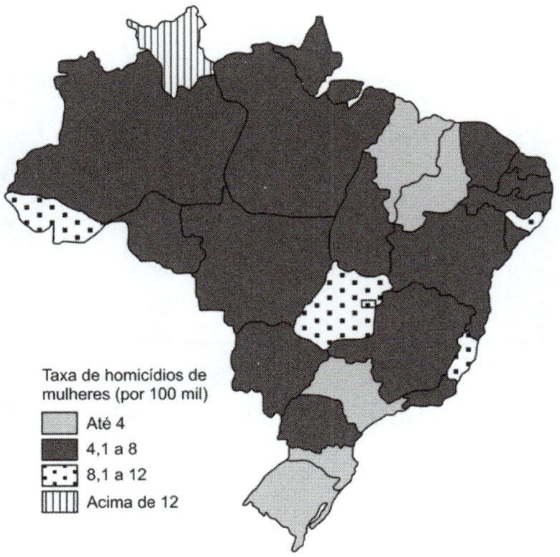

Variação da taxa de homicídios de mulheres 2006/2013 por UF	
AC	89,2
AP	25,8
AM	64,8
PA	46,7
RO	-5,5
RR	131,3
TO	67,7
AL	27,3
BA	68,4
CE	96,1
MA	83,2
PB	91,4
PE	-22,3
PI	39,8
RN	97,6
SE	30,2
ES	-10,8
MG	5,9
RJ	-27,4
SP	-23,7
PR	10,1
RS	30,6
SC	3,1
DF	41,1
GO	73,9
MT	15,5
MS	23,2

Disponível em: <http://www.mapadaviolencia.org.br/pdf2015/MapaViolencia_2015_mulheres.pdf>. Acesso em: out. 2016.

Considerando a figura que apresenta a distribuição dos homicídios de mulheres por Unidade da Federação (UF), no Brasil, em 2013, e o quadro que indica variação dessa taxa entre 2006 e 2013, depois de promulgada a Lei Maria da Penha, assinale a alternativa correta.

a) As taxas de homicídios têm distribuição uniforme nas UFs.

b) As taxas de homicídios não sofreram redução, uma vez que houve registros de mortes em todas as UFs.

c) A tendência de violência no Norte do país é evidenciada pelo crescimento uniforme das taxas, em todas as UFs da região.

d) Acre, Goiás, Alagoas e Espírito Santo apresentaram, em 2013, taxas de homicídios duas vezes maiores que o Rio Grande do Sul, Santa Catarina e São Paulo.

e) Cinco UFs registraram quedas nas taxas de homicídios, três delas no Sudeste do país.

121. (Enem-Libras)

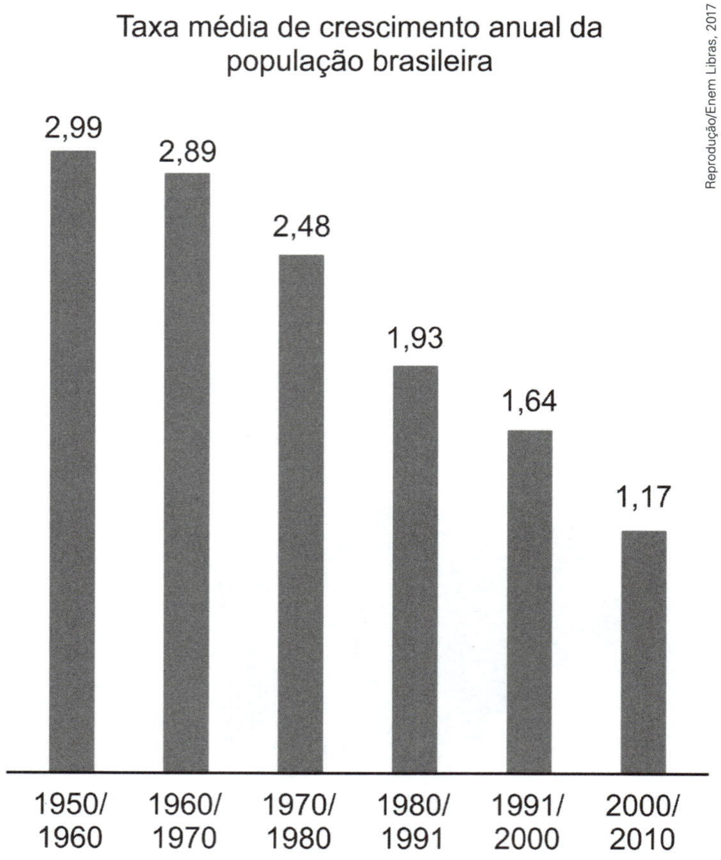

Disponível em: www.ibge.gov.br. Acesso em: 5 mar. 2013. (Adaptado)

A alteração apresentada no gráfico a partir da década de 1960 é reflexo da redução do seguinte indicador populacional:

a) Expectativa de vida

b) População absoluta

c) Índice de mortalidade

d) Desigualdade social

e) Taxa de fecundidade

122. (UFU)

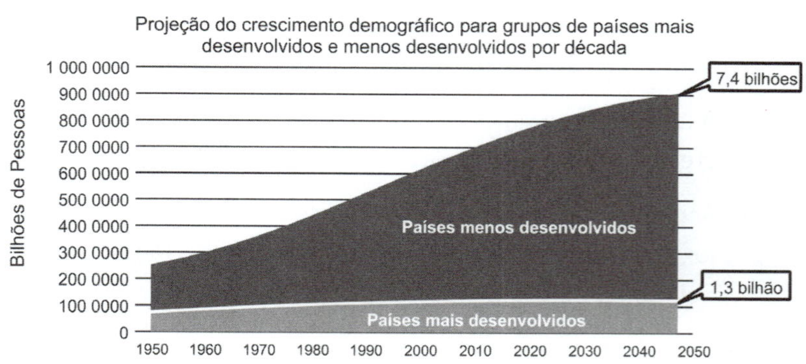

Fonte: UN/ESA. World Population Prospects: The 2012 Revision, http:esa.un.org/unpd/wpp/index.html

a) Explique os motivos que levam os grupos de países representados no gráfico a exibirem tendências de crescimento diferenciadas.

b) Exponha duas consequências futuras que podem ocorrer nos grupos de países mais desenvolvidos e duas nos menos desenvolvidos com a manutenção dessas tendências.

123. (UEFS)

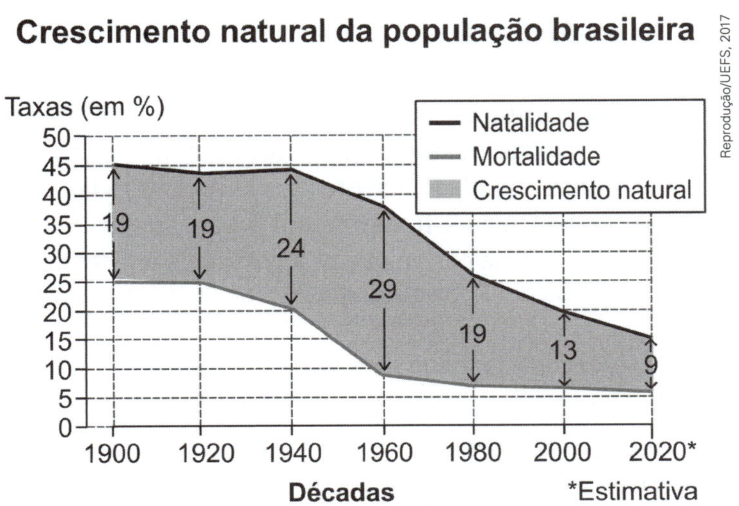

Alceu V.W. de Carvalho. *A população brasileira*: estudo e interpretação. Rio de Janeiro, IBGE, 1960/Anuário Estatístico do Brasil. Rio de Janeiro, IBGE, 1998.

A análise do gráfico, aliada aos conhecimentos sobre o crescimento da população brasileira, permite afirmar corretamente:

a) O elevado crescimento vegetativo da década de 60 do século passado é atribuído à redução da mortalidade, em razão, entre outros, da melhoria nas condições médico-sanitárias.
b) O crescimento demográfico no período anterior a 1940 era baixíssimo, devido às altas taxas de natalidade e de mortalidade infantil.
c) O estágio de transição demográfica se concluiu a partir do momento em que a fecundidade começou a declinar numa razão de quatro filhos por mulher.
d) Entre 1890 e 1930, o crescimento natural da população esteve diretamente e exclusivamente relacionado ao processo imigratório para o país.
e) A queda rápida da natalidade e da mortalidade, a partir de 2000, é explicada pelo intenso processo de urbanização, sobretudo na Região Sudeste.

124. (Famerp) Analise o mapa.

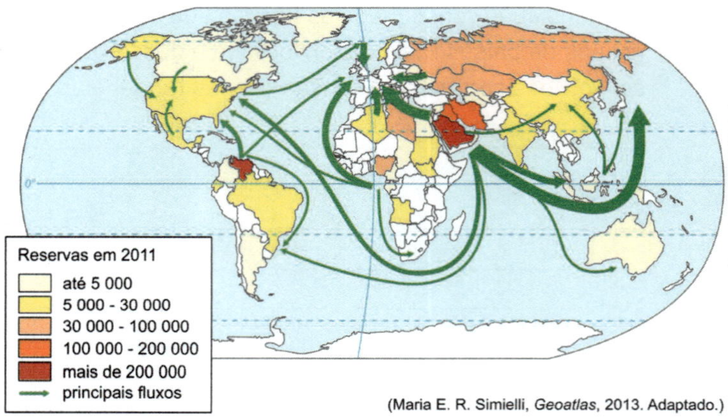

(Maria E. R. Simielli, *Geoatlas*, 2013. Adaptado.)

O mapa apresenta as áreas de reservas e os principais fluxos de:

a) ferro
b) urânio
c) carvão
d) petróleo
e) cobre

125. (Enem-PPL)

A utilização dos métodos da Revolução Verde (RV) fez com que aumentasse dramaticamente a produção mundial de alimentos nas quatro últimas décadas, tanto assim que agora se produz comida suficiente para alimentar todas as pessoas do mundo. Mas o fundamental é que, apesar de todo esse avanço, a fome continua a assolar vastas regiões do planeta.

LACEY, H.; OLIVEIRA, M. B. Prefácio. In: SHIVA, V. *Biopirataria*: a pilhagem da natureza e do conhecimento. Petrópolis: Vozes, 2001.

O texto considera que para erradicar a fome é necessário

a) distribuir a renda.
b) expandir a lavoura.
c) estimular a migração.
d) aumentar a produtividade.
e) desenvolver a infraestrutura.

126. (UFRGS) Sobre as migrações internacionais que ganham cada vez mais destaque nos dias atuais, é correto afirmar que:

a) a população, ao sair de seu país de origem, é denominada imigrante e, ao entrar no novo país, é chamada de emigrante.

b) o Brasil tem atraído poucos migrantes, em função das dificuldades de instalação e de adaptação da população.

c) as catástrofes naturais são as principais causas de migrações externas.

d) as medidas tomadas pela maioria dos países desenvolvidos para restringir a entrada de imigrantes têm intensificado o tráfico de pessoas.

e) a crise econômica que afeta os países europeus afasta os migrantes, motivo pelo qual não têm buscado abrigo nesse continente.

127. (UPE) As teorias demográficas falam da estrutura e da dinâmica das populações, estabelecendo leis e princípios que regem esses fenômenos bastante estudados pela Geografia da População.

Com relação a esse tema, leia o texto a seguir:

Essa teoria considera correto o princípio, segundo o qual a população cresce em ritmo geométrico e os recursos crescem em progressão aritmética, mas discorda das medidas para controlar o crescimento da população. Os defensores dessa teoria propõem uma tomada de consciência da superpopulação como um problema que temos de ser capazes de solucionar. Apostam na "procriação consciente", na promoção do planejamento familiar, no uso e na difusão dos métodos anticonceptivos, bem como na defesa da esterilização masculina.

Assinale a teoria demográfica descrita no texto acima.

a) Teoria Malthusiana

b) Teoria Neomarxista do Controle Populacional

c) Teoria Neomalthusiana

d) Teoria da Transição Demográfica

e) Teoria de Revolução Reprodutiva

128. (UFU)

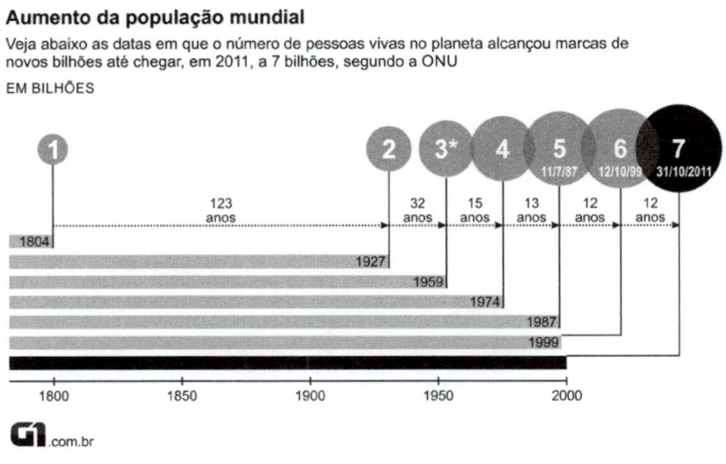

Reprodução/UFU, 2017

Fonte: Fundo de População das Nações Unidas (UNFPA/ONU)

Segundo o pesquisador José Alberto Magno de Carvalho, que já foi presidente da Associação Brasileira de Estudos Populacionais e da International Union for Scientific Study of the Population, não há razão de continuar discutindo a explosão demográfica global. "Antes, falava-se que a população chegaria rapidamente a 15 bilhões de pessoas, mas hoje sabemos que é provável que a estabilidade chegue antes e que não passemos de 10 bilhões."

Disponível em: <http://g1.globo.com/mundo/noticia/2011/10/envelhecimento-da-populacao-mundial-preocupa-pesquisadores.html> Acesso em: 27 de abr. 2017. (Adaptado).

É considerada uma causa desse cenário demográfico:

a) O aumento da taxa de mortalidade.

b) A redução da expectativa de vida.

c) A diminuição da taxa de fecundidade.

d) O incremento do crescimento vegetativo.

129. (UERJ)

TAXA DE CRESCIMENTO POPULACIONAL DO MUNDO DA ANTIGUIDADE ATÉ 2100

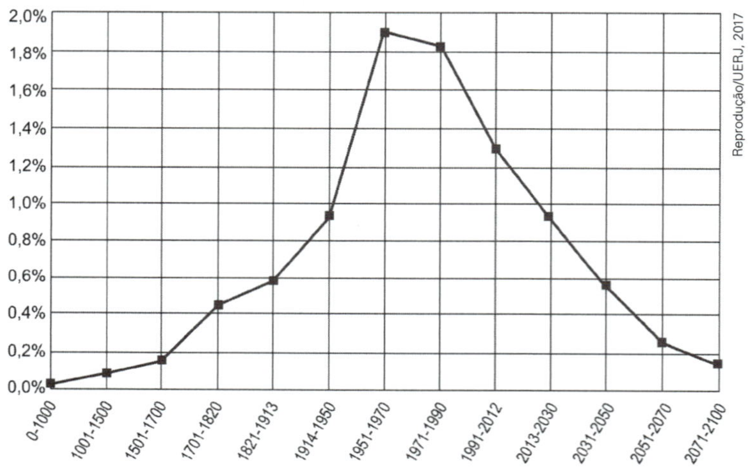

Adaptado de huffingtonpost.com.

Com base nas informações do gráfico, a pirâmide etária que representa a população mundial no ano de 2016 é:

a)

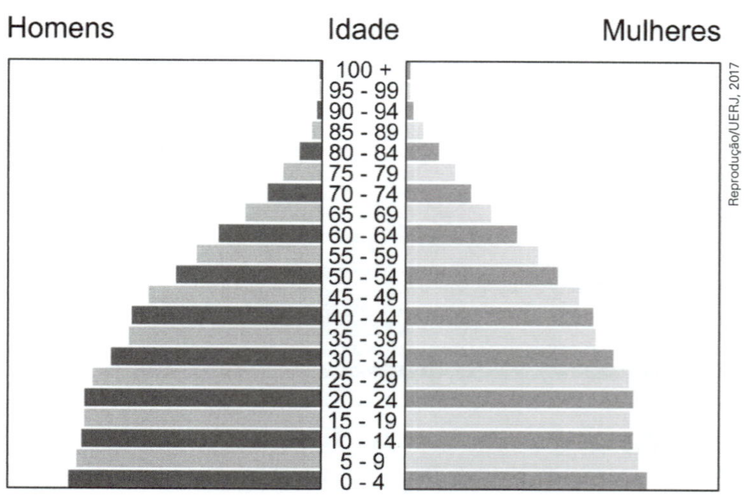

b)

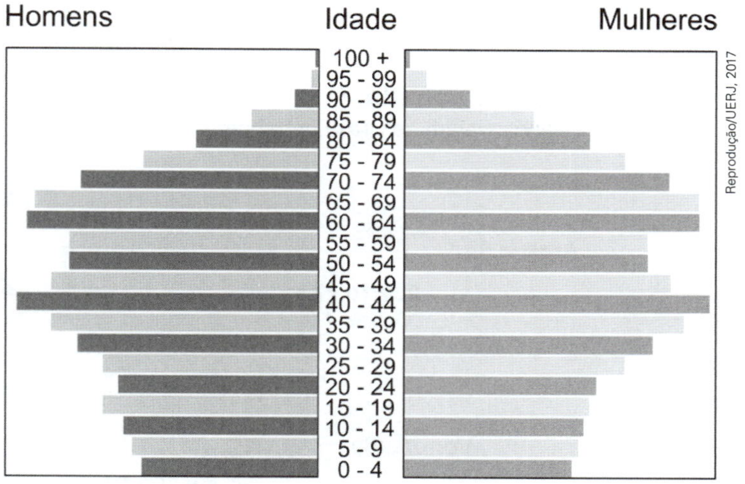

Homens
Idade
Mulheres
100 +
95 - 99
90 - 94
85 - 89
80 - 84
75 - 79
70 - 74
65 - 69
60 - 64
55 - 59
50 - 54
45 - 49
40 - 44
35 - 39
30 - 34
25 - 29
20 - 24
15 - 19
10 - 14
5 - 9
0 - 4
Reprodução/UERJ, 2017

c)

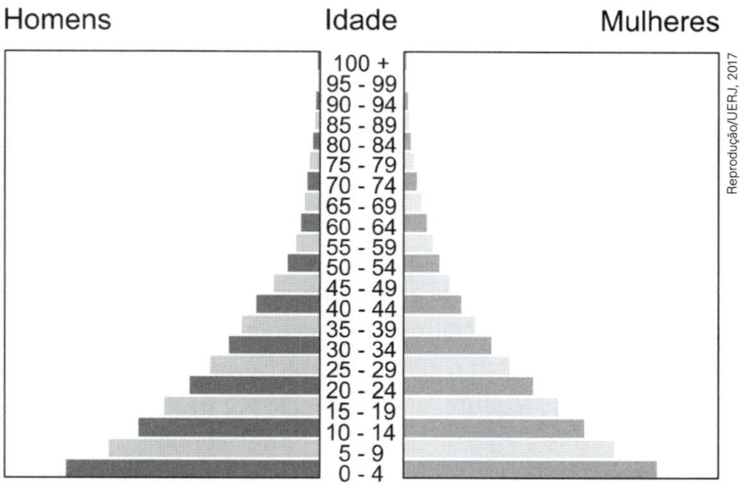

Homens
Idade
Mulheres
100 +
95 - 99
90 - 94
85 - 89
80 - 84
75 - 79
70 - 74
65 - 69
60 - 64
55 - 59
50 - 54
45 - 49
40 - 44
35 - 39
30 - 34
25 - 29
20 - 24
15 - 19
10 - 14
5 - 9
0 - 4
Reprodução/UERJ, 2017

d)

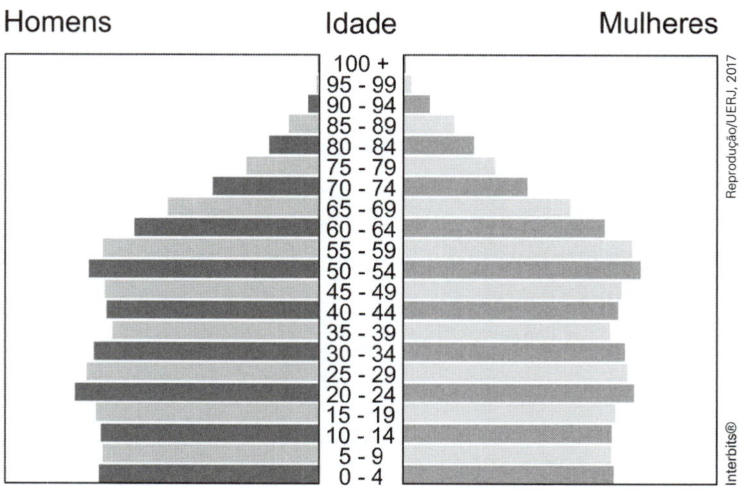

Homens
Idade
Mulheres
100 +
95 - 99
90 - 94
85 - 89
80 - 84
75 - 79
70 - 74
65 - 69
60 - 64
55 - 59
50 - 54
45 - 49
40 - 44
35 - 39
30 - 34
25 - 29
20 - 24
15 - 19
10 - 14
5 - 9
0 - 4
Reprodução/UERJ, 2017
Interbits®

130. (Mackenzie) Observe o infográfico e analise as afirmativas relacionadas à atual crise econômica da Venezuela.

Em busca de comida

Venezuelanos viajam ao Brasil para comprar mantimentos

Infográfico elaborado em: 18/07/2016

http://g1.globo.com/rr/roraima/noticia/2016/07/crise-na-venezuela-provoca-corrida-por-alimentos-na-fronteira-de-roraima.html

I. A escassez de alimentos básicos, bem como de diversos outros produtos na Venezuela, tem provocado um intenso fluxo de venezuelanos em direção ao norte do Brasil nos últimos anos.

II. O agravamento da crise econômica na Venezuela tem aumentado significativamente também as solicitações de refúgio, especialmente no estado de Roraima.

III. Forte opositor do chavismo, o presidente venezuelano, Nicolás Maduro, atribui à escassez de recursos energéticos fósseis a culpa pela severa crise econômica de seu país.

IV. Nicolás Maduro convocou no dia 1 de maio de 2017 uma Assembleia Nacional Constituinte, com o objetivo de reescrever a Constituição. Ele defende seu plano argumentando que é a solução diante da crise, mas seus opositores afirmam que se trata, na realidade, de uma forma de ele se perpetuar no poder e de dissolver órgãos como a Assembleia Nacional, que representa o Poder Legislativo e a Procuradoria Geral.

Estão corretas as afirmativas:

a) I e II, apenas
b) II e III, apenas
c) I e III, apenas
d) I, II e IV, apenas
e) I, II, III e IV

131. (Enem)

Em Beirute, no Líbano, quando perguntado sobre onde se encontram os refugiados sírios, a resposta do homem é imediata: "em todos os lugares e em lugar nenhum". Andando ao acaso, não é raro ver, sob um prédio ou num canto de calçada, ao abrigo do vento, uma família refugiada em volta de uma refeição frugal posta sobre jornais como se fossem guardanapos. Também se vê de vez em quando uma tenda com a sigla Acnur (Alto Comissariado das Nações Unidas para Refugiados), erguida em um dos raros terrenos vagos da capital.

JABER, H. Quem realmente acolhe os refugiados? *Le Monde Diplomatique Brasil*, out. 2015 (adaptado).

O cenário descrito aponta para uma crise humanitária que é explicada pelo processo de:

a) migração massiva de pessoas atingidas por catástrofe natural.
b) hibridização cultural de grupos caracterizados por homogeneidade social.
c) desmobilização voluntária de militantes cooptados por seitas extremistas.
d) peregrinação religiosa de fiéis orientados por lideranças fundamentalistas.
e) desterritorialização forçada de populações afetadas por conflitos armados.

132. (Puccamp)

Analisando a mecanização do trabalho, uma pesquisa no Estado de São Paulo do IEA (Instituto de Economia Agrícola) revelou que a implantação da colheita mecânica no corte de cana provocou reflexos na demanda de cortadores de cana-de-açúcar. Na safra 2013/14 a demanda por trabalhadores foi estimada em 51,7 mil cortadores, cerca de 18 mil a menos em relação à safra 2012/13.

Disponível em: http://www.iea.sp.gov.br.

A leitura do texto e os conhecimentos sobre as atividades agropecuárias paulistas e brasileiras permitem afirmar que:

a) as pequenas e médias propriedades são as que têm apresentado maiores índices de mecanização, descaracterizando a tradicional agricultura familiar.
b) tem ocorrido no campo uma prática cada vez mais comum: o avanço das máquinas agrícolas tem reduzido sensivelmente as áreas de plantio.
c) a expansão do uso de máquinas é uma das justificativas apresentadas pelos fazendeiros para a dispensa de boias-frias e contratação de trabalhadores formais.
d) atualmente, no campo, tem ocorrido dois processos concomitantes mas opostos: forte expansão das áreas de cultivo e fraco aumento da produtividade agrícola.
e) onde o processo de mecanização do campo se intensifica e é irreversível, crescem as questões sociais relacionadas ao desemprego e ao êxodo rural.

133. (UPE) Analise o texto a seguir:

> Até pouco tempo, os biocombustíveis eram defendidos como uma alternativa limpa, comparada aos combustíveis fósseis, com perspectiva de contribuir para a mitigação de mudanças climáticas e fortalecer o desenvolvimento do meio rural, além de acenar para a perspectiva de independência da instabilidade política de regiões produtoras de petróleo, caso do Oriente Médio. Mais recentemente, no entanto, os biocombustíveis passaram a sofrer críticas...
>
> Fonte: Emílio Lèvre, 2009.

Assinale os itens que apresentam relação direta com as vertentes de críticas sinalizadas no texto.

1. Impactos do cultivo da matéria-prima sobre o desmatamento acelerado.
2. Danos ambientais devido ao aumento de produção.
3. Uso de culturas comestíveis para a produção de biocombustíveis.
4. Diminuição dos preços de produtos básicos que competem com o bioetanol.
5. Consumo de grande quantidade de água no cultivo da matéria-prima produzida para aproveitamento da biomassa.

Está(ão) CORRETO(S):

a) 1, apenas
b) 2, apenas
c) 4 e 5, apenas
d) 1, 2, 3 e 5, apenas
e) 1, 2, 3, 4 e 5

134. (Acafe) Considere o enunciado a seguir e assinale a alternativa correta.

> "A obsolescência tecnológica se dá na mesma velocidade em que se verificam as inovações. A exclusão também pode se dar pelo rápido processo de obsolescência, que faz com que a atualização tecnológica seja dispendiosa para o indivíduo, para organizações de várias naturezas e para os Estados. Por outro lado, tecnologias se tornam economicamente mais acessíveis na medida em que se desenvolvem, o que permite que aqueles que não poderiam ter esse acesso na fase inicial, quando ainda era estado da arte, terminam tê-lo quando se tornam estado da técnica".
>
> Disponível em: http://intranet.fainam.edu.br/acesso_site/fia/academos/revista2/6.pdf com acesso em: 02/10/2017.

a) Quando do "estado da arte" do desenvolvimento tecnológico, todos passam a ter acesso às novas tecnologias.
b) A popularização do acesso às novas tecnologias ocorre, pelo texto, quando estas são criadas, ou seja, desenvolvidas.
c) Do texto depreende-se que o processo de exclusão também é promovido pela rapidez da inovação.

d) A obsolescência tecnológica não é um fenômeno que ocorre em todas as áreas, mas apenas naquelas das chamadas tecnologias digitais da comunicação e informação.

135. (Unicamp) A Amazônia vem, neste início de século, despontando como um novo front energético do território brasileiro. Envolvendo questões bastante controvertidas, encontramos as grandes hidroelétricas de Santo Antônio e Jirau, no Rio Madeira (Rondônia), e Belo Monte, no rio Xingu (Pará). Além dessas obras, há ainda projetos de construção de novas grandes hidroelétricas, como a usina de São Luiz do Tapajós, no rio Tapajós (Pará). A construção de novas hidroelétricas deve responder pelo aumento do consumo de energia elétrica que acompanha os processos de urbanização e industrialização no país.

a) Que região brasileira apresenta o maior potencial hidroelétrico instalado atualmente e por que a Amazônia tornou-se um novo front para a construção de grandes hidroelétricas?

b) Indique qual dos setores, comercial, industrial e residencial, apresenta o maior e o menor consumo de energia elétrica no Brasil e cite um exemplo de indústria energointensiva existente na Amazônia.

Gabarito

Capítulo 1

1. e **2.** a **3.** b

4. Migrantes internacionais são as pessoas que saem de seus países em razão de fatores distintos e com a finalidade de buscar oportunidades, bem-estar ou sobrevivência. Os refugiados são pessoas forçadas a abandonar seu país de origem em razão de guerras, perseguições políticas ou religiosas e desastres ambientais.

Capítulo 2

1. a **2.** b **3.** d

4. Do início da colonização aos dias de hoje, o legado dos povos originários e de todos os imigrantes na cultura brasileira foi tanto que acabou formando um caldeirão riquíssimo em ingredientes. Essas influências ocorreram nos valores, nas crenças, nos costumes, nas técnicas de trabalho, na arte, na arquitetura, na alimentação, entre outros aspectos. Por estarem enraizadas e fazerem parte do cotidiano, muitas vezes suas origens são desconhecidas.

Capítulo 3

1. b **2.** e **3.** c

4. A distribuição da população brasileira é muito desigual entre as regiões do território brasileiro. Ela reflete o processo histórico de ocupação do território e do desenvolvimento de atividades econômicas, sobretudo nos trechos do território onde a mão de obra escrava foi mais empregada, onde há maior concentração de povos indígenas e onde se instalaram os migrantes europeus.

5. O nível de renda, o tipo de trabalho e a taxa de desemprego são muito desiguais no Brasil, considerando os critérios de gênero e cor. Mulheres, negros e pardos são os que têm menor renda e são maioria entre os desempregados. Dos 25,4% da população brasileira que apresentavam rendimento domiciliar *per capita* inferior a US$ 5,5 por dia em 2016, a maior parte era constituída de negros ou pardos (33,3% dos homens e 34,3% das mulheres).

Capítulo 4

1. b **2.** a **3.** c **4.** e

5. A maior causa da crise de 1929 foi a superprodução, agrícola e industrial, que fez os preços despencarem, causando enormes prejuízos e falências. Com o fim da Primeira Guerra Mundial (1914-1918) e a recuperação econômica dos países envolvidos na guerra, ocorreu um excedente de mercadorias nos Estados Unidos. A grande oferta e a redução da procura fizeram os preços baixarem até o ponto de muitas empresas quebrarem e ocorrer o *crack* da Bolsa de Nova York. As atividades econômicas foram intensamente reduzidas e o mundo entrou em recessão até a década de 1930, período que ficou conhecido como Grande Depressão.

6. Como o Brasil era muito dependente das importações do petróleo, gastava enormes recursos para arcar com a alta dos custos, o que levou ao aumento da dívida externa. Foi então criado o Programa Nacional do Álcool (Proálcool), em 1975, com o objetivo de produzir álcool (etanol) da cana-de-açúcar para ser usado como combustível e diminuir a necessidade de importar petróleo. A queda nas atividades econômicas brasileiras levou o país a uma séria crise nos anos 1980, que ficaram conhecidos como a "década perdida".

Capítulo 5

1. e **2.** c **3.** d **4.** a

5. Sistema de produção intensivo: muitos recursos financeiros, técnicas avançadas de produção, intenso uso de máquinas e insumos, grandes propriedades e cultivo de apenas um gênero agrícola.

Sistema de produção familiar: técnicas tradicionais aplicadas geralmente por poucos trabalhadores, quase sempre membros da mesma família, e com pouca mecanização. Em pequenas propriedades, costumam ser cultivados diversos produtos.

6. O desafio para garantir a segurança alimentar é manter os estoques de produção de alimentos livres de oscilações climáticas ou da presença de pragas que possam devastar uma extensa área agrícola, além do direito de todas as pessoas ao acesso regular e permanente a alimentos de qualidade e em quantidade suficiente, por meio de práticas ambientais, culturais, econômicas e sociais sustentáveis.

7. Grandes áreas com vegetação nativa são convertidas em pastagens, o pisoteio do gado altera a qualidade do solo e responde por boa parte das emissões de gases de efeito estufa, que são provenientes tanto do desmatamento como da ruminação e das fezes dos animais.

Capítulo 6

1. e **2.** d **3.** b **4.** a

5. A extração de matérias-primas, a transformação delas em bens de produção e o transporte desses bens para os centros de compra provocam impactos socioambientais em cadeia, como poluição da água e do ar, geração de resíduos e proliferação de doenças variadas. A obsolescência programada intensifica o consumo de matéria-prima e o aumento de resíduos.

6. A acumulação de capital gerado pela produção cafeeira possibilitou o investimento na industrialização no estado. Políticas governamentais para incentivar a substituição de importações e a atração de empresas estrangeiras estiveram bastante restritas à região Sudeste, e São Paulo oferecia vantagens em relação aos demais estados, como sistema bancário, infraestrutura e mão de obra mais qualificada.

Capítulo 7

1. c **2.** d **3.** e **4.** b

5. Trata-se de um tipo de globalização orientada não para maximizar os lucros (como a que prevalece no mundo atual), mas para que os avanços tecnológicos e científicos estejam a favor do intercâmbio entre sociedades e governos e visem ao bem comum.

6. *Capitalismo verde* é o nome dado ao conjunto de técnicas de uma produção que visa diminuir os impactos sociais e ambientais. Também tem como objetivo maior eficiência da produção, que pode ser obtida pela diminuição do consumo de energia e de materiais, além de redução dos custos de transporte. Ou seja, trata-se de uma forma de produção mais racional, que evita o desperdício em todas as etapas. Ganhou projeção mundial após a Conferência Rio-92.

Capítulo 8

1. b **2.** e **3.** b **4.** d

5. A publicidade digital tem sido o principal meio de divulgação das empresas. Além da utilização do *big data*, a internet permite a obtenção de outros indicadores valiosos, como taxa de conversão, que envolve a transformação de clientes potenciais em clientes efetivos (cliques em um *link*, quantidade de acessos e vendas); taxa de rejeição (abandono de *site*, *blog* ou loja virtual na primeira página visitada); taxa de engajamento (nível de interação com base em curtidas, comentários e compartilhamentos, por exemplo); alcance das publicações; entre outros.

6. O acesso a dados privados e a veracidade das informações veiculadas pela rede. Há preocupação também com a coleta e o uso de dados não autorizados pelas pessoas, como localização, rotina e comportamentos, que podem ser utilizados para manipulação de indivíduos e, ainda, invasão de sistemas de empresas e governos.

7. As informações armazenadas no sistema denominado "nuvem" estão em constante circulação em redes de fibra óptica e servidores centrais, que estão localizados em pontos distintos do planeta e são mantidos por sistemas de geração de energia que permanecem ligados o tempo todo.

Capítulo 9

1. b **2.** a **3.** e **4.** c

5. O desemprego estrutural é causado pela extinção de postos de trabalho, geralmente decorrente da aplicação de novas tecnologias e desenvolvimento de processos que dispensam mão de obra, como a automação. O desemprego conjuntural é decorrente de crises econômicas que levam à redução da produtividade ou ao fechamento de empresas. Com a retomada do crescimento econômico, as ofertas de emprego voltam a surgir.

6. O Brasil ocupa papel periférico na chamada Revolução 4.0. Investem-se poucos recursos em pesquisa e desenvolvimento de novas tecnologias no país e muitos pesquisadores migram em busca de melhores condições de trabalho. Entretanto, mesmo diante do quadro geral precário do país nesse aspecto, há ramos de atividades e empresas com atuação de destaque internacional, como Embrapa, Petrobras, setor automobilístico e as novas *startups*.

Capítulo 10

1. c **2.** d **3.** b

4. O Brasil participou ao lado da Tríplice Entente (formada inicialmente por Reino Unido, França e Rússia) em guerra contra a Tríplice Aliança (Império Alemão, Império Austro-Húngaro e Itália). Enviou contingente reduzido à guerra. Foi convidado a assistir à Conferência de Paz de Paris, em 1919, e foi integrante rotativo do Conselho da Liga das Nações até 1926. Reivindicava assento permanente no Conselho e vetou a ocupação desse assento pela Alemanha.

5. Além da defesa das fronteiras nacionais contra eventuais agressões externas, os militares entendiam que era preciso manter as condições de segurança interna e reprimiram organizações políticas, sindicais, estudantis e da sociedade civil.

6. As políticas territoriais e energéticas dos governos militares visavam integrar e controlar o território brasileiro, garantindo a presença do Estado nas fronteiras. Implantaram projetos de colonização e de instalação de rodovias, o que intensificou o desmatamento, principalmente na Amazônia. Foram criadas as usinas nucleares e construídas grandes usinas hidrelétricas.

7. A criação do Mercosul reduziu o potencial de conflito nas fronteiras ao sul do país, colocando a Amazônia como principal foco da geopolítica brasileira.

8. A criação do Projeto Calha Norte, que promoveu a instalação de bases militares e o povoamento civil estimulado pela criação de municípios, a implantação de sistemas de monitoramento remoto – Sistema de Vigilância da Amazônia (Sivam) e Sistema de Proteção da Amazônia (Sipam) – e a criação do Centro Gestor e Operacional do Sistema de Proteção da Amazônia (Cesipam), que recebe informações dos municípios da Amazônia Legal e faz parte do Ministério da Defesa.

Capítulo 11

1. d 2. a 3. b 4. b 5. c

6. Manter uma relação estável com os países vizinhos é importante para evitar conflitos e aumentar a cooperação. Por isso, os tratados regionais merecem destaque, pois estabelecem regras em busca de acordos para temas de interesse comum. O Brasil é membro de diversos acordos regionais na América do Sul, como o Mercado Comum do Sul (Mercosul), a União de Nações Sul-Americanas (Unasul), o Tratado da Bacia do Prata, o Tratado de Itaipu, o Tratado de Cooperação Amazônica, entre outros.

7. Com esse acordo, o Brasil atraiu o Paraguai para sua zona de influência, retirando parte do poder da Argentina na região sul da América do Sul na época. Também foi importante para reduzir as tensões entre os dois países, que se arrastavam desde a época da Guerra do Paraguai.

8. O G20 financeiro é um fórum do qual fazem parte os países com maior proeminência política e econômica no cenário internacional. Nas reuniões são privilegiados os temas relacionados a segurança econômica, desenvolvimento, comércio, entre outros. Já o G20 comercial é um grupo informal, orquestrado pelo Brasil, que defende interesses dos países classificados como emergentes nas trocas comerciais globais, cuja pauta principal tem sido a produção agrícola mundial.

9. A atuação de diplomatas brasileiros é bastante elogiada por governos de outros países. Apesar de o Brasil buscar seus interesses, tradicionalmente os representantes atuam com base em princípios claros, o que lhes permite exercer muitas vezes o papel de mediador, ou seja, contribuir para alcançar um resultado que satisfaça a todos.

Capítulo 12

1. b 2. d 3. c

4. Os principais produtos da pauta de exportação brasileira são: soja, minério de ferro e, entre os produtos industrializados, aviões de porte médio. A pauta de exportação é composta de *commodities* em razão da produção agrícola do país, da exploração intensiva de recursos naturais, principalmente por empresas estrangeiras, e do investimento em desenvolvimento científico e tecnológico feito no passado.

5. Moratória é o adiamento ou o atraso do pagamento da dívida externa. O presidente José Sarney declarou moratória em 1987 porque o Brasil precisava de recursos financeiros para se desenvolver, mas as dívidas e os juros a pagar eram altíssimos, o que gerou um desequilíbrio nas contas públicas.

6. O balanço de pagamentos é a soma da conta-corrente com a conta de capitais. A conta-corrente consiste no comércio de bens e serviços realizados ao longo de um ano e a conta de capitais são os investimentos estrangeiros diretos feitos no país – recursos externos aplicados na estrutura produtiva industrial, participação estrangeira acionária em empresas e capitais especulativos. O balanço de pagamento positivo contribui com o aumento da reserva de capitais, que serve para manter valorizada a moeda nacional.

Rumo ao Ensino Superior

1. a) A pirâmide 1 corresponde à de país em desenvolvimento ou emergente (ou, ainda, país típico do Sul). Apresenta grande contingente de crianças e jovens e pequena população de idosos. A pirâmide 2 é a de país desenvolvido ou rico, com distribuição mais igualitária entre as diferentes faixas etárias.

   b) Entre 2015 e 2050, é provável que os países que apresentam pirâmide etária semelhante à do modelo 1 já tenham passado pela chamada transição demográfica e estejam finalizando o momento de bônus demográfico, quando a população de adultos ainda é grande e gera renda para sustentar os mais jovens e ainda pagar o sistema previdenciário. A partir de então, terão como desafio lidar com o pagamento das pensões aos idosos. Já os países que apresentam pirâmide etária semelhante à do modelo 2 passaram por envelhecimento de sua população entre os anos 1980 e 2015, e muitos adotaram práticas de incentivo à natalidade e à imigração para suprir a demanda de mão de obra.

2. b **3.** a **4.** e **5.** a **6.** e **7.** b **8.** b

9. a) Grilagem é a apropriação indevida de terras por meio de falsificação de documentos ou de títulos. A origem desse termo está relacionada à técnica de envelhecimento de papéis, na qual se colocam os papéis em uma caixa com grilos, de modo que, graças à ação dos insetos, tornam-se amarelados e carcomidos, com a aparência de documentos antigos.

   b) A valorização das terras amazônicas ocorre por meio da abertura de estradas e da instalação de ferrovias e hidrovias que viabilizam o escoamento da produção agropecuária.

10. d **11.** c **12.** e **13.** a **14.** e **15.** a
16. b **17.** e **18.** c **19.** a **20.** c

21. A África é o continente com menor número de países de relevância econômica. O setor terciário é o mais importante para a composição do PIB das nações desenvolvidas, porque as atividades mais lucrativas são aquelas que abrangem tanto pesquisa e desenvolvimento de produtos com grande emprego de tecnologia como processos de gerenciamento, sobretudo no mercado financeiro.

22. d **23.** d **24.** a **25.** a **26.** c
27. b **28.** b **29.** c **30.** d **31.** e

32. Globalização é o processo de expansão e hegemonização econômica e cultural, do tipo capitalista, possibilitado pelo avanço nos sistemas de transporte e de comunicação. Por meio desse processo, todo o espaço mundial está, virtualmente, interligado, tornando a produção e o consumo um fenômeno global. Assim, os comportamentos e valores de diferentes sociedades tendem a se aproximar; as empresas crescem e se tornam corporações globais capazes de interferir nas políticas dos Estados em razão de seus poderes econômicos; além de a concentração de riqueza e a exclusão social aumentarem.

33. d **34.** a **35.** e **36.** b **37.** c
38. b **39.** b **40.** a **41.** c

42. No fragmento de texto fica claro o papel histórico do povo brasileiro, daqueles com menos dinheiro e poder, submetidos à violência do Estado e da pequena elite local, mantendo sua condição de pobreza. Especificamente é dado destaque aos povos indígenas e negros, os grupos mais oprimidos. Essa condição alterou-se muito pouco na atualidade. Todos os índices de qualidade de vida e de renda mostram a situação altamente desfavorável vivida por negros, pardos e indígenas, estando eles entre os mais pobres, menos escolarizados, em maior porcentual de população carcerária e sub-representados politicamente, considerando que esses grupos, segundo o IBGE, representam mais da metade da população brasileira.

43. c **44.** c **45.** d **46.** c **47.** c
48. e **49.** c **50.** d **51.** e

52. 1960: década que apresenta a maior razão de dependência.

    2010: década que apresenta a menor razão de dependência.

    A transição demográfica brasileira, assim como a de todos os países, ocorre quando a redução da taxa de natalidade ocorre de forma mais intensa que a redução da mortalidade, também em progressão, e com o processo de aumento de expectativa de vida. Isso ocasiona aumento expressivo do percentual da população adulta, que é aquela mais apta a trabalhar para custear a vida das crianças e dos idosos.

53. c **54.** a **55.** c **56.** d **57.** d **58.** c
59. d **60.** b **61.** b **62.** c **63.** a

64. As seguintes características da região metropolitana de São Paulo promoveram a "economia de aglomeração": oferta de mão de obra capacitada e também braçal; mercado consumidor; infraestrutura de transporte e comunicação (facilidade de comércio, compra de matéria-prima e escoamento da produção, por exemplo); ampla rede bancária e disponibilidade de capital para investimento.

Entretanto, a grande concentração de pessoas e indústrias nessa região tem criado o fenômeno denominado "deseconomia de aglomeração" em razão da elevação dos custos operacionais decorrente de aumento do valor do mercado de imóveis, congestionamento, ação de sindicatos pressionando por aumento salarial e melhores condições de trabalho, carga tributária para as empresas maior que a oferecida por outros estados, entre outros.

65. b **66.** d **67.** e **68.** d **69.** d **70.** d **71.** b
72. e **73.** e **74.** b **75.** c **76.** e **77.** e

78. a) Entre 1980 e 2013 foi implementado no Brasil um conjunto de políticas públicas federais relacionadas a educação, saúde e transferência de renda, tais como a criação do SUS e dos programas Fome Zero e Bolsa Família. O impacto dessas políticas foi maior, quantitativamente, no Nordeste, por ser a região de maior concentração de pobreza no país.

b) O estado da Paraíba foi o que obteve a maior redução da taxa de mortalidade infantil na região Nordeste no período apurado: de 117,1 mortes a cada mil nascidos até 1 ano de idade, em 1980, passou para 19 por mil, o que constitui uma queda muito expressiva.

79. c **80.** c **81.** a **82.** a
83. c **84.** d **85.** a **86.** b

87. O mapa representa a regionalização do Brasil proposta pelo geógrafo Milton Santos, que o dividiu em quatro grandes regiões, nomeadas na legenda do mapa. Essa proposta considerou conceitos estruturantes do pensamento do renomado professor Milton Santos, como a distinção do espaço geográfico de acordo com a quantidade e a complexidade técnica nele imbricada, o que constitui o meio técnico-científico-informacional. *Grosso modo*, compreende a densidade das redes de cidades, transportes, telecomunicações, informática e institutos de pesquisa. Entretanto, não foram descartados dados clássicos, como a história da formação territorial e indicadores socioeconômicos, como o Produto Interno Bruto (PIB) e a renda *per capita*. A Região Concentrada destaca-se por apresentar a maior complexidade técnica do país, concentrando a maior parte da população brasileira, assim como a maior economia.

88. b **89.** d **90.** c **91.** b **92.** d
93. e **94.** b **95.** d **96.** c **97.** b
98. b **99.** e **100.** d **101.** d **102.** b
103. c **104.** e **105.** c **106.** a

107. As características econômicas que justificam a expectativa sobre os BRICS são: grande mercado consumidor, elevada oferta de mão de obra e disponibilidade de recursos naturais e energéticos.

Entretanto, economicamente há muitas diferenças entre os países, que vão desde o tamanho da economia e de sua estrutura até a participação de cada integrante no mercado global. A China é o grande destaque, com forte atuação no comércio mundial, vendendo produtos do setor terciário e comprando gêneros do setor primário, do qual os demais países do grupo são grandes fornecedores.

Politicamente destacam-se China e Rússia, por fazerem parte do Conselho de Segurança da ONU, o que lhes proporciona grande poder nas decisões geopolíticas, e também por terem Estados fortes, com grande intervenção na economia.

108. b **109.** d **110.** b **111.** a **112.** c
113. d **114.** a **115.** a **116.** d **117.** c
118. b **119.** c **120.** e **121.** e

122. a) A diferença de comportamento das curvas dos dois grupos de países está relacionada às dinâmicas populacionais que são características de cada um deles. Os países desenvolvidos passaram pelo processo denominado transição demográfica há algum tempo, o que fez reduzir drasticamente a taxa de natalidade e também de mortalidade, aumentando a expectativa de vida. São países com grande parte da população vivendo nas cidades ou com modo de vida bastante influenciado pela lógica urbana. Os casamentos acontecem mais tarde, muitos optam por não ter filhos ou ter poucos, as mulheres têm maior participação no mercado de trabalho, o que muitas vezes retarda sua decisão de engravidar (além de terem conhecimento e acesso aos meios preventivos). Já dentro do grupo dos países menos desenvolvidos, muitos estão finalizando suas transições demográficas, enquanto outros, os mais pobres, ainda estão em estágios preliminares – logo, a taxa de crescimento populacional é bastante elevada, pois a taxa de natalidade ainda é alta.

b) Futuramente, os países desenvolvidos poderão enfrentar dificuldade na manutenção do seu sistema de bem-estar social – marcado por adequado pagamento de pensão aos aposentados bem como por acesso à saúde –, além de escassez de mão de obra, se não tiverem sido efetivadas políticas de estímulo à natalidade e também à migração.

Nos países menos desenvolvidos, os problemas poderão advir da falta de emprego – caso o crescimento econômico não seja suficiente para atender à chegada do grande número de jovens e crianças à idade adulta – e também da falta de recursos para investimento nos sistemas de educação e de saúde.

123. a **124.** d **125.** a **126.** d **127.** c
128. c **129.** a **130.** d **131.** e **132.** e
133. d **134.** c

135. a) O maior potencial hidrelétrico instalado no Brasil está nas bacias hidrográficas da região Sudeste. Entretanto, em razão da extensão e do volume dos rios da bacia Amazônica, a região é a que apresenta o maior potencial de aproveitamento de energia hidrelétrica. Além disso, a região se tornou um novo *front* na geração de energia em razão de seu subaproveitamento, da instalação de grandes projetos de mineração e também da construção de um sistema de interligação do sistema elétrico por meio de cabos de alta-tensão que permitem distribuir a energia gerada na Amazônia para outras regiões.

b) O setor industrial é o maior consumidor de energia elétrica no Brasil, e o setor residencial é o menor. Indústria energointensiva é aquela que necessita de muita energia em seu processo produtivo, como quase todas as indústrias de extração e transformação mineral. Exemplos: as mineradoras de ferro em Carajás e, sobretudo, as de extração da bauxita e sua transformação em alumínio, no vale do rio Trombetas.

Siglas de vestibulares

Acafe: Associação Catarinense das Fundações Educacionais (SC)

EBMSP: Escola Bahiana de Medicina e Saúde Pública (BA)

Enem: Exame Nacional do Ensino Médio

EsPCEx-Aman: Escola Preparatória de Cadetes do Exército (SP) – Academia Militar das Agulhas Negras (RJ)

ESPM: Escola Superior de Propaganda e Marketing (SP)

Falbe: Faculdade Albert Einstein (SP)

Famerp: Faculdade de Medicina de São José do Rio Preto (SP)

Fatec: Faculdade de Tecnologia (SP)

FGV: Fundação Getúlio Vargas (RJ e SP)

Fuvest: Fundação Universitária para o Vestibular (SP)

Imed: Fundação Meridional (RS)

Mackenzie: Universidade Presbiteriana Mackenzie (SP)

Puccamp: Pontifícia Universidade Católica de Campinas (SP)

PUC: Pontifícia Universidade Católica (PR, RJ, RS e SP)

Ucpel: Universidade Católica de Pelotas (RS)

Udesc: Universidade do Estado de Santa Catarina (SC)

Uece: Universidade Estadual do Ceará (CE)

UEFS: Universidade Estadual de Feira de Santana (BA)

UEG: Universidade Estadual de Goiás (GO)

UEL: Universidade Estadual de Londrina (PR)

UEM: Universidade Estadual de Maringá (PR)

UEMG: Universidade Estadual de Minas Gerais (MG)

UERJ: Universidade Estadual do Rio de Janeiro (RJ)

UFJF: Universidade Federal de Juiz de Fora (MG)

UFPR: Universidade Federal do Paraná (PR)

UFRGS: Universidade Federal do Rio Grande do Sul (RS)

UFU: Universidade Federal de Uberlândia (MG)

Unesp: Universidade Estadual Paulista (SP)

Unicamp: Universidade Estadual de Campinas (SP)

Unisc: Universidade de Santa Cruz do Sul (RS)

Unioeste: Universidade Estadual do Oeste do Paraná (PR)

UPE: Universidade de Pernambuco (PE)

UPF: Universidade de Passo Fundo (RS)

USF: Universidade São Francisco (SP)

Sumário geral

Parte 1

Parte 2

Sumário Parte 2

Ekaphon maneechot/Shutterstock

Zig Koch/Tyba

UNIDADE

3

Economia global: produção e exclusão social

Novas tecnologias associadas à economia global estão gerando mudanças profundas no mundo e, ao mesmo tempo, cada vez mais pessoas são excluídas social e financeiramente. A produção industrial, o comércio virtual e o sistema financeiro são responsáveis por realizar milhares de transações monetárias como nunca visto antes, e a economia global atual, marcada pela economia da informação, oferece riscos ainda pouco conhecidos. Para repensar e contestar esse cenário, foram criados outros arranjos, como o comércio justo e os fóruns sociais mundiais.

sdecoret/Shutterstock

CAPÍTULO

7

Globalização e consumo consciente

Diversas etapas do modo capitalista de produção foram percorridas até chegar à globalização dos tempos atuais. Ela pode ser entendida como uma forma de produzir que reúne diversos países, mas realizada de modo desigual. Alguns fornecem matérias-primas e outros as processam disponibilizando produtos tecnológicos bem mais caros que suas fontes de produção.

Além disso, muitas etapas da produção industrial e agrícola estão associadas ao sistema financeiro. A globalização envolve também esses aspectos e resulta em uma complexa teia de relações entre capitais e fluxos de dinheiro. E mais, afeta a vida de pessoas, empresas e países por meio da oferta de crédito e pela maximização do retorno dos investimentos.

Nesse processo, observa-se uma tentativa de padronizar o consumo por meio de elementos culturais, que buscam envolver a atenção de consumidores em todo o mundo. No entanto, somente quem tem dinheiro pode pagar pelos produtos, o que resulta em desigualdade de oportunidades.

Em resposta a esse movimento, destacam-se o consumo consciente e o comércio justo. O primeiro questiona se realmente é preciso realizar a compra e o que vai ser feito com esse objeto após o uso. Já o comércio justo preconiza novas relações comerciais, com maior valorização das comunidades locais e de países que fornecem insumos básicos à produção industrial. Seria uma direção a seguir em busca de outra globalização?

Cassandra Cury/Pulsar Imagens

// Produção de cesta com capim dourado em Mateiros (TO), em 2014. Esse trabalho artesanal valoriza a matéria-prima da região e também a comunidade.

EM FOCO

Supermercado alemão esvazia suas prateleiras de bens produzidos no exterior para discutir o racismo

Um supermercado alemão esvaziou suas prateleiras para conscientizar sobre o racismo e a diversidade.

O supermercado [...] em Hamburgo retirou os produtos estrangeiros de suas prateleiras substituindo-os por slogans antixenófobos.

Acredita-se que o movimento será seguido por outras unidades [...].

Compradores surpresos entraram na loja e descobriram que muitos produtos haviam desaparecido, demonstrando o quanto eles dependiam de outros países para adquirir os produtos do dia a dia.

Além da ausência das mercadorias, os consumidores recebiam mensagens dizendo: "Uma prateleira é tão vazia sem estrangeiros". [...]

Porta-vozes da empresa disseram: "[Nosso supermercado] significa variedade e diversidade. Em nossas lojas, vendemos inúmeros alimentos que são produzidos nas várias regiões da Alemanha.

"Mas somente em conjunto com produtos de outros países, é possível criar a variedade única que nossos consumidores valorizam. Estamos satisfeitos pelo fato de nossa campanha ter causado tantas reações positivas."

WORLEY, Will. German Supermarket Empties Shelves of Foreign-Made Goods to Make a Point about Racism. Disponível em: <www.independent.co.uk/news/world/europe/edeka-german-supermarket-empty-shelves-racism-diversity-largest-chain-a7908551.html>. Acesso em: 13 ago. 2018. (Texto traduzido pelos autores.)

Sven Schmidt/Acervo do fotógrafo

Campanha em supermercado em Hamburgo, na Alemanha, em 2017, mostra prateleiras vazias para discutir racismo e xenofobia. Na placa lê-se: "Uma prateleira é tão vazia sem estrangeiros".

1. Reúna-se com três colegas e, juntos, debatam se é possível existir produção industrial e consumo não globalizados no mundo atual.

2. Qual é a relação apresentada entre consumo e xenofobia?

1. Globalização econômica

Na década de 1980, o termo "globalização" significava conquistar e lucrar com novos mercados consumidores, sendo usado por consultores empresariais, estudantes de Administração e empresários dedicados ao comércio exterior. Portanto, a palavra tem sua origem nas áreas relacionadas à Administração.

No entanto, a partir de 1990, com a divulgação nos meios de comunicação, em especial por jornais do setor financeiro, espalhou-se pelo mundo e tornou-se uma expressão utilizada em pesquisas acadêmicas e por outros profissionais em diversos países.

A escala da produção industrial e de vendas passou a ser mundial. Por isso, alguns autores chamam esse modo de produção e de comércio de sistema-mundo.

Para muitos autores, a globalização é mais uma etapa do capitalismo, que reestruturou as relações sociais, econômicas, políticas e ambientais entre os países. Avanços industriais em tecnologia da informação após o fim da Segunda Guerra Mundial (1939-1945) permitiram essa efetivação.

Nessa etapa, ocorreram a privatização de empresas e a abertura dos mercados na década de 1990. A hegemonia econômica permaneceu com os Estados Unidos, mas países e blocos econômicos, como a China e a União Europeia, emergiram na economia com força. Trata-se dos tempos do chamado Consenso de Washington, que difundia as ideias do liberalismo econômico, com menor presença do estado na economia.

O capitalismo atual é globalizado. Isso significa que o processo histórico de acumulação capitalista nunca esteve tão dependente da escala planetária para a obtenção de lucros. As empresas transnacionais têm papel de destaque nesse processo por atuarem em vários países ao mesmo tempo, que servem de plataforma de produção para as mercadorias que comercializam.

Existem empresas transnacionais com fábricas em todos os continentes e que mantêm sedes e centros de pesquisas regionais, atingindo mercados no mundo todo. Sua produção varia de acordo com as necessidades de cada mercado interno. Por exemplo, as características de uma máquina de lavar serão diferentes quanto aos aspectos de durabilidade, cores e consumo energético conforme as normas de países e os costumes da população. Além disso, alguns países recebem produtos com mais recursos técnicos que outros, tudo para atender à demanda dos consumidores locais. Essa demanda é avaliada pela capacidade de compra e também pelas exigências técnicas impostas pelos países, tal como equipamentos com baixo consumo energético.

Nesse fluxo de materiais e produtos, parte dos lucros das filiais é transferida para o país que abriga a sede. Também é lá que são tomadas as grandes decisões estratégicas, ainda que os escritórios regionais tenham certa autonomia para resolver questões em sua esfera de atuação. Na sede são definidas ações como a compra de novas companhias, investimentos em pesquisa tecnológica e desenvolvimento de novos produtos. Já as sedes regionais tomam decisões mais restritas, como metas de participação no mercado ou lançamento de produtos.

Com a intensificação do comércio entre países, surgem fóruns de discussão para tentar criar regras para controlá-lo, como a Organização Mundial do Comércio (OMC), e fóruns econômicos, como o Fórum Econômico Mundial de Davos e os grupos do G20. Também surgem blocos econômicos que visam estimular o comércio entre países.

Sistema-mundo: também chamado de teoria dos sistemas mundiais, formulado por Immanuel Wallerstein (1930-), afirma que a economia se mundializou por meio da produção e da venda e se configurou como o elo entre os países. Para que essa produção aconteça, deve haver a divisão internacional do trabalho (especialização da mão de obra) e a criação de regras políticas e econômicas estabelecidas pelos países.

Consenso de Washington: criado na década de 1990, são recomendações elaboradas por instituições financeiras internacionais, como o Fundo Monetário Internacional (FMI), para a resolução das dívidas das nações. Tais medidas incluem o corte de gastos públicos, a abertura financeira e comercial e a reforma tributária.

Criada em 1996, a OMC tem sede em Genebra, na Suíça, e seu objetivo é estabelecer normas para o comércio mundial, com base na abertura comercial. Um país-membro da OMC não pode criar restrições à venda de produtos feitos em outro país-membro. Caso isso ocorra, ele pode receber sanções como multas, mas antes disso são estabelecidos sistemas de discussão entre as partes, que podem levar anos para uma conclusão.

O Fórum de Davos ocorre todos os anos e reúne chefes de Estado, empresários e lideranças da sociedade civil desde 1971 para discutir temas de interesse mundial voltados ao comércio. Como não é uma agência que congrega países, suas decisões têm caráter indicativo, por isso podem ou não ser adotadas.

Dois grupos utilizam a sigla G20, que significa Grupo dos 20. Um deles reúne, desde 1999, os países mais ricos do mundo. Por isso, é chamado de **G20 financeiro**. Dezenove países fazem parte dele, além dos membros da União Europeia. Inicialmente, atuavam nesse grupo apenas os oito países mais ricos do mundo, mas, com as mudanças ocorridas nas últimas décadas, foi ampliado.

Planisfério: G20 financeiro – 2018

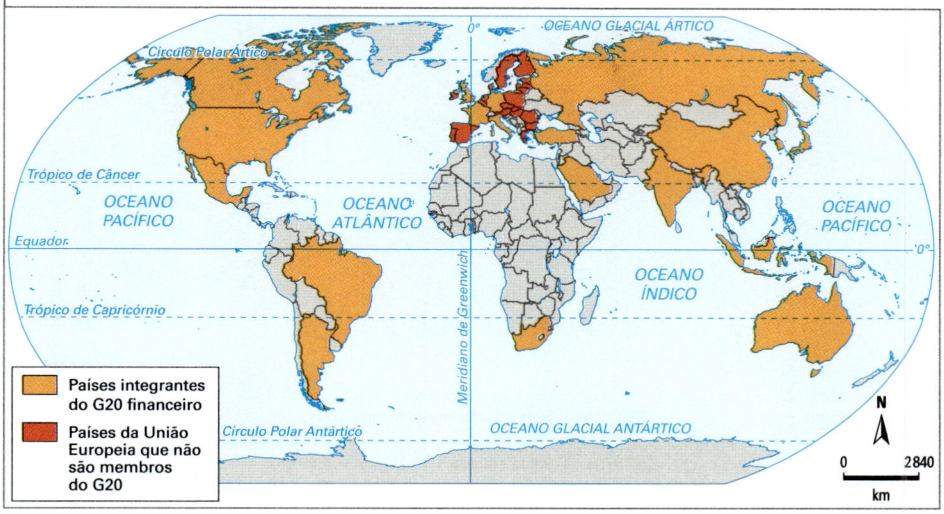

Elaborado com base em: G20. Sobre el G20. Disponível em: <https://g20.org/es/g20/quienes-integran>. Acesso em: 13 ago. 2018.

Por sua vez, o **G20 comercial** é mais recente, criado em 2006, formado por 23 países emergentes, que buscam criar uma alternativa para o comércio mundial.

Planisfério: G20 comercial – 2018

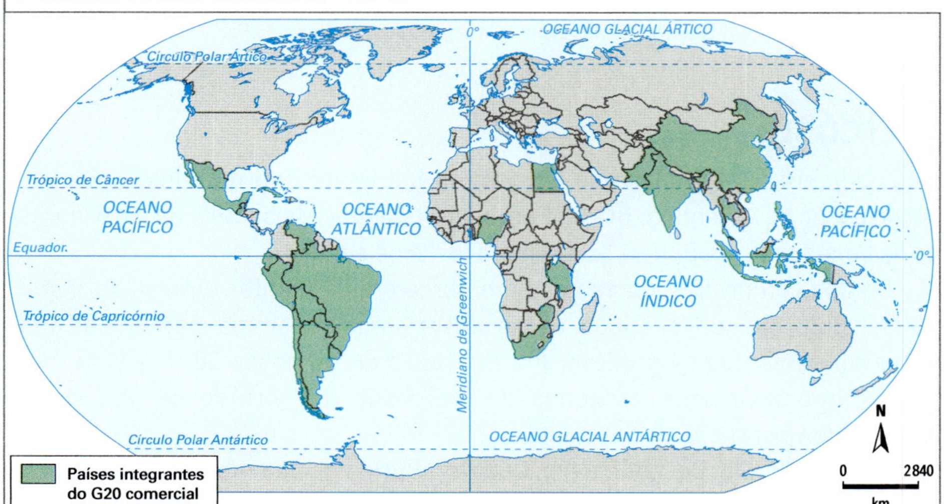

Elaborado com base em: BRASIL. Ministério das Relações Exteriores. O Brasil no G20. Disponível em: <www.itamaraty.gov.br/pt-BR/politica-externa/diplomacia-economica-comercial-e-financeira/15586-brasil-g20&hl=pt-BR>. Acesso em: 27 ago. 2018.

2. Principais blocos de países

Muitos países atuam em conjunto e formam um bloco com políticas para a circulação de mercadorias e, em alguns casos, de pessoas e até com uma moeda comum. O fluxo de mercadorias é facilitado pela contiguidade geográfica, já que os produtos podem ultrapassar fronteiras. Portanto, os blocos são importantes para a globalização econômica e estão presentes em todos os continentes.

Principais blocos de países – 2002 e 2012

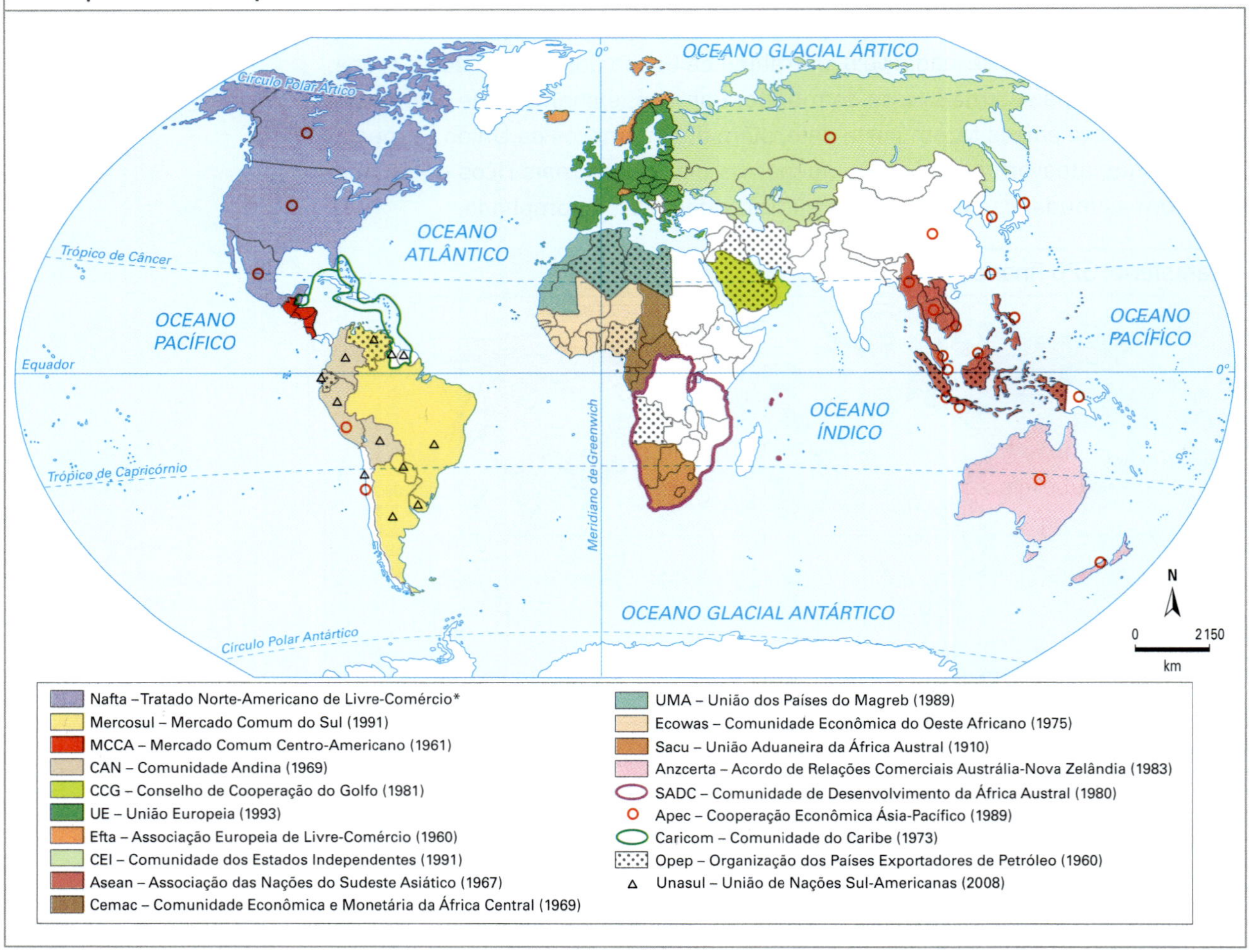

Banco de imagens/Arquivo da editora

*Em 2018, Canadá, Estados Unidos e México firmaram um novo acordo, o USMCA, que substituiu o Nafta.

Elaborado com base em: CALDINI, Vera; ÍSOLA, Leda. *Atlas geográfico Saraiva*. São Paulo: Saraiva, 2013. p. 188.

Mercosul

Criado em 1991, o Mercado Comum do Sul (Mercosul) teve, inicialmente, a participação de Argentina, Brasil, Paraguai e Uruguai. Mais tarde, houve o ingresso da Venezuela, e a Bolívia está em processo de adesão.

Um dos compromissos de seus membros é o de manter um estado democrático, pois, quando foi criado, esses países ainda tinham na memória as ditaduras militares que os governaram. Em razão disso, desde 2017, a Venezuela está temporariamente suspensa do Mercosul, em virtude de sua condição não democrática.

Chile, Colômbia, Equador, Peru, Guiana e Suriname são membros associados e podem participar de alguns acordos comerciais do bloco, mas não podem votar.

Trata-se de uma união aduaneira, ou seja, uma área de livre-comércio entre os países-membros, cujas taxas de importação dos produtos comercializados são reduzidas. A Tarifa Externa Comum (TEC), que é uma alíquota de importação, varia entre 0% e 20%, dependendo do item comercializado, como sapatos e veículos, entre outros.

Norberto Duarte/Agência France-Presse

Reunião com representantes do Mercosul em Luque, no Paraguai, em 2018.

A Secretaria Geral do Mercosul está sediada em Montevidéu, mesma sede do Parlamento do Mercosul (Parlasul). Participam do Parlasul representantes eleitos de cada país-membro, de acordo com as leis de cada um. Embora esteja prevista a eleição direta dos parlamentares desde 2014, elas ocorreram apenas na Argentina, em 2016. O mandato de cada membro é de quatro anos. Entre as funções do Parlasul, por exemplo, está a emissão de pareceres de harmonização das leis nacionais a fim de estimular as relações entre os países.

Apesar de ter ocorrido um incremento comercial entre seus membros no início do bloco, o Mercosul enfrenta dificuldades. Por anos negocia um acordo comercial com a União Europeia, até o momento sem sucesso. Além disso, alguns países-membros redefiniram os produtos que estão sob a TEC, o que afetou a dinâmica comercial e política entre eles.

Unasul

Criada em 2008, a União de Nações Sul-Americanas (Unasul) reúne os países da América do Sul, com sede em Quito, no Equador.

A Unasul tem o objetivo de integrar os países da América do Sul, mas foi também uma resposta política ao crescimento do Mercosul. Ela foi capitaneada pela Venezuela, na época governada por Hugo Chávez, que disputava a liderança regional com o então presidente brasileiro Luiz Inácio Lula da Silva.

Foram criados diversos Conselhos Ministeriais e Setoriais para discutir e desenvolver ações relacionadas a temas ambientais, de ciência e tecnologia, de educação e defesa, entre outros. Um dos que merecem destaque é o Conselho Sul-Americano de Infraestrutura e Planejamento (Cosiplan), que herdou a Iniciativa para a Integração de Infraestrutura Regional Sul-Americana (Iirsa), que visa estabelecer um sistema de vias terrestres e de transmissão de energia para integrar os países sul-americanos. Essa iniciativa está em curso, apesar de receber críticas de alguns autores, que a identificam como uma forma de levar as riquezas naturais e agrícolas dos países sul-americanos para outros, transformando-os em exportadores de produtos primários. Para eles, essa infraestrutura deveria integrar as nações, em vez de criar um corredor de exportação.

Reprodução/Acervo Odebrecht

Estrada construída por meio do programa da Iirsa, no Peru, em 2009, visando ao incremento da infraestrutura.

Do Nafta ao United States, Mexico, Canada Agreement (USMCA)

O Tratado Norte-Americano de Livre-Comércio (Nafta) foi estabelecido em 1992 e funcionou até 2018, reunindo Canadá, Estados Unidos e México. Inicialmente, gerou a transferência de fábricas estadunidenses ao norte do México, em função da mão de obra mais barata. Chamadas de *maquilladoras*, essas empresas montavam produtos no território mexicano com peças que chegavam de diversos países.

Além do fluxo de mercadorias entre Estados Unidos e México, aumentou o fluxo de pessoas para o primeiro. Isso gerou tensões a ponto de o presidente estadunidense Donald Trump propor a construção de um muro entre os dois países para impedir a passagem de imigrantes pela fronteira.

O Canadá incrementou a atividade econômica com seu vizinho ao sul após o Nafta, mas ampliou a dependência comercial com ele. Porém, não existem problemas em relação à circulação de pessoas entre os países.

Em novembro de 2018, os três países, sob pressão dos Estados Unidos, eliminaram o Nafta e criaram o Acordo Estados Unidos, México e Canadá (United States, Mexico, Canada Agreement – USMCA), no qual foram revistas tarifas de exportação entre seus membros.

União Europeia

Resultado de um longo processo de integração de países europeus, a União Europeia (UE) passou a funcionar em 1993, quando em Maastricht, nos Países Baixos, foi adotado esse nome. Porém, o bloco, com sede em Bruxelas, na Bélgica, teve início bem antes, em 1945, com a reunião de Bélgica, Luxemburgo e Países Baixos. Um pouco depois, em 1952, surgiu a Comunidade Europeia do Carvão e do Aço (Ceca), que passou a contar ainda com França, Alemanha e Itália e liberou as taxas alfandegárias sobre a produção de carvão e aço entre eles. Passados cinco anos, foi estabelecido o Mercado Comum Europeu, também chamado de Comunidade Econômica Europeia (CCE), que também levou à integração econômica ao admitir o fluxo de trabalhadores entre esses membros.

Na reunião de Maastricht, foram dados passos importantes para a consolidação da UE, como a criação da moeda comum (o euro) e do Banco Central Europeu, que estabelece metas financeiras a serem seguidas pelos países-membros.

Líderes de países da União Europeia em cúpula em Bruxelas, na Bélgica, em 2017.

John Thys/Agência France-Presse

O Parlamento Europeu, formado por 751 deputados eleitos em seus países, tem três sedes, resultado de anos de negociações, sacramentadas em 1992. Estrasburgo, na França, recebe as reuniões ordinárias (uma por mês); em Bruxelas funcionam as comissões de trabalho e eventuais plenárias temáticas; e Luxemburgo recebeu a Secretaria. Cabe ao Parlamento Europeu definir temas relevantes, como orçamento e políticas ambientais e de produção agrícola e industrial. Essas políticas comuns devem ser seguidas pelos países-membros, que, em junho de 2018, eram 28.

Apesar de ser o bloco mais avançado em termos de integração, a UE não conseguiu estabelecer uma política externa nem Forças Armadas comuns. Para alguns analistas, crises como as de 2008 levaram o Banco Central Europeu a impor medidas econômicas restritivas a membros como Grécia e Irlanda, o que resultou no fortalecimento da Alemanha, que aumentou o mercado para seus produtos, além de se beneficiar com a presença de mão de obra mais barata em outros países do bloco.

Entretanto, a maior dificuldade ocorreu em 2016, quando, por meio de um plebiscito, o Reino Unido decidiu abandonar o bloco, chamado de Brexit. Cabe lembrar que, desde sua adesão à União Europeia, o Reino Unido não abriu mão de sua moeda, a libra esterlina, nem admitiu o livre fluxo de pessoas, como os demais países do bloco.

Brexit

Durante anos, o debate sobre a permanência do Reino Unido (formado por Escócia, Inglaterra, Irlanda do Norte e País de Gales) na União Europeia ficou sem uma solução prática.

Mas, em 23 de junho de 2016, foi realizado um plebiscito para decidir se o Reino Unido deveria permanecer como membro da União Europeia. A maioria (51,8% dos votos) optou pela saída, apelidada de Brexit (*Britain exit*). Como resultado, em 29 de março de 2017, o governo do Reino Unido comunicou que deixaria o bloco, dando início a um lento processo que envolvia diversos aspectos.

Parte desses temas estava nos debates pré-plebiscito. Os que queriam permanecer na União Europeia, em sua ampla maioria jovens das grandes cidades, argumentavam que estar no bloco aumentava as ofertas de trabalho, além de poderem cursar diferentes universidades europeias, que reconhecem o diploma em todo o bloco. Os que votaram pela saída representavam a população com mais idade, que questionava a presença de imigrantes no Reino Unido.

Diante do comunicado oficial, as partes começaram a discutir a transição para a saída do Reino Unido do bloco. A agenda dos negociadores é ocupada com temas como o reconhecimento de diplomas, o fluxo de estudantes, a permanência ou não de europeus residentes no Reino Unido, bem como de cidadãos britânicos que vivem na União Europeia, e também os custos da separação.

Por isso, a retirada definitiva ainda deve levar alguns anos. Nesse período, lideranças que visam à permanência na UE planejam ações para protelar a saída e ganhar tempo para, eventualmente, realizar um novo plebiscito que mude o resultado de 2016.

Tolga Akmen/Anadolu Agency/Getty Images

Local de votação do plebiscito sobre o Brexit em Londres, no Reino Unido, em 2016. Os votos da população mais velha e conservadora definiram a saída do Reino Unido da União Europeia.

Asean

Criada em 1967, a Associação das Nações do Sudeste Asiático (Asean) é composta de dez países-membros: Brunei, Camboja, Cingapura, Filipinas, Indonésia, Laos, Malásia, Mianmar, Tailândia e Vietnã. A sede fica em Jacarta, na Indonésia.

Essa associação está organizada em três eixos de ação: segurança política regional, integração econômica e integração cultural. No primeiro eixo, um dos objetivos é deixar a área livre de armas de destruição em massa, bem como evitar conflitos armados regionais.

A integração econômica teve como meta estabelecer uma área de livre-comércio entre os membros. Como resultado, Brunei, Cingapura, Filipinas, Indonésia, Malásia e Tailândia aceitaram que seus produtos tenham a mesma taxa alfandegária, de 5%. Já Camboja, Laos, Mianmar e Vietnã restringiram essa taxa a cerca de 60% dos produtos vendidos aos parceiros da Asean.

Em relação à promoção cultural, os países-membros estabeleceram um plano de ação para a cultura e a arte entre 2016 e 2025, para estimular a diversidade cultural e o resgate de tradições e histórias de seus povos.

Apec

A Cooperação Econômica Ásia-Pacífico (Apec), com sede em Cingapura, nasceu em uma reunião realizada em Seul, na Coreia do Sul, em 1989. Desse encontro participaram Austrália, Brunei, Canadá, Cingapura, Coreia do Sul, Estados Unidos, Filipinas, Indonésia, Japão, Malásia, Nova Zelândia e Tailândia. Atualmente, além desses países, também fazem parte China, Hong Kong e Taiwan (1991), México e Papua-Nova Guiné (1993), Chile (1994), Peru, Rússia e Vietnã (1998).

O objetivo da Apec é promover a integração econômica entre seus membros. Porém, há outros temas na pauta de trabalho, que envolvem questões como o controle do terrorismo, a promoção da saúde e o intercâmbio de práticas agrícolas.

No entanto, uma das dificuldades enfrentadas é a assimetria entre os membros. Se, de um lado, estão potências econômicas, como Estados Unidos e China, de outro, estão países menores, como Brunei e Papua-Nova Guiné. Por isso, alguns analistas apontam que a Apec pode se transformar em uma área de disputa comercial entre essas duas potências econômicas nos próximos anos.

SADC

A Comunidade de Desenvolvimento da África Austral (SADC), criada em 1992, é constituída por dezesseis países: África do Sul, Angola, Botsuana, Camarões, eSwatini, Lesoto, Madagascar, Malauí, Maurício, Moçambique, Namíbia, República Democrática do Congo, Seychelles, Tanzânia, Zâmbia e Zimbábue. Com sede em Gaborone, Botsuana, surgiu da Coordenação de Desenvolvimento da África Austral, em 1980.

Para estabelecer uma zona de livre-comércio, os países-membros concordaram em seguir uma agenda e adotar, paulatinamente, tarifas comuns no comércio entre eles. Além disso, chegaram a acordos para a conservação de biodiversidade, a produção energética e a gestão dos recursos hídricos.

3. Globalização financeira

Nos dias atuais, a circulação financeira ocorre, cada vez mais, por meios eletrônicos. Um usuário consegue acessar serviços bancários, previdenciários e de seguros, entre outros, pelo terminal bancário ligado à internet ou por um aplicativo de *smartphone* e, assim, fazer parte da globalização financeira.

Existem diversos tipos de transação financeira: compra de moeda estrangeira, compra e venda de ações, aplicações em fundos de pensão e de investimentos, crédito imobiliário, etc. O uso do "dinheiro de plástico", como são chamados os cartões para movimentação financeira, também é bastante difundido.

Carlos Ezequiel Vannoni/Ag. JCM/Fotoarena/Folhapress

Vendedor de rua recebe pagamento com cartão em Recife (PE), em 2014. O uso de cartão é bastante disseminado em alguns países, como no Brasil.

Operações de crédito e de débito podem ser realizadas por meio de um cartão desenvolvido graças ao avanço tecnológico da produção de *chips* com programas de criptografia. Além disso, seus dados podem ser usados para adquirir mercadorias ou serviços em portais de compra, muitos dos quais sediados em países distantes do Brasil.

Equipamentos mais recentes dispensam até o uso do cartão. Um pagamento pode ser feito por meio de *smartphones*, por exemplo, pela leitura de um código de barras pela câmera do celular ou, ainda, pela leitura digital do cliente, realizado ao encostar o próprio *smartphone* em uma máquina leitora.

A globalização financeira representa a ampliação da participação do capital em todos os setores da economia, como a agricultura, a pecuária, a indústria, os serviços e até em atividades tradicionais do Estado. Bolsas de valores, bancos e seguradoras realizam transações comerciais diárias com o objetivo de obter lucro com os investimentos. Trata-se de remunerar o dinheiro, um título ou uma ação sem atividade produtiva, o que gera muita preocupação de alguns pesquisadores.

Leia o trecho da entrevista do economista e professor da Pontifícia Universidade Católica de São Paulo Ladislau Dowbor, publicada na *Revista do Brasil*.

"Estamos frente a um sistema de agiotagem que paralisou o país"

"Não há nenhuma razão objetiva para os dramas sociais que vive o mundo. Se arredondarmos o PIB mundial para US$ 80 trilhões, chegamos a um produto per capita médio de US$ 11 mil. Isto representa US$ 3.600 por mês por família de quatro pessoas, cerca de R$ 11 mil reais por mês. É o caso também no Brasil, que está exatamente na média mundial em termos de renda. Não há razão objetiva para a gigantesca miséria em que vivem bilhões de pessoas, a não ser justamente o fato de que 'nenhum quadro de referência emergiu para guiar as políticas e as práticas': o sistema está desgovernado, ou melhor, mal governado e não há perspectivas no horizonte."

O trecho acima é uma das passagens do livro *A Era do Capital Improdutivo* (Outras Palavras & Autonomia Literária), do economista Ladislau Dowbor, professor titular de pós-graduação da Pontifícia Universidade Católica de São Paulo (PUC-SP). Na obra, ele mostra que o ponto fundamental que define o cenário econômico e social da maior parte do mundo não é propriamente a falta de recursos financeiros, mas sim sua apropriação por corporações que utilizam esses recursos para especular em vez de investir de forma produtiva. Uma esterilização que aprofunda as desigualdades e desenha um horizonte sombrio para o futuro do planeta. [...]

Em seu livro, o senhor fala do poder extremamente concentrado dos grandes grupos corporativos, com uma gigantesca concentração da riqueza no planeta e que opera por meio de mecanismos financeiros, o que resultou também na captura do poder político por esse reduzido grupo. Como chegamos a esse sistema de apropriação por uma minoria tão reduzida sem as pessoas se darem conta disso?

As pessoas não entendem mecanismos financeiros. Quando você compara em uma loja um produto com outro, quando te oferecem uma prestação de R$ 69,99 e outra de R$ 79 ao mês, em geral não se vê muita diferença. O cálculo atuarial não faz parte da nossa cultura e, no sistema de educação brasileiro, nunca se teve uma aula sobre a moeda, que é o principal estruturador da sociedade. Então, há um desconhecimento profundo dos mecanismos financeiros.

Fazer aplicações financeiras – comprar papéis, não se produzindo nada – rende em média, no mundo, 7% ao ano. Sem esforço nenhum, apenas pagando uma pequena comissão a uma entidade de intermediação, corretores financeiros, coisas do gênero. O progresso da produção não é de 7% ao ano, só a China tem esse índice, mas, no mundo, esse ritmo gira em torno de 2% a 2,5% ao ano. Ou seja, produzir rende muito menos do que as aplicações financeiras.

Quem faz aplicações financeiras são os ricos. As pessoas sequer sabem o que é ganhar 7% ao ano sobre capital parado. Se você tem um bilhão de dólares e aplica a uma modesta taxa de rendimento de 5% ao ano, ganha 137 mil dólares ao dia. Quando o bilionário ganha 137 mil dólares por dia, isso entra na conta dele diariamente, e esse dinheiro se incorpora aos 5% que estão rendendo. Vira uma bola de neve e você passa a ter uma massa de capitais improdutivos, imensa, que é drenada dos processos produtivos pela razão de que esse tipo de dinheiro vai atrás de onde pode render mais. Não só rende mais na aplicação financeira, como rende mais sem precisar de esforço, obviamente isso acaba descapitalizando o setor produtivo.

Ao mesmo tempo, tem-se o aumento da desigualdade, porque o 1% ou um décimo de 1% enriquece de maneira fenomenal, mas esse dinheiro não se reverte em investimento em bens e serviços. Tem-se ao mesmo tempo o aumento de desigualdade e uma relativa estagnação econômica. Nesse sentido, é um capital improdutivo [...].

FARIA, Glauco. "Estamos frente a um sistema de agiotagem que paralisou o país". Disponível em: <www.redebrasilatual.com.br/revistas/131/estamos-frente-a-um-sistema-de-agiotagem-que-paralisou-o-pais>. Acesso em: 14 ago. 2018.

Daniel Roland/Agência France-Presse

Pregão da Bolsa de Valores de Frankfurt, na Alemanha, em 2018.

1. Com base na leitura do texto, discutam, em grupos:
   a) Para o autor, qual é o setor econômico com maior rendimento? Justifiquem.
   b) Por que o livro recebeu o título *A era do capital improdutivo*?

2. Reúna-se com três colegas e, juntos, escolham um produto e façam uma pesquisa de preços na internet. Comparem os juros praticados para pagamento parcelado em diferentes *sites* e avaliem onde é mais vantajoso comprar.

Para alguns autores, o crédito fácil oferecido a pessoas, empresas e governos leva à financeirização da vida, que hoje afeta grande parte dos países. Para a população, o crédito para adquirir bens duráveis ou mesmo para financiar despesas cotidianas ocorre por empréstimos bancários, com cobrança de juros (em alguns países, como o Brasil, elevados), ou com crédito oferecido por empresas de cartão de crédito, que também cobram juros em caso de não pagamento da dívida. Empresas também podem tomar dinheiro emprestado para pagar compromissos com fornecedores e até com seus empregados. E os diferentes níveis de governo recebem empréstimos para investir em infraestrutura ou em serviços de áreas como educação e saúde.

Quando esses compromissos não são pagos ou quando se suspeita de que não serão honrados, tem-se uma crise financeira. Portanto, essa teia de relações está baseada na confiança de pagamento. Se for quebrada, cria-se um efeito dominó, que chega aos mais distantes pontos do planeta presentes na rede financeira.

Também faz parte da globalização financeira o chamado **dinheiro sujo**, que resulta de negócios ilícitos, envolvendo corrupção, tráfico de drogas, de armas, de pessoas e de órgãos humanos, entre outros. O volume de recursos que circula com a prática dessas atividades ingressa no capitalismo financeiro e alimenta a bolha especulativa que percorre países em busca de remuneração rápida, obtida quando os juros estão elevados.

Nesse processo, os paraísos fiscais são um importante nó. Neles, empresas e indivíduos circulam seus recursos financeiros para "legitimar" sua origem. Incentivos fiscais, como a cobrança de baixas taxas de impostos e, principalmente, a não indagação da origem dos recursos estão na base de um paraíso fiscal. Muitos países vivem desse tipo de atividade; em geral são países pequenos e funcionam como sedes de empresas, legais ou ilegais.

4. Globalização e cultura

A cultura reflete um conjunto de ações humanas desenvolvidas em sociedade. Vestuário, música, idioma, crença religiosa, dança, valores morais, entre outros aspectos, formam a cultura de um povo. Trata-se de uma manifestação coletiva que dá significado à existência de um indivíduo perante um grupo.

No mundo, existem múltiplas expressões culturais que convivem nem sempre de modo harmônico. A intolerância está presente no cotidiano e deve ser combatida em favor do respeito à diferença.

Com a profusão de informações veiculadas pela televisão, internet ou por produtos culturais (filmes, exposições, livros, entre outros), verifica-se um choque entre valores de determinados grupos sociais. Esse atrito pode gerar conflitos, mas também pode estimular o intercâmbio de valores e práticas sociais e, por isso, as culturas são modificadas ao longo do tempo. Os grupos sociais recriam valores, avançam em conhecimentos sobre a realidade que os cercam e desenvolvem novos instrumentos que podem ser usados na resolução de problemas.

No contexto da globalização, é possível observar que ocorre uma mistura de culturas; no entanto, há também uma tentativa de padronizar comportamentos. Para alguns autores, existiria uma indústria cultural globalizada. Campanhas publicitárias e produtos que circulam mundialmente representariam essa tendência por meio da moda e de outros hábitos de consumo, por exemplo.

Diante da capacidade de produção atual, a globalização econômica procura criar hábitos de consumo mundiais para facilitar a venda de produtos fabricados em grandes quantidades. No caso da moda, é comum que peças à venda no verão do hemisfério norte sejam encontradas posteriormente no hemisfério sul, com a chegada do verão. Desse modo, a produção em quantidade elevada se torna viável, já que existirão compradores para essas mesmas peças em diferentes meses do ano.

// Desfile na Milão Fashion Week, na Itália, em 2018. A tendência de moda das passarelas europeias pode ser vista, em poucos meses, nos mais diversos locais do planeta.

Pietro D'aprano/Getty Images

Diálogo com Sociologia

Leia o texto a seguir, extraído da entrevista com Zygmunt Bauman.

Nossos ancestrais eram esperançosos: quando falavam de "progresso", se referiam à perspectiva de cada dia ser melhor do que o anterior. Nós estamos assustados: "progresso", para nós, significa uma constante ameaça de ser chutado para fora de um carro em aceleração. De não descer ou embarcar a tempo. De não estar atualizado com a nova moda. De não abandonar rapidamente o suficiente habilidades e hábitos ultrapassados e de falhar ao desenvolver as novas habilidades e hábitos que os substituem. Além disso, ocupamos um mundo pautado pelo "agora", que promete satisfações imediatas e ridiculariza todos os atrasos e esforços a longo prazo. Em um mundo composto de "agoras", de momentos e episódios breves, não há espaço para a preocupação com "futuro". [...]

PADRO, Adriana. Zygmunt Bauman: "Vivemos tempos líquidos. Nada é para durar". *IstoÉ*, ed. 240, 24 ago. 2018. Disponível em: <https://istoe.com.br/102755_VIVEMOS+TEMPOS+LIQUIDOS+NADA+E+PARA+DURAR+/>. Acesso em: 27 ago. 2018.

1. Reúna-se com três colegas e, juntos, discutam a ligação entre progresso e globalização e sua relação com a cultura.

5. Globalização solidária

Nos últimos tempos, alguns autores passaram a defender outra globalização, como bem definiu o professor e geógrafo Milton Santos. Para se diferenciar do outro modelo, esse movimento é definido como a busca de uma globalização solidária, ou mundialização, como preferem alguns autores e movimentos sociais, que seria construída por grupos sociais descontentes com a globalização hegemônica e seus impactos.

Essa globalização solidária estabelece que os avanços tecnológicos e científicos devem proporcionar o intercâmbio entre sociedades e governos e não devem estar subjugados ao controle privado de empresas transnacionais e instituições financeiras.

Nessa perspectiva, vários movimentos e associações da sociedade civil organizam fóruns para discutir alternativas. Um dos mais conhecidos é o Fórum Social Mundial, que busca discutir problemas sociais e econômicos. Esse fórum já foi realizado em vários países, com a maioria das edições no Brasil, em Porto Alegre (RS).

Parte desses movimentos se manifesta como antiglobalização. Na crise de 2008, vários manifestantes se reuniram em locais públicos nos Estados Unidos e em alguns países europeus com essa bandeira. Esses movimentos também costumam estar presentes em reuniões de chefes de Estado e de governo, mas do lado de fora, em manifestações de rua.

CIDADANIA E FÓRUNS MUNDIAIS

Fórum Social Mundial

Nascido em 2001 no Brasil, o Fórum Social Mundial (FSM) é o maior encontro da sociedade civil para encontrar soluções para os problemas do nosso tempo, construindo alternativas concretas ao modelo econômico neoliberal e às políticas baseadas na exploração dos seres humanos e da natureza.

O FSM é um lugar de convergência de movimentos sociais, de liberdade de expressão, de troca entre cidadãos, de manifestação artística, de reivindicação e de inspiração. Isso gera compromissos concretos e leva ao desenvolvimento de estratégias de ação em rede. Sua vocação: construir juntos e num espírito de solidariedade internacional, um mundo melhor com justiça social e ambiental, a economia social e solidária, a democracia participativa e o reconhecimento da igualdade e dignidade de todos. [...]

FORUM Social Mundial 2016. S'informer. Disponível em: <https://fsm2016.org/sinformer/>. Acesso em: 27 ago. 2018.

O Fórum Econômico Mundial

O Fórum envolve líderes políticos, empresários e outros líderes da sociedade para discutir planos globais, regionais e industriais [...].

Criada em 1971, como uma organização não governamental e está sediada em Genebra, na Suíça. [...] O Fórum empenha-se em todos os seus esforços para demonstrar o empreendedorismo de interesse global, mantendo os mais altos padrões de governança. [...]

WORLD Economic Forum. Our Mission. Disponível em: <www.weforum.org/about/world-economic-forum>. Acesso em: ago. 2018.

1. Em grupos, identifiquem pontos comuns e divergentes nos objetivos de cada Fórum. Depois, comparem as discussões e verifiquem as estratégias de cada um.

6. Consumo consciente e comércio justo

Consumo consciente

A compra de uma mercadoria está associada a uma série de fatores. O **consumo consciente** é uma forma de adquirir um produto somente depois de se fazer uma série de perguntas: eu realmente preciso desse produto? Qual uso vou fazer dele? Ele atende a uma necessidade pessoal ou é uma compra de impulso gerado pela propaganda?

Trata-se de, como consumidor, estabelecer um compromisso de adquirir apenas o que é necessário, além de dar um destino adequado após o uso. Quem fabrica a mercadoria também deve fazer parte desse compromisso.

A indústria que produz esses bens deve apresentar relatórios com sua forma de operar e com os impactos ambientais, sociais, econômicos e políticos de suas práticas. Para averiguar os caminhos usados pela empresa, em geral, ela se submete a uma avaliação externa, também chamada de **auditoria**, que vai verificar se os passos indicados no relatório são cumpridos, além de eventualmente sugerir mudanças em etapas da produção.

Essa tarefa é realizada por empresas especializadas e existem muitas metodologias para avaliar os impactos da produção de uma mercadoria. De acordo com a Conferência das Nações Unidas sobre Comércio e Desenvolvimento (Unctad), são cerca de quatrocentos tipos de avaliação usados em mais de sessenta países.

James MacDonald/Bloomberg/Getty Images

Ponto de coleta de lixo eletrônico, em Toronto, no Canadá, em 2016. No Brasil, essa prática ainda não é tão difundida.

As mudanças na produção envolvem etapas da cadeia de produção industrial. Muitas vezes, elas devem ocorrer fora da fábrica; por exemplo, quando envolvem a compra de energia e de matéria-prima. Ou podem ser feitas no interior da fábrica, por meio de mudanças tecnológicas que tornam o trabalho mais eficiente, desde que não dispensem mão de obra.

Entretanto, as mudanças também devem ser adotadas pelo grupo social que realiza o consumo. O consumo consciente ocorre pela percepção, por parte do indivíduo, das práticas socioambientais que minimizam os impactos desde a produção industrial até o descarte do bem.

No consumo consciente, é preciso conhecer cada etapa envolvida na geração do produto. A começar pelas matérias-primas usadas em sua confecção, para saber como são extraídas, além de questionar como é gerada a energia utilizada nessa etapa. Depois, o transporte do material até a fábrica deve ser eficiente para diminuir a emissão de gases poluentes. Em seguida, deve-se observar como são as condições de trabalho dos operários na fábrica, bem como as fontes de energia usadas para movimentar as máquinas.

O pós-consumo implica saber o que será feito do produto após o seu uso. Um *smartphone*, por exemplo, contém minerais raros na natureza, que podem ser separados depois do descarte do aparelho e destinados à produção de outros objetos. O volume de material que poderia ser recuperado se isso ocorresse com tudo o que é produzido e vendido no mundo é bastante grande. Pense nas roupas e nos sapatos que são comprados e logo descartados, ou no material necessário para produzir um ônibus, por exemplo. Preocupados com isso, alguns países, como Alemanha e Japão, já têm leis que obrigam as empresas a recolher os produtos que fabricam após o uso, com o objetivo de dar novo destino a eles, para que possam ser reciclados ou reutilizados.

Comércio justo

Outro conceito associado ao consumo consciente é o comércio justo. Esse movimento teve início nos Estados Unidos na década de 1940, depois ganhou impulso nos Países Baixos na década de 1960 e apareceu na Conferência das Nações Unidas para o Comércio e Desenvolvimento (CNUCED), de 1964, realizada em Genebra (Suíça), quando países mais pobres sugeriram que houvesse menos ajuda internacional e mais comércio a preço justo, ou seja, pediam um preço mais equilibrado para as *commodities* que exportavam. Trata-se, portanto, de um movimento internacional que visa garantir novas práticas comerciais para salvaguardar as comunidades locais, suas tradições, o ambiente, além de remunerar melhor os países mais pobres pelo fornecimento de matéria-prima.

O comércio justo define um preço aos produtos, garantindo a manutenção da comunidade envolvida em sua produção e também a diminuição dos impactos ambientais. É outra forma de remunerar o trabalho, na qual o preço do produto não é definido apenas por seus custos e para a obtenção de lucro. Entram variáveis como as práticas tradicionais e os serviços ambientais.

Serviços ambientais: processos naturais que resultam em benefícios à sociedade, como a manutenção do ciclo da água.

Com base no movimento do comércio justo, uma comunidade que extrai determinado recurso natural sem esgotá-lo recebe um valor suplementar pelo serviço ambiental associado ao que está prestando, isto é, pela manutenção de uma área protegida. Portanto, essa forma de comércio evita o esgotamento do recurso natural, além de reconhecer a importância da conservação ambiental por meio de um preço final mais equilibrado, pago a quem trabalha em uma área protegida.

Consumo consciente e comércio justo estão entrelaçados. Na produção de cosméticos, por exemplo, a matéria-prima de perfumes ou cremes deve ser extraída sem exaurir os solos, conservando as fontes de água e retirando uma quantidade de espécies vegetais que não comprometa a dinâmica natural de modo expressivo. Além disso, deve-se observar como ocorre o trabalho na colheita e na manipulação da planta. A comercialização também deve ocorrer em condições justas e, por fim, os fabricantes devem se responsabilizar pelo recolhimento do que sobrou do produto, como as embalagens, e dar destino adequado a esse material.

Alex Argozino/Arquivo da editora

Elaborado com base em: SEBRAE. O que é *fair trade* (comércio justo). Disponível em: <www.sebrae.com.br/sites/PortalSebrae/artigos/o-que-e-fair-trade-comercio-justo,82d8d1eb00ad2410VgnVCM100000b272010aRCRD>. Acesso em: 15 ago. 2018.

Organização Mundial do Comércio Justo

O movimento pela criação da Organização Mundial do Comércio Justo começou em 1987, em uma conferência realizada em Berlim, na qual surgiu a Organização de Comércio Alternativo. Dois anos mais tarde, essa organização foi transformada na Federação Internacional de Comércio Alternativo.

Em 2002, já faziam parte 180 organizações de 55 países. Esse crescimento passou a ser reconhecido por meio de convites para participar de reuniões da Organização Mundial do Comércio.

Em 2008, a Federação ganhou novo regimento e foi transformada na Organização Mundial do Comércio Justo. A partir daí, definiu-se comércio justo como

> [...] uma parceria comercial, baseada no diálogo, transparência e respeito, que busca maior equidade no comércio internacional. Contribui para o desenvolvimento sustentável, oferecendo melhores condições comerciais e garantindo os direitos dos produtores e trabalhadores marginalizados – especialmente do sul.
>
> As organizações de comércio justo estão claramente comprometidas com o comércio justo como o principal ponto de sua missão. Apoiadas pelos consumidores, estão ativamente envolvidas no apoio aos produtores, na conscientização e na campanha por mudanças nas regras e na prática do comércio internacional convencional. [...]

WFTO. Fair Trade. Disponível em: <https://wfto.com/fair-trade/definition-fair-trade>. Acesso em: 27 ago. 2018. (Texto traduzido pelos autores.)

Em 2018, a Organização Mundial do Comércio Justo reunia 400 organizações de 73 países, envolvendo cerca de 110 milhões de pessoas e movimentando mais de 2 bilhões de dólares.

7. O capitalismo verde e o *greenwashing*

Capitalismo verde é o nome dado ao conjunto de técnicas de uma produção que visa diminuir os impactos sociais e ambientais. Baseia-se na maior eficiência da produção, obtida pela redução do consumo de energia, de materiais e dos custos de transporte. Ou seja, busca-se uma produção mais racional, que evite o desperdício de material e energia.

Depois da Conferência das Nações Unidas sobre o Meio Ambiente e o Desenvolvimento (Rio-92), difundiu-se, em escala planetária, a ideia de que os impactos ambientais e a extração racional dos recursos naturais deveriam ser consideradas pelo sistema capitalista. A partir desse marco, o chamado capitalismo verde ganhou força nos discursos empresariais e dos chefes de governo. Porém, muitos autores o criticam porque ele não questiona o modelo de produção e o consumo dos bens.

Além disso, muitas empresas adeptas do capitalismo verde, segundo esses mesmos especialistas, praticam o *greenwashing* – termo em inglês em que se faz a junção das palavras *green* (verde) e *washing* (lavagem). Em termos práticos, uma empresa é acusada de *greenwashing* quando afirma que suas atividades e produtos contemplam aspectos de proteção social e ambiental, os quais não são comprovados ao serem avaliados. Ou, ainda, se apenas uma das etapas tem cuidados sociais e ambientais, mas passa-se a ideia de que a cadeia toda segue esses cuidados.

Dica de *site*

Portal do Consumo Responsável
Disponível em: <http://consumoresponsavel.org.br/>. Acesso em: 15 ago. 2018.
Nesse *site* é possível encontrar informações sobre onde adquirir produtos oriundos do comércio justo e da agroecologia.

Zig Koch/Pulsar Imagens

Coleta de castanha-do-pará na Reserva de Desenvolvimento Sustentável do Rio Iratapuru, em Laranjal do Jari (AP), em 2017.

E no Brasil?

Por que não existe uma tomada única para todos os países?

Quem viaja com frequência sabe que, além do passaporte e dos cartões, uma das coisas a colocar na mala é um chamativo adaptador de tomadas. [...] Por que não se adota um padrão universal?

Existem 15 tipos de tomadas no planeta, segundo a Comissão Electrotécnica Internacional (IEC, na sigla em inglês). Também existem diferentes frequências e voltagens que às vezes causam problemas quando se quer usar aparelhos elétricos no exterior. [...]

Uma das razões pelas quais diferentes regiões do mundo conceberam formas distintas de tomada está no fato de ser uma invenção própria de um mundo pré-globalização. [...]

Os engenheiros só puderam se ocupar da universalização das tomadas após o fim da Segunda Guerra Mundial, quando os países já tinham a maior parte de sua infraestrutura criada. "Desde o início do século até 1947 são mais de 40 anos nos quais esse tipo de produto foi desenvolvido sem qualquer padronização. [...]".

MARTÍNEZ, Héctor L. Por que não existe uma tomada única para todos os países? *El País*, 28 fev. 2018. Disponível em: <https://brasil.elpais.com/brasil/2018/02/23/tecnologia/1519393770_623687.html>. Acesso em: 27 ago. 2018.

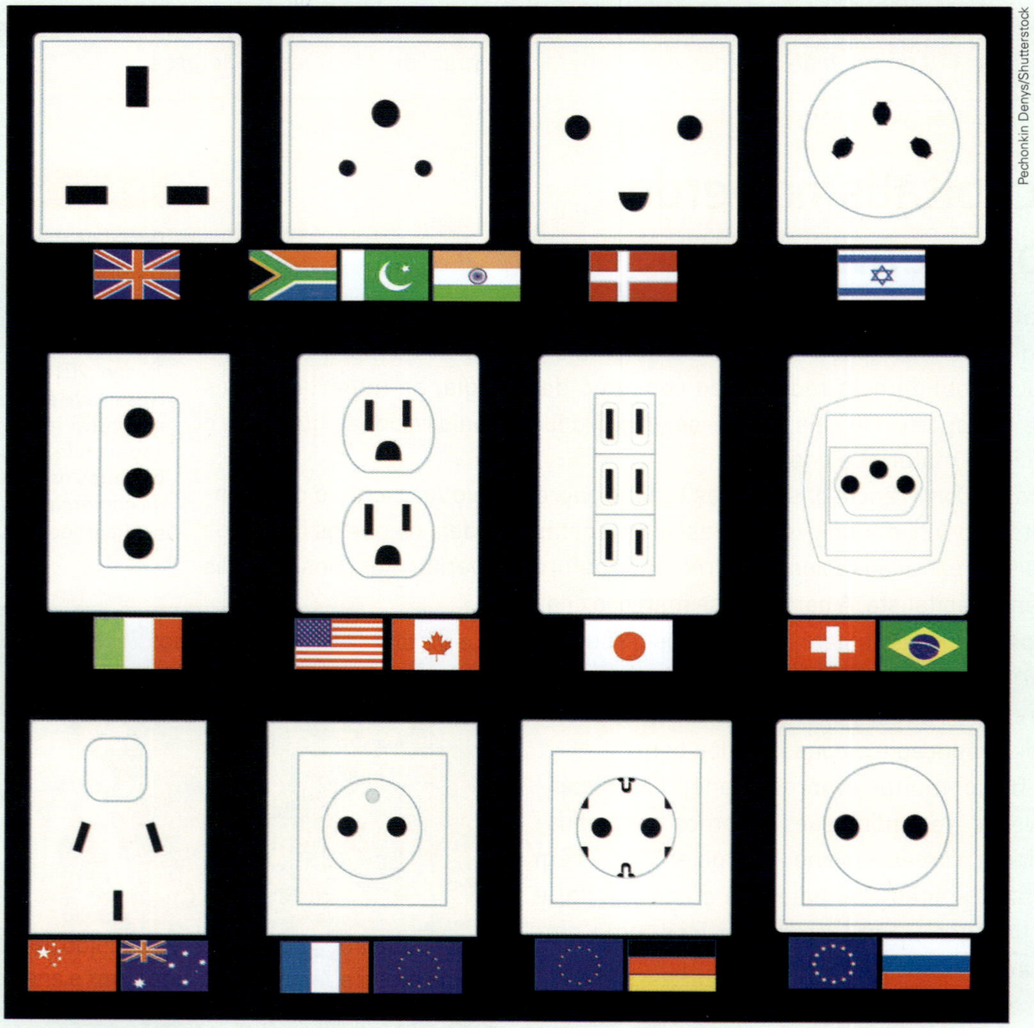

Diferentes tomadas adotadas no mundo.

1. Após a leitura do texto, discuta com os colegas sobre a globalização e o consumo consciente no Brasil e em outros países.

Reconecte

Revisão

1. Faça uma dissertação sobre globalização na qual estejam presentes os conceitos de globalização econômica, globalização financeira e mundialização.

Interpretação de texto

2. Leia o poema "O sistema", de Eduardo Galeano. Depois, debata com os colegas os aspectos negativos do sistema apresentado pelo autor em diferentes dimensões e entre diferentes agentes sociais.

O sistema

Os funcionários não funcionam.
Os políticos falam mas não dizem.
A sociedade vota porém não elege.
Os meios de comunicação desinformam.
As escolas ensinam a ignorar.
Os juízes condenam as vítimas.
Os militares estão em guerra contra seus compatriotas.
A polícia não combate o crime porque está ocupada em cometê-lo.
As bancarrotas se socializam, os lucros são privatizados.
É mais livre o dinheiro do que as pessoas.
As pessoas estão a serviço das coisas.

GALEANO, Eduardo. *EL libro de los abrazos*. 3. ed. Cidade do México: Siglo Veintiuno, 1990. p. 117. (Texto traduzido pelos autores.)

Pesquisa

3. Em grupos, realizem uma pesquisa na internet sobre práticas de consumo consciente associadas ao comércio justo.
   a) Escolham um produto e considerem os seguintes itens em um debate:
      - práticas que geram impacto ambiental no solo, na água, na extração de matérias-primas ou poluição;
      - práticas como o não uso de trabalho infantil e trabalho escravo, respeito a direitos trabalhistas, bem como se o preço garante a manutenção da comunidade envolvida na produção;
      - ações pós-consumo sobre os produtos.
   b) Depois do debate, digam se comprariam o produto selecionado ou não. Justifiquem.

Análise de charge

4. Observe a charge a seguir e a relacione à produção de roupas no contexto da globalização.

© 2013 Matt Wuerker/Dist. by Andrews McMeel Syndication

Charge de Matt Wuerker, 2013.

Resumo

- A globalização representa uma forma de produzir que integra diferentes países do mundo.
- As empresas transnacionais são importantes na globalização econômica por produzirem em larga escala para diferentes mercados consumidores.
- No processo da globalização, a atuação de instituições, como a Organização Mundial do Comércio, é importante por regulamentar o comércio entre os países.
- Na globalização econômica, os blocos de países podem ampliar a base territorial comum na qual são praticadas as mesmas condições de comércio, o que facilita as trocas comerciais entre os países-membros.
- Na globalização financeira, o fornecimento de crédito é fundamental, tanto a indivíduos como a empresas e governos.
- A globalização procura criar uma padronização cultural para facilitar a venda de produtos.
- Os movimentos questionam a globalização e propõem uma globalização solidária, baseada no compartilhamento de conhecimentos.
- Questões levantadas pelo consumo consciente: o que consumir; para que consumir; como é feito o produto; o que será feito com ele após o uso.
- O comércio justo visa remunerar adequadamente o trabalho de comunidades, considerando aspectos que vão além dos custos tradicionais.

CAPÍTULO

8

Economia da informação: nova fonte de acumulação?

A economia da informação envolve dados, informação e conhecimento. Atuam nesse processo cientistas, escritores e educadores, além de novos profissionais que surgiram com seu aparecimento, como especialistas em desenvolvimento de linguagens e conteúdos para a rede mundial de computadores, a internet.

Os avanços de infraestrutura física, com o surgimento do transistor, do telefone, de computadores e de satélites, foram fundamentais para que a economia da informação atingisse escala mundial. Ao longo dos anos, esses objetos incorporaram e construíram tecnologias de informação e comunicação.

Milhares de transações econômicas acontecem em minutos durante todo o dia e a noite para viabilizar negócios na economia da informação, que opera em um tempo diferente do da economia convencional. Os relógios funcionam 24 horas para investimentos, que migram por países e bolsas de valores sem interrupção.

Um dos motores desse modo de operar capitalista é o *big data*, que reúne dados de pessoas e empresas espalhadas por todo o mundo. Funciona como um arsenal de onde são retiradas estratégias de mercado e de atração de consumidores.

Embora tenha contribuído para muitos avanços, a economia da informação também oferece riscos. Notícias falsas, as chamadas *fake news*, largamente difundidas, podem prejudicar ou influenciar milhões de pessoas no planeta, com sérias consequências.

Esses fatores resultam em uma geografia da economia da informação que reflete essa teia de relações, seus fluxos e contradições.

// Alguns segundos são suficientes para uma informação viajar por países e até por continentes.

Ekaphon maneechot/Shutterstock

EM FOCO

Nova lei de proteção de dados entra em vigor na Europa

Novas regras europeias de privacidade que entram em vigor [...] obrigam empresas a ficarem mais atentas à maneira como lidam com os dados de clientes e dão aos consumidores mais possibilidades de controlar seus dados.

O Regulamento Geral sobre a Proteção de Dados (RGPD) da União Europeia (UE) substitui o emaranhado de regras do bloco datadas de 1995 e prevê multas de até 20 milhões de euros.

Muitos defensores da privacidade em todo o mundo saudaram a nova legislação como um modelo para proteção de dados pessoais na era da internet, que deveria ser seguido fora do continente europeu.

Críticos, porém, afirmam que as novas regras são excessivamente onerosas, especialmente para pequenas empresas. Anunciantes e editoras expressaram preocupação em relação a dificuldades de encontrar clientes.

Antes, cada Estado-membro da UE podia decidir até que ponto queria implementar a diretiva da UE sobre proteção de dados. Agora, os países não têm mais essa escolha.

O Regulamento Geral sobre a Proteção de Dados garante a cada indivíduo residente na UE os seguintes direitos:

- de acessar dados relativos a si mesmo;
- de apagar ou ser esquecido;
- de ser informado sobre como seus dados pessoais são usados;
- de retificação de dados pessoais imprecisos;
- de restringir o processamento de dados pessoais;
- de portabilidade de dados (obter e reutilizar dados entre serviços);
- de refutar o processamento de dados pessoais;
- de não ser sujeito a decisões automatizadas. [...]

Empresas, organizações ou qualquer outra entidade envolvida no processamento de dados de cidadãos europeus devem informar as autoridades em até 72 horas se houver uma violação de dados. Elas também são responsáveis por comunicar os usuários em caso de comprometimento de seus dados pessoais.

As novas normas valem tanto para entidades localizadas dentro da União Europeia quanto para entidades de fora que fornecem bens ou serviços a residentes do bloco ou monitoram o comportamento de cidadãos europeus. [...]

Os dados pessoais não estão protegidos pelo RGPD se usados para segurança nacional, análise estatística e vínculos empregatícios (devido a uma legislação que já rege tais relações), entre outros fins.

NOVA lei de proteção de dados entra em vigor na Europa. *DW*, 25 maio 2018. Disponível em: <www.dw.com/pt-br/nova-lei-de-prote%C3%A7%C3%A3o-de-dados-entra-em-vigor-na-europa/a-43926429>. Acesso em: 9 jul. 2018.

1. Explique de que forma o RGPD protege os usuários da internet.

2. Releia os direitos de cada indivíduo listados no texto. Em sua opinião, é importante proteger a privacidade do internauta? Por quê?

Funtap/Shutterstock

1. Bases técnicas da economia da informação

Uma das bases da economia da informação é o uso de tecnologias que permitem transportar e acessar rapidamente uma grande quantidade de dados. Esse fluxo cresceu ao longo da história, desde que se começou a desenvolver invenções técnicas importantes.

A telecomunicação, ou seja, a distribuição de informações a distância, expande-se desde a década de 1830. Nessa época, foi criado o telégrafo elétrico, que foi o primeiro e o principal sistema de transmissão a longa distância até o início do século XX. O telégrafo baseia-se na distribuição da informação por meio do código Morse, composto de pontos e traços (sinais curtos e longos), alternados, correspondentes a letras e algarismos.

Entre o fim do século XIX e o início do XX, o desenvolvimento do telefone e do rádio revolucionou a maneira de se comunicar, assim como a invenção do transistor. Ele substituiu as válvulas que regulavam o fluxo de elétrons e causou uma grande mudança na produção de equipamentos elétricos, como o rádio, que se tornou menor e portátil. Desde então, houve muitos avanços em pesquisa e desenvolvimento.

Transistor: componente eletrônico semicondutor utilizado como amplificador de sinal (tensão), comutador de circuitos e amplificador e regulador de corrente.

Nesse período, também surgiram os televisores, um equipamento que foi se popularizando principalmente após a Segunda Guerra Mundial, quando se tornou mais acessível.

Hulton-Deutsch Collection/Corbis/Getty Images

Operadoras de telégrafo enviam mensagem em código Morse, em 1932.

A transmissão dos sinais de TV foi possível graças ao desenvolvimento de satélites artificiais, que foram colocados na órbita terrestre para captar e retransmitir dados de diversas ordens, alguns deles exclusivos para informações bancárias. O primeiro satélite foi lançado pela antiga União das Repúblicas Socialistas Soviéticas (URSS) e chamava-se Sputnik 1.

Com os satélites, surgia a possibilidade de enviar dados de um ponto a outro do planeta em tempo real. No entanto, faltava a construção de uma rede de transmissão terrestre que pudesse ser articulada a eles para propagar as informações.

O surgimento da internet foi uma resposta à ameaça da URSS na Guerra Fria. A ideia de usar computadores para transmitir dados era uma forma de dispersar a informação pelo território e, desse modo, impedir que um ataque destruísse uma base de comunicações e parasse todo o sistema de telefonia dos Estados Unidos. A rede cresceu e, hoje em dia, interliga pessoas pelo mundo.

Sovfoto/UIG/Fotoarena

Técnico soviético trabalha no Sputnik 1, em 1957. Em 4 de outubro do mesmo ano, o satélite era colocado em órbita terrestre.

Ao longo dos últimos anos, um conjunto de inovações tecnológicas possibilitou a emergência da economia da informação. Esse conjunto é chamado de **tecnologias de informação e comunicação** (TICs), e envolve mercadorias (materiais e imateriais) ligadas a armazenagem, manipulação, processamento, transmissão, divulgação e uso de informações. Em outras palavras, as TICs correspondem a todas as tecnologias que se relacionam à informação e à comunicação (*hardwares*, *softwares* e aplicativos, infraestrutura de telecomunicações, etc.).

O desenvolvimento das tecnologias de informação e comunicação não se refere apenas ao setor produtivo. Ele chegou a outras dimensões, como a social, a política e a cultural. Do ponto de vista econômico, isso tem transformado os padrões produtivos em todo o mundo. O fenômeno da globalização, como se verifica atualmente, só é possível por causa dos avanços das TICs, que permitem ampliar as relações sociais e a integração econômica entre países por meio de fluxos intensos de mercadorias e de informações entre diferentes unidades de produção.

As TICs também mudaram o comportamento das pessoas e facilitaram a produção cultural. Se antes eram necessários equipamentos caros para fazer um vídeo, hoje em dia é possível gravar em um *smartphone* e depois editar o material para postá-lo em uma plataforma digital. Ou seja, criar conteúdo audiovisual não é mais exclusividade de emissoras de televisão. Dessa maneira, por exemplo, algumas comunidades com população de renda mais baixa já conseguem produzir e difundir programas com foco em suas demandas locais.

Prometeo Lucero/ZUma Press/Fotoarena

Rádio comunitária em Huamuxtitlán, no México, em 2013. A disseminação da tecnologia permite que, com criatividade e poucos recursos, qualquer pessoa produza conteúdos.

2. Economia da informação

A partir da segunda metade do século XX, pesquisadores começaram a observar um grande crescimento de atividades não agrícolas e não industriais que envolviam mais informação e conhecimento para que fossem desenvolvidas. O ritmo acelerado desse crescimento fez que inicialmente se afirmasse que a economia caminhava para uma era pós-industrial. Muitos associaram esse momento ao crescimento do setor terciário na economia. Isso ocorreu, mas não foi suficiente para explicar os processos em curso.

Com o tempo, principalmente a partir dos anos 1970, a relação entre economia e informação tornou-se mais evidente. Denominada **economia da informação**, é resultado da utilização de informações e do conhecimento como mercadoria aplicada às atividades econômicas. O desenvolvimento da economia da informação foi condicionado por alguns fatores importantes, como a percepção da insustentabilidade do consumo crescente de matéria e energia barata e da limitação do modelo fordista de produção (pautado na padronização e na divisão do trabalho).

A informação em si não é material nem tem capacidade de realizar trabalho por meio do uso de energia. Mas ela pode ser armazenada em um meio físico – como um disco rígido –, na nuvem ou, ainda, ser transmitida fisicamente – como em um sinal de rádio. O *bit* é a menor unidade de informação que pode ser transmitida ou armazenada.

Nuvem: a computação em nuvem refere-se ao armazenamento de dados em um servidor, em discos rígidos em rede. Com a nuvem, é possível acessar todos os arquivos em qualquer lugar com acesso à internet e em qualquer dispositivo.
***Bit*:** dígito binário; é a menor unidade na transmissão de dados. O sistema binário permite representar uma informação pela combinação de dois números: 0 e 1.

É muito importante fazer a distinção entre dados, informação e conhecimento. Os **dados** são todos os registros sem tratamento, que ficam guardados em alguma base física. São matéria-prima para a **informação**, que corresponde à organização desses dados. Mas somente o processamento das informações leva ao **conhecimento**, ou seja, o conhecimento é o resultado das relações entre as informações obtidas com base nos dados e tem sempre uma finalidade.

A base desse sistema são os dados, que devem estar armazenados e disponíveis. Essas informações formam o *big data*, que se refere ao imenso volume de informações estruturadas e não estruturadas gerado a cada segundo no mundo todo.

Science Photo Library/Fotoarena

O Eniac, o primeiro computador do mundo, foi desenvolvido a pedido do exército dos Estados Unidos e ocupava uma área de 180 m^2. Sua capacidade de processar informação era muito menor que a de um *smartphone* atual.

Graças à microeletrônica, os custos de armazenagem caíram e, ao mesmo tempo, aumentou a capacidade de guardar dados. Portanto, a informação e o conhecimento cresceram porque se expandiu a base de dados, possibilitando inúmeras projeções em programas de computador. Hoje, robôs e inteligência artificial conseguem operar sobre uma base de dados, criando relações mais rápidas que no cérebro humano. Esse conjunto de fatores ampliou radicalmente o uso de dados, bem como a importância em acessá-los.

Servidor em Karlsruhe, na Alemanha, em 2018. Essas centrais guardam dados do mundo todo e possibilitam o armazenamento em nuvem, o que não existia há pouco tempo.

O crescimento da economia da informação resulta de importantes avanços tecnológicos alcançados nas últimas décadas. Investimentos em pesquisa e desenvolvimento, públicos e privados, conduziram a inovações na utilização dos recursos naturais, na obtenção de novos materiais, na fabricação de aparelhos eletrônicos, na criação de aplicativos, no desenvolvimento de redes de telecomunicação, e assim por diante.

O acesso à banda larga em redes de fibra óptica permite a transmissão de trilhões de *bits* por segundo, com velocidade triplicada a cada seis meses. Ao mesmo tempo, a capacidade de armazenamento e de computação das informações é cada vez maior, e a redução dos custos dos equipamentos de TICs facilita a digitalização dos conteúdos.

A economia da informação torna-se ainda mais digital com base em inovações na robótica avançada, na inteligência artificial, na internet das coisas, na computação em nuvem, na análise de *big data* e na impressão tridimensional (3D).

De acordo com dados de 2017 da Conferência das Nações Unidas para o Comércio e o Desenvolvimento (Unctad), a produção global de bens ligados às tecnologias de comunicação e informação e de serviços representava mais de 6% do Produto Interno Bruto (PIB) mundial. As exportações do setor cresceram 40% entre 2010 e 2015 e as vendas mundiais de comércio *on-line* atingiram 25,3 trilhões de dólares. Pelo menos 100 milhões de pessoas estavam empregadas apenas nesse setor. Também se estima que, até 2020, o volume de tráfego global da internet aumentará 66 vezes em relação a 2005.

No entanto, entre os países, existem muitas diferenças de investimentos em pesquisa e desenvolvimento em tecnologias da informação. Se o número de usuários da internet aumentou 60% entre 2010 e 2015, mais da metade da população mundial ainda não tem acesso à rede mundial de computadores. Ao mesmo tempo, existem grandes diferenças de qualidade de conectividade. A internet de banda larga, na maioria dos países, limita-se a quem pode pagar por serviços mais caros.

Cartografando

1. Com base no gráfico e no mapa a seguir, comente as diferenças de acesso a tecnologias da informação de acordo com regiões e países.

Presença das TICs, segundo o nível de desenvolvimento – 2016

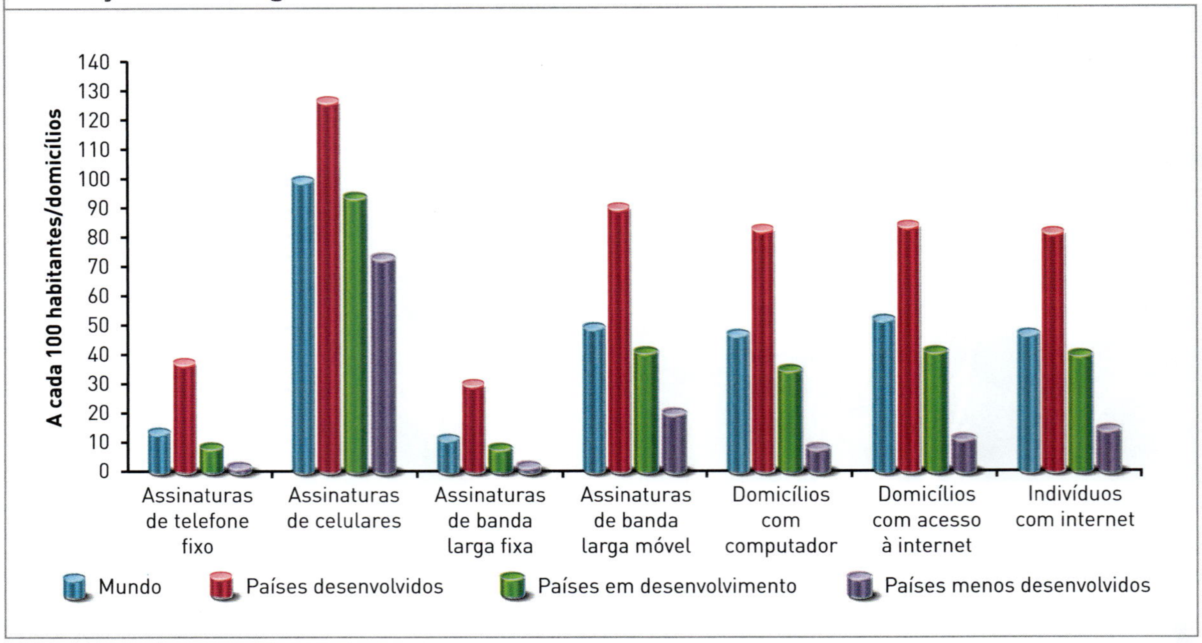

Elaborado com base em: UNCTAD. *Information Economy Report – 2017*. New York: Unctad, 2017. p. 17.

Planisfério: usuários de internet – 2018 (%)

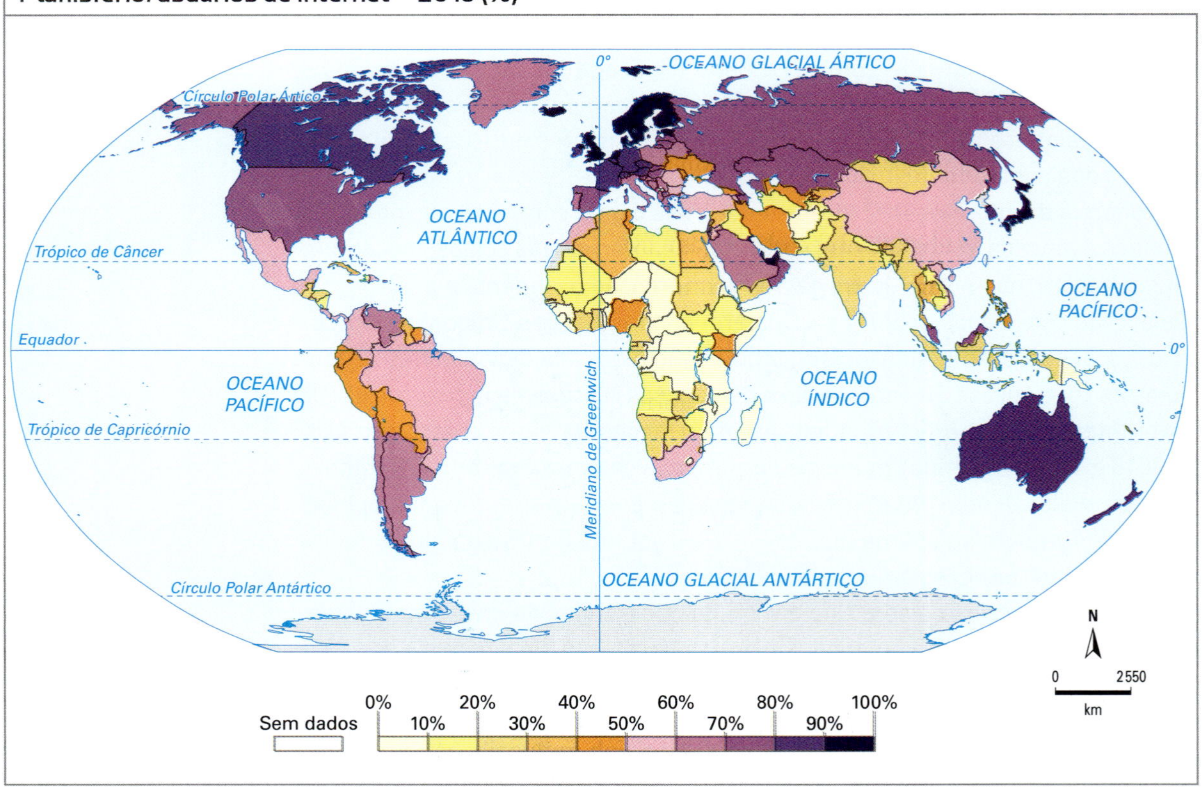

Elaborado com base em: OUR WORLD in Data. Internet. Disponível em: <https://ourworldindata.org/internet>. Acesso em: 26 ago. 2018.

3. Comércio virtual

Na economia da informação, as estratégias desenvolvidas pelas empresas para tornar suas marcas mais visíveis, atrair maior número de consumidores e estreitar o relacionamento com seus clientes transformaram-se bastante.

Atualmente, a publicidade, ou seja, a promoção e a comunicação de ideias, produtos e serviços, é realizada em diversos meios de comunicação. Em vez de jornais, *outdoors* e propagandas no rádio e na televisão, entre outros modos tradicionais, a publicidade digital tem sido escolhida como o principal meio de divulgação das empresas.

Além da utilização do *big data*, a internet permite a obtenção de outros indicadores valiosos, como a taxa de conversão, que envolve a transformação de clientes potenciais em clientes efetivos (cliques em um *link*, quantidade de acessos e vendas), a taxa de rejeição (abandono de *site*, *blog* ou loja virtual na primeira página visitada), a taxa de engajamento (nível de interação com base em curtidas, comentários e compartilhamentos, por exemplo), o alcance das publicações, entre outros.

No início, o comércio eletrônico, ou seja, as transações comerciais realizadas em dispositivos e plataformas eletrônicas, como computadores e celulares, limitava-se à compra e à venda de produtos com valores relativamente baixos, como livros e CDs. Hoje, é possível comprar todo tipo de mercadoria e serviço pela internet, independentemente do preço e da distância dos locais de produção.

MSSA/Shutterstock

Comodidade, agilidade e preço são fatores que intensificam cada vez mais o comércio eletrônico.

Cada vez mais empresas com lojas físicas também desenvolvem lojas virtuais para comercializar seus produtos. Além disso, multiplicam-se negócios que só são ofertados na internet. Destacam-se grandes lojas virtuais chinesas, conhecidas mundialmente pela variedade de produtos que comercializam com vários países. Em um mesmo *site* de compras, é possível adquirir desde utensílios domésticos e artigos de vestuário até mercadorias de alto valor agregado.

Para que o comércio eletrônico ocorra, é preciso haver uma rede de distribuição de informações e de transações financeiras muito segura, além de logística para o envio dos produtos adquiridos.

Nesse contexto, os serviços de *telemarketing* ganham importância. No Brasil, diversas empresas desenvolvem estratégias de promoção de produtos e de serviços por telefone. Esse conceito também passou a abranger o setor de cobranças e mesmo o de suporte técnico ou apoio ao consumidor. Em grande parte dos casos, empresas contratam outras empresas especializadas (terceirização) para lidar com essas funções, as chamadas *call centers*.

Em 2016, a Unctad lançou o projeto Comércio Eletrônico para Todos (eTrade for All), visando aumentar a participação de pessoas no comércio eletrônico inclusivo, inicialmente possibilitando maior acesso à internet a quem ainda não dispunha desse serviço. Foram favorecidos especialmente os países com baixo alcance à rede mundial de computadores, por exemplo com apoio ao desenvolvimento e ao acesso a TICs, assessoria jurídica para contratos de comércio eletrônico e suporte logístico para que os produtos sejam entregues.

Comércio Eletrônico para Todos: os sete princípios

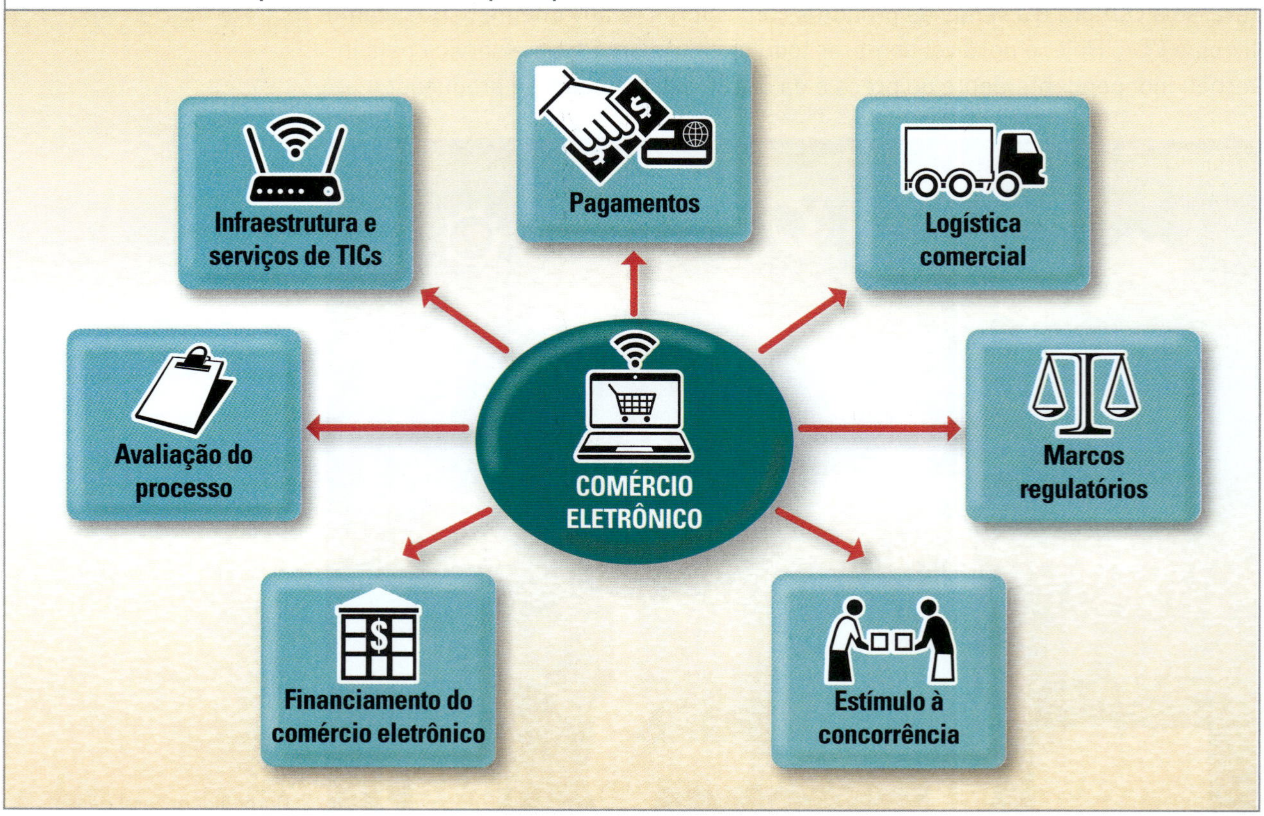

Adilson Secco/Arquivo da editora

Elaborado com base em: UNCTAD. *Information Economy Report – 2017*. New York: Unctad, 2017. p. 98.

4. Economia da informação e poder

Ao longo da história, quando se pensa em economia da informação, quem controla a distribuição da informação exerce grande poder. Alguns governos censuram informações consideradas prejudiciais a seus interesses e impedem o acesso a parte dos conteúdos disponibilizados na internet. Ao mesmo tempo, a produção de produtos culturais cresceu e se tornou fonte de lucro em diversos países, como nos Estados Unidos, na Índia, no México e no Brasil.

Durante o período da ditadura militar brasileira (1964-1985) os meios de comunicação e as expressões culturais (música, teatro, cinema, etc.) sofreram intensa censura do governo, além das universidades, que também sofreram dura repressão. A liberdade de expressão no país foi reconhecida na Constituição Federal de 1988. Também pode ser destacada a Lei de Acesso à Informação, de 2011 (Lei n. 12527), pela qual o governo brasileiro reconhece que a informação sob guarda do Estado é um bem público e, portanto, um direito de todo cidadão. Porém, é preciso garantir que tais legislações sejam adequadamente aplicadas.

Em alguns países, a censura é instituída oficialmente. Na China, o órgão oficial de notícias (Xinhua News Agency) responde pela maior parte das informações que circulam no país e no exterior, cujos conteúdos são reproduzidos pelos demais veículos de comunicação. Temas polêmicos (geralmente de conteúdos políticos ou que envolvem moral) são proibidos e, em caso de descumprimento, a repressão pode levar à perda de licença de operação e a prisões. Além disso, a internet chinesa passa por um sistema de segurança (*firewall*) que estabelece o bloqueio de páginas censuradas pelo governo.

Em 2017, de acordo com o Comitê de Proteção aos Jornalistas (CPJ), havia 262 jornalistas presos no mundo. Quase três quartos dessas prisões referiam-se a acusações de atos contra o Estado – em muitos casos, segundo leis amplas e genéricas de terrorismo – e outra parte envolvia acusações de propagação de notícias falsas. Do total, 41 desses jornalistas foram presos na China – número inferior apenas às 73 prisões registradas na Turquia, governada por Recep Tayyip Erdoğan. Para o CPJ, esse padrão reflete o fracasso da comunidade internacional para lidar com uma crise global de liberdade de imprensa.

Planisfério: jornalistas presos – 2017

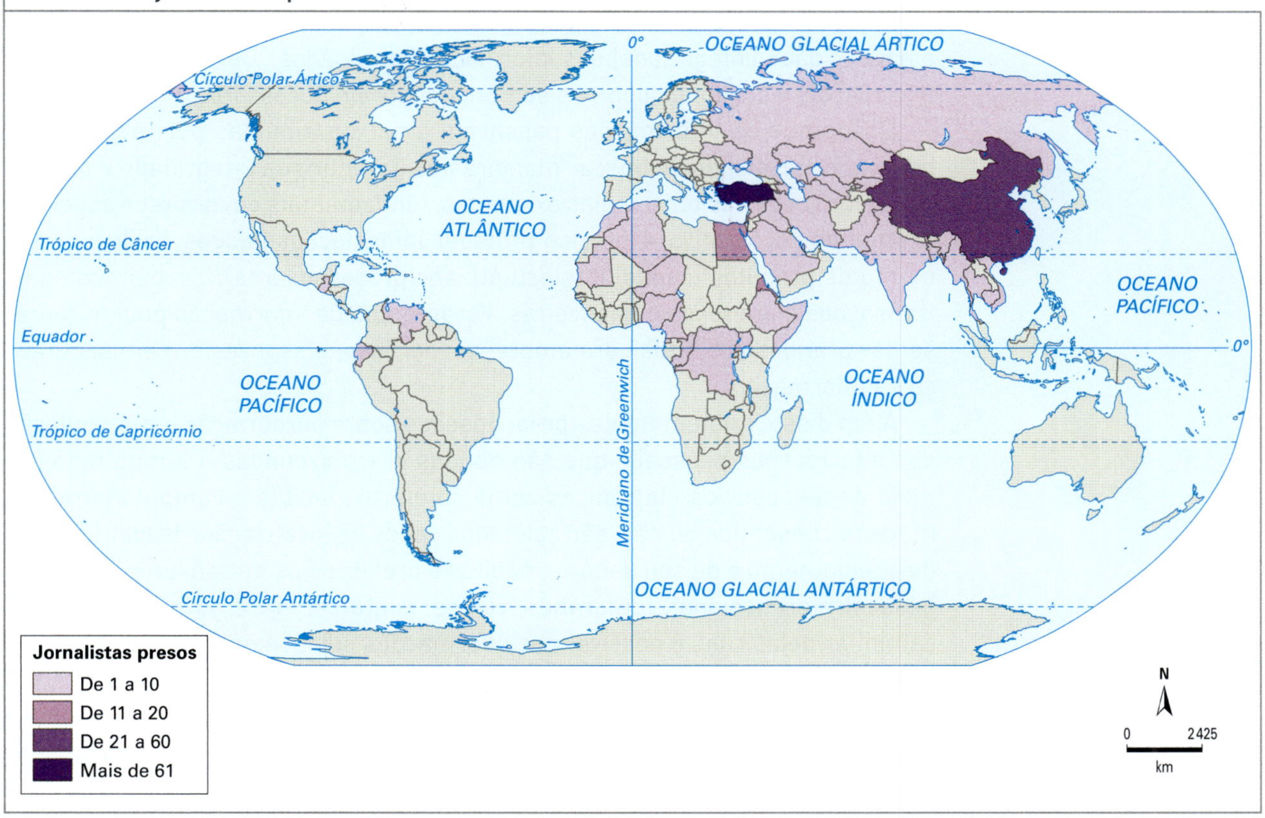

Banco de imagens/Arquivo da editora

Elaborado com base em: COMMITTEE to Protect Journalists (CPJ). Journalists Imprisioned 2017. Disponível em: <https://cpj.org/data/imprisoned/2017/?status=Imprisoned&start_year=2017&end_year=2017&group_by=location>. Acesso em: 26 ago. 2018.

Ademais, os grandes veículos de comunicação controlam o tipo e a forma dos conteúdos transmitidos. Apesar de a internet ter facilitado a distribuição de informações, no Brasil, os grandes grupos de comunicação dos meios mais tradicionais (rádio, televisão, jornais e revistas) possuem grande poder porque alcançam a maior parte da população, principalmente quando se considera que cerca de 40% dos brasileiros ainda não têm acesso à internet, especialmente nas áreas rurais.

Outra questão é o setor de telefonia e de transmissão de dados, que, em muitos países, é formado por oligopólios ou até mesmo monopólios. No Brasil, esse segmento é controlado por poucas e grandes empresas, resultantes de fusões e aquisições. Essa situação reduz a concorrência e é prejudicial ao consumidor, que se vê obrigado a pagar altos preços por serviços que, em muitas situações, são de baixa qualidade em comparação com outros países.

O acesso e o controle da informação são cada vez mais manipulados por diferentes agentes sociais (governos, empresas, instituições, entre outros) para manter ou transformar contextos nacionais e internacionais de acordo com seus interesses. Conhecer a informação disponível é uma forma de estar à frente para fazer valer seus direitos e interesses e, portanto, deter mais poder.

5. Cidadania e riscos na economia da informação

Diante do contexto atual da globalização, no qual a economia da informação tem cada vez mais destaque, surgiram novos riscos. A produção e a distribuição de grandes volumes de dados e informações por todo o mundo geram questionamentos sobre a segurança. Afinal, como garantir que os conteúdos transmitidos sejam acessados apenas por quem tem autorização? É possível saber a origem e a veracidade (integridade) das informações divulgadas? Como garantir que as informações estejam disponíveis sempre que forem necessárias?

Desde que as informações passaram a ser distribuídas por meio digital, houve a necessidade de buscar maneiras de garantir sua integridade e privacidade, com base nas tecnologias existentes, fundamentais em diversos aspectos. No mundo corporativo, é preciso proteger informações ligadas ao desenvolvimento de produtos (capital intelectual), aos processos internos, bem como às transações comerciais e financeiras. Vazamentos de informação podem representar grandes prejuízos para empresas; por isso, elas investem em segurança da informação.

Além disso, existem muitas preocupações sobre apropriação e manipulação das informações pessoais, que são obtidas e armazenadas o tempo todo por meio de dispositivos eletrônicos como celulares, *tablets* e computadores. De maneira consentida ou não, são coletados dados de localização, de identificação do equipamento e de seu usuário, hábitos e preferências de consumo, cotidiano pessoal e profissional, fotografias, vídeos, contatos, entre outros. Mesmo ao caminhar pelas ruas é possível que informações sejam extraídas por câmeras, *drones* e satélites.

Esse volume de dados, presente em *big datas*, permite que empresas, por meio do estabelecimento de relações, conheçam o perfil do usuário de um equipamento eletrônico. Assim, veiculam anúncios em páginas pessoais de redes sociais, em provedores de correio eletrônico, além de apresentar *links* de produtos entre as notícias, por exemplo.

No entanto, questionam-se os limites de utilização dessas informações a fim de proteger a privacidade, porque não envolvem apenas conteúdos que são postados conscientemente pelas pessoas. O acesso a tais informações ainda não é bem regulado em diversos países. A exceção é a União Europeia, que estabeleceu uma norma para que o usuário do serviço tenha algum controle sobre o que é coletado sobre sua vida.

O grande volume de informações que circula na internet dificulta a verificação de sua origem e autenticidade. No processo de transmissão, a informação pode ser alterada ou corrompida por diferentes motivações e gerar prejuízos para governos, empresas, usuários e população em geral. Às vezes, a origem da informação é falsa, mas, ainda assim, é propagada em alta velocidade e em grande quantidade, dando a impressão de ser verdadeira, pois é replicada em diferentes páginas eletrônicas e redes sociais.

Uma das questões centrais sobre risco e segurança na economia da informação refere-se a essa divulgação proposital de notícias falsas ou *fake news*, que se espalham com rapidez. Muitas vezes, isso acontece de forma artificial, pois existem programas para "viralizar" boatos, criar tendências e atingir figuras públicas.

Ivan Marc/Shutterstock

O avanço da tecnologia e da internet, aliado à falta de averiguação por parte dos usuários, leva à disseminação rápida das *fake news*.

Notícias falsas podem gerar prejuízos, destruindo a reputação de pessoas e organizações. Boatos sobre empresas e governos também podem causar problemas econômicos ao influenciar a análise de investidores. Informações fabricadas em boatos podem definir eleições, favorecendo ou prejudicando candidatos e também pode gerar tensões e até mesmo conflitos internacionais. Diante da velocidade e do volume de acesso a informações, discernir entre o real e a invenção é cada vez mais complexo. É preciso ter cuidado para identificar e não compartilhar esse tipo de informação.

CIDADANIA E DIVULGAÇÃO DE INFORMAÇÕES

Senso crítico é arma fundamental para combater "fake news"

Evitar ser alvo de informações falsas é ainda mais fundamental em períodos de tomadas de decisão, como em disputas eleitorais. Para descobrir se o conteúdo que você recebe [...] é verdadeiro e não ser enganado por fake news [...], confira as dicas a seguir [...].

1) Não leia só o título

Uma estratégia muito utilizada pelos criadores de conteúdo falso na internet é apelar para títulos bombásticos. Ler o texto completo é um passo básico para evitar compartilhar fake news. "Às vezes, um título é provocativo, mas ele não necessariamente está sendo honesto com a própria reportagem", indica Cristina. "Os títulos são feitos para chamar a atenção. Então, você precisa ler o que está escrito para ver se o título se confirma no texto."

2) Verifique o autor

Ver quem escreveu determinado texto é importante para dar credibilidade ao que está sendo veiculado. "Na checagem de fatos, ver o autor é interessante. A notícia foi assinada por alguém que você nunca viu na vida?", questiona Cristina. Para Tai, se a matéria é assinada por um repórter, o site demonstra responsabilidade pela qualidade da informação.

3) Veja se conhece o site

Não deixe de olhar a página onde está a notícia. Navegar mais no site ajuda a analisar sua credibilidade. "Investigar que página é essa, ir lá no 'Quem somos' e saber se dá para ligar para essa redação e falar com um responsável é fundamental", afirma Cristina. Na mesma linha de pensamento, Tai acredita que procurar pelo expediente do site e tentar achar o básico sobre a hierarquia da empresa são dicas valiosas. "É preciso saber quem é o responsável legal pelas publicações." Também vale checar o endereço do site. Segundo Cristina, algumas páginas tentam simular o endereço de um veículo importante, alterando apenas uma letra, um número ou um símbolo gráfico.

4) Observe se o texto contém erros ortográficos

As reportagens jornalísticas prezam pelo bom vocabulário e pelo uso correto das normas gramaticais. Por outro lado, os sites com notícias falsas ou mensagens divulgadas [...] tendem a apresentar uma escrita fora do padrão, com erros de português ou quantidade exagerada de adjetivos. "Os manuais sérios dos grandes jornais orientam o jornalista a não adjetivar quando fizer uma reportagem", explica Tai. "Se você está diante de um site de notícias falsas, já tem adjetivo no título. Existe uma linguagem que é muito particular do jornalista que não é utilizada em um site de notícia falsa."

5) Olhe a data de publicação

Identifique quando a notícia foi publicada. Muitas vezes, o texto está simplesmente fora de contexto. "Cansei de ver notícia falsa que na verdade não é falsa, só é velha", conta Cristina.

6) Saia da bolha da rede social

Para estar bem informado, o eleitor deve ler e acompanhar o noticiário não somente nas redes sociais. "Ele deve fazer um esforço para estar mais informado, encontrando uma nova fonte na qual ele confia e que tenha um bom histórico", recomenda Angie. "Não espere apenas que as notícias falsas cheguem até você porque você pode ter uma imagem muito distorcida do que está acontecendo."

7) Tome cuidado com o sensacionalismo

As fake news tendem a conter palavras ou frases que despertam emoções ou mexem com as crenças das pessoas, atingindo um maior potencial de divulgação e compartilhamento nas redes sociais. "Se tiver uma manchete, uma foto, um meme ou um vídeo que comova você, ou que fale diretamente com aquilo que acredita, duvide, porque pode ter sido feito para isso", avalia Cristina.

DAYRELL, Marina; RIGA, Matheus; RAMOS, Pedro. Senso crítico é arma para combater "fake news". *Estadão*, Especial Focas. Disponível em: <http://infograficos.estadao.com.br/focas/politico-em-construcao/materia/senso-critico-e-arma-para-combater-fake-news>. Acesso em: 22 ago. 2018.

1. De acordo com o texto, o que se pode fazer para distinguir informações verdadeiras das falsas?
2. De alguma maneira, você já utilizou informações que posteriormente se revelaram *fake news*? Debata com os colegas.
3. Em grupos, selecionem algumas notícias falsas divulgadas na internet e identifiquem elementos que provem sua não veracidade.

6. Profissionais da economia da informação

Na economia da informação, grande parte das atividades é realizada pela internet. Isso elimina diversas tarefas que eram realizadas por muitas pessoas e repercute diretamente no nível de emprego.

Além disso, também surgem novas profissões voltadas a demandas que até recentemente nem eram imaginadas, mas geram poucos postos de trabalho se comparadas ao modelo anterior. Os profissionais que trabalham com *mobile marketing* são especialistas em divulgação de empresas via celular. Sua tarefa central é apresentar aos usuários de telefones móveis produtos para despertar a curiosidade e seu desejo de compra. Entre as estratégias de persuasão estão anúncios em páginas eletrônicas em formato adequado para uma tela de celular, textos enviados por mensagem ou por redes sociais pelo *smartphone*, bem como, em alguns casos, ligações.

Outro profissional é o que lida com *search engine optimization* (SEO; em português, otimização para meios de busca), que é responsável por desenvolver páginas eletrônicas adaptadas aos programas de busca. Sua função é dar mais visibilidade à página ampliando o número de acessos, o que poderá, eventualmente, aumentar a venda de produtos, por exemplo.

O gestor de mídia social é um analista que procura identificar os meios eletrônicos mais adequados para divulgar um produto. Eles analisam o produto e o perfil do público-alvo para, com base nessas informações, apresentar um plano de ações com propagandas veiculadas em canais específicos da internet, como redes sociais, e também por *e-mail*, anúncios em eventos digitais, entre outras formas de difusão.

Pessoas que criam canais de vídeo, *podcasts* e *blogs* oferecem informação e conhecimento acerca de temas específicos e são chamadas de influenciadores digitais. A quantidade de acessos a seus *posts* é a medida usada para sua remuneração e, quando associam seus canais a produtos, recebem comissão por vendas (geradas por cliques em anúncios em sua página de rede social e/ou canal).

Demetrius Abrahao/Fotoarena

Campus Party em Brasília (DF), em 2018. Um dos maiores eventos do mundo, realiza-se em doze países, para discutir e desenvolver novas tecnologias.

Hoje, até mesmo as profissões tradicionais incorporaram novas atribuições no universo digital: existem advogados especializados em temas como comércio eletrônico e em apuração de responsabilidades geradas pela veiculação de *fake news*. Também há especialistas em identificar crimes eletrônicos, ciberdelinquência e riscos à imagem de indivíduos e de empresas por mensagens veiculadas nas redes sociais e na internet.

Engenheiros e estatísticos podem trabalhar com segurança de dados para evitar a apropriação e o uso indevido de informação ou impedir o vazamento de informações sigilosas de clientes em redes sociais. Engenheiros especializados em robótica podem auxiliar no monitoramento e no controle de robôs em determinadas funções na internet, como na busca de dados e de palavras-chave, a partir das quais se avalia a repercussão de uma notícia, por exemplo.

Surgem também profissionais especializados em coleta, armazenamento, tratamento e interpretação dos mais diversos dados de áreas distintas da ciência, como Administração, Contabilidade e Geografia. Eles procuram atender a demandas específicas advindas de temas como distribuição geográfica de serviços e de consumidores.

Diálogo com Sociologia

Relações de trabalho

Neste contexto, hoje não se emprega um trabalhador apenas com base na sua qualificação, mas também com base num potencial de adaptação. A exigência acrescida sobre a qualidade das pessoas acentua ainda mais essa incerteza. Para os empregadores, o candidato a um emprego deve poder apresentar capacidade de adaptação e de reação às novas situações profissionais, aos imprevistos e aos problemas que possam surgir no local de trabalho. Quer dizer, o candidato ao primeiro emprego, além de fazer prova destes "saberes – qualidade", inobserváveis *a priori* num jovem diplomado, deve mobilizar saberes gerais, saberes técnicos e profissionais, preferencialmente certificados por um diploma. Para os jovens [...], o diploma pode tornar-se um elemento de seleção ou de discriminação. Embora a posse do diploma não garanta, todavia, o acesso a um emprego, a sua falta pode ser um fator de desqualificação profissional e social. A pressão para a certificação dos saberes atualiza a questão do emprego, já não só restrita a grupos sociais que tradicionalmente tinham dificuldades em aceder ao mercado de trabalho, como também aos diplomados [...].

MARQUES, Ana P. "Sacralização" do mercado de trabalho. Jovens diplomados sob o signo da precariedade. *Configurações*, Braga, n. 7, 2010.

1. Após a leitura, discuta com três colegas o que os empregadores buscam em um jovem na economia da informação. Como vocês avaliam essas características?

7. Geografia da economia da informação

A economia da informação mobiliza, além da formação e da reinvenção de profissões, uma geografia. Isso significa dizer que no mundo existem lugares que são responsáveis por armazenamento de dados, processamento e geração de informações.

Verifica-se uma grande concentração de sedes de empresas da economia da informação na América do Norte, em especial nos Estados Unidos, seguidos da Ásia e da Europa. Na África e na América Latina, a presença é menor em comparação a outras partes do mundo. Uma explicação para esse fato é a maior capacidade de investimentos e de geração de tecnologias dos países mais ricos.

Essa quantia de informações que circula atualmente fica dispersa em nuvens, localizadas em pontos distintos do planeta, mantidas por sistemas de geração de energia que permanecem ligados o tempo todo. Para que essa informação seja acessada, transita em redes de fibra óptica, além de passar por centrais de servidores.

Os dados que circulam pelas redes de fibra óptica servem governos, empresas e pessoas. Eles estão dispersos, mas são organizados e distribuídos a partir de demandas específicas. Essa análise é realizada por empresas privadas, mas também existem órgãos estatais e internacionais que se utilizam de dados em larga escala para gerar análises que auxiliam as decisões de governantes e da população.

Planisfério: distribuição de fibra óptica – 2015

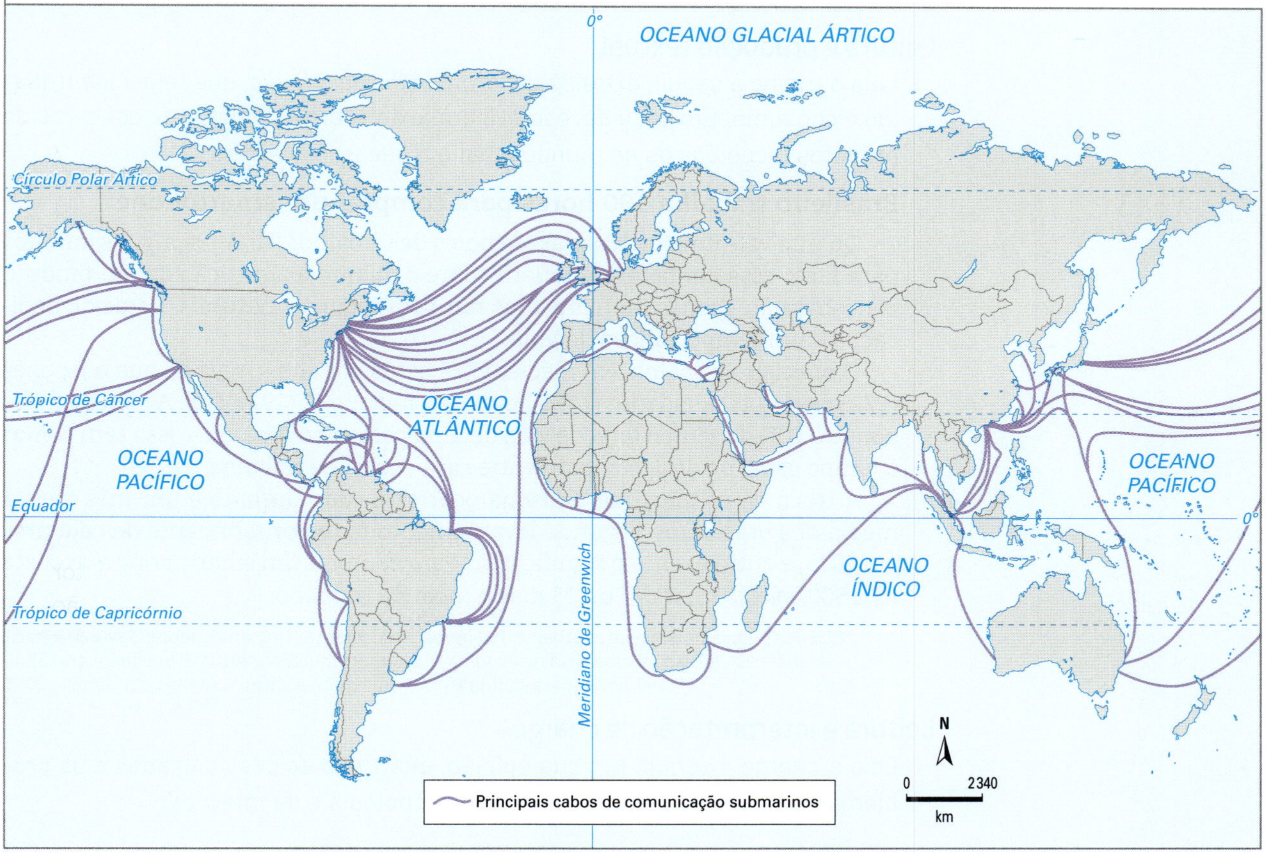

Elaborado com base em: PONS, Jordi I. *Atlas actual de Geografía universal*. Barcelona: Larousse, 2015. p. 51.

No Brasil, o Instituto Brasileiro de Geografia e Estatística (IBGE) e o Instituto de Pesquisa em Economia Aplicada (Ipea) podem ser citados como instituições que têm elevada capacidade de análise de dados. Já o Instituto Nacional de Pesquisas Espaciais (INPE) e o Laboratório Nacional de Computação Científica (LNCC) processam grandes volumes de informação, pois dispõem de supercomputadores que são capazes de relacionar milhares de dados ao mesmo tempo. Essas informações podem ser usadas, por exemplo, na elaboração de modelos matemáticos de estudos meteorológicos.

As agências especializadas da ONU espalhadas pelo mundo reúnem dados de muitos países em seus diversos programas. Tais informações servem muitas vezes como suporte para as políticas de cooperação internacional propostas pela organização e formam a base para políticas de proteção humana e ambiental.

Do mesmo modo, as universidades são referência, com seus institutos de pesquisa que processam dados. Desenvolvem teorias e realizam descobertas na área de saúde, tecnologia computacional, produção energética e novos materiais para que, posteriormente, sejam aplicadas na prática.

Reconecte

Debate e produção textual

1. Debata com a turma sobre as diferenças entre informação e conhecimento. Apresente situações reais que apontem a distinção desses conceitos e problemas gerados pela confusão entre eles. Ao final, redija uma dissertação com as principais questões levantadas.

Leitura e produção textual

2. Leia o trecho a seguir, extraído do jornal *Folha de S.Paulo*, que relaciona trabalho e consumo. Em seguida, escreva um texto sobre os hábitos de consumo de produtos tecnológicos no mundo atual e o que isso acarreta.

Brasileiro trabalha 190 horas para comprar um smartphone

Quanto vale um novo celular em horas de trabalho? Parar por alguns minutos para fazer essa conta leva a refletir sobre o quanto a aquisição de um produto consome não apenas dinheiro, mas também recursos naturais, horas de dedicação e um tempo valioso da vida.

O brasileiro trabalha, em média, 1737 horas por ano – mais do que o japonês (1729 horas), o canadense (1703 horas) e o italiano (1719 horas). A conta corresponde a 20% do tempo total de vida de uma pessoa em um ano – isso sem contar o tempo gasto no deslocamento entre casa e local de trabalho.

A troca de celular, que costuma ocorrer a cada um ano e um mês para a média dos brasileiros, segundo levantamento feito por fabricante de celulares em 2015, é outro exemplo significativo. Para comprar um smartphone que custa R$ 1500, são 193 horas – ou 25 dias e meio de trabalho. [...]

QUEIROZ, Rosane. Brasileiro trabalha 190 horas para comprar um smartphone. *Folha de S.Paulo*, 1º maio 2018. Disponível em: <www1.folha.uol.com.br/mercado/2018/05/brasileiro-trabalha-190-horas-para-comprar-um-smartphone.shtml>. Acesso em: 22 ago. 2018.

Leitura e interpretação de charge

3. Leia a charge a seguir. Em sua opinião, quais são as possibilidades e os problemas gerados pelo uso excessivo da tecnologia e da internet?

Zero/Acervo do cartunista

Charge de João Zero, 2016.

Análise de gráfico

4. Analise os países apresentados no gráfico abaixo e compare o uso de redes sociais e a realização de compras *on-line* pela população.

Usuários de internet que usam redes sociais e compram *on-line* – 2015

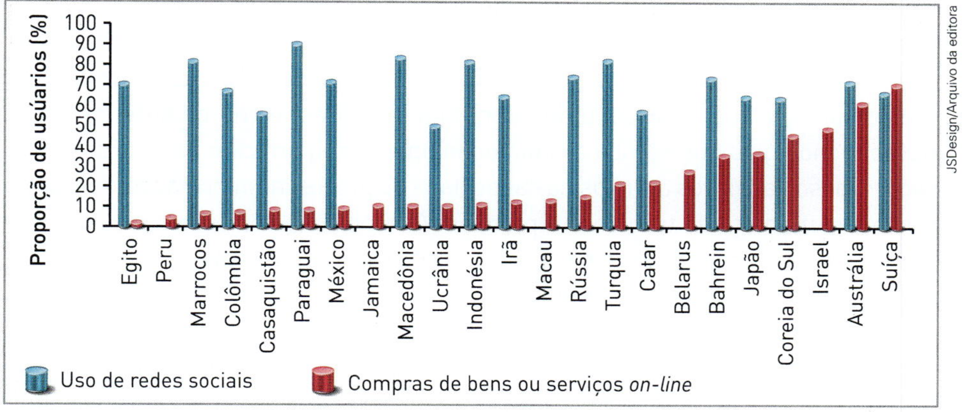

Elaborado com base em: UNCTAD. *Information Economy Report – 2017*. New York: Unctad, 2017, p. 22.

Pesquisa

5. Em grupos, realizem uma pesquisa sobre a história das telecomunicações e selecionem os momentos que consideram mais marcantes no processo de aprimoramento da comunicação a distância. Organizem esses momentos em uma linha do tempo e apresentem à turma.

6. Procure em *sites*, livros, jornais ou revistas informações sobre uma nova profissão abordada no capítulo. Reúna fatos sobre o dia a dia de trabalho, tais como as horas dedicadas, os tipos de empresa para os quais prestam serviço, remuneração média, e assim por diante.

EXPLORANDO

7. Reúnam-se em grupos e preparem uma apresentação sobre algum tema relacionado à economia da informação. O tempo de apresentação é de no máximo 15 minutos e pode ser feita em forma de seminário, teatro, vídeo ou cartazes.

Resumo

- Na economia da informação, o fator fundamental para uma boa produção é a informação.
- As TICs correspondem a todas as tecnologias que se relacionam à informação e à comunicação (*hardwares*, *softwares* e aplicativos, infraestrutura de telecomunicações, etc.).
- A gestão de riscos torna-se fundamental na economia da informação a fim de garantir privacidade, segurança e lucratividade.
- Novas profissões surgem na economia da informação, muitas delas associadas ao desenvolvimento de *software*, *hardware*, *sites* e comércio eletrônico.
- Com a economia da informação, forma-se uma nova geografia da informação, movida pelos *bits*.

CAPÍTULO 9

Trabalho e Revolução 4.0

Algumas décadas atrás, utilizar eletrodomésticos de uma residência sem estar presente nesse lugar era coisa de ficção científica. Mas, hoje em dia, isso é possível graças à integração de equipamentos a computadores e destes à internet.

Isso aconteceu porque diversos campos do conhecimento passaram a atuar em conjunto, o que repercutiu de diferentes maneiras, como no surgimento de novas tecnologias que combinam biotecnologia com química e física. Essas inovações, associadas aos avanços na capacidade de processar informações, geraram uma nova maneira de trabalhar e produzir. A velocidade com que esse processo ocorreu e suas consequências sociais e ambientais fazem dele a Revolução 4.0, ou seja, uma nova forma de produzir.

Entretanto, com essas mudanças na forma de produzir houve uma diminuição de postos de trabalho, iniciando uma discussão que culminou em ideias como transição justa e trabalho decente. A primeira consiste em permitir aos trabalhadores viver dignamente no processo de troca de base tecnológica. Já o trabalho decente visa evitar que a nova massa de desempregados, formada pela introdução de robôs e pelo uso da inteligência artificial, tenha de trabalhar em condições insalubres, análogas às de escravidão ou sob regime de baixos salários e sem garantias trabalhistas.

Atualmente, essas ideias geram mais perguntas que respostas. O desafio de gerar empregos decentes combinados ao uso de tecnologias mais eficientes está só começando.

Eduardo Knapp/Folhapress

Indústria de cosméticos em Aguaí (SP), em 2018. A automação e o uso de robôs na indústria têm provocado grandes mudanças, principalmente no que se refere à redução do número de postos de trabalho ou à sua extinção.

EM FOCO

O desafio de se formar para trabalhos que ainda não existem

O Foro Econômico Mundial publicou [...] um estudo sobre o impacto que as tecnologias disruptivas terão no mercado de trabalho. As mudanças introduzidas pelos avanços científicos e técnicos fazem com que, hoje em dia, as especialidades mais demandadas, na maioria dos mercados, sejam aquelas que não existiam há uma década. E essa é uma tendência que está muito longe de terminar, na verdade, deve ganhar velocidade: "Cerca de 65% das crianças que estão atualmente no Ensino Fundamental terminarão dedicando-se a disciplinas que ainda nem se imaginam".

Os peritos do Foro alertam que as transformações científicas e técnicas que estão se encadeando terão um impacto nítido, e preveem o desaparecimento de 5,1 milhões de postos de trabalho a nível mundial entre 2015 e 2020. Por um lado, 7,1 milhões de vagas que eles denominam como "white colar functions", aquelas relacionadas a escritórios e atividades administrativas, deixarão de existir. Por outro lado, a força de trabalho passará a ser integrada por dois milhões de novos empregos em áreas vinculadas a informática, matemática, arquitetura e engenharia.

Tecnologias disruptivas: tecnologias criadas na Quarta Revolução Industrial, que está em curso, e que alteram diversos aspectos da vida social, como o trabalho e a organização de empresas. Entre elas estão a inteligência artificial, a robótica e a internet das coisas, que interliga eletrodomésticos e veículos a computadores e *smartphones*, por exemplo.

"Há duas atividades que serão críticas no mercado daqui a cinco anos. A primeira tem a ver com a análise de dados. É uma atividade onde as companhias depositam muitas esperanças no sentido de ajudar na interpretação da corrente de informações gerada pelas tecnologias disruptivas. Outra atividade que terá uma grande demanda é a de profissionais comerciais especializados, capazes de vender aos clientes produtos e serviços com os quais ainda não estão familiarizados".

FERNÁNDEZ, David. Vamos para uma nova revolução industrial: assim será. *El País*, 14 ago. 2016. Disponível em: <https://brasil.elpais.com/brasil/2016/08/12/economia/1470992992_354684.html>. Acesso em: 30 ago. 2018.

Macrovector/Shutterstock

A internet das coisas: objetos conectados e que se comunicam.

1. Em grupos, debatam como é possível se preparar para funções que ainda não existem. O que um estudante de Ensino Médio deve fazer para enfrentar essa situação?
2. Que ações você considera importantes para que ocorra uma adequação da sociedade diante de tais mudanças?

1. Revolução 4.0

A Revolução 4.0 teve origem no avanço digital, que marcou a Terceira Revolução Industrial. A questão central dessa revolução não são as "descobertas tecnológicas", pois o desenvolvimento de *softwares* e redes não é novidade. O que faz ser verificada uma ruptura com o período anterior é o encontro de diferentes tecnologias de modo integrado pela internet.

Surgem assim novos sistemas com características únicas como consequência da revolução digital observada em momentos anteriores. Destacam-se o aprimoramento da engenharia genética e da biotecnologia, as descobertas ligadas à nanotecnologia e à robótica, o desenvolvimento de energias renováveis e veículos autônomos.

A tendência é que haja a automatização de tarefas industriais e domésticas com base na organização de sistemas (ciberfísicos) nos quais se utilizam elementos computacionais para controlar elementos físicos. Em outras palavras, é a fusão do mundo físico com o ciberespaço, no interior da internet das coisas, e com a computação na nuvem.

QUATRO ESTÁGIOS DA REVOLUÇÃO INDUSTRIAL

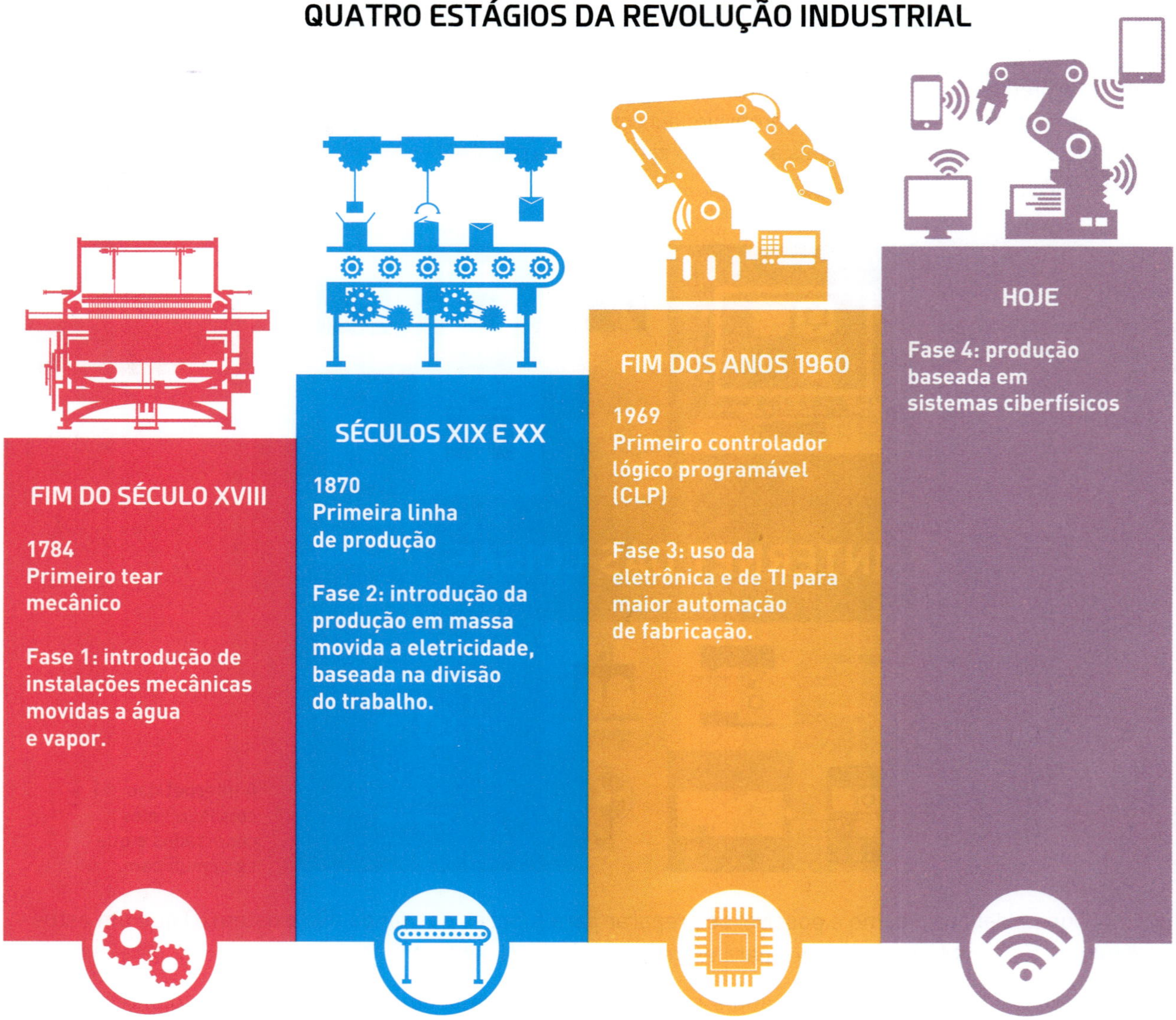

Elaborado com base em: FORSCHUNGSUNION; ACATECH. *Recommendations for Implementing the Strategic Initiative Industrie 4.0.* Frankfurt: Forschungsunion/Acatech, 2013. p. 13.

A Revolução 4.0 é marcada pela fusão de tecnologias física, química e biológica, que são cada vez mais digitais. Caracteriza-se pela velocidade com que é aplicada e pelas transformações econômicas e sociais que acarreta. Por isso, existe um rompimento de paradigma, ou seja, com os padrões até então existentes.

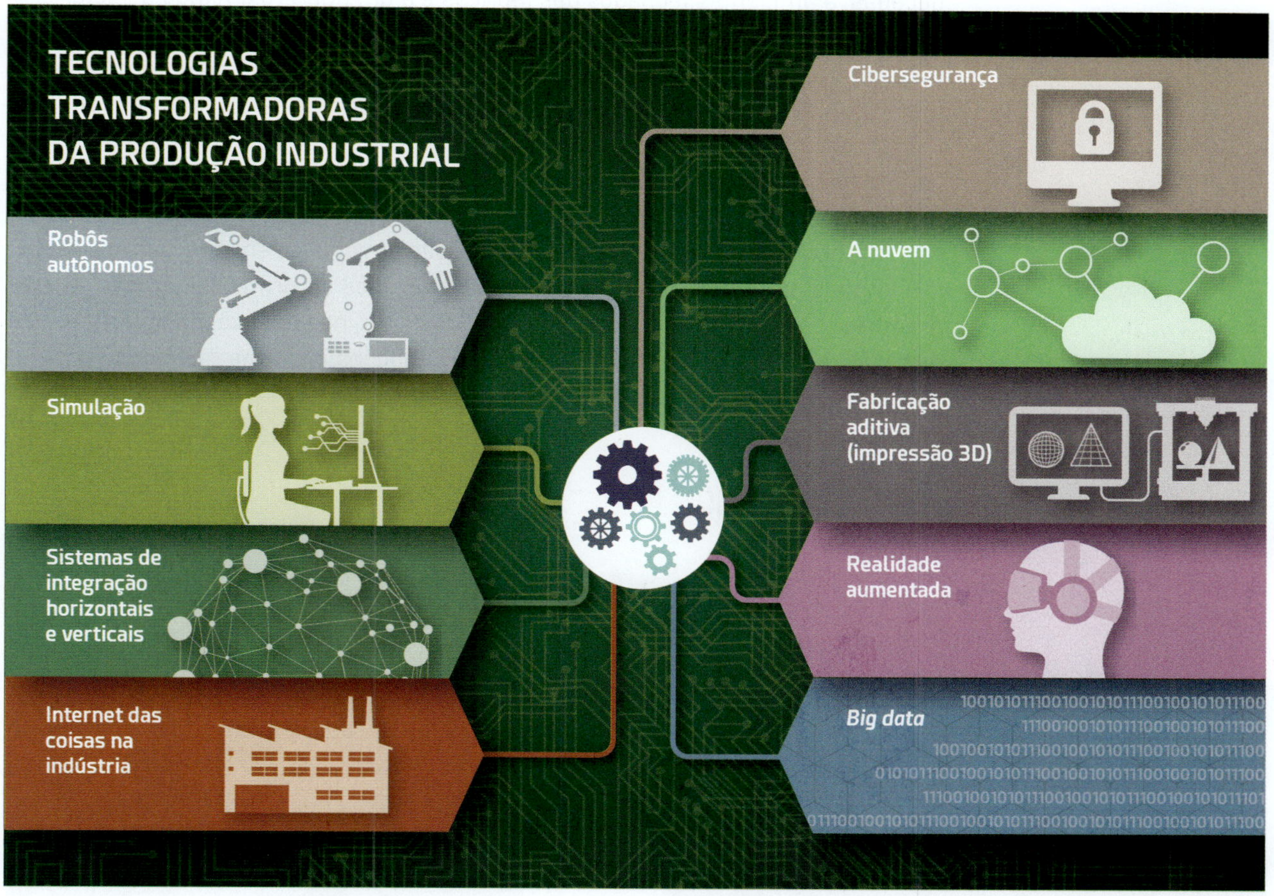

Elaborado com base em: GERBERT, Philipp et al. *Industry 4.0*: The Future of Productivity and Growth in Manufacturing Industries. Boston: Boston Consulting Group, 9 abr. 2015. Disponível em: <www.bcg.com/pt-br/publications/2015/engineered_products_project_business_industry_4_future_productivity_growth_manufacturing_industries.aspx>. Acesso em: set. 2018.

Trata-se de uma articulação de objetos que atuam de modo sistêmico e comandados por sistemas computacionais, muitos deles autômatos, com o uso de inteligência artificial, que passa a realizar análises de situações e a interpretar cenários para propor ações. Esse conjunto de fatores altera drasticamente a oferta de trabalho.

Ao mesmo tempo, enquanto há pessoas que desfrutam dos aspectos positivos desencadeados pela Revolução 4.0, parte expressiva da população mundial ainda vive sem energia elétrica. Ou seja, se não consegue nem acessar a internet, a ideia de um sistema articulado que comanda eletrodomésticos e lâmpadas de uma residência está bem longe da realidade desse grupo.

Robótica: evolução e perspectivas

A Robótica, ramo do conhecimento que desenvolve máquinas capazes de desempenhar funções complexas por meio de robôs, está presente no meio industrial desde o fim da década de 1950. Ao longo do século XX, robôs cada vez mais sofisticados passaram a ser utilizados principalmente para realizar tarefas repetitivas que envolvem alta precisão, grandes volumes de produção e atividades perigosas.

Indústrias de diferentes tipos, como automotiva, eletroeletrônica, química, de alimentos e de bebidas, automatizaram grande parte de suas operações com o uso de robôs industriais – que podem ser reprogramados para atender a diferentes aplicações. Mas, mesmo com avanços consideráveis, a robótica restringiu-se, por décadas, a ambientes fechados das fábricas e a um número limitado de setores.

No entanto, esse cenário mudou nos últimos anos. Os robôs foram sofisticados para realizar funções com alto nível de complexidade, além de serem cada vez mais adaptáveis e flexíveis. Eles passaram a usar princípios captados em diferentes ramos do conhecimento, como o biomimetismo, que estuda a natureza, seus fenômenos e mecanismos, para combinar com a engenharia genética e a mecatrônica, por exemplo.

O avanço tecnológico tem levado à aplicação da robótica em diversas atividades, muito mais amplas que aquelas que usavam robôs de primeira geração. O emprego de robôs em inúmeros processos industriais, na logística, na agricultura de precisão, na medicina e em muitas outras situações já é uma realidade.

Andia/UIG/Getty Images

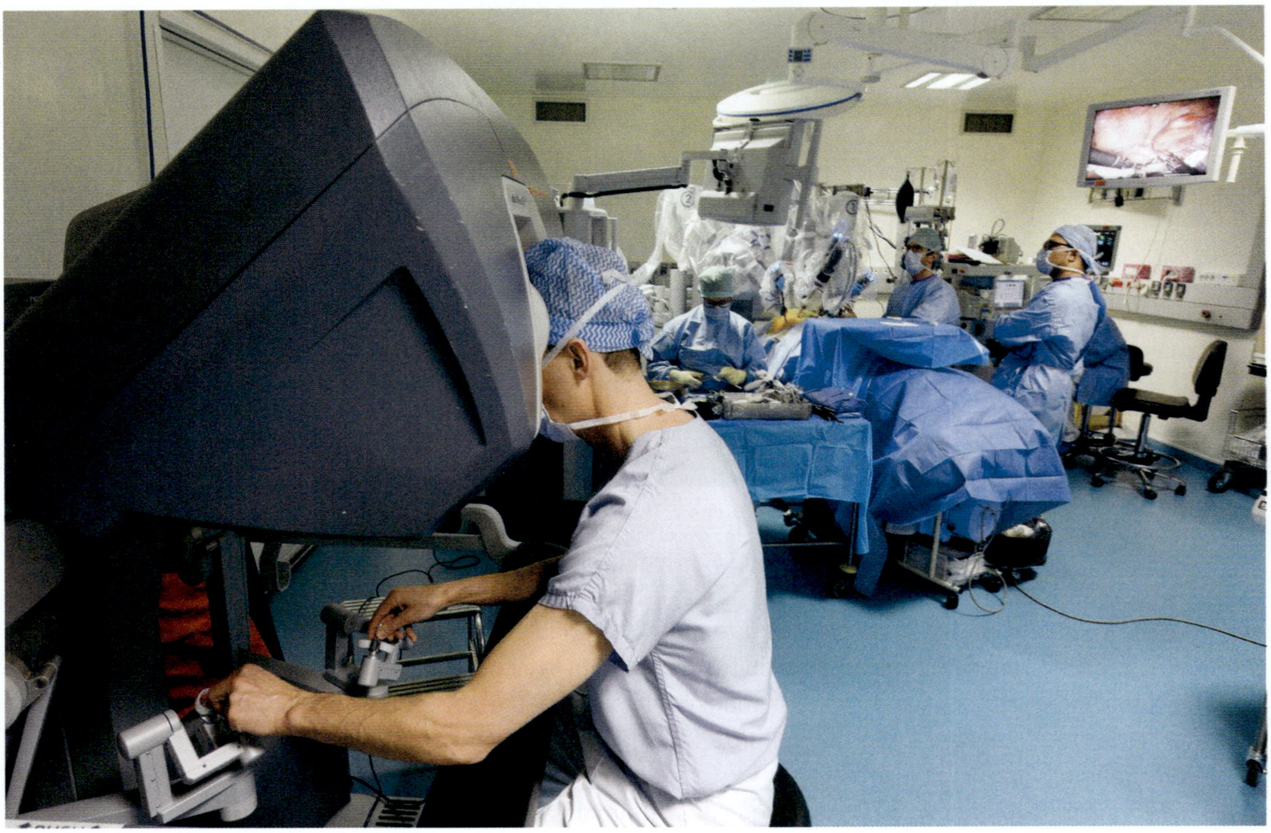

Robôs em centro cirúrgico em Rouen, na França, em 2017. Eles proporcionam controle e precisão em procedimentos cirúrgicos.

Esse processo evidencia uma transformação rápida e profunda nas relações entre seres humanos e máquinas, com fortes implicações na economia, na política e na sociedade (inclusive de ordem psicológica e ética), e, portanto, precisa ser analisado com atenção.

Outras inovações tecnológicas

Além da robótica, observam-se inovações em outros campos, como na engenharia genética e na biotecnologia, que permitem a manipulação de genes. A combinação de características de diferentes seres vivos pode resultar em novos materiais, remédios, alimentos, entre outras aplicações.

Uma das grandes inovações é o desenvolvimento de novos materiais. Físicos, químicos, biólogos e especialistas de outras áreas dedicam-se à produção de materiais mais resistentes, leves, flexíveis, resistentes a calor e/ou frio – de acordo com as diferentes necessidades.

O grafeno, uma camada única de átomos de carbono 1 milhão de vezes mais fina que um fio de cabelo humano, é visto, por muitos, como o desencadeador de uma grande revolução na indústria mundial. Esse material, cujos desenvolvedores ganharam o Prêmio Nobel da Física em 2010, é transparente, supercondutor de energia, elástico, duzentas vezes mais forte que o aço e resistente a altíssimas temperaturas, apresentando inúmeras possibilidades de aplicação.

No entanto, é preciso ter cautela com os avanços ligados à biotecnologia e ao desenvolvimento de novos materiais. Eles resultam de processos que não ocorriam antes da intervenção humana. Essa aceleração dos processos naturais necessita ser mais bem analisada, afinal não se conhecem os efeitos a longo prazo, pois são inovações recentes e podem envolver questões éticas e jurídicas. Uma delas é o direito geracional, que procura discutir como as ações atuais impactarão as gerações futuras.

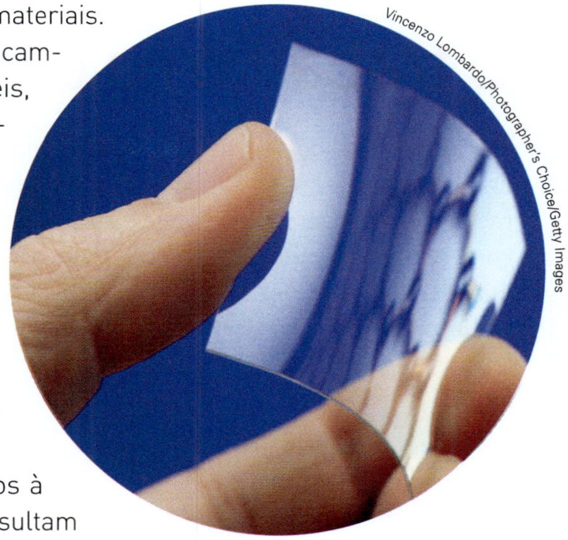

O grafeno possibilita a produção de telas de *smartphones* flexíveis e transparentes.

2. Trabalho na Revolução 4.0

As transformações tecnológicas da Revolução 4.0 geram muitas preocupações ao diminuir postos de trabalho. O ritmo dos processos de automatização verificado em inúmeras atividades econômicas é muito mais rápido que a velocidade com a qual as pessoas conseguem se qualificar para atender às demandas atuais e futuras.

Um trabalhador do século XXI deve ter um perfil diferente daquele do século XX: as habilidades e as competências mudaram. Ele deve ter o conhecimento geral dos processos de sua área, em vez de saber fazer atividades manuais e repetitivas. Deve conhecer e usar novas tecnologias, trabalhar em equipe, comunicar-se (inclusive em outros idiomas), ter senso crítico e saber tomar decisões com base em grandes conjuntos de informações. Para isso, precisa estudar continuamente.

Observa-se ainda o surgimento de novas profissões e o aprimoramento de outras já existentes – todas relacionadas às novas tecnologias, como coordenador de robótica, desenvolvedor de aplicativos, cientista de dados, gestor de mídias sociais, especialista em *marketing* digital, segurança da informação, consultor de imagem, engenheiro de rede (*cloud computing*), criadores de conteúdo para internet (influenciadores digitais), geneticista, especialista em energias renováveis, entre muitas outras.

Uma questão central da Revolução 4.0 é o desaparecimento de muitas profissões existentes atualmente. Tarefas executadas por grande parcela da população mundial deixarão de existir nas próximas décadas, pois serão executadas por máquinas. Como o ritmo das transformações é muito mais intenso que o da adaptação a elas, os níveis de desemprego tendem a crescer consideravelmente.

É fundamental ressaltar que o crescimento do desemprego, nesse caso, tem características estruturais, ou seja, refere-se a vagas que deixam de existir. Essa situação, agravada pelo desemprego conjuntural (ligado a crises econômicas), tem consequências sérias na vida de muitas pessoas, que, por deixarem de se encaixar no mercado formal, acabam indo trabalhar na informalidade, com menor remuneração e sem direitos trabalhistas.

O trabalho na era digital

Desde o fim do século XX, a aceleração das transformações tecnológicas criou novas profissões e modificou o mundo do trabalho. Muitas pessoas oferecem serviços sem sair de casa e as grandes empresas estabelecem relações comerciais com outros países por meio de conexões virtuais. Questões como qualidade de vida, flexibilidade, produtividade e redução de custos são aspectos importantes no âmbito pessoal e empresarial.

Novas tecnologias

As modalidades de trabalho virtual e digital suscitam controvérsias e são cada vez mais frequentes. Para alguns, elas geram maior produtividade, menores custos para as empresas e equilíbrio entre a vida pessoal e o trabalho para seus empregados e colaboradores. Outros, no entanto, acreditam que elas diminuem a responsabilidade da empresa para com os trabalhadores por conta dos gastos reduzidos com suporte.

Moderador

Empresas com *sites* ou fóruns próprios contratam pessoas para moderar o conteúdo e o nível das discussões.

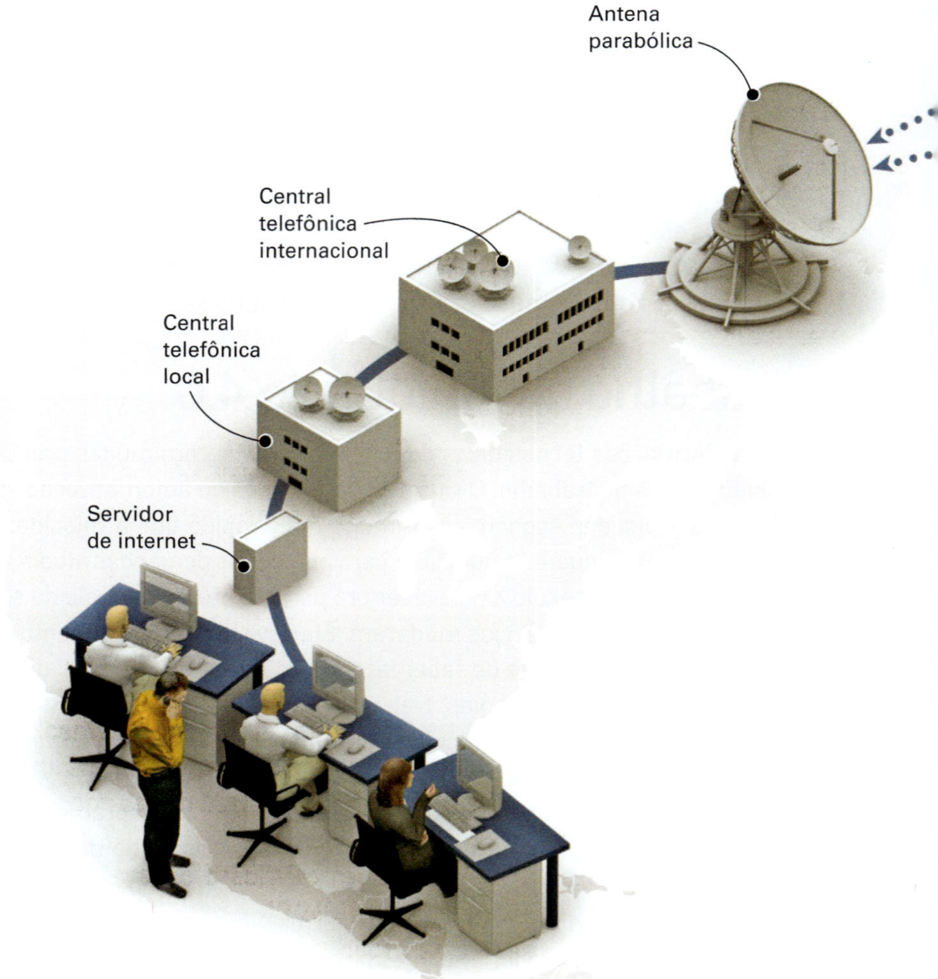

2 **Empresa contratada**

País de origem: Estados Unidos

Serviço prestado: *design* de *software*, em que se estabelece a qualidade geral do sistema.

Globalização do mercado

O desenvolvimento dos sistemas de comunicação e a mundialização da economia permitem que as relações entre empresas e clientes se estabeleçam em escala global. Na relação custo × benefício, busca-se qualidade pelo menor preço.

1 Cliente

País de origem: Rússia
Serviço contratado: *software* de administração de vendas.

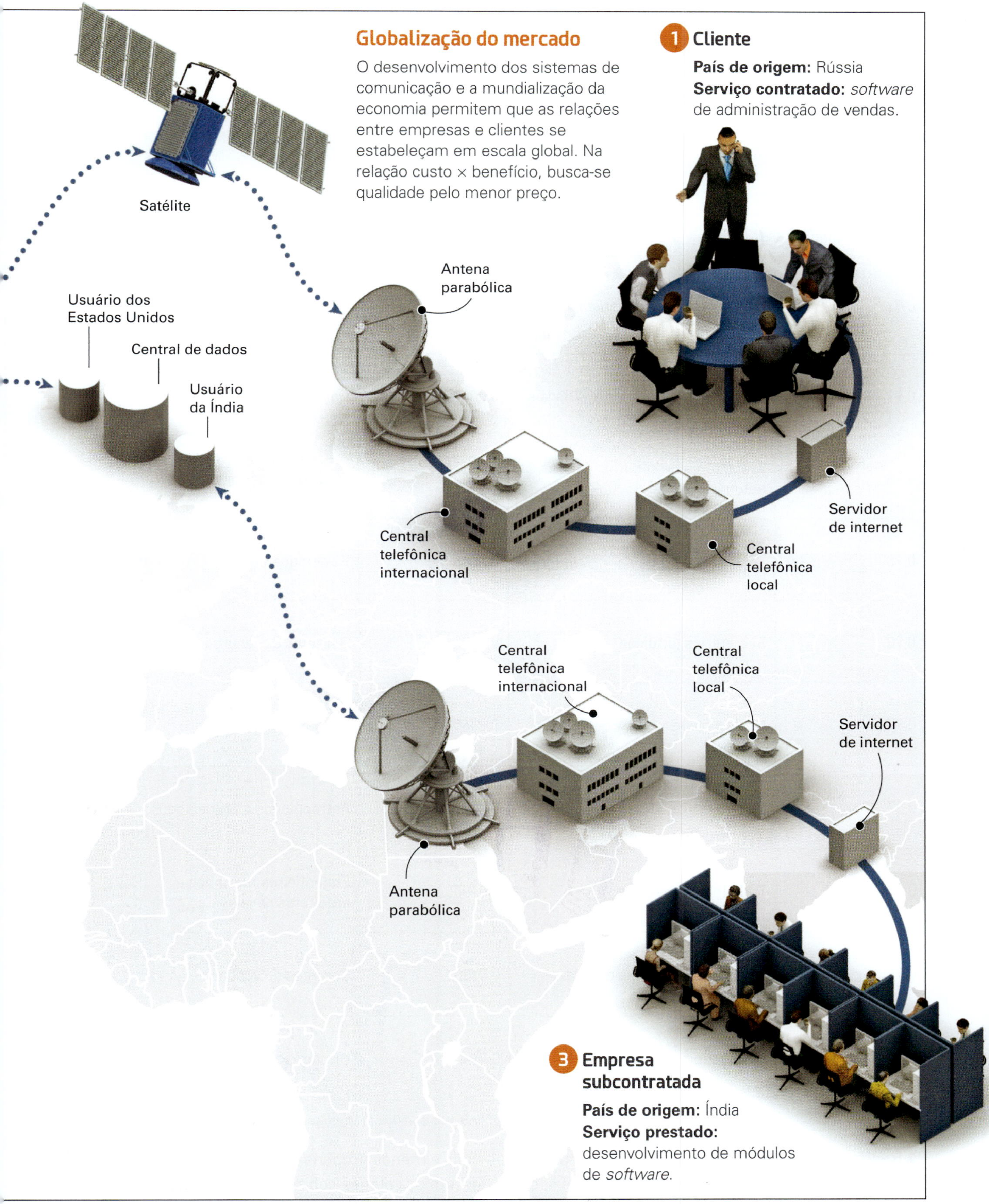

3 Empresa subcontratada

País de origem: Índia
Serviço prestado: desenvolvimento de módulos de *software*.

Elaborado com base em: SOL90 Images. El trabajo en la era digital. Disponível em: <www.sol90images.com/product.php?id_product=2413>. Acesso em: 3 set. 2018.

CIDADANIA E PERSPECTIVAS DO MERCADO DE TRABALHO

A tabela a seguir apresenta algumas profissões propensas à automação, em diferentes níveis de probabilidade. Quanto maior o valor, maior é a propensão.

Profissões: automação – 2013			
Mais propensas à automação		Menos propensas à automação	
Probabilidade	Profissão	Probabilidade	Profissão
0,99	Operadores de *telemarketing*	0,0031	Assistentes sociais que atuam nas áreas de apoio a usuários de substâncias tóxicas e de saúde mental
0,99	Responsáveis por cálculos fiscais	0,0040	Coreógrafos
0,98	Avaliadores de seguros, danos automobilísticos	0,0042	Médicos e cirurgiões
0,98	Árbitros, juízes e outros profissionais desportivos	0,0043	Psicólogos
0,98	Secretários jurídicos	0,0055	Gerentes de recursos humanos
0,97	*Hosts* e *hostesses*	0,0065	Analistas de sistemas
0,97	Corretores de imóveis	0,0077	Antropólogos e arqueólogos
0,97	Trabalhadores rurais	0,0100	Engenheiros marinhos e arquitetos navais
0,96	Secretários e assistentes administrativos, exceto os jurídicos, médicos e executivos	0,0130	Gerentes de vendas
0,94	Entregadores e mensageiros	0,0150	Diretores

Elaborado com base em: SCHWAB, Klaus. *A Quarta Revolução Industrial*. São Paulo: Edipro, 2016.

1. Realize uma análise comparativa entre as profissões mais e menos propensas à automação. Observe o perfil do trabalhador de cada grupo e, depois, converse com os colegas sobre as tendências do mercado de trabalho. Essas transformações são positivas ou negativas?

Transição justa e trabalho decente

Diante do quadro desfavorável ao emprego e da diminuição de postos de trabalho, os sindicatos buscaram atenuar os impactos para seus associados. Dois conceitos surgiram nesse processo: a transição justa e o trabalho decente.

A necessidade de diminuir as emissões de gases de efeito estufa, bem como a de desenvolver o uso de fontes de energia alternativa, levaram o movimento sindical internacional a apresentar o conceito de **transição justa**, que consiste em dar condições dignas aos trabalhadores nesse processo de troca de formas de produção agrícola e industrial.

Em 2015, a Organização das Nações Unidas contemplou a transição justa na Agenda 2030, que estabelece 17 Objetivos de Desenvolvimento Sustentável. O objetivo 8 refere-se a: "Promover o crescimento econômico sustentado, inclusivo e sustentável, emprego pleno e produtivo e trabalho decente para todas e todos". Esse tema é abordado de forma indireta em outros objetivos, como na erradicação da pobreza (objetivo 1), na produção e na oferta de energia para todos (objetivo 7) e na proteção do clima (objetivo 13).

Nesse mesmo ano, a Organização Internacional do Trabalho (OIT) estabeleceu, para governos e outros agentes sociais, importantes orientações referentes à transição justa para economias e sociedades sustentáveis. De acordo com a OIT, a transição justa deve ser democrática e ampla, associada à justiça socioambiental e à redução da pobreza. Ela também propõe ações para reduzir impactos ligados à perda de postos de trabalho.

Nas últimas reuniões internacionais sobre mudanças climáticas, sindicatos e outras organizações têm exercido pressão política para que os países se comprometam a realizar a transição justa. Durante a 21ª Conferência das Partes (COP-21), ocorrida em Paris em 2015, essa demanda foi incluída no documento final. Mas ainda não existem garantias de que, no nível nacional, sejam realizadas ações adequadas a essa causa dos trabalhadores.

Dica de *site*

Objetivos de Desenvolvimento Sustentável – objetivo 8
Apresenta o texto completo do objetivo 8 da Agenda 2030. Disponível em: <https://nacoesunidas.org/pos2015/ods8/>. Acesso em: 3 set. 2018.

Anadolu Agency/Getty Images

COP-21, realizada em Paris, na França, em 2015. O tema da transição justa foi contemplado em seu preâmbulo.

Já o **trabalho decente** baseia-se em quatro eixos principais:

- Respeito aos direitos fundamentais do trabalho: liberdade sindical, direito de negociação coletiva, eliminação de formas de discriminação em relação a emprego e ocupação, erradicação de trabalho forçado e do trabalho infantil.
- Promoção do emprego produtivo e de qualidade.
- Ampliação da proteção social.
- Fortalecimento do diálogo social.

Esses eixos foram estabelecidos em 1998, na Declaração da OIT sobre os Princípios e Direitos Fundamentais no Trabalho.

Para que a transição justa com base no trabalho decente realmente aconteça, governos, empresas e trabalhadores (sindicatos ou outra forma de organização laboral) precisam, necessariamente, buscar o diálogo para a tomada de ações conjuntas, nos mais diferentes níveis (municipal, estadual, federal e internacional).

Por exemplo, ao desenvolver planos para a prática da economia de baixo carbono, as empresas devem considerar a criação de empregos decentes que, ao mesmo tempo, qualifiquem e favoreçam a permanência dos trabalhadores. É importante ainda que garantam um piso social e que invistam nas comunidades. A implementação de tecnologias mais sustentáveis deve ser acompanhada de investimentos para requalificar trabalhadores e valorizar o conhecimento com base em suas práticas cotidianas, adquirido no processo produtivo.

Piso social: recursos destinados a serviços, ações e projetos socioassistenciais diversos.

Simultaneamente, o governo, em seus múltiplos níveis, deve desenvolver, implementar e avaliar políticas públicas em trabalho decente, com investimentos em treinamento e educação, de modo a proteger a sociedade e adaptar o mercado de trabalho às demandas atuais e futuras.

CIDADANIA E TRANSIÇÃO JUSTA

Estudo de caso: desenvolvimento comunitário, diálogo social e transição justa

[...]

Port Augusta é um estudo de caso de como a Austrália vai lidar com a transição.

Com o fechamento de duas centrais elétricas a carvão, a vida dessa comunidade do deserto está ameaçada. Uma usina solar em Port Augusta é a melhor opção para oferecer empregos e energia limpa. [...]

"Estávamos esperando ter novas opções antes do fechamento para que pudéssemos ter um aumento nos empregos, e não uma grande lacuna." Gary Rowbottom, trabalhador da central elétrica [...]

Port Augusta, uma cidade do interior com 14 mil habitantes no sul da Austrália, poderia ter sido um exemplo perfeito de transição. Por 68 anos, as usinas elétricas a carvão e as minas locais geraram empregos para quatrocentos trabalhadores e forneceram energia para o sul da Austrália.

A usina de carvão estava com os dias contados. Preocupada com a qualidade do ar e a saúde ambiental, a comunidade buscou planos alternativos para energia, indústria e empregos.

Cinco anos de trabalho – durante os quais todas as opções foram consideradas – resultaram na decisão de que uma usina solar térmica era a melhor opção tanto para uma base de energia limpa como para a transferência de habilidades para seus trabalhadores.

Um estudo de viabilidade e três empresas interessadas em construir essa alternativa renovável deram motivos para o otimismo. [...]

Durante um tempo, Port Augusta conseguiu se virar. O plano estava em vigor. Uma fonte de energia que permitiria a transferência dos trabalhadores da extinta central elétrica a carvão. Uma empresa disposta a construir, a comunidade por trás dela, os trabalhadores com esperança no futuro.

Então, por que eles ainda estão esperando?

O ingrediente que falta é um senso comum de urgência dos governos estadual e federal, mesmo quando a proprietária da usina a carvão [...] abandonou seus trabalhadores e a comunidade em uma decisão chocante de fechar anos antes dos compromissos assumidos. Mais de 250 trabalhadores foram abandonados.

A luta pelo meio ambiente e por empregos e comunidades sustentáveis andam de mãos dadas.

Mas nem tudo está perdido. Os elementos estão no lugar e, com vontade política, trabalhos de construção podem entrar em vigor em alguns meses, uma fonte de energia com empregos qualificados em dois anos e um otimismo para uma comunidade que deseja atrair novas indústrias para sua cidade. [...]

Avaliação:

Port Augusta é um exemplo incomum de diálogo social para uma transição justa porque começou com um processo de baixo para cima impulsionado pelos membros da comunidade, trabalhadores e sindicato, em vez de ser um processo de cima para baixo conduzido pelo governo ou pelos empregadores. Trabalhando juntos, os cidadãos de Port Augusta desenvolveram um plano de transição justa para passar da energia a carvão para a térmica solar; engajaram os governos local, estadual e nacional; e há três empregadores em potencial interessados no plano.

No entanto, a ausência de metas, políticas e financiamento claros do governo federal para energia limpa é uma barreira importante. Isso é o que é necessário para trazer um novo desenvolvimento industrial a Port Augusta. Sem isso, não há muito que a comunidade e o sindicato possam fazer.

JUST Transition Centre. *Just Transition. A Report for OECD*, maio 2017. p. 12-13. Disponível em: <www.oecd.org/environment/cc/g20-climate/collapsecontents/Just-Transition-Centre-report-just-transition.pdf>. Acesso em: 3 set. 2018. (Texto traduzido pelos autores.)

Alexander Cimbal/Alamy/Fotoarena

Port Augusta, na Austrália, em 2017.

1. Que transição justa foi pensada pela comunidade de Port Augusta, na Austrália?
2. Como são as relações entre os agentes sociais envolvidos (comunidade, empresas, Estado, organização de trabalhadores) para efetivar a transição justa?
3. Em sua opinião, como deve ser a transição justa: de "cima para baixo" ou de "baixo para cima"? Justifique.
4. Em grupos, investiguem exemplos de transição justa em outras localidades.

3. O Brasil na Revolução 4.0

Nas últimas décadas, o Brasil tem apresentado inovações em diferentes setores da economia, parte delas reconhecida internacionalmente. O país possui capacidade para alcançar novos padrões produtivos no contexto da Revolução 4.0, mas, para que isso se torne realidade, é preciso criar e implementar soluções para algumas fragilidades.

O desenvolvimento da ciência e da tecnologia no Brasil é fomentado por agências federais e estaduais, como a Coordenação de Aperfeiçoamento de Pessoal de Nível Superior (Capes) e o Conselho Nacional de Desenvolvimento Científico e Tecnológico (CNPq). Elas financiam projetos e concedem bolsas de estudo a pesquisadores de diversos ramos do conhecimento.

Porém, apesar da capacidade instalada e da existência de legislações para a promoção do desenvolvimento científico e tecnológico no Brasil, ainda há muitas dificuldades para alcançar bons resultados. Em vez de a inovação e a pesquisa serem entendidas como prioridade, pois se aplicam a várias políticas de desenvolvimento (econômico, social e ambiental), ainda são consideradas gastos, não investimentos.

Dessa forma, os recursos financeiros destinados pelo governo brasileiro para a ciência e a tecnologia são muito inferiores aos verificados em outros países.

Cartografando

Gastos com pesquisa e desenvolvimento (P&D) por país

O gráfico a seguir apresenta a porcentagem do Produto Interno Bruto (PIB) gasta com pesquisa e desenvolvimento (P&D). Observe as diferenças entre as regiões do mundo.

Regiões mundiais: PIB gasto com P&D (%) – 2013

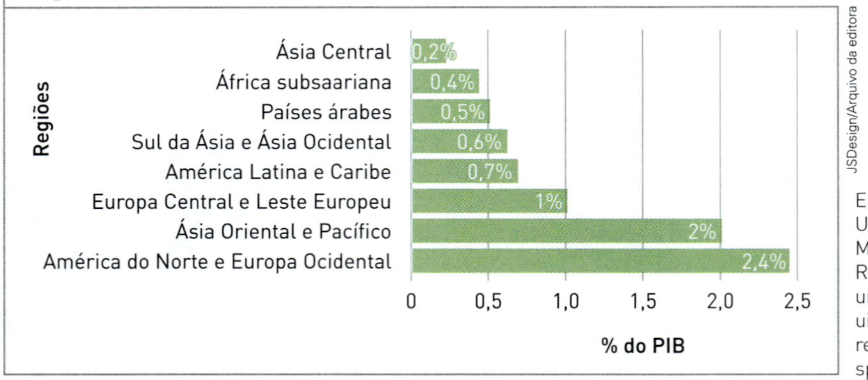

Elaborado com base em: UNESCO Institute for Statistics. How Much Does Your Country Invest in R&D? Disponível em: <http://uis.unesco.org/sites/all/modules/custom/uis_applications/apps/visualisations/research-and-development-spending/>. Acesso em: 10 set. 2018.

Agora, compare os dados da tabela. Veja quanto é investido em pesquisa e desenvolvimento por país.

Países selecionados: investimentos em P&D – 2013

Países	Parte do PIB gasto com P&D (%)	Total de gastos (milhões de dólares)	Nº de pesquisadores (por 1 milhão de habitantes)
Estados Unidos	2,7	476 460,00	4 255
China	2	370 589,70	1 096
Japão	3,4	170 512,30	5 328
Alemanha	2,9	109 802,50	4 318
Coreia do Sul	4,3	73 195,50	6 856
França	2,3	60 781,60	4 233
Reino Unido	1,7	44 163,80	4 254
Rússia	1,1	39 829,50	3 094
Índia	0,8	48 063,00	156
Brasil	1,3	42 124,50	900
Israel	4,2	12 038,00	8 250
Dinamarca	2,9	7 877,30	7 311
Itália	1,3	29 630,60	1 983
Argentina	0,6	5 042,60	1 202
Indonésia	0,1	2 130,30	89

Elaborada com base em: UNESCO Institute for Statistics. How Much Does Your Country Invest in R&D? Disponível em: <http://uis.unesco.org/sites/all/modules/custom/uis_applications/apps/visualisations/research-and-development-spending/>. Acesso em: 10 set. 2018.

1. Reúnam-se em grupos e façam uma análise comparativa dos investimentos em pesquisa e desenvolvimento (P&D). Procurem relacionar os dados com o crescimento desses países na área de inovação.
2. Em seguida, discuta com a turma a situação brasileira. O que se pode esperar do investimento nacional em P&D?

Impactos da Revolução 4.0 no Brasil

O fato de os investimentos brasileiros em ciência e tecnologia serem bem inferiores aos dos países mais ricos e aos de muitas economias emergentes gera impactos socioeconômicos negativos. Em vez de diversificar e elevar os padrões de produção para exportar mercadorias com maior valor agregado, o país paga pelas tecnologias desenvolvidas no exterior (*royalties*), que já estão protegidas por patentes, ou seja, direitos de propriedade.

Outro ponto fundamental é a valorização da educação em suas mais diversas etapas para a formação de profissionais qualificados diante das necessidades da Revolução 4.0. No entanto, nos últimos anos, os recursos financeiros destinados a pesquisa e tecnologia, que já eram insuficientes, são inconstantes e têm sido significativamente reduzidos. Importantes centros de pesquisa e inovação enfrentam dificuldades na aquisição e na manutenção de equipamentos e falta ou interrupção de investimentos para suas pesquisas. A situação é mais grave nas Unidades da Federação com grandes dívidas públicas, nas quais há menos possibilidades de investimento. Veja no gráfico abaixo o número de bolsas do Conselho Nacional de Desenvolvimento Científico e Tecnológico (CNPq), ligado ao Ministério da Ciência, Tecnologia, Inovações e Comunicações.

Bolsas pagas pelo CNPq – 2014, 2015 e 2017

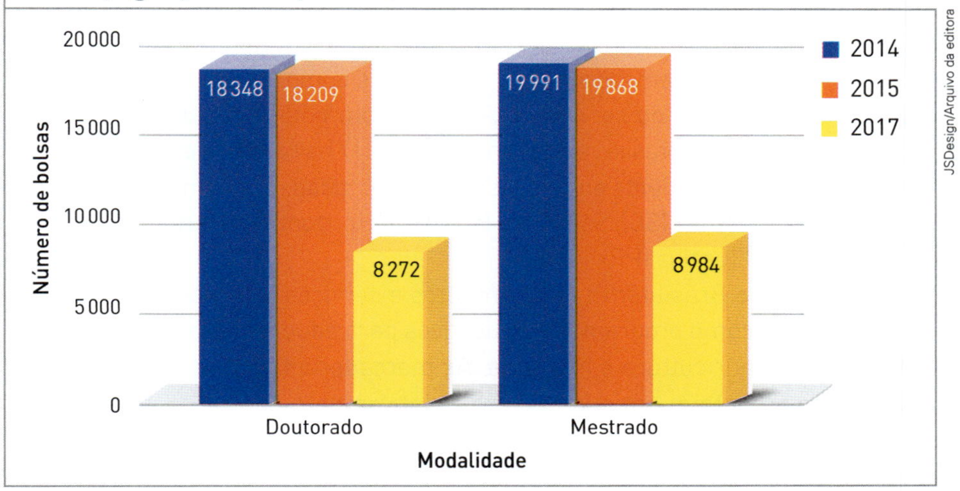

Elaborado com base em: JUNTA, Cristiano. *Associação Nacional de Pós-Graduandos*. CNPq paga 45% menos bolsas de mestrado e doutorado em 2017 comparado com 2015. Disponível em: <www.anpg.org.br/cnpq-paga-45-menos-bolsas-de-mestrado-e-doutorado-em-2017-comparado-com-2015/>. Acesso em: 2 ago. 2018.

Diante de tais problemas, muitos pesquisadores buscam melhores condições de trabalho no exterior, um fenômeno migratório conhecido como fuga de cérebros.

Mesmo com esse cenário adverso, o Brasil tem avançado em pesquisa e desenvolvimento em alguns setores. Por exemplo, nos últimos anos, a Empresa Brasileira de Pesquisa Agropecuária (Embrapa) tem se destacado na produção de cultivos transgênicos para aumentar a produtividade. Em 2013, desenvolveu a primeira planta geneticamente modificada gerada totalmente no país – uma espécie de soja tolerante a certos herbicidas (soja Cultivance). Desde então criou espécies modificadas de algodão, feijão, café, cana-de-açúcar, entre outras – com a finalidade de aumentar a resistência às pragas e aos agrotóxicos. Produziu também uma espécie de alface biofortificada, com maior teor de ácido fólico (vitamina B9). A Embrapa também investe na produção de biotecnologia para a produção de medicamentos e até mesmo na geração de fios produzidos por aranhas em laboratório.

Fabiano Perina/Embrapa Algodão

Algodão transgênico produzido pela Embrapa, na Bahia, em 2014. A espécie geneticamente modificada é resistente a fortes herbicidas.

Outra empresa brasileira conhecida internacionalmente por seus avanços tecnológicos é a Petrobras, referência internacional na exploração de petróleo e gás natural em águas profundas. Para que o Brasil pudesse explorar os recursos fósseis situados na camada pré-sal (plataforma continental da bacia de Santos), em uma profundidade superior a sete quilômetros e cujos depósitos situam-se a mais de 340 quilômetros da costa brasileira, a empresa desenvolveu tecnologias de extração e logística de distribuição.

Na indústria automobilística, pesquisas desenvolvidas ao longo de décadas levaram à produção de veículos bicombustíveis, movidos a etanol de cana-de-açúcar e a gasolina, os chamados carros *flex*. Eles revolucionaram o mercado brasileiro e representam uma importante inovação tecnológica que, entre outros fatores, reduziu os níveis de poluição no setor de transportes.

Nos últimos anos, boa parte dos avanços em pesquisa e desenvolvimento no Brasil tem acontecido por meio de pequenas empresas em fase inicial, conhecidas como *startups*. A maior parte delas oferece produtos ou serviços inovadores, com potencial para crescimento. Segundo a Associação Brasileira de Startups, em 2017 havia mais de 4 mil empresas desse tipo no país – somente entre suas filiadas. As cidades com mais *startups* são Florianópolis e Joinville (SC), São Paulo (SP), Belo Horizonte e Uberlândia (MG), Rio de Janeiro (RJ) e Curitiba (PR).

As *startups* no Brasil têm criado produtos e serviços que atendem a inúmeras finalidades, como programas e aplicativos para educação, saúde, *marketing*, lazer, finanças, agricultura e indústria. As mercadorias produzidas são sofisticadas tecnicamente e, em sua maioria, relativamente baratas, o que permite atingir um grande mercado em pouco tempo. Essas empresas emergentes se caracterizam por serem bastante flexíveis, ágeis e por envolverem poucas pessoas nas equipes.

Em 2018, o governo brasileiro regulamentou o Marco Legal da Ciência, Tecnologia e Inovação (Lei n. 13 243/2016), que permite a integração de instituições científicas e tecnológicas, públicas e privadas. Um dos objetivos é atrair recursos privados para a realização de pesquisas e aproximar essas instituições das empresas. Além disso, está sendo desenvolvido o Plano Nacional de Internet das Coisas para acelerar a inserção do país na Revolução 4.0. Esse plano define como prioridade quatro eixos iniciais de investimento tecnológico: saúde, cidades inteligentes, agricultura e indústria. Também prevê o financiamento de *startups*.

A pesquisa e a tecnologia devem ser entendidas como uma estratégia de longo prazo na busca pelo desenvolvimento. Para que o Brasil altere sua posição na Divisão Internacional do Trabalho (DIT), é preciso ampliar a percepção de que educação, ciência e inovação são fundamentais para qualquer política de desenvolvimento, em todas as dimensões (política, econômica, social e ambiental).

Sindicalismo, transição justa e trabalho decente no Brasil

Com base nas orientações da OIT, o governo brasileiro, após debate entre empregadores e trabalhadores, desenvolveu em 2006 uma Agenda Nacional de Trabalho Decente com três prioridades:

1. Geração de mais e melhores empregos, que assegurem igualdade de oportunidades e de tratamento à população.
2. Erradicação do trabalho escravo e do trabalho infantil.
3. Fortalecimento dos atores e do diálogo em busca de governabilidade democrática.

Sua implementação ocorreu por meio da criação do Plano Nacional de Emprego e Trabalho Decente (PNETD), que apresenta propostas para enfrentar problemas sociais estruturais ligados ao mercado de trabalho, como pobreza e desigualdade social, desemprego e informalidade, baixo rendimento e produtividade, alta rotatividade no emprego, desigualdades de gênero e etnia, saúde e segurança no trabalho. Dessa Agenda decorreram outros planos específicos para esses temas, em diferentes níveis de governo (federal, estadual e municipal).

Os sindicatos brasileiros, representando inúmeras categorias, ampliaram sua atuação para abranger todas as dimensões ligadas ao trabalho decente. Diante da Revolução 4.0, também participam cada vez mais em fóruns nacionais e internacionais relacionados à transição justa.

Os efeitos sobre os trabalhadores serão intensos. Para possibilitar a adaptação com menos impactos sociais e menos desemprego, serão necessárias ações concretas.

A reforma na legislação trabalhista (Consolidação das Leis do Trabalho – CLT) aprovada em 2017 (Lei n. 13467) tem gerado muitas incertezas acerca do trabalho decente no Brasil. Isso porque diversas regras foram alteradas, como as relacionadas a férias, jornada de trabalho, remuneração, plano de carreira, negociação entre empregadores e trabalhadores, demissão, contribuição sindical, terceirização, entre outras.

Luis Macedo/Câmara dos Deputados

Protestos no Congresso Nacional, em Brasília (DF), contra a Reforma Trabalhista em 2017.

Reconecte

Revisão

1. Observe produtos ou serviços de seu cotidiano que apresentem sofisticação técnica ou caráter inovador. Em seguida, investigue sua origem e a das marcas associadas. Com base nessas informações, escreva um texto analítico que contemple as observações realizadas.

Produção de infográfico

2. Reúna-se com dois colegas para produzir um infográfico sobre a Revolução 4.0. Ele deve conter elementos textuais e imagens que abordem diferentes aspectos desse momento histórico: internet das coisas, sistemas ciberfísicos, robótica, impressão em 3D, biotecnologias, *big data*, entre outros. Estabeleçam relações e exemplifiquem cada um deles para apresentá-los para o restante da turma.

Pesquisa

3. Pesquise e defina os seguintes conceitos:
   a) Internet das coisas.
   b) Sistema ciberfísico.

4. Pesquise informações sobre os reflexos da Revolução 4.0 no mundo do trabalho. Com base no conteúdo do capítulo e na pesquisa, converse com os colegas sobre diferentes aspectos relacionados ao tema, como trabalho decente e transição justa. Ao final, se possível, elaborem, em grupos, um *podcast* com as principais reflexões realizadas.

Análise de charge

5. Com base na charge, analise a relação entre os avanços biotecnológicos e seus questionamentos de ordem ética.

Charge de Glenn McCoy, 2001.

6. A canção "Construção", de Chico Buarque, é um dos grandes clássicos da música popular brasileira. Gravada em 1971, retrata o dia de um trabalhador da construção civil. Depois de analisá-la, responda às questões.

Construção

Amou daquela vez como se fosse a última
Beijou sua mulher como se fosse a última
E cada filho seu como se fosse o único
E atravessou a rua com seu passo tímido
Subiu a construção como se fosse máquina
Ergueu no patamar quatro paredes sólidas
Tijolo com tijolo num desenho mágico
Seus olhos embotados de cimento e lágrima
Sentou pra descansar como se fosse sábado
Comeu feijão com arroz como se fosse um príncipe
Bebeu e soluçou como se fosse um náufrago
Dançou e gargalhou como se ouvisse música
E tropeçou no céu como se fosse um bêbado
E flutuou no ar como se fosse um pássaro
E se acabou no chão feito um pacote flácido
Agonizou no meio do passeio público
Morreu na contramão, atrapalhando o tráfego [...]

Amou daquela vez como se fosse máquina
Beijou sua mulher como se fosse lógico
Ergueu no patamar quatro paredes flácidas
Sentou pra descansar como se fosse um pássaro
E flutuou no ar como se fosse um príncipe
E se acabou no chão feito um pacote bêbado
Morreu na contramão atrapalhando o sábado

BUARQUE, Chico. Construção. In: *Construção*. Phonogram/Philips, Brasil, 1971. 1 CD. Faixa 4.

a) Qual é o contexto histórico retratado?
b) Relacione a música com a situação e as perspectivas do trabalhador na Revolução 4.0.

EXPLORANDO

7. Reúna-se com três colegas e definam a criação de uma *startup*, levando em conta as observações a seguir.
a) Diante de problemas, desafios e/ou oportunidades em seu cotidiano, idealizem um produto inovador. Definam suas características, público-alvo (perfil de consumidor e mercados consumidores) e preço.
b) Em função da mercadoria desenvolvida, criem um nome e objetivos para a *startup* responsável por sua concepção, desenvolvimento e comercialização.
c) Pensem e organizem uma estratégia de *marketing* para apresentar o produto aos demais colegas. Tal estratégia pode ser elaborada por meio de vídeos, músicas, imagens ou outro material.

Resumo

- A Revolução 4.0 possibilitou o encontro de diferentes tecnologias de modo integrado pela internet.
- Atualmente, destaca-se o aprimoramento da engenharia genética e da biotecnologia, além de descobertas ligadas à robótica, entre outras.
- O desenvolvimento da robótica vem modificando as relações de trabalho, o que faz muitos empregos deixarem de existir.
- Diante do aumento do desemprego, os sindicatos reagiram para atenuar os efeitos da redução do número de postos de trabalho entre seus associados.
- Nesse processo, surgiram dois conceitos: transição justa e trabalho decente.
- Com base nas orientações da OIT, o governo brasileiro desenvolveu em 2006 uma Agenda Nacional de Trabalho Decente.

Globalização e cidadania

A evolução dos avanços tecnológicos levou o capitalismo a outro estágio, marcado pelo poder da informação. A Revolução 4.0, já em curso, aponta a capacidade de reinvenção desse sistema, que gera e se alimenta de crises sistêmicas.

Transformadas em fonte de acumulação, a ciência e a tecnologia possibilitam os avanços tecnológicos. A Quarta Revolução Industrial está no início. Suas possibilidades apenas começam a ser exploradas e seus limites não são bem conhecidos. Porém, sabe-se que as mudanças serão profundas e é provável que ocorram em ritmo muito mais intenso que a capacidade de adaptação das sociedades.

No entanto, caso não haja políticas efetivas para uma transição justa, com garantia de trabalho decente para a população, a perspectiva é que o fenômeno da globalização se mostre ainda mais perverso, principalmente nos países mais pobres. Por isso, algumas políticas sociais e compensatórias já estão sendo aplicadas.

É necessário questionar para onde vai o avanço das inovações tecnológicas. É preciso relacionar o desenvolvimento tecnológico com sua função social e perguntar: quem se beneficia dele? Quem é excluído por sua implementação? Do contrário, o futuro vai aprofundar as desigualdades presentes em nossos dias.

Jerónimo Alba/Age Fotostock/Easypix Brasil

Vendedores de rua na Cidade do México, no México, em 2015. Muitas profissões deixam de existir em razão do avanço tecnológico; os excluídos buscam a sobrevivência no mercado informal.

Repercutindo

Texto 1

A democracia sobreviverá a grandes volumes de dados e inteligência artificial?

A revolução digital está em pleno andamento. Como isso vai mudar nosso mundo? A quantidade de dados que produzimos dobra a cada ano. Em outras palavras: em 2016, produzimos tantos dados quanto em toda a história da humanidade até 2015. [...]. Em breve, as coisas ao nosso redor, possivelmente até as nossas roupas, também estarão conectadas à internet. Estima-se que daqui a dez anos haverá 150 bilhões de sensores de medição em rede, vinte vezes mais do que pessoas na Terra. Assim, a quantidade de dados duplicará a cada doze horas. Muitas empresas já estão tentando transformar esse *big data* em *big money*.

Tudo ficará inteligente; em breve não teremos apenas telefones inteligentes, mas também casas inteligentes, fábricas inteligentes e cidades inteligentes. Devemos também esperar que esses desenvolvimentos resultem em nações inteligentes e em um planeta mais inteligente?

O campo da inteligência artificial está, de fato, realizando avanços de tirar o fôlego. Está contribuindo principalmente para a automação da análise de dados. A inteligência artificial não é mais uma linha de produção programada, agora é capaz de aprender e se desenvolver continuamente. [...] Agora, os algoritmos podem reconhecer linguagens e padrões manuscritos quase tão bem quanto os humanos e até mesmo realizar algumas tarefas melhor que nós. Eles são capazes de descrever o conteúdo de fotos e vídeos. Hoje, 70% de todas as transações financeiras são realizadas por algoritmos. [...] Tudo isso tem consequências econômicas radicais: nos próximos dez a vinte anos, cerca da metade dos empregos atuais será ameaçada por algoritmos. Em uma década, 40% das 500 maiores empresas de hoje terão desaparecido. [...]

Uma coisa é clara: a maneira como organizamos a economia e a sociedade mudará drasticamente. Vivemos a maior transformação desde o fim da Segunda Guerra Mundial; após a automação da produção e a criação de carros autônomos, a automação da sociedade é a próxima. Com isso, a sociedade está em uma encruzilhada, que promete grandes oportunidades, mas também riscos consideráveis. Se tomarmos as decisões erradas, isso poderá ameaçar nossas maiores realizações históricas. [...]

HELBING, Dirk et al. Will Democracy Survive Big Data and Artificial Intelligence? *Scientific American*, 25 fev. 2017. Disponível em: <www.bsfrey.ch/articles/D_283_2017.pdf>. Acesso em: 4 set. 2018. (Texto traduzido pelos autores.)

1. Debata com os colegas a utilização do *big data* e o papel da inteligência artificial no mundo atual.
2. Em grupos, preparem um breve roteiro de uma peça sobre uma situação ligada aos temas discutidos na questão anterior. Depois, façam a encenação.

ProStockStudio/Shutterstock

Casas inteligentes comandadas virtualmente já são realidade.

Texto 2

A noção de equidade na Agenda de Trabalho Decente

A noção de equidade é um elemento central da Agenda de Trabalho Decente. Refere-se às diversas formas de desigualdade e exclusão que afetam os grupos humanos na sociedade baseadas tanto no sexo como na origem e condições socioeconômicas, raça, etnia, nacionalidade, opções políticas e religiosas, entre outras.

Isso significa, em primeiro lugar, que *Trabalho Decente* é também um trabalho livre de qualquer discriminação. Em segundo lugar, que a preocupação com a promoção da equidade deve estar presente sempre, de maneira transversal, nas quatro áreas estratégicas fundamentais que definem a Agenda do Trabalho Decente: a promoção das normas internacionais e dos direitos no trabalho, a criação de mais e melhores empregos, a ampliação da proteção social e o fortalecimento da organização e representação dos atores do mundo do trabalho e do diálogo social.

Atenção especial deve ser dada à situação das mulheres trabalhadoras e, entre elas, àquelas que estão sujeitas a outras formas de discriminação ou vulnerabilidade, como as negras e as indígenas. É necessário incorporar a dimensão de gênero e, no caso do Brasil e da América Latina, também a dimensão étnico-racial a cada uma das quatro áreas da Agenda de Trabalho Decente.

No âmbito da promoção dos direitos no trabalho, um dos postulados básicos da própria noção de Trabalho Decente é que todas as pessoas que trabalham, homens e mulheres, têm direitos que devem ser respeitados. No entanto, as mulheres sofrem mais do que os homens o problema de não serem reconhecidas como sujeitos desses direitos, porque estão sobrerrepresentadas nas esferas desprotegidas e invisíveis do mundo do trabalho, que aparecem, tanto nas estatísticas e indicadores como na definição e implementação de políticas públicas, como áreas de não trabalho (como, por exemplo, o trabalho a domicílio, o trabalho familiar não remunerado e, muitas vezes, o trabalho doméstico).

Com esse objetivo, garantir o mesmo *status* legal para homens e mulheres é o primeiro e necessário passo, mas não é suficiente. Avançar no aspecto dos direitos na Agenda do Trabalho Decente, considerando sua dimensão de gênero, significa também avançar na igualdade substantiva entre homens e mulheres. Isto recoloca o tema da articulação necessária entre o respeito aos direitos no trabalho e os demais objetivos estratégicos da OIT (a promoção de empregos de qualidade para homens e mulheres, a extensão da proteção social e a promoção do diálogo social). Atenção especial deve ser dada à proteção à maternidade, já que a situação atual, futura ou provável da mulher como mãe e principal responsável pelo cuidado doméstico e familiar continua sendo a principal causa de sua discriminação no trabalho. Não pode existir igualdade de oportunidades entre homens e mulheres nesse âmbito sem uma proteção adequada à maternidade e ao direito das mulheres de não serem discriminadas por fatores associados à sua capacidade reprodutiva. [...]

No âmbito do emprego, a consideração da dimensão de gênero supõe, ao mesmo tempo, aumentar as possibilidades de acesso das mulheres ao trabalho remunerado e às oportunidades de geração de renda, diminuir a invisibilidade do trabalho realizado em diversas esferas não reconhecidas como tal, melhorar a qualidade de seus empregos e promover políticas e estratégias de conciliação entre a vida familiar e o trabalho.

Por outro lado, as mulheres sofrem o problema da insuficiência da proteção social em uma proporção maior que os homens, devido a seus padrões de emprego, em geral, mais instáveis. [...]

ABRAMO, Laís. Trabalho decente: o itinerário de uma proposta. *Bahia: Análise e Dados*, Salvador, v. 20, n. 2/3, jul./set. 2010. p. 155-156.

FotoAndalucia/Shutterstock

Mulheres ainda sofrem discriminação no trabalho por engravidarem. O trabalho decente envolve igualdade entre homens e mulheres.

3. Reúna-se com três colegas e, juntos, discutam as dimensões de equidade relacionadas ao trabalho decente. Em seguida, elaborem uma música ou uma paródia que retrate a perspectiva do grupo sobre os temas analisados. Ao final, apresentem-na aos colegas.

Enem e vestibulares

1. (Enem)

Dados recentes mostram que muitos são os países periféricos que dependem dos recursos enviados pelos imigrantes que estão nos países centrais. Grande parte dos países da América Latina, por exemplo, depende hoje das remessas de seus imigrantes. Para se ter uma ideia mais concreta, recentes dados divulgados pela ONU revelaram que somente os indianos recebem 10 bilhões de dólares de seus compatriotas no exterior. No México, segundo maior volume de divisas, esse valor chega a 9,9 bilhões de dólares e nas Filipinas, o terceiro, a 8,4 bilhões.

HAESBAERT, R.; PORTO-GONÇALVES, C. W. A *nova des-ordem mundial*. São Paulo, Edunesp. 2006.

Um aspecto do mundo globalizado que facilitou a ocorrência do processo descrito, na transição do século XX para o século XXI, foi o(a)

a) integração de culturas distintas.
b) avanço técnico das comunicações.
c) quebra de barreiras alfandegárias.
d) flexibilização de regras trabalhistas.
e) desconcentração espacial da produção.

2. (Unicamp)

Sobre a Revolução Informacional e suas implicações para a reorganização do mundo contemporâneo, podemos afirmar que:

a) Alguns Estados e um conjunto diminuto de grandes empresas controlam o essencial da revolução tecnológica em curso, atualizando o desenvolvimento geograficamente desigual.
b) Dado o alcance planetário do sistema técnico informacional, a população tem amplo acesso a uma informação verdadeira que unifica os lugares, tornando o mundo uma democrática aldeia global.
c) Há um acentuado enfraquecimento das funções de gestão das metrópoles, processo determinado pela descentralização da produção, apoiada no uso intensivo das tecnologias da informação e comunicação.
d) Os mais diversos fluxos de informações perpassam as fronteiras nacionais, anulando o papel do Estado-Nação como ente regulador e definidor de estratégias no jogo político mundial.

3. (PUC)

A divisão do mundo em Estados nacionais, com fronteiras, moedas e alfândegas, cria barreiras à livre circulação de mercadorias, serviços, capitais e pessoas. A criação de blocos econômicos é uma tentativa de reduzir essas barreiras em escala regional, mas também uma forma de os países membros se fortalecerem frente ao processo de globalização.

Nesse processo, NÃO constitui uma forma de organização de blocos econômicos a

a) união aduaneira.
b) união econômica e monetária.
c) criação de zonas de livre-comércio.
d) eliminação das fronteiras físicas.
e) organização de mercados comuns.

4. (Ufop)

"A divisão sexual do trabalho assume formas conjunturais e históricas, constrói-se como prática social, ora conservando tradições que ordenam tarefas masculinas e tarefas femininas na indústria, ora criando modalidades da divisão sexual das tarefas. A subordinação de gênero, a assimetria nas relações de trabalho masculinas e femininas se manifesta não apenas na divisão de tarefas, mas nos critérios que definem a qualificação das tarefas, nos salários, na disciplina do trabalho."

(CARLOTTO, C. M. O conceito de gênero e sua importância para a análise das relações sociais. *Serv. Soc. Rev.*, Londrina, v. 3, n. 2, p. 205, jan./jun. 2001).

Sobre o trabalho feminino, pode-se inferir que:

a) Mesmo no mundo globalizado, o trabalho feminino é muito utilizado em formas de emprego precárias, como contratos de curta duração e empregos em tempo parcial.
b) Os rendimentos das mulheres trabalhadoras mais escolarizadas tendem a ser superiores aos dos homens em igual posição.
c) Observa-se uma diminuição da presença das mulheres em atividades de maior prestígio e rendimentos devido à melhoria da qualificação da mão de obra masculina.
d) O trabalho doméstico é exercido predominantemente pelas mulheres em razão da baixa qualificação da mão de obra feminina.

UNIDADE

4 Desafios do Brasil no século XXI

São muitos os desafios para o Brasil no século XXI. Alguns deles referem-se à proteção de suas fronteiras, ao aumento das relações comerciais e à participação em reuniões internacionais com temas sociais, econômicos e ambientais. Para isso, torna-se fundamental estabelecer parcerias estratégicas a fim de ampliar seu protagonismo na economia internacional. A proteção da biodiversidade também é de suma importância e, portanto, um grande desafio, pois por meio dela se inicia o desenvolvimento sustentável em território brasileiro.

Diego Grandi/Shutterstock

Supremo Tribunal Federal, em Brasília (DF), em 2018.

CAPÍTULO

10 Geopolítica do Brasil

País com dimensões continentais, população numerosa e recursos naturais tanto na superfície continental como no mar, o Brasil necessita de geopolítica. A geopolítica pode ser aplicada internamente para estabelecer políticas territoriais, a fim de promover justiça social ou criar alianças com países vizinhos, além de firmar seu posicionamento em instituições multilaterais.

Ao longo do século XX, a geopolítica ganhou forma no Brasil por meio de planos implementados por governos civis e militares. No entanto, nem sempre esses projetos foram discutidos de forma democrática com a sociedade. Há ainda a necessidade de tratar desses temas abertamente, ampliando a capacidade de a opinião pública interferir no destino do país. Só então teremos uma geopolítica democrática e participativa, que atenda aos interesses da maioria da população brasileira.

Marcos Amend/Pulsar Imagens

Reserva indígena do povo Ingarikó em Viramutã (RR), em 2017. O estabelecimento e a proteção de reservas indígenas são questões da geopolítica interna brasileira.

Mauro Pimentel/Agência France-Presse

Exploração do pré-sal, na bacia de Santos, no estado do Rio de Janeiro, em 2017. O pré-sal é uma grande reserva de petróleo e gás natural abaixo do leito do mar, entre Espírito Santo e Santa Catarina.

EM FOCO

Geopolítica do século XXI: fluidez por toda parte

A arena mais fluida no sistema mundial contemporâneo, que está em crise estrutural, é possivelmente a arena geopolítica. Nenhum país chega perto de dominá-la. O último poder hegemônico, os Estados Unidos, age há muito tempo como um gigante indefeso. É capaz de destruir, mas não de controlar a situação. Ainda proclama regras esperando que os outros as sigam, mas pode ser e é ignorado.

Hoje, há uma longa lista de países que agem como acham melhor, apesar da pressão de outros países para que atuem de determinada forma. Um olhar ao redor do globo vai confirmar rapidamente a incapacidade dos Estados Unidos de atingir seus objetivos.

Fora os Estados Unidos, os dois países com maior poderio militar são Rússia e China. No passado, tiveram de ter cautela para evitar a censura dos Estados Unidos. A retórica da Guerra Fria descrevia dois campos geopolíticos em competição. Mas a realidade era diferente. Essa retórica simplesmente mascarava a eficácia relativa da hegemonia estadunidense.

Agora o cenário está praticamente invertido. Os Estados Unidos têm de se mover com cuidado em relação à Rússia e à China para evitar perder a cooperação desses países em prioridades geopolíticas estadunidenses.

Consideremos agora os chamados aliados mais fortes dos Estados Unidos. Podemos discutir qual é o aliado "mais próximo" ou o mais antigo. Podemos escolher entre Grã-Bretanha e Israel ou até, alguns diriam, Arábia Saudita. Ou fazer uma lista de parceiros confiáveis de longa data, tais como Japão, Coreia do Sul, Canadá, Brasil e Alemanha. Podemos chamá-los de "números dois". [...]

Os Estados Unidos parecem ter, no momento, duas prioridades diferentes. Um dia, é a concordância da Coreia do Norte com imperativos estadunidenses. No outro, é terminar o envolvimento dos Estados Unidos na Ásia Oriental, ou pelo menos reduzir seus gastos financeiros. Como resultado, é cada vez mais ignorado.

Poderíamos apresentar um cenário semelhante para outras regiões ou sub-regiões do mundo. A lição principal disso tudo é que o declínio dos Estados Unidos não deu lugar a outro país hegemônico. Simplesmente resultou num zigue-zague caótico geral, a fluidez da qual falamos.

É claro que isso é o grande perigo. Acidentes nucleares ou erros ou loucura, de repente, estão na mente de todos, especialmente das Forças Armadas do mundo. Como lidar com esses perigos é o debate geopolítico mais significativo no curto prazo.

WALLERSTEIN, Immanuel. Twenty-First-Century Geopolitics: Fluidity Everywhere. *Europe Solidaire sans Frontières*, 15 fev. 2018. Disponível em: <www.europe-solidaire.org/spip.php?article43264>. Acesso em: 4 set. 2018. (Texto traduzido pelos autores.)

Christian Minelli/NurPhoto/Getty Images

Líderes mundiais representando União Europeia, Canadá, Alemanha, Estados Unidos, Itália, França, Japão e Reino Unido em encontro do Grupo dos Sete (G7), em Taormina, na Itália, em 2017.

1. Por que o autor afirma existir uma fluidez geopolítica?

2. Debata com a turma: quais são as consequências dessa fluidez para a paz mundial? De que modo ela afeta o Brasil?

1. O que é geopolítica?

A geopolítica é uma forma de expressar poder no espaço geográfico. A mudança de uma capital, por exemplo, é uma ação geopolítica clássica, pois expressa o desejo de governantes de alterar a distribuição do poder no território do país. A ação geopolítica é geralmente feita pelo Estado, mas agentes privados também podem atuar no espaço geográfico.

Essa visão é recente. No passado, diversos pensadores caracterizavam a geopolítica como uma área de conhecimento no âmbito da Geografia, relacionada apenas ao direito internacional e às relações internacionais, para identificar as estratégias de um país em relação a outro, com o intuito de dominar ou de realizar cooperações.

O termo "geopolítica" foi criado pelo geógrafo sueco Rudolf Kjëllén (1864-1922). Para ele, a geopolítica era um campo interdisciplinar. Para muitos intérpretes do pensamento geográfico, esse ponto de vista está na base da ideia de uma geopolítica aplicada ao exercício do poder no território.

Na Alemanha, Friedrich Ratzel (1844-1904) contribuiu para a sistematização da ciência geográfica e da geopolítica. Em sua vasta obra, relacionou estudos geográficos, históricos e sociais. Para ele, os povos se expandem ou são extintos por meio do uso do poder no território. Portanto, o domínio do território por um povo exerceria um papel central na soberania e na geopolítica desse povo, seja internamente, seja em relação a outros países, como projeção de poder.

Outro autor que contribuiu para a sistematização da geopolítica foi Alfred Thayer Mahan (1840-1914), um almirante da Marinha dos Estados Unidos. Mahan apontou a importância do poder marítimo nas relações entre os países. De acordo com ele, um país poderia influenciar outro com base em características como posição, extensão territorial e tamanho de sua costa.

Já Halford John Mackinder (1861-1947), geógrafo inglês, trouxe à discussão a **teoria do poder terrestre**. Para ele, o controle dos mares não seria mais fundamental para a supremacia dos países. Ele estabelece o conceito de Heartland, ou "coração da Terra", localizado na massa territorial que forma os continentes europeu e asiático, chamada Eurásia. Essa seria a "área pivô", e o país que a controlasse exerceria domínio sobre os demais.

Eurásia: Heartland (Halford Mackinder)

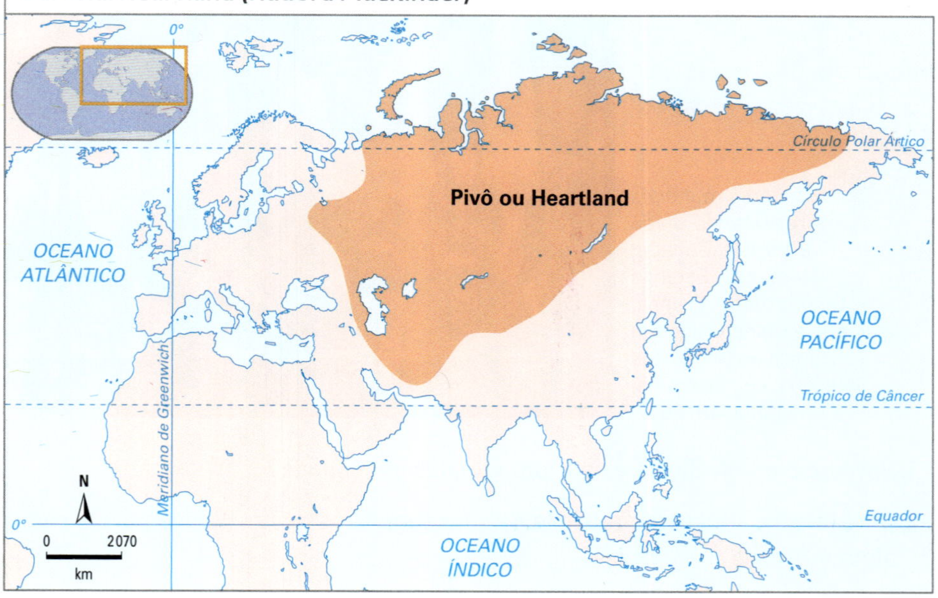

Banco de imagens/Arquivo da editora

Elaborado com base em: ASHWORTH, Lucian M. Realism and the Spirit of 1919: Halford Mackinder, Geopolitics and the Reality of the League of Nations. *European Journal of International Relations*, v. 19, n. 2, 16 jun. 2010.

Primórdios da geopolítica no Brasil

No Brasil, a geopolítica também ganhou destaque entre geógrafos e intelectuais. Everardo Backheuser (1879-1951) lecionou Geopolítica na Escola Politécnica do Rio de Janeiro e publicou estudos sobre a estrutura política brasileira na década de 1930. Para ele, a geopolítica deveria promover a consolidação do Estado nacional brasileiro, projetando o país no cenário internacional.

Mário Travassos (1891-1973), militar e geógrafo, abordou em suas obras a formação do território brasileiro. Seus estudos também contribuíram para a escolha da nova capital do país, Brasília. Suas ideias sobre a projeção de poder do Brasil em relação aos países vizinhos e sobre a necessidade de integrar o país repercutiram em políticas públicas, como a ocupação da Amazônia na década de 1970.

Golbery do Couto e Silva (1911-1987), outro militar e geógrafo brasileiro, destacou-se por defender um alinhamento do Brasil com os Estados Unidos na Guerra Fria. Também apresentou estudos sobre a segurança nacional e foi um dos criadores da Escola Superior de Guerra (ESG), fundada em 1949, no Rio de Janeiro.

2. Geopolítica do Brasil nas guerras mundiais

O envolvimento brasileiro nas duas guerras mundiais não foi tão expressivo. No entanto, foi suficiente para inserir o Brasil nas duas principais organizações de países que se formaram ao final de cada conflito: a Liga das Nações e a Organização das Nações Unidas (ONU).

Primeira Guerra Mundial

A Primeira Guerra Mundial (1914-1918) teve como palco central a Europa, opondo a chamada Tríplice Entente (formada inicialmente por Reino Unido, França e Rússia) à Tríplice Aliança (Império Alemão, Império Austro-Húngaro e Itália), cujos países dominavam o centro do continente.

Durante o conflito, alguns navios brasileiros foram atingidos por armas de guerra alemãs, o que exigiu um posicionamento do governo. Esse foi o estopim para a entrada do Brasil na guerra, ao lado da Tríplice Entente, levando à apreensão de navios dos opositores que estavam em território brasileiro.

O país enviou um contingente reduzido à guerra, composto de pilotos de avião, médicos e uma esquadra da Marinha. Apesar da modesta participação, o Brasil foi convidado a assistir à Conferência de Paz de Paris, realizada em 1919, da qual participaram os vencedores da guerra e que resultou na criação da Liga das Nações.

Como membro rotativo, o Brasil atuou no Conselho da Liga por muitos anos, saindo apenas em 1926. Na ocasião, os representantes do país reivindicaram que lhe fosse dada a condição de membro permanente, pois naquela época já aspirava a influenciar os organismos que definem as relações internacionais. Como os demais integrantes do Conselho discordaram, o Brasil usou seu poder de veto para impedir o ingresso da Alemanha, que visava ao acesso no Conselho. Poucos meses depois, em nova votação, o país acabou excluído e a Alemanha foi aceita como membro permanente.

Afastado do cenário europeu, que determinava as diretrizes do sistema internacional, o Brasil voltou-se para a América do Sul, envolvendo-se na resolução de conflitos entre a Colômbia e o Peru, de 1932 a 1934, e entre a Bolívia e o Paraguai (Guerra do Chaco), de 1932 a 1938.

Antes da Segunda Guerra Mundial, o Brasil não tinha um aliado preferencial entre as potências mundiais. Praticava um movimento pendular, ora acatando a influência dos Estados Unidos, ora da França e até mesmo da Alemanha. Estes dois últimos patrocinaram estágios de militares brasileiros em seus países e enviaram seus oficiais para treinar nossas Forças Armadas. Além disso, a política externa brasileira era influenciada pelo Reino Unido, com o qual existiam relações econômicas e financeiras construídas desde o Império.

Segunda Guerra Mundial

A Segunda Guerra Mundial (1939-1945) teve início na Europa, mas chegou à África e à Ásia. O conflito reuniu, de um lado, as potências do Eixo: a Alemanha e a Itália – sob regimes totalitários – além do Japão, e de outro, os Aliados: a União Soviética, países europeus, como França e Reino Unido, e mais tarde os Estados Unidos.

Em 1942, um navio brasileiro foi afundado. Os alemães foram acusados dessa ação, mas também foi sugerido que se tratava de uma manobra dos Estados Unidos ou do Reino Unido para forçar um posicionamento brasileiro na guerra a favor dos Aliados.

O resultado desse episódio foi a adesão do Brasil aos Aliados para combater o nazifascismo. Isso gerou certa surpresa, uma vez que o país vivia sob a ditadura do Estado Novo (1937-1945) e o presidente Getúlio Vargas já havia demonstrado afinidade com os países do Eixo.

Como parte do acordo militar, foi criada a Força Expedicionária Brasileira (FEB), em 1943, e no ano seguinte o país enviou tropas para combater na Itália e permitiu a instalação de bases militares dos Estados Unidos em Natal (RN) e em Fernando de Noronha, então um território federal. Também constou do acordo a criação, em Volta Redonda (RJ), da Companhia Siderúrgica Nacional (CSN), que passou a operar em 1946, com apoio estadunidense. A criação da CSN foi um passo importante para impulsionar o processo de industrialização nacional.

Soldados da FEB aguardam navio em Nápoles, na Itália, para retornar ao país em 1945.

Frank Noel/AP Photo/Glow Images

A FEB era composta de aproximadamente 25 mil soldados. Apesar de não ter treinamento militar adequado, foi integrada à força internacional comandada pelos Estados Unidos. A despeito de suas dificuldades para combater o exército alemão – muito mais bem treinado e equipado –, ela contribuiu para vitórias dos Aliados na Itália, que forçaram a retirada dos nazistas.

A FEB despertou a curiosidade de oficiais aliados por ser a única tropa com divisões integradas por negros, brancos, pardos e amarelos. As divisões dos outros exércitos eram constituídas apenas por brancos ou, no caso dos Estados Unidos, apenas por brancos ou apenas por negros.

Diálogo com História

As enfermeiras da Força Expedicionária Brasileira

O modelo social da década de quarenta se configurava como um mundo essencialmente masculino. A mulher estava inserida na sociedade totalmente voltada para o âmbito familiar. O caminho profissional feminino aceitável para as mulheres era o do magistério, principalmente o primário.

Neste cenário de um Brasil provinciano surgiu um grupamento de mulheres, fora do padrão delineado pela sociedade da época, com o ideal de seguir para a Guerra em defesa de seu país. [...]

A participação de mulheres enfermeiras no Exército Brasileiro foi viabilizada pela necessidade da FEB de possuir em seus quadros um Grupamento Feminino de Enfermagem, imposto pelo V Exército Norte-Americano. Em razão disso, mulheres brasileiras foram selecionadas e rapidamente preparadas para enfrentarem a guerra, num país distante. [...]

A determinação do governo norte-americano correspondeu à imposição de uma visão de mundo hegemônica, constituindo-se em violência simbólica, permitindo, porém, a inserção da mulher enfermeira no campo militar, contribuindo para a valorização da mulher na sociedade brasileira. Estas enfermeiras praticaram um ato ousado para a sociedade brasileira da época, já que a aceitação desse grupamento num ambiente masculino foi vista com resistência e crítica pela sociedade. Assim, elas abrem um espaço no campo profissional para a mulher brasileira. [...]

BERNARDES, Margarida M. R.; LOPES, Gertrudes T. As enfermeiras da Força Expedicionária Brasileira no *front* italiano. *Revista da Escola de Enfermagem da USP*, São Paulo, v. 41, n. 3, p. 449 e 452, 2007.

Acervo Iconographia/Reminiscências

Enfermeiras da FEB, na Itália, em 1944.

1. Reúna-se com três colegas e, juntos, discutam de que forma a posição social da mulher descrita no primeiro parágrafo mudou desde a década de 1940. Existe alguma semelhança com o cenário atual?
2. Por que se afirma que houve violência simbólica contra as enfermeiras brasileiras?

3. Geopolítica do Brasil após a Segunda Guerra Mundial

No final da Segunda Guerra Mundial, o Brasil alinhou-se aos Estados Unidos, colocando-se em sua área de influência. Como resultado, o governo de Eurico Gaspar Dutra rompeu relações diplomáticas com a União Soviética em 1947 e, no ano seguinte, tornou ilegal o Partido Comunista Brasileiro (PCB).

Em 1948, foi criada a Organização dos Estados Americanos (OEA), que tinha o objetivo de propiciar o desenvolvimento econômico e social dos países do continente. De início, a participação brasileira foi discreta, mas, em 1952, Getúlio Vargas, de volta ao poder, assinou um tratado de cooperação militar com os Estados Unidos. Ele só seria rompido em 1975, em razão de um acordo de produção de energia nuclear com a Alemanha.

Anos depois, em 1958, o presidente Juscelino Kubitschek lançou uma política que foi entendida por muitos analistas como um sinal de que o Brasil desejava trilhar um caminho próprio. A Operação Pan-Americana tinha como objetivo criar uma aproximação entre os países da América e acabar com o subdesenvolvimento. Esse movimento pan-americanista não atingiu os resultados almejados, mas serviu para sinalizar aos demais países do continente as intenções brasileiras de alcançar uma posição de destaque na América.

A resposta dos Estados Unidos não demorou. Em 1961, o presidente John Kennedy lançou o programa Aliança para o Progresso, uma tentativa de integrar os países americanos e enfrentar o comunismo. Nesse sentido, os Estados Unidos também promoveram a criação da Associação Latino-Americana de Livre Comércio (Alalc) e do Banco Interamericano de Desenvolvimento (BID).

O movimento brasileiro para atingir maior autonomia em relação aos Estados Unidos prosseguiu no início da década de 1960, com os governos Jânio Quadros e João Goulart. Em 1961, os chanceleres Afonso Arinos de Melo Franco e San Tiago Dantas propuseram a Política Externa Independente (PEI), que visava a uma maior independência do Brasil nas relações internacionais, evitando alinhar o país com qualquer um dos dois grandes blocos de poder da Guerra Fria. Alegando esse direito de autodeterminação dos povos, por exemplo, o presidente João Goulart manifestou-se contra o bloqueio econômico a Cuba. Segundo alguns historiadores, esse foi um dos episódios que justificaram a tomada do poder pelos militares, em 1964, com o apoio dos Estados Unidos.

O golpe militar e a ESG

Em março de 1964, com o golpe militar, o poder passou a ser exercido pela primeira geração de militares formados na Escola Superior de Guerra. Com isso, desenhou-se um novo projeto de inserção internacional do Brasil, por meio do realinhamento com os Estados Unidos.

A principal decisão da ESG foi estabelecer a Doutrina de Segurança Nacional. Tradicionalmente, a noção de segurança nacional implicava a defesa das fronteiras nacionais contra eventuais agressões externas. Porém, os militares também entendiam que era preciso manter as condições de segurança interna, isto é, evitar insurreições no interior do país. Desse modo, justificavam uma triste página da nossa história: a repressão a organizações políticas, sindicais, estudantis e da sociedade civil.

Nesse momento, a política externa alinhou-se aos interesses dos Estados Unidos. Assim, houve a restrição a ações diplomáticas com os países socialistas e a ruptura com Cuba, por exemplo.

Políticas territoriais e energéticas

Outra preocupação dos militares era integrar e controlar o território brasileiro, garantindo a presença do Estado nas fronteiras. No início da década de 1970, o governo estimulou a ocupação do interior do país por meio dos lemas "Integrar para não entregar" e "Terras sem homens para homens sem terra", este último fazendo referência à Amazônia.

A colonização e a instalação de rodovias, como a Transamazônica, até hoje não concluída, estavam entre as políticas territoriais. Cidades foram projetadas e construídas no interior do país, em especial na Amazônia.

Wikipedia/Wikimedia Commons

Djalma Ribeiro/Drone Cuiabá

// Município de Sinop (MT), cuja construção teve início em 1972. À esquerda, a abertura de vias em 1973 e, à direita, o município em 2016.

Nesse período, o Instituto Nacional de Colonização e Reforma Agrária (Incra), com o apoio do Banco Mundial, patrocinou a ocupação da Amazônia de modo desastroso. Colônias foram criadas sem cuidados mínimos, tais como a realização de levantamento das condições geomorfológicas e pedológicas do território. Foi realizado o desmatamento, mas o solo era frágil e pouco rentável para a agricultura. Por isso, parte dos colonos abandonou essas terras e retornou a seus estados de origem.

Geomorfológico: relativo à Geomorfologia, área da Geografia que estuda as formas do relevo.

Pedológico: relativo à Pedologia, ciência que estuda o solo e suas propriedades.

Outro projeto dos governos militares foi o Brasil Potência, que envolveu a geração de energia e estremeceu as relações com os Estados Unidos. O objetivo era construir usinas nucleares como uma forma de dominar a tecnologia nuclear, incluindo eventual uso militar. Para isso, era necessário desenvolver a indústria nacional e adquirir tecnologia para produzir armamentos de forma autônoma.

Foram projetadas três usinas, que seriam instaladas em Angra dos Reis, no litoral do Rio de Janeiro. A usina Angra I foi construída com apoio de uma empresa estadunidense, mas o acordo não previa o repasse de tecnologia nuclear. Por isso, o governo rompeu com os Estados Unidos e firmou um novo acordo com uma empresa da Alemanha, que permitiu o acesso à tecnologia nuclear, ampliando a capacidade técnica dos profissionais brasileiros. Ao mesmo tempo, o governo criou infraestrutura para processar urânio, que poderia ser empregada tanto para produzir combustível para as usinas como para fins militares. A terceira unidade não foi finalizada até hoje e conta com o apoio da mesma empresa que vendeu equipamentos para Angra II.

Houve ainda a construção de grandes hidrelétricas na Amazônia. A usina de Tucuruí, no Pará, por exemplo, começou a ser construída em 1974 e foi inaugurada em 1984. Tinha como objetivo gerar energia para permitir a exploração de bauxita, matéria-prima para a produção de alumínio.

Já a usina de Balbina, localizada no Amazonas, era destinada a gerar energia para o Polo Industrial de Manaus. Inaugurada em 1988, mas projetada durante os governos militares, foi muito criticada porque alagou uma vasta área para gerar pouca energia. Como a região era muito plana, resultou em um lago raso em relação aos padrões necessários para uma hidrelétrica.

Por fim, houve mais uma ação geopolítica dos governos militares envolvendo a geração de energia. Trata-se da construção da hidrelétrica de Itaipu, em conjunto com o Paraguai. O aproveitamento energético do rio Paraná, na divisa entre os dois países, foi determinado por meio de uma série de acordos bilaterais que culminou na criação de uma empresa, a Itaipu Binacional, responsável pela construção da usina e pelo aproveitamento da energia gerada.

O intuito, no entanto, ultrapassava a questão da geração de energia. De acordo com analistas brasileiros e argentinos, um dos objetivos era trazer o Paraguai para a área de influência do Brasil. Assim, o governo brasileiro se responsabilizou pela construção da usina e criou algumas cláusulas contratuais, visivelmente favoráveis aos interesses brasileiros. Entre elas, estavam a obrigatoriedade de uma parte vender à outra o excedente de energia e a de saldar a dívida do Paraguai relativa à construção da usina. Esses temas foram foco de uma revisão na década de 2000.

Se, por um lado, o Paraguai acabou alinhado aos interesses brasileiros, por outro, estabeleceu a construção de outra hidrelétrica, a Corpus, com a Argentina. Esse movimento pendular rendeu ao país um importante fornecimento de energia, porém, até o momento, além de suas necessidades.

Durante os governos militares, o principal objetivo de defesa do Brasil era minimizar o domínio da Argentina na América do Sul. Havia o temor de uma invasão ao país pelas Forças Armadas argentinas. Além disso, existia a meta de tornar o Brasil o principal interlocutor com os Estados Unidos para assuntos regionais. Desse modo, os militares não mediram esforços para desenvolver políticas que atendessem aos interesses estadunidenses. No entanto, o modelo de acesso à tecnologia nuclear, assim como os projetos de hidrelétricas, levou a um rompimento com a potência norte-americana e a uma maior aproximação com os países vizinhos.

4. Geopolítica do Brasil contemporâneo

Nas últimas décadas, o objetivo de defesa das fronteiras do Brasil mudou. A criação do Mercosul aliviou as tensões com a Argentina, resultando em um crescimento das transações comerciais entre eles. Além disso, algumas empresas, como as do setor automotivo, criaram parcerias para que veículos pudessem ser produzidos e vendidos nos dois países.

Entretanto, com a crise da década de 2000, surgiram entraves ao desenvolvimento do Mercosul. Diante disso, os dois parceiros principais do bloco retiraram itens que estavam no regime de tarifas comuns, como calçados e automóveis. Como consequência, houve a diminuição das transações comerciais, que alguns analistas indicam ser uma crise no Mercosul.

De toda forma, desde a aproximação e a consequente melhora nas relações com a Argentina, o objetivo estratégico de defesa nacional foi deslocado para a Amazônia.

A proteção da fronteira Norte

Uma fronteira densa e ocupada por vegetação natural, como a que envolve os limites do Brasil com os vizinhos que partilham a Amazônia, é difícil de ser monitorada. Garimpeiros, contrabandistas e narcotraficantes conseguem passar pelos rios e pela floresta sem maiores dificuldades, pois há escassez de órgãos do Estado para fiscalizar o fluxo de pessoas e de mercadorias, tornando-a uma fronteira aberta.

Em 1985, foi desenvolvido o **Projeto Calha Norte** para intensificar a presença do Estado brasileiro na fronteira Norte. Seu objetivo principal era estabelecer bases militares ao longo da fronteira amazônica ocupada pela mata. Porém, também houve a implementação de outras ações que favoreceram as populações da região, principalmente na fronteira com a Colômbia. A intenção era dificultar o fluxo de narcotraficantes e de guerrilheiros colombianos no território brasileiro, diante de denúncias da presença deles em algumas comunidades isoladas.

O município de Letícia, na Colômbia, passou a receber brasileiros após a criação do município de Tabatinga, no Amazonas, em 1983, com o objetivo de marcar a presença do Estado brasileiro na fronteira. Hoje em dia, os dois municípios estão conurbados, caracterizando uma fronteira aberta pela qual transita sem dificuldades a população dos dois países.

O Projeto Calha Norte passou a se chamar Programa Calha Norte em 1999. Atualmente, está vinculado ao Ministério da Defesa e abrange 379 municípios, em uma área de 3 123 986 km² (cerca de 44% do território do país), em uma faixa fronteiriça de 13 938 km.

Em paralelo ao Calha Norte, foi estabelecido o Sistema de Vigilância da Amazônia (Sivam), que visava empregar satélites para detectar uma eventual invasão do espaço aéreo brasileiro. Criado em 1990, ficou a cargo da Aeronáutica.

Em 1999, o Sivam deu origem ao Sistema de Proteção da Amazônia (Sipam), que integra informações de diversos órgãos que atuam na Amazônia, por meio de satélites, radares e estações meteorológicas, monitorando a área e fornecendo dados para desenvolver políticas públicas.

O Sipam também conta com o Centro Gestor e Operacional do Sistema de Proteção da Amazônia (Censipam), que recebe informações dos municípios da Amazônia Legal. Criado em 2002, o Censipam faz parte do Ministério da Defesa e está localizado em Brasília (DF). Tem ainda três centros regionais, localizados em Belém (PA), Manaus (AM) e Porto Velho (RO).

Pasión Viajes/Wikimedia Commons

// Entrada da cidade de Tabatinga (AM), divisa entre Brasil e Colômbia, em 2016.

Brasil: Programa Calha Norte – 2018

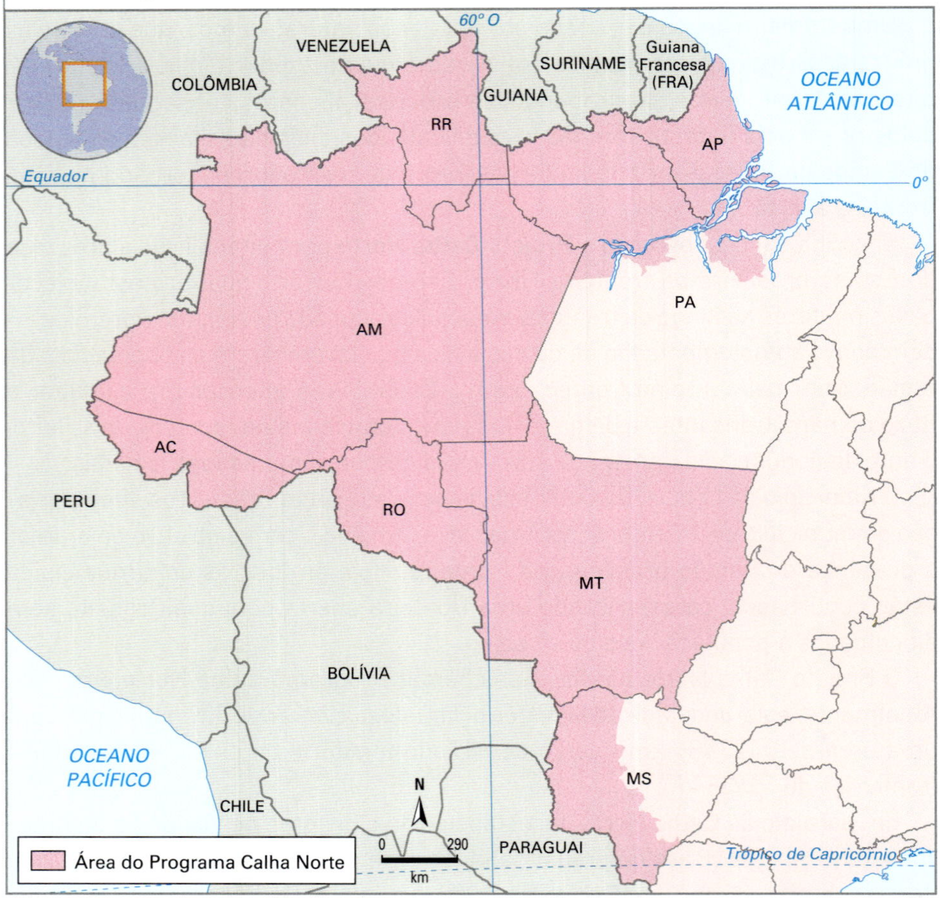

Elaborado com base em: BRASIL. Ministério da Defesa. Área de atuação do Programa Calha Norte. Disponível em: <www.defesa.gov.br/index.php/programas-sociais/programa-calha-norte/8325-area-de-atuacao-do-programa-calha-norte>. Acesso em: 6 set. 2018.

CIDADANIA E DEFESA NACIONAL

As Forças Armadas de um país devem proteger sua integridade territorial. Para isso, necessitam de um efetivo militar e uma força de reserva, que é acionada em caso de necessidade.

1. Reúna-se com três colegas e, juntos, façam uma pesquisa sobre o contingente das Forças Armadas do país e que requisitos são necessários para ingressar em cada uma delas.

As Forças Armadas

Cabe ao **Exército** brasileiro proteger a porção terrestre do país, uma missão difícil, dadas as suas dimensões territoriais. Peculiaridades como a cobertura vegetal em área fronteiriça e uma grande divisa com países vizinhos exigem do Exército um preparo específico para exercer sua missão.

O Exército é a organização militar mais antiga do país, e grande parte das estratégias de defesa e de segurança nacional provém da Escola Superior de Guerra. Além disso, atua de modo coordenado, com uma divisão regional em sete Comandos Militares: da Amazônia, do Leste, do Nordeste, do Oeste, do Planalto, do Sudeste e do Sul.

Cartografando

Observe o mapa a seguir e responda à questão.

Brasil: comandos do exército brasileiro – 2012

Elaborado com base em: BRASIL. Ministério da Defesa. *Livro branco de defesa nacional*. Brasília: Ministério da Defesa, 2012. p. 118.

1. Em sua opinião, a estrutura das forças terrestres nos estados brasileiros é suficiente? Justifique.

No mundo atual, a segurança do espaço aéreo é muito importante. A **Aeronáutica** realiza ações rápidas de ataque e de defesa, assim como de busca e salvamento. O fluxo de passageiros civis que circula pelo mundo cresce a cada ano, o que também exige um aparato de segurança e de fiscalização de aeronaves.

A Força Aérea Brasileira (FAB) surgiu por ocasião da Segunda Guerra Mundial, recebendo um incremento tecnológico e de pessoal que resultou na fabricação de aviões no país, tanto civis como para uso militar.

Esse processo teve no Centro Técnico da Aeronáutica (CTA) – atual Instituto Tecnológico de Aeronáutica (ITA) – um vetor fundamental. Criado em 1945, em São José dos Campos, no estado de São Paulo, o CTA formou os primeiros engenheiros aeronáuticos do país. De modo coordenado com a Aeronáutica, também passou a projetar aviões, além de abrigar a Empresa Brasileira de Aeronáutica (Embraer), uma iniciativa do governo para a produção de aeronaves, privatizada em 1994.

Brasil: fronteiras e floresta – 2013

Elaborado com base em: CALDINI, Vera; ÍSOLA, Leda. *Atlas geográfico Saraiva*. 4. ed. São Paulo: Saraiva, 2013.

A proteção do mar territorial brasileiro, que apresenta recursos valiosos, é outro grande desafio das Forças Armadas, realizado pela **Marinha**. Nessa porção do território nacional, encontram-se reservas de petróleo e de gás natural em volume expressivo. Além disso, existe a possibilidade de exploração de minérios no oceano.

A biodiversidade marinha, em especial nos mangues, é bastante rica. A pesca na costa brasileira apresenta menos rendimento que em países como Chile e Peru; no entanto, existe grande potencial econômico em seu mar territorial. Por exemplo, a oscilação da maré – que pode chegar a alguns quilômetros em parte do Maranhão – poderia ser usada para gerar energia elétrica.

Esse conjunto de atributos torna o mar territorial um foco de atenção internacional. Defender essa área é uma ação geopolítica necessária, mas cara. Em comparação com o efetivo militar de vizinhos da América do Sul, o Brasil possui superioridade numérica e de equipamentos. Porém, esse efetivo é insuficiente para enfrentar países mais bem preparados para exercer o poder marítimo, tais como os Estados Unidos e o Reino Unido.

A Marinha do Brasil tem apenas um hidroavião, cerca de cem navios de guerra e de salvamento e seis submarinos, de acordo com dados de 2018. Esse conjunto é responsável pela proteção do território marítimo, além de realizar operações de busca e de socorro.

Reconecte

Revisão

1. Quais foram as principais ações do Brasil nas guerras mundiais? Como isso se reflete na sociedade e nas políticas do país atualmente?

Produção textual

2. Escreva com suas palavras o que é geopolítica. Explore a importância da geopolítica nas políticas internas e externas dos países e cite dois exemplos.

Interpretação de charge

3. Faça uma leitura da charge ao lado e explique a relação das Forças Armadas para proteção da biodiversidade.

Charge de Mark Lynch, 2007.

Produção de linha do tempo

4. Produza uma linha do tempo com os principais acontecimentos da geopolítica brasileira. Para cada evento abordado explique suas causas e consequências.

Produção de *podcast*

5. Reúna-se com três colegas e, juntos, produzam um *podcast* sobre a importância da defesa do território nacional. Não se esqueçam de mencionar as organizações encarregadas de proteger o espaço terrestre, aéreo e marinho. O programa não deve ultrapassar cinco minutos.

Resumo

- A geopolítica pode ser definida como um conjunto de ações no território para expressar poder. Nesse sentido, pode ser desenvolvida tanto pelo Estado como por agentes privados.
- Geógrafos como Ratzel e Mackinder tiveram papel de destaque na formação do pensamento geopolítico.
- No Brasil, a geopolítica teve um papel destacado no pensamento militar.
- O Brasil participou de modo secundário nas duas guerras mundiais, mas com isso garantiu a cooperação de outras potências nos setores militar e econômico.
- As Forças Armadas brasileiras são formadas por Exército, Marinha e Aeronáutica.
- O desafio da proteção das fronteiras e do território nacional exige Forças Armadas bem equipadas.

CAPÍTULO

11

Parcerias estratégicas do Brasil

O Brasil vem ampliando cada vez mais sua presença no cenário internacional por meio de importantes relações estabelecidas com nações de todos os continentes. Atualmente, o país faz parte de várias instituições internacionais e participa de fóruns de negociação para encontrar soluções de problemas e desafios que necessitam de reflexão coletiva, pois ultrapassam fronteiras. O governo brasileiro busca, ainda, aumentar sua zona de influência nas áreas da economia e da proteção ambiental.

Parcerias estratégicas são importantes. O Brasil assinou acordos internacionais para estimular o desenvolvimento de sua infraestrutura energética e para assegurar a proteção de sua biodiversidade, incluindo seres vivos e recursos hídricos. Com essas parcerias, é possível fazer o controle do território nacional visando à segurança pública e à proteção de fronteiras terrestres e marítimas.

diegograndi/iStock/Getty Images

Palácio Itamaraty, em Brasília (DF), 2018. O Ministério das Relações Exteriores, também chamado Itamaraty, é responsável pela política externa e pelas relações internacionais do Brasil.

EM FOCO

Qual é a relevância dos Brics – e quais são seus desafios para o futuro

Os números são astronômicos: juntos, os Brics – o grupo formado por Brasil, Rússia, Índia, China e África do Sul – ocupam 26,46% da área total da Terra, reúnem 42,58% da população mundial e respondem por 22,53% do PIB do planeta.

Mas, na medida em que crescem em importância, suas diferenças acabam se tornando mais pronunciadas [...].

A BBC Brasil conversou com especialistas para entender se os Brics perderam relevância e quais são seus principais desafios.

Eles disseram acreditar que o grupo evoluiu significativamente desde sua criação, deixando de ser meramente um agrupamento de economias emergentes com forte crescimento para se tornar um agrupamento político.

No entanto, destacaram que ainda há um "longo caminho a percorrer" para que os Brics façam frente aos países hoje considerados desenvolvidos.

Segundo Oliver Stuenkel, coordenador do MBA de Relações Internacionais da FGV-SP, "o fato de não haver concordância em tudo não inviabiliza a utilidade política dos Brics, especialmente para o Brasil". [...]

Para Sérgio Veloso, professor e pesquisador do Centro de Estudos e Pesquisas Brics (Brics Policy Center), os Brics "nunca surgiram como um agrupamento cuja força residia na capacidade individual de cada país".

"Trata-se, ao fim e ao cabo, de um agrupamento político, embora tenha levado algum tempo para que eles pudessem desenvolver uma agenda política conjunta. Os Brics nunca estiveram tão sólidos", diz.

Marcos Troyjo, diretor do BRICLab, da Universidade de Columbia, nos Estados Unidos, concorda. Ele destaca a diferença do que chama de "Brics 1.0" e "Brics 2.0".

"O significado de 'Brics' muda em função do interlocutor. Estão se consolidando ao menos duas formas com que a comunidade internacional enxerga o grupo", diz.

"A primeira avalia momento atual e perspectivas dos quatro gigantes (sem África do Sul), como 'mercados em crescimento'. Ou seja, chamar a atenção do mundo para seu potencial como propulsores do crescimento foi a essência dos 'Brics 1.0'", destaca.

"A segunda concentra-se no impacto da construção institucional dos Brics (com África do Sul) nas relações internacionais dos próximos 25 anos. Tal enfoque mede o impacto da articulação do grupo em organizações multilaterais existentes, no surgimento de novos instrumentos plurilaterais e portanto em novas alianças e polos de poder. É o que podemos chamar de 'Brics 2.0'", acrescenta.

Segundo Troyjo, enquanto houve decepção com a primeira, por causa do desempenho econômico abaixo das expectativas e da urgência de agenda reformadora "em sua natureza, essencialmente liberal", a segunda – a de que os Brics constituem um "polo alternativo de poder nas relações internacionais" – vem ganhando cada vez mais força.

"Passou a fase em que Brics eram apenas, nas finanças, sinônimo de 'elite dos emergentes'. De agora em diante, ganha ainda mais força o conceito de 'Brics 2.0'", diz.

"Hoje os cinco países mantêm grupos de trabalho em áreas como cooperação espacial, combate ao terrorismo, saúde pública", acrescenta.

Os especialistas citam como exemplos do estreitamento das relações entre esses países não só o estabelecimento de um fundo de US$ 100 bilhões à disposição de qualquer membro do grupo no caso de crises de liquidez, como também o Novo Banco de Desenvolvimento (NBD), também chamado de "Banco dos Brics", voltado para o financiamento de projetos em países em desenvolvimento.

BARRUCHO, Luis. Qual é a relevância dos Brics – e quais são seus desafios para o futuro. *BBC Brasil*, 3 set. 2017. Disponível em: <www.bbc.com/portuguese/brasil-41115877>. Acesso em: 6 set. 2018.

1. Qual é a diferença entre "Brics 1.0" e "Brics 2.0"? Qual demonstra maior fortalecimento quanto aos interesses dos países que compõem o grupo? Por quê?

2. Em sua opinião, há dificuldades para o fortalecimento do Brics em relação aos demais países? Justifique.

1. Tratados internacionais regionais

Manter uma relação estável com os países vizinhos é importante para evitar conflitos e aumentar a cooperação. Por isso, os tratados regionais merecem destaque, pois estabelecem regras em busca de acordos para temas de interesse comum. Em geral, os tratados regionais abordam assuntos que atendem a problemas específicos.

O Brasil é membro de diversos acordos regionais na América do Sul. O Mercado Comum do Sul (Mercosul) e a União de Nações Sul-Americanas (Unasul) são blocos de países com objetivos distintos. O primeiro é uma união aduaneira, cujos participantes cobram as mesmas taxas para comércio de alguns produtos. Já o segundo visa estimular a cooperação na América do Sul, e o Conselho de Infraestrutura e Planejamento (Cosiplan) é um exemplo desse tipo de ação.

Existem ainda outros tratados regionais que merecem ser analisados, como o da Bacia do Prata, o de Itaipu e o de Cooperação Amazônica.

Tratado da Bacia do Prata

Existem 263 bacias hidrográficas internacionais no mundo, de acordo com a Organização das Nações Unidas para a Educação, a Ciência e a Cultura (Unesco). Elas são compartilhadas por muitos países, que buscam cooperar e manter suas funções naturais, bem como exercer atividades produtivas.

Na América do Sul, há 38 bacias compartilhadas. A bacia do Prata está entre as principais delas. Com cerca de 3 milhões de quilômetros quadrados, ocupa quase 17% da área da América do Sul. Os rios principais dessa bacia são o Paraná (4 352 km de extensão), o Paraguai (2 459 km de extensão) e o Uruguai (1 600 km de extensão). Além deles, há o rio da Prata, que é formado pelo encontro dos rios Paraná e Uruguai.

América do Sul: bacia do rio da Prata

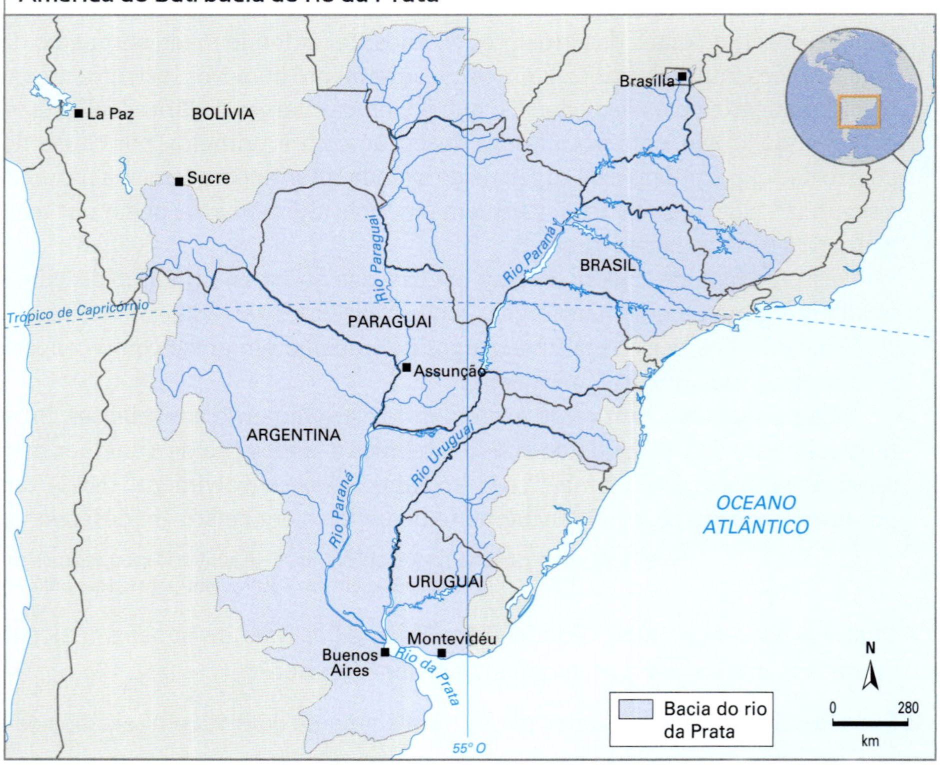

Elaborado com base em: COMITÊ Intergubernamental Coordinador de los Países de la Cuenca del Plata (CIC). *Análise diagnóstico transfronteiriço da Bacia do Prata – ADT*. Buenos Aires/Washington (D.C.): CIC/OEA, 2016. p. 38.

As nascentes dos três rios principais estão localizadas em território brasileiro, o que lhe confere uma posição estratégica. Além disso, é o país com a maior área da bacia (1,415 milhão km²), seguido de Argentina (920 mil km²), Paraguai (410 mil km²), Bolívia (205 mil km²) e Uruguai (150 mil km²).

Para coordenar as ações desses países foi criado o Comitê Intergovernamental Coordenador dos Países da Bacia do Prata (CIC), em fevereiro de 1967. Esse comitê passou a funcionar em 1969, com sede em Buenos Aires. Logo depois, veio o Tratado da Bacia do Prata, definido em 1969, que passou a vigorar no ano seguinte e se refere a um tratado-quadro, isto é, ele não detalha seus objetivos, que podem ser aprofundados em outros documentos internacionais.

O principal objetivo do Tratado da Bacia do Prata é promover a integração entre os países da bacia. Porém, apresenta uma característica que o distingue dos outros: suas premissas só podem ser aplicadas nas áreas correspondentes à bacia do Prata que estão dentro do território de cada país. Além disso, os países concordam em proteger a fauna e a flora, utilizar a água de modo racional e equitativo, permitir a navegação nos rios da bacia e aperfeiçoar as redes de transportes que os integram.

Tratado de Itaipu

Brasil e Paraguai têm cerca de sessenta tratados bilaterais, alguns com origem na época do Império. No entanto, entre 1864 e 1870, um conflito armado arrasou o território paraguaio na Guerra do Paraguai.

Para tentar eliminar as tensões que permaneceram entre esses países no século XX, foi assinada a Ata de Iguaçu em 1966, na qual eles concordaram em explorar conjuntamente o potencial hidráulico do Salto Grande de Sete Quedas ou Salto de Guaíra. Outro ponto da ata foi a garantia da divisão da energia gerada entre Brasil e Paraguai. Também foi acordado que uma parte teria prioridade na compra da energia não utilizada pela outra.

Feridas abertas da Guerra do Paraguai

Cento e cinquenta anos depois, a Guerra do Paraguai ainda é uma ferida aberta de cicatrização lenta. Os rancores da batalha mais sangrenta da América do Sul, que matou cerca de 270 mil paraguaios e 100 mil aliados, persistem até hoje. Um dos conflitos não resolvidos está ligado às divergentes versões de paraguaios e brasileiros para explicar as causas do confronto. Do outro lado da trincheira, estão os embates diplomáticos sobre a não devolução dos troféus de uma guerra iniciada em 1864 e que se estendeu até 1870.

O exemplo mais simbólico dessa história é o canhão "El Cristiano" (O Cristão), que está no Museu Histórico Nacional no Rio de Janeiro. Na década de 1980, o Brasil chegou a devolver alguns objetos da guerra, como uma espada usada pelo então presidente paraguaio Solano López e documentos confiscados durante o conflito. Mas não o canhão de 12 toneladas. E isso ainda incomoda. [...]

Outro "conflito" está arraigado nos livros de História. Versões antagônicas para explicar os motivos da guerra foram disseminadas ao longo de um século e meio. Basicamente, há quem acredite que tudo começou devido ao imperialismo da Inglaterra, que queria impedir que um Paraguai autossuficiente prosperasse no Cone Sul sem os produtos industrializados ingleses. Do outro, os que apontam que os atritos começaram por causa da consolidação das fronteiras nacionais e, principalmente, pela hegemonia no Rio da Prata. [...]

ANTONELLI, Diego. Feridas abertas da Guerra do Paraguai. *Gazeta do Povo*, 15 dez. 2014. Disponível em: <www.gazetadopovo.com.br/vida-e-cidadania/especiais/guerra-do-paraguai/index.jpp>. Acesso em: 6 set. 2018.

Com esse acordo, o Brasil atraiu o Paraguai para sua zona de influência, retirando parte do poder da Argentina na região sul da América do Sul.

Um novo passo importante na relação entre Brasil e Paraguai surgiu em 1973, com o Tratado para o Aproveitamento Hidrelétrico dos Recursos Hídricos do Rio Paraná do Salto Grande de Sete Quedas ou Salto de Guaíra. Esse documento permitiu a criação da Itaipu Binacional, uma empresa com participação dos dois governos, que deveria projetar, construir e operar a usina hidrelétrica. O Tratado de Itaipu, como ficou conhecido, reafirmou uma cooperação anterior entre esses países.

Christian Rizzi/Fotoarena

Hidrelétrica de Itaipu, na fronteira entre Brasil e Paraguai, em 2015. Dezoito turbinas geram energia através da movimentação da água do lago de aproximadamente 1 350 km². O represamento das águas fez desaparecer o salto de Sete Quedas, além de muitas comunidades.

Apesar de o Tratado de Itaipu ter resultado na construção da usina e em uma empresa binacional, as tensões não acabaram. Uma delas refere-se à delimitação territorial entre os países. O traçado reivindicado pelo Paraguai é diferente do traçado aceito pelo Brasil. Imaginava-se que o lago de Itaipu cobriria as terras reivindicadas pelo governo paraguaio. Entretanto, isso não ocorreu. Cerca de 13,5 km² não foram cobertos pelas águas e, por isso, foi criado o Refúgio Biológico Binacional de Maracaju, em 1984, que ficou aos cuidados da administração paraguaia da Itaipu Binacional.

Outra tensão surgiu no começo da década de 2000, quando o Paraguai solicitou a soberania energética para poder dar o destino que quisesse à metade da energia gerada em Itaipu a que tem direito. Além disso, reivindicou nova tarifa para a energia e maior participação na diretoria da Itaipu Binacional, entre outros pontos. Embora não tenha aceitado mudanças no Tratado de Itaipu, o governo brasileiro concordou com as duas últimas reivindicações.

Tratado de Cooperação Amazônica

O Tratado de Cooperação Amazônica (TCA) envolve países com parte de seu território na Amazônia e visa à proteção e ao uso sustentável da biodiversidade. Fazem parte desse tratado: Bolívia, Brasil, Colômbia, Equador, Guiana, Peru, Suriname e Venezuela.

Essas nações estão localizadas na bacia do rio Amazonas, com exceção de Suriname. Esse país foi aceito no tratado por ter em seu território características do ecossistema amazônico.

O advento do Tratado de Cooperação Amazônica pode ser associado a uma aproximação entre Brasil e Peru, em meados da década de 1970. Outros países foram então envolvidos nas negociações e, desse conjunto de reuniões, surgiu o TCA em 1978. No entanto, só passou a funcionar em 1980, no início com sede rotativa em Quito (Equador), de 1990 a 1994; em Lima (Peru), de 1994 a 1997; em Caracas (Venezuela), de 1997 a 1999; e em La Paz (Bolívia), de 1990 a 2002. Em dezembro de 2002, ganhou sede permanente em Brasília (DF).

América do Sul: Tratado de Cooperação Amazônica – 1978

Elaborado com base em: ORGANIZAÇÃO dos Estados Americanos. Planos, programas e projetos de cooperação e desenvolvimento fronteiriço na Amazônia. Disponível em: <www.oas.org/dsd/publications/unit/oea08b/ch15.htm>. Acesso em: 11 set. 2018.

Para alguns estudiosos, a criação do TCA foi uma resposta à conjuntura internacional, que, de algum modo, questionava a soberania dos países amazônicos sobre a Amazônia. Alguns governos europeus insinuavam que, dada sua grandiosidade e importância ambiental, a Amazônia deveria ser protegida pela comunidade internacional. Essa visão foi prontamente recusada pelo Brasil, que articulou a nova organização.

O TCA criou o Conselho de Cooperação Amazônica, a fim de reunir representantes dos países para discutir temas centrais e organizar a Reunião de Ministros das Relações Exteriores. Além disso, foram criadas comissões para tratar de temas como saúde, povos originários, turismo, ciência e tecnologia, entre outros.

Em 2002, foi criada a Organização do Tratado de Cooperação Amazônica (OTCA), com sede em Brasília. Ela passou a tratar dos termos acordados no TCA, além de se constituir em uma organização supranacional que busca a articulação dos países-membros.

Organização supranacional: segundo a Organização das Nações Unidas (ONU), é uma instituição que recebe dos países-membros o direito de atuar na solução de um tema, por exemplo, questões ambientais, com o propósito de garantir cooperação e desenvolvimento para todos.

Luciana Whitaker/Pulsar Imagens

Floresta Amazônica em Alter do Chão (PA), em 2017. Já foram catalogadas mais de 14 mil espécies de plantas na Amazônia, o que atrai o interesse de diversos países no mundo e traz preocupação em relação à soberania dos países que abrangem esse território.

A OTCA enfrenta dificuldades para operar em razão dos baixos recursos financeiros aportados por seus membros. Apesar disso, conseguiu elaborar um plano estratégico que busca conciliar o desenvolvimento econômico com a conservação ambiental para uma população de pouco mais de 31 milhões de pessoas.

Diálogo com História

Organização dos Estados Americanos (OEA)

O Brasil também é membro da Organização dos Estados Americanos (OEA). Criada em 1948, a OEA é composta de 35 países. Trata-se de um organismo regional que busca fortalecer ações de integração econômica, proteção ambiental, direitos dos povos, combate ao crime organizado, entre outros aspectos.

No artigo 2 do documento de fundação estão os propósitos da OEA.

Artigo 2

Para realizar os princípios em que se baseia e para cumprir com suas obrigações regionais, [...] a Organização dos Estados Americanos estabelece como propósitos essenciais os seguintes:

a) Garantir a paz e a segurança continentais;

b) Promover e consolidar a democracia representativa, respeitado o princípio da não intervenção;

c) Prevenir as possíveis causas de dificuldades e assegurar a solução pacífica das controvérsias que surjam entre seus membros;

d) Organizar a ação solidária destes em caso de agressão;

e) Procurar a solução dos problemas políticos, jurídicos e econômicos que surgirem entre os Estados-membros;

f) Promover, por meio da ação cooperativa, seu desenvolvimento econômico, social e cultural;

g) Erradicar a pobreza crítica, que constitui um obstáculo ao pleno desenvolvimento democrático dos povos do Hemisfério; e

h) Alcançar uma efetiva limitação de armamentos convencionais que permita dedicar a maior soma de recursos ao desenvolvimento econômico-social dos Estados-membros.

ORGANIZAÇÃO dos Estados Americanos. Carta da Organização dos Estados Americanos. Disponível em: <www.oas.org/dil/port/tratados_A-41_Carta_da_Organiza%C3%A7%C3%A3o_dos_Estados_Americanos.htm#ch1>. Acesso em: 11 set. 2018.

1. Reúna-se com três colegas e, juntos, discutam dois propósitos da OEA.

2. Apresentem esses propósitos à turma em um seminário e relacione-os ao Brasil.

2. Participação em outros blocos

Crises sistêmicas geraram a necessidade de ampliar o diálogo entre países. Dessa iniciativa surgiram novos grupos, alguns mais informais e outros com uma organização institucional. O G20 financeiro e o G20 comercial, assim como o Brics, sigla de um agrupamento que inclui Brasil, Rússia, Índia, China e África do Sul, serão analisados a seguir.

G20 financeiro e G20 comercial

Curiosamente dois grupos de países usaram a mesma sigla: G20. O primeiro grupo surgiu em 1999, diante de uma crise econômica que afetava o continente asiático. Naquele momento, lideranças dos principais países industriais (Alemanha, França, Canadá, Japão, Reino Unido, Estados Unidos e Itália) decidiram ampliar o diálogo entre eles. A ideia também era aumentar a cooperação com outros países emergentes na época e que estavam ausentes das principais decisões sobre a economia internacional, como o Brasil e a China. Reveja o mapa "Planisfério: G20 financeiro" (página 161), com os membros do G20 financeiro.

Por ser um fórum de diálogo, o G20 financeiro não possui secretaria permanente ou recursos próprios. A cada ano, um país ocupa sua presidência, com rotação entre continentes, e tem a responsabilidade de preparar os temas negociados nas reuniões anuais, nas quais são abordadas questões como estabilidade econômica, investimentos, geração de empregos, combate à desigualdade, regulação das transações financeiras, medidas anticorrupção, segurança alimentar, mudanças climáticas, entre muitas outras. Nesses encontros, alguns países que não fazem parte do grupo também são convidados a participar das decisões.

Em 2008, os chefes de Estado dos países-membros tomaram a frente de negociação (em vez de ministros e bancos centrais) para buscar soluções para a crise financeira mundial que afetava a todos naquele ano. Desde então, o G20 financeiro passou a exercer um papel muito importante no sistema econômico internacional. Esse grupo influencia a economia global porque seus membros representam cerca de 85% do PIB mundial e mais de dois terços de toda a população do planeta.

Reunião de cúpula do G20 financeiro em Hamburgo, na Alemanha, em 2017.

Kai Pfaffenbach/Reuters/Fotoarena

O Brasil, como uma das maiores economias do mundo, participou de diversas reuniões do G20. Porém, nos últimos anos, perdeu destaque em razão de sua crise política e econômica.

Já o G20 comercial foi criado em 20 de agosto de 2003, por iniciativa do Brasil, em um encontro preparatório para uma reunião da Organização Mundial do Comércio (OMC). A meta principal era integrar as economias de países emergentes e estabelecer um ponto de vista alternativo nas negociações internacionais, até então dominadas pelos países mais ricos que atuam no G20 financeiro.

O G20 comercial é um grupo informal que, desde sua criação, realizou algumas reuniões. Reúne 23 países (reveja o mapa "Planisfério: G20 comercial", da página 161), que se destacam na produção agrícola mundial. Entretanto, com a crise financeira e econômica que afetou parte dos países emergentes, o G20 comercial perdeu influência.

Bric e Brics

O acrônimo Bric corresponde às iniciais dos países Brasil, Rússia, Índia e China. Foi usado pela primeira vez pelo economista inglês Jim O'Neill para apontar economias que cresciam em ritmo acelerado no início dos anos 2000.

Nos anos seguintes, os governos desses países se aproximaram para discutir informalmente assuntos que eram de interesse comum. Em 2007, decidiram organizar uma reunião formal entre eles, o que acabou ocorrendo em 2008, na Rússia.

Joedson Alves/DPA/Fotoarena

Cúpula do Bric, em Brasília (DF), em 2010, com os presidentes Dmitri Medvedev (Rússia), Luiz Inácio Lula da Silva (Brasil), Hu Jintao (China) e o primeiro-ministro Manmohan Singh (Índia).

A partir dessa reunião, as quatro nações começaram a dialogar cada vez mais em busca de cooperação, realizando encontros anuais e compartilhando experiências em diferentes setores, como saúde, ciência e tecnologia e agricultura. O Bric não é um bloco econômico como o Mercosul ou a União Europeia, mas age como um grupo fechado em reuniões de organismos internacionais para aumentar sua influência.

Em 2011, a África do Sul entrou no grupo, que passou a se chamar Brics, sendo "s" a inicial de África do Sul em inglês (South Africa). Segundo o Banco Mundial, em 2017, representavam juntos cerca de 42% da população do planeta e 23,32% do PIB mundial.

Entre seus principais objetivos está a reforma da ONU para aumentar a representação desses países na estrutura da instituição, principalmente no Conselho de Segurança – responsável por grandes decisões no cenário internacional, como a manutenção da paz e a aplicação de sanções econômicas. Da mesma forma, buscam maior participação no G20 financeiro.

Em 2014, durante a 6ª Cúpula do Brics, realizada em Fortaleza, no Ceará, foi criado o Novo Banco de Desenvolvimento (NBD). Conhecido como Banco do Brics, tem o objetivo de apoiar financeiramente projetos de infraestrutura e promover o desenvolvimento nos cinco países e em outros países mais pobres. O Banco do Brics chegou a aportar 100 bilhões de dólares, um volume extraordinário de recurso na época.

Grant Pitcher/Arquivo da editora

Porto de Durban, na África do Sul, em 2018. O projeto de expansão e modernização de um dos maiores portos do país recebe apoio financeiro do Banco do Brics.

Além dessa iniciativa, em 2015, esses países criaram a Universidade em Rede do Brics, que oferece bolsas de pós-graduação (mestrado e doutorado) para que seus pesquisadores possam cooperar em diferentes setores, como de energia, meio ambiente, tecnologia e economia. Diversas instituições de ensino e pesquisa no Brasil, na Rússia, na China, na Índia e na África do Sul foram selecionadas.

Além disso, o NBD pode atrair investimentos em diferentes setores. Por exemplo, em 2016, cerca de 30 milhões de dólares foram emprestados pelo banco especificamente para projetos brasileiros de energia eólica. Empresas brasileiras também podem participar de obras em outros países com recursos do banco.

sleepingpanda/Shutterstock

Shenzhen, na China, em 2018. A China cresceu vertiginosamente, destacando-se de seus parceiros no Brics, que vivenciaram crises nos últimos anos.

Especialistas, porém, chamam a atenção para a instabilidade política enfrentada pelos governos desses países, principalmente Rússia e Brasil, bem como para a possibilidade de a China assumir um papel ainda mais destacado no cenário internacional e colocar o Brics em segundo plano.

Os cinco países exercem grande influência nas regiões onde se localizam, sendo Rússia, China e Índia potências nucleares e, apesar de muito diferentes, cada vez mais descobrem interesses comuns e atuam juntos para alcançar seus objetivos. Diante desse quadro, a participação do Brasil no grupo é uma estratégia importante para que o país tenha maior destaque na ordem internacional nos próximos anos.

3. O Brasil e a União Europeia

Desde a independência, o Brasil sempre manteve boas relações diplomáticas com países europeus, que se ampliaram ao longo das duas guerras mundiais. O surgimento da União Europeia (UE) intensificou as relações, afinal, trata-se de um bloco de países com elevado poder de compra, o que representa maior abertura a produtos brasileiros.

Com a criação da União Europeia, o Brasil designou um diplomata para atuar nesse bloco a fim de ampliar as relações e incrementar o comércio com os países europeus. Em 2007, o diálogo se intensificou com o estabelecimento formal de uma parceria estratégica. A partir daí, foram realizados muitos encontros entre governos e outros agentes dos países envolvidos, como empresas e organizações sociais.

Os principais países da União Europeia investem no Brasil. De acordo com dados da UE, os investimentos de empresas do bloco geraram cerca de 278 mil empregos na economia brasileira entre 2006 e 2015, em diversos setores da economia, como na indústria automotiva, na fabricação de metais e em comunicações.

Além disso, a cooperação entre a UE e o Brasil tem aumentado em muitos outros campos. Na educação, observa-se um intercâmbio de estudantes e professores. As relações também avançam no desenvolvimento de ciência e tecnologia em setores como biocombustíveis e tecnologias da informação. Porém, existem dificuldades a serem superadas, como a acusação pela UE de que o Brasil protege alguns setores da economia, o que dificultaria a importação de produtos europeus. O Brasil, por sua vez, aponta que a UE salvaguarda seus produtos agrícolas, dificultando a exportação brasileira.

Cartografando

Investimentos europeus no Brasil

Os mapas a seguir apontam a origem e o destino dos investimentos da União Europeia no Brasil.

UE: investimentos no Brasil, por país – 2006-2015 (em milhões de euros)

Banco de imagens/Arquivo da editora

Elaborado com base em: ORTH, Camila F. et al. *Mapa de investimentos bilaterais*: Brasil-União Europeia. Brasília: Apex-Brasil, 2017. p. 24.

Brasil: destino de investimentos da UE – 2006-2015 (em milhões de euros)

Banco de imagens/Arquivo da editora

Elaborado com base em: ORTH, Camila F. et al. *Mapa de investimentos bilaterais*: Brasil-União Europeia. Brasília: Apex-Brasil, 2017. p. 29.

1. Reúna-se com três colegas e, juntos, verifiquem quais países da União Europeia investem mais no Brasil e pesquisem que tipos de empresa mais realizam investimentos.
2. Como se distribuem os investimentos europeus de acordo com as Unidades da Federação e as Grandes Regiões brasileiras?

E no Brasil?

O Brasil visto de fora

O texto a seguir foi elaborado pela Comissão Europeia, o órgão político e executivo da União Europeia, responsável pela defesa dos interesses gerais de seus países-membros. Nele observa-se a visão europeia sobre as relações comerciais estabelecidas.

A União Europeia e o comércio com o Brasil

O Brasil é a maior economia da América Latina e seu comércio com a UE representava 30,8% do comércio total da UE com a região da América Latina em 2016.

- A UE é o primeiro parceiro comercial do Brasil, representando 18,3% de seu comércio total. O Brasil é o 11º parceiro comercial da UE, representando 1,7% do comércio total da UE (2017).
- A UE importa do Brasil principalmente produtos primários, em especial gêneros alimentícios, bebidas e produtos de tabaco (16,3% das importações da UE são provenientes do Brasil), seguidos de produtos vegetais (17,8%) e produtos minerais (21,8%).
- O Brasil é o maior exportador de produtos agrícolas para a UE em todo o mundo.
- A UE exporta para o Brasil principalmente máquinas e eletrodomésticos (26,6%), produtos químicos (23,6%) e equipamentos de transporte (13,6%).
- A UE é o maior investidor estrangeiro no Brasil com investimentos em muitos setores da economia brasileira. A UE tinha 48,5% de seus investimentos latino-americanos no Brasil em 2015.

Restrições de importação do Brasil

O Brasil é um dos países que recorreram a diversas medidas potencialmente restritivas para o comércio, de acordo com os últimos relatórios da Comissão Europeia.

O mercado brasileiro é altamente protegido, com um imposto aduaneiro de 13,5% em média.

A UE incentiva o Brasil a reduzir as barreiras tarifárias e não tarifárias e a promover um ambiente regulatório estável e mais aberto para investidores e negociadores europeus.

Brasil no Mercosul

O Brasil está negociando com a UE um acordo de livre-comércio como parte do grupo do Mercosul.

Um futuro Acordo de Associação UE-Mercosul deve impulsionar a integração comercial entre os países do Mercosul e criar novas oportunidades de comércio e investimento com a UE, eliminando barreiras tarifárias e não tarifárias ao comércio [...].

O impacto econômico potencial é alto de acordo com uma avaliação de impacto de sustentabilidade de 2008, embora o Mercosul permaneça um mercado altamente protegido.

O Acordo de Associação UE-Mercosul abrangerá, entre outras questões: comércio de bens e serviços; investimento; direitos de propriedade intelectual (DPI); aspectos como a proteção das indicações geográficas; contratação pública; barreiras técnicas ao comércio; e aspectos sanitários e fitossanitários.

EUROPEAN Commission. Countries and Regions. Brazil. Disponível em: <http://ec.europa.eu/trade/policy/countries-and-regions/countries/brazil/>. Acesso em: 12 set. 2018. (Texto traduzido pelos autores.)

1. Qual é a importância das relações comerciais entre a União Europeia e o Brasil, na perspectiva de cada um deles?
2. Quais são as críticas da Comissão Europeia às políticas comerciais do Brasil?
3. Como a integração entre a UE e o Mercosul pode melhorar as relações comerciais com o Brasil?
4. Faça uma pesquisa sobre dois produtos brasileiros exportados para a UE e descubra quais são os destinos principais. Em seguida, busque dois produtos importados de membros do bloco europeu. Quais são as regiões produtoras?

4. O Brasil em órgãos multilaterais

Nas últimas décadas, o governo brasileiro tem dialogado cada vez mais com outros países para cooperar em assuntos que precisam de decisões conjuntas, como os ligados à economia e ao ambiente. Por isso, o país integra várias instituições multilaterais e fóruns de negociação.

A atuação de diplomatas brasileiros é bastante elogiada por governos de outros países. Apesar de o Brasil buscar seus interesses, tradicionalmente os representantes atuam com base em princípios claros, o que lhes permite exercer muitas vezes o papel de mediador, ou seja, contribuir para alcançar um resultado que satisfaça a todos.

O embaixador brasileiro Roberto Azevêdo foi eleito, no fim de 2017, para seu segundo mandato como diretor-geral da Organização Mundial do Comércio (OMC), o órgão mais importante na regulação do comércio internacional. A contribuição de Azevêdo ajudou os países a finalmente chegar a dois acordos inéditos desde a criação da OMC, em 1995: o Acordo de Facilitação de Comércio (AFC) e o acordo sobre o fim de subsídios à exportação de produtos agrícolas.

Desde 2012, o diretor-geral da Organização das Nações Unidas para a Alimentação e a Agricultura (FAO) é o agrônomo brasileiro José Graziano da Silva, cujo mandato termina em 2019. Assim que assumiu o cargo, passou a realizar mudanças profundas nesse órgão multilateral que atua no combate à fome mundial, para o fortalecimento e aumento da cooperação entre os países e a maior eficiência na utilização dos recursos financeiros. Atualmente, ele é um dos latino-americanos mais influentes do mundo, por sua luta contra a insegurança alimentar.

Eric Piermont/Agência France-Presse

Roberto Azevêdo, diretor-geral da OMC, em 2018.

Jin Yu/Xinhua/Zuma Press/Fotoarena

José Graziano da Silva, diretor-geral da FAO, em 2016.

Além da FAO, o Brasil participa ativamente de outros órgãos e fóruns da ONU, como a Convenção-Quadro das Nações Unidas sobre Mudança do Clima e em outros temas ambientais. O governo brasileiro também tem buscado dialogar com os países e obter apoio político para reformar o órgão máximo dessa instituição, o Conselho de Segurança.

CIDADANIA E COMÉRCIO MUNDIAL

Argentina deve defender exportações agrícolas e América Latina em presidência do G20

A Argentina vai usar seu papel de primeiro país sul-americano a comandar o G20, que reúne as principais economias do mundo, para combater o protecionismo, uma vez que a região exportadora de produtos agrícolas busca assegurar acesso de mercado para seus bens [...].

Tanto a Argentina quanto Brasil, também do G20, transicionaram para governos amigáveis ao mercado nos últimos anos. O presidente Mauricio Macri assumiu a Presidência da Argentina como uma chance de marcar a ascensão do país como um "lugar importante" no mundo e para impulsionar o perfil da América Latina.

"Nós vamos colocar no centro do G20 as aspirações e preocupações da região em desenvolvimento, que é entusiasmada por novas oportunidades", disse Macri durante um evento na capital Buenos Aires ao inaugurar formalmente a Presidência da Argentina no G20.

A defesa veemente da globalização ocorre no momento em que a Presidência de Donald Trump nos Estados Unidos e a iminente saída do Reino Unido da União Europeia levantam questões sobre o comprometimento de grandes economias ao livre-comércio.

Medidas protecionistas em países mais desenvolvidos poderiam ameaçar o sucesso de agendas pró-comércio em países sul-americanos cujas economias dependem de exportações agrícolas.

O bloco comercial Mercosul [...] está enfrentando resistência de produtores europeus, uma vez que busca impulsionar as exportações de carne bovina como parte de um acordo com a UE que espera selar até o fim do ano.

Mais cedo neste ano, os Estados Unidos impuseram tarifas sobre importações de biodiesel da Argentina, um de seus maiores produtos agrícolas de exportação.

"O G20 é um lugar ideal para continuar reafirmando os benefícios de laços comerciais melhores, especialmente para países como Argentina que querem exportar seus produtos agrícolas", disse o ministro do Tesouro, Nicolas Dujovne, durante coletiva de imprensa após o discurso de Macri.

COHEN, Luc. Argentina deve defender exportações agrícolas e América Latina em presidência do G20. *Reuters*, 30 nov. 2017. Disponível em: <https://br.reuters.com/article/businessNews/idBRKBN1DU2XX-OBRBS>. Acesso em: 12 set. 2018.

Notimexpix/Newscom/Fotoarena

Presidente argentino Mauricio Macri em cerimônia do G20 em Buenos Aires, na Argentina, em 2017.

1. Segundo o texto, de que maneira a presidência argentina do G20 beneficia o Brasil?
2. Que críticas são feitas ao protecionismo de países desenvolvidos?
3. Reúna-se com três colegas e, juntos, debatam as implicações positivas e/ou negativas de Brasil e Argentina terem se tornado "amigáveis ao mercado" nos últimos anos.

Reconecte

Revisão

1. Por que é importante para o Brasil atuar em órgãos multilaterais como a OMC e a FAO? Justifique sua resposta.

Produção textual

2. Elabore um texto que contemple os principais tratados regionais discutidos neste capítulo.

Pesquisa e produção textual

3. Reúna-se com três colegas e, juntos, organizem um painel sobre os membros do Brics. Para isso, busquem informações sobre: área, população, IDH, PIB e as principais atividades econômicas.

Elaboração de jogo

4. Em grupos, organizem um jogo de perguntas e respostas sobre o G20 financeiro e o G20 comercial. Ele deve contemplar:
   - países integrantes de cada grupo;
   - objetivos principais;
   - informações sobre a atuação deles na economia internacional (pesquise textos jornalísticos e outras fontes recentes sobre o tema).

   Acrescente ilustrações (imagens, desenhos, charges), gráficos e/ou mapas para enriquecer o material elaborado. Depois, jogue com os colegas.

Análise e reflexão

5. Como a atuação do governo e de lideranças brasileiras em órgãos multilaterais tem sido avaliada por governos de outros países ao longo dos últimos anos? Busque textos jornalísticos que apresentem exemplos que ilustrem o contexto verificado. Depois, debata com os colegas.

Resumo

- Tratados são documentos internacionais assinados entre dois ou mais países.
- O Tratado da Bacia do Prata estabeleceu regras para uso e proteção da bacia hidrográfica do rio da Prata.
- O Tratado de Itaipu é resultado do acordo entre Brasil e Paraguai para o aproveitamento do rio Paraná e o fornecimento de energia elétrica da usina hidrelétrica de Itaipu.
- Organização do Tratado de Cooperação Amazônica é um acordo entre Brasil, Bolívia, Colômbia, Equador, Guiana, Peru, Suriname e Venezuela para a proteção e o uso sustentável da biodiversidade da Amazônia.
- Brics corresponde às iniciais de Brasil, Rússia, Índia, China e África do Sul, um conjunto de países que lançou o Novo Banco de Desenvolvimento (NBD).
- O governo brasileiro busca dialogar com outros países para cooperar em assuntos como economia e ambiente. Integra várias instituições multilaterais e fóruns de negociação, como a ONU e a FAO.

CAPÍTULO

12 O Brasil na economia internacional

O Brasil é uma das dez maiores economias do mundo e participa ativamente dos fluxos econômicos internacionais. Os produtos brasileiros, de diversos setores da economia, têm como destino centenas de países. Destacam-se a produção agrícola, pecuária e mineral, mas também bens de alta tecnologia, como aviões. No entanto, o Brasil ainda compra muitos produtos do exterior, principalmente artigos industrializados.

Ocorre também a "exportação" de um número cada vez maior de pesquisadores e atletas, que buscam melhores oportunidades fora do país. Essa situação prejudica o desenvolvimento nacional em razão da perda de mão de obra qualificada.

De todo modo, o Brasil tem buscado ampliar seu papel nos fluxos econômicos mundiais, com a diversificação de sua produção e, principalmente, o estabelecimento e o fortalecimento de parcerias comerciais.

Giuliano Gomes/PR Press/Folhapress

Criação de frango em Corbélia (PR), em 2017. O frango é um dos principais produtos exportados pelo Brasil.

Paulo Fridman/Bloomberg/Getty Images

Fábrica da Empresa Brasileira de Aeronáutica (Embraer) em São José dos Campos (SP), em 2015. A empresa participa do mercado mundial de aviação, produzindo aviões e jatos.

EM FOCO

Sonho e realidade na política de comércio exterior do Brasil

A política comercial é parte integrante da política externa do Brasil. Com a criação do Departamento de Promoção Comercial do Itamaraty nos anos setenta, e a implantação de unidades nas principais Embaixadas e Consulados, as exportações brasileiras viram-se aumentadas e apropriadamente direcionadas. Pouco a pouco, porém, sobretudo a partir dos anos noventa, a coordenação dessas atividades assumiu um certo caráter "competitivo" entre o Ministério de Indústria e Comércio (MDIC) e o Itamaraty, criando redundâncias, assim como dispersão de esforços e recursos. [...]

Foi muito apropriada, portanto, a decisão de colocar sob a coordenação do Ministério das Relações Exteriores o conjunto da política de comércio exterior do Brasil. [...]

Um dos aspectos mais peculiares da composição e da orientação do comércio exterior brasileiro é que, entre os países em desenvolvimento, o Brasil constitui uma exceção. Quase todos têm um único parceiro comercial dominante. Algumas vezes dois. Ora os EUA, ora a União Europeia, ora o Japão e, mais recentemente, a China tornaram-se parceiros comerciais predominantes em suas respectivas regiões. [...] Na nossa região, o exemplo mais claro é o do México que, apesar de ter assinado uma grande quantidade de acordos de livre-comércio, continua, como antes, a ter cerca de 80% de seu comércio exterior com os EUA.

O Brasil ostenta, historicamente, um quadro equilibrado de parcerias: 4 ou 5 (EUA, União Europeia, Mercosul e China) representam cada um cerca de 20 a 25% de nosso intercâmbio global. Nossas correntes de comércio internacional são ainda pequenas comparadas com outros grandes países, mas são equilibradas. Não se verificam dependências assoberbantes. [...]

Reformas no comércio de produtos agrícolas poderiam ter um impacto enorme na atenuação da pobreza e na promoção do desenvolvimento. Dois terços de todas as camadas mais pobres dos países em desenvolvimento dependem da agricultura para sua subsistência. Os pesados subsídios prevalecentes em países desenvolvidos, assim como suas políticas protecionistas, são responsáveis pela falta de oportunidades reais em países em desenvolvimento no que se refere a produtos como algodão, açúcar, laticínios, carnes, aves, arroz e muitos outros. [...]

É, pois, de se esperar que o novo ordenamento interno brasileiro possa, de fato, conduzir a uma política agregadora e consensual que nos ajude a formar coalizões regionais e inter-regionais capazes de proteger os interesses brasileiros e de configurar bases mais equitativas para o comércio global. [...]

CORRÊA, Luiz F. de S. Sonho e realidade na política de comércio exterior do Brasil. *El País*, São Paulo, 16 jun. 2016. Disponível em: <https://brasil.elpais.com/brasil/2016/06/18/opinion/1466266390_690610.html>. Acesso em: 14 set. 2018.

Zig Koch/Tyba

Porto de Paranaguá (PR), em 2015, de onde são exportados produtos como soja, trigo e óleo vegetal.

1. De acordo com o texto, por que o Brasil é uma exceção entre os países em desenvolvimento?

2. Discuta com três colegas a relação entre subsídios de países desenvolvidos e a pobreza no mundo.

1. Dívida externa

Dívida externa: total de recursos que um país toma emprestado de agentes econômicos externos, como empresas, governos, bancos e instituições internacionais, por exemplo, o Banco Mundial ou o Fundo Monetário Internacional (FMI).

Logo após a Independência, o Brasil precisou pedir recursos para desenvolver atividades e saldar compromissos. Era o começo da dívida externa do país.

Em 1824, Dom Pedro I pediu um empréstimo de mais de 3 milhões de libras esterlinas à Europa para pagar dívidas da época colonial. Até o final da Monarquia, o Brasil chegou a pedir quase vinte empréstimos em bancos da Inglaterra para quitar débitos antigos. A Guerra do Paraguai também aumentou a dependência da ajuda inglesa, que enviou navios e realizou outros empréstimos.

No fim do século XIX, houve uma renegociação da dívida externa com a intenção de permitir ao governo republicano saldar os compromissos. Ela não foi bem-sucedida e o endividamento externo brasileiro saltou de 1 471 359 contos de réis em 1900 para 11 753 476 contos de réis em 1930. Em 1943, houve nova tentativa de negociar o valor total da dívida externa do Brasil. Estabeleceu-se um prazo de até sessenta anos para sua quitação e seu valor e juros foram reduzidos.

Nota de 500 réis, emitida no fim do século XIX, no período imperial.

No entanto, alguns anos depois, a dívida voltou a aumentar, principalmente em razão do crescimento das importações. A balança comercial estava desequilibrada.

Juscelino Kubitschek (1902-1976), que ocupou a presidência do Brasil entre 1956 e 1961, ampliou o endividamento do país. Nessa época, os recursos emprestados foram usados para a construção de Brasília e de novas rodovias. Como resultado, em 1961, a dívida externa brasileira era praticamente o dobro da verificada em 1955.

A situação da dívida externa piorou ainda mais durante o período militar (1964-1985). Grande parte das políticas definidas naquele momento da história teve por objetivo alcançar altos níveis de crescimento econômico para elevar o Brasil à condição de potência em poucos anos.

No período do chamado **milagre econômico**, entre 1968 e 1973, a economia brasileira chegou a crescer mais de 11% ao ano. Porém, parte desse crescimento ocorreu graças a empréstimos externos. Apesar de permitirem avanços em alguns setores, como o de telefonia e de comunicações, esses recursos não foram usados para combater as desigualdades sociais. Para agravar o quadro, as crises no fornecimento do petróleo ocorridas durante a década de 1970 afetaram o país, que na época importava mais de 80% do que consumia.

Diálogo com Matemática e História

Moedas brasileiras

Você sabia que réis foi a moeda utilizada no Brasil do período colonial até 1942?

- Veja, no quadro a seguir, informações sobre as diferentes moedas que já foram utilizadas ao longo da história brasileira. Em grupos, observem o período de vigência dessas moedas e organizem uma linha do tempo com esses dados, acrescentando imagens.

Padrões monetários brasileiros

Padrão monetário (símbolo)	Período de vigência	Equivalência ao padrão anterior	Equivalência ao real (R$)
Réis (Rs) e ($)	Início da colonização, começo do século XVI até 30/10/1942	–	Rs 2 750 000 000 000:000$000
Cruzeiro (Cr$)	1/11/1942 a 1/12/1964	Rs 1$000 = Cr$ 1,00 (mil réis = um cruzeiro)	Cr$ 2 750 000 000 000 000,00
	2/12/1964 a 12/2/1967	Cr$ 1,00 – Cr$ 1 (um cruzeiro = um cruzeiro)* *centavos foram extintos	Cr$ 2 750 000 000 000 000
Cruzeiro Novo (NCr$)	13/2/1967 a 14/5/1970	Cr$ 1 000 = NCr$ 1,00 (mil cruzeiros = um cruzeiro novo)	NCr$ 2 750 000 000 000,00
Cruzeiro (Cr$)	15/5/1970 a 15/8/1984	NCr$ 1,00 = Cr$ 1,00 (um cruzeiro novo = um cruzeiro)	Cr$ 2 750 000 000 000,00
	16/8/1984 a 27/2/1986	Cr$ 1,00 = Cr$ 1 (um cruzeiro = um cruzeiro)* *centavos foram extintos	Cr$ 2 750 000 000 000
Cruzado (Cz$)	28/2/1986 a 15/1/1989	Cr$ 1 000 = Cz$ 1,00 (mil cruzeiros = um cruzado)	Cz$ 2 750 000 000,00
Cruzado Novo (NCz$)	16/1/1989 a 15/3/1990	Cz$ 1 000,00 = NCz$ 1,00 (mil cruzados = um cruzado novo)	NCz$ 2 750 000,00
Cruzeiro (Cr$)	16/3/1990 a 31/7/1993	NCz$ 1,00 = Cr$ 1,00 (um cruzado novo = um cruzeiro)	Cr$ 2 750 000,00
Cruzeiro Real (CR$)	1/8/1993 a 30/6/1994	Cr$ 1 000,00 = CR$ 1,00 (mil cruzeiros = um cruzeiro real)	CR$ 2 750,00
Real (R$)	A partir de 1/7/1994	CR$ 2 750 = R$ 1,00 (dois mil setecentos e cinquenta cruzeiros reais = um real)	–

Elaborado com base em: SILVA, Anderson C.; CARVALHO, Lena Oliveira de; MEDEIROS, Otavio Ladeira de (Org.). *Dívida pública*: a experiência brasileira. Brasília: Secretaria do Tesouro Nacional: Banco Mundial, 2009. p. 56. Disponível em: <www.tesouro.fazenda.gov.br/documents/10180/375694/Parte%201_1.pdf>. Acesso em: 14 set. 2018.

Arquivo/Folhapress

// Construção da Usina de Tucuruí (PA), durante o período da ditadura, em 1980.

A dívida externa brasileira, durante a ditadura, saltou de 3,16 bilhões de dólares, em 1964, para 105,17 bilhões de dólares, em 1985. As consequências desse endividamento afetaram o país e sua população nas décadas seguintes. O Brasil precisava de recursos financeiros para se desenvolver, mas as dívidas e os juros a pagar eram altíssimos. Isso gerou um desequilíbrio nas contas públicas, o que levou o presidente José Sarney a declarar moratória em 1987.

Moratória: adiamento ou atraso do pagamento de uma dívida.

Porém, essa atitude acarretou outros problemas. Diversos países deixaram de investir no Brasil, temendo a instabilidade econômica, e passaram a escolher outros lugares para aplicar seus recursos. A pressão dos credores para que o governo brasileiro pagasse os juros e as amortizações de suas dívidas foi grande e, nesse momento de crise, a dívida externa brasileira foi negociada com a intermediação do FMI, que estabeleceu um pagamento parcelado. Desde então, o FMI, que é uma organização que visa promover a estabilidade do sistema financeiro internacional, passou a intervir em diferentes aspectos da economia e da política brasileira.

Na década de 1990, o governo brasileiro abriu a economia ao mercado internacional com a derrubada de barreiras alfandegárias – ainda que com grandes prejuízos para a indústria nacional. Foram promovidas políticas neoliberais pautadas, entre outros elementos, em privatizações. Em 1994, entrou em circulação uma nova moeda (real), mais valorizada. Somente nessa década, a dívida externa brasileira cresceu 109% e chegou a 241,2 bilhões de dólares.

Nos anos 2000, foram realizados muitos esforços para alcançar metas de crescimento econômico cada vez maiores e, assim, poder pagar a dívida externa. Por um lado, para aumentar a confiança do mercado financeiro internacional em relação ao país, o governo quitou empréstimos contraídos com o FMI entre 1999 e 2000. Esse novo contexto fez algumas agências internacionais de avaliação de risco de investimento classificarem o Brasil como bom pagador. Por outro, a dívida interna tornou-se cada vez maior.

Em 2015, o Brasil perdeu o título de bom grau de investimento. Dois anos depois, a dívida pública interna do país chegou a mais de 70% de seu Produto Interno Bruto (PIB), enquanto a dívida externa alcançou 317,2 bilhões de dólares.

O aumento da dívida pública não é um caso isolado do Brasil. Outros países, como os Estados Unidos, também têm uma dívida pública elevada. A diferença está na capacidade de pagá-la – que é avaliada de acordo com o PIB – bem como na posse de reservas internacionais (moeda estrangeira), que podem ser usadas em momentos em que há falta de recursos para honrar compromissos internacionais.

2. Comércio internacional

O Brasil participa ativamente do comércio internacional. Porém, se compararmos sua participação com a de países como a China, os Estados Unidos e a Alemanha, podemos perceber que ela é bem mais modesta. Em 2015, o país estava na 25ª posição entre os exportadores, com um total de 191 bilhões de dólares, representando cerca de 1,2% do total exportado no mundo.

Mundo: principais exportadores – 2015			
Posição	Exportadores	Valores (bilhões de dólares)	Participação (%)
1º	China	2 275	13,8
2º	Estados Unidos	1 505	9,1
3º	Alemanha	1 329	8,1
4º	Japão	625	3,8
5º	Países Baixos	567	3,4
6º	Coreia do Sul	527	3,2
7º	Hong Kong (China)	511	3,1
8º	França	506	3,1
9º	Reino Unido	460	2,8
10º	Itália	459	2,8
11º	Canadá	408	2,5
12º	Bélgica	398	2,4
13º	México	381	2,3
14º	Cingapura	351	2,1
15º	Rússia	340	2,1

Elaborado com base em: WORLD Trade Organization. *World Trade Statistical Review 2016*. Genebra: WTO. p. 94. Disponível em: <www.wto.org/english/res_e/statis_e/wts2016_e/wts2016_e.pdf>. Acesso em: 14 set. 2018.

Isso não quer dizer que o Brasil não tenha importância no cenário internacional, pois muitos países – tanto desenvolvidos como em desenvolvimento – dependem dos produtos fabricados aqui.

A China é, de longe, o país que mais compra produtos brasileiros. Em 2017, 22% de todas as vendas externas do Brasil foram para os chineses – o que corresponde a mais ou menos 44 bilhões de dólares. Ao mesmo tempo, a maior parte dos produtos importados pelo Brasil veio da China (18,2%), totalizando mais de 25 bilhões de dólares. Existe, portanto, uma relação de interdependência econômica entre os dois países.

Cartografando

Produtos comercializados entre o Brasil e a China

Observe o gráfico e a tabela, que indicam os principais produtos brasileiros exportados para a China e os principais produtos chineses exportados para o Brasil, respectivamente.

Brasil: principais produtos exportados para a China – 2017

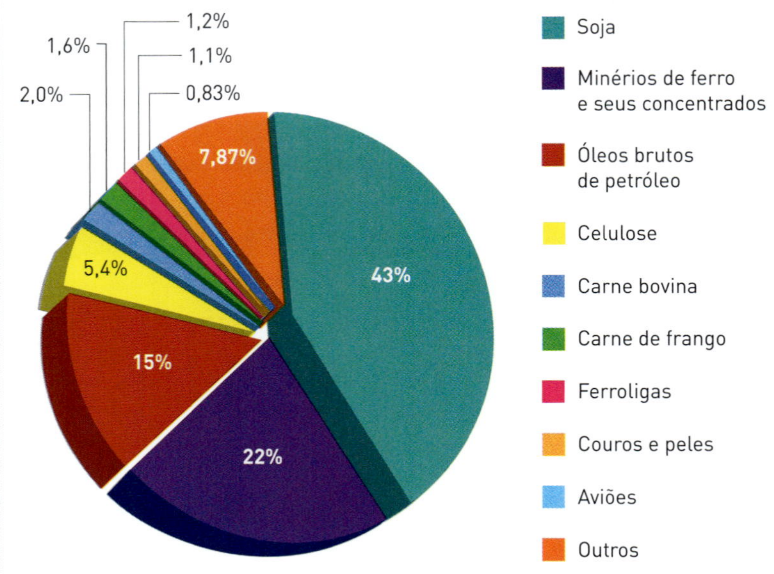

JSDesign/Arquivo da editora

China: principais produtos exportados para o Brasil – 2017	
Circuitos impressos e aparatos de telefonia	5,1%
Partes de aparelhos transmissores ou receptores	4,3%
Compostos heterocíclicos	3,1%
Circuitos integrados e microconjuntos eletrônicos	2,9%
Motores, geradores e transformadores elétricos	2,5%
Partes de máquinas para processamento de dados	2,5%
Partes e peças para veículos automóveis e tratores	2,1%
Tecidos de fibras sintéticas	2,0%
Aparelhos de telefonia celular	1,9%
Dispositivos semicondutores	1,9%
Produtos laminados de ferro ou aço	1,8%
Máquinas para processamento de dados	1,7%
Aparelhos eletromecânicos ou térmicos	1,7%
Aparelhos transmissores ou receptores	1,6%
Bombas, compressores, ventiladores, etc.	1,5%

Elaborados com base em: BRASIL. Ministério do Desenvolvimento, Indústria e Comércio Exterior. Comex Vis: países parceiros. Disponível em: <www.mdic.gov.br/comercio-exterior/estatisticas-de-comercio-exterior/comex-vis/frame-pais>. Acesso em: 17 set. 2018.

1. Quais são as semelhanças e as diferenças entre os produtos chineses exportados para o Brasil e os produtos brasileiros exportados para a China? De quais setores da economia são esses produtos?
2. Com base na resposta anterior, o que é possível dizer sobre a economia desses dois países?
3. Que tipos de produtos chineses você costuma adquirir? Cite exemplos.

Outro grande parceiro comercial do Brasil são os Estados Unidos. As exportações brasileiras em 2017 para esse país totalizaram cerca de 25 bilhões de dólares – mais de 12% do total de todos os produtos comercializados externamente. Já a participação dos produtos estadunidenses no total de importações do Brasil é maior –16,5%. Os gráficos abaixo apontam os tipos de produtos comercializados entre os dois países e seu valor.

Brasil: exportação para os Estados Unidos – 2017

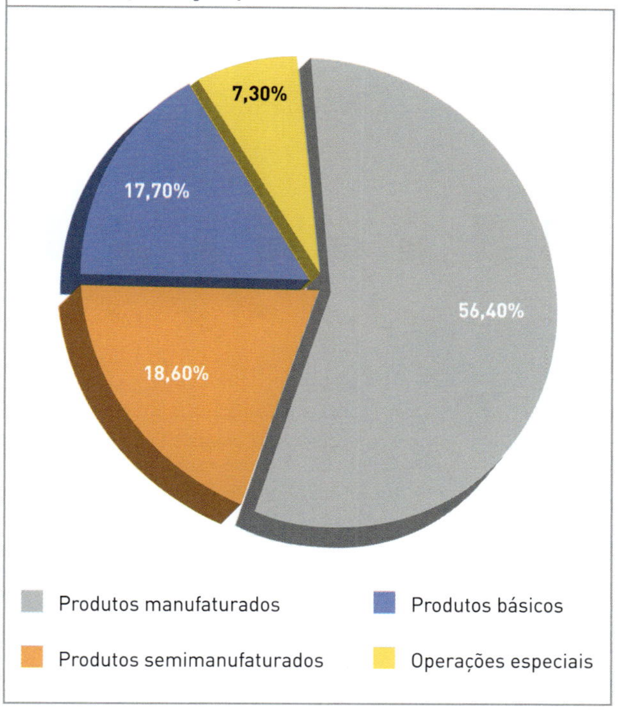

JSDesign/Arquivo da editora

Brasil: importação dos Estados Unidos – 2017

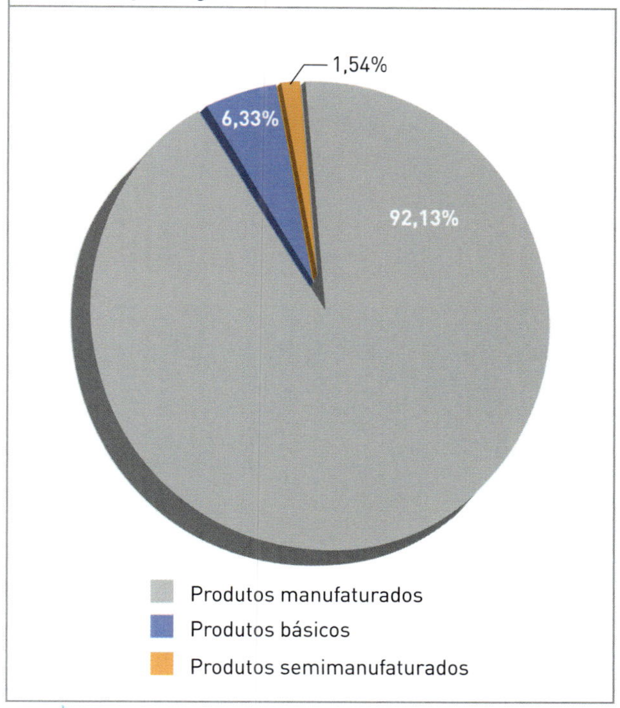

JSDesign/Arquivo da editora

Elaborados com base em: BRASIL. Ministério do Desenvolvimento, Indústria e Comércio Exterior. Comex Vis: países parceiros. Disponível em: <www.mdic.gov.br/comercio-exterior/estatisticas-de-comercio-exterior/comex-vis/frame-pais?pais=usa>. Acesso em: 17 set. 2018.

O Brasil também exporta uma diversidade de produtos para a União Europeia. Se considerarmos todos os países-membros em conjunto, o bloco passa a ser um importante parceiro comercial brasileiro.

Em 2017, as mercadorias vendidas para a UE totalizaram mais de 31 bilhões de dólares. Entre os principais produtos exportados para o bloco estão gêneros agrícolas (como café, soja, milho e fumo), minérios (ferro, cobre e ouro), petróleo, carne bovina e de aves, etc. Entre os demais parceiros comerciais do Brasil destacam-se Argentina, Índia, Japão e México.

Pedro Ladeira/Folhapress

Indústria de processamento de carne bovina em Lapa (PR), 2017. A carne é um dos principais produtos de exportação do Brasil para a União Europeia.

Brasil: principais destinos de exportações – agosto de 2018

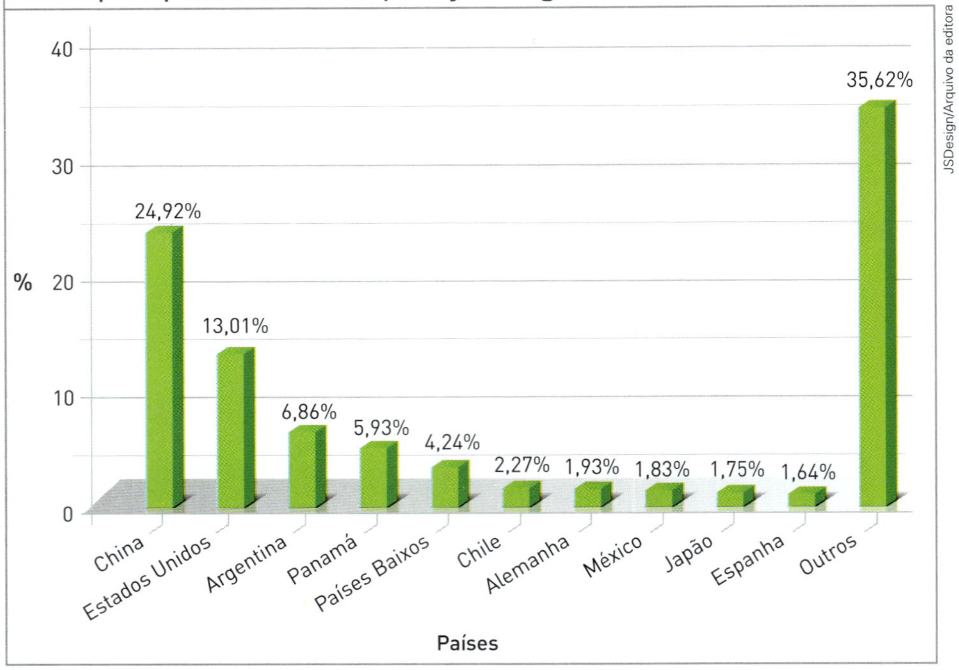

Elaborado com base em: BRASIL. Ministério do Desenvolvimento, Indústria e Comércio Exterior. Principais países: acumulado/mês. Disponível em: <www.mdic.gov.br/index.php/comercio-exterior/estatisticas-de-comercio-exterior/balanca-comercial-brasileira-acumulado-do-ano>. Acesso em: 17 set. 2018.

No entanto, o Brasil ainda depende da importação de muitos produtos. Além da China, dos Estados Unidos e da União Europeia, o país compra principalmente de Argentina, México, Coreia do Sul, Itália, Japão, Chile, Vietnã, Arábia Saudita, Israel e Malásia.

Em 2017, as importações totalizaram mais de 150 bilhões de dólares. Desse total, pelo menos 103 bilhões referiram-se a produtos manufaturados, como medicamentos, veículos, aparelhos eletrônicos, produtos químicos, adubos e fertilizantes, plásticos, entre outros.

3. Balanço de pagamentos

O **balanço de pagamentos** é o registro de todas as transações econômicas que um país realiza com o resto do mundo. É uma declaração de entradas e saídas financeiras, geralmente feitas entre residentes e não residentes e registradas em dólar.

A maior parte dos países segue a estrutura elaborada pelo Fundo Monetário Internacional (FMI) para organizar seu balanço de pagamentos. Ela se divide em dois grandes eixos. O primeiro é a **conta-corrente** e envolve todo o comércio de bens e de serviços realizado por um país ao longo de um ano. Inclui as importações e as exportações de mercadorias – cujo saldo é chamado de **balança comercial** –, os serviços realizados entre os países (transportes, viagens, telecomunicações, aluguel de equipamentos, entre outros), além das doações, chamadas de transações unilaterais.

Além da conta-corrente, existe a **conta de capitais**, que envolve todos os investimentos estrangeiros diretos (IED) realizados dentro e fora do país, como recursos vindos do exterior que são aplicados na estrutura produtiva industrial. Também se refere à participação estrangeira na composição acionária de empresas, assim como ao capital especulativo, que transita entre os mercados em busca de maiores lucros.

A soma da conta-corrente com a conta de capitais é o **balanço de pagamentos**. Um balanço de pagamentos negativo indica que a atividade econômica está desacelerada, o que pode desencadear uma crise de pagamentos pela queda da arrecadação de impostos, que diminui os recursos do governo. Como alternativa, o país pode tomar novos empréstimos com instituições financeiras mundiais, como o FMI, o que aumenta sua dívida externa.

Um balanço de pagamentos positivo indica que o país pode aumentar suas **reservas internacionais**, ou seja, os depósitos em moeda estrangeira que seu Banco Central mantém para saldar compromissos financeiros. Isso é muito importante para enfrentar momentos difíceis, porque as reservas internacionais protegem o valor da moeda do país. Caso ela seja desvalorizada em demasia, o governo pode gastar parte das reservas para valorizá-la, comprando moeda estrangeira, em geral o dólar.

Balanço de pagamentos

Elaborado com base em: CLEARIAS.com. Balance of Payments: Accounting Concepts of Foreign Trade. Disponível em: <www.clearias.com/balance-of-payments/>. Acesso em: 17 set. 2018.

Em 2017, o *deficit* na conta-corrente do Brasil superou 11 bilhões de dólares, o que correspondia a 0,6% do Produto Interno Bruto do país. A conta de capitais apresentou pequeno saldo positivo. No entanto, as reservas internacionais aumentaram lentamente e atingiram mais de 381 bilhões de dólares.

4. Principais setores da economia brasileira no comércio mundial

O Brasil comercializa centenas de produtos com outros países, mas alguns possuem um papel especialmente importante na economia nacional e internacional.

Em primeiro lugar, destacam-se os produtos agropecuários e agroindustriais. Segundo a Organização Mundial do Comércio (OMC), em 2016, o Brasil era o terceiro maior exportador de gêneros agrícolas do mundo, atrás apenas da União Europeia e dos Estados Unidos. Esse comércio, principalmente de *commodities*, movimentou quase 77 bilhões de dólares. A cadeia produtiva da soja é a mais dinâmica e de maior presença no comércio mundial. A soja triturada, o óleo de soja (bruto e refinado) e os farelos e resíduos da soja figuram entre os principais produtos exportados pelo Brasil. Esse conjunto de produtos resultou, em 2017, em cerca de 7,5% de todas as mercadorias brasileiras vendidas a outros países.

Os países que mais compram soja do Brasil são a China, a Espanha, a Tailândia, os Países Baixos e o Irã. Quando é comprada *in natura*, ela é processada para produzir óleo de cozinha, óleo industrial, cosméticos e combustíveis. Já a soja triturada é muito utilizada para a produção de ração animal. Parte dela se destina à produção de alimento, como carne de soja ou farinha de soja. A China adquire do Brasil grandes volumes desse grão.

***In natura*:** que não foi processado.

Carregamento de soja no porto de Porto Velho (RO), em 2017.

A soja é rica em proteínas e utilizada principalmente na produção de óleo e ração animal. Além disso, gera outros subprodutos como leite, queijo, proteína texturizada e molho *shoyu*.

O café exerceu um papel crucial na história econômica brasileira entre o fim do Império e o começo da República e, atualmente, está entre os dez principais produtos comercializados no exterior. O Brasil é o maior produtor de café no mundo, seguido de Vietnã, Colômbia e Indonésia.

No território brasileiro também se encontra grande quantidade de substâncias minerais de interesse comercial, com destaque para ouro, alumínio, manganês e minério de ferro.

O país está entre os dez maiores exportadores de ferro e aço do mundo. Minério de ferro e seus concentrados eram o principal produto exportado pelo Brasil – quase 10% do total, em 2017. Se acrescentarmos o volume usado para a produção de laminados de ferro ou aço, ferroligas, tubos, ferro fundido, entre outros, essa participação cresce ainda mais.

A extração de ferro no Brasil é realizada por poucas e grandes empresas mineradoras. As principais áreas de produção são o Quadrilátero Ferrífero, em Minas Gerais, e a região de Carajás, no Pará. O minério produzido no estado paraense é um dos mais procurados do mundo, pois seu grau de pureza chega a cerca de 70% – o mais alto do mundo.

Acervo/Agência Vale

Produção de ferro em Carajás (PA), em 2017.

Para conservar e ampliar seus lucros diante da crise internacional que fez os preços dessa *commodity* desabarem no mercado externo, as principais empresas mineradoras do país buscaram ganhar no aumento do volume de minérios produzidos. Mas, infelizmente, esse investimento em produtividade ocorreu sem os devidos cuidados com a segurança e com a proteção socioambiental.

Pós-sal: reservas petrolíferas situadas acima de uma profunda extensão de rocha salina no litoral brasileiro, como na bacia de Campos (costa dos estados do Rio de Janeiro e do Espírito Santo).

Outra *commodity* importante para o Brasil é o petróleo. Durante muito tempo, importou-se praticamente todo o petróleo consumido. Entretanto, a partir da descoberta de petróleo na camada pré-sal, o país tornou-se exportador desse produto. O óleo cru de petróleo foi, em 2017, o segundo principal produto exportado pelo Brasil (5,2% do total das exportações). Somente a produção no pré-sal alcançou mais de 1,3 milhão de barris por dia, sem contar a produção realizada na camada pós-sal e em outros poços terrestres. Os principais países compradores do petróleo brasileiro são China, Estados Unidos, Índia, Chile e Espanha.

Ao mesmo tempo, o petróleo foi a décima mercadoria mais importada pelo país em termos de valor (cerca de 2%). O Brasil também compra derivados de petróleo, como gasolina e óleo *diesel*. Nos últimos anos, o governo optou por exportar petróleo bruto e comprar derivados, que possuem maior valor agregado (pois passaram por vários processos industriais de refino).

No setor industrial, o ramo da construção civil é destaque nos últimos anos. Muitas das maiores empresas brasileiras que expandiram seus negócios em mercados internacionais atuam, direta ou indiretamente, nesse ramo. Grandes construtoras brasileiras operam em dezenas de países e impulsionam os setores ligados à produção de materiais de construção, como estruturas metálicas, cimento, tubos e conexões, entre outros.

Outro ramo importante no comércio internacional é a indústria aeronáutica, uma das mais avançadas do país em termos de domínio tecnológico. A Embraer produz uma diversidade de aeronaves comerciais, executivas e militares. É a maior fabricante brasileira de produtos manufaturados de alta tecnologia e faz parte de um seleto grupo de empresas que participam do mercado aeronáutico mundial. Como uma das maiores fabricantes de jatos comerciais do mundo, lidera no segmento de aviões médios (até 130 assentos). A empresa vende seus produtos para mais de sessenta países e tem fábricas, escritórios e centros de distribuição nas Américas, na África, na Ásia e na Europa. A venda externa de aviões correspondeu a quase 2% de todas as exportações do Brasil.

Dica de *site*

Embraer
Disponível em: <https://embraer.com/br/pt/essencia>. Acesso em: 18 set. 2018.
A página contém informações sobre negócios, história e notícias da Embraer, entre outros assuntos.

E no Brasil?

A reportagem a seguir, publicada no jornal inglês *Financial Times*, aborda algumas das estratégias da Embraer para ampliar o comércio internacional, com a fabricação de aeronaves para segurança e defesa.

Embraer procura investir em vendas globais de defesa com novas aeronaves

A brasileira Embraer apresentará sua nova aeronave de transporte militar pela primeira vez no show aéreo de Paris nesta semana, já que a terceira maior fabricante de jatos comerciais do mundo pretende diversificar ainda mais o mercado de defesa.

Para assumir a posição de líder do segmento de transportes, atualmente dominado pelo modelo em queda Hercules C-130, produzido pela Lockheed Martin dos Estados Unidos, a Embraer também está em negociações com Portugal para a primeira venda externa do KC-390.

“Agora vamos começar o processo de negociação, temos três meses para concluir”, disse Jackson Schneider, diretor executivo da defesa e segurança da Embraer, sobre as negociações com Portugal para a venda de cinco aeronaves com uma opção para uma sexta.

A Embraer é mais conhecida internacionalmente por ser a maior produtora mundial de jatos regionais de 70 a 130 lugares, com uma posição de liderança no mercado estadunidense.

Mas a empresa visa diversificar ainda mais as vendas na área de defesa internacional após o pedido de 28 exemplares do jato de transporte e reabastecimento KC-390 da força aérea brasileira.

A empresa também procura expandir suas vendas de defesa internacional em um momento em que o setor de jatos executivos foi enfraquecido pela queda provocada pela crise financeira global e por uma repressão anticorrupção na China, disseram analistas. [...]

A comercialização do KC-390 para Portugal seria a primeira realizada com um membro da Otan.

Ela segue a venda bem-sucedida do avião de ataque leve A-29 Super Tucano da Embraer para a força aérea afegã [...].

"O processo de internacionalização da divisão de defesa é uma prioridade estratégica, impulsionada por produtos de sucesso, como o Super Tucano", disse o BTG.

As vendas internacionais também podem ajudar a Embraer a se proteger contra um programa de austeridade no orçamento brasileiro, que atingiu alguns projetos de defesa, disseram analistas.

O KC-390 foi projetado para transporte e reabastecimento, missões humanitárias, busca e resgate e outros usos, mas também pode ser adaptado de acordo com o desejo dos clientes, disse Schneider.

Embora não haja planos para uma versão de combate – uma área em que o Hercules é usado –, ele não excluiu essa possibilidade.

"Se um cliente precisar, o avião pode ser preparado para isso", disse ele, acrescentando que seria necessário um conjunto de novos estudos e ajustes de engenharia.

LEAHY, Joe. Embraer Looks to Fly into Global Defence Sales with New Aircraft. *Financial Times*, 18 jun. 2017. Disponível em: <www.ft.com/content/ecf86c80-53af-11e7-9fed-c19e2700005f>. Acesso em: 18 set. 2018. (Texto traduzido pelos autores.)

Renato Costa/Folhapress

Embraer KC-390, aeronave para segurança e defesa, na Base Aérea de Brasília (DF), em 2016.

1. De acordo com o texto, quais são as estratégias comerciais da Embraer para ampliar sua participação no mercado internacional?

2. Reúna-se com três colegas e, juntos, debatam como as ações da Embraer podem contribuir com a economia brasileira.

3. Acesse a página da Embraer (ver **Dica de *site*** na página anterior) e conheça mais a história dessa empresa. Em seguida, escreva um texto sobre o início da empresa, as modificações pelas quais ela passou e como está nos dias de hoje.

As relações comerciais brasileiras com outros países não se limitam a exportações e importações de produtos primários e industrializados. Existe também a exportação e a importação de "cérebros", ou seja, pessoas com alto grau de qualificação que entram no país ou saem dele.

Infelizmente, nos últimos anos, verifica-se uma **fuga de cérebros**. A crise econômica e problemas estruturais, como o corte de investimentos nos setores de educação, ciência e tecnologia, tem levado muitos pesquisadores a deixar o país em busca de melhores oportunidades de trabalho e de vida.

Essa situação traz consequências profundas e duradouras já que, após anos de investimento na formação desses profissionais, eles saem para trabalhar em outros países, deixando de contribuir para o desenvolvimento do Brasil. Existe ainda outra categoria, chamada **exportação de pernas**, expressão utilizada para identificar a emigração de atletas brasileiros – principalmente jogadores de futebol, dada a importância desse esporte no contexto nacional e internacional.

O Centro Internacional de Estudos Esportivos (Cies), localizado na Suíça, identificou mais de 1 200 jogadores brasileiros em times da primeira e da segunda divisão de vários países. Das 93 associações de futebol consideradas, 82 empregavam jogadores brasileiros. O país que mais recebe esses atletas é Portugal.

Mundo: principais destinos de jogadores brasileiros de futebol – 2017

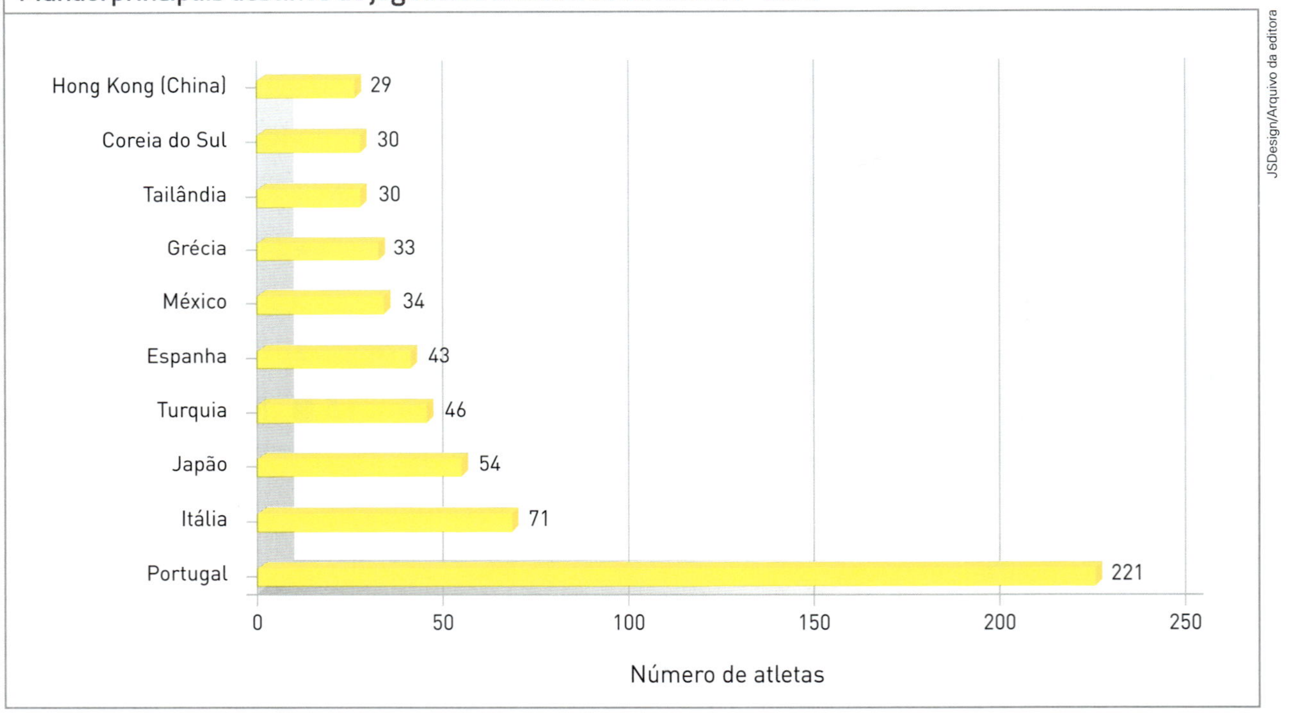

Elaborado com base em: POLI, Raffaele; RAVENEL, Loïc; BESSON, Roger. World Expatriate Footballers. *Cies Football Observatory Monthly Report*, Neuchâtel, v. 25, maio 2017. Disponível em: <www.football-observatory.com/IMG/pdf/mr25en.pdf>. Acesso em: 18 set. 2018.

Boa parte desses jogadores é empregada em início de carreira – principalmente por times europeus –, quando ainda não recebem altos salários nem têm fama. Após serem valorizados, atraem recursos financeiros para os clubes, por exemplo, com a venda de ingressos para os jogos, propagandas, direitos de imagem e, depois, com a possível negociação de seus direitos federativos (transferência para outro clube) por valores elevados. Para os clubes brasileiros que formaram o jogador, cabe uma pequena remuneração da negociação, mas o maior ganho fica para empresários e clubes do exterior.

Reconecte

Revisão

1. Explique os conceitos de dívida externa e balanço de pagamentos e dê exemplos.

Debate e produção textual

2. Em grupos, discutam as causas e as consequências do desequilíbrio entre a exportação e a importação de petróleo pelo Brasil. Em seguida, redijam suas conclusões em um pequeno texto.

Pesquisa e produção textual

3. Por que a fuga de cérebros representa um grande problema para o Brasil? Faça uma pesquisa sobre as causas e as consequências da evasão de pesquisadores do país.

Análise de gráficos

4. Analise novamente os gráficos "Brasil: exportação para os Estados Unidos – 2017" e "Brasil: importação dos Estados Unidos – 2017" (página 257) e compare os tipos de produtos exportados para os Estados Unidos e os que são importados daquele país.

Organização de linha do tempo

5. Em duplas, organizem uma linha do tempo com fatos sobre a história do endividamento externo brasileiro. Busquem informações em textos científicos, jornalísticos e outros materiais.

Pesquisa e criação de noticiário

6. Em grupos, pesquisem quais jogadores brasileiros e estrangeiros estão sendo negociados entre clubes nacionais e estrangeiros. Com base nessas informações, simulem um programa de notícias sobre futebol. A apresentação pode ser ao vivo ou gravada.

EXPLORANDO

7. Procure em sua casa produtos com origem em outros países. Observe os diferentes tipos de mercadoria existentes na casa, como eletroeletrônicos, vestuários, alimentos, artigos de higiene, etc. Depois, represente os países identificados em um mapa mudo. Você pode organizá-los por cor, segundo a classificação que desejar. Não se esqueça da legenda e do título. Ao final, mostre seu mapa temático para os colegas.

Resumo

- A dívida externa brasileira começou a ser contraída no início do período imperial, quando a Monarquia pediu empréstimos para pagar débitos antigos e para custear gastos de conflitos, como a Guerra do Paraguai.
- Nos períodos subsequentes, a dívida aumentou em razão do financiamento de projetos de desenvolvimento, como a construção de Brasília e de rodovias, durante o governo de Juscelino Kubitschek, e na fase do chamado milagre econômico, durante a ditadura militar.
- O Brasil é uma das maiores economias mundiais e estabelece fluxos comerciais com países de todos os continentes, com destaque para a China, os Estados Unidos e a União Europeia. Exporta principalmente produtos agrícolas, carne, minérios e petróleo.
- O balanço de pagamentos de um país divide-se em conta-corrente e conta de capitais.
- A fuga de cérebros traz sérias consequências para o desenvolvimento do Brasil em razão da perda de mão de obra qualificada.

Globalização e cidadania

Cada vez mais, a globalização resulta em fusões de grandes grupos empresariais, que assumem um papel de destaque no mundo, inclusive ao exercer influência sobre governos.

O Brasil entra na rota de fluxos de capitais ao atrair grupos privados de diversos setores, em razão do mercado interno nada desprezível. Além disso, por ser dotado de recursos naturais e energéticos também atrai investimentos diretos. Mas outros fluxos de capitais passam pelo país.

Sucessivos governos, a fim de ampliar o volume de recursos financeiros, têm desenvolvido políticas econômicas que mantêm elevadas as taxas de juros em território nacional. Ao fazer isso, despertam o interesse de investidores brasileiros e estrangeiros que pretendem obter, a curto prazo, o maior lucro possível em suas aplicações financeiras.

Esse conjunto de fatores afeta diretamente a política econômica do Brasil. Apesar de ser um país influente no cenário internacional, ainda possui indicadores sociais próprios de países de baixa renda.

Como resultado, em sua política externa, o Brasil mantém uma conveniente aproximação com países de renda elevada e, ao mesmo tempo, também se alinha com países mais pobres do sistema internacional.

Werther Santana/Agência Estado

Fábrica de produção de trens de monotrilho de multinacional canadense em Hortôlandia (SP), em 2013. A inauguração ocorreu no ano anterior, visando à produção para os mercados interno e externo.

Repercutindo

Texto 1

A política externa brasileira está à altura dos desafios da Era Trump?

A eleição de Donald Trump nos EUA redefiniu, em grande parte, o cenário internacional no qual teremos que agir durante os próximos anos; abrindo, por um lado, enormes desafios, assim como oportunidades para a ação. [...]

Lembremos que, sob Trump, os EUA passam cada vez mais [...] a se fechar e mostrar mais claramente seu lado unilateralista.

Como contraponto, alguns têm apontado que talvez a China pudesse assumir um papel de maior relevância na América Latina. Dado o cada vez maior peso do dragão chinês no crescimento econômico regional, é plausível que a tendência dos últimos 15 anos continue.

Contudo, seria prematuro presumir que um engajamento mais amplo entre Brasil e China possa, no curto prazo, substituir de maneira efetiva o tradicional papel dos EUA. Da mesma forma, a profunda crise que atravessa a União Europeia não parece ser o cenário ideal para um aprofundamento com o bloco [...].

Dentro do conturbado cenário mundial atual, onde presenciamos a erosão da ordem multilateral criada no pós-guerra, em que área a política externa brasileira poderia encontrar mais espaço para ação? Na minha visão, na América Latina senão, pelo menos, na América do Sul.

Lembremos que foi exatamente nessa última que o Brasil conseguiu desempenhar um papel central na manutenção do equilíbrio regional, especialmente no que se refere à situação de crise continuada na Venezuela.

Essa atuação chegou mesmo a ser vista como necessária e útil pelo próprio EUA, em diferentes ocasiões, inclusive durante o belicoso governo de George W. Bush.

Contudo, para ser, de fato, profícua e duradoura, para além da agenda comercial, seria necessário também que tivéssemos uma maior aproximação em áreas estratégicas, políticas e mesmo sociais.

Temas iniciais que poderiam servir como eixos para esse tipo de alinhamento incluiriam a deterioração da segurança regional, especialmente no que se refere ao controle do narcotráfico, tráfico de armas e migração transfronteiriça. [...]

O mundo vive hoje um momento de grandes desafios que requerem, portanto, alto grau de criatividade e ousadia de seus dirigentes, nacionais e globais.

A forma como responderemos, por meio de nossa política externa, à alta turbulência dos dias atuais ajudará a definir os rumos e o caráter do nosso projeto de nação. Espero que possamos estar à altura da tarefa que nos cabe.

IORIS, Rafael. A política externa brasileira está à altura dos desafios da Era Trump? *Carta Capital*, 17 abr. 2017. Disponível em: <www.cartacapital.com.br/blogs/blog-do-grri/a-politica-externa-brasileira-esta-a-altura-dos-desafios-da-era-trump>. Acesso em: 18 set. 2018.

1. Reúna-se com três colegas e, juntos, debatam as implicações para a política externa brasileira ao:
   - manter o alinhamento com os Estados Unidos;
   - ampliar a aproximação com a China;
   - reforçar os laços com países da América Latina;
   - aprofundar as relações com a União Europeia.

Andrew Harnik/AP Photo/Glow Images

Os presidentes Xi Jinping, da China, e Donald Trump, dos Estados Unidos, em Beijing, na China, em 2017. A cada ano, a China aumenta sua influência mundial, assumindo um papel que antes era majoritariamente dos Estados Unidos.

Texto 2

Como está o Brasil no cenário de crise em países emergentes

Parte do mundo está em crise. Nos últimos meses, países emergentes têm enfrentado dificuldades tentando evitar a desvalorização de suas moedas.

Na Turquia, a lira perdeu valor rapidamente em julho. Na Argentina, o presidente Maurício Macri teve que recorrer ao FMI (Fundo Monetário Internacional) para conseguir dólares. Como contrapartida, acertou com o fundo um pacote de austeridade que envolve corte de gastos e aumento de impostos.

A crise, que atingiu mais fortemente esses dois países, tem reflexos e causa temores em outros emergentes, como África do Sul, Índia, México e Rússia. No Brasil, os efeitos externos se confundem com a instabilidade do cenário doméstico. [...]

3 problemas para os emergentes

Menos dinheiro no mundo: Os Estados Unidos vêm, sistematicamente, diminuindo os incentivos implantados para recuperar a economia após a crise de 2008. Isso inclui o fim da política de *quantitative easing*, que previa o aumento da quantidade de dólares em circulação para incentivar a economia nos anos seguintes à falência do Lehman Brothers. A política monetária americana inclui também o aumento da taxa de juros, o que faz com que investir na economia dos Estados Unidos se torne mais atrativo. A combinação desses fatores significa menos dólares disponíveis para investimentos em países emergentes.

Barreiras comerciais: As medidas protecionistas adotadas pelo governo de Donald Trump devem afetar o comércio e desacelerar a economia mundial em um primeiro momento. O crescimento da China, que trava a principal disputa com os Estados Unidos, é fundamental para as exportações de vários países emergentes, como Brasil e África do Sul.

O grau de endividamento: Há um temor com as dívidas de governos e empresas em países emergentes, em especial as denominadas em moeda americana. Os primeiros a sofrer, Turquia e Argentina, têm maior necessidade de atrair dólares para financiar o endividamento. Mas mesmo quem tem dívida em moeda local, como o Brasil, pode ter problemas.

As reações comuns dos emergentes

No mundo, aumentou a aversão ao risco – até porque está mais rentável investir nos Estados Unidos, o mercado mais seguro do mundo. E investir em países emergentes é mais arriscado. Isso significa que investidores vão querer mais retorno para colocarem seu dinheiro nessas economias.

Para garantir a entrada de dólares, ou para evitar que eles saiam em massa rumo aos Estados Unidos e seus juros crescentes, os governos têm agido. Uma medida comum é aumento de juros, que faz crescer o retorno para o investidor estrangeiro e pode garantir a entrada de dólares. O efeito colateral nesse caso é um freio na atividade econômica, já que juros altos inibem o consumo.

No caso da Argentina, essa receita não foi suficiente. O governo aumentou os juros seguidas vezes, até chegar em 60% ao ano, mas o país teve também que recorrer a um empréstimo de R$ 50 bilhões do FMI.

A situação do Brasil

O Brasil, diferentemente da Argentina, não sofre com falta de dólares. O chamado resultado em conta-corrente, diferença entre o que entra e o que sai do país, apresenta no momento um déficit pequeno. E o país conta com grandes reservas internacionais, de US$ 380 bilhões (quase oito vezes o volume que o FMI vai emprestar para a Argentina). [...]

O risco de se investir no Brasil aumentou [...].

A crise deixa os brasileiros preocupados, porque problemas semelhantes já afetaram o país no passado. No final da década de 1990, as crises da Ásia e da Rússia causaram fuga de recursos dos países emergentes e obrigaram o Brasil a mudar a política de controle do câmbio, que era uma das bases do Plano Real até então. [...]

CASTRO, José Roberto. Como está o Brasil no cenário de crise em países emergentes. *Nexo*, 23 set. 2018. Disponível em: <www.nexojornal.com.br/expresso/2018/09/23/Como-est%C3%A1-o-Brasil-no-cen%C3%A1rio-de-crise-em-pa%C3%ADses-emergentes>. Acesso em: 28 nov. 2018.

2. Comente os problemas enfrentados pelos países emergentes no contexto da crise econômica mundial. Depois, pesquise notícias que exemplifiquem as adversidades analisadas no contexto brasileiro.

3. De acordo com o autor, como os governos de países emergentes reagem diante da crise e do receio de investidores aplicarem recursos financeiros em suas economias? Que efeitos as medidas tomadas podem gerar? Discuta com seus colegas.

1. (Enem)

A análise da imagem remete a uma estratégia que pressupõe o(a)

Reprodução/Enem, 2016

a) preocupação governamental com a entrada de imigrantes no país.

b) determinação do governo em impedir a expansão de países vizinhos.

c) utilização de tecnologias no processo de territorialização do espaço brasileiro.

d) decisão do governo em proteger as áreas de construção de hidrelétricas no Brasil.

e) direcionamento dos investimentos militares para a proteção de recursos biogenéticos.

2. (Uerj)

Nos gráficos, estão indicadas mudanças que afetaram a sociedade brasileira em um período que inclui os Governos Militares (1964-1985) e o restabelecimento do regime democrático de 1985 aos dias de hoje.

Analisando o primeiro e o segundo gráficos, conclui-se que os Governos Militares favoreceram, respectivamente, a ocorrência de:

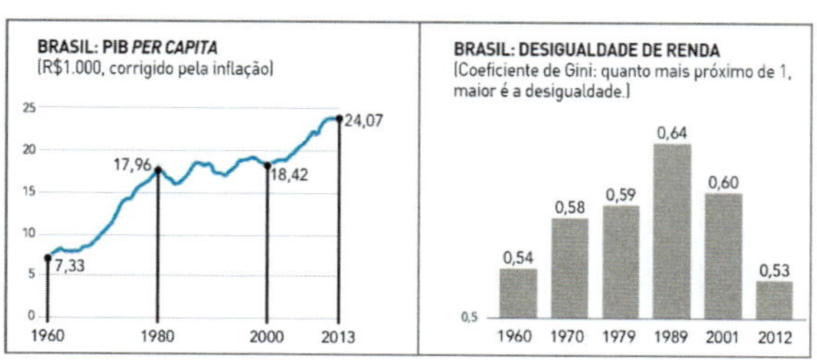

Reprodução/UERJ 2015

Adaptado de Folha de São Paulo, 23/03/2014.

a) redução da pobreza e estabilização do déficit público.

b) diminuição do poder aquisitivo e incremento da dívida externa.

c) crescimento da riqueza nacional e elevação da concentração de renda.

d) expansão do desenvolvimento econômico e elevação da remuneração salarial.

3. (UFRR)

"O acrônimo Bric [...] foi criado por O'Neill como instrumento de análise financeira em 2001. Originalmente, se referia às nações emergentes que, em 2040, teriam o mesmo peso econômico dos países desenvolvidos. Por volta de 2007, autoridades desses países perceberam a possibilidade de explorar politicamente a ideia de que suas nações teriam uma "agenda" comum. Como resultado, a primeira reunião de cúpula dos Brics ocorreu em 2009, na Rússia, tendo como bandeira a luta pela reforma do sistema político e econômico internacional. A África do Sul foi "incorporada" ao grupo em 2010. É verdade que sempre houve questionamentos sobre o potencial de cooperação dos Brics em função de suas diferenças políticas e econômicas, de valores e interesses".

BBC Brasil, 7 jul. 2015. Disponível em: http://www.bbc.com.

Apesar das possíveis divergências, citadas pelo texto acima, acerca da consolidação dos BRICS como um ator importante no cenário global, os países que o integram têm realizado cúpulas anuais, onde celebram diversos acordos e entendimentos que formalizam cada vez mais as iniciativas do grupo.

Em 2015, durante a VII Cúpula dos BRICS, consolidou-se uma instituição que dá unidade ao grupo e representa uma significativa alteração na geopolítica financeira global.

a) Missão das Nações Unidas para o Mediterrâneo (MNUME), para resgatar refugiados que tentam chegar à Europa.

b) Novo Banco de Desenvolvimento (NBD), conhecido popularmente como o Banco dos BRICS.

c) Fundo Monetário Internacional II (FMI II), que se trata de uma versão do FMI para países em desenvolvimento.

d) Movimento Internacional Socialista (MIS), que visa expandir o socialismo e combater a influência dos Estados Unidos.

e) Banco Central do Sul (BCS), cujo maior objetivo é estabelecer uma moeda única para os países-membros.

Bibliografia

BOMBARDI, Larissa M. *Geografia do uso de agrotóxicos no Brasil e conexões com a União Europeia*. São Paulo: FFLCH/USP, 2017. p. 70 e 128.

BOSCOROL, Renan A. Região e regionalização no Brasil: uma análise segundo os resultados do Índice de Desenvolvimento Humano Municipal (IDHM). In: IPEA. *Territórios em números:* insumos para políticas públicas a partir da análise do IDHM e do IVS de municípios e Unidades da Federação brasileira. Brasília: Ipea, INCT, 2017. p. 191 e 194.

BRASIL. Comitê Nacional para os Refugiados. *Refúgio em números*: 3ª edição. Disponível em: <www.acnur.org/portugues/wp-content/uploads/2018/04/refugio-em-numeros_1104.pdf>. Acesso em: 21 jan. 2019.

______. Empresa de Pesquisa Energética. *Balanço energético nacional 2017*: ano-base 2016. Rio de Janeiro: EPE, 2017. p. 49.

______. Ministério da Defesa. *Livro branco de defesa nacional*. Brasília: Ministério da Defesa, 2012. p. 118.

______. Ministério do Desenvolvimento, Indústria e Comércio Exterior. Comex Vis: países parceiros. Disponível em: <www.mdic.gov.br/comercio-exterior/estatisticas-de-comercio-exterior/comex-vis/frame-pais>. Acesso em: 21 jan. 2019.

______. Ministério dos Transportes, Portos e Aviação Civil. Rotas da produção industrial. Disponível em: <www.transportes.gov.br/images/BIT_TESTE/Mapas/MapaIndustriasTransformacao.pdf>. Acesso em: 21 jan. 2019.

CALDINI, Vera; ÍSOLA, Leda. *Atlas geográfico Saraiva*. São Paulo: Saraiva, 2013.

CHESNAIS, François (Org.). *A mundialização financeira*: gênese, custos e riscos. São Paulo: Xamã, 1998.

CHOSSUDOVSKY, Michel. *A globalização da pobreza*: impactos das reformas do FMI e do Banco Mundial. São Paulo: Moderna, 1999.

CIA. The World Factbook. Disponível em: <www.cia.gov/library/publications/resources/the-world-factbook/index.html>. Acesso em: 21 jan. 2019.

CORAZZA, Gentil. Malthus e Ricardo: duas visões de economia política e de capitalismo. *Cadernos IHU Ideias*, ano 3, n. 39, p. 4-5, 2005.

CPT. *Conflitos no campo*: Brasil 2016. Goiânia: CPT Nacional-Brasil, 2016. p. 24.

ENCYCLOPÆDIA Universalis France. Grande découvertes, XVe-XVIe siècle. Disponível em: <www.universalis.fr/encyclopedie/grandes-decouvertes/>. Acesso em: 21 jan. 2019.

FAO. *Food Security Information for Action*: Practical Guides. Rome: FAO, 2008. p. 1.

IBGE. *Atlas geográfico escolar*. 7. ed. Rio de Janeiro: IBGE, 2016. p. 94.

______. *Atlas nacional digital do IBGE*. Disponível em: <www.ibge.gov.br/apps/atlas_nacional/>. Acesso em: 21 jan. 2019.

______. Diretoria de Pesquisas, Coordenação de Trabalho e Rendimento. *Pesquisa nacional por amostra de domicílios contínua 2016-2017*: características gerais dos domicílios e dos moradores. Rio de Janeiro: IBGE, 2018.

______. Memória. Sínteses históricas: linha do tempo. Disponível em: <https://memoria.ibge.gov.br/sinteses-historicas/linha-do-tempo.html>. Acesso em: 21 jan. 2019.

______. *Pesquisa nacional por amostra de domicílios*: síntese de indicadores – 2015. Rio de Janeiro: IBGE, 2016. Disponível em: <https://biblioteca.ibge.gov.br/visualizacao/livros/liv98887.pdf>. Acesso em: 21 jan. 2019.

______. População. Disponível em: <www.ibge.gov.br/apps/populacao/projecao/index.html>. Acesso em: 21 jan. 2019.

______. *Produção agrícola municipal*: culturas temporárias e permanentes 2002. Rio de Janeiro: IBGE, 2003.

______. *Produção agrícola municipal*: culturas temporárias e permanentes 2016. Rio de Janeiro: IBGE, 2017.

______. Projeções e estimativas da população do Brasil e das Unidades da Federação. Disponível em: <www.ibge.gov.br/apps/populacao/projecao/>. Acesso em: 21 jan. 2019.

ICAO. *Economic Development, 2016*: Air Transport, Yearly Monitor. p. 2.

INSTITUTO Socioambiental. *Povos Indígenas no Brasil*. Línguas. Disponível em: <https://pib.socioambiental.org/pt/c/no-brasil-atual/linguas/troncos-e-familias>. Acesso em: 21 jan. 2019.

IPEA. *Radar IDHM*. Brasília: Ipea/Pnud, 2016. p. 2.

ISA. Territórios e comunidade yanomami – Brasil-Venezuela 2014. Disponível em: <https://acervo.socioambiental.org/acervo/mapas-e-cartas-topograficas/bacia-do-rio-negro/territorio-e-comunidades-yanomami-brasil>. Acesso em: 21 jan. 2019.

JAMESON, Fredric. *A cultura do dinheiro*: ensaios sobre a globalização. Petrópolis: Vozes, 2001.

ONU. *World Population Prospects*: 2017 Revision. New York: ONU, 2017.

PEREIRA, Enio B. et al. *Atlas brasileiro de energia solar*. 2. ed. São José dos Campos: INPE, 2017. p. 55.

PONS, Jordi I. *Atlas actual de Geografía universal*. Barcelona: Larousse, 2015. p. 41.

SANTOS, Milton. *Por uma outra globalização*: do pensamento único à consciência universal. 17. ed. Rio de Janeiro: Record, 2008. p. 19-20.

SCHWAB, Klaus. *A Quarta Revolução Industrial*. São Paulo: Edipro, 2016.

SPÓSITO, Maria E. B. *Capitalismo e urbanização*. 8. ed. São Paulo: Contexto, 1997. p. 31.

THE WORLD Bank. Data. Disponível em: <https://data.worldbank.org/country>. Acesso em: 21 jan. 2019.

UNCTAD. *Trade and Development Report 2017*. Unctad, 2017. p. 48.

UNDP. *Human Development Report 2016*. New York: United Nations Development Programme, 2016. p. 27.

UNESCO Institute for Statistics. How Much Does Your Country Invest in R&D? Disponível em: <http://uis.unesco.org/sites/all/modules/custom/uis_applications/apps/visualisations/research-and-development-spending/>. Acesso em: 21 jan. 2019.

VESENTINI, José W. *A capital da geopolítica*. São Paulo: Ática, 1986.

VIGEVANI, Tullo; RAMANZINI JÚNIOR, Haroldo. Autonomia, integração regional e política externa brasileira: Mercosul e Unasul. *Dados*. Instituto de Estudos Sociais e Políticos (IESP) da Universidade do Estado do Rio de Janeiro (UERJ), v. 57, n. 2, p. 517-552, 2014. Disponível em: <http://hdl.handle.net/11449/114100>. Acesso em: 21 jan. 2019.

WORLD Trade Organization. *World Trade Statistical Review 2016*. Genebra: WTO. p. 94. Disponível em: <www.wto.org/english/res_e/statis_e/wts2016_e/wts2016_e.pdf>. Acesso em: 21 jan. 2019.

Sugestões de leitura

ALVES, José E. D. O fim do bônus demográfico e o processo de envelhecimento no Brasil. *Revista Portal de Divulgação*, São Paulo, ano V, n. 45, p. 7-17, jun.-ago. 2015. Disponível em: <http://portaldoenvelhecimento.com/revista-nova/index.php/revistaportal/article/viewFile/510/549>. Acesso em: 21 jan. 2019.

ARAÚJO, Ricardo G. de. *O jogo estratégico nas negociações Mercosul-União Europeia*. Brasília: Funag, 2018. Disponível em: <http://funag.gov.br/loja/download/o-jogo-estrategico-negociacoes-mercosul-ue.pdf>. Acesso em: 21 jan. 2019.

ARON, Raymond. *Paz e guerra entre as nações*. São Paulo: WMF Martins Fontes, 2018.

ARRIGHI, Giovanni. *O longo século XX*. 5. ed. Rio de Janeiro: Contraponto, 2012.

AUGUSTO, Natália; ROSELINO, José E.; FERRO, Andrea R. A evolução recente da desigualdade entre negros e brancos no mercado de trabalho das regiões metropolitanas do Brasil. *Revista Pesquisa & Debate*, São Paulo, v. 26, n. 2 (48), p. 105-127, set. 2015. Disponível em: <https://revistas.pucsp.br/index.php/rpe/article/viewFile/23066/17600>. Acesso em: 21 jan. 2019.

BALTAR, Paulo; LEONE, Eugenia. Perspectivas para o mercado de trabalho após o crescimento com inclusão social. *Estudos Avançados*, São Paulo, v. 29, n. 85, set./dez. 2015. Disponível em: <www.scielo.br/scielo.php?script=sci_arttext&pid=S0103-40142015000300005&lng=en&nrm=iso>. Acesso em: 21 jan. 2019.

BARBOSA, Rubens. O Brasil e a nova geopolítica global. *O Estado de S. Paulo*, 14 nov. 2017. Disponível em: <https://opiniao.estadao.com.br/noticias/geral,o-brasil-e-a-nova-geopolitica-global,70002083536>. Acesso em: 21 jan. 2019.

BENEDICTO, Marcelo; LOSCHI, Marília. Do campo para nossa mesa. *Retratos*: a revista do IBGE, Rio de Janeiro, n. 1, p. 13-17, jun. 2017. Disponível em: <https://agenciadenoticias.ibge.gov.br/media/com_mediaibge/arquivos/3be463015dc8b27f579e0c3880a6a333.pdf>. Acesso em: 21 jan. 2019.

BIG DATA. Como os cientistas utilizam tantos dados e para quais finalidades? *Crypto ID*, 16 jan. 2017. Disponível em: <https://cryptoid.com.br/banco-de-noticias/big-data-como-os-cientistas-utilizam-tantos-dados/>. Acesso em: 21 jan. 2019.

BRUM, Eliane. A Veneza de Belo Monte. *El País*, 16 maio 2018. Disponível em: <https://brasil.elpais.com/brasil/2018/05/14/politica/1526322899_121198.html>. Acesso em: 21 jan. 2019.

CAIXETA, Marina B.; PINTO, Simone R. A difícil problemática da identidade para a integração. *Le Monde Diplomatique Brasil*, 12 jun. 2018. Disponível em: <https://diplomatique.org.br/a-dificil-problematica-da-identidade-para-a-integracao/>. Acesso em: 21 jan. 2019.

CHARLEAUX, João P. Como a política e a economia ameaçam as pretensões dos Brics. *Nexo*, 17 out. 2016. Disponível em: <www.nexojornal.com.br/expresso/2016/10/17/Como-a-política-e-a-economia-ameaçam-as-pretensões-dos-Brics>. Acesso em: 21 jan. 2019.

FERREIRA, Aloysio N. A nova política externa brasileira. *Cadernos de Política Exterior*, Brasília, v. 3, n. 6, p. 15-26, dez. 2017. Disponível em: <http://funag.gov.br/loja/download/CADERNOS-DO-IPRI-N-6.pdf>. Acesso em: 21 jan. 2019.

GREENME. Capitalismo combina com sustentabilidade? 29 out. 2015. Disponível em: <www.greenme.com.br/informar-se/green-economy/418-capitalismo-combina-com-sustentabilidade> Acesso em: 21 jan. 2019.

HOBSBAWM, Eric. *Era dos extremos*: o breve século XX. São Paulo: Companhia das Letras, 1995.

HUNTINGTON, Samuel P. *O choque de civilizações e a recomposição da ordem mundial*. 5. ed. Rio de Janeiro: Objetiva, 2001.

IANDOLI, Rafael. O que é a Comunidade dos Países de Língua Portuguesa. *Nexo*, 27 set. 2016. Disponível em: <www.nexojornal.com.br/expresso/2016/09/27/O-que-é-a-Comunidade-dos-Países-de-Língua-Portuguesa>. Acesso em: 21 jan. 2019.

IANNI, Octavio. *Teorias da globalização*. Rio de Janeiro: Civilização Brasileira, 1995.

KENNEDY, Paul. *Preparando para o século XXI*. Rio de Janeiro: Campus, 1993.

LE PRESTRE, Philippe. *Ecopolítica internacional*. São Paulo: Senac São Paulo, 2000.

MATTOS, Michele B. Conquistas sociais a partir da promoção do trabalho decente no Brasil. *Revista Direitos, Trabalho e Política Social*. Cuiabá, v. 1, n. 1, p. 253-275, 2015. Disponível em: <http://revista91.hospedagemdesites.ws/index.php/rdtps/article/view/12/12>. Acesso em: 21 jan. 2019.

MIGRAÇÃO: o Brasil em movimento. São Paulo: ONG Repórter Brasil, 2012. Disponível em: <https://reporterbrasil.org.br/wp-content/uploads/2015/02/10.-caderno_migracao_baixa.pdf>. Acesso em: 21 jan. 2019.

MORAES, Antonio C. R. *Ideologias geográficas*: espaço, cultura e política no Brasil. 5. ed. São Paulo: Annablume, 2005.

PIVETTA, Marcos. Efeitos persistentes da imigração. *Pesquisa Fapesp*, São Paulo, n. 257, jul. 2017. Disponível em: <http://revistapesquisa.fapesp.br/2017/07/18/efeitos-persistentes-da-imigracao/>. Acesso em: 21 jan. 2019.

ROBERTSON, Ann; LEUMER, Bill. É inevitável que o capitalismo produza desigualdades? *Carta Capital*, 7 jul. 2014. Disponível em: <www.cartamaior.com.br/?/Editoria/Economia/e-inevitavel-que-o-capitalismo-produza-desigualdades-/7/31326> Acesso em: 21 jan. 2019.

SAID, Edward. *Cultura e imperialismo*. São Paulo: Companhia das Letras, 1995.

SHACKELFORD, Scott. A cibersegurança deveria ser um direito humano? *Nexo*, 21 mar. 2017. Disponível em: <www.nexojornal.com.br/externo/2017/03/21/A-cibersegurança-deveria-ser-um-direito-humano>. Acesso em: 21 jan. 2019.

VENTURINI, Lilian. Como está a desigualdade de renda no Brasil, segundo o IBGE. *Nexo*, 30 nov. 2017. Disponível em: <www.nexojornal.com.br/expresso/2017/11/30/Como-está-a-desigualdade-de-renda-no-Brasil-segundo-o-IBGE>. Acesso em: 21 jan. 2019.

Siglas de vestibulares

Enem: Exame Nacional do Ensino Médio

PUC-Campinas (SP): Pontifícia Universidade Católica

PUC (RS): Pontifícia Universidade Católica

UEL (PR): Universidade Estadual de Londrina

Uerj (RJ): Universidade do Estado do Rio de Janeiro

Ufop (MG): Universidade Federal de Ouro Preto

UFU (MG): Universidade Federal de Uberlândia

Uncisal (AL): Universidade Estadual de Ciências da Saúde de Alagoas

Unicamp (SP): Universidade Estadual de Campinas

UFRR (RR): Universidade Federal de Roraima